Auto-Reparaturanleitung Band 1313

Škoda
Fabia II

ab Modelljahr 2007

Benziner und Diesel
Limousine
und Combi

AF844880

bucheli
verlag

IMPRESSUM

ISBN 978-3-7168-2134-3

Auto-Reparaturanleitung
Band 1313

Text und redaktionelle Bearbeitung: Jürgen Kindler

Bilder/Zeichnungen: ŠKODA AUTO a.s., ŠKODA AUTO Deutschland GmbH, Volkswagen AG, Jürgen Kindler, Christoph Pandikow.
Lizenziert von ŠKODA AUTO a.s.

Herstellung:
IPa, D-75417 Mühlacker/Mühlhausen

Druck:
Druck- & Medienzentrum
D-70839 Gerlingen

Bindung:
K. Dieringer
D-70839 Gerlingen

1. Auflage 2012

Inhalt

Inhalt

Folgende Symbole verdienen im Laufe der Arbeit besondere Beachtung:

Sichtprüfung
Teil genau ansehen; besonders beachten.

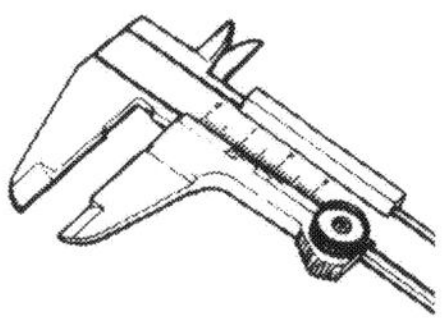

Messen
Schieblehre oder anderes Messwerkzeug nötig.

Achtung
Besondere Vorsicht geboten; Sicherheitshinweise beachten!

Tipp
Wertvoller Hinweis für einfacheres Schrauben; Erläuterung von Bauteilen und Begriffen.

1 Einleitung

Arbeiten mit diesem Buch

Trotz der enormen Elektronik mit unzähligen Sensoren und fast zwei Dutzend Steuergeräten in einem modernen Fahrzeug wie dem Fabia bleiben genügend Störungen und Fehler, die Sie mit etwas Know-how und praktischer Erfahrung auch ohne Diagnosetester orten und erkennen können. Dazu und für die nachfolgend nötige Fehlerbehebung wollen wir Ihnen mit unserer ausgewogenen Mischung aus knapper Technik-Information und ausführlicher, verlässlicher Reparaturbeschreibung Hilfe geben. Diese schließt natürlich ein, dass in manchem Fall der Tester trotzdem unerlässlich ist. Wenn Sie nach mehr allgemeiner Information über Technik und Funktion zu jedem Kapitel suchen, die der bewährten Ordnung der Werkstattliteratur folgt, empfehlen wir Ihnen ergänzend den Band 273 unserer Buchreihe »Jetzt helfe ich mir selbst« zum »Škoda Fabia II«. Die von uns nach Reparaturgruppen ausgewählten Arbeiten werden Schritt für Schritt gezeigt, allgemein verständlich erklärt und mit zahlreichem Bildmaterial veranschaulicht. Reparatur, Zerlegung oder Montage wichtiger Baugruppen werden auf der Basis von Herstellerangaben dargestellt. Ebenso auf Herstellerangaben beruhen die Angaben zu Verschleißmaßen und Anzugsdrehmomen-ten. Am Anfang einiger Kapitel geben wir Tipps zu wichtigen Sicht- und Funktionsprüfungen. Sie sollen Ihnen helfen, möglichst lange störungsfrei mit Ihrem Fahrzeug unterwegs sein zu können.
Wenn der Fall eintritt, dass ein Werkstattsystem für die Fehlerdiagnose benötigt wird, geben wir dazu kurz die Vorgehensweise an. Denn die Arbeit mit den Testern ist schon lange Alltag in der Werkstatt und wird daher auch zunehmend für den Hobbyschrauber ein wichtiges Thema. Viele Funktionsgruppen des Fabia sind mit einer Eigendiagnose ausgestattet, deren Meldungen im eigenen Fehlerspeicher oder dem der Bordelektronik registriert und abgespeichert werden. Das Auslesen der Fehlerspeicher und das Löschen derselben nach der Reparatur sind in Fachwerkstätten immer wiederkehrende Hauptschritte.
Nötige Reparaturarbeiten erfordern natürlich immer einen gewissen Sachverstand, Erfahrung, handwerkliches Können und, nicht zuletzt, teures Spezialwerkzeug. Ein Grundstock an gutem Werkzeug wird selbstverständlich vorausgesetzt. Hierauf gehen wir in Kapitel 3 nochmals näher ein.

Sicherheit geht immer vor

Bild 1

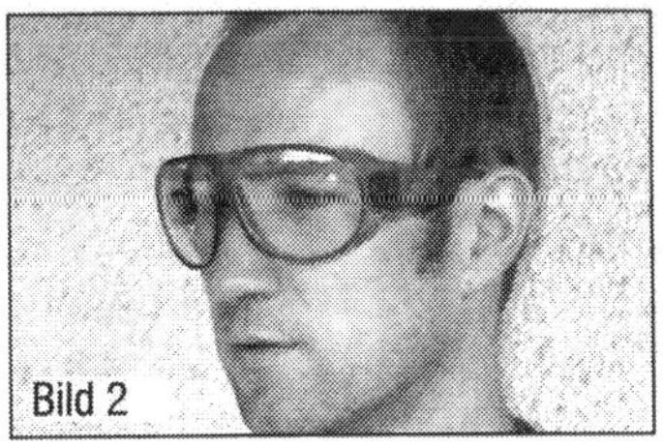
Bild 2

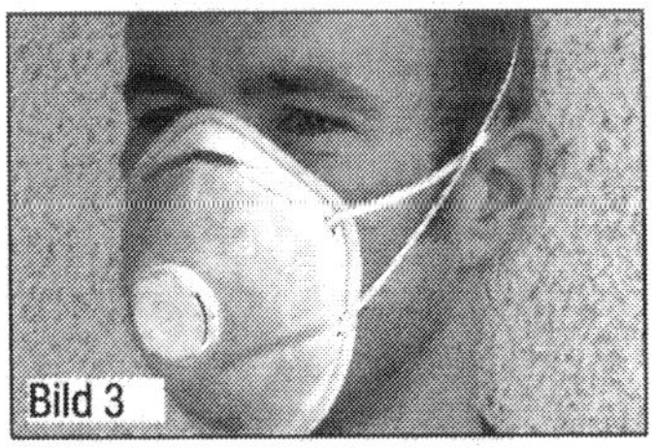

Bild 3

Bild 4

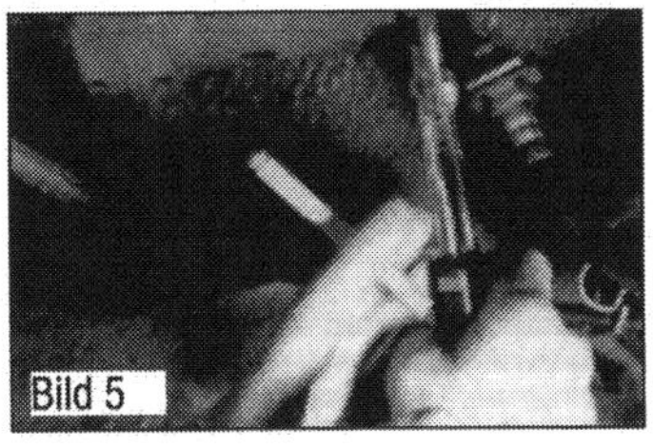
Bild 5

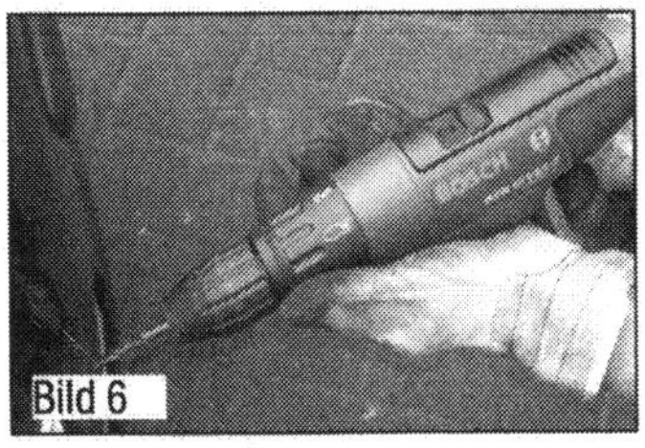

Bild 6

Bild 7

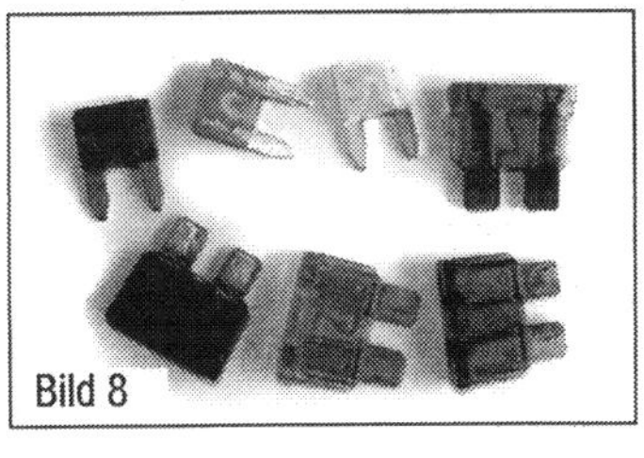
Bild 8

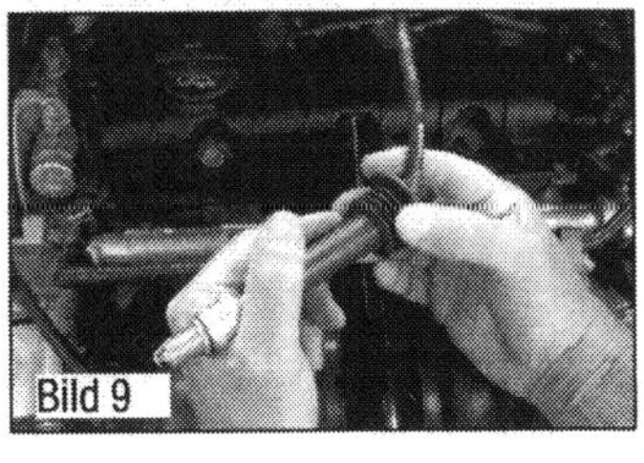
Bild 9

Bild 1
Ohrenschützer: Bei Blecharbeiten mit Winkelschleifer u. Ä. notwendig.

Bild 2
Schutzbrille: Besonders beim Bohren, Schleifen und Meißeln tragen.

Bild 3
Atemschutzmaske mit auswechselbaren Filterelementen: Bei Arbeiten mit atemgängigen Stäuben unerlässlich.

Bild 4
Bei Arbeiten in der Grube: Unbedingt für Frischluft sorgen.

Bild 5
Nicht rauchen: Sollte eigentlich bei Reparaturarbeiten die Regel sein.

Bild 6
Arbeitshandschuhe: Bei vielen Arbeiten angebracht, beim Umgang mit Bohrmaschinen jedoch problematisch.

Bild 7
Leere Sprühdosen, Altöl Bremsflüssigkeit u. a.: als Sondermüll entsorgen.

Bild 8
Durchgebrannte Sicherungen: Niemals mit Alufolie, Büroklammern o. Ä. flicken.

Bild 9
Hochspannung: Vorsicht bei laufendem Motor oder eingeschalteter Zündung.

Sicherheit hat beim Heimwerken absolute Priorität. Nur Arbeiten anpacken, die man wirklich beherrscht. Handwerkliche Tätigkeiten, mit denen man in der Praxis bislang wenig oder gar keine Erfahrung hatte, sollte man niemals auf die leichte Schulter nehmen. Unsachgemäß ausgeführte Arbeiten können früher oder später fatale Folgen haben (Bilder 1 bis 9).

Wie im Abschnitt »Modellvorstellung« bereits erwähnt, verfügt der Fabia über solide Rückhaltesysteme.

⚠ Bei unsachgemäßer Handhabung von Komponenten dieser Systeme kann es zu schweren Unfällen kommen. Deshalb keine Schraub- oder gar Reparaturversuche an der Sicherheitsausstattung vornehmen, sondern bei notwendigen Instandsetzungen an eine Fachwerkstatt mit Fehler-Auslesegeräten, Diagnose-Einrichtungen und geschultem Personal wenden. Mechaniker, die an Rückhaltesystemen arbeiten, müssen spezielle Schulungen nachweisen und bei den zuständigen Behörden gemeldet sein.

Umgang mit Pyrotechnik-Bauteilen

Der Sicherheitsaspekt gilt insbesondere für Pyrotechnische Bauteile. Diese enthalten einen Treibstoff, bei dessen Abbrand ein Gas erzeugt wird. In manchen Fällen steht für die Gaserzeugung noch zusätzlich in einem Druckbehälter gespeichertes Druckgas zur Verfügung. Die Zündung erfolgt über elektrische/mechanische Anzünder.

⚠ Bei unsachgemäßer Handhabung von Komponenten dieser Systeme kann es zu schweren Unfällen kommen. Deshalb keine Schraub- oder gar Reparaturversuche an der Sicherheitsausstattung vornehmen, sondern bei notwendigen Instandsetzungen an eine Fachwerkstatt mit Fehler-Auslesegeräten, Diagnose-Einrichtungen und geschultem Personal wenden! Mechaniker, die an Rückhaltesystemen arbeiten, müssen spezielle Schulungen nachweisen und bei den zuständigen Behörden gemeldet sein.
Pyrotechnische Bauteile dürfen auch nur im eingebauten Zustand und mit vom Hersteller frei gegebenen Diagnosesystemen geprüft werden, keinesfalls mit Prüflampe, Voltmeter oder Ohmmeter, und zwar ebenso nur von geschultem Personal. Vor dem Hantieren mit pyrotechnischen Bauteilen des Rückhaltesystems, zum Beispiel beim Trennen der elektrischen Steckverbindung, muss sich der daran Tätige elektrostatisch entladen, indem er kurz geerdete Metallteile wie den Türschließkeil berührt.
Bei Arbeiten an pyrotechnischen Bauteilen und am Steuergerät für Airbag müssen das Masseband der Batterie bei eingeschalteter Zündung abgeklemmt und anschließend der Minuspol abgedeckt werden. Nach dem Abklemmen der Batterie ist eine Wartezeit von 10 Sekunden erforderlich. Das Anklemmen der Batterie muss bei eingeschalteter Zündung erfolgen, wobei sich keine Person im Innenraum des Fahrzeugs aufhalten darf. Halten sich Sie sich bei solchen Arbeiten niemals im Wirkungsbereich der Airbags und der Sicherheitsgurte auf! Nach dem Berühren von gezündeten pyrotechnischen Bauteilen: Hände waschen!
Der Einbau von pyrotechnischen Bauteilen muss unmittelbar nach der Entnahme aus dem Transportbehälter erfolgen. Bauteile, die auf eine harte Unterlage herabgefallen sind oder Beschädigungen zeigen, dürfen nicht mehr verbaut werden. Pyrotechnikteile dürfen nicht mit Fett, Reinigungsmitteln oder Ähnlichem behandelt und auch nicht kurzfristig Temperaturen über 100 °C ausgesetzt werden. Fahrer- und Beifahrerairbageinheiten sind im ausgebauten Zustand so zu lagern, dass die gepolsterte Seite nach oben zeigt.
Gurtstraffereinheiten sind beim Aus- und Einbau mit größter Sorgfalt zu behandeln. Bei unsachgemäßer Handhabung besteht im Umgang mit ihnen ein hohes Gefahren- und Verletzungspotenzial. Das offene Ende eines Gurtstraffers darf niemals gegen Personen gerichtet werden. Beim Anschließen der Gurtstraffereinheit müssen alle mechanischen Teile, auch die des Dreipunkt-Sicherheitsgurts, korrekt befestigt sein.
Je nach Crash kann es sein, dass der Gurtstraffer gezündet wurde, der Gurtkraftbegrenzer jedoch nicht. Diese Bauteile sind zu behandeln wie nicht gezündete Bauteile!
Lagerung, Transport und Entsorgung von Airbag-, Gurtstraffer- und Batterieabtrennungseinheiten (pyrotechnische Bauteile) unterliegen der jeweiligen nationalen Gesetzgebung, der Transport noch zusätzlich internationalen Rechtsvorschriften,

in denen Verpackung, Kennzeichnung, Beizettel und Begleitpapier im Detail geregelt sind.
Entsorgt werden über den Gewerbemüll dürfen nur vollständig gezündete pyrotechnische Bauteile.

Richtiges Aufbocken

Im Bordwerkzeug des Fabia ist der übliche Spindelwagenheber nur vorhanden, wenn ein Reserverad und nicht das Reifenreparaturset zur Serienausstattung gehört. Mit dem Dichtmittel ist ja bei einer Reifenpanne der Radausbau nicht mehr nötig. Die Reparatur geschieht über das Ventil des beschädigten Reifens.
Ist der Spindelwagenheber im Bordwerkzeug (Bild 10), kann man mit diesem einfachen Gerät das Fahrzeug für viele Arbeiten hoch genug anheben. Mit einer untergelegten Bohle können Sie die Hubhöhe sogar noch etwas vergrößern. Ratsam vor allem bei weichem Untergrund ist es, ein 2 cm dickes Brett mit 30 x 30 cm Seitenlänge unter den Heberfuß zu legen. Das verringert die Gefahr, dass der Heberfuß in den Boden einsinken kann.
Der Bordwagenheber darf jedoch nur dazu dienen, das Fahrzeug anzuheben. Eine ausreichende Abstützung für Arbeiten an der Wagenunterseite stellt er nicht dar, dazu sind Unterstellböcke (Bild 11) erforderlich. Schon bei kleineren Arbeiten, z. B. dem Wechseln der Bremsbeläge, soll das angehobene Fahrzeug aus Sicherheitsgründen unbedingt mit Unterstellböcken abgestützt sein.
Zum Anheben bequemer, effektiver und auch sicherer sind Werkstattwagenheber, auch Rangierwagenheber genannt (Bild 12, mit geeigneter Gummi- oder Holzzwischenlage). Die beste Möglichkeit ist natürlich eine Hebebühne.
Um Beschädigungen am Fahrzeugboden bzw. ein Abkippen des Fahrzeugs zu vermeiden, darf das Fahrzeug nur an den vorgesehenen, mit einer Eindrückung markierten und extra verstärkten Aufnahmepunkten am Unterholm angehoben werden. Der Wagen darf keinesfalls an der Motorölwanne, am Getriebe oder an den Achsen angehoben werden, da sonst schwerwiegende Schäden eintreten können.

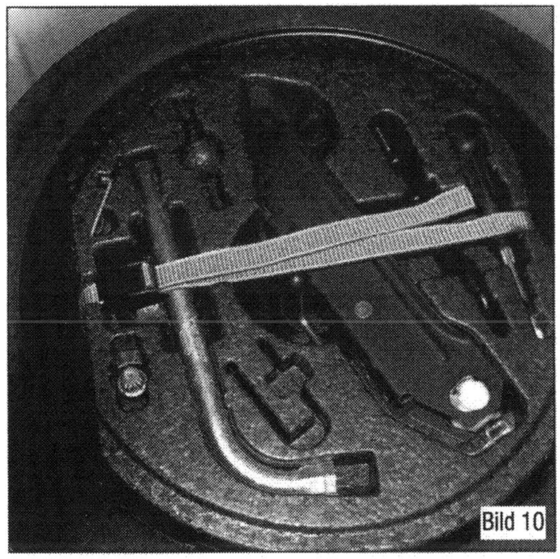

Bild 10
Bordwerkzeug im Notrad: Von links Radkappen-Abziehhaken, Radschraubensicherungs-Adapter, Radschraubenschlüssel, Spindelwagenheber, Abschleppöse, Schraubendreher.

Bild 11
Unterstellböcke paarweise kaufen und verwenden, mit Splint (am Kettchen) sichern.

Bild 12
Rangierwagenheber sind sicherer und leichter zu bedienen als Spindelwagenheber.

An- und Abschleppen

Bei manchen Pannen muss das Fahrzeug abgeschleppt werden. Anschleppen weil der Motor nicht anspringen will sollte man nur, wenn keine Möglichkeit besteht, den Motor mit Starthilfekabeln zu starten. Bei Fahrzeugen mit Abgaskatalysator darf der Motor nicht durch Anschleppen über eine längere Strecke gestartet werden, da sonst unverbrannter Kraftstoff in den Katalysator gelangt und dort verbrennen kann. Das kann zur Überhitzung und somit zur Zerstörung des Katalysators führen.

Sichtprüfung Messen

⚠ Fahrzeuge ohne Schmiermittel im Schaltgetriebe oder mit Automatikgetriebe dürfen nur mit angehobenen Antriebsrädern abgeschleppt werden.
Das Anschleppen von Fahrzeugen mit automatischem Getriebe zum Starten des Motors ist aus technischen Gründen nicht möglich. Beim Abschleppen von Fahrzeugen mit automatischem Getriebe muss der Wählhebel in Position »N« sein, und es darf nicht weiter als 50 km und nicht schneller als 50 km/h geschleppt werden, da sonst das Getriebe zerstört wird.

☞ Zum An- und Abschleppen sollten Kunstfaserseile oder Seile aus ähnlich elastischem Material verwendet werden. Sicherer ist eine Abschleppstange. Beim Abschleppen dürfen keine unzulässigen Zugkräfte und keine stoßartigen Belastungen auftreten.
Seil oder Stange dürfen nur an den vorgesehenen Abschleppösen vorn oder hinten angebracht werden. Die einschraubbare Öse befindet sich im Bordwerkzeug, die Einschraubgewinde werden nach Entfernen einer kleinen Abdeckung in den Stoßfängerverkleidungen vorn und hinten zugänglich. Von Hand eindrehen, mit durchgestecktem Radschraubenschlüssel festziehen (Bild 38).
Bei Schleppmanövern abseits regulärer Straßen besteht die Gefahr, dass die Befestigungsteile überlastet werden. Wird ein Abschleppseil verwendet, muss der Fahrer des ziehenden Wagens beim Anfahren und Schalten besonders weich einkuppeln. Der Fahrer des gezogenen Wagens hat darauf zu achten, dass das Seil straff gehalten wird. An beiden Fahrzeugen die Warnblinkanlage einschalten. Die Zündung muss eingeschaltet sein, damit das Lenkrad nicht blockiert ist und Blinkleuchten, Hupe und Scheibenwischer bei Notwendigkeit eingeschaltet werden können.

Bild 13

Bild 13
Abschleppöse von Hand eindrehen und mit dem Radschraubenschlüssel als Hebel festziehen.

Da der Bremskraftverstärker nur bei laufendem Motor arbeitet, muss ggf. das Bremspedal kräftiger getreten werden.
Beim Anschleppen von Fahrzeugen mit Schaltgetriebe ist Folgendes zu beachten:

- Vor dem Anschleppen 2. oder 3. Gang einlegen, Kupplung halten.
- Zündung einschalten, damit Lenkrad nicht blockiert und Blinkleuchten, Hupe sowie Wisch-/Waschanlage benutzt werden können.
- Kupplungspedal loslassen, wenn beide Fahrzeuge in Bewegung sind.
- Sobald der Motor angesprungen ist, Kupplung treten und Gang heraus nehmen, um Auffahren auf das Zugfahrzeug zu vermeiden.

Einige Kniffe für Schrauber

☞ Eine unlösbare Verschraubung oder eine abgerissene Schraube haben schon manchen Heimwerker von seinem Reparaturvorhaben wieder abgebracht. Unsere Hinweise sollen helfen, ungewohnte Arbeiten durchzuführen.

Verrostete Verschraubungen lösen:

- Die freiliegenden Gewindegänge des Gewindebolzens von Rost und Schmutz befreien.
- Gewinde mit einer Drahtbürste säubern und anschließend mit Rostlöser besprühen.
- Bei Schnell-Rostlösern die Mutter sofort losdrehen.
- Bei anderen Rostlösern etwas warten.
- Wenn die Kanten einer Mutter bereits rund gedreht sind oder wenn Rost die Anlageflächen deformiert hat, hilft nur noch Gewalt.
- Gripzange verwenden. Damit lässt sich die Mutter fest greifen und oft losdrehen.
- Hilft das nicht weiter, wird ein scharfer Meißel angesetzt und die Mutter aufgemeißelt.
- Eine gut zugängliche Mutter kann auch entlang des Gewindes mit einer Metallsäge aufgesägt werden. Werkstätten benutzen einen Muttersprenger.

Innensechskant- und Innenvielzahnschrauben lösen:

- Das Schraubenloch muss von jeglichem Schmutz gesäubert sein, ehe das Werkzeug angesetzt wird.

■ Am besten eignen sich Steckeinsätze mit langem Sechskant oder Vielzahn (Torx).
■ Im Gegensatz zu Winkelschlüsseln, bei denen die Kraft schräg ansetzt, vertragen die Steckeinsätze einen Hammerschlag auf der Adapterseite mit dem Vierkant. Der Schlag lockert den Sitz der Schraube und erleichtert merklich das Lösen.

Schlitz- und Kreuzschlitzschrauben lösen:
Schrauben können so fest sitzen, dass sie sich nicht mehr mit dem Schraubendreher herausdrehen lassen. Bei Kreuzschlitzschrauben dreht sich der Schraubendreher auch bei starkem Druck auf den Griff aus dem Kreuzschlitz heraus. Nach einigen erfolglosen Versuchen ist der Schlitz vermurkst, die Schraube ist praktisch unlösbar.
■ Stabilen Schraubendreher ansetzen und mit kräftigem Hammerschlag auf das Griffende versuchen, die Schraubverbindung zu lösen. Meistens bricht die mit dem Kopf fest korrodierte Schraube los. Sie lässt sich dann normal herausdrehen.
■ Hilft der kräftige Hammerschlag nichts, muss ein Schlagschrauber her. Bei jedem Schlag auf dessen Griffoberseite wird der Schraubendrehereinsatz unter Druck ein wenig weiter gedreht.

Blechschrauben ausbohren:
Lässt sich in einem Schraubenkopf kein Werkzeug mehr ansetzen, hilft nur noch Ausbohren.
■ Erst entfernt man mit einem passenden Bohrer den Schraubenkopf. Eventuell mit einem kleineren Bohrer vorbohren.
■ Das Gewindeteil lässt sich jetzt entweder durchstoßen oder mit einer Zange von der Rückseite abnehmen.
■ Andernfalls mit einem dünnen Bohrer das Gewindeteil ausbohren. Den Bohrerdurchmesser nicht zu groß wählen, sonst hält später nur eine dickere Blechschraube.

Stehbolzen lösen und festdrehen:
■ Anlagefläche für Schraubenschlüssel schaffen.
■ Auf dem freien Gewindeteil zwei Muttern fest gegeneinander drehen (kontern).
■ An den blockierten Muttern den Schraubenschlüssel ansetzen und den Bolzen lösen.

Abgerissene Schrauben ausbohren:
Das Gegengewinde, in dem die abgerissene Schraube steckt, sollte möglichst wenig Schaden nehmen.
■ Körnerschlag auf Schraubenrestmitte.
■ Bis Schraubengröße M8 mit einem Kernlochbohrer arbeiten. Das ist der Durchmesser einer Schraube ohne Gewindeflanken. Faustregel: Gewindedurchmesser multipliziert mit 0,8.
■ Schrauben größer als M8 mit einem dünneren Bohrer vorbohren.
■ Wenn sich die Metallreste nicht mit einer Reißnadel aus den Gewindegängen entfernen lassen, Gewinde nachschneiden.

Gewinde schneiden:
Hat das Metall noch genug Substanz, kann ein größeres Gewinde eingeschnitten werden. Andernfalls muss eine Gewindebuchse eingesetzt werden.
Das Nach- oder Neuschneiden von Gewinden geht in drei Stufen vor sich. Die entsprechenden Gewindeschneider heißen Vorschneider (mit einem Ring am Schaft gekennzeichnet), Mittelschneider (zwei Ringe am Schaft) und Fertigschneider (drei Ringe oder ohne Kennzeichnung).
■ Gewindeschneider nacheinander unter ständigem Ölen in das vorgebohrte Kernloch hinein- und wieder herausdrehen.
■ Beim Hineindrehen ab und zu absetzen und ein Stück zurückdrehen. Sonst werden die Metallspäne zu lang und klemmen.

2 Modelle

Fahrzeugbeschreibung

Mit dem bei Škoda intern bezeichneten Typ 5J kommt 2007 die zweite Auflage des erfolgreichen Kleinwagens aus der tschechischen Republik auf den Markt. Seit Škoda eine Tochter des Volkswagenkonzerns ist, steigen die Verkaufszahlen stetig. Mit dem 1999 eingeführten Fabia I rundete man die Modellpalette erfolgreich nach unten hin ab. Diesen Erfolg führt der Fabia II, der als Limousine und Combi erhältlich ist, nun fort. Der Fabia gab sein Debüt 1999: Im Herbst des Jahres begann die Produktion. Er ist das erste Fahrzeug im Konzern auf der Kleinwagenplattform A04, womit an gute Škoda-Tradition angeknüpft wird. Seine drei Karosserieformen: Fünftürige Kompakt-Limousine mit Schrägheck, der 26 cm längere Sedan mit Stufenheck bei noblen 438 Litern Kofferraum und nicht zuletzt der Combi in charaktervollem Design. Sie wurden in den drei Ausstattungsvarianten Elegance, Comfort und Classic angeboten. 2007 kam dann die zweite Generation des Fabia auf den Markt. Jetzt nur noch in den beiden erfolgreichen Karosserievarianten Limousine und Combi, dafür aber mit zahlreichen technischen Neuerungen. Und zwar in den Ausstattungsvarianten Fabia, Ambiente und Classic sowie Sport. Aktuell sind noch die Varianten Scout, Sportline, GreenLine, Cool Edition und Style Edition erhältlich. War man im Frühjahr 2003 noch stolz mit den Zulassungszahlen des Fabia unter den Top 20 zu sein, so konnte man sich im ersten Quartal 2009 über Platz 3 in der Rangliste freuen. Dies bedeutete zugleich auch, dass der Fabia das meistverkaufte Importfahrzeug in Deutschland war. Zwar waren die Verkaufszahlen 2009 durch die Abwrackprämie etwas durcheinander gerüttelt worden. Aber die Zahlen des Fabia sprachen für sich. Lediglich die beiden Konzernschwestern VW Polo und Golf konnten den Fabia noch übertreffen. Bei der Entwicklung des vielseitigen Kleinwagens kam dem tschechischen Autobauer natürlich auch die Gleichteile-Strategie des VW-Konzerns zugute. Doch auch die stetige Weiterentwicklung der Škoda-Ingenieure trug natürlich erheblich zu dieser Erfolgsbilanz bei. Als Motoren standen von Anfang an bewährte Benzin- und Dieselmaschinen aus dem Volkswagen-Konzern zur Verfügung, welche jedoch ständig weiterentwickelt wurden. Die Motorenpalette des für 2010 nochmals überarbeiteten Fabia ist daher der Kern aller Neuerungen. Insgesamt stehen vier Benziner und drei Dieselmotoren zur Wahl. Das Leistungsspektrum reicht von 44 bis 77 kW (60 bis 105 PS) bei den Ottomotoren, die Selbstzünder liefern 66 und 77 kW (90 und 105 PS). In Kürze folgt noch eine Variante mit einer Leistung von 55 kW. Alle Triebwerke entsprechen mit ihrem Abgasverhalten den Anforderungen der Abgasnorm EU 5 und zeichnen sich durch eine ausgezeichneten Treibstoffeffizienz und äußerst niedrige CO_2-Emissionen aus.

Fahrzeugerkennung

Für eine etwaige Ersatzteilbestellung ist es unerlässlich den genauen Fahrzeugtyp zu kennen. Bei Škoda wird dies, genau wie bei allen anderen Fahrzeugen der Volkswagengruppe, auf dem Datenträger im Kofferraum, nahe der Reserveradmulde, über diverse Codes angegeben. Außerdem finden Sie diesen Datenträger auch auf der ersten Innenseite ihres Serviceheftes. Dieser Fahrzeugdatenträger (Bild 1) enthält folgende Daten: Fahrgestellnummer, Fahrzeugtyp, Modell, Motor- und Getriebekennbuchstabe, Farb- und Innenausstattungscode sowie die Codes für die Mehr- und Sonderaustattung. Zusätzlich erfahren Sie noch weitere wichtige Daten in Ihrer Zulassungsbescheinigung Teil-I (umgangssprachlich Fahrzeugschein) (Bild 2).
Die Fahrgestellnummer finden Sie weiterhin auch unten links im Sichtfenster der Windschutzscheibe (Bild 3), auf dem rechten vorderen Federbeindom eingeschlagen (Bild 4) und auf dem Typenschild, welches an der rechten B-Säule unten angebracht ist (Bild 5). Das Typenschild enthält zusätzlich noch Angaben zu den zulässigen Achslasten, dem zul. Gesamtgewicht, dem zul. Zuggewicht und die EG-Typgenehmigungsnummer. Die Fahrgestellnummer lässt sich wie folgt aufschlüsseln:

Stelle	Bedeutung	Beispiele	Auswertung
1-3	Weltherstellercode	TMB = Škoda	TMB
4	Karosserietyp und Ausstattung	A = Fabia II Classic B = Fabia II Ambiente C = Fabia II Sport D = Fabia II Elegance E = Fabia II ab MJ 2011 F = Fabia II Combi Classic G = Fabia II Combi Ambiente H = Fabia II Combi Sport J = Fabia II Combi Elegance J = Fabia II Combi ab MJ 2011 X = Fabia II N1 1 = Fabia II N1 Combi ab MJ 2011	G
5	Motorisierung	A = 1,2 Liter 44 kW Benziner C = 1,4 Liter 63 kW Benziner D = 1,6 Liter 77 kW Benziner E = 1,4 Liter TDI 51 kW Diesel F = 1,4 Liter TDI 59 kW Diesel G = 1,9 Liter TDI 77 kW Diesel H = 1,2 Liter 51 kW Benziner J = 1,6 Liter TDI 66 kW Diesel K = 1,2 Liter TDI 55 kW Diesel L = 1,6 Liter TDI 66 kW Diesel M = 1,2 Liter 63 kW Benziner N = 1,2 Liter 77 kW Benziner P = 1,4 Liter 132 kW Benziner S = 1,6 Liter TDI 55 kW Diesel	C
6	Airbagsystem	0 = kein Airbag 1 = 1 Frontairbag 2 = 2 Front- + 2 Seitenairbag 3 = 2 Front- + 4 Seitenairbag 4 = 2 Frontairbag 5 = 2 Front-+ 4 Seiten-+ 2 Kopfairbags 6 = 2 Front-+ 2 Seiten-+ 2 Kopfairbags B = Gesamtgewicht 1360 – 1814 kg C = Gesamtgewicht 1814 – 2268 kg	6
7-8	Fahrzeugmodell	5J = Fabia II	5J
9	Füllzeichen	Interner Code	9
10	Modelljahr	4 = 2004 5 = 2005 6 = 2006 7 = 2007 8 = 2008 9 = 2009 A = 2010 B = 2011	9 →

Stelle	Bedeutung	Beispiele	Auswertung
11	Produktionsstandort	0-4 = Mlada Boleslav 5-6 = Kvasiny 7-8 = Vrchlabi 9 = Kvasiny A = Aurangabad B = Solomonovo G = Pune K = Kaluga, Grabcevo S = Sarajevo N = Karosserie nur als Ersatzteil* U = Indien X = Poznan	3
12-17		Laufende Produktionsnummer	073163

Bild 1
Der Fahrzeugdatenträger im Kofferraum

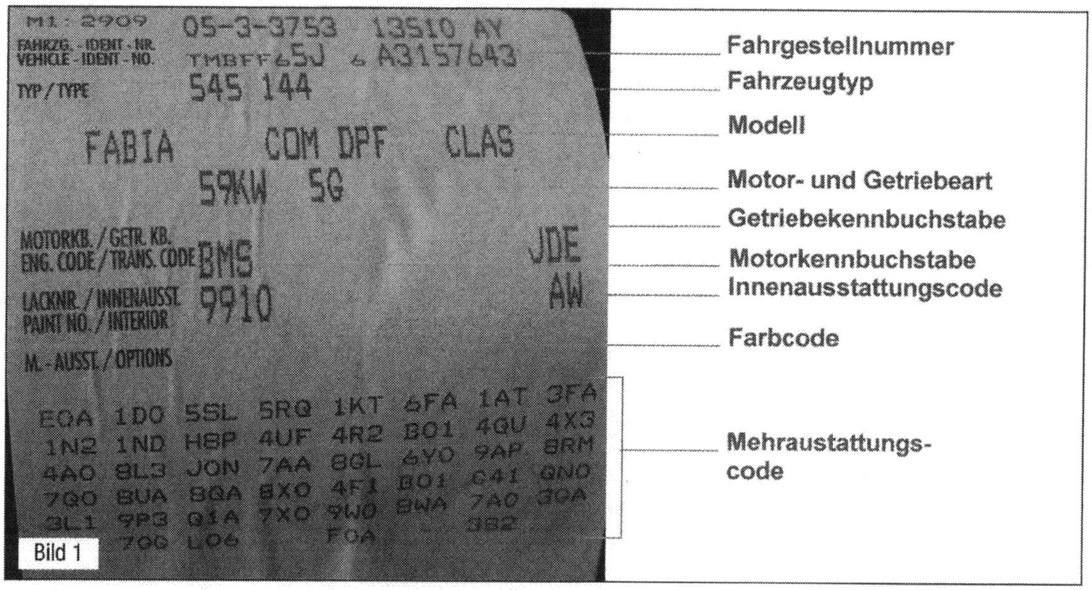

Bild 2
Zulassungsbescheinigung Teil I

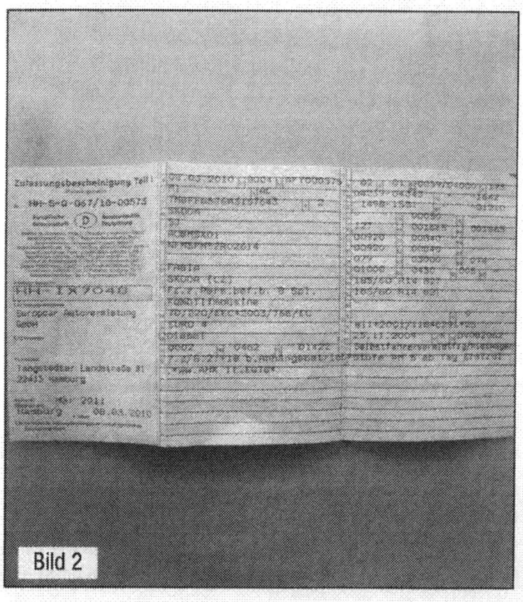

Bild 3
Fahrgestellnummer im Sichtfenster der Windschutzscheibe

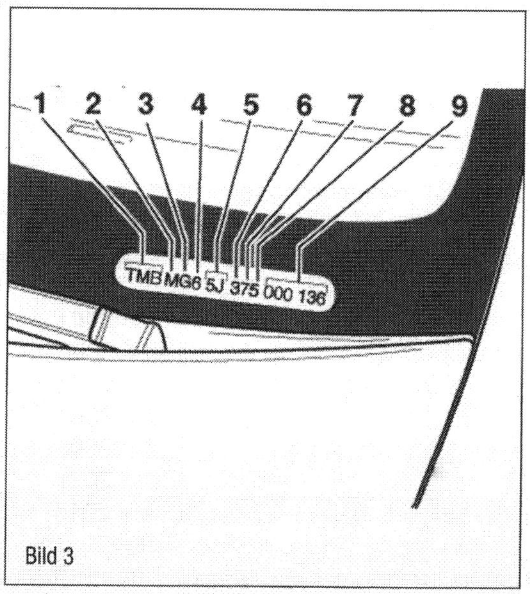

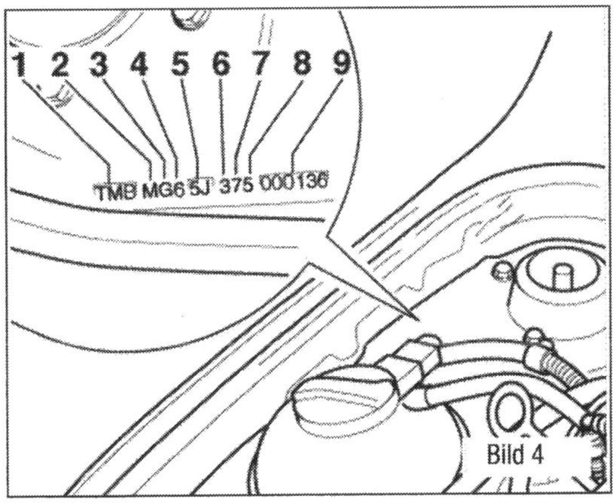

Bild 4
Fahrgestellnummer eingeschlagen am Federbeindom

Bild 5
Typenschild an der B-Säule rechts

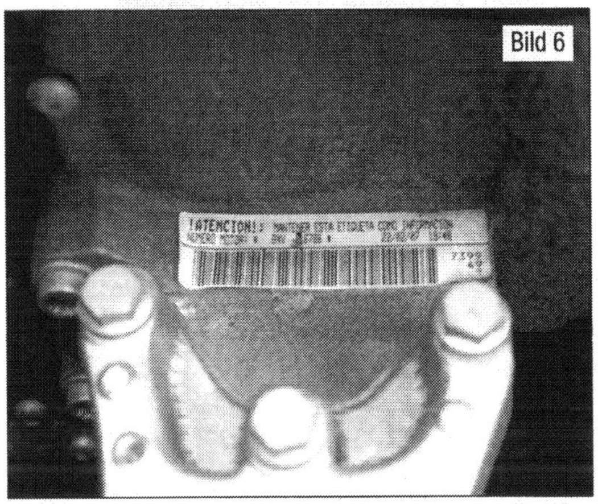

Bild 6
Motorkennbuchstabe und Motornummer auf der Zahnriemenabdeckung

Den Motorcode können Sie weiterhin auch noch direkt am Motor ablesen. Dieser ist zum einen auf einem Aufkleber am Motor ersichtlich, zum anderen ist er aber auch noch am Motorblock eingeschlagen bzw. eingraviert. Für beide Kennzeichnungen gibt es je nach Motortyp unterschiedliche Stellen. So finden Sie den Aufkleber z. B. bei allen zahnriemengetriebenen Motoren oben auf der Zahnriemenabdeckung (Bild 6). Bei den kettengetriebenen Motoren ist der Aufkleber an der Motorstirnseite entweder am Steuergehäuse oder an der Motoraufhängung angebracht.
In ähnlicher Weise sind auch die verschiedenen Getriebe an unterschiedlichen Stellen mit dreistelligen Kennbuchstaben und Baudaten gekennzeichnet. Diese Kennbuchstaben sind ebenfalls auf dem Datenträger notiert. Eine Tabelle mit den einzelnen Getriebekennbuchstaben und der Zuordnung der Getriebe zu den einzelnen Motoren finden Sie im Kapitel 10.

Servicevorgaben

Wissenswertes
Damit Sie möglichst lange Freude an Ihrem Fabia haben, finden Sie hier eine Übersicht der regelmäßig anfallenden Wartungsarbeiten und Prüfpunkte. Diese Inspektionen, falls durchgeführt, leisten einen erheblichen Beitrag dazu Ihren Wagen eine lange Zeit in Schuss zu halten.

Service & Inspektion
Grundsätzlich gibt es für den Fabia zwei unterschiedliche Wartungssysteme zur Durchführung der Inspektion. Beide Systeme werden eingesetzt und haben ihre Vor- und Nachteile. Einerseits sind die Wartungsintervalle festgelegt durch die Fahrzeuglaufleistung und das Alter des Fahrzeugs. Dies ist die traditionelle Vorgehensweise, der so genannte starre Wartungsintervall. Anderseits wurde Mitte 1999 erstmals im Golf das Longlife-Service-System bei Volkswagen eingeführt. Wie der Name bereits suggeriert, handelt es sich hier um eine mögliche Verlängerung des Zeitraums zwischen den Serviceterminen.

Was versteht man unter Wartung?
Unter Wartung wird laut DIN 31051 eine Maßnahme verstanden, die die immer existente Abnutzung verzögert. Zu Deutsch soll der betriebsbereite Zustand des Fahrzeuges so lange wie möglich erhalten bleiben. Die Wartung beschränkt sich nicht auf den Wechsel des Motoröls und den kurzen Blick unter das Auto, sie sollte auch nach Ende der Garantiezeit ernst genommen werden. In regelmäßigen Intervallen soll die Wartung von Fachkundigen durchgeführt werden. Fachkundige oder zumindest erfahrene Kfz-Mechaniker oder -Mechatroniker erkennen oftmals schon vor

einem teuren Schaden die Ursache. Ein kleiner Defekt, wie ein undichter Kühlschlauch, kann schon zu einem kapitalen Motorschaden führen. Kabel und Züge können, wenn sie nicht sauber geführt werden, aufscheuern und entsprechende Ausfälle produzieren.

Das Ersetzen und Nachfüllen von Betriebsmitteln wie Schmierstoffen und Wasser, der Austausch von Verschleißteilen wie Bremsbelägen und Filtern sowie das Nachstellen, Schmieren und Reinigen von Komponenten bezeichnet man als Wartung oder Inspektion. Es macht Sinn sich bei der Wartung an die Herstellerangaben zu halten, denn diesem sind Haltbarkeit der Betriebsmittel und der Verschleißteile bekannt. Entsprechend dieser Erfahrungswerte wurden auch die Wartungsintervalle und Prüfpunkte beim Fabia festgelegt. Termine und erforderlichen Wartungsumfänge des nächsten Service werden am Türholm Ihres Fabia auf einem beschrifteten Aufkleber vermerkt (Bild 7).

Auch die Abfrage des Fehlerspeichers gehört zu der Wartung und Pflege eines Fahrzeuges. Entgegen der landläufigen Meinung sind im Fehlerspeicher nicht nur die großen Probleme abgelegt, sondern oftmals verstecken sich hier schon kleine Hinweise auf einen möglicherweise nahen Defekt.

Angemerkt sei noch, dass die Servicerückstellung bei VW eigentlich auch eine Datenübertragung zum Hersteller zur Folge hat. Gerade veränderte Werte und Parameter sowie so mancher Softwareeingriff werden so leicht vom Hersteller erfasst. Garantie und Kulanzleistungen werden dann im Zweifelsfall sehr eingeschränkt.

Bild 7

Bild 7
Merkzettel am Türholm.

Welcher Service gilt für meinen Fabia?
Ein Blick auf den Fahrzeugdatenträger bringt Sie in dieser Frage auf jeden Fall weiter. Den Fahrzeugdatenträger finden Sie in der Reserveradmulde des Wagens sowie im Service-Heft. Halten Sie Ausschau nach einem Code, der mit »QG« beginnt. Diese Angabe enthält Informationen bezüglich des ab Werk vorgesehenen und programmierten Serviceintervalls. Als Voraussetzung für flexible Serviceintervalle müssen eine Service-Intervall-Anzeige im Kombiinstrument, ein Motorölstandsensor und eine Bremsbelagverschleißanzeige verbaut sein. Des Weiteren muss der jeweils verwendete Motor auch eine Freigabe für lange Ölwechselintervalle haben. Der Datenträger kann folgende Einträge enthalten: QG0 – Der Wagen ist nicht mit Komponenten ausgestattet, die eine flexible Wartung zulassen. QG1 – Das Fahrzeug ist werkseitig mit Komponenten für flexible Wartung ausgestattet und der Longlife-Service ist aktiviert. QG2 – Das Fahrzeug ist werkseitig mit Komponenten für flexible Wartung ausgestattet, aber der Longlife-Service ist nicht aktiviert. Die Wartung erfolgt nach starren Service-Intervallen. Nur QG1-Fahrzeuge verfügen werkseitig über Longlife-Service und werden nach flexiblen Service-Intervallen gewartet. Die Codes QG0, QG2, bedeuten, dass eine Wartung nach starren Service-Intervallen erfolgt.

Longlife-Service (QG1)
Ziel des Longlife-Service ist es, die Häufigkeit der Werkstattaufenthalte für Inspektionen auf das nötigste Mindestmaß zu reduzieren. Maximal 30.000 km oder 2 Jahre können Sie unter günstigen Bedingungen abspulen, bevor ein Gong-Signal Sie umgehend in die Werkstatt beordert. Die Art und der Zeitpunkt der fälligen Wartung wird Ihnen in der Service-Anzeige angezeigt. Mit der Anzeige »Service« ist im Prinzip der Motorölwechsel gemeint und die Anzeige »Service-Inspektion« bedeutet, dass jetzt eine große Inspektion fällig ist. Den fälligen Service erhalten Sie bereits vorher im Kombiinstrument angezeigt. Die erste Meldung erfolgt 3000 km vor dem fälligen Kundendienst in Verbindung mit den noch bis dahin verbleibenden Tagen. Der bereits überschrittene Wartungstermin wird durch ein Minuszeichen vor der Anzeige symbolisiert.

Sie können jederzeit die noch verbleibenden Kilometer oder Tage bis zur Wartung im Kombiinstrument sehen, indem Sie bei eingeschalteter Zündung kurz die Taste mit dem Schraubenschlüssel oder auch die Taste für die Tageskilometerrückstellung kurz drücken.
Es ist allerdings auch möglich den Fabia auf die »normalen« Inspektionsintervalle umzustellen.
Diese Umstellung muss auch im Steuergerät durchgeführt werden. In der Regel ist das aber nur durch den Škoda-Partner oder ähnlich mit Testern ausgerüstete Werkstätten zu realisieren.

Besonderheiten des Longlife-Services
Der Longlife-Service zeichnet sich unter anderem durch die Verwendung eines speziellen, besonders langlebigen Motoröls aus. Die flexible Gestaltung der Kundendienstintervalle wird ermöglicht durch diverse Sensoren, die mit dem Motorsteuergerät verbunden sind. Hierzu zählen zum Beispiel ein Motoröltemperaturfühler, ein Geber für Geschwindigkeit, Drehzahl, Bremsbelagverschleißanzeige und die wartungsarme Batterie. Unter Berücksichtigung dieser Eingangsmesswerte und der gefahrenen Strecke inklusive des erfassten Benzinverbrauchs wird der Motorölverschleiß berechnet. Dieser errechnete Motorölverschleiß ist das Hauptkriterium für die Berechnung der maximalen Laufleistung bis zum folgenden Service.

Der Wartungsplan

Jahre oder Kilometer x 1000 (was zuerst eintritt) — Jahre / Kilometer	1 15	2 30	3 45	4 60	5 75	6 90	7 105	8 120	9 135	10 150	11 165	12 180	...	14 210	Bemerkung
Antrieb															
Abgasanlage Sichtprüfung durchführen				x				x				x	usw.		
Motorölwechsel mit Filter durchführen	x	x	x	x	x	x	x	x	x	x	x	x	usw.	x	
Diesel-Kraftstofffilter erneuern						x						x	usw.		
Frostschutz und Kühlmittelstand prüfen	x	x	x	x	x	x	x	x	x	x	x	x	usw.	x	
Sichtprüfung von Motor, Getriebe, Achsantrieb				x				x					usw.		
Sichtprüfung Kühler und Lüfter		x		x		x		x		x		x	usw.	x	
Kupplung Funktion und Zustand prüfen		x		x		x		x		x		x	usw.	x	
DSG-Getriebeöl und Filter erneuern				x				x				x	usw.		
Automatic Getriebeöl prüfen				x				x				x	usw.		
Luftfilter erneuern												x	usw.		
Zündkerzen erneuern				x				x				x	usw.		
Keilrippenriemenzustand prüfen				x				x				x	usw.		
Zahnriemen für Nockenwellenantrieb prüfen								x				x	usw.		
Zahnriemen für Nockenwellenantrieb erneuern								x					usw.		Diesel BSW
Zahnriemen für Nockenwellenantrieb erneuern										x			usw.		Diesel BNM, BNV, BMS, BLS

→

Sichtprüfung   Messen

Jahre oder Kilometer x 1000 (was zuerst eintritt)	Jahre / Kilometer	1 / 15	2 / 30	3 / 45	4 / 60	5 / 75	6 / 90	7 / 105	8 / 120	9 / 135	10 / 150	11 / 165	12 / 180	...	14 / 210	Bemerkung
Zahnriemen für Nockenwellenantrieb erneuern														usw.	x	Diesel CAYA, CAYB, CAYC, CFWA
Zahnriemenspannrolle erneuern														usw.		nur Diesel
Fahrwerk																
Sichtprüfung der Bremsanlage					x				x				x	usw.		
Bremsflüssigkeitsstand prüfen		x	x	x	x	x	x	x	x	x	x	x	x	usw.	x	
Bremsbelagdicke vorn und hinten prüfen		x	x	x	x	x	x	x	x	x	x	x	x	usw.	x	
Bremsflüssigkeit erneuern			x		x		x		x		x			usw.	x	
Reifendrucksensoren erneuern														usw.		Diagnose-tester
Reifen: Zustand, Laufbild, Profiltiefe		x	x	x	x	x	x	x	x	x	x	x	x	usw.	x	
Felgen und Radzierblenden auf Schäden prüfen		x	x	x	x	x	x	x	x	x	x	x	x	usw.	x	Halterung
Reifenluftdruck inkl. Reserverad prüfen		x	x	x	x	x	x	x	x	x	x	x	x	usw.	x	
Pannenset erneuern					x				x				x	usw.		falls vorhanden
Reifen-Kontrollanzeige Grundeinstellung durchführen					x				x				x	usw.		wenn verbaut
Spurstangenköpfe prüfen					x				x				x	usw.		
Achsgelenke prüfen					x				x				x	usw.		
Radlager prüfen			x		x		x		x		x		x	usw.	x	
Elektrik																
Batterie prüfen					x				x				x	usw.	x	Auch Zweitbatterie
Beleuchtungsanlage innen / außen prüfen					x				x				x	usw.	x	
Funkschlüsselbatterie erneuern			x		x		x		x		x		x	usw.	x	
Fahrzeugsystemtest / Fehlerspeicher auslesen		x	x	x	x	x	x	x	x	x	x	x	x	usw.	x	Diagnose-gerät
Karosserie																
Türfeststeller schmieren														usw.		
Türgriff schmieren		x	x	x	x	x	x	x	x	x	x	x	x	usw.	x	
Schiebedach prüfen. Schienen reinigen /schmieren					x				x				x	usw.		
Scheibenwisch-/Waschanlage und Scheinwerferreinigungs-anlage Funktion und Einstellung prüfen					x				x				x	usw.		
Scheibenreinigungs-konzentrat auffüllen		x	x	x	x	x	x	x	x	x	x	x	x	usw.	x	
Scheibenwischblätter auf Beschädigung und Ruhestellung prüfen					x				x				x	usw.		→

Jahre oder Kilometer x 1000 (was zuerst eintritt) — Jahre / Kilometer	1 15	2 30	3 45	4 60	5 75	6 90	7 105	8 120	9 135	10 150	11 165	12 180	...	14 210	Bemerkung
Unterbodenschutz und -verkleidungen prüfen				x				x				x	usw.		
Sichtprüfung aller Bauteile (von unten / Motorraum / Türen / Deckel)				x				x				x	usw.		
Scheinwerfereinstellung prüfen	x	x	x	x	x	x	x	x	x	x	x	x	usw.	x	
Sicherheitsgurte und Schlösser prüfen		x		x		x		x		x		x	usw.		
Pollenfilter erneuern		x		x		x		x		x		x	usw.		
Warndreieck / Warnweste vorhanden		x		x		x		x		x		x	usw.		
Erste-Hilfe-Ausrüstung Verfallsdatum / Vollständigkeit prüfen		x		x		x		x		x		x	usw.		
Hauptuntersuchung / Abgasuntersuchung Fälligkeit prüfen	x	x	x	x	x	x	x	x	x	x	x	x	usw.	x	
Probefahrt / Endkontrolle durchführen	x	x	x	x	x	x	x	x	x	x	x	x	usw.	x	
Allgemeines															
Fahrzeug auf nötige Änderungs-/Rückrufe prüfen	x	x	x	x	x	x	x	x	x	x	x		usw.		
Service-Intervall-Anzeige zurücksetzen	x	x	x	x	x	x	x	x	x	x	x	x	usw.	x	
Kundendienst schriftlich festhalten	x	x	x	x	x	x	x	x	x	x	x	x	usw.	x	
Longlife-Service	alle markierten Positionen abarbeiten														
Longlife-Service-Inspektion	Gesamten Wartungsplan abarbeiten, einschließlich der markierten Service-Positionen														

3 Werkzeuge

Bild 1
Innensechskant, Torx und Vielzahn ... öfter mal was Neues.

Der Arbeitsplatz

Wichtig für alle Wartungen und Reparaturen ist der Arbeitsplatz. Am besten eignet sich eine ausreichend breite, hohe und gut beleuchtete Garage mit Stromanschluss. Wenn Sie jedoch im Freien arbeiten wollen oder müssen, achten Sie auf jeden Fall auf einen festen und ebenen Untergrund. Als gute Alternative zur heimischen Garage bieten sich immer häufiger so genannte Mietwerkstätten an. Dort finden Sie neben einer Hebebühne und einer umfangreichen Werkstattausrüstung auch immer ein offenes Ohr für Problemfälle und Fragestellungen. Da die meisten Mietwerkstätten über mehrere Arbeitsplätze verfügen, sollte auch eine kurzfristige Einmietung kein Problem darstellen. Aktuelle Adressen finden Sie im Internet, in den gelben Seiten oder der Tagespresse. Auch Tankstellen können Ihnen hier oft weiterhelfen. Bedenken Sie jedoch, dass diese Mietwerkstätten von Ihnen leben. So werden Sie jegliche benötigten Spezialwerkzeuge gesondert anmieten und bezahlen müssen.

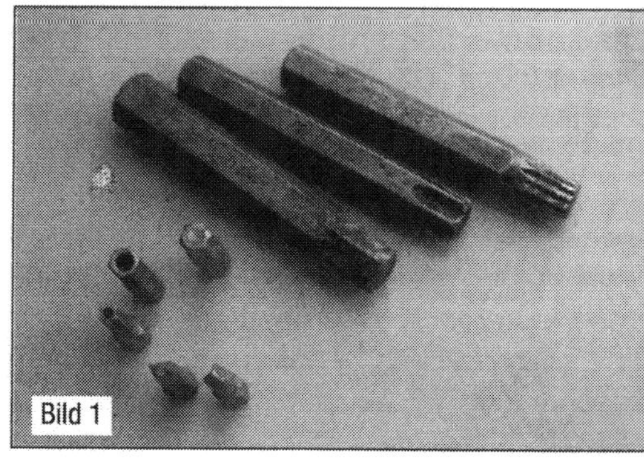
Bild 1

Werkzeug und Ausrüstung

Ob nun reines Hobby oder beruflich: Das Schrauben birgt gewisse Risiken. Vom kleinen Kratzer bis hin zum tödlichen Unfall ist schon alles vorgekommen. Ärgerlich ist es aber auch schon, wenn durch einen unpassenden Schraubenschlüssel eine Schraube so beschädigt wird, dass sie sich nur mit einem erheblichen Aufwand lösen lässt.
Einige Arbeiten werden durch Spezialwerkzeug deutlich erleichtert. Sollten Sie bestimmte Tätigkeiten öfter durchführen, scheuen Sie sich nicht, die Preise für das Spezialwerkzeug anzufragen. Gelegentlich sind die Preise so günstig, dass es sich nicht mal lohnt, die Werkzeuge nachzubauen.

Bild 2
Standardwerkzeug in der Übersicht.
1 Unterstellböcke
2 Auffahrrampen
3 Rollbrett
4 Sprühfett, Rostlöser und Bremsenreiniger
5 Ratschenkasten-Werkzeugset
6 Schlosserhammer 500 g und Schlosserhammer 200 g
7 Durchschlagset und Körner
8 Schlitz-Schraubendreherset
9 Kreuz-Schraubendreherset
10 Ringschlüsselset
11 Gabelschlüsselset
12 Drehmomentschlüssel
13 Wasserpumpenzange
14 Seitenschneider
15 Grip- oder Schnappzange
16 Schleifpapier Korn 120
17 Handbohrmaschine
18 hydraulischer Wagenheber
19 Bohrerset
20 Innensechskant/Torx/Vielzahnset

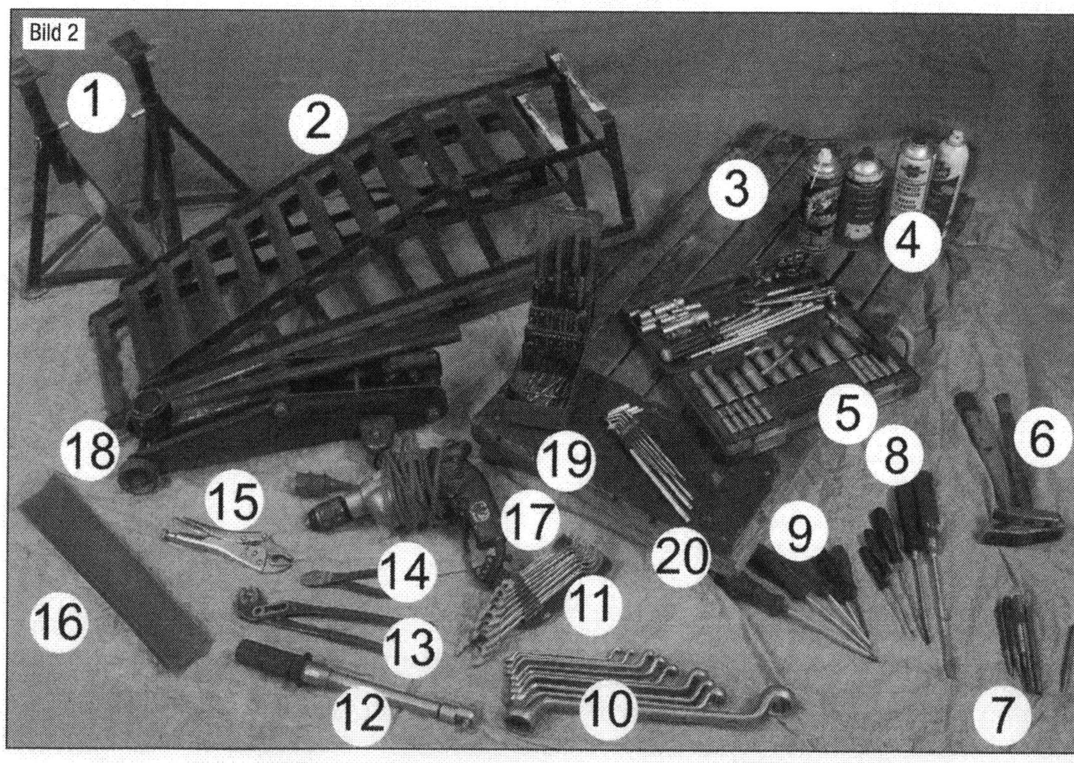

Bild 2

Standardausrüstung für mechanische Arbeiten
Sicherlich ist es immer besser, auf die Werkzeugsätze der Top-Markenhersteller zurückzugreifen. Als Basis allerdings sind auch schon günstigere Ausführungen recht bekannter Marken erhältlich. Gerade für die Arbeiten an modernen Fahrzeugen müssen neben den üblichen Sechskantnüssen auch Vielzahn- und Torxeinsätze zur Verfügung stehen (Bild 1). Eine günstige Alternative für unsere Zwecke bieten »Snap On«- oder »KS-Tool«-Werkzeugkoffer, die ein sehr komplettes Angebot liefern. Sind die Sätze im Angebot, kann man sein Werkzeugsortiment mit einem solchen Set leicht auch um 100 Euro erweitern.

An Werkzeug lässt sich leider kein Geld einsparen. Zum einen ist die Lebenserwartung dieses Werkzeuges stark an den Anschaffungspreis gekoppelt und zum anderen ist es extrem wichtig, dass die Maßhaltigkeit genau stimmt.

Wenn es um die Demontage von einzelnen Bauteilen geht oder auch nur zur Ablage von ausgebauten Fahrzeugteilen, ist eine Werkbank sehr hilfreich (Bild 3). Ist sie stabil genug, kann sie bei der Demontage der Motorteile gute Dienste leisten.

Bei der Demontage fallen regelmäßig einige Schrauben an. Um diese besser wieder zuordnen zu können und sie sicher und sauber zu lagern, empfiehlt es sich, für die einzelnen Baugruppen jeweils eine, am besten verschließbare Kiste zu verwenden (Bild 4).

Spezialwerkzeuge
Ein hilfreicher Spezialist für enge Stellen ist ein so genannter Greifer oder auch ein »Magnet am Stiel« (Bild 5). Der Motorraum ist gerade bei heutigen Fahrzeugen recht zugebaut. Fällt eine Schraube oder Klammer hinunter, muss diese natürlich wieder herausgesammelt werden. Oft genug wird es für die Finger zu eng. Der Versuch, mit einem Schraubendreher das Entfallene in erreichbare Nähe zu bekommen, endet meist mit einer noch verzwickteren Lage. Der Greifer oder auch ein Magnet kann helfen, die entflohenen Teile ohne fingerbrecherische Aktionen wieder einzufangen.

Zahnriemenvorspannungsprüfer (Bild 6)
Bei allen Motorvarianten ohne automatischen Zahnriemenspanner muss dieser ent-

Bild 3

Bild 3
Werkbank und Ablage.

Bild 4

Bild 4
Kistchen und Kästchen – das spart Zeit.

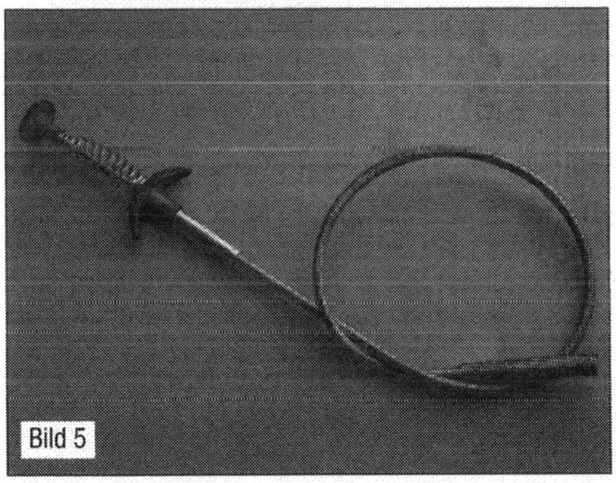

Bild 5

Bild 5
Greifer.

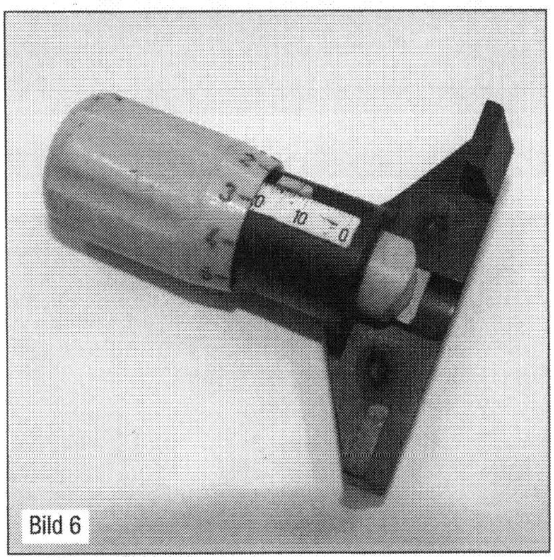

Bild 6

Bild 6
Zahnriemenvorspannungs-Prüfer.

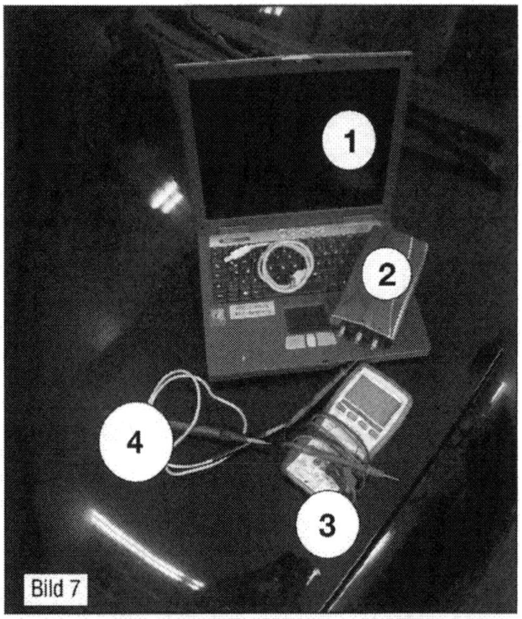

Bild 7
Messtechnik in der günstigen Variante.
1 Laptop
2 DSO
3 Multimeter
4 Diodenprüflampe

Bild 8
VCDS: Volldiagnose zum günstigen Kurs.

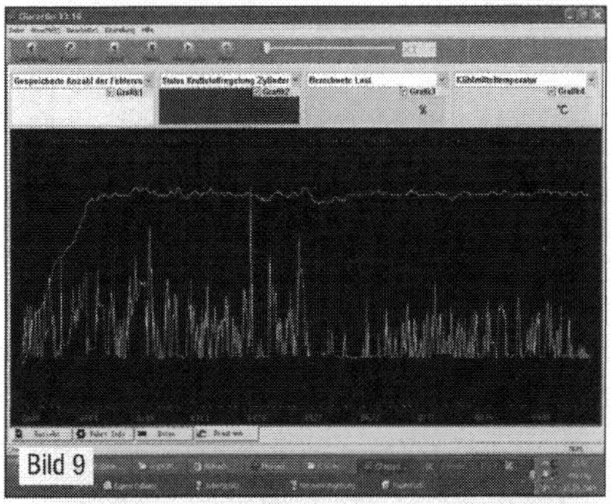

Bild 9
Datenvielfalt zur Überwachung.

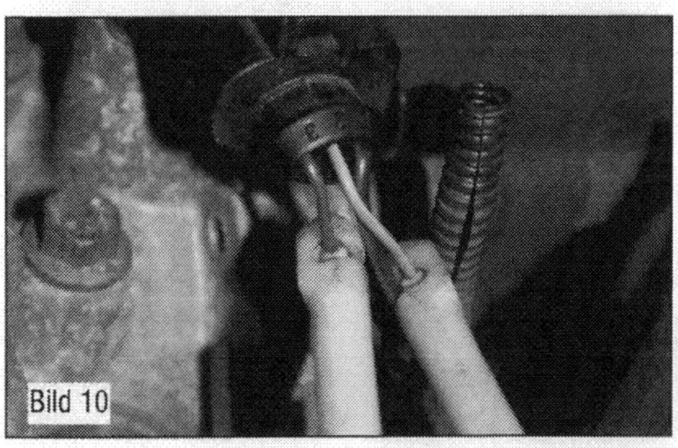

Bild 10
Nadelkontaktierer im Einsatz

sprechend den Angaben des Herstellers gespannt werden. Ist er zu lose, können genau wie bei zu fester Spannung Schäden an Riemen oder den Umlenkungen entstehen.

Standardausrüstung für Arbeiten an der elektrischen Anlage

Diagnose-Tools und Auslesegeräte

Unabdingbar ist heutzutage, die in jedem Steuergerät eingebauten Fehlerspeicher auszulesen. Es geht schon lange nicht mehr darum, die großen Fehler abzulegen, sondern eben auch kleine Funktionsstörungen, die vom Steuergerät erkannt werden, für eine Fehlerabfrage bei der Inspektion oder bei der Reparatur zu sichern. Es gibt heute schon Auslesegeräte für die OBD (On Board Diagnose) unter 100 Euro, die zumindest das Auslesen nach Codenummer ermöglichen. Wir verwenden in diesem Buch den »VCDS« (VCDS-Diagnosesystem), um die Auslese, einige Bauteilprüfungen und Einstellungen im Bordnetz durchzuführen. Dieses PC-basierte Diagnosesystem liegt mit seinen 350 Euro ungefähr beim Preis eines Profiratschenkastens. Zusätzlich wird lediglich ein Notebook mit Windows-Betriebssystem oder ein ausgedienter Desktop-PC benötigt. Regelmäßige, kostenlose Softwareupdates halten Sie stets auf dem neuesten Stand (Bild 8). Die Auslesegeräte werden zunehmend vielfältiger, und es ergeben sich neue Möglichkeiten. Der »C-Recorder« ermöglicht eine Langzeitüberwachung der Bordelektronik bis zu 24 h Fahrzeit (Bild 16). Das ist eine sehr hilfreiche Variante für die Fehlersuche, gerade bei kaum zu ortenden sporadisch auftretenden Fehlern.

Sinnvolle Anschaffungen für die Messtechnik

Messspitzen

Riesige Probleme bereitet es, eine Messung an einem angeschlossenen Kabel am Bauteil in Funktion zu realisieren. Zumal ja weder die Isolierung noch das Kabel selbst oder der Stecker beschädigt werden sollen. Die Firma Rose Messtechnik in Limburg-Offheim stellt einen Nadelkontaktierer (Bild 10) her, der genau diese Anforderungen erfüllt **(www.rose-netztechnik.de)**. Das Anstichloch im Kabel ist so klein, dass es keine relevanten Löcher in der Isolierung hinterlässt.

Messbechersatz »kraftstofffest«
Für die Messungen an der Benzinpumpe oder auch nur mal um den Kraftstoff aufzufangen, werden Behältnisse mit Volumenangaben benötigt. Mit etwas Geduld finden sich in der Haushaltsabteilung des Supermarktes recht günstig verwendbare Messbecher oder Schüsseln.

Zum Selbermachen
Natürlich sind Messwerkzeuge in der Regel teuer. Es sei denn, man zeigt etwas Kreativität und Bastlerspürsinn. Die Profigeräte sind sicherlich deutlich professioneller, der Eigenbau aber ist genauso einsatzfähig und kostet oft nur wenige Euro. Messkabelsätze lassen sich aus passenden Anschlüssen vom Schrottplatz leicht und funktionell selbst herstellen (Bilder 12 bis 13).
Die Standardausrüstung für Arbeiten an der Karosserie ist im Bild 14 zusammengestellt.

Bild 12
Fernschalter für die Kraftstoffpumpe. Einfach aber genial: Ein Taster, 2 m Kabel und zwei Stecker.

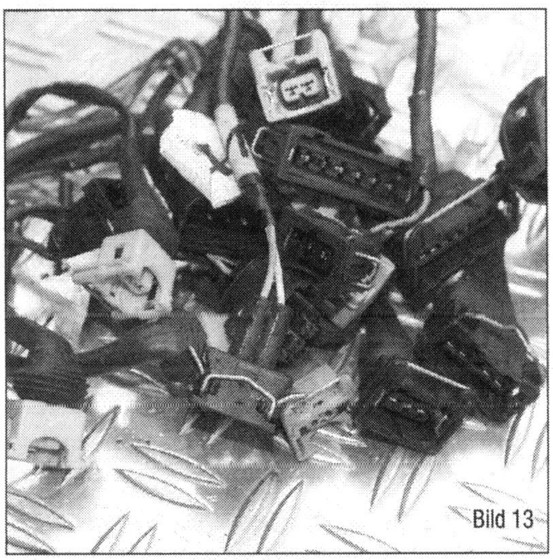

Bild 13
Steckervielfalt in ihrem Fahrzeug

Bild 11
Kraftstoffdruckmanometer. Die Alten sind die besten: Sind die Innereien aus Blech, lassen sich damit nicht nur Luft-, sondern auch der Öl- und der Kraftstoffdruck messen. Anschlüsse und Gewindestücke gibt's oft schon beim örtlichen Hydraulik-Händler oder im Werkzeugladen.

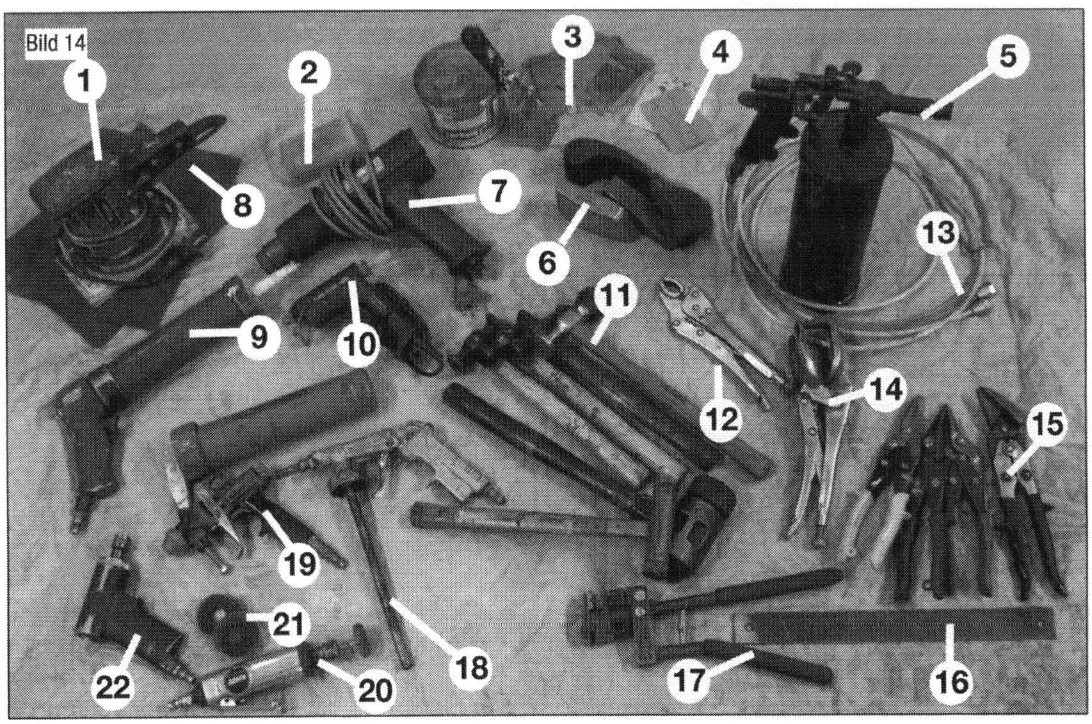

Bild 14
Standard Ausrüstung für Arbeiten an der Karosserie.
Werkzeug im Überblick:
1 Schwingschleifer
2 Schleifklotz
3 Spachtelmasse
4 Japanspachtelset
5 Hohlraumpistole
6 Ausbeuleisen
7 Heißluftföhn
8 Schleifpapier
9 Kartuschen-Pistole
10 Heißklebepistole
11 Hammerset
12 Gripzange flach
13 Hohlraumversiegelungs-Sonden
14 Gripzange abgesetzt und breit
15 Scherenset für gerade und kurvige Schnitte
16 Karosseriefeile
17 Absetzzange
18 Unterbodenschutzpistole
19 Nahtabdichtungs-Spritzpistole
20 Luftschleifer gerade
21 Bristol Look-Kunststoff-schleifpads
22 Luftschleifer winklig

Bild 15
1 Messspitzen um die Abdichtungen der Steuergerätestecker zu umgehen,
2 Flachstecker auf Rundstecker für Laborkabel,
3 Krokodilklemme mit Rundstecker,
4 Y-Stecker um Sensoren parallel messen zu können,
5 Nadelkontaktierer,
6 Anschlusskabel mit Sicherung,
7 Laboranschlusskabel (2m),
8 Anschlusskabel mit Schalter.

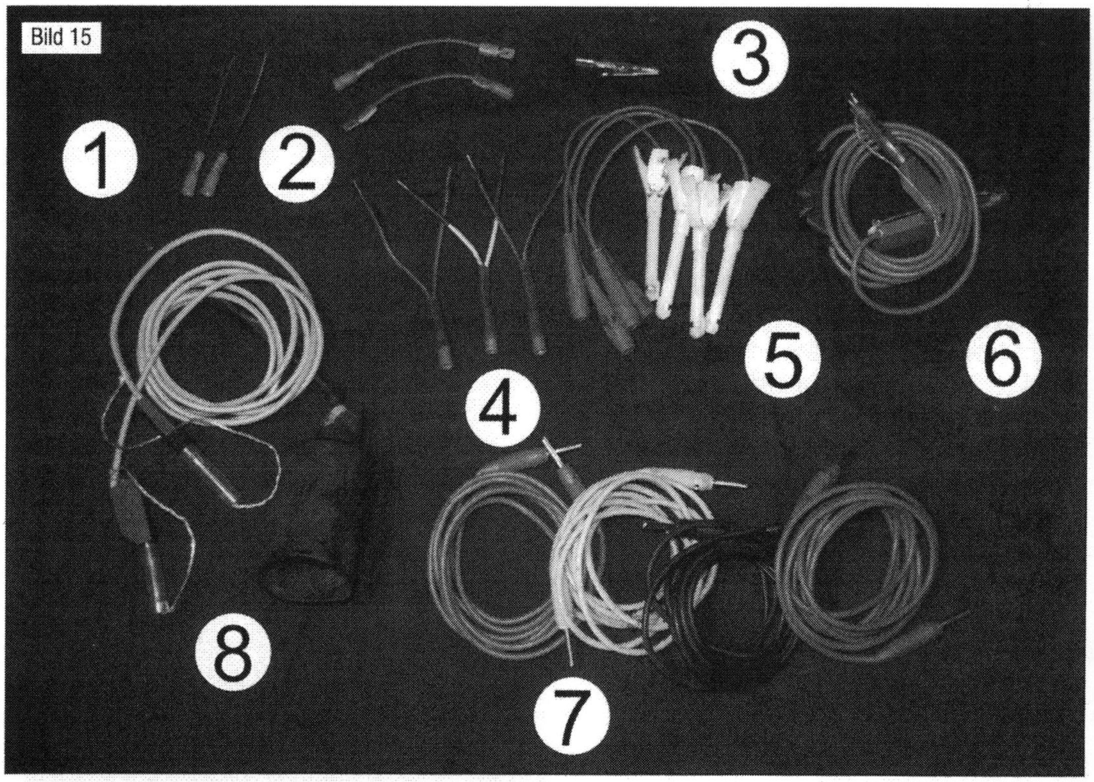

Bild 16
Klein aber wachsam.

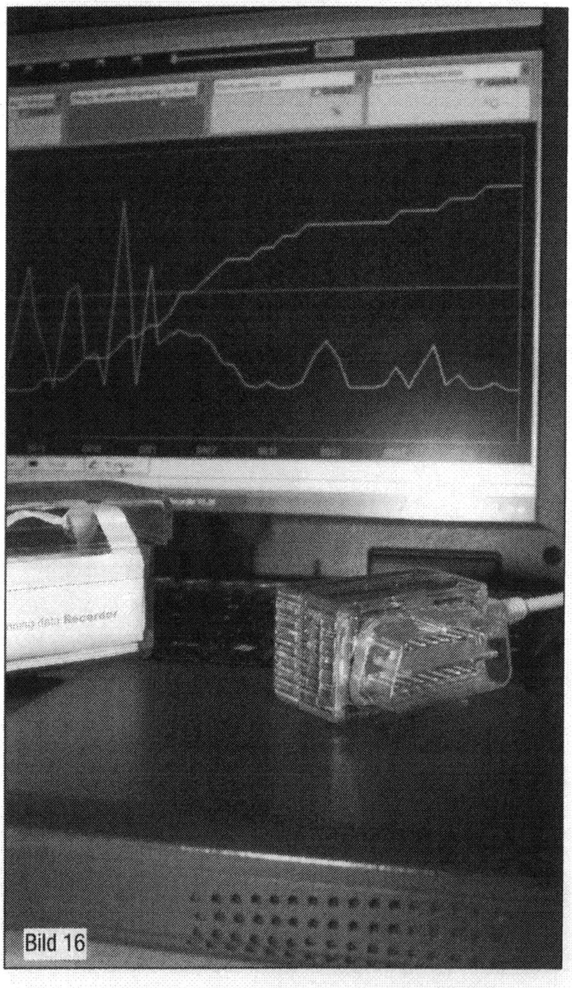

4 Die Motoren

Beim Fabia II gibt es eine große Motorenvielfalt. Angefangen bei den kleinen 1,2 l 44 kW (60 PS) Benzinern bis hin zu den bärenstarken 1,4 TSI 132 kW (180 PS) Benzin- und 1,6 TDI CR 77 kW (105 PS) Diesel-Motoren.
Da eine eingehende Betrachtung aller jemals im Fabia verbauten Motoren den Rahmen dieses Bandes deutlich übersteigen würde, befassen wir uns im Nachfolgenden exemplarisch mit den wichtigsten Aggregaten. Wir bitten an dieser Stelle schon einmal um Ihr Verständnis.
Eine Übersicht der Motorisierungen finden Sie in Kapitel 16.

Regeln und Maßnahmen für einwandfreie Funktion und Sauberkeit

⚠ Um vor, nach und während aller Instandsetzungs- und Wartungsarbeiten die größtmögliche Sicherheit zu gewährleisten sind folgende Punkte unbedingt zu beachten:
- Nehmen Sie nur Arbeiten vor, die Sie auch wirklich beherrschen.
- Legen Sie niemals Werkzeuge oder Ersatzteile auf der Batterie ab.
- Klemmen Sie vor Arbeiten an der elektrischen Anlage den Minuspol der Batterie ab.
- Berühren Sie niemals die Teile der Zündanlage bei laufendem Motor (Hochspannung – Lebensgefahr!!)
- Die Leitungen des Kraftstoffsystems stehen unter Druck.
- Öffnen Sie niemals das Kühlsystem bei heißem Motor.
- Legen Sie die ausgebauten Teile stets auf einem sauberen Untergrund ab.
- Verwenden Sie zur Reinigung nur fusselfreie Tücher.
- Verwenden Sie ausschließlich hochwertige Ersatzteile, wie z. B. Originalteile oder Teile in Erstausrüsterqualität.

Motorabdeckung aus- und einbauen

Um am Motor des Fabia alle Wartungs- und Reparaturarbeiten durchführen zu können, ist es in vielen Fällen notwendig zunächst die obere Motorabdeckung, sofern vorhanden, auszubauen. Dies ist problemlos und ohne Werkzeug möglich. Die Motorabdeckung wird einfach mit den Händen gefasst und mit einer ruckartigen Bewegung nach oben gezogen. Dadurch lösen sich die zur Befestigung vorgesehenen Kugelköpfe aus den zugehörigen Kugelpfannen. Lediglich bei den 1,9 TDI-Motoren (hier gibt es zwei verschiedene Varianten, siehe Bilder 1-6) und dem 1,4 TSI muss die Abdeckung im vorderen Bereich aus den Kugelpfannen gezogen werden, um sie danach durch leichtes Ziehen nach vorne aus der hinteren Befestigung zu lösen.
Der Einbau erfolgt in umgekehrter Reihenfolge. Hierzu empfiehlt es sich die Kugelpfannen leicht mit etwas Universalschmiermittel zu benetzen. Dadurch lassen sich die Kugelköpfe leichter einrasten. Weiterhin ist

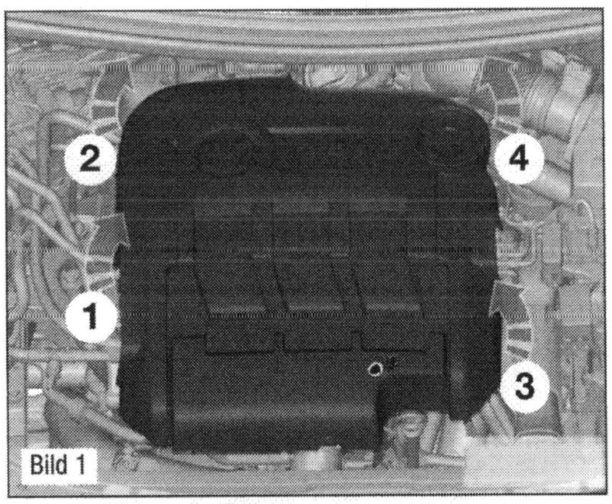

Bild 1
Obere Motorabdeckung 1,2 TDI.
Abdeckung in der Reihenfolge der Nummerierung abheben

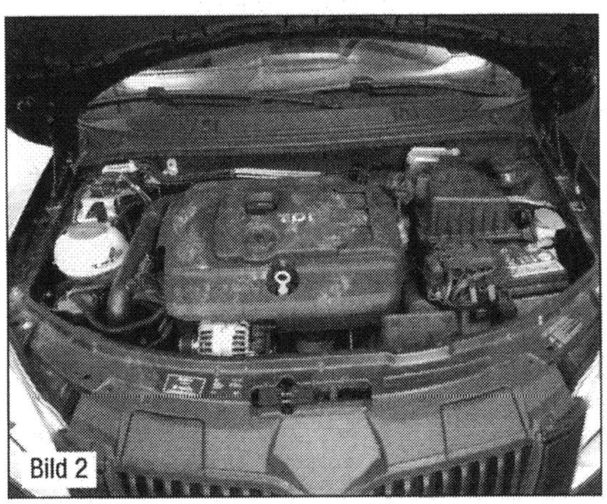

Bild 2
Obere Motorabdeckung 1,4 TDI.

zu überprüfen, ob die Kugelpfannen noch in der korrekten Position sitzen. Ansonsten können die Kugelpfannen bei der Montage abbrechen.

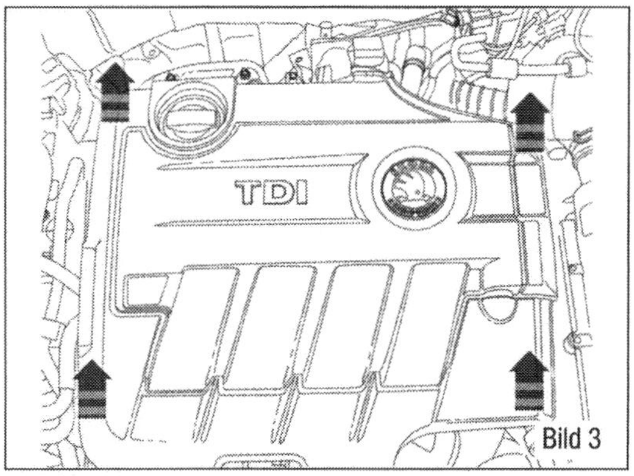

Bild 3
Obere Motorabdeckung
1,6 TDI.

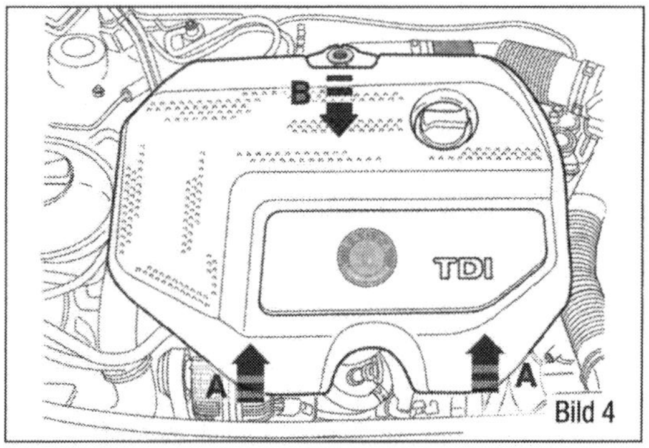

Bild 4
Obere Motorabdeckung
1,9 TDI.

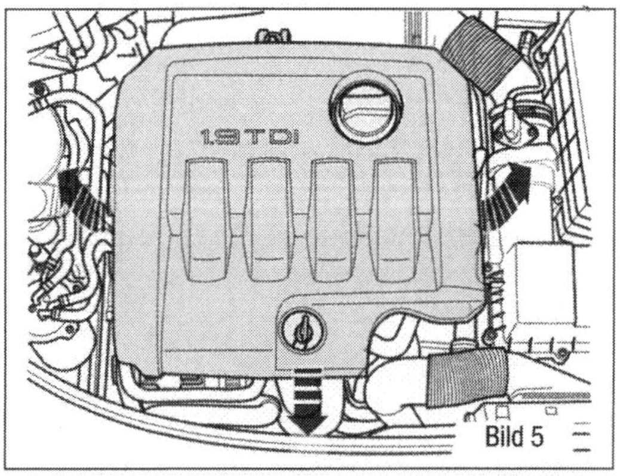

Bild 5
Obere Motorabdeckung
1,9 TDI.

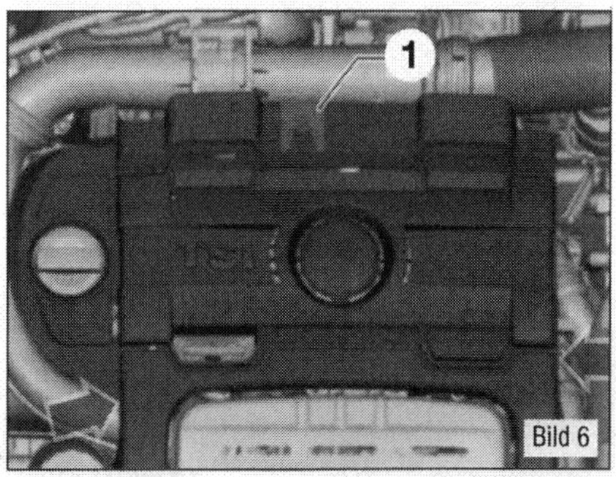

Bild 6
Obere Motorabdeckung
1,4 TSI.
1 Kugelpfanne

Sichtprüfung Motor, Motorraum, Keilrippenriemen

Bei allen Wartungs- und Reparaturarbeiten sollte zunächst immer eine Sichtprüfung durchgeführt werden. Hierbei sind folgende Punkte besonders zu beachten:

- Motor und Teile im Motorraum auf Undichtigkeiten und Beschädigungen prüfen (von oben sowie von unten).
- Leitungen, Schläuche und Anschlüsse der Kraftstoffanlage und des Kühl- und Heizsystems auf Undichtigkeiten, Scheuerstellen, Porosität und Brüchigkeit prüfen.
- Getriebe bzw. Achsantrieb auf Undichtigkeiten prüfen (z. B. Ablassschraube, Antriebswellen, Schaltgestänge usw.).
- Lenkung, Dichtmanschetten der Spurstangenendstücke sowie Lenkmanschetten auf Beschädigungen und auf richtigen Sitz prüfen.
- Gelenkschutzhüllen der Achsgelenke auf Beschädigungen, Undichtigkeiten und auf richtigen Sitz prüfen.
- Keilrippenriemen auf korrekten Sitz und Porosität prüfen.

Keilrippenriemen aus- und einbauen

1,2 Liter TSI (Bilder 7 und 8)

Ausbau

Für Fahrzeuge mit Klimaanlage

- Zum Entspannen des Keilrippenriemens Spannvorrichtung mittels Ringschlüssel SW 16 schwenken.
- Spannelement mit dem Absteckdorn (T10060 A) arretieren.

Für Fahrzeuge ohne Klimaanlage

- Spannvorrichtung mit dem Absteckdorn (T10060 A) schwenken und arretieren, dadurch wird der Keilrippenriemen entspannt.

Fortsetzung für alle Fahrzeuge

- Keilrippenriemen abnehmen.

Einbau

- Keilrippenriemen zuerst auf die Kurbelwellen-Riemenscheibe legen. Zuletzt den Riemen auf die Spannrolle schieben.

■ Der weitere Einbau erfolgt in umgekehrter Reihenfolge zum Ausbau.
■ Motor starten und Keilrippenriemenlauf prüfen.

1,4 Liter TDI (Bild 9)
Für Fahrzeuge ohne Klimaanlage
■ Motorabdeckung an den Seiten anheben und nach oben abnehmen.
■ Laufrichtung des Keilrippenriemens kennzeichnen.
■ Befestigungsschrauben für Generator lösen.
■ Spannhebel (MP1-203 (3297) ansetzen, durch Hineinschieben des Stiftes sichern und Drehstromgenerator nach unten drücken.
■ Gelösten Keilrippenriemen von Drehstromgenerator-Riemenscheibe abnehmen.

Der Einbau erfolgt in sinngemäß umgekehrter Reihenfolge.
Die Spannung des Riemens erfolgt automatisch über den Generator.

Für Fahrzeuge mit Klimaanlage
■ Motorabdeckung an den Seiten anheben und nach oben abnehmen.
■ Ladeluftrohr oben mit Verbindungsschlauch ausbauen.
■ Laufrichtung des Keilrippenriemens kennzeichnen.

Für Motor mit Motorkennbuchstaben BNM, BNV
■ Keilrippenriemen durch Drehen der Spannrolle nach rechts lösen.
■ Spannrolle mit Absteckdorn (T10060A) arretieren.

Für Motor mit Motorkennbuchstaben BMS
■ Spannrolle mit einem Schlüssel herausschwenken.

Fortsetzung für alle Fahrzeuge
■ Keilrippenriemen abnehmen.

Der Einbau erfolgt in sinngemäß umgekehrter Reihenfolge.

1,4 Liter TSI (Bilder 10 und 11)
Für alle Fahrzeuge
■ Geräuschdämpfung ausbauen.
■ Radhausschale rechts ausbauen.

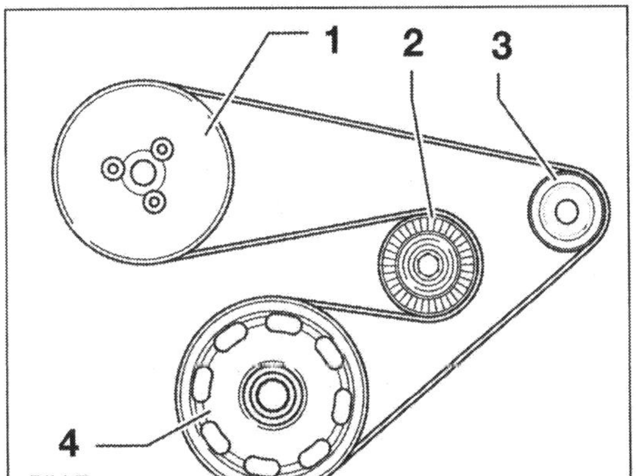

Bild 7

Bild 7
Riemenverlauf ohne Klimaanlage.
1 Riemenscheibe Kühlmittelpumpe
2 Spannrolle
3 Riemenscheibe Drehstromgenerator
4 Riemenscheibe Kurbelwelle

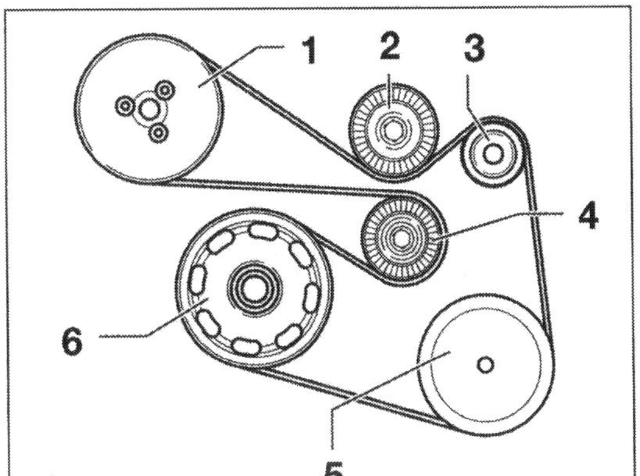

Bild 8

Bild 8
Riemenverlauf mit Klimaanlage.
1 Riemenscheibe Kühlmittelpumpe
2 Umlenkrolle
3 Riemenscheibe Drehstromgenerator
4 Spannrolle
5 Riemenscheibe Klimakompressor
6 Riemenscheibe Kurbelwelle

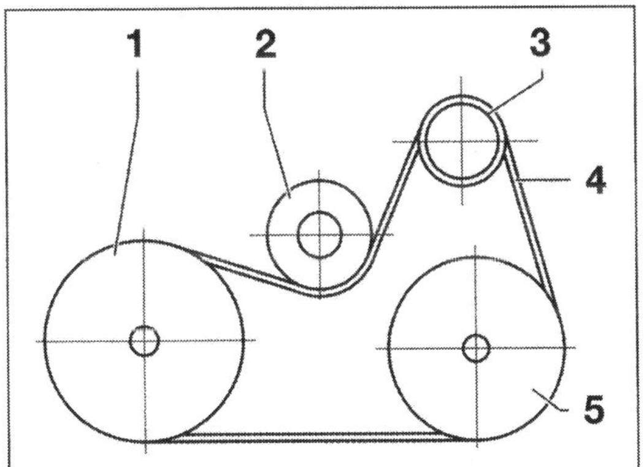

Bild 9

Bild 9
1 Riemenscheibe Kurbelwelle
2 Spannrolle
3 Riemenscheibe Drehstromgenerator
4 Keilrippenriemen
5 Riemenscheibe Klimakompressor

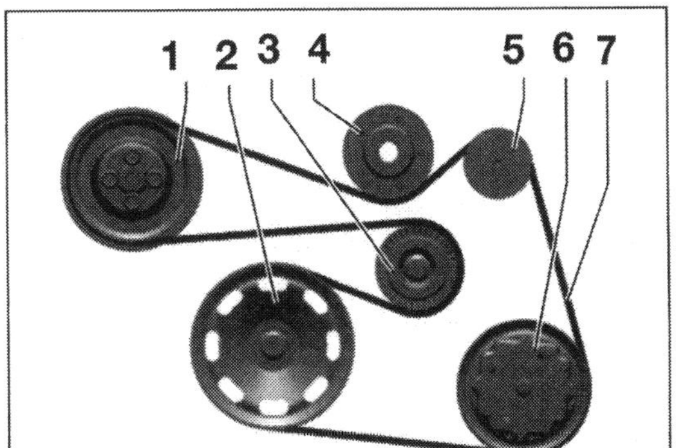

Bild 10

Bild 10
1 Riemenscheibe Kühlmittelpumpe
2 Riemenscheibe Kurbelwelle
3 untere Spannrolle
4 obere Spannrolle
5 Riemenscheibe Drehstromgenerator
6 Riemenscheibe Klimakompressor
7 Keilrippenriemen

Sichtprüfung Messen

Bild 11
1 Riemenscheibe Kompressor
2 Spannrolle
3 Riemenscheibe, Kühlmittelpumpe mit Riemenscheibe, Magnetkupplung für Kompressor N421
4 Keilrippenriemen

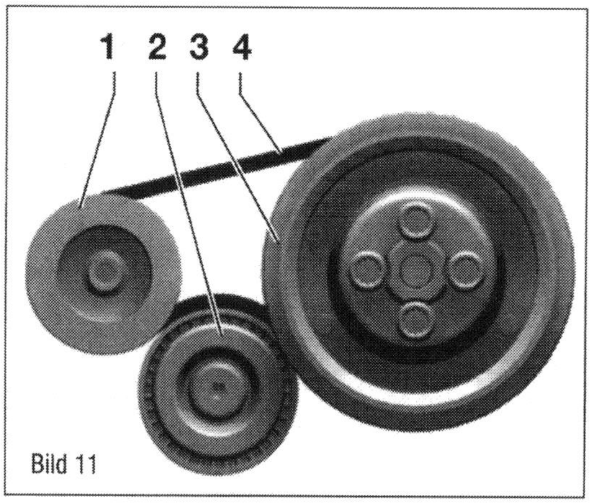

Bild 11

Für Fahrzeuge ohne Klimaanlage

■ Zum Entspannen des Keilrippenriemens Spannelement von oben mit einem Schraubenschlüssel Schlüsselweite 16 nach unten schwenken.

■ Spannelement mit dem Absteckdorn (T10060 A) arretieren.

Für Fahrzeuge mit Klimaanlage

■ Zum Entspannen des Keilrippenriemens das Spannelement von unten mit einem Schraubenschlüssel Schlüsselweite 16 nach unten schwenken.

■ Spannelement mit einem 4-mm-Innensechskantschlüssel arretieren.

Fortsetzung für alle Fahrzeuge

■ Keilrippenriemen abnehmen.

Zahnriemen und -schutz aus- und einbauen

Der Ausbau des Zahnriemens kann aus unterschiedlichen Gründen erforderlich werden. Nicht nur der Wechsel des Zahnriemens aus wartungstechnischer Sicht ist ein Grund dafür. Es kommt zwar selten vor, aber auch eine beschädigte Spannrolle kann den Zahnriemen beschädigen und so einen Wechsel nötig machen. Auch die Demontage des Zylinderkopfes macht einen Ausbau des Zahnriemens erforderlich.

☞ Grundsätzlich ist der Wechsel eines Zahnriemens nicht so schwierig, wie man immer annimmt. Jedoch erfordern diese Arbeiten den Einsatz von Spezialwerkzeug. Gerade in der VW-Gruppe ist dies immer vorgeschrieben und auch sehr hilfreich. Einige Werkzeuge lassen sich jedoch mit ein wenig Geschick und Phantasie durch andere Hilfsmittel ersetzen. So eignen sich z. B. als Ersatz für Arretierungsbolzen auch Schrauben oder Bohrer mit entsprechendem Durchmesser. In der Praxis hat es sich immer wieder als sehr hilfreich herausgestellt, wenn man zusätzlich mit einem hellen Lackstift noch Farbmarkierungen auf den Riemenrädern und am Motor anbringt.

⚠ Natürlich handelt es sich hier aber nicht um eine Arbeit, die Sie als Unerfahrener in Angriff nehmen sollten. Ein kleiner Irrtum hinsichtlich der Steuerzeiten kann immerhin einen kapitalen Motorschaden zur Folge haben. Dieses Kapitel stellt Ihnen alle Arbeiten vor, die Sie zum Wechsel benötigen. Weiterhin stellen wir Ihnen Bildmaterial mit den jeweiligen OT-Markierungen zur Verfügung. Beachten Sie immer, dass Sie auch die richtigen Ersatzteile haben. Gerade im Bereich der Zahnriemen und Spannrollen gibt es einige kleine, aber durchaus wichtige Unterschiede. Dies nicht selten auch bei den gleichen Motorkennbuchstaben. Am besten fragen Sie immer bei Ihrem Škoda-Vertragshändler nach den passenden Ersatzteilen. Hier berät man Sie auch gleich, welche Teile Sie auf jeden Fall mit wechseln sollten. Spannrollen haben nicht immer den gleichen Wechselintervall wie Zahnriemen. Jedoch empfiehlt es sich diese immer mit zu wechseln. Weiterhin sollten bei einigen Motoren auch die Stehbolzen für die Spannrollenbefestigung ersetzt werden. Und wenn man schon mal »den halben Motor« auseinander hat, sollte man auch gleich die Wasserpumpe erneuern. Die kostet jetzt nämlich nicht viel mehr und ist mit geringer Mehrarbeit eingebaut. Sollten Sie die Wasserpumpe einzeln wechseln wollen, kommt der gleiche Arbeitsaufwand wie für den Zahnriemen erneut auf Sie zu.

☞ Tragen Sie den Zahnriemenwechsel immer im Serviceheft ein!

Zahnriemenwechsel am 1,4 MPI Motor (BXW, CGGB)

Bild 12

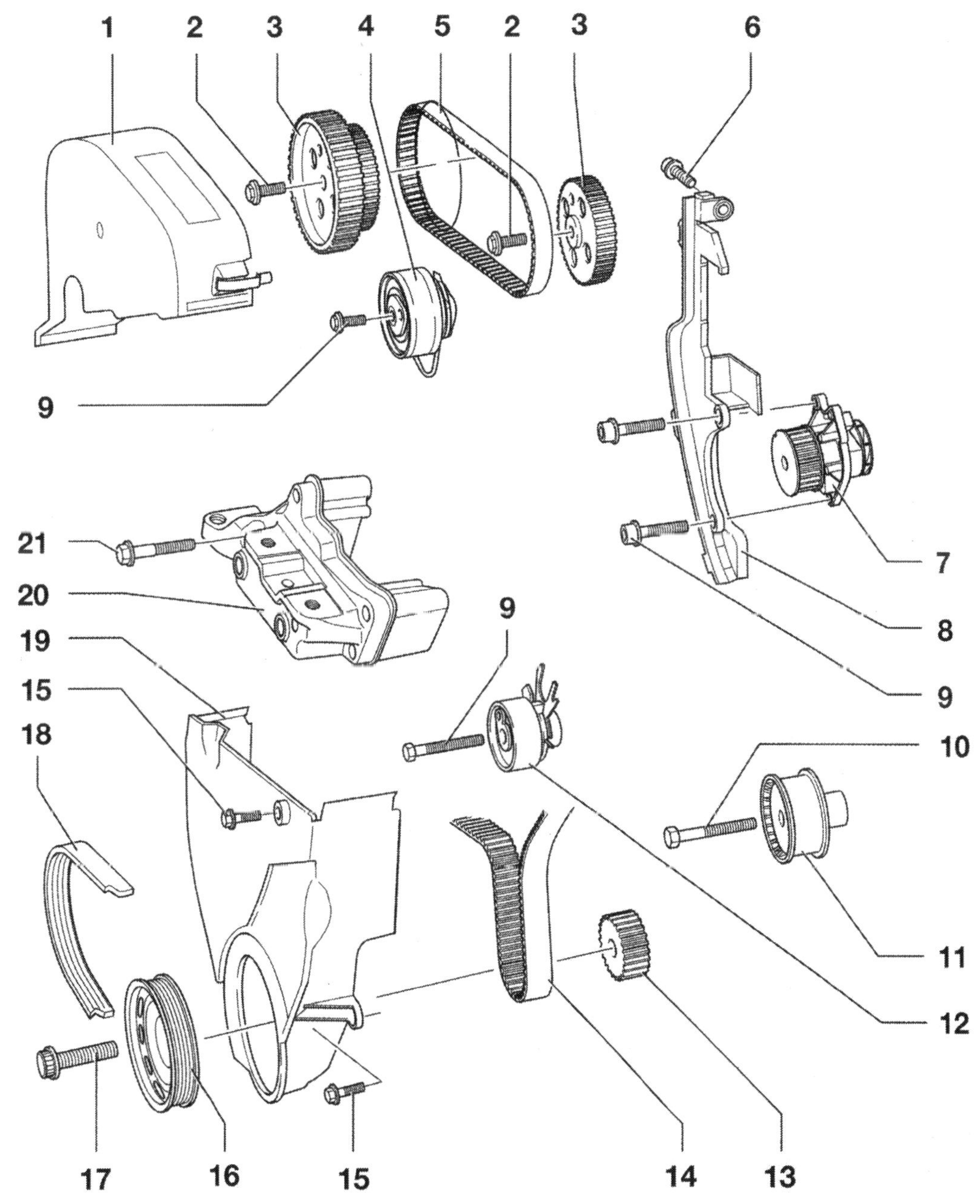

Bild 12
1 Zahnriemenschutz Oberteil
2 Schraube Nockenwellenrad
3 Nockenwellenrad
4 Spannrolle oben
5 Zahnriemen Nockenwelle
6 Schraube
7 Kühlmittelpumpe
8 Abdeckung hinten
9 Schraube
10 Schraube
11 Umlenkrolle
12 Spannrolle unten
13 Rad Kurbelwelle
14 Zahnriemen unten
15 Schraube
16 Riemenscheibe Kurbelwelle
17 Schraube
18 Keilrippenriemen
19 Zahnriemenabdeckung unten
20 Motorhalterung
21 Schraube

Sichtprüfung Messen

Ausbau (Bild 12)

■ Zahnriemenschutz-Oberteil ausbauen.
■ Geräuschdämpfung ausbauen.
■ Radhausschale vorn rechts ausbauen.
■ Keilrippenriemen ausbauen.
■ Kurbelwelle auf oberen Totpunkt Zylinder 1 stellen. Die Kerbe auf der Riemenscheibe muss mit der Kante der Markierung übereinstimmen.
■ Fixierbohrungen in den Nockenwellenrädern müssen mit den Passbohrungen in der Zylinderkopfhaube fluchten.
■ Abfangvorrichtung MP9-200 (10-222A) gemäß Bild 13 aufsetzen und Motor in Einbaulage abfangen.
■ Einfüllstutzen vom Scheibenwaschbehälter abschrauben.
■ Kühlmittelausgleichsbehälter abschrauben und zur Seite legen (Schläuche bleiben angeschlossen).
■ Befestigungsschrauben für Aggregatelagerung auf Riemenscheibenseite herausschrauben und Aggregatelagerung komplett ausbauen.
■ Motorhalter am Zylinderkopf ausbauen.
■ Laufrichtung beider Zahnriemen kennzeichnen. Beide Nockenwellenräder mit Nockenwellenarretierung (T 10016) wie folgt fixieren:
■ Die beiden Fixierstifte durch die Fixierbohrungen der Nockenwellenräder bis Anschlag in die Passbohrungen der Zylinderkopfhaube stecken.
■ Halter bis Anschlag an das Nockenwellenrad schieben.
■ Befestigungsschraube für Riemenscheibe und Zahnriemenrad lösen. Riemenscheibe mit Gegenhalter T30004 (3415) und Zapfen T30004/1 (3415/1) gegenhalten.
■ Riemenscheibe abnehmen. Zum Sichern des Zahnriemenrads Befestigungsschraube mit 2 Unterlegscheiben einschrauben.

Fahrzeuge mit Klimaanlage

■ Spannrolle für Keilrippenriemen ausbauen.

Für alle Fahrzeuge

■ Zahnriemenschutz-Unterteil ausbauen.

Haupttriebzahnriemen ausbauen

■ Haupttriebspannrolle lösen und Zahnriemen durch Drehen der Spannrolle gegen den Uhrzeigersinn lösen.
■ Spannschraube der Spannrolle loslassen.
■ Spannrolle ausbauen.
■ Nockenwellenarretierung T 10016 abnehmen.
■ Zahnriemen abnehmen.
■ Beide Nockenwellenräder mit Nockenwellenarretierung T 10016 fixieren.

Koppeltriebzahnriemen ausbauen

■ Koppeltriebspannrolle lösen und Zahnriemen durch Drehen der Spannrolle im Uhrzeigersinn lösen.
■ Koppeltriebspannrolle ausbauen.
■ Zahnriemen abnehmen.

Einbau

Der Einbau erfolgt sinngemäß in umgekehrter Reihenfolge. Details zur Einstellung beschreiben wir nachfolgend näher.

■ Kurbelwelle auf oberen Totpunkt Zylinder 1 stellen. Der abgeschrägte Zahn muss mit der Markierung am Dichtflansch übereinstimmen.
■ Koppeltrieb-Zahnriemen auflegen. Bei einem gelaufenen Zahnriemen die Laufrichtung beachten.

Koppeltriebspannrolle wie folgt einbauen:

■ Koppeltriebspannrolle mit Schlüssel im Innensechskant im Uhrzeigersinn in Richtung Markierungsfenster drehen (Spannrolle in entspannter Stellung).
■ Unteren Teil des Koppeltrieb-Zahnriemens mit Spannrolle nach oben drücken und Befestigungsschraube der Spannrolle einschrauben.
■ Befestigungsschraube von Hand anziehen. Die Nase der Grundplatte muss in die Bohrung im Zylinderkopf eingreifen.
■ Anschließend Zahnriemen durch Drehen der Spannrolle gegen den Uhrzeigersinn spannen, bis der Zeiger über der Nase der Grundplatte im Markierungsfenster steht.
■ Befestigungsschraube an der Spannrolle festziehen. Anzugsdrehmoment: 20 Nm.
■ Nockenwellenarretierung T 10016 abnehmen.
■ Kurbelwelle bzw. das Zahnriemenrad vom oberen Totpunkt einen halben Zahn gegen den Uhrzeigersinn drehen (ca. 1,5 mm).
■ Haupttrieb-Zahnriemen auflegen.
■ Beide Nockenwellenräder mit Nockenwellenarretierung T 10016 fixieren.

Wurde die Spannrolle vorher ausgebaut, Spannrolle wie folgt einbauen:

■ Spannrolle mit Innensechskant gegen den Uhrzeigersinn in die markierte Stellung drehen.

■ Befestigungsschraube von Hand anziehen. Die Schraube im Zylinderblock muss in die Aussparung in der Grundplatte eingreifen.

■ Anschließend Zahnriemen durch Drehen der Spannrolle in Pfeilrichtung spannen, bis der Zeiger (siehe Position 2 in Bild 32) über der Kerbe in der Grundplatte steht.

■ Befestigungsschraube an der Spannrolle festziehen. Anzugsdrehmoment: 20 Nm.

■ Nockenwellenarretierung T 10016 entfernen.

■ Motor 2 Umdrehungen durchdrehen und Steuerzeiten nochmals überprüfen.

Die Montage der restlichen Bauteile erfolgt in umgekehrter Reihenfolge wie beim Ausbau.

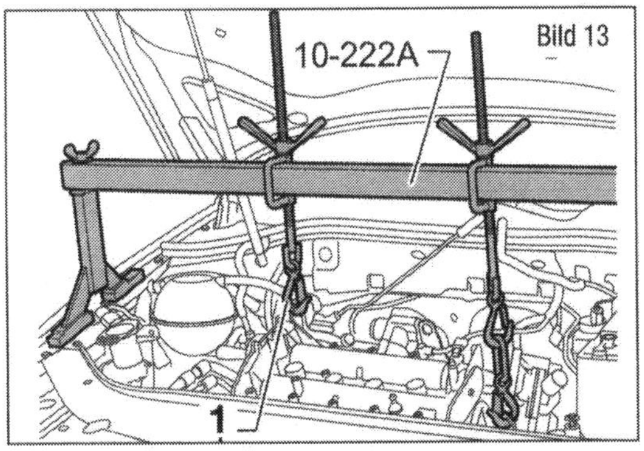

Bild 13
Abfangvorrichtung MP9-200 (10-222A) aufsetzen.
1 Haken

Schrauben/Muttern	Drehmoment
Schraube Nockenwellenrad Stufe 1 (ersetzen)	20 Nm
Schraube Nockenwellenrad Stufe 2	90°
Schraube Zahnriemenschutz	10 Nm
Schraube Wasserpumpe	20 Nm
Schraube Umlenkrolle	50 Nm
Schrauben Zahnriemenabdeckung unten	15 Nm
Schraube Riemenscheibe Stufe 1 (ersetzen)	150 Nm
Schraube Riemenscheibe Stufe 2	180°
Schrauben Motorhalter (ersetzen)	50 Nm

Zahnriemenwechsel am 1,2 TDI CR (CFWA)

Ausbau (Bild 14)

■ Schalthebel in Leerlaufstellung bringen, um die Kurbelwelle drehen zu können.

■ Zündung ausschalten und Zündschlüssel abziehen.

■ Motorabdeckung ausbauen.

■ Geräuschdämpfung ausbauen.

■ Kurbelwellen-Riemenscheibe ausbauen.

■ Zahnriemenschutz-Oberteil abnehmen, dazu Halteklammern entriegeln.

■ Schrauben herausdrehen.

■ Zahnriemenschutz-Unterteil abnehmen.

■ Kurbelwelle in Motordrehrichtung auf OT drehen und Kurbelwellen-Zahnriemenrad mit dem Kurbelwellenstop T10050 sichern. Dazu den Kurbelwellenstop von der Stirnseite des Kurbelwellen-Zahnriemenrads her in dessen Verzahnung schieben.

Der Pfeil am Nockenwellenrad muss nahezu in Position »12 Uhr« stehen. Steht der Pfeil nahezu in Position »6 Uhr«, Kurbelwelle 1 Umdrehung (360°) weiterdrehen.

■ Schrauben für Nockenwellenrad nacheinander herausschrauben, Schrauben ersetzen und neue Schrauben bis kurz vor Anschlag eindrehen.

■ Nacheinander die Schrauben des Zahnriemenrads der Hochdruckpumpe mit dem Steckeinsatz XZN 10 (T10385) herausdrehen, die Schrauben ersetzen und die neuen Schrauben bis kurz vor Anschlag eindrehen.

■ Mutter für Spannrolle lösen.

■ Den Exzenter der Spannrolle mit dem Winkelschraubendreher T10264 in Pfeilrichtung (entgegen dem Uhrzeigersinn) drehen, bis sich die Spannrolle mit dem Absteckwerkzeug T10265 arretieren lässt.

■ Dann den Exzenter der Spannrolle mit dem Winkelschraubendreher T10264 in Pfeilrichtung bis zum Anschlag drehen und Mutter handfest anziehen.

■ Zahnriemen zuerst von der großen Umlenkrolle und dann von den übrigen Zahnriemenrädern abnehmen.

Sichtprüfung Messen

Bild 14
1 Zahnriemen
2 Schraube Riemenrad
3 Zahnriemenrad
4 Schraube
5 Umlenkrolle, unten
6 Mutter
7 Spannrolle
8 Schraube
9 Zahnriemenrad
10 Schraube
11 Schraube
12 Nabe
13 Zahnriemenschutz hinten
14 Schraube
15 Schraube
16 Umlenkrolle, oben
17 Schraube
18 Nabe
19 Mutter
20 Zahnriemenrad
21 Schraube
22 Kühlmittelpumpe
23 Schraube
24 Zahnriemenschutz-Oberteil
25 Zahnriemenschutz-Unterteil
26 Schraube
27 Schraube
28 Kurbelwellen-Riemenscheibe
29 Schraube
30 Schutzblech
31 Schraube
32 otorstütze

Bild 14

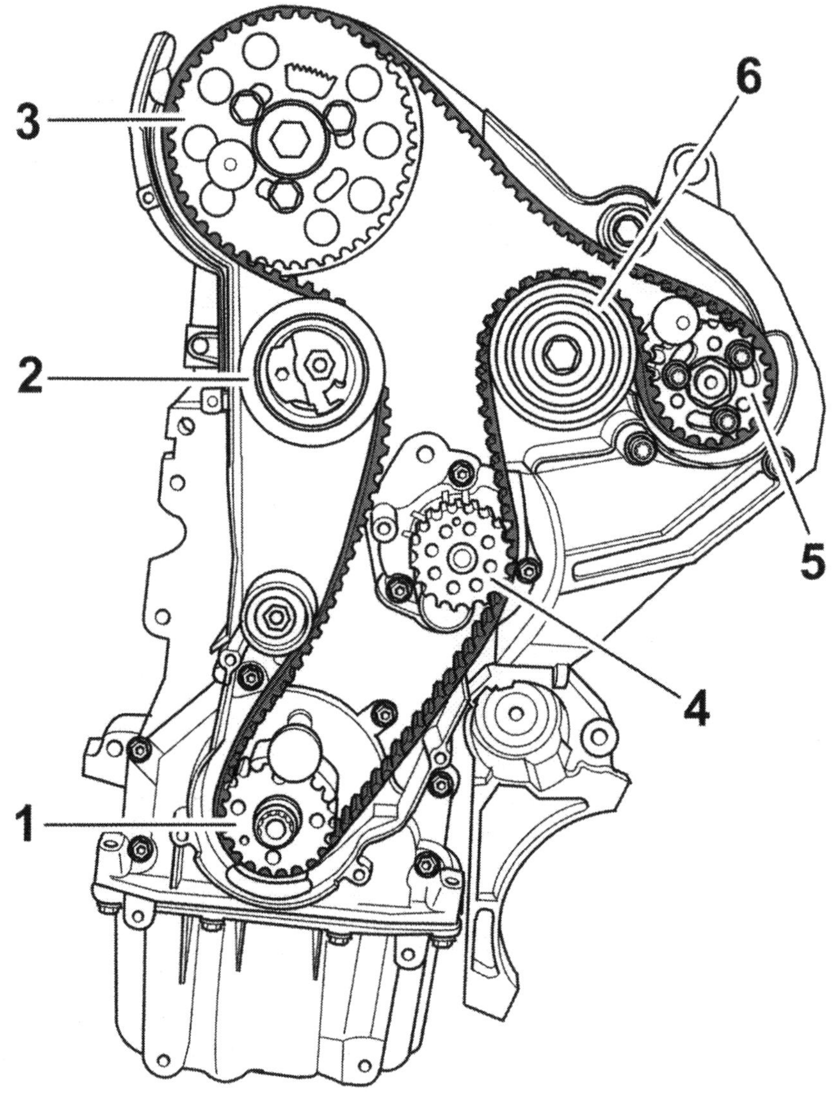

Einbau

Der Einbau erfolgt sinngemäß in umgekehrter Reihenfolge. Details zur Einstellung beschreiben wir nachfolgend näher (Bilder 15 bis 32).

■ Nabe für Nockenwelle mit Absteckstift für Einspritzpumpe (3359) arretieren. Dazu den Absteckstift durch das äußere freie Langloch in die Bohrung des Zylinderkopfes schieben.

■ Handfest angezogene Schrauben wieder lösen.

■ Nabe für Hochdruckpumpe mit Absteckstift für Einspritzpumpe (3359) arretieren. Dazu Absteckstift in die Bohrung des Zahnriemenrads außen einstecken.

■ Nockenwellenrad und Zahnriemenrad an der Hochdruckpumpe in ihren Längslöchern im Uhrzeigersinn bis Anschlag drehen.

■ Zahnriemen in der genannten Reihenfolge auflegen.

1. Kurbelwellen-Zahnriemenrad
2. Spannrolle
3. Nockenwellenrad
4. Zahnriemenrad an der Kühlmittelpumpe
5. Zahnriemenrad an der Hochdruckpumpe
6. Umlenkrolle

■ Mutter für Spannrolle lösen und Absteckwerkzeug (T10265) entfernen.

■ Gegenhalter (T10172) mit Bolzen (T10172/4) auf Nockenwellenrad aufsetzen.

■ Gegenhalter in Pfeilrichtung drücken und auf Vorspannung halten.

■ Schrauben für Nockenwellenrad und Schrauben für Zahnriemenrad an der Hochdruckpumpe in dieser Stellung vorerst mit 20 Nm anziehen.

■ Exzenter der Spannrolle mit dem Winkelschraubendreher (T10264) im Uhrzeigersinn drehen, bis der Zeiger mittig vor der Lücke der Grundplatte steht.

⚠ Die Mutter darf sich nicht mitdrehen.

■ Spannrolle in dieser Stellung halten und Mutter festziehen. Anzugsdrehmoment: 20 Nm + 45° (1/8 Umdrehung) weiterdrehen.

■ Absteckstifte für Diesel-Einspritzpumpe (3359) und Kurbelwellenstop (T10050) entfernen.

■ Steuerzeiten prüfen.

Die Montage der restlichen Bauteile erfolgt in umgekehrter Reihenfolge wie beim Ausbau.

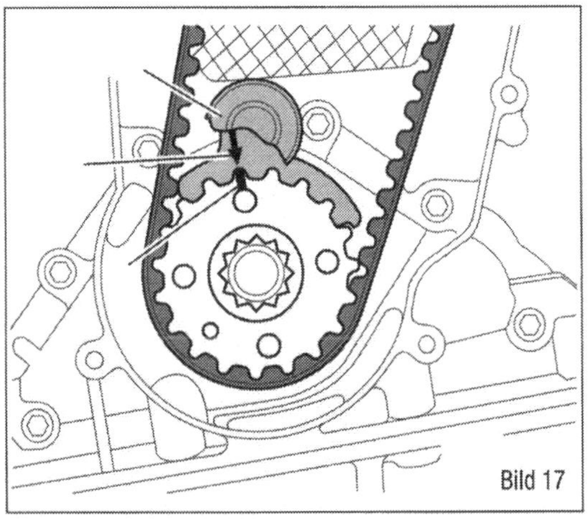

Bild 17
Blockiervorrichtung der Kurbelwelle. Die Markierungen des Zahnriemenrades und der Blockiervorrichtung müssen zueinander passen.

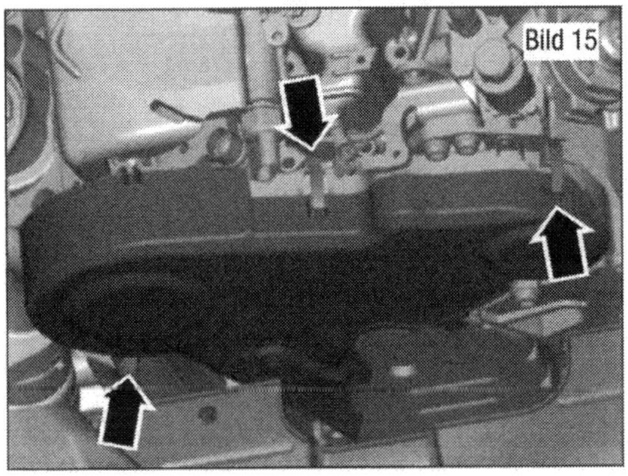

Bild 15
Clipse der oberen Zahnriemenabdeckung.

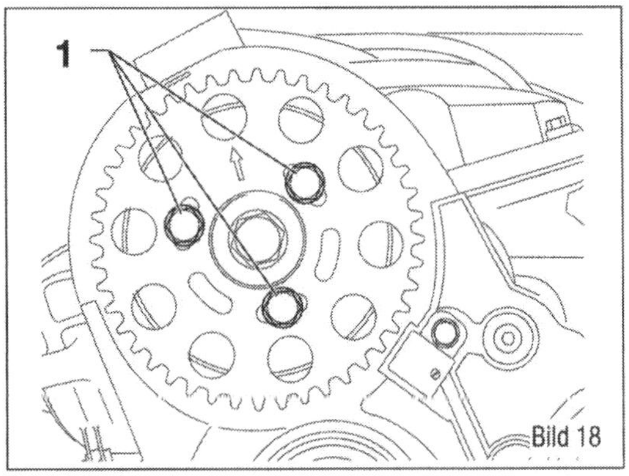

1 Befestigungsschrauben Nockenwellenrad

Bild 18
Der Pfeil auf dem Nockenwellenrad muss ungefähr auf 12 Uhr stehen.

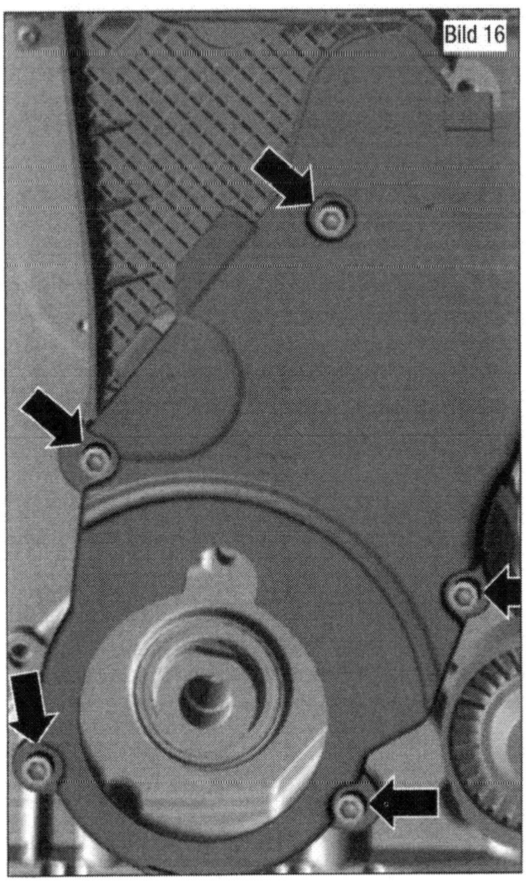

Bild 16
Schrauben der unteren Zahnriemenabdeckung.

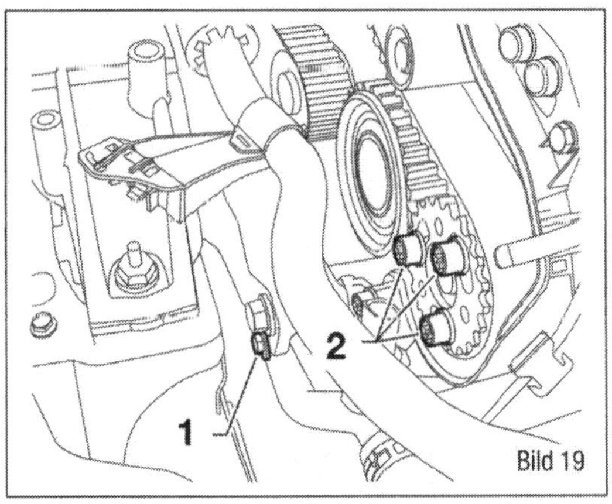

Bild 19
Die Schrauben (2) immer ersetzen.
1 Mutter

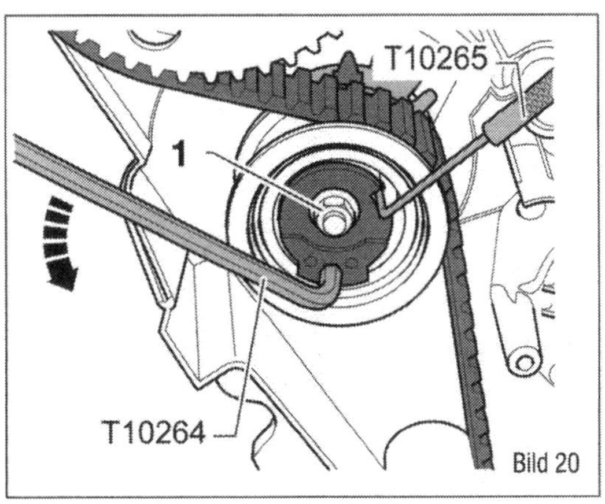

Bild 20
Mutter (1) lösen. Den Exzenter der Spannrolle mit dem Winkelschraubendreher (T10264) in Pfeilrichtung (entgegen dem Uhrzeigersinn) drehen, bis sich die Spannrolle mit dem Absteckwerkzeug (T10265) arretieren lässt.

Bild 21
Dann den Exzenter der Spannrolle mit dem Winkelschraubendreher (T10264) in Pfeilrichtung bis zum Anschlag drehen und Mutter (1) handfest anziehen.

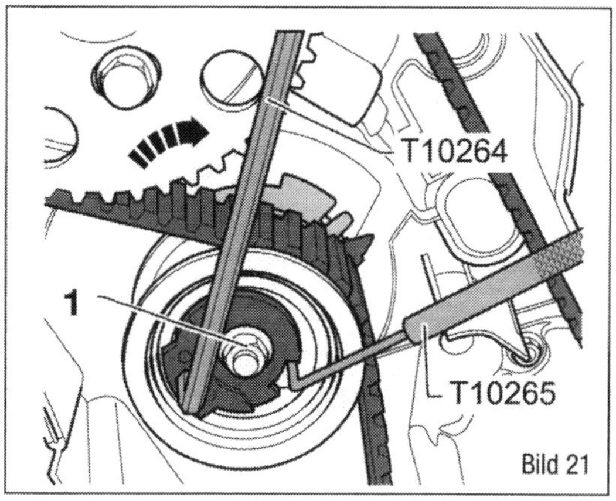

Bild 21

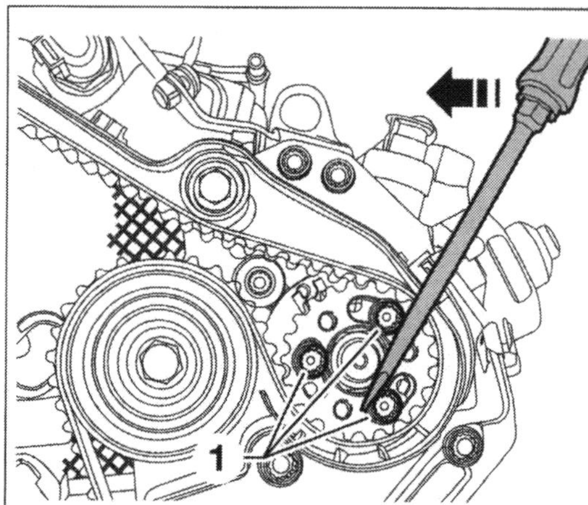

Bild 22
Nockenwellenrad mit Gegenhalter.
1 Befestigungsschrauben Nockenwellenrad

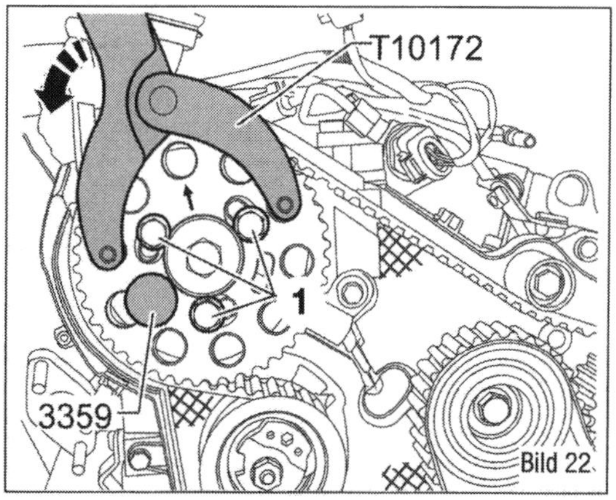

Bild 22

Bild 25
Nabe der Hochdruckpumpe zum Arretieren ggf. mit einem Schraubendreher verdrehen.
1 Befestigungsschrauben Rad Hochdruckpumpe

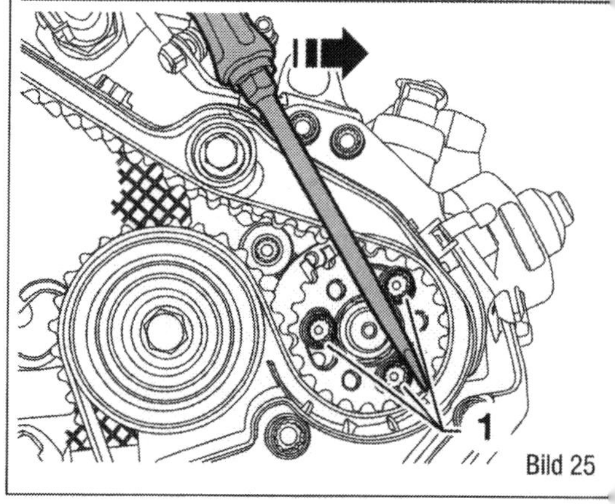

Bild 25

Bild 23
Nockenwelle abstecken.

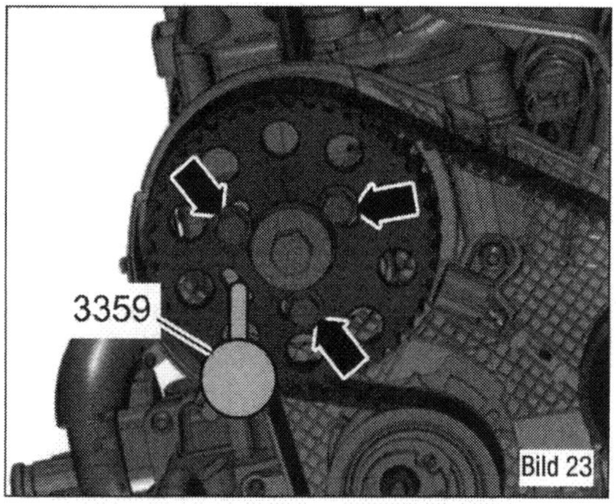

Bild 23

Bild 26
Die Nase der Spannrolle muss richtig im Zahnriemenschutz sitzen.

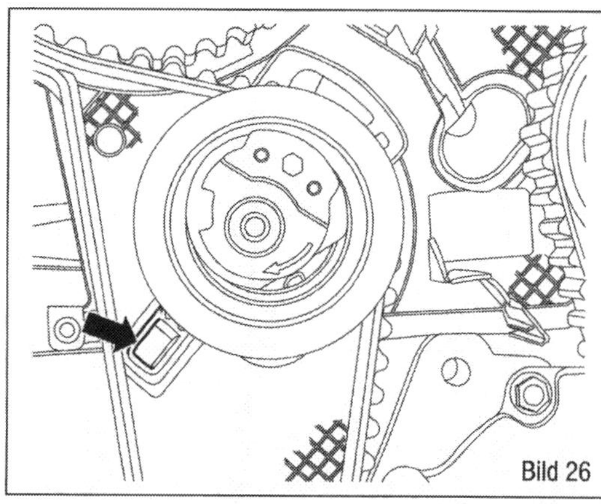
Bild 26

Bild 24
Blockierung der Hochdruckpumpe.
1 Befestigungsschrauben Rad Hochdruckpumpe

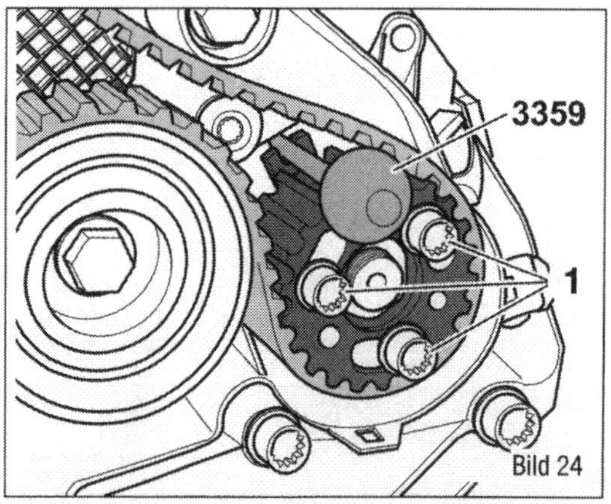

Bild 24

Bild 27
Blockierung der Hochdruckpumpe.
1 Schraube
2 Schraube

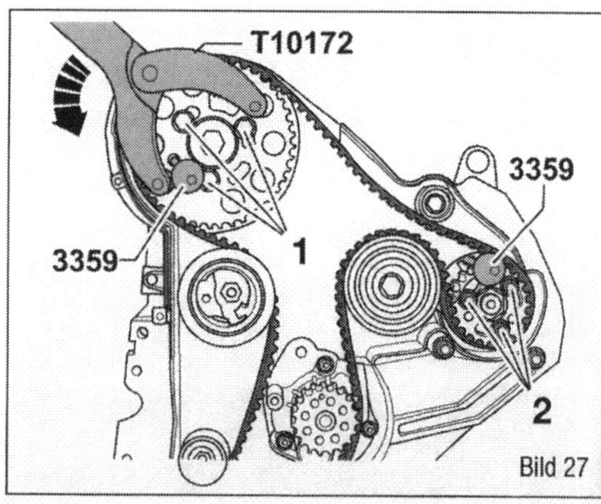

Bild 27

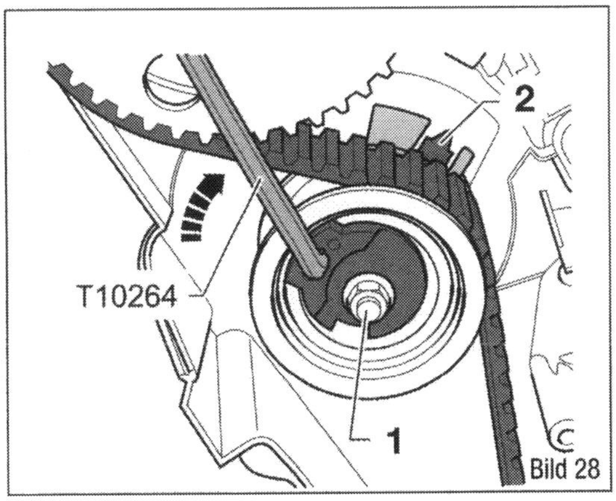

Bild 28

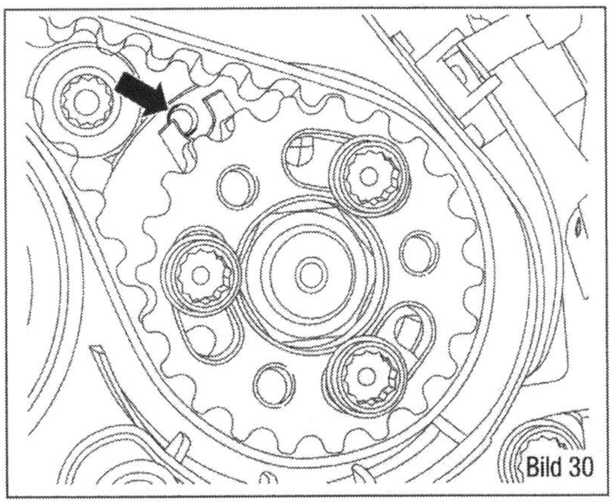
Bild 30

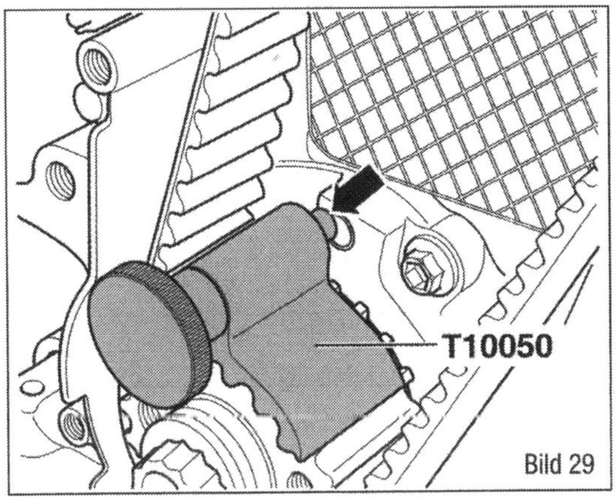

Bild 29

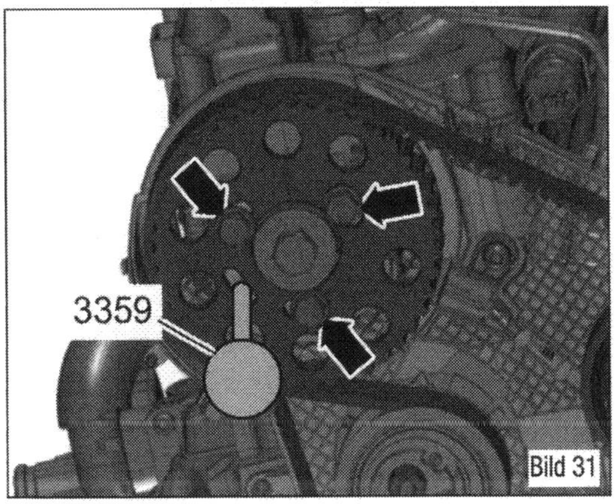

Bild 31

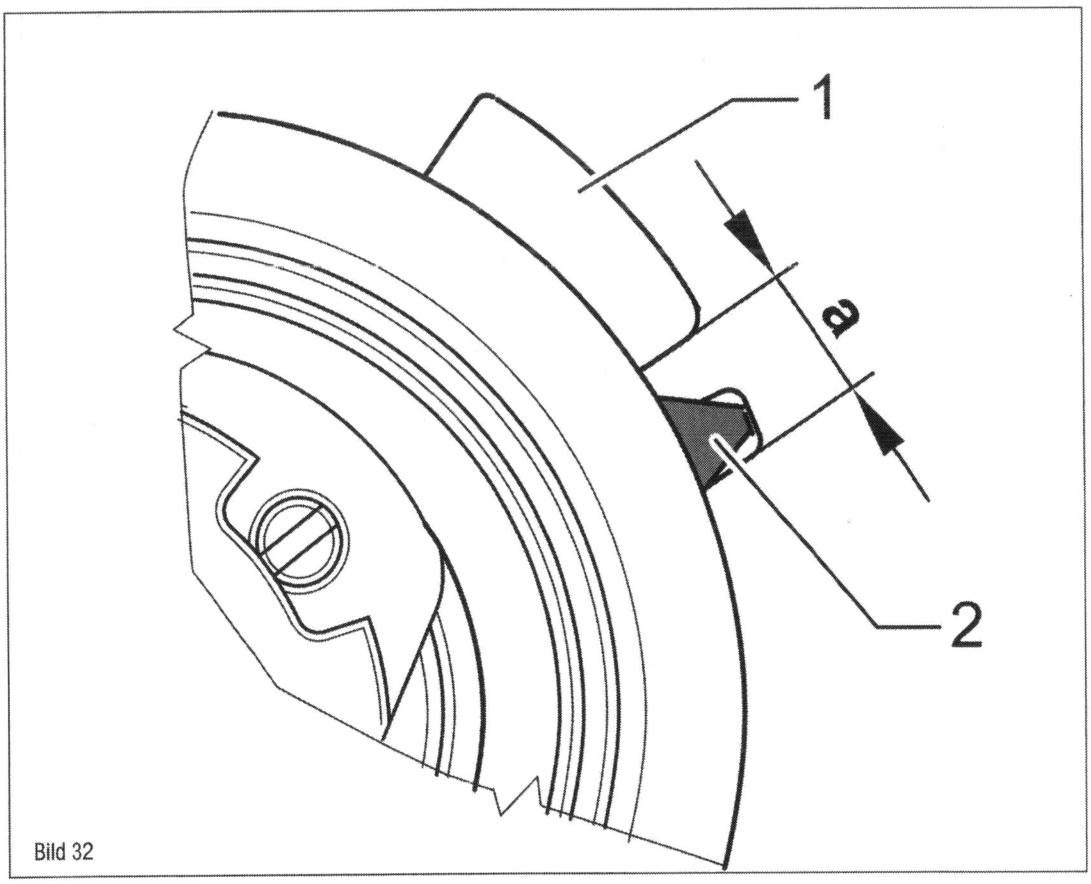

Bild 32

Bild 28
Zum Spannen des Zahnriemens muss der Zeiger mittig in der Lücke stehen (Pfeil).
1 Mutter
2 Zeiger

Bild 30
Position zur Blockierung der Hochdruckpumpe.

Bild 29
Blockierung der Kurbelwelle.

Bild 31
Blockierung der Nockenwelle.

Bild 32
Der Spannrollenzeiger (2) muss im Toleranzbereich (a) der Grundplatte (1) stehen.

Sichtprüfung Messen

Schrauben/Muttern	Drehmoment
Schraube Kurbelwellenrad Stufe 1 (ersetzen)	120 Nm
Schraube Kurbelwellenrad Stufe 2	90°
Schraube Umlenkrolle unten	20 Nm
Mutter Spannrolle Stufe 1	20 Nm
Mutter Spannrolle Stufe 2	45°
Schraube Nockenwellenrad	25 Nm
Schraube Umlenkrolle oben	25 Nm
Schraube Nabe Nockenwelle	100 Nm
Schraube Hochdruckpumpe Stufe 1 (ersetzen)	20 Nm
Schraube Hochdruckpumpe Stufe 2	90°
Schraube Zahnriemenschutz hinten (ersetzen)	10 Nm
Schraube Umlenkrolle Mitte Stufe 1 (ersetzen)	50 Nm
Schraube Umlenkrolle Mitte Stufe 2	90°
Mutter Nabe Hochdruckpumpe	95 Nm
Schraube Rad Hochdruckpumpe Stufe 1 (ersetzen)	20 Nm
Schraube Rad Hochdruckpumpe Stufe 2	90°
Schraube Kühlmittelpumpe	15 Nm
Schraube Zahnriemenabdeckung unten	10 Nm
Schraube Riemenscheibe Stufe 1 (ersetzen)	10 Nm
Schraube Riemenscheibe Stufe 2	90°
Schraube Schutzblech	5 Nm
Schraube Motorstütze Stufe 1 (ersetzen)	7 Nm
Schraube Motorstütze Stufe 2	40 Nm
Schraube Motorstütze Stufe 3	180°

Zahnriemenwechsel am 1,4 TDI (BNM, BNV, BMS)

Ausbau (Bild 33)

■ Motorabdeckung ausbauen.

■ Ladeluftrohr oben mit Verbindungsschlauch ausbauen.

■ Abfangvorrichtung MP 9-200 (10-222A) aufsetzen und Motor mit Spindel in Einbaulage abfangen. Spindel lose hängen lassen.

■ Motorhalter und Motorkonsole ausbauen.

■ Keilrippenriemen ausbauen.

Für Fahrzeuge mit Klimaanlage:

■ Absteckdorn T10060A von der Keilrippenriemen-Spannrolle entfernen.

Fortsetzung für alle Fahrzeuge:

■ Zahnriemenschutz oben ausbauen.

■ Geräuschdämpfung ausbauen.

Für Fahrzeuge mit Motorkennbuchstaben BNM, BNV:

■ Schraube herausdrehen.

■ Ladeluftrohr unten mit Verbindungsschlauch ausbauen.

Fortsetzung für alle Fahrzeuge:

■ Riemenscheibe (19) ausbauen.

■ Zahnriemenschutz Mitte (21) ausbauen.

■ Zahnriemenschutz unten (18) ausbauen.

■ Kurbelwelle auf OT Zylinder 1 stellen.

■ Nabe mit Absteckstift MP1-301 (3359) arretieren. Absteckstift durch das freie Langloch links in die Bohrung am Zylinderkopf stecken.

■ Zahnriemenrad-Kurbelwelle mit Kurbelwellenstop T10050 sichern. Kurbelwellenstop von der Frontseite des Zahnriemenrades in die Verzahnung stecken.

☞ Zur Erleichterung wird empfohlen, die Markierung für OT an Zahnriemenrad-Kurbelwelle und auf dem Kurbelwellenstop (T10050) mit weißer Farbe zu färben.

■ Laufrichtung des Zahnriemens kennzeichnen.

■ Nockenwellenradschrauben so lösen, dass mit dem Nockenwellenrad gedreht werden kann.

■ Befestigungsmutter der Spannrolle lösen.

■ Exzenter der Spannrolle mit dem Winkelschraubendreher (T10264) gegen Uhrzeigersinn so drehen, bis die Spannrolle mit dem Absteckwerkzeug (T10265) arretiert werden kann.

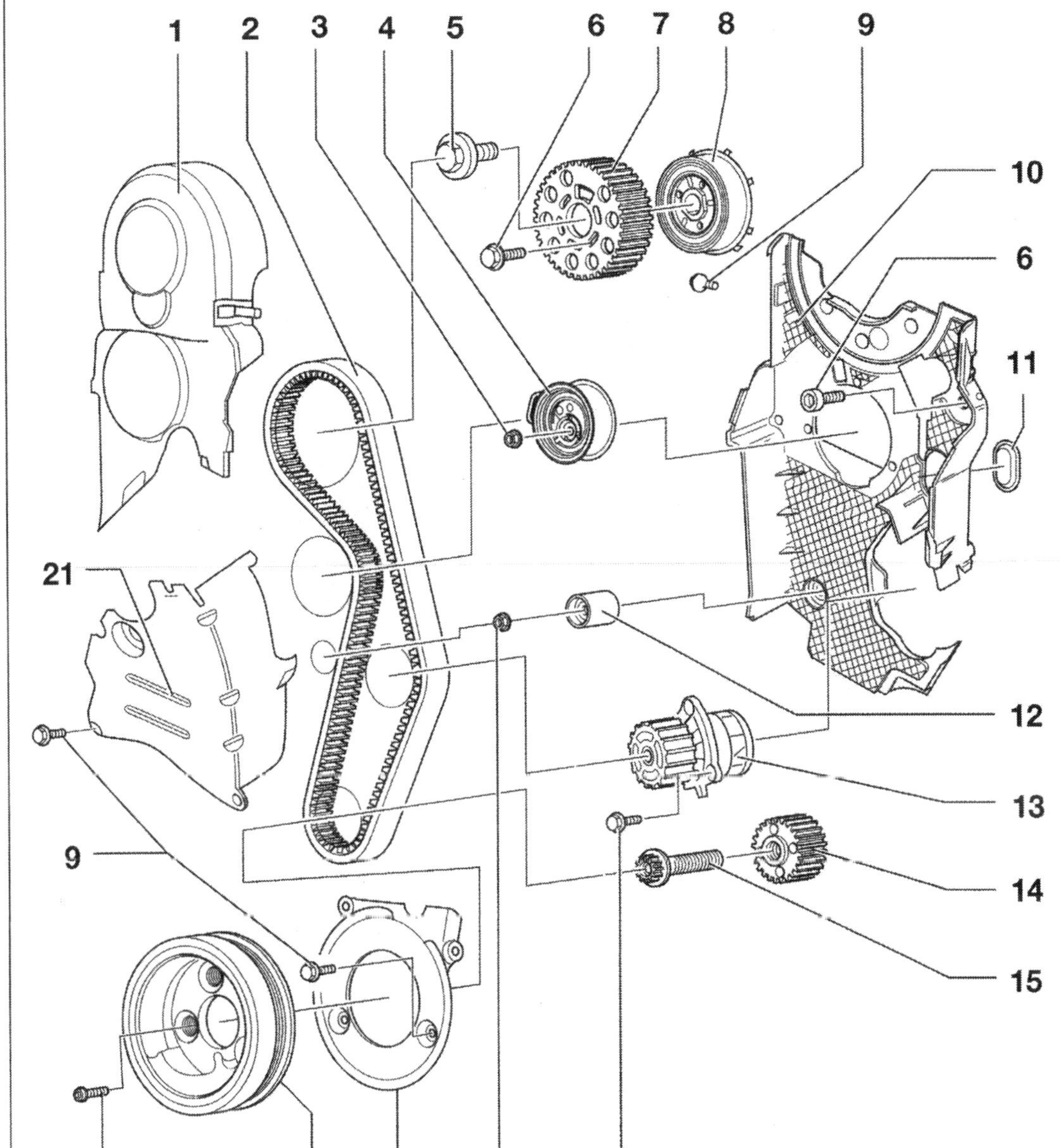

Bild 33

Bild 33
1 Zahnriemenschutz oben
2 Zahnriemen
3 Mutter Spannrolle
4 Spannrolle
5 Schraube Nabe Nockenwelle
6 Schraube Nockenwellenrad
7 Nockenwellenrad
8
9 Schraube Zahnriemenabdeckung
10 Zahnriemenschutz hinten
11 Tülle
12 Umlenkrolle
13 Kühlmittelpumpe
14 Zahnriemenrad-Kurbelwelle
15 Schraube Kurbelwellenrad
16 Schraube Kühlmittelpumpe
17 Schraube Umlenkrolle
18 Zahnriemenschutz unten
19 Riemenscheibe/Schwingungsdämpfer
20 Schraube Riemenscheibe
21 Zahnriemenschutz Mitte

■ Winkelschraubendreher (T10264) im Uhrzeigersinn bis Anschlag drehen und Befestigungsmutter von Hand anziehen.
■ Umlenkrolle (12) ausbauen.
■ Zahnriemen zuerst vom Zahnriemenrad der Kühlmittelpumpe und anschließend von den anderen Riemenscheiben abnehmen.

Einbau

Der Einbau erfolgt sinngemäß in umgekehrter Reihenfolge. Details zur Einstellung beschreiben wir nachfolgend näher (Bilder 34 bis 44).
■ Nockenwellenrad in den Langlöchern im Uhrzeigersinn in bis zum Anschlag drehen.
■ Zahnriemen auf Zahnriemenrad-Kurbelwelle, Spannrolle, Nockenwellenrad und auf Kühlmittelpumpe auflegen.
■ Umlenkrolle (12) einbauen.
■ Absteckwerkzeug (T10265) von der Spannrolle entnehmen und ihre Befestigungsmutter lösen.
■ Exzenter der Spannrolle mit Winkelschraubendreher (T10264) im Uhrzeigersinn so drehen, bis der Zeiger mittig in der Lücke der Grundplatte steht.
■ Spannrolle in dieser Lage festhalten und die Befestigungsmutter der Spannrolle mit 20 Nm anziehen + 45° (1/8 Umdrehung) weiterdrehen.

Bild 37
Nockenwellenschrauben lösen.

■ Gegenhalter (T10172) mit Zapfen (T10172/4) am Nockenwellenrad wie gezeigt ansetzen und das Nockenwellenrad mit Druck in vorgespannt halten.
■ Befestigungsschrauben des Nockenwellenrades mit 20 Nm anziehen + 1/8 Umdrehung (45 °) weiterdrehen.
■ Absteckstift MP1-301 (3359) und Kurbelwellenstop T10050 entfernen.
■ Steuerzeiten prüfen.
Die Montage der restlichen Bauteile erfolgt in umgekehrter Reihenfolge wie beim Ausbau.

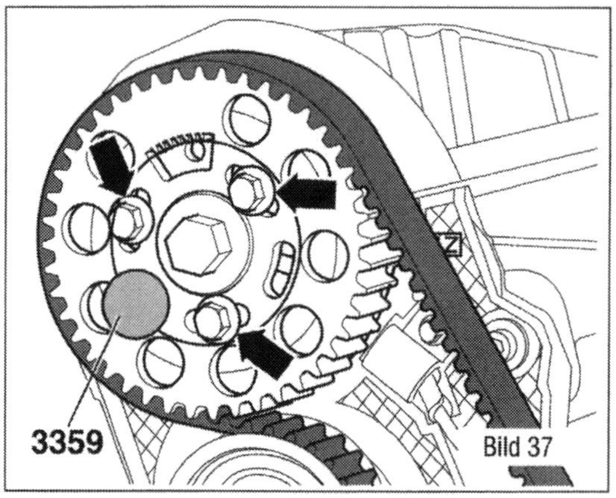

Bild 37

Bild 34
OT-Markierung auf der Riemenscheibe und der unteren Zahnriemenabdeckung.

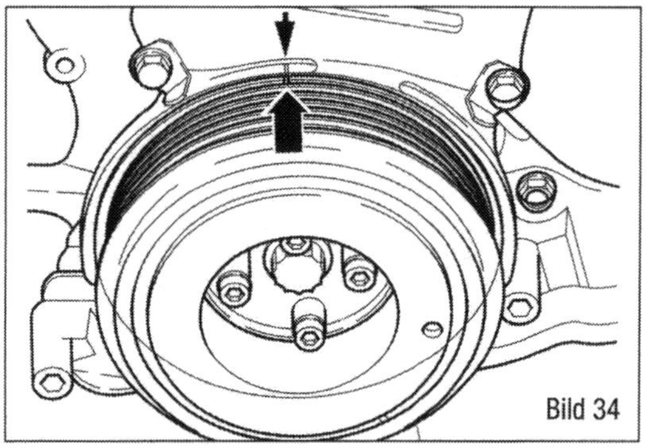
Bild 34

Bild 38
Mutter (1) lösen. Den Exzenter der Spannrolle mit dem Winkelschraubendreher (T10264) in Pfeilrichtung (entgegen dem Uhrzeigersinn) drehen, bis sich die Spannrolle mit dem Absteckwerkzeug (T10265) arretieren lässt.

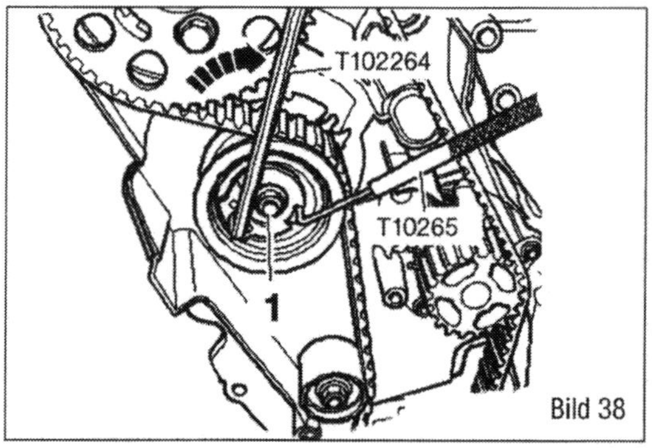

Bild 38

Bild 35
Das Loch für die Verstellung der Spannrolle mit dem Inbusschlüssel.

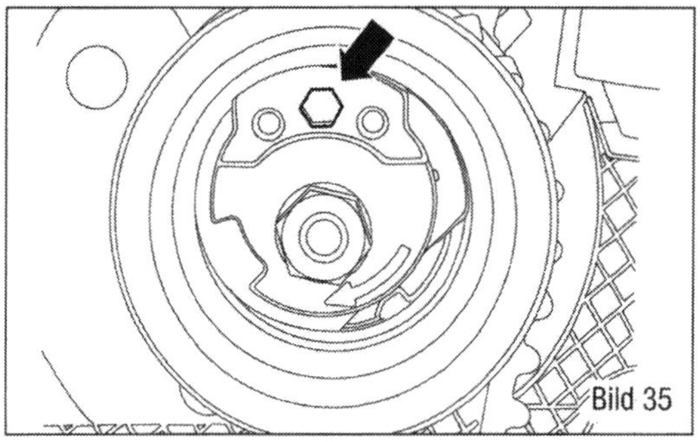
Bild 35

Bild 39
Dann den Exzenter der Spannrolle mit dem Winkelschraubendreher (T10264) in Pfeilrichtung bis zum Anschlag drehen und Mutter (1) handfest anziehen.
1 Mutter
2 Zeiger

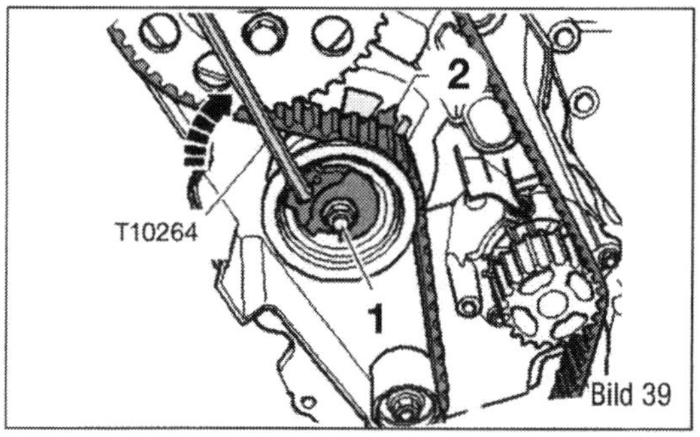

Bild 39

Bild 36
Absteckung und Markierung an Kurbel- und Nockenwelle.

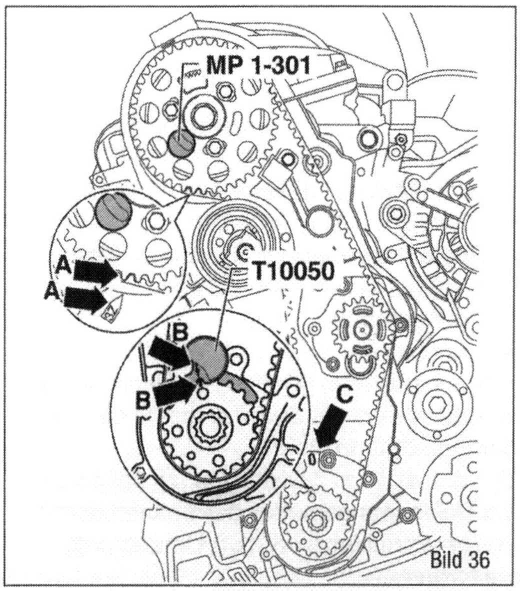

Bild 36

Bild 40
Auf korrekten Sitz der Spannrolle achten (Pfeil).

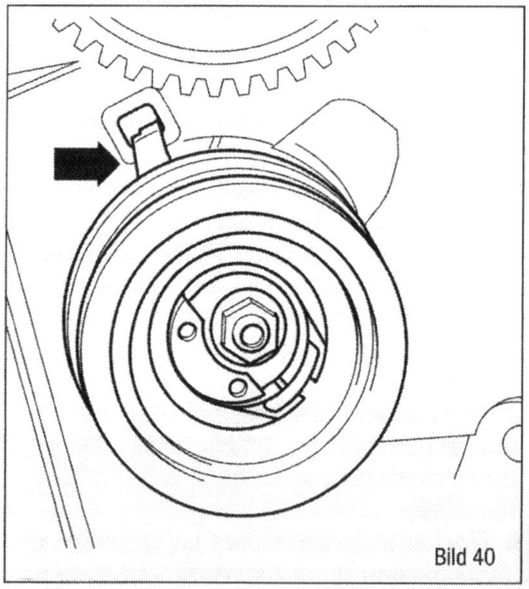
Bild 40

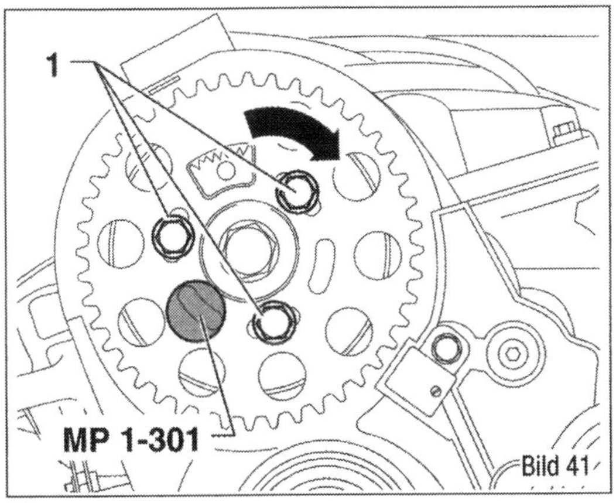

Bild 41

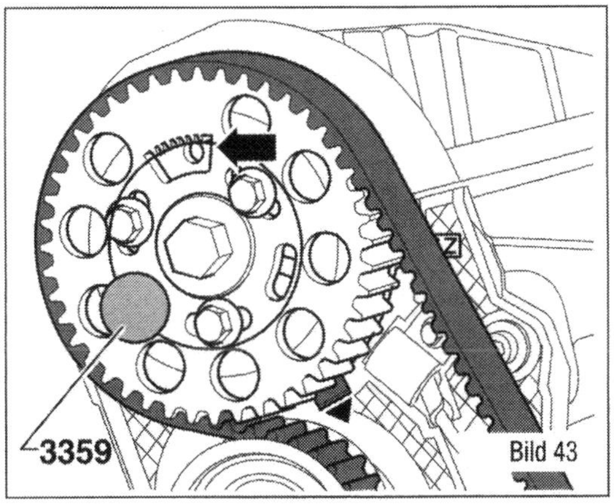

Bild 43

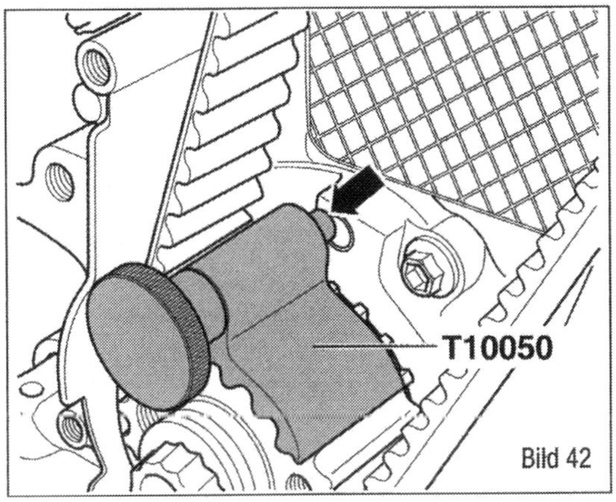

Bild 42

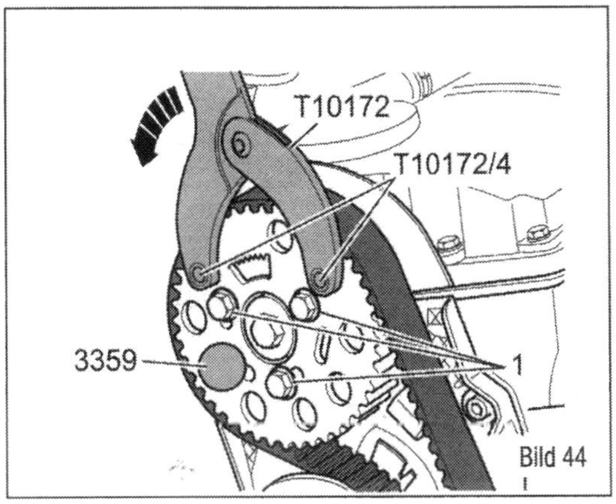

Bild 44

Bild 41
Zum Auflegen des Zahnriemens das Nockenwellenrad in den Langlöchern im Uhrzeigersinn bis Anschlag drehen.

Bild 43
Öffnung zur Blockierung der Nockenwelle.

Bild 42
Blockiervorrichtung der Kurbelwelle.

Bild 44
Zum Anziehen der Schrauben 1 (20 Nm + 45°) den Gegenhalter verwenden.

Schrauben/Muttern	Drehmoment
Schraube Kurbelwellenrad Stufe 1 (ersetzen)	120 Nm
Schraube Kurbelwellenrad Stufe 2	90°
Mutter Umlenkrolle	20 Nm
Mutter Spannrolle Stufe 1	20 Nm
Mutter Spannrolle Stufe 2	45°
Schraube Nockenwellenrad Stufe 1	20 Nm
Schraube Nockenwellenrad Stufe 2	45°
Schraube Nabe Nockenwelle	100 Nm
Schraube Zahnriemenschutz	10 Nm
Schraube Kühlmittelpumpe	15 Nm
Schraube Riemenscheibe Stufe 1	10 Nm
Schraube Riemenscheibe Stufe 2	90°

Zahnriemenwechsel am 1,6 TDI CR (CFWA)

Ausbau (Bild 45)

- Schalthebel in Leerlaufstellung bringen, um die Kurbelwelle drehen zu können.
- Zündung ausschalten und Zündschlüssel abziehen.
- Motorabdeckung ausbauen.
- Geräuschdämpfung ausbauen.
- Obere Motorabdeckung ausbauen.
- Keilrippenriemen ausbauen.
- Steckverbindung am Differenzdruckgeber trennen.
- Schraube herausdrehen und Differenzdruckgeber vom Halter abnehmen.
- Differenzdruckgeber mit Leitung nach hinten ablegen.
- Kraftstoffvorlaufleitung und Kraftstoffrücklaufleitung trennen, dazu Entriegelungstasten drücken.
- Mit einem Finger die Rastnase entsperren und das Kraftstoffvorwärmventil nach oben aus der Führung vom Kühlmittelausgleichsbehälter ziehen.

Bild 45
1 Zahnriemen
2 Schraube Riemenrad
3 Zahnriemenrad
4 Schraube
5 Umlenkrolle, unten
6 Mutter
7 Spannrolle
8 Schraube
9 Zahnriemenrad
10 Schraube
11 Schraube
12 Nabe
13 Zahnriemenschutz hinten
14 Schraube
15 Schraube
16 Umlenkrolle, oben
17 Schraube
18 Nabe
19 Mutter
20 Zahnriemenrad
21 Schraube
22 Kühlmittelpumpe
23 Schraube
24 Zahnriemenschutz-Oberteil
25 Zahnriemenschutz-Unterteil
26 Schraube
27 Schraube
28 Kurbelwellen-Riemenscheibe
29 Schraube
30 Schutzblech
31 Schraube
32 Motorstütze

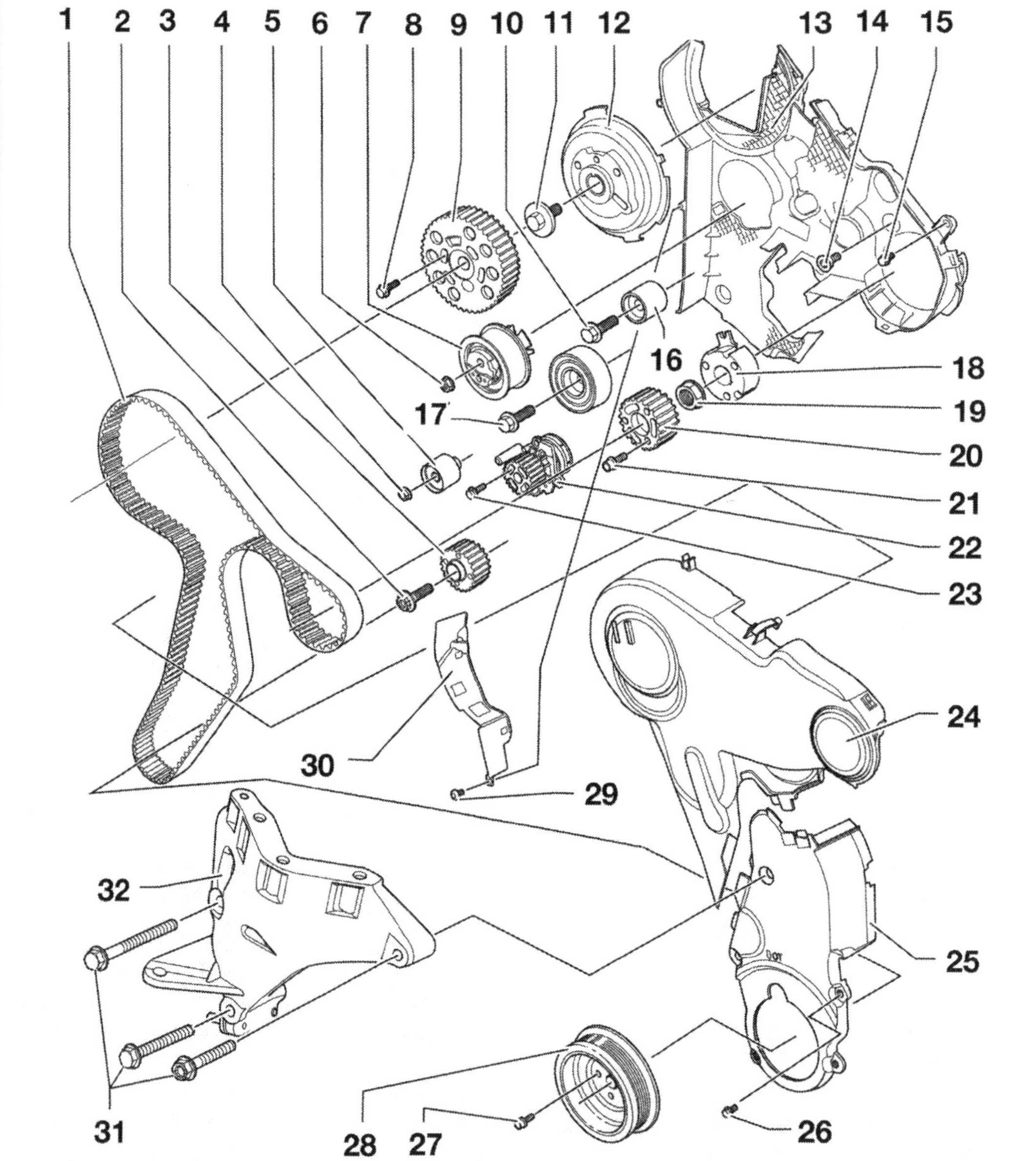

Bild 45

■ Kraftstoffleitung aus Kunststoffhalterungen ausclipsen.
■ Haltenasen nach oben drücken und den Kraftstofffilter nach oben herausnehmen.
■ Den Kraftstofffilter und die Kraftstoffschläuche zusammen mit dem Kraftstoffvorwärmventil auf dem Motor ablegen.
■ Halter für Kraftstofffilter abbauen.
■ Schrauben des Kühlmittelausgleichsbehälters herausdrehen.
■ Stecker vom Ausgleichsbehälter abziehen und den Ausgleichsbehälter zur Seite drücken.
■ Kurbelwellen-Riemenscheibe ausbauen.
■ Zahnriemenschutz-Oberteil abnehmen; dazu Halteklammern entriegeln.
■ Schrauben herausdrehen.
■ Zahnriemenschutz-Unterteil abnehmen.
■ Kurbelwelle in Motordrehrichtung auf OT drehen und Kurbelwellen-Zahnriemenrad mit dem Kurbelwellenstopp (T10050) sichern. Dazu den Kurbelwellenstopp von der Stirnseite des Kurbelwellen-Zahnriemenrads her in dessen Verzahnung schieben.

Der Pfeil am Nockenwellenrad muss nahezu in Position »12 Uhr« stehen. Steht der Pfeil nahezu in Position »6 Uhr«, Kurbelwelle 1 Umdrehung (360°) weiterdrehen.

■ Schrauben für Nockenwellenrad nacheinander herausschrauben, Schrauben ersetzen und neue Schrauben bis kurz vor Anschlag eindrehen.
■ Nacheinander die Schrauben des Zahnriemenrads der Hochdruckpumpe mit dem Steckeinsatz XZN 10 (T10385) herausdrehen, die Schrauben ersetzen und die neuen Schrauben bis kurz vor Anschlag eindrehen.
■ Mutter für Spannrolle lösen.
■ Den Exzenter der Spannrolle mit dem Winkelschraubendreher T10264 in Pfeilrichtung (entgegen dem Uhrzeigersinn) drehen, bis sich die Spannrolle mit dem Absteckwerkzeug T10265 arretieren lässt.
■ Dann den Exzenter der Spannrolle mit dem Winkelschraubendreher T10264 in bis zum Anschlag drehen und Mutter handfest anziehen.
■ Zahnriemen zuerst von der großen Umlenkrolle und dann von den übrigen Zahnriemenrädern abnehmen.

Einbau

Der Einbau erfolgt sinngemäß in umgekehrter Reihenfolge. Details zur Einstellung beschreiben wir nachfolgend näher (Bilder 46 bis 61).
■ Nabe für Nockenwelle mit Absteckstift für Einspritzpumpe (3359) arretieren. Dazu den Absteckstift durch das äußere freie Langloch in die Bohrung des Zylinderkopfes schieben.
■ Handfest angezogene Schrauben wieder lösen.
■ Nabe für Hochdruckpumpe mit Absteckstift für Einspritzpumpe (3359) arretieren. Dazu Absteckstift in die Bohrung des Zahnriemenrads außen einstecken.
■ Nockenwellenrad und Zahnriemenrad an der Hochdruckpumpe in ihren Längslöchern im Uhrzeigersinn bis Anschlag drehen.
■ Zahnriemen in der genannten Reihenfolge auflegen.

1. Kurbelwellen-Zahnriemenrad
2. Spannrolle
3. Nockenwellenrad
4. Zahnriemenrad an der Kühlmittelpumpe
5. Zahnriemenrad an der Hochdruckpumpe
6. Umlenkrolle

■ Mutter für Spannrolle lösen und Absteckwerkzeug (T10265) entfernen.
■ Gegenhalter (T10172) mit Bolzen (T10172/4) auf Nockenwellenrad aufsetzen.
■ Gegenhalter drücken und auf Vorspannung halten.
■ Schrauben für Nockenwellenrad und Schrauben für Zahnriemenrad an der Hochdruckpumpe in dieser Stellung vorerst mit 20 Nm anziehen.
■ Exzenter der Spannrolle mit dem Winkelschraubendreher (T10264) im Uhrzeigersinn drehen, bis der Zeiger mittig vor der Lücke der Grundplatte steht.

⚠ Die Mutter darf sich nicht mitdrehen.

■ Spannrolle in dieser Stellung halten und Mutter festziehen. Anzugsdrehmoment: 20 Nm + 45° (1/8 Umdrehung) weiterdrehen
■ Absteckstifte für Diesel-Einspritzpumpe (3359) und Kurbelwellenstop (T10050) entfernen.
■ Steuerzeiten prüfen.
Die Montage der restlichen Bauteile erfolgt in umgekehrter Reihenfolge wie beim Ausbau.

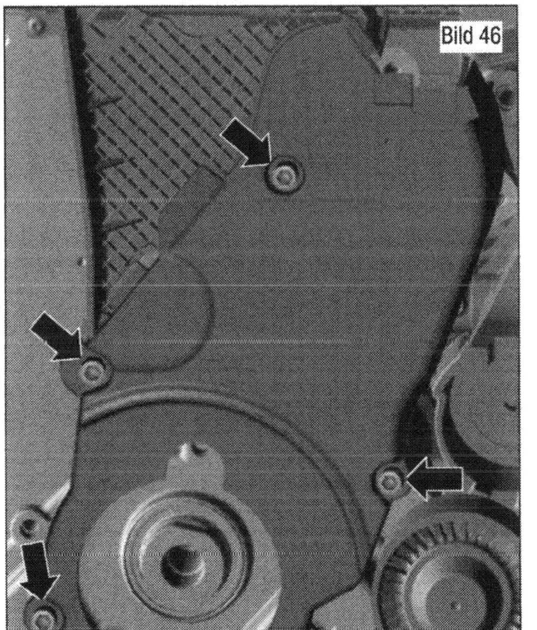

Bild 46
Verschraubung der unteren Zahnriemenabdeckung.

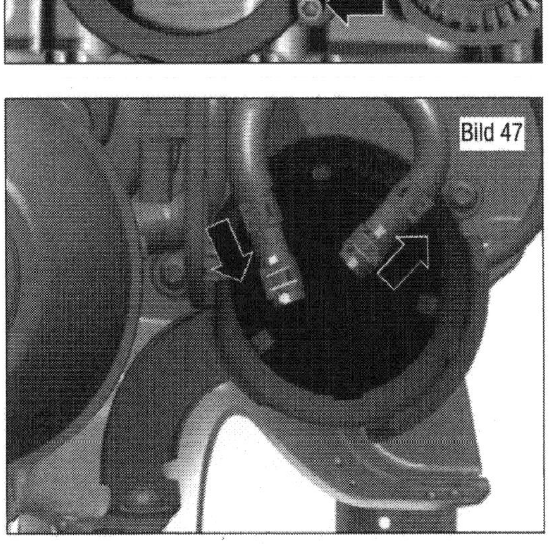

Bild 47
Schläuche am Kraftstofffilter.

Bild 48
Kraftstoffvorwärmventil nach oben aus der Halterung ziehen
1 Mutter
2 Schraube

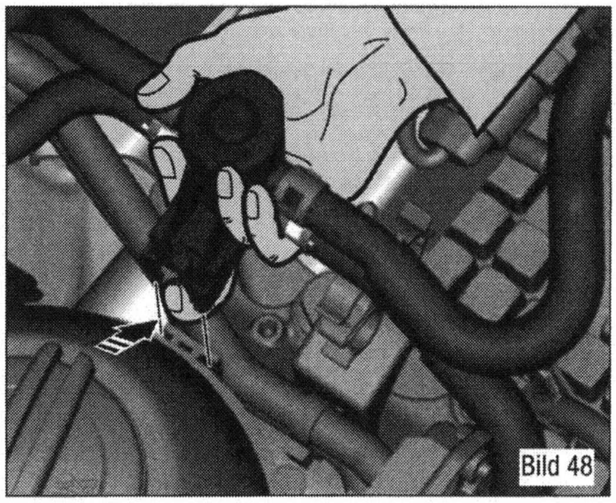

Bild 52
Schrauben (2) der Hochdruckpumpe immer ersetzen.

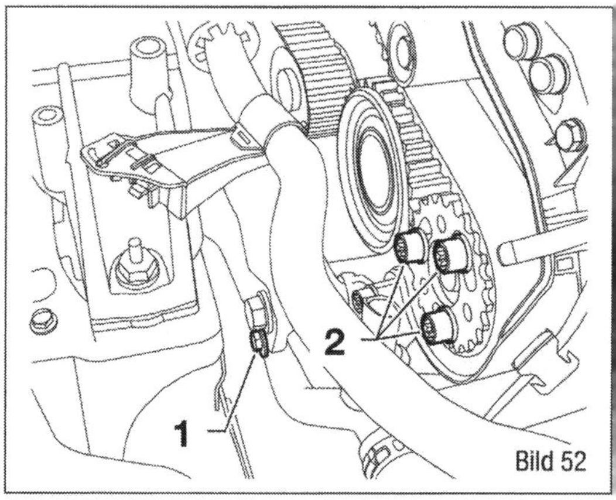

Bild 49
Markierung an der Kurbelwelle und dem Absteckwerkzeug.

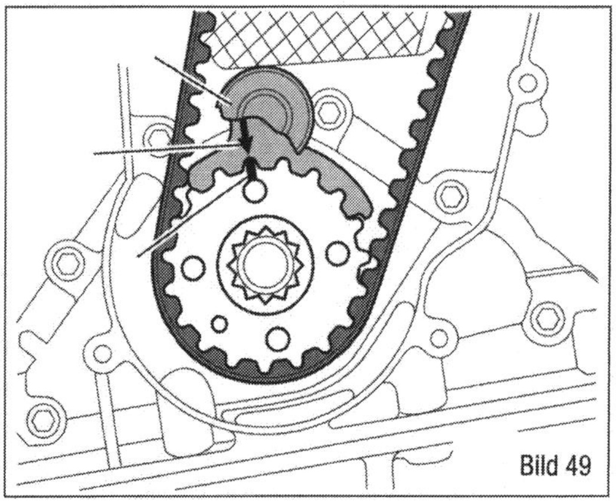

Bild 53
Mutter (1) lösen. Den Exzenter der Spannrolle mit dem Winkelschraubendreher (T10264) in Pfeilrichtung (entgegen dem Uhrzeigersinn) drehen, bis sich die Spannrolle mit dem Absteckwerkzeug (T10265) arretieren lässt.

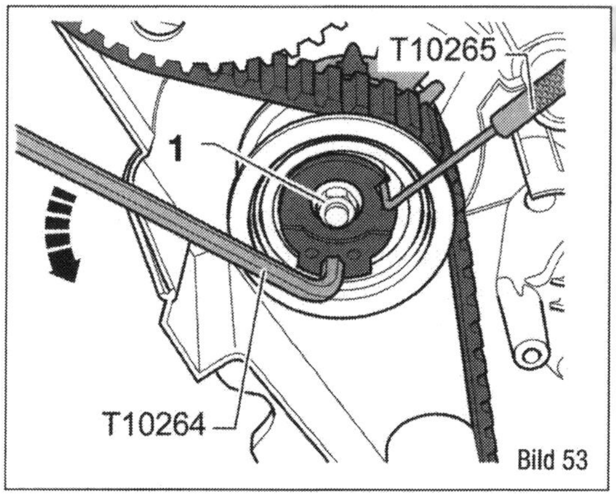

Bild 50
Die Markierung am Nockenwellenrad muss ungefähr auf 12 Uhr stehen.
1 Schraube

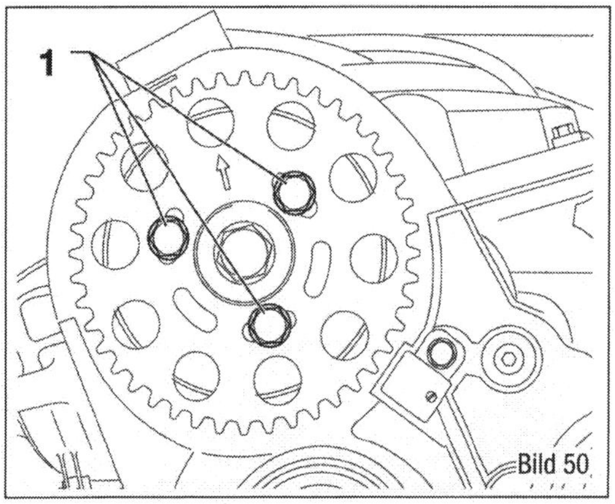

Bild 54
Dann den Exzenter der Spannrolle mit dem Winkelschraubendreher (T10264) in Pfeilrichtung bis zum Anschlag drehen und Mutter (1) handfest anziehen.

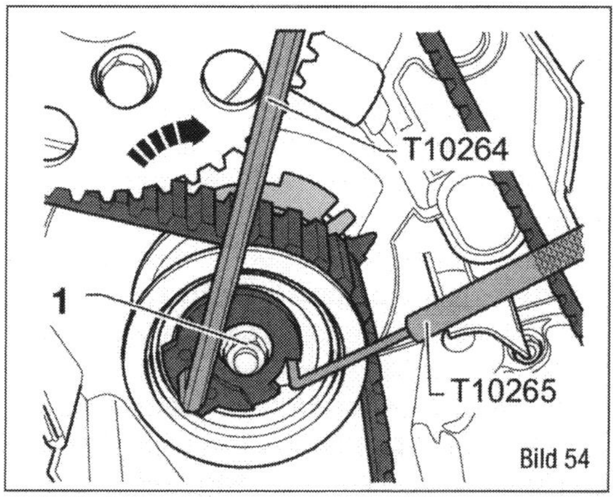

Bild 51
Schrauben der Nockenwelle um 90° lösen.

Bild 55
Gegenhalter für die Nockenwelle.
1 Schraube

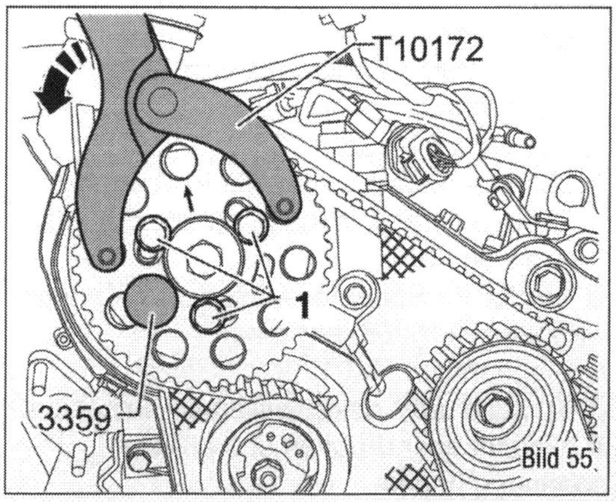

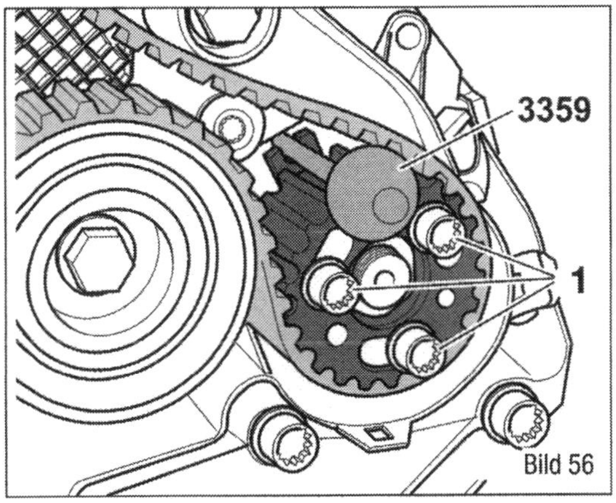

Bild 56

Bild 56
Abstecken der Hochdruckpumpe.
1 Schraube

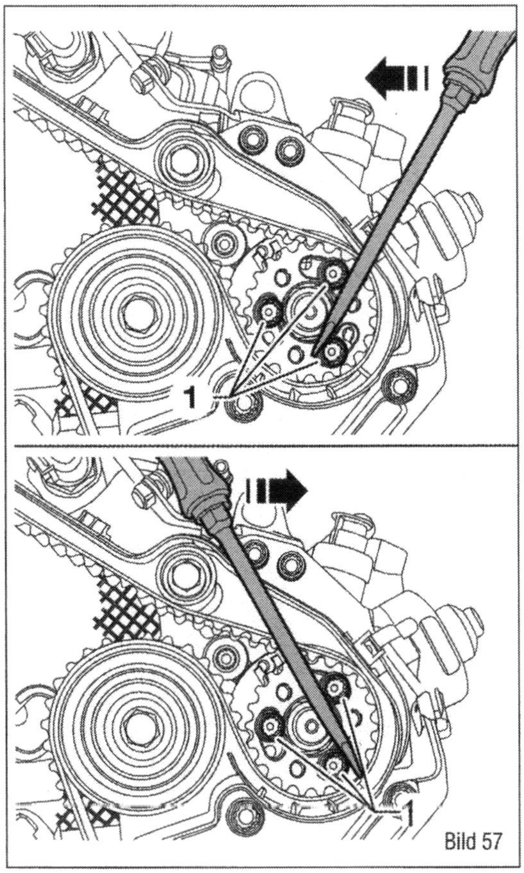

Bild 57

Bild 57
Nabe der Hochdruckpumpe zum Arretieren ggf. mit einem Schraubendreher verdrehen.
1 Schraube

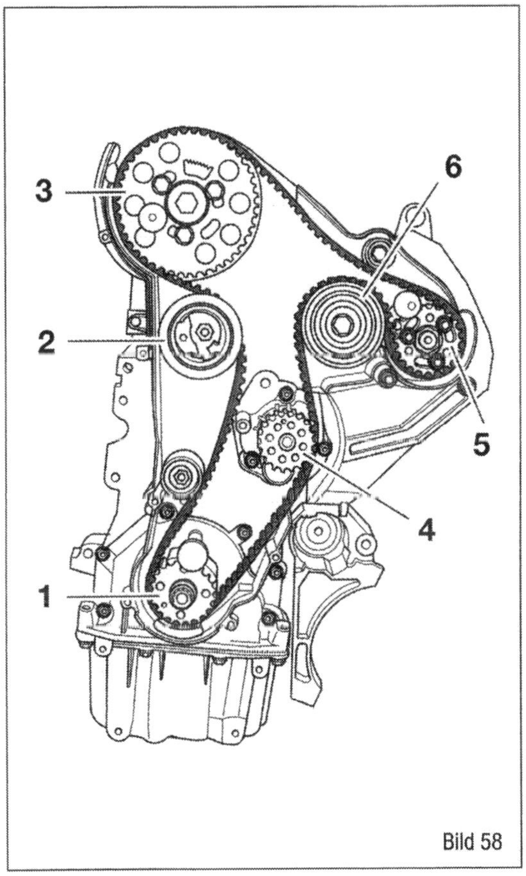

Bild 58

Bild 58
Zahnriemen der Nummerierung nach fortlaufend auflegen.

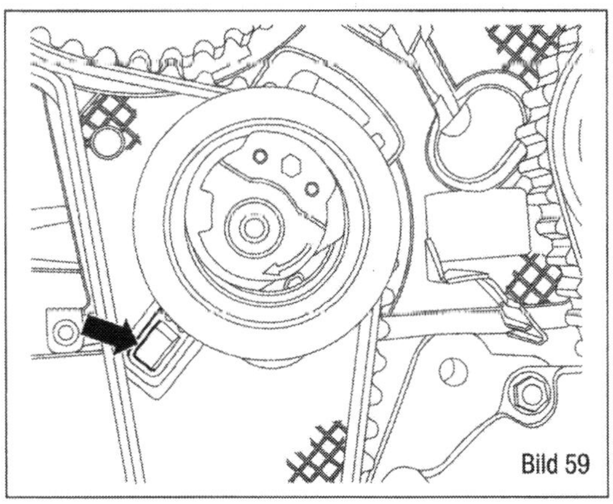

Bild 59

Bild 59
Die Spannrolle muss richtig sitzen (Pfeil).

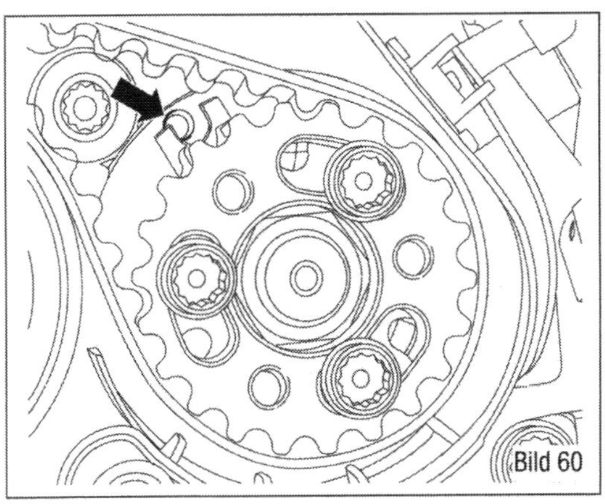

Bild 60

Bild 60
Position zur Blockierung der Hochdruckpumpe.

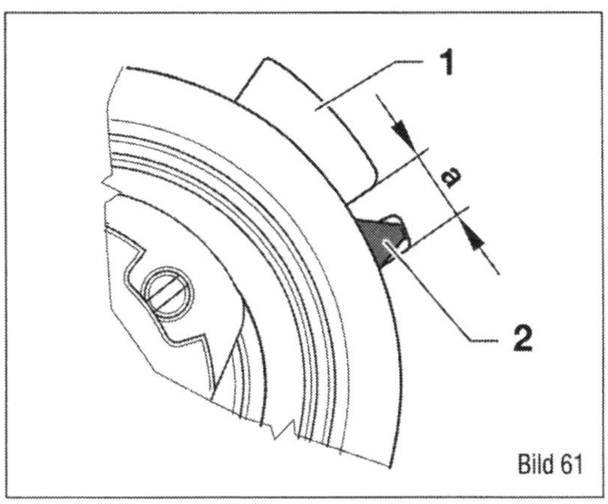

Bild 61

Bild 61
Der Spannrollenzeiger (2) muss im Toleranzbereich (a) der Grundplatte (1) stehen.

Schrauben/Muttern	Drehmoment
Schraube Kurbelwellenrad Stufe 1 (ersetzen)	120 Nm
Schraube Kurbelwellenrad Stufe 2	90°
Schraube Umlenkrolle unten	20 Nm
Mutter Spannrolle Stufe 1	20 Nm
Mutter Spannrolle Stufe 2	45°
Schraube Nockenwellenrad	25 Nm
Schraube Umlenkrolle oben	25 Nm
Schraube Nabe Nockenwelle	100 Nm
Schraube Hochdruckpumpe Stufe 1 (ersetzen)	20 Nm
Schraube Hochdruckpumpe Stufe 2	90°
Schraube Zahnriemenschutz hinten (ersetzen)	10 Nm
Schraube Umlenkrolle Mitte Stufe 1 (ersetzen)	50 Nm
Schraube Umlenkrolle Mitte Stufe 2	90°
Mutter Nabe Hochdruckpumpe	95 Nm
Schraube Rad Hochdruckpumpe Stufe 1 (ersetzen)	20 Nm
Schraube Rad Hochdruckpumpe Stufe 2	90°
Schraube Kühlmittelpumpe	15 Nm
Schraube Zahnriemenabdeckung unten	10 Nm
Schraube Riemenscheibe Stufe 1 (ersetzen)	10 Nm
Schraube Riemenscheibe Stufe 2	90°
Schraube Schutzblech	5 Nm
Schraube Motorstütze Stufe 1 (ersetzen)	7 Nm
Schraube Motorstütze Stufe 2	40 Nm
Schraube Motorstütze Stufe 3	180°

Zahnriemenwechsel am 1,9 TDI (BSW, BLS)

Ausbau (Bild 62)

■ Kraftstoffvorlaufleitung und Kraftstoffrücklaufleitung trennen.
■ Ausgleichsbehälter ausbauen und mit angeschlossenen Kühlmittelschläuchen nach vorn ablegen.
■ Kraftstofffilter vom Halter abnehmen und seitlich an Stelle des Kühlmittelausgleichsbehälters ablegen.
■ Abfangvorrichtung MP9-200 (10-222A) aufsetzen und Motor mit Spindel in Einbaulage abfangen. Spindel lose hängen lassen
■ Pendelstütze vom Getriebe abschrauben.
■ Zahnriemenschutz oben ausbauen.
■ Motor ca. 35 mm absenken und die untere Schraube des Motorlagers herausschrauben.
■ Motor ca. 45 mm gegenüber Normallage hochheben und obere Schrauben des Motorlagers herausschrauben.
■ Motorlager vorn nach außen und nach oben schwenken und dann hinten nach oben herausziehen.
■ Motor wieder in die Normallage herunterlassen.
■ Kurbelwelle auf OT Zylinder 1 stellen.

Motoren mit Kennbuchstaben BLS

■ Das Zahnsegment (Pfeil) muss nach oben zeigen.
■ Die Nase am Rad des Nockenwellenpositionssensors muss der Markierung am Zahnriemenschutz hinten gegenüberstehen.

Motoren mit Kennbuchstaben BSW

■ Das Zahnsegment muss nach oben zeigen.
■ Die Spalte zwischen Nasen des Geberrades des Nockenwellenpositionssensors muss der Markierung am Zahnriemenschutz hinten gegenüberstehen.

Für alle Fahrzeuge

■ Nabe mit Absteckstift MP1-301 oder 3359 arretieren. Absteckstift durch das Langloch links in die Bohrung im Zylinderkopf stecken.
■ Zahnriemenrad Kurbelwelle je nach Ausführung mit Kurbelwellenstop T10050 oder Kurbelwellenstop T10100 arretieren (siehe Kasten).

Bild 62

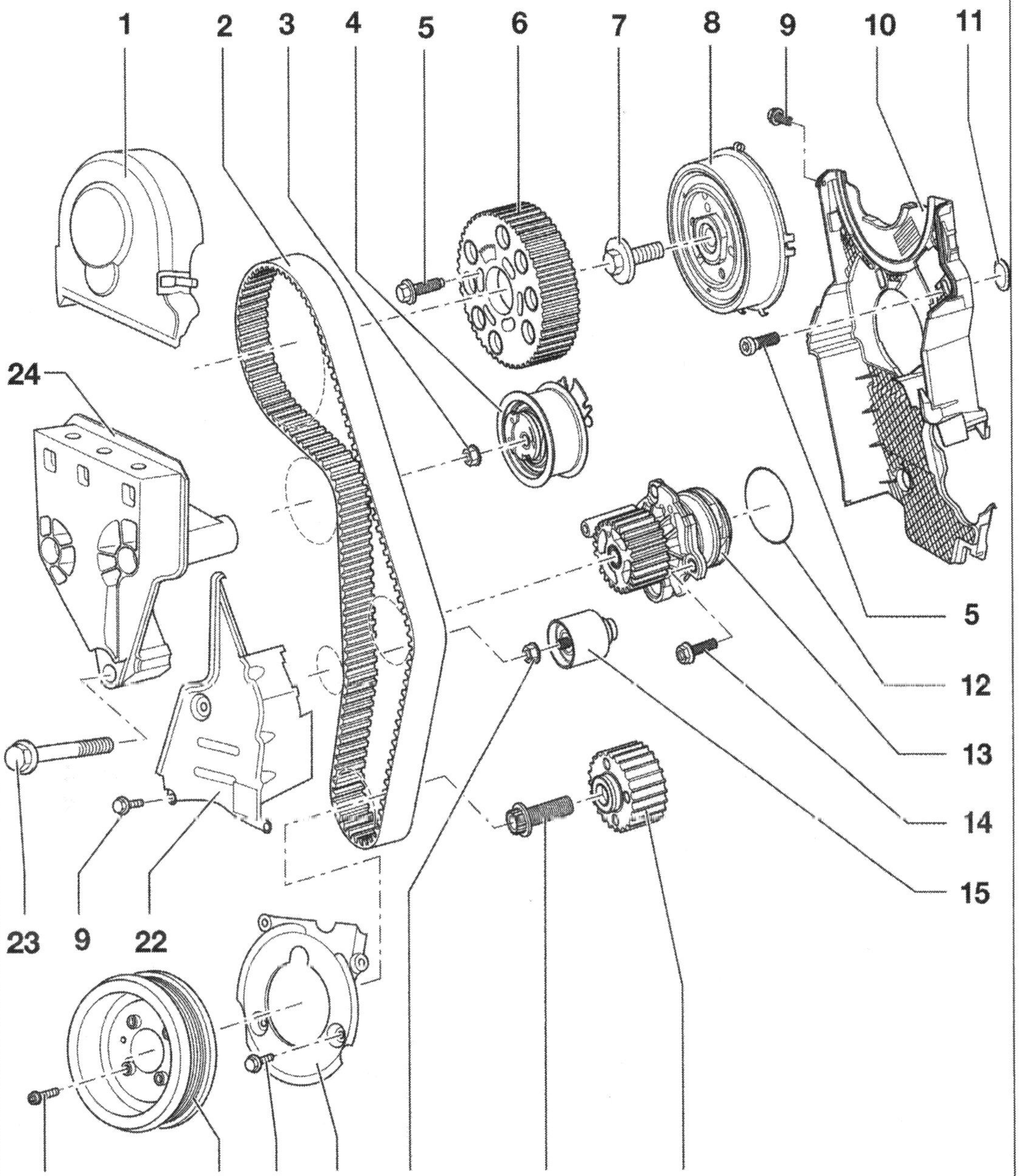

Bild 62
1 Zahnriemenschutz oben
2 Zahnriemen
3 Mutter Spannrolle
4 Spannrolle
5 Schraube Nockenwellenrad
6 Nockenwellenrad
7 Schraube Nabe Nockenwelle
8 Nabe
9 Schraube Zahnriemenschutz
10 Zahnriemenschutz hinten
11 Tülle
12 O-Ring
13 Kühlmittelpumpe
14 Schraube Kühlmittelpumpe
15 Umlenkrolle
16 Zahnriemenrad-Kurbelwelle
17 Schraube Kurbelwelle
18 Mutter Umlenkrolle
19 Zahnriemenschutz unten
20 Keilrippenriemenscheibe
21 Schraube Riemenscheibe
22 Zahnriemenschutz Mitte
23 Schraube Motorlager
24 Motorlager

Ausführung des Zahnriemenrades Kurbelwelle:

A = ursprüngliche Ausführung des Zahnriemenrades mit kreisförmigen Zahnflanken, rechteckige Markierung für OT am Zahn in 12-Uhr-Stellung: Kurbelwellenstop T10050 verwenden.

B = neue Ausführung des Zahnriemenrades mit elliptischen Zahnflanken, dreieckige Markierung für OT in Zahnlücke in 1-Uhr-Stellung: Kurbelwellenstop T10100 verwenden.

Sichtprüfung Messen

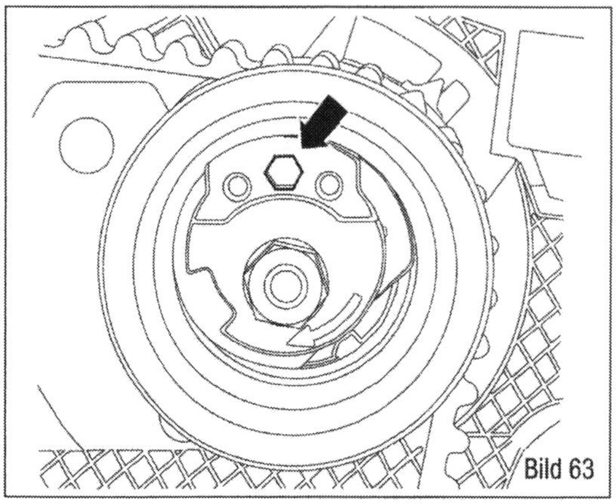

Bild 63
Das Loch für die Verstellung der Spannrolle mit dem Inbusschlüssel.

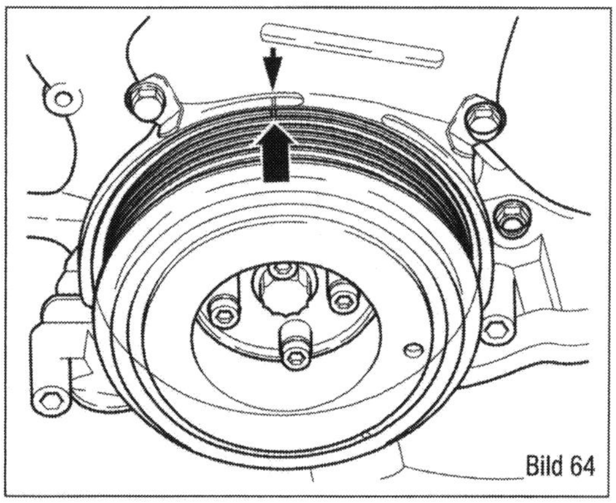

Bild 64
OT-Markierung auf der Riemenscheibe und der unteren Zahnriemenabdeckung.

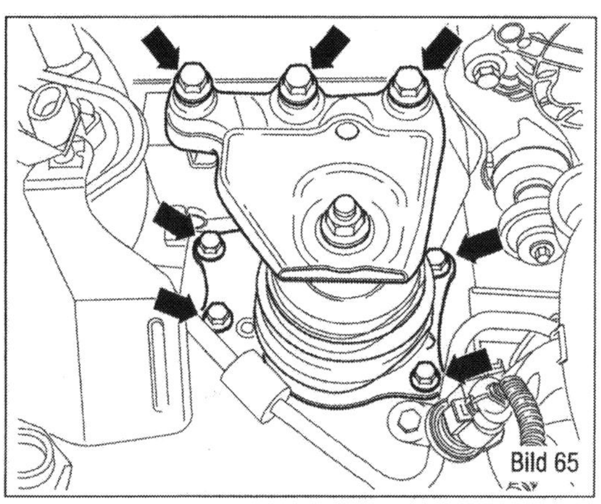

Bild 65
Befestigungsschrauben der Motorhalterung.

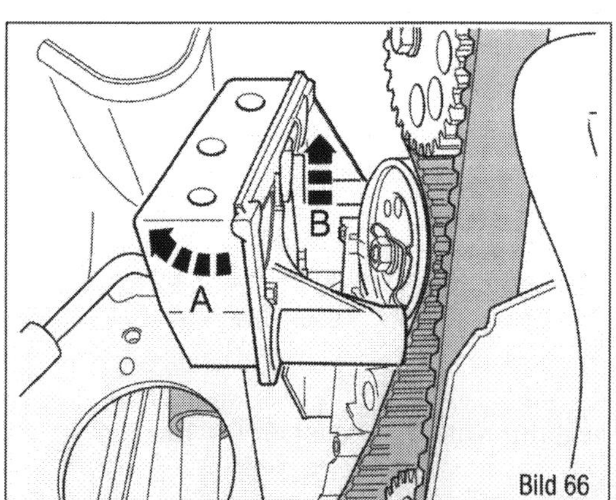

Bild 66
Zum Herausnehmen des Motorlagers dieses nach außen und oben schwenken.

■ Schrauben des Nockenwellenrades lösen.
■ Befestigungsmutter der Spannrolle lösen.
■ Exzenter der Spannrolle mit dem Winkelschraubendreher T10264 gegen Uhrzeigersinn so drehen, bis die Spannrolle mit dem Absteckwerkzeug T10265 arretiert werden kann.
■ Winkelschraubendreher T10264 im Uhrzeigersinn bis Anschlag drehen und Befestigungsmutter von Hand anziehen.
■ Umlenkrolle ausbauen.
■ Zahnriemen zuerst vom Zahnriemenrad Kurbelwelle und anschließend von den anderen Riemenscheiben abnehmen.

Einbau

Der Einbau erfolgt sinngemäß in umgekehrter Reihenfolge. Details zur Einstellung beschreiben wir nachfolgend näher (Bilder 63 bis 75).
■ Nockenwellenrad im Uhrzeigersinn in den Langlöchern bis Anschlag drehen.
■ Die richtige Fangeinpassung der Spannrolle in der Bohrung im Zahnriemenschutz hinten prüfen.
■ Zahnriemen auf Zahnriemenrad Kurbelwelle, Spannrolle, Nockenwellenrad und zuletzt auf Zahnriemenrad der Kühlmittelpumpe auflegen.
■ Zahnriemen-Umlenkrolle einbauen.
■ Absteckwerkzeug T10265 von der Spannrolle entnehmen und ihre Befestigungsmutter lösen.
■ Exzenter der Spannrolle mit Winkelschraubendreher T10264 im Uhrzeigersinn so drehen, bis der Zeiger mittig in der Lücke der Grundplatte steht.
■ Spannrolle in dieser Lage festhalten und die Befestigungsmutter der Spannrolle mit 20 Nm anziehen + 45° (1/8 Umdrehung) weiterdrehen.
■ Gegenhalter T10172 am Nockenwellenrad wie gezeigt ansetzen und das Nockenwellenrad mit Druck in Pfeilrichtung vorgespannt halten.
■ Befestigungsschrauben des Nockenwellenrades mit 20 Nm anziehen + 45° (1/8 Umdrehung) weiterdrehen.
■ Absteckstift MP1-301 (3359) oder Kurbelwellenstop T10050 oder T10100 abnehmen.
Steuerzeiten prüfen
Die Montage der restlichen Bauteile erfolgt in umgekehrter Reihenfolge wie beim Ausbau.

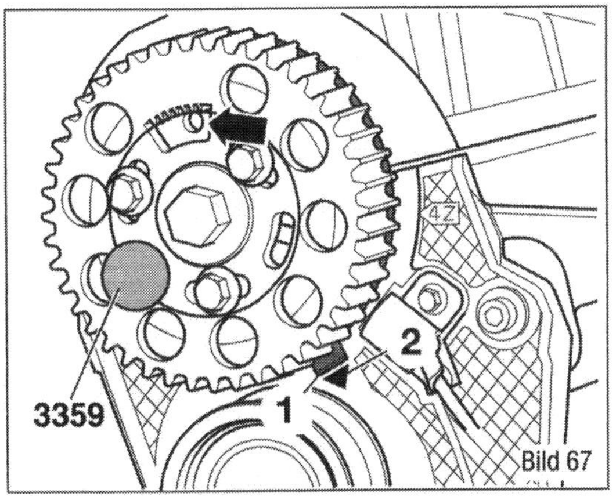

Bild 67
Die Nase (1) am Rad des Nockenwellenpositionssensors muss der Markierung (2) am Zahnriemenschutz hinten gegenüberstehen.

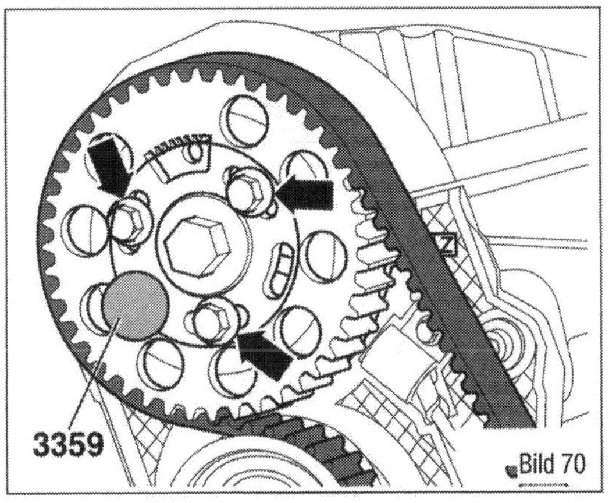

Bild 70
Schrauben des Nockenwellenrades lösen.

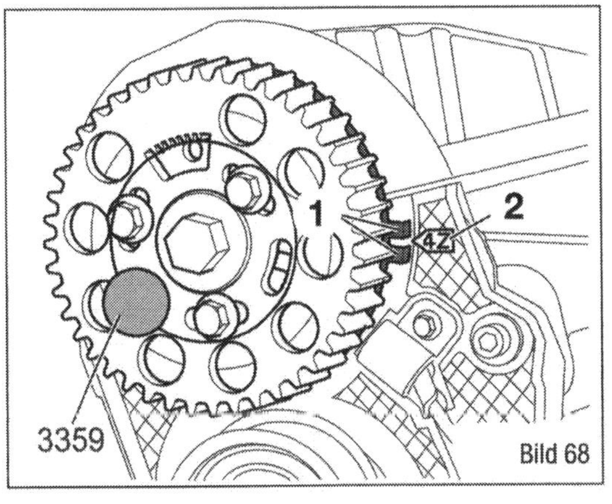

Bild 68
Die Spalte (1) zwischen Nasen des Geberrades des Nockenwellenpositionssensors muss der Markierung »Pfeil 4« (2) am Zahnriemenschutz hinten gegenüberstehen.

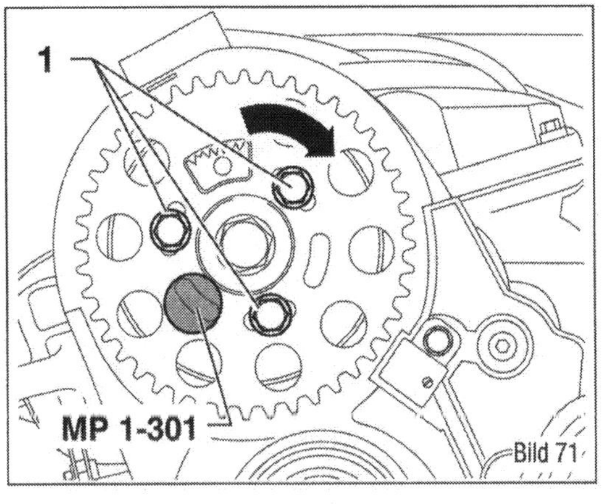

Bild 71
Verschraubung und Arretierung der Nockenwelle.

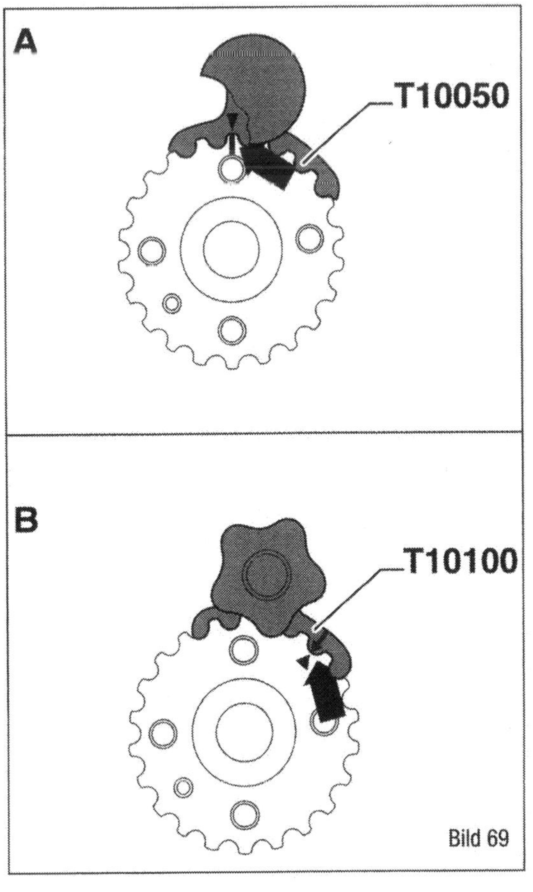

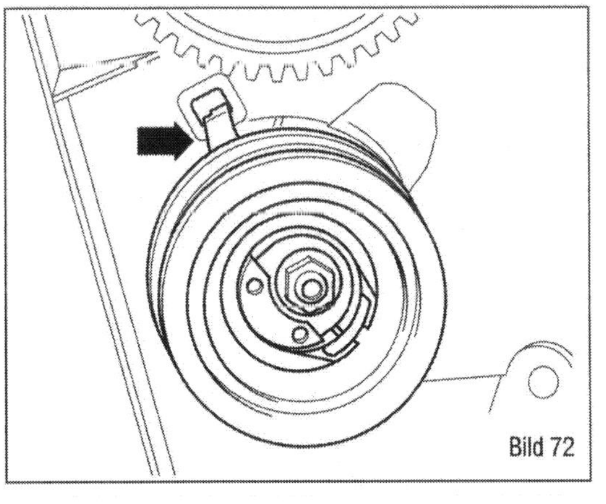

Bild 72
Die Nase der Spannrolle muss richtig sitzen (Pfeil).

Bild 69
A = ursprüngliche Ausführung des Zahnriemenrades mit kreisförmigen Zahnflanken, rechteckige Markierung für OT am Zahn in 12-Uhr-Stellung: Kurbelwellenstop T10050 verwenden.
B = neue Ausführung des Zahnriemenrades mit elliptischen Zahnflanken, dreieckige Markierung für OT in Zahnlücke in 1-Uhr-Stellung: Kurbelwellenstop T10100 verwenden.

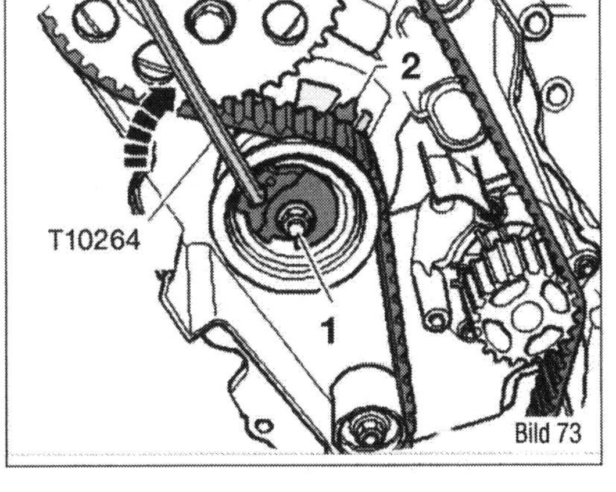

Bild 73
Den Exzenter der Spannrolle mit dem Winkelschraubendreher (T10264) in Pfeilrichtung bis zum Anschlag drehen und Mutter (1) handfest anziehen.
1 Mutter
2 Zeiger

Sichtprüfung Messen

Bild 74
Zum Anziehen der Schrauben (1) die Nockenwelle mit dem Gegenhalter arretieren.

Bild 75
Position der Markierung und des Absteckstiftes an der Nockenwelle.

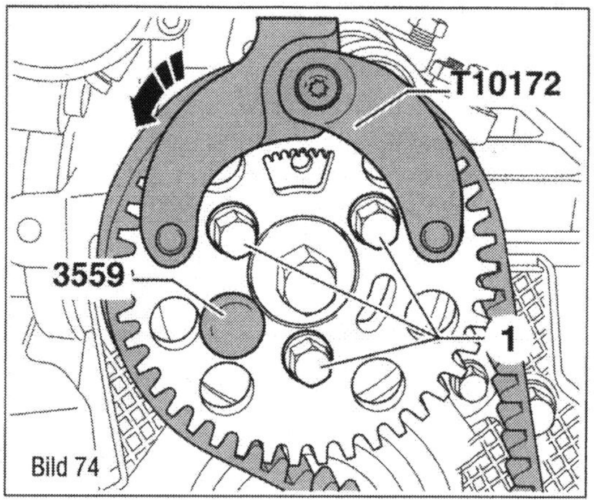

Bild 74

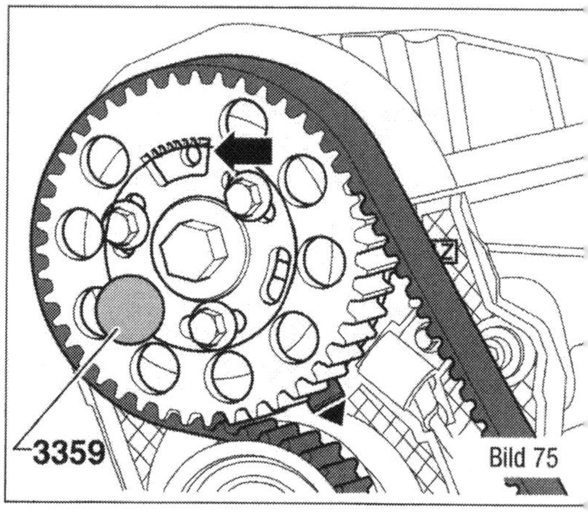

Bild 75

Schrauben/Muttern	Drehmoment
Schraube Kurbelwellenrad Stufe 1 (ersetzen)	120 Nm
Schraube Kurbelwellenrad Stufe 2	90°
Mutter Umlenkrolle Stufe 1	20 Nm
Mutter Umlenkrolle Stufe 2	45°
Mutter Spannrolle Stufe 1	20 Nm
Mutter Spannrolle Stufe 2	45°
Schraube Nockenwellenrad Stufe 1	20 Nm
Schraube Nockenwellenrad Stufe 2	45°
Schraube Nabe Nockenwelle	100 Nm
Schraube Zahnriemenschutz	10 Nm
Schraube Kühlmittelpumpe	15 Nm
Schraube Riemenscheibe Stufe 1	10 Nm
Schraube Riemenscheibe Stufe 2	90°

Bild 76
Zylinderkopf auf Verzug prüfen
Messung mit Haarlineal und Fühlerblattlehre durchführen
Max. zu. Verzug 0,1 mm

Zylinderkopf aus- und einbauen, Zylinderkopfdichtung ersetzen

Wenn Sie die Zylinderkopfdichtung an Ihrem Fahrzeug ersetzen, sollten Sie sich das Altteil genau ansehen. Im Normalfall sollten Sie auf jeden Fall einen Schaden an der Dichtung erkennen können. So lassen sich z. B. feine Wasserspuren, Durch- und Ausbrüche, aber auch Brandspuren erkennen. Sollte die Zylinderkopfdichtung keine erkennbaren Schäden aufweisen, ist es ratsam den Zylinderkopf einer Dichtheitsprüfung zu unterziehen. Dies führt beispielsweise eine Zylinderschleiferei durch. Weiterhin sollten Sie den Zylinderkopf auf Planheit überprüfen und ggf. auch planen lassen. Nachfolgend wird der Aus- und Einbau des Zylinderkopf an diversen Motoren des Fabia genauer beschrieben. Auf die Einstellung der Steuerzeiten gehen wir im Kapitel »Zahnriemen« genauer ein.

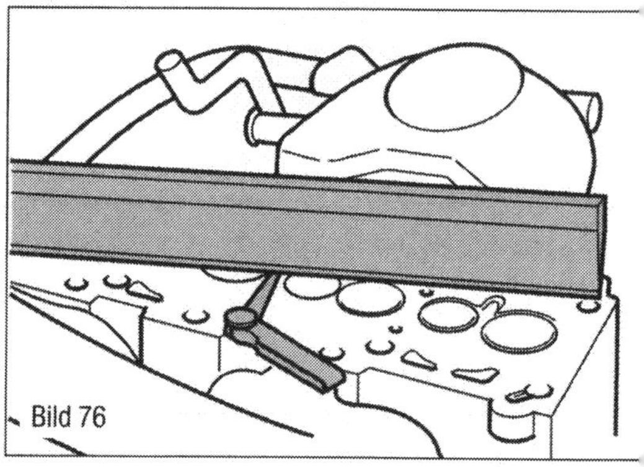
Bild 76

Grundsätzlich sollten Sie vor der Demontage den Fehlerspeicher auslesen und einen Stellgliedtest durchführen.

Ausbau des Zylinderkopfes

Der Zylinderkopf kann grundsätzlich bei allen Motorvarianten bei eingebautem Motor ausgebaut werden. Sollte der Motor bereits ausgebaut sein, sind bereits einige Vorarbeiten durchgeführt. Der Ausbau von einigen abzumontierenden Teilen wurde bereits beim Ausbau des Motors beschrieben.

Demontieren Sie den Zylinderkopf auf keinen Fall, wenn der Motor eine Temperatur von mehr als 40 °C aufweist.

Für alle Motoren sind folgende Hinweise zu beachten:

- Alle Dichtungen, Dichtringe sowie selbstsichernde Mutter immer erneuern.
- Beim Einbau eines Austauschzylinderkopfes mit bereits eingebauter Nockenwelle die Kontaktflächen zwischen den Tassenstößeln und den Nocken nach dem Einbau des Kopfes gut einölen. Die auf die Ventile aufgesetzten Schutzkappen aus Kunststoff dürfen erst unmittelbar vor dem Aufsetzen des Kopfes abgenommen werden.
- Es ist vorgeschrieben bei der Erneuerung des Zylinderkopfes oder der Zylinderkopfdichtung stets neues Frostschutzmittel einzufüllen.

Demontage am 1,2-Liter Motor (51kW / 55kW)

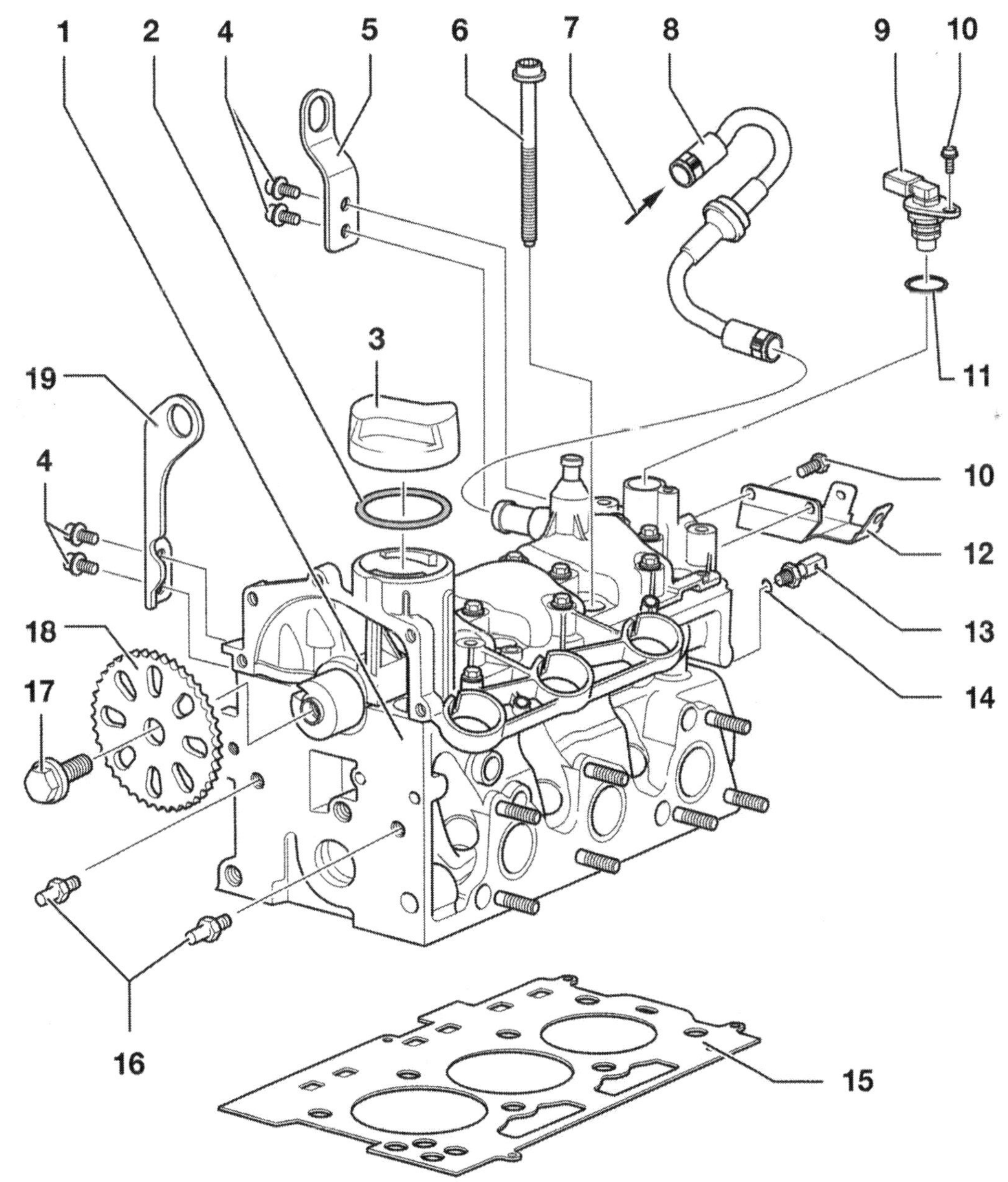

Bild 77

Bild 77
1 Zylinderkopf
2 Dichtung
3 Öleinfülldeckel
4 Schraube
5 Aufhängeöse
6 Zylinderkopfschraube
7 vom Verbindungsschlauch
8 Entlüfterschlauch mit Rückschlagventil
9 Nockenwellenpositionssensor G163
10 Schraube
11 O-Ring
12 Halter
13 Öldruckschalter
14 Dichtring
15 Zylinderkopfdichtung
16 Bolzen
17 Schraube
18 Nockenwellenrad
19 Aufhängeöse

Kein Kolben darf auf OT stehen!

Ausbau (Bild 77)

■ Batterie abklemmen.
■ Abfangvorrichtung montieren und Motor/Getriebe-Aggregat über Spindeln leicht vorspannen.
■ Keilrippenriemen ausbauen.
■ Motorlager rechts ausbauen.
■ Riemenscheibe für Kühlmittelpumpe ausbauen.
■ Umlenkrolle ausbauen (nur bei Fahrzeugen mit Klimaanlage).
■ Spannelement mit Spannrolle ausbauen.
■ Generator ausbauen.
■ Entlüftungsrohr des Kühlsystems ausbauen.
■ Kurbelwelle mit Montagevorrichtung (T10121) arretieren, die Kurbelwellenschraube herausschrauben und Riemenscheibe Kurbelwelle abziehen.
■ Ölwanne, Führungsrohr des Ölmessstabes und ggf. Ölstands- und Öltemperaturgeber ausbauen (Fahrzeuge mit WIV).

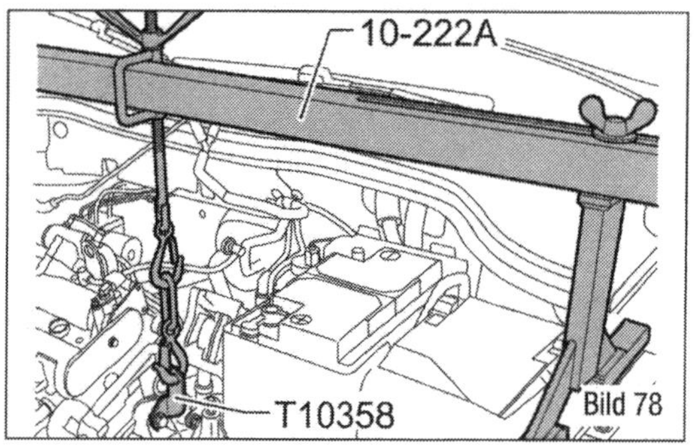

Bild 78
Halter T10358 anschrauben.

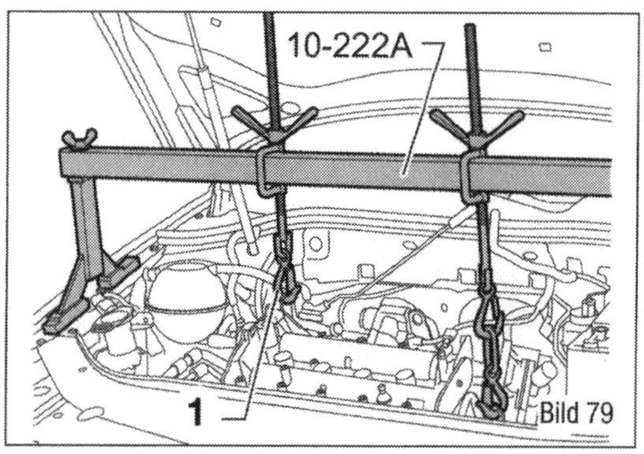

Bild 79
Abfangvorrichtung am Halter T10358 einhängen.
1 Haken

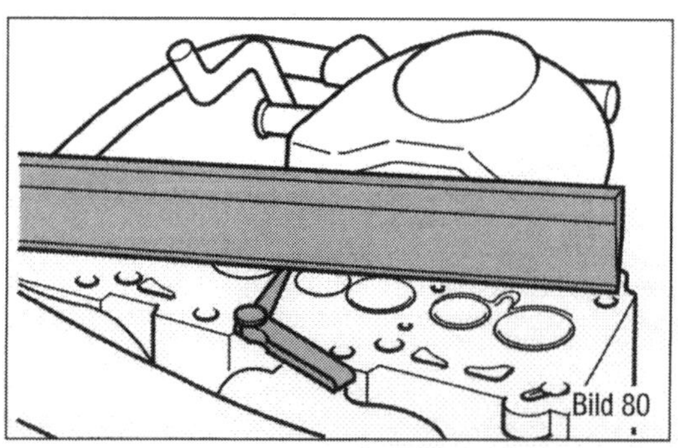

Bild 80
Prüfung des Zylinderkopfes mit Haarlineal und Fühlerlehre.

■ Anschluss vom Unterdruckregelventil (PCV-Ventil) ausbauen.
■ Alle Schrauben vom Steuergehäuse herausschrauben.
■ Steuergehäuse abnehmen. Ggf. durch leichte Schläge mit Gummihammer nach außen den Deckel lösen (Steuergehäuse sitzt auf Passhülsen).
■ Nockenwellenkettenrad ggf. Nockenwellenkettenräder ausbauen.
■ Saugrohr ausbauen.
■ Kraftstoffverteiler mit Einspritzventilen ausbauen.
■ Alle übrigen Verbindungsschläuche, Kühlmittelregler und Ansaugschläuche vom Zylinderkopf abbauen.
■ Abgaskrümmer abschrauben.
■ Befestigungsschraube für Getriebe herausschrauben und den Halter (T10358) wie gezeigt (Bild 78) anschrauben.
■ Haken der Abfangvorrichtung am Halter (T10358) wie gezeigt (Bild 79) einhängen.
■ Haken aus der Aufhängeöse links aushängen und die Spindel auf Abfangvorrichtung MP9-200 (10-222A) links aufschieben.
■ Zylinderkopfhaube ausbauen.
■ Zylinderkopfschrauben in zwei Stufen lösen und in angegebener Reihenfolge ausbauen.
■ Zylinderkopf vorsichtig abnehmen.

Zylinderkopf nicht auf die Fläche mit den Brennräumen legen. Die Zündkerzen könnten beschädigt werden!

Einbau (Bild 81)

Die Montage erfolgt in umgekehrter Reihenfolge unter Berücksichtigung der folgenden Punkte:
■ Achten Sie darauf, dass die Bohrungen für die Zylinderkopfschrauben kein Öl oder Kühlwasser enthalten.
■ Nehmen Sie die neue Zylinderkopfdichtung erst unmittelbar vor dem Einbau aus der Verpackung und behandeln Sie diese sehr vorsichtig.
■ Verwenden Sie immer neue Zylinderkopfschrauben.
■ Reinigen Sie die Dichtflächen sehr sorgfältig und achten Sie darauf, dass keine Riefen oder Kratzer entstehen.
■ Verschließen Sie die Zylinder mit Lappen, damit kein Schmutz hineinfällt.
■ Die Beschriftung der Zylinderkopfdichtung muss nach oben zeigen.
■ Beachten Sie das Anzugschema für die Zylinderkopfschrauben.

Schrauben/Muttern	Drehmoment
Zylinderkopfschraube Stufe 1	30 Nm
Zylinderkopfschraube Stufe 2	90°
Zylinderkopfschraube Stufe 3	90°
Schrauben für Nockenwellengehäuse (1)	10 Nm + 90° (ersetzen)
Schraube Nockenwellensensor (4)	8 Nm
Schraube Halter (5)	10 Nm
Öldruckschalter	25 Nm
Schraube Halter (21)	20 Nm
Schraube Nockenwellenrad (24)	50 Nm + 90° (ersetzen)
Schraube Saugrohr	20 Nm
Schraube Thermostatgehäuse	8 Nm
Lambdasonde	50 Nm
Mutter Abgaskrümmer/Zylinderkopf	26 Nm (ersetzen)
Mutter Hosenrohr	40 Nm (ersetzen)
Schrauben Hitzeschutzblech	8 Nm

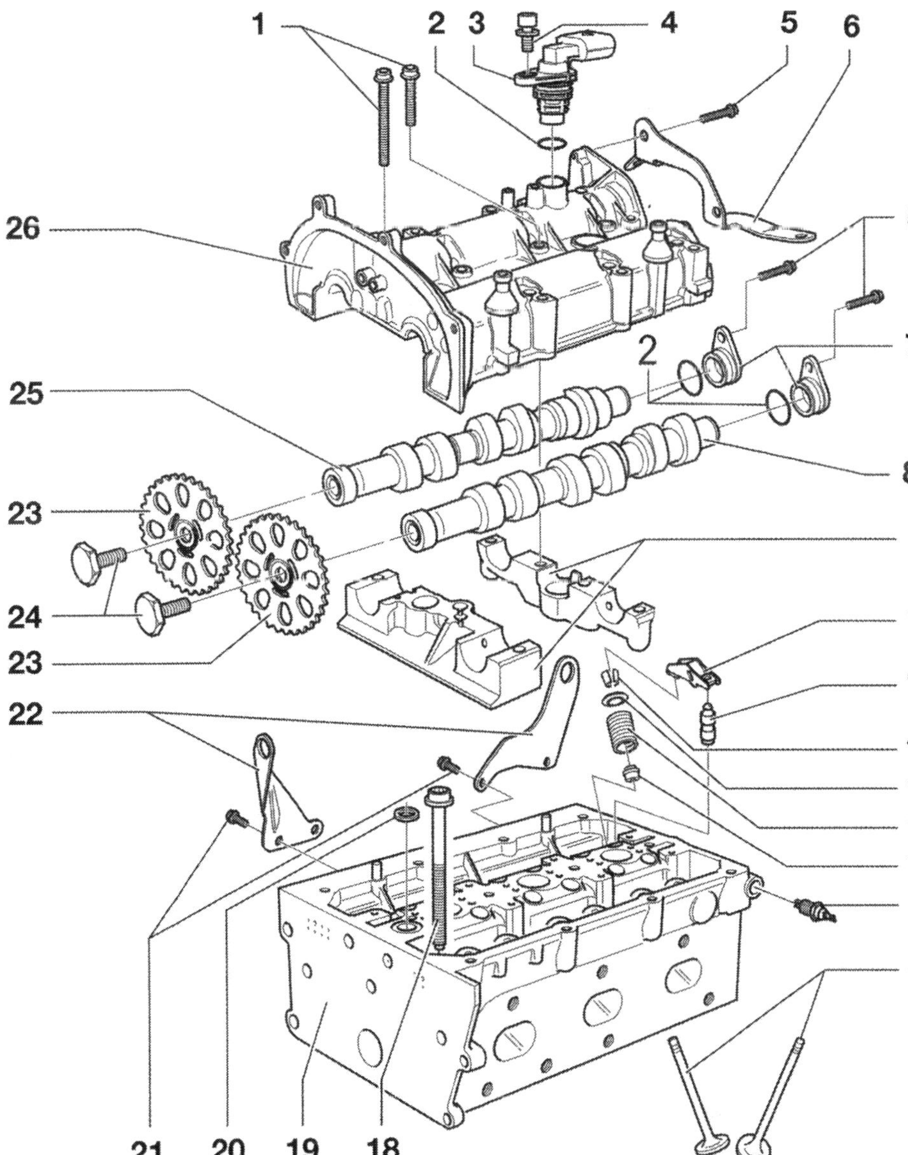

Bild 81

Bild 81
1 Schraube Nockenwellengehäuse
2 O-Ring
3 Nockenwellenpositionsgeber
4 Schraube
5 Schraube
6 Halter
7 Verschlussdeckel
8 Nockenwelle Auslassseite
9 Lagerbock
10 Rollenkipphebel
11 Hydrostößel
12 Haltekeil
13 Federteller
14 Ventilfeder
15 Ventilschaftdichtung
16 Öldruckschalter
17 Ventil
18 Zylinderkopfschraube
19 Zylinderkopf
20 Dichtring
21 Schraube
22 Aufhängeöse
23 Nockenwellenkettenrad
24 Schraube
25 Nockenwelle Einlassseite
26 Zylinderkopfhaube

Sichtprüfung Messen

Demontage am 1,4-Liter MPI Motor BXW, CGGB (63kW)

Bild 82
1 Zahnriemenschutz-Oberteil
2 Haupttrieb-Zahnriemen
3 Koppeltrieb-Zahnriemen
4 Schraube
5 Schutzgehäuse
6 Leitung
7 Hallgeber
8 O-Ring
9 Rollenschlepphebel
10 Aufhängeöse
11 Schraube
12 Passstifte
13 hydraulisches Ausgleichselement
14 Zylinderkopfschraube
15 Öldruckschalter
16 Zylinderkopfdichtung
17 Zylinderkopf
18 Koppeltriebspannrolle
19 Schraube Spannrolle
20 Zahnriemenschutz hinten
21 Zylinderkopfhaube
22 Schraube Nockenwellengehäuse

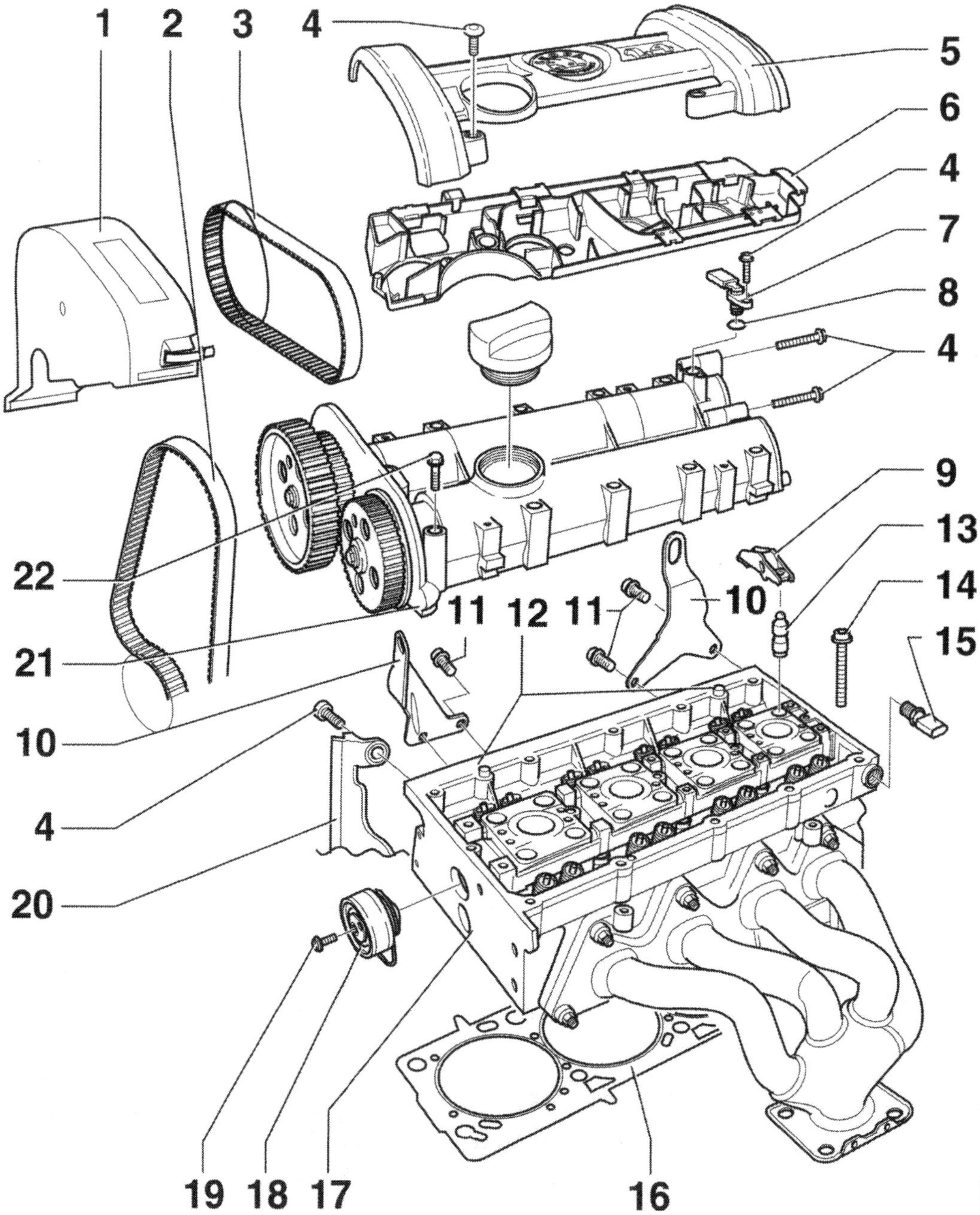

Bild 82

Achtung: Die Zylinderkopfhaube ist gleichzeitig Lagerung der Nockenwellen. Daher darf die Haube erst dann ausgebaut werden, wenn beide Zahnriemen demontiert wurden!

Ausbau (Bild 82)

■ Batterie-Masseband bei ausgeschalteter Zündung abklemmen.
■ Beide Zahnriemen ausbauen.
■ Zahnriemenschutz-Oberteil ausbauen.
■ Geräuschdämpfung ausbauen.
■ Radhausschale vorn rechts ausbauen.
■ Keilrippenriemen ausbauen.
■ Kurbelwelle auf oberen Totpunkt Zylinder 1 stellen. Die Kerbe auf der Riemenscheibe muss mit der Kante der Markierung übereinstimmen.
■ Fixierbohrungen in den Nockenwellenrädern müssen mit den Passbohrungen in der Zylinderkopfhaube fluchten (Pfeile).
■ Abfangvorrichtung MP9-200 (10-222A) nach Bild 13 aufsetzen und Motor in Einbaulage abfangen.
■ Einfüllstutzen vom Scheibenwaschbehälter abschrauben.
■ Kühlmittelausgleichsbehälter abschrauben und zur Seite legen (Schläuche bleiben angeschlossen).
■ Befestigungsschrauben für Aggregatelagerung auf Riemenscheibenseite herausschrauben und Aggregatelagerung komplett ausbauen.
■ Motorhalter am Zylinderkopf ausbauen.
■ Laufrichtung beider Zahnriemen kennzeichnen.
■ Beide Nockenwellenräder mit Nockenwel-lenarretierung wie folgt fixieren:
■ Die beiden Fixierstifte durch die Fixierbohrungen der Nockenwellenräder bis Anschlag in die Passbohrungen der Zylinderkopfhaube stecken.
■ Halter bis Anschlag an das Nockenwellenrad schieben.
■ Befestigungsschraube für Riemenscheibe und Zahnriemenrad lösen. Riemenscheibe mit Gegenhalter T30004 (3415) und Zapfen T30004/1 (3415/1) gegenhalten.
■ Riemenscheibe abnehmen. Zum Sichern des Zahnriemenrads Befestigungsschraube mit 2 Unterlegscheiben einschrauben.

Fahrzeuge mit Klimaanlage

■ Spannrolle für Keilrippenriemen ausbauen.

Für alle Fahrzeuge

■ Zahnriemenschutz-Unterteil ausbauen.

Haupttriebzahnriemen ausbauen

■ Haupttriebspannrolle lösen und Zahnriemen durch Drehen der Spannrolle gegen den Uhrzeigersinn lösen.
■ Spannschraube der Spannrolle loslassen.
■ Spannrolle ausbauen.
■ Nockenwellenarretierung (T 10016) abnehmen.
■ Zahnriemen abnehmen.
■ Beide Nockenwellenräder mit Nockenwellenarretierung (T 10016) fixieren.

Koppeltriebzahnriemen ausbauen

■ Koppeltriebspannrolle lösen und Zahnriemen durch Drehen der Spannrolle im Uhrzeigersinn lösen.
■ Koppeltriebspannrolle ausbauen.
■ Zahnriemen abnehmen.
■ Masseleitung von der Zylinderkopfhaube abschrauben.
■ Öleinfüllstutzen ausbauen.
■ Zündspulen ausbauen.
■ Leitungsführung mit Leitungsstrang von der Zylinderkopfhaube ausbauen.
■ Kühlmittel-Entlüftungsleitung von der Zylinderkopfhaube abbauen.
■ Den 3-poligen Stecker vom Hallgeber abziehen.
■ Befestigungsschraube für Zahnriemenschutz hinten im Bereich der rechten Aufhängeöse herausdrehen.
■ Schrauben der Zylinderkopfhaube von außen nach innen über Kreuz lösen und herausschrauben.
■ Zylinderkopfhaube vorsichtig abnehmen.
■ Rollenschlepphebel zusammen mit den hydraulischen Ausgleichselementen herausnehmen und auf einer sauberen Unterlage ablegen.

(Tipp) Dabei darauf achten, dass Rollenschlepphebel und hydraulische Abstützelemente nicht vertauscht werden.

■ Verschlussdeckel des Ausgleichsbehälters öffnen und schließen, um den Druck im Kühlsystem abzubauen.
■ Kühlmittel ablassen.
■ Federbandschellen lösen und Kühlmittelschläuche vom Kühlmittelreglergehäuse abziehen.
■ Führungsrohr für Ölmessstab ausbauen.
■ Kraftstoffvorlaufleitung abziehen. Dazu Entriegelungstasten drücken.
■ Leitungen verschließen, damit kein Schmutz in das Kraftstoffsystem gelangen kann.
■ Sauberkeitsregeln beachten.
■ Folgende Bauteile lösen, ggf. trennen:
– Schlauch zur Aktivkohlebehälteranlage vom Saugrohr.

Sichtprüfung Messen

– Unterdruckschlauch zum Bremskraftverstärker vom Saugrohr.
– Steckverbindung vom Klopfsensor (Zylinderblock hinten) und vom Geber für Saugrohrdruck mit Geber für Saugrohrtemperatur.
– Steckverbindung vom Geber für Motordrehzahl.
– Steckverbindung vom Geber für Kühlmitteltemperatur, Öldruckschalter und Abgasrückführungsventil.
– Steckverbindung von der Drosselklappensteuereinheit.
– Steckverbindungen von den Einspritzventilen.
– Steckverbindung vom beheizbaren Unterdruckventil am Ölabscheider.
– Schlauch für Kurbelgehäuseentlüftung am Saugrohr.

■ Alle weiteren erforderlichen elektrischen Leitungen vom Motor abziehen/abklemmen und freilegen.

■ Abgasvorrohr vom Abgaskrümmer abschrauben und nach oben aufhängen.

Einbau

Die Montage erfolgt in umgekehrter Reihenfolge unter Berücksichtigung folgender Punkte:

■ Achten Sie darauf, dass die Bohrungen für die Zylinderkopfschrauben kein Öl oder Kühlwasser enthalten.

■ Nehmen Sie die neue Zylinderkopfdichtung erst unmittelbar vor dem Einbau aus der Verpackung und behandeln Sie diese sehr vorsichtig.

■ Verwenden Sie immer neue Zylinderkopfschrauben.

■ Reinigen Sie die Dichtflächen sehr sorgfältig und achten Sie darauf, dass keine Riefen oder Kratzer entstehen.

■ Verschließen Sie die Zylinder mit Lappen, damit kein Schmutz hineinfällt.

■ Die Beschriftung der Zylinderkopfdichtung muss nach oben zeigen.

■ Beachten Sie das Anzugschema für die Zylinderkopfschrauben.

⚠ Die Dichtflächen zwischen Zylinderkopf und Zylinderkopfhaube dürfen ausschließlich chemisch gereinigt werden. Hier darf keinesfalls mit Schmirgelpapier, einem Schaber oder Ähnlichem gearbeitet werden!!

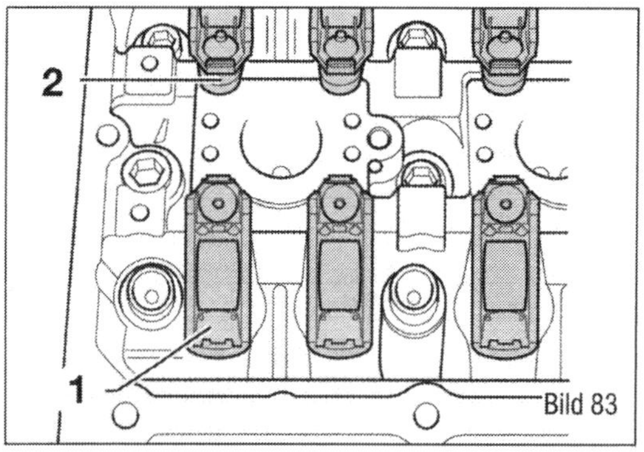

Bild 83

Bild 83
Auf korrekten Sitz der Kipphebel (1) und Stößel (2) achten.

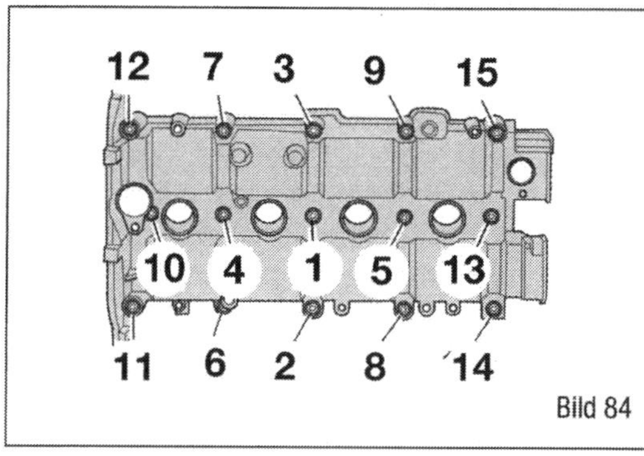

Bild 84

Bild 84
Anzugsreihenfolge der Zylinderkopfhaube.

Schrauben/Muttern	Drehmoment
Zylinderkopfschraube Stufe 1	30 Nm
Zylinderkopfschraube Stufe 2	90°
Zylinderkopfschraube Stufe 3	90°
Schrauben für Nockenwellengehäuse (1)	10 Nm + 90° (ersetzen)
Schraube Nockenwellensensor (4)	10 Nm
Schraube Halter (5)	10 Nm
Öldruckschalter	25 Nm
Schraube Halter (11)	20 Nm
Schraube Spannrolle (19)	20 Nm
Schraube Saugrohr	20 Nm
Schraube Thermostatgehäuse	8 Nm
Lambdasonde	50 Nm
Mutter Abgaskrümmer/Zylinderkopf	26 Nm (ersetzen)
Mutter Hosenrohr	40 Nm (ersetzen)
Schrauben Hitzeschutzblech	8 Nm

Demontage am 1,4-Liter TDI Motor (51kW / 59kW)

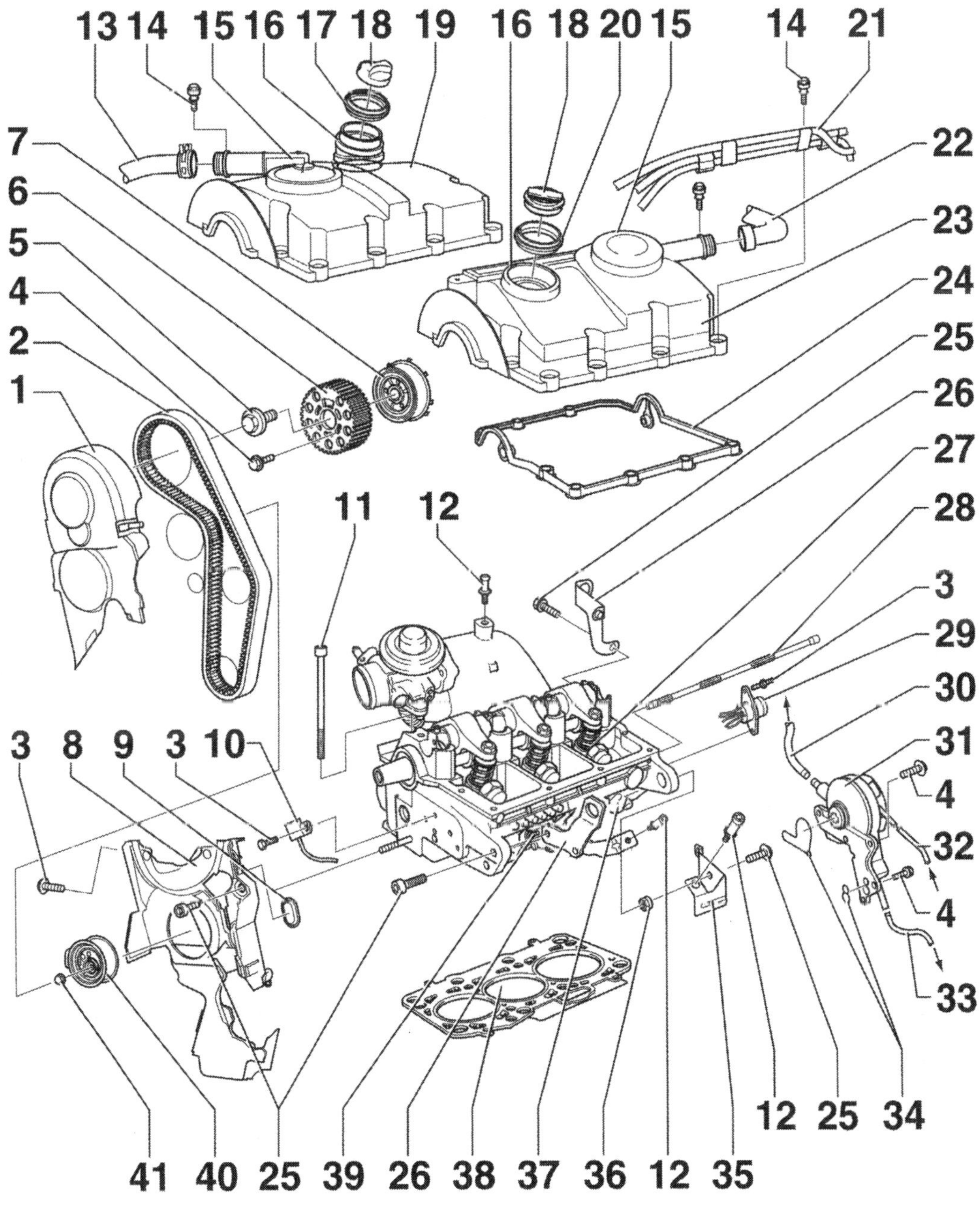

Bild 85

Bild 85
1 Zahnriemenschutz oben
2 Zahnriemen
3 Schraube
4 Schraube
5 Schraube Nockenwellenrad
6 Nockenwellenrad
7 Nabe
8 Zahnriemenschutz hinten
9 Tülle
10 Nockenwellenpositions-Sensor
11 Zylinderkopfschraube
12 Bolzen
13 zum Ladeluftrohr hinten
14 Schraube Ventildeckel
15 Druckregelventil
16 Öleinfüllstutzen
17 Dichtmanschette
18 Verschlussdeckel
19 Zylinderkopfdeckel
20 Dichtmanschette
21 Halter
22 zum Ansaugschlauch
23 Zylinderkopfdeckel
24 Dichtung für Zylinderkopfdeckel
25 Schraube 20 Nm
26 Aufhängeöse
27 Pumpe-Düse-Einheit
28 Mischrohr
29 Zentralsteckverbindung
30 zum Bremskraftverstärker
31 Tandempumpe
32 Vorlaufschlauch
33 Rücklaufschlauch
34 Dichtung
35 Halter
36 Sechskantkegelmutter
37 Zylinderkopf
38 Zylinderkopfdichtung
39 Glühkerze
40 Spannrolle
41 Mutter Spannrolle

⚠ Das Nacharbeiten von Zylinderköpfen bei Dieselmotoren ist nicht zulässig. Bei einem eventuellen Verzug des Zylinderkopfes muss dieser ersetzt werden!!!!

☞ Je nach Kolbenüberstand am Zylinderblock werden Zylinderkopfdichtungen mit verschiedenen Dicken montiert. Wird nun die Dichtung ersetzt, dann muss sie durch eine Dichtung mit gleicher Kennzeichnung (Anzahl der Bohrungen) ersetzt werden (Bild 86)!

Bild 86
1 Ersatzteilnummer
2 Steuercode (nicht relevant)
3 Bohrungen

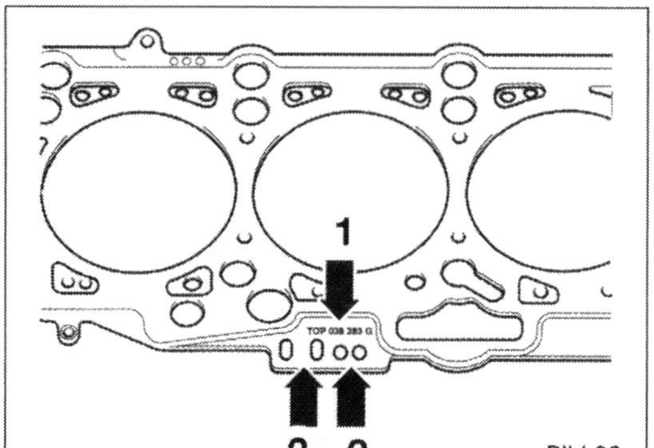

Bild 86

Bild 87
Ladeluftleitung.
1 Rohr
2 Schlauch

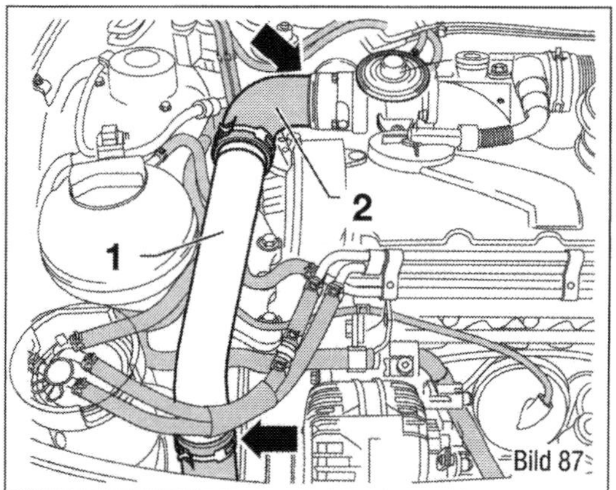

Bild 87

Ausbau

■ Masseband der Batterie bei ausgeschalteter Zündung abklemmen.
■ Motorabdeckung abbauen.
■ Ladeluftrohr oben (1) mit Verbindungsschlauch (2) ausbauen (Pfeile) Bild 87.
■ Luftführung vom Schlossträger und vom Luftfilter abbauen.
■ Luftfilter mit Ansaugschlauch ausbauen.
■ Ladeluftrohr mit Verbindungsschlauch zum Turbolader ausbauen.
■ Steckverbindung von den Glühkerzen trennen.
■ Ölvorlaufleitung für Abgasturbolader abschrauben (auch am Ölfilterhalter und von der Aufnahme).
■ Schlauch zur Kurbelgehäuseentlüftung vom Ladeluftrohr abziehen.
■ Zahnriemenschutz oben abnehmen, dazu Halteklammern entriegeln.
■ Zylinderkopfdeckelschrauben in der Reihenfolge 11 bis 1 herausdrehen und Zylinderkopfdeckel abnehmen.

Für Motor mit Motorkennbuchstaben BNM, BNV
■ Abgasrückführungskühler vom Abgaskrümmer und vom Saugrohr abbauen.
■ Saugstutzen vom Saugrohr abschrauben und mit angeschlossenen Schläuchen seitlich ablegen.
■ Abgasrohr vorn mit Katalysator vom Abgaskrümmer abbauen.
■ Geräuschdämpfung ausbauen.
■ Verbindungsschlauch für Ladeluft zwischen Turbolader und Ladeluftrohr unten ausbauen.

Für Motor mit Motorkennbuchstaben BMS
■ Abgasrohr vorn mit Diesel-Partikelfilter vom Abgasturbolader abbauen.
■ Geräuschdämpfung ausbauen.

Fortsetzung für alle Fahrzeuge
■ Unterdruckschläuche vom Turbolader abziehen.
■ Ölrücklaufleitung für Abgasturbolader ausbauen.
■ Kühlmittel ablassen.
■ Kraftstoff mit Handvakuumpumpe und Entlüftungsbehälter am Rücklaufrohr der Tandempumpe absaugen.
■ Kraftstoffschläuche und abziehen.
■ Kühlmittelschlauch abziehen.
■ Zentralsteckverbindung für Pumpe-Düse-Einheiten ausbauen.
■ Stecker am Kraftstofftemperaturgeber abziehen
■ Kühlmittelschlauch vom T-Stück abziehen, Kühlmittelschläuche und vom Anschlussstutzen abziehen.
■ Anschlussstecker vom Kühlmitteltemperaturgeber abziehen.
■ Kühlmittelschlauch vom Stutzen abziehen.
■ Unterdruckschlauch von der Tandempumpe abziehen.
■ Kühlmittelschlauch zum Abgasrückführungskühler vom Anschlussstutzen abziehen.
■ Abfangvorrichtung MP 9-200 (10-222A) mit aufgesetzten Spindeln wie gezeigt (Bild 13) aufsetzen und Motor mit Spindel abfangen.
■ Motor mit Spindel vorsichtig anheben.
■ Zahnriemen ausbauen.
■ Motorhalter und Motorkonsole ausbauen.
■ Keilrippenriemen ausbauen.

Für Fahrzeuge mit Klimaanlage
■ Absteckdorn T10060A von der Keilrippenriemen-Spannrolle entfernen.

Fortsetzung für alle Fahrzeuge
■ Zahnriemenschutz oben ausbauen.

Für Fahrzeuge mit Motorkennbuchstaben BNM, BNV

■ Schraube herausdrehen.
■ Ladeluftrohr unten mit Verbindungsschlauch ausbauen.

Fortsetzung für alle Fahrzeuge

■ Riemenscheibe ausbauen.
■ Zahnriemenschutz Mitte ausbauen.
■ Zahnriemenschutz unten ausbauen.
■ Kurbelwelle auf OT Zylinder 1 stellen.
■ Nabe mit Absteckstift MP1-301 (3359) arretieren. Absteckstift durch das freie Langloch links in die Bohrung am Zylinderkopf stecken.
■ Zahnriemenrad-Kurbelwelle mit Kurbelwellenstop T10050 sichern. Kurbelwellenstop von der Frontseite des Zahnriemenrades in die Verzahnung stecken.

Tipp: Zur Erleichterung wird empfohlen, die Markierung für OT am Zahnriemenrad-Kurbelwelle und auf dem Kurbelwellenstop T10050 mit weißer Farbe zu färben.

■ Laufrichtung des Zahnriemens kennzeichnen.
■ Nockenwellenradschrauben so lösen, dass mit dem Nockenwellenrad gedreht werden kann.
■ Befestigungsmutter der Spannrolle lösen.
■ Exzenter der Spannrolle mit dem Winkelschraubendreher T10264 gegen Uhrzeigersinn so drehen, bis die Spannrolle mit dem Absteckwerkzeug T10265 arretiert werden kann.
■ Winkelschraubendreher T10264 im Uhrzeigersinn bis Anschlag drehen und Befestigungsmutter von Hand anziehen.
■ Umlenkrolle (12) ausbauen.
■ Zahnriemen zuerst vom Zahnriemenrad der Kühlmittelpumpe und anschließend von den anderen Riemenscheiben abnehmen.
■ Nockenwellenrad und Nabe ausbauen.
■ Befestigungsschrauben für Nockenwellenrad herausschrauben.
■ Nockenwellenrad von der Nabe abziehen.
■ Befestigungsschraube der Nabe lösen. Dazu Gegenhalter T10051 verwenden.
■ Befestigungsschraube der Nabe ca. 2 Umdrehungen herausdrehen.
■ Abziehvorrichtung T10052 ansetzen und diese zu den Bohrungen der Nabe ausrichten.
■ Befestigungsschrauben in die Nabe einschrauben.
■ Nabe durch gleichmäßiges Anziehen der Zentralschraube unter Spannung setzen, bis sich die Nabe vom Konus der Nockenwelle löst.
■ Nabe vom Konus der Nockenwelle ausbauen.
■ Zylinderkopfdeckel abnehmen.
■ Die Schwinghebelachsen ausbauen.
■ Tandempumpe ausbauen.
■ Erst Lagerdeckel 2 und 3 ausbauen. Lagerdeckel 1 und 4 abwechselnd über Kreuz lösen.
■ Zahnriemen-Spannrolle (40) ausbauen.
■ Schraube herausschrauben und Hallgeber vom Zylinderkopf abnehmen.
■ Schrauben herausdrehen.
■ Halter T10014 in die Gewindebohrung im Bereich von Kühlmittelpumpe in Zylinderblock einschrauben. Anzugsdrehmoment: 20 Nm.
■ Motor abfangen und vorsichtig mit Spindel anheben und dadurch die zweite Spindel entlasten.
■ Zweite Spindel entfernen.
■ Reihenfolge beim Lösen der Zylinderkopfschrauben einhalten.
■ Zylinderkopf anheben und seitlich am Zahnriemenschutz vorbei abnehmen.

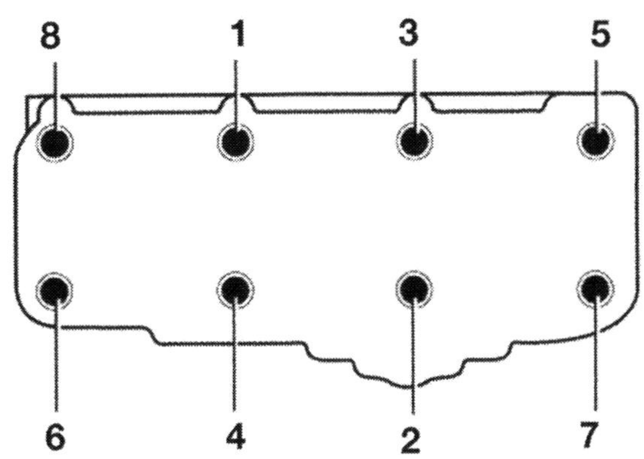

Bild 88

Bild 88
Anzugsreihenfolge der Zylinderkopfschrauben

Einbau
Die Montage erfolgt in umgekehrter Reihenfolge und Beachtung der folgenden Punkte:
- Achten Sie darauf, dass die Bohrungen für die Zylinderkopfschrauben kein Öl oder Kühlwasser enthalten.
- Nehmen Sie die neue Zylinderkopfdichtung erst unmittelbar vor dem Einbau aus der Verpackung und behandeln Sie diese sehr vorsichtig.
- Verwenden Sie immer neue Zylinderkopfschrauben.
- Reinigen Sie die Dichtflächen sehr sorgfältig und achten Sie darauf, dass keine Riefen oder Kratzer entstehen.
- Verschließen Sie die Zylinder mit Lappen, damit kein Schmutz hineinfällt.
- Die Beschriftung der Zylinderkopfdichtung muss nach oben zeigen.
- Beachten Sie das Anzugschema für die Zylinderkopfschrauben.
- Nach dem Einbau des Zylinderkopfes müssen die Tandempumpe und der Zylinderkopf mit einer Handvakuumpumpe und einem Entlüftungsbehälter entlüftet werden.

Schrauben/Muttern	Drehmoment
Zylinderkopfschraube Stufe 1	40 Nm
Zylinderkopfschraube Stufe 2	60 Nm
Zylinderkopfschraube Stufe 3	90°
Zylinderkopfschraube Stufe 4	90°
Schrauben für Ventildeckel (14)	10 Nm
Schrauben (3)	10 Nm
Schraube Nockenwellenrad (5)	100 Nm
Schrauben (4)	20 Nm + 45°
Bolzen Motorabdeckung	10 Nm
Schraube (25)	20 Nm
Glühkerze BNM, BNV	15 Nm
Glühkerze BMS	12 Nm
Mutter Spannrolle (41)	20 Nm + 45°
Schraube Ölleitung Turbolader	15 Nm
Schraube Saugrohr	25 Nm
Schraube Wasserstutzen	10 Nm
Schraube Wasserrohr	25 Nm
Mutter Abgaskrümmer/Zylinderkopf	25 Nm (ersetzen)
Mutter Hosenrohr	25 Nm (ersetzen)
Schrauben Hitzeschutzblech	25 Nm

Kompression und Druckverlust prüfen

»Man kann halt nicht reinschauen ...«, bekommen wir öfter zu hören, wenn ein Motor zerlegt wurde, ohne dass die Eckdaten wie der Kompressionsdruck oder der Druckverlust geprüft wurden. Natürlich geht das, ohne den Motor zu zerlegen und natürlich sind die Aussagen dieser Prüfmethode sehr treffsicher. Es muss allerdings auch klar sein, dass bei auffälligem Befund eventuell eine Demontage unumgänglich ist. Betrachten wir den Kompressionstest als die IST-Datenaufnahme für die Abdichtung des Motors und den Druckverlusttest für die Fehlerortung einmal genauer.

Kompressionstest
Ob unrunder Motorlauf oder hoher Öl- oder Kraftstoffverbrauch: Mangelnder Kompressionsdruck kann die Laufkultur jedes Motors empfindlich stören. Ein klarer Vorteil des Kompressionstests liegt darin, dass er recht schnell einen ersten Überblick über den Zustand von Kolben, Zylinder und Brennraum gibt, zumindest hinsichtlich der Dichtheit. Die Auswertung ist enorm wichtig.

⚠ Hochspannung ist lebensgefährlich! Ein elektrischer Schlag kann Herzkammerflimmern hervorrufen und im schlimmsten Fall zum Tode führen! Lassen Sie sich nach einem Stromschlag ärztlich untersuchen! Legen Sie die Zündanlage immer still, wenn Sie an ihr oder um sie herum arbeiten. Neben den kör-

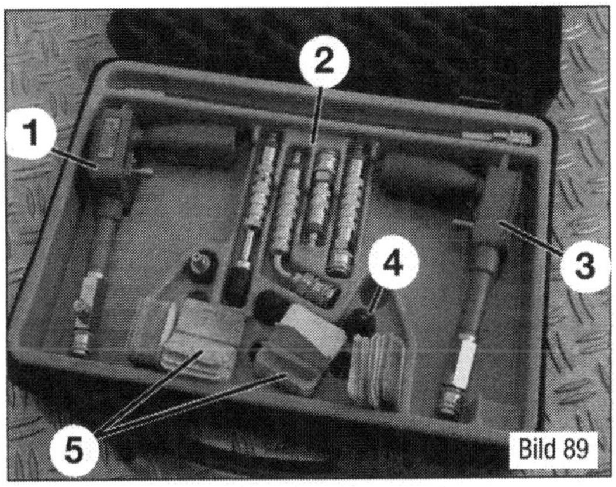

Bild 89

Bild 89
Nicht ganz billig: Kompressionstester im praktischen Köfferchen.
1 Druckschreiber für Diesel
2 Adapterstücke
3 Druckschreiber für Benziner
4 Dichtsitze
5 Druckschreiberkarten

perlichen Schäden können die Zündendstufen »durchschlagen«, was dann unnötig Kosten verursacht.

Prüfmittel:
- Kompressionstester (Bild 89)
- Druckschreiber (Bild 90)

Benzinmotoren

Vorbereitung

■ Achten Sie darauf, dass die Batterie voll geladen ist.
■ Bauen Sie alle Zündkerzen aus.
■ Setzen Sie die Zündanlage außer Betrieb (Hallgeber oder OT-Geber abziehen).
■ Prüfen Sie, ob der Zahnriemen in Ordnung ist.
■ Legen Sie eine Messkarte in den Druckschreiber ein.

Messung/Prüfung

■ Öffnen Sie die Drosselklappe vollständig (Vollgas).

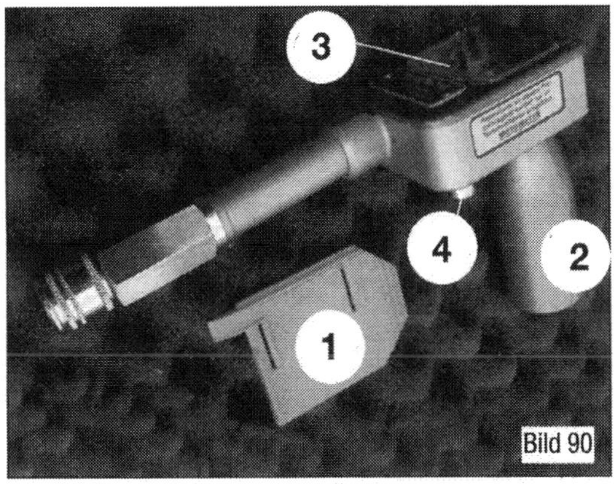

Bild 90

Bild 90
Druckschreiber.
1 Kartenträger
2 Gehäuse
3 Schreibernadel
4 Schubhebel

■ Führen Sie den Kompressionsdruckschreiber zuerst in das rechte Kerzenloch ein.
■ Lassen Sie eine Hilfsperson den Anlasser so lange betätigen, bis der Höchstdruck erreicht ist (Nadel beobachten). Der Höchstdruck muss nach 10-12 Umdrehungen erreicht worden sein!
■ Lassen Sie den Druck am Kompressionsdruckschreiber ab und stellen Sie ihn mit dem Schubhebel um eine Position weiter.
■ Wiederholen Sie diesen Vorgang nun für alle Zylinder des Motors.

Auswertung

■ Entnehmen Sie die Druckschreiberkarte (Bilder 91 und 92).
■ Notieren Sie Datum und Kennzeichen auf der Karte (geht auch mit dem Fingernagel).

Der Kompressionsdruck bei einem Benzinmotor liegt ungefähr zwischen 11 und 14 bar. Werte darunter und darüber sind auffällig. In der nachstehenden Tabelle sind einige typische Fehlerbilder aufgelistet.

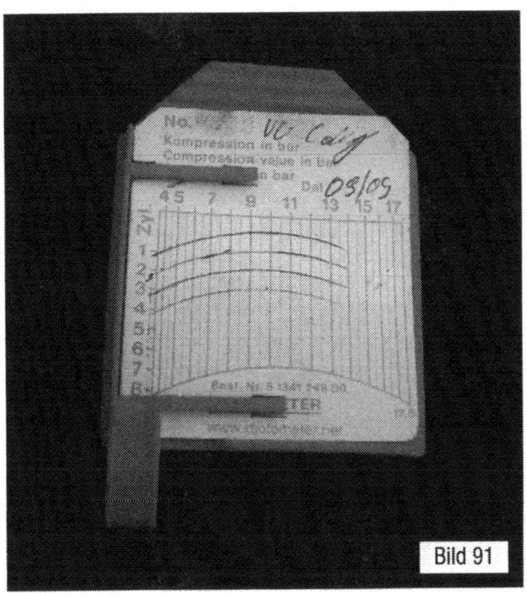

Bild 91

Bild 91
Benziner: Schreiberkarte unauffällig.

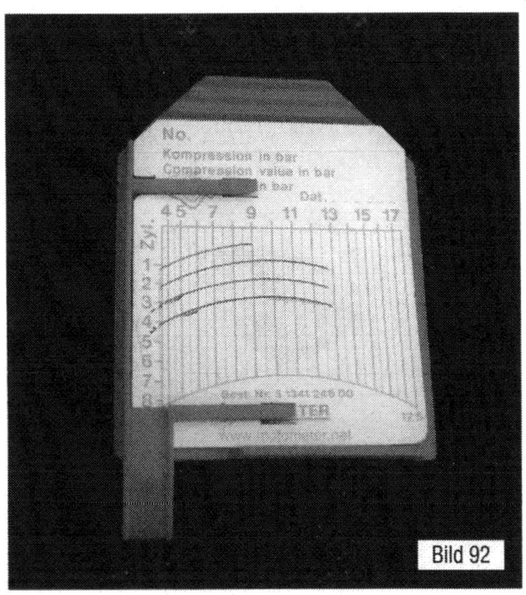

Bild 92

Bild 92
Benziner: Schreiberkarte auffällig.

Beschreibung	Toleranz	Ursache
Einer oder mehrere Zylinder haben einen deutlich geringeren Druck.	Kompression 11-14 bar. Abweichung der Zylinder untereinander 1,5 bar maximal (höchster und niedrigster Druck).	Zylinderraum undicht, Kolbenringe verschlissen, Ventile schließen nicht richtig.
Einer oder mehrere Zylinder haben einen deutlich höheren Druck.		Kolbenringe verschlissen, Öl befindet sich im Zylinderraum, Ölabstreifringe defekt, Zylinder verschlissen.
Kompressionsdruck extrem niedrig auf allen Zylindern.	Kompression 11-14 bar.	Kolbenringe verschlissen, Zylinder verschlissen, Ventiltrieb defekt, Ventile defekt, Zahnriemen gerissen, Steuerzeiten verstellt, Öldruck zu hoch (Hydrostößel sind betätigt).
Kompressionsdruck extrem hoch auf allen Zylindern.	Kompression 11-14 bar.	Kolbenringe verschlissen, Zylinder verschlissen, Motorentlüftung defekt, Öl steht im Brennraum.

Dieselmotoren

Vorbereitung

■ Achten Sie darauf, dass die Batterie vollgeladen ist.

■ Bauen Sie alle Glühkerzen aus.

■ Setzen Sie die Einspritzanlage außer Betrieb (Nockenwellengeber oder OT-Geber abziehen).

■ Prüfen Sie, ob der Zahnriemen in Ordnung ist.

■ Legen Sie eine Messkarte in den Druckschreiber ein.

Messung/ Prüfung

■ Führen Sie den Kompressionsdruckschreiber zuerst in das rechte Glühkerzenloch ein.

■ Lassen Sie eine Hilfsperson den Anlasser so lange betätigen, bis der Höchstdruck erreicht ist (Nadel beobachten). Der Höchstdruck muss nach 10-12 Umdrehungen erreicht worden sein!

■ Lassen Sie den Druck am Kompressionsdruckschreiber ab und stellen Sie ihn mit dem Schubhebel um eine Position weiter.

■ Wiederholen Sie diesen Vorgang nun für alle Zylinder des Motors.

Auswertung

Entnehmen Sie die Druckschreiberkarte (Bilder 93 und 94).

■ Notieren Sie Datum und Kennzeichen auf der Karte (geht auch mit dem Fingernagel).

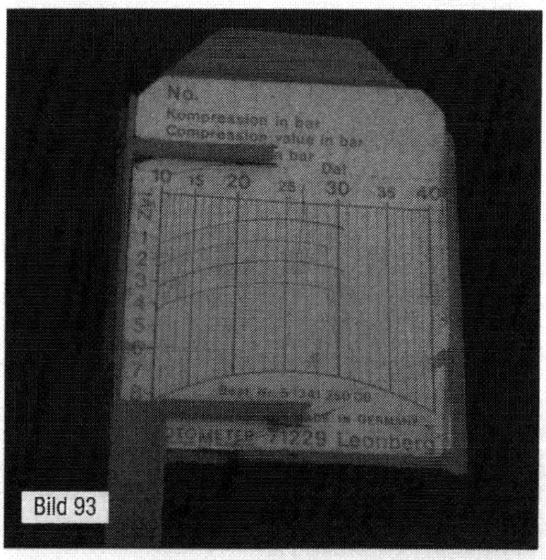

Bild 93

Bild 93
Diesel: Schreiberkarte unauffällig.

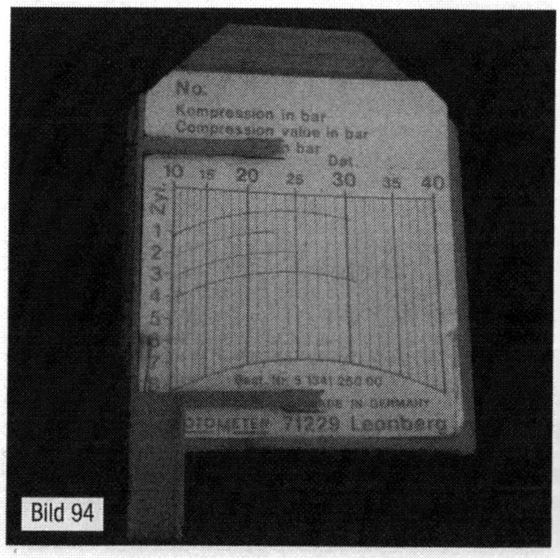

Bild 94

Bild 94
Diesel: Schreiberkarte auffällig.

Der Kompressionsdruck bei einem Dieselmotor liegt ungefähr zwischen 25 und 31 bar. Werte darunter und darüber sind auffällig. In der nachstehenden Tabelle sind einige typische Fehlerbilder aufgelistet.

Beschreibung	Sollwert	Ursache
Einer oder mehrere Zylinder haben einen deutlich geringeren Druck.	Verdichtungsdruck 25 bis 31 bar, Verschleißgrenze 19 bar. Abweichung der Zylinder untereinander 2,0 bar maximal (höchster und niedrigster Druck)!	Zylinderraum undicht, Kolbenringe verschlissen, Ventile schließen nicht richtig.
Einer oder mehrere Zylinder haben einen deutlich höheren Druck.		Kolbenringe verschlissen, Öl befindet sich im Zylinderraum, Ölabstreifringe defekt, Zylinder verschlissen.
Kompressionsdruck extrem niedrig auf allen Zylindern.	Verdichtungsdruck 25 bis 31 bar, Verschleißgrenze 19 bar.	Kolbenringe verschlissen, Zylinder verschlissen, Ventiltrieb defekt, Ventile defekt, Zahnriemen gerissen, Steuerzeiten verstellt, Öldruck zu hoch (Hydrostößel sind betätigt).
Kompressionsdruck extrem hoch auf allen Zylindern.	Verdichtungsdruck 25 bis 31 bar.	Kolbenringe verschlissen, Zylinder verschlissen, Motorentlüftung defekt, Öl steht im Brennraum.

Druckverlusttest (Bild 95)
Oft schon vergessen, war er schon vor einigen Jahrzehnten bekannt. Da der Tester in den meisten Werkstätten nicht mehr oder kaum noch zum Einsatz kommt, lässt sich ab und an ein solches Gerät auch von Bosch schon mal günstig erstehen. 25 bis 50 Euro werden es dann meist. Auch mit diesem Gerät wird die Dichtheit des Zylinders bewertet. Nur, dass nicht der Motor den Druck aufbringt, sondern der Motor mit Luftdruck aus dem Tester beaufschlagt wird. Undichtheiten können nun zum einen zahlenmäßig erfasst und zum anderen »erhört« werden. Die Diagnose fällt deshalb deutlich präziser aus, als das Ergebnis des Kompressionstests.

Vorbereitung

■ Bauen Sie alle Zündkerzen oder beim Diesel die Glühkerzen aus.
■ Schalten Sie die Zündung aus.
■ Prüfen Sie, ob der Zahnriemen in Ordnung ist.
■ Schließen Sie den Druckverlustprüfer an die Druckluftversorgung Ihrer Werkstatt an (Bild 96).
■ Stimmen Sie den Druckschreiber auf den Kompressordruck Ihrer Werkstatt ab.
■ Wählen Sie den passenden Gewindeadapter und den Anschlussschlauch für den Druckverlusttest aus.
■ Stellen Sie Radio und andere Lärmquellen ab.

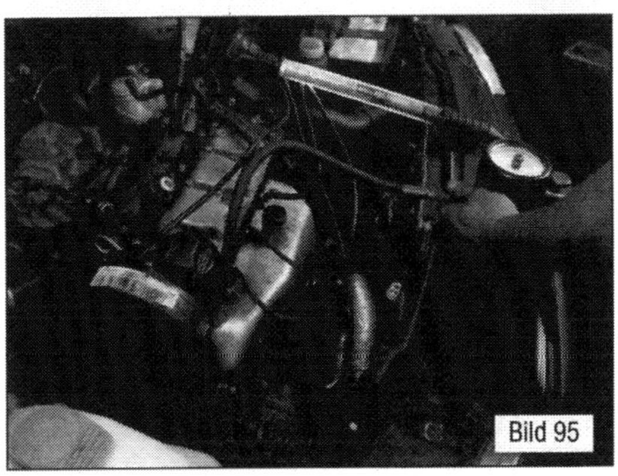

Bild 95

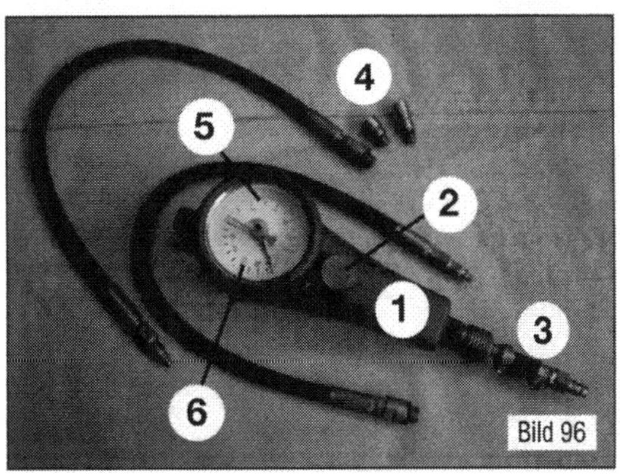

Bild 96

Bild 95
Druckverlusttest.

Bild 96
Meist recht günstig zu ersteigern: der Druckverlustprüfer.
1 Gehäuse
2 Einstellrad für Druckangleich
3 Anschlussschlauch Druckluftnetz
4 Prüfanschluss
5 Messuhr Kompressionsdruck
6 Messuhr Kompressionsdruck

Messung/ Prüfung

■ Verdrehen Sie den Motor so weit, bis er am Ende des Verdichtungstaktes oder am Anfang des Arbeitstaktes steht.

■ Ertasten Sie vorsichtig den Kolbenboden mit einem Schraubendreher und verdrehen Sie den Motor bis zu Zünd-OT (Bild 97).

■ Blockieren Sie den Motor (Gang einlegen, Handbremse anziehen).

Bild 97
Der OT-Finder: Auf dem Weg nach OT verdrängt der Kolben Luft und schiebt den Anzeigekolben im Gerät nach oben. Fällt er schlagartig ab, wurde der OT-Punkt überschritten.

Bild 98
Nicht verwechseln: Mit Ventil (1) ist er für den Kompressionstest gerüstet, ohne Ventil (2) für den Druckverlusttest.

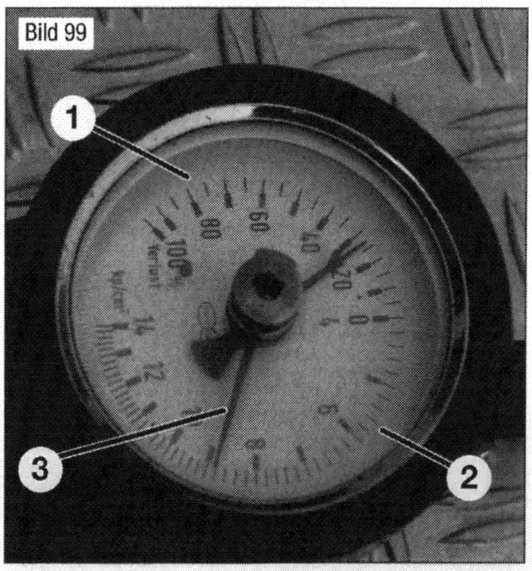

Bild 99
Hoher Druckverlust.
1 Skala für Druckverlust
2 Skala für Kompressionstest
3 Schleppzeiger für Kompressionstest

Sollten Sie den Motor mit einem 19-mm-Schlüssel auf der Kurbelwelle festhalten wollen, achten Sie darauf, dass sich der Motor verdrehen kann, sobald der Prüfdruck des Testers auf dem Kolben lastet. Er erzeugt ein nicht unbedeutendes Drehmoment, das Sie eventuell nicht von Hand halten können. Es besteht Verletzungsgefahr durch Abrutschen oder Klemmen!

■ Führen Sie den Anschlussschlauch des Druckverlusttesters zuerst in das rechte Kerzenloch ein.

■ Kuppeln Sie den Messschlauch an das Messgerät an.

■ Werten Sie jeden Zylinder einzeln wie unten beschrieben aus.

■ Wiederholen Sie diesen Vorgang nun für alle Zylinder des Motors.

Auswertung

■ Notieren Sie den angezeigten Druckverlust für jeden Zylinder einzeln (Bilder 99 und 100).

■ Ein Druckverlust bei Benzinmotoren ist bis zu 15% zulässig.

■ Drehen Sie den Öldeckel ab und achten Sie auf Zischgeräusche aus dem Motorblock.

■ Legen Sie den Kopf auf den Luftfilter oder, besser noch, entfernen Sie den Luftfilter und hören Sie, ob Zischgeräusche aus dem Ansaugtrakt wahrnehmbar sind.

■ Kontrollieren Sie auch am Auspuff, ob hier ein Luftstrom oder ein Zischgeräusch hörbar ist.

Bild 100
Druckverlusttest unauffällig.

Beschreibung	Sollwert	Ursache
Druckverlust zu groß: Zischgeräusch am Ansaugtrakt feststellbar, keine Zischgeräusche am Auspuff feststellbar.	Bis 15% sind zulässig.	Einlassventil nicht sauber geschlossen, Einlassventil undicht, Einlassventil beschädigt; Steuerzeiten stimmen nicht, Motor steht nicht im Zünd-OT (Arbeitstakt).
Druckverlust zu groß: Zischgeräusche am Auspuff feststellbar, keine Zischgeräusche am Ansaugtrakt feststellbar.	Bis 15% sind zulässig.	Auslassventil nicht sauber geschlossen, Auslassventil undicht, Auslassventil beschädigt, Steuerzeiten stimmen nicht, Motor steht nicht im Zünd-OT (Arbeitstakt).
Druckverlust zu groß: Zischgeräusche am Auspuff feststellbar, Zischgeräusch am Ansaugtrakt feststellbar.	Bis 15% sind zulässig.	Beide Ventile nicht sauber geschlossen, beide Ventile undicht, beide Ventile beschädigt; Steuerzeiten stimmen nicht, Motor steht nicht im Zünd-OT (Arbeitstakt).
Druckverlust zu groß: keine Zischgeräusche am Auspuff feststellbar, kein Zischgeräusch am Ansaugtrakt feststellbar.	Bis 15% sind zulässig.	Druckverlust über Kolben und Kolbenringe verschlissen oder defekt, Zylinderkopfdichtung defekt (während der Prüfung »blubbert« der Ausgleichsbehälter).

5 Motorschmierung

Alle Stellen im Motor, an denen Metalle aufeinander gleiten, müssen ständig mit Öl versorgt werden: Kolben, Zylinderlaufbahnen, die Lager von Kurbelwelle und Nockenwelle. Kein Triebwerk des Fabia hielte mehr als einige wenige Minuten ohne passende Schmierung durch.
Damit das Öl seine Aufgabe erfüllen kann, strömt es im Motorblock durch ein System von Leitungen und feinen Bohrungen an die richtige Adresse. Eine wichtige Rolle in diesem Kreislauf spielt die Ölpumpe. Sie holt über das Ölsaugrohr das Motoröl aus der Ölwanne und drückt es in die Leitungen. Zuvor muss die Flüssigkeit den im Hauptstrom des Schmiersystems sitzenden Ölfilter passieren. Dort werden Verunreinigungen wie Ruß, Metallabrieb und Staub herausgefiltert. Ein Überdruckventil an der Pumpe öffnet bei zu hohem Druck, so dass ein Teil des Öls in die Ölwanne zurückfließen kann. Der Motor verbraucht Öl, weil es teilweise in den Verbrennungsraum gelangt und dort verbrennt. Ein undichter Motor, defekte Ventilschaftabdichtungen, auch falsch eingebaute Kolbenringe oder zu viel Spiel zwischen Ventilführung und Ventilschaft treiben den Verbrauch in die Höhe. Wenn der Motor technisch in Ordnung ist, verbraucht er allerdings so wenig,

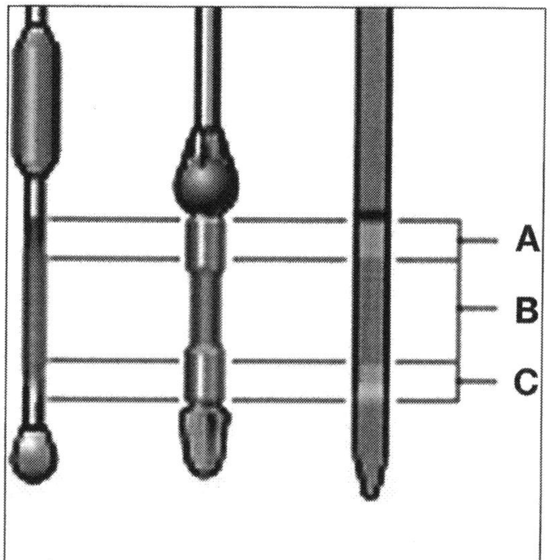

Bild 1

Bild 1
(A) Öl darf nicht nachgefüllt werden. Bei Ölstand oberhalb der Markierung (A) besteht die Gefahr von Katalysatorschäden.
(B) Öl kann nachgefüllt werde. Es kann dabei vorkommen, dass der Ölstand danach im Bereich (A) steht (geriffeltes Feld).
(C) Öl muss nachgefüllt werden. Es genügt, dass danach der Ölstand im Messfeld (B) steht (geriffeltes Feld). Bei Ölstand unterhalb der Markierung (C) Öl bis zur Markierung (A) auffüllen.

dass zwischen den Ölwechselintervallen nichts oder nur eine geringe Menge nachgefüllt werden muss. Es ist aber immer gut den Ölstand zu kontrollieren. Eine Faustregel besagt: nach jedem zweiten Tanken.

Motorölstand prüfen

Ausgangsstatus: Beim Messen des Ölstandes muss das Fahrzeug waagerecht stehen. Nach Abstellen des Motors mindestens drei Minuten warten, damit das Öl in die Wanne zurückfließen kann.

■ Ölmessstab herausziehen, mit einem sauberen Putzlappen abwischen und den Messstab wieder bis zum Anschlag hineinschieben.

■ Messstab anschließend wieder herausziehen und Ölstand ablesen (Bild 1).

Motoröl ablassen oder absaugen, Ölfiltereinsatz ersetzen und Motoröl auffüllen
Der **Motorölwechsel** mit einem Altölauffang- und Absauggerät (z. B. V.A.G 1782) sollte nach Möglichkeit bei betriebswarmem Motor durchgeführt werden.

■ Öleinfüllverschlussdeckel abnehmen und Motoröl mit Altölauffang- und Absauggerät absaugen oder Fahrzeug anheben, Geräuschdämpfung ausbauen, Ölablassschraube in der Ölwanne (Pos. 8 im Bild 6) herausdrehen und das austretende Öl auffangen.

■ Neue Ölablassschraube mit Dichtring handfest einschrauben und mit 30 Nm (M14) anziehen. Drehmoment darf nicht überschritten werden. Ein zu hohes Drehmoment könnte zu Undichtigkeiten im Bereich der Ölablassschraube oder sogar zu Beschädigungen führen.

■ **Ölfilter ersetzen** (siehe nachfolgende Reparaturanleitung in diesem Kapitel).

■ Öl gemäß Spezifikation auffüllen.

■ Öleinfüllverschlussdeckel wieder aufschrauben.

Motor anlassen und auf Undichtigkeiten prüfen.

■ Motorölstand erneut prüfen und ggf. Öl nachfüllen.

■ Wenn Öl nachgefüllt worden ist, mindestens 3 Minuten warten und dann erneut Ölstand prüfen.

■ Geräuschdämpfung einbauen und Fahrzeug ablassen.

Motoröl-Füllmengen

Werkseitig ist ein Qualitäts-Mehrbereichsöl eingefüllt, das, außer in extrem kalten Klimazonen, als Ganzjahresöl gefahren werden kann. Die Benzin- und Dieselmotoren benötigen folgende Ölfüllmengen mit Ölfilterwechsel und Ölqualitäten (QG1 = Longlife, QG0, QG2 = ohne Longlife):

Benzinmotoren		**Ungefähre Ölfüllmenge mit Ölfilterwechsel**	**VW-Motorölnormen QG1**	**QG0, QG2**
1,2 l/44 kW	BBM	2,8 l	VW 503 00, VW 504 00	VW 501 01, VW 502 00
1,2 l/44 kW	CHFA	2,9 l	VW 503 00, VW 504 00	VW 501 01, VW 502 00
1,2 l/51 kW	BZG	2,8 l	VW 503 00, VW 504 00	VW 501 01, VW 502 00
1,2 l/51 kW	CEVA	2,8 l		VW 501 01, VW 502 00
1,2 l/51 kW	CGPA	2,9 l	VW 503 00, VW 504 00	VW 501 01, VW 502 00
1,2 l/55 kW	CJLA	2,8 l		VW 501 01, VW 502 00
1,2 l/63 kW TSI	CBZA	3,6 l	VW 504 00	VW 502 00
1,2 l/77 kW TSI	CBZB	3,6 l	VW 504 00	VW 502 00
1,4 l/63 kW	BXW	3,2 l	VW 503 00, VW 504 00	VW 501 01, VW 502 00
1,4 l/63 kW	CGGB	3,2 l	VW 504 00	VW 501 01, VW 502 00
1,6 l/77 kW	BTS CFNA CLSA	3,6 l		VW 501 01, VW 502 00
1,4 l/132 kW TSI	CAVE	3,6 l	VW 504 00	VW 502 00

Benzinmotoren		**Ungefähre Ölfüllmenge mit Ölfilterwechsel**	**VW-Motorölnormen QG1**	**QG0, QG2**
1,2 l/55 kW TDI CR	CFWA	4,3 l	VW 507 00	VW 507 00
1,4 l/51 kW TDI PD	BNM	3,8 l	VW 506 01, VW 507 00	VW 505 01
1,4 l/59 kW TDI PD	BNV	3,8 l	VW 506 01, VW 507 00	VW 505 01
1,4 l/59 kW TDI PD-DPF	BMS	4,2 l	VW 507 00	VW 507 00
1,6 l/55 kW TDI CR	CAYA	4,3 l	VW 507 00	VW 507 00
1,6 l/66 kW TDI CR	CAYB	4,3 l	VW 507 00	VW 507 00
1,6 l/77 kW TDI CR	CAYC	4,3 l	VW 507 00	VW 507 00
1,9 l/77 kW TDI PD	BSW	3,8 l	VW 506 01, VW 507 00	VW 505 01
1,9 l/77 kW TDI PD-DPF	BLS	4,3 l	VW 507 00	VW 507 00

Ölfiltereinsatz 1,2 l MPI auswechseln

Ausbau

■ Verschlussschraube (-deckel) bis zur Nasenkante (Pfeil) oder um ca. 3 Umdrehungen (a) mit Steckschlüsseleinsatz SW 36 herausdrehen.

■ Verschlussschraube ca. 1 Minute in dieser Position lassen, danach Schraube mit Ölfiltereinsatzhalter abnehmen (Bild 3). Wenn die Verschlussschraube ohne Wartezeit ausgebaut wird, kann ausfließendes Motoröl den Drehstromgenerator beschädigen!

■ Verschlussschraube mit Ölfiltereinsatzhalter (1) auf eine feste Unterlage (3) leicht anschlagen (Pfeilrichtung). Dadurch wird der Ölfiltereinsatz (2) gelöst (Bild 4).

■ Dichtring vorsichtig mit einem Schraubendreher aus der Nut (Pfeil) hebeln (Bild 5).

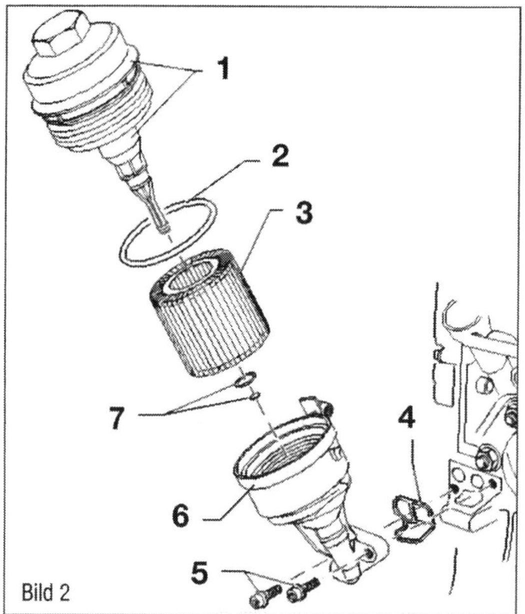

Bild 2

Bild 2
Montageübersicht »Ölfilter« 1,2 MPI.
1 Verschlussschraube mit Ölfiltereinsatzhalter (25 Nm).
2 Dichtring (ersetzen, wird mit Ölfiltereinsatz geliefert).
3 Ölfiltereinsatz.
4 Dichtung (bei Beschädigung ersetzen).
5 Befestigungsschrauben Ölfiltergehäuse (24 Nm).
6 Ölfiltergehäuse.
7 O-Ringe (bei Beschädigung ersetzen).

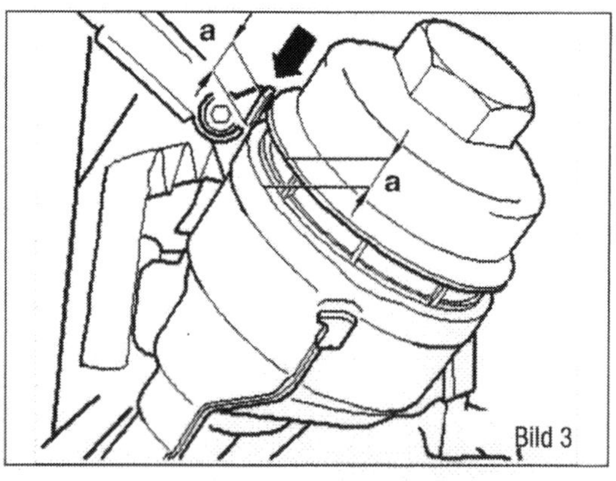

Bild 3

Bild 3
Verschlussschraube mit Ölfiltereinsatzhalter abnehmen.
(a) Verschlussschraube um dieses Maß (ca. 3 Umdrehungen) herausdrehen.
Pfeil = Nasenkante.

Einbau

■ Neuen Dichtring in die Nut setzen, leicht einölen, Dichtfläche am Motor reinigen

■ Neuen Ölfiltereinsatz einsetzen und die Verschlussschraube mit 25 Nm festziehen.
Aus- und Einbau des Ölfilters bei den 1,2 TSI-, 1,4 TSI- und 1,4 MPI-Motoren sind (bei unterschiedlichen Einbauorten) annähernd gleich. Jeweils die Einbauhinweise auf dem Ölfilter beachten! Vor Ausbau des Filters Drehstromgenerator mit einem Putzlappen abdecken (1,2 TSI/1,4 TSI) und dann Verschlussdeckel mit Ölfilterschlüssel (3417) oder einem Spannband lösen. Beim Einbau von Hand eindrehen und mit 20 Nm wieder anziehen. Beim 1,4 MPI am Sechskant mit Ringschlüssel SW 30 lösen, zum Einbau Filter eindrehen und handfest anziehen.

■ Im Folgenden stellen wir die Montageübersichten »Teile des Schmiersystems« für den 1,2 MPI (Bild 6) und für den 1,2 TSI (Bild 7) vor, um auf dieser Grundlage die Reparaturanleitungen »Ölwanne aus und einbauen« für alle Benzinmotoren sowie »Ölpumpe aus- und einbauen« für den 1,2 TSI zu demonstrieren.

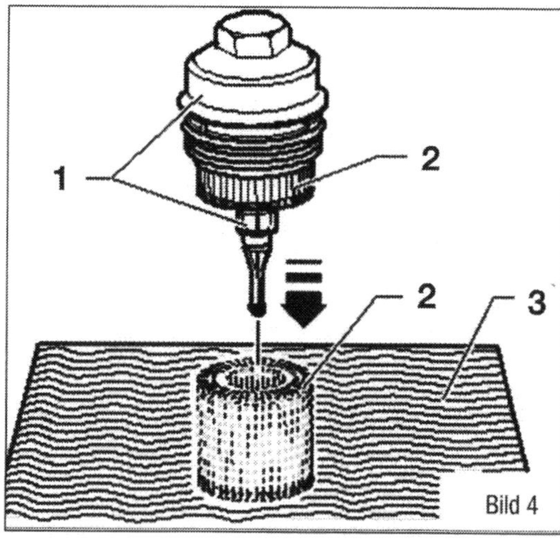

Bild 4

Bild 4
Ölfiltereinsatz ausbauen.
1 Verschlussschraube mit Ölfiltereinsatzhalter.
2 Ölfiltereinsatz.
3 feste Unterlage.

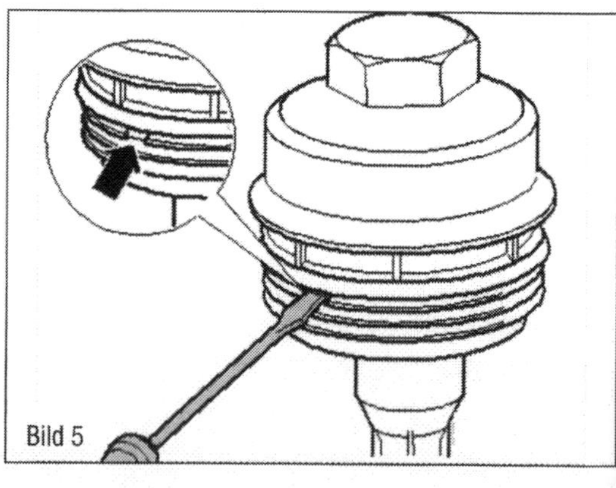
Bild 5

Bild 5
Dichtring aus der Nut (Pfeil) hebeln.

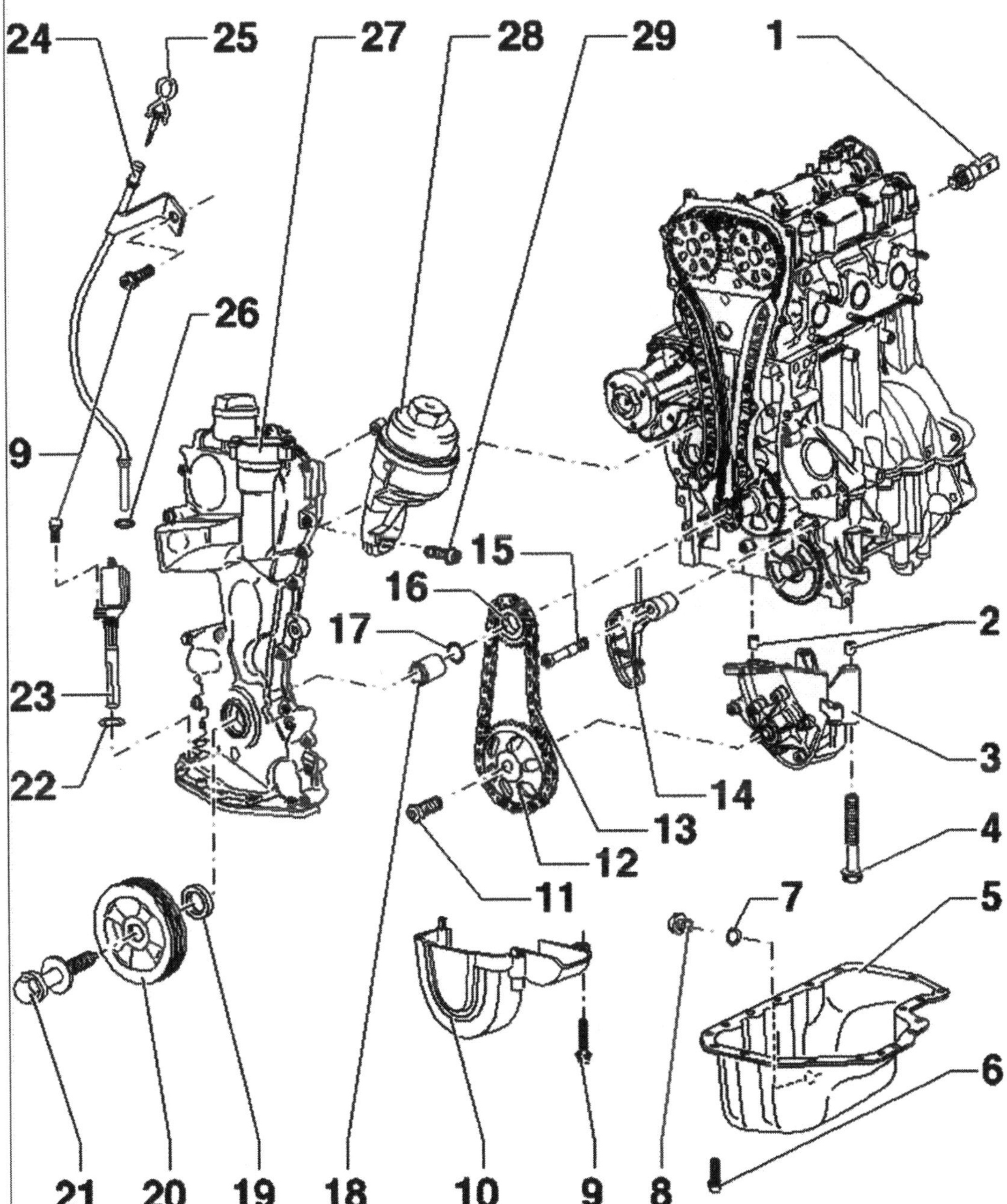

Bild 6

Montageübersicht »Teile des Schmiersystems« 1,2 MPI.

1 Öldruckschalter F1, 0,3 … 0,7 bar (25 Nm).
2 Führungshülsen.
3 Ölpumpe (nur komplett ersetzen).
4 Befestigungsschrauben Ölpumpe an Motorblock (25 Nm).
5 Ölwanne.
6 Schrauben Ölwanne an Motorblock (9 Nm).
7 Dichtring (ersetzen).
8 Ölablassschraube mit unverlierbarem Dichtring (ersetzen, 30 Nm).
9 Schraube Abdeckung bzw. Schraube Ölstands- und Öltemperaturgeber (8 Nm).
10 Abdeckung.
11 Schraube Kettenrad für Ölpumpe (20 Nm + 90° weiterdrehen).
12 Kettenrad für Ölpumpe. Nach Einbau Steuerzeiten einstellen.
13 Antriebskette für Ölpumpe. Vor dem Ausbau Laufrichtung (Einbaulage) kennzeichnen.
14 Kettenspanner mit Spannschiene für Antriebskette Ölpumpe.
15 Schraube Kettenspanner (15 Nm).
16 Kettenrad für Antriebskette Ölpumpe.
17 O-Ring (nach dem Ausbau grundsätzlich ersetzen).
18 Lagerbuchse.
19 Dichtring.
20 Riemenscheibe.
21 Schraube Riemenscheibe (90 Nm + 90° weiterdrehen). Ersetzen, geölt einsetzen, Riemenscheibe mit Gegenhalter (3415) arretieren. Der Weiterdrehwinkel kann mit einer handelsüblichen Winkelmessscheibe gemessen werden.
22 O-Ring (bei Beschädigung ersetzen).
23 Ölstands- und Öltemperaturgeber G266
24 Führungsrohr Ölmessstab.
25 Ölmessstab.
26 Dichtring (bei Beschädigung ersetzen).
27 Steuergehäuse.
28 Ölfilter (25 Nm).
29 Schrauben Ölfiltergehäuse (24 Nm).

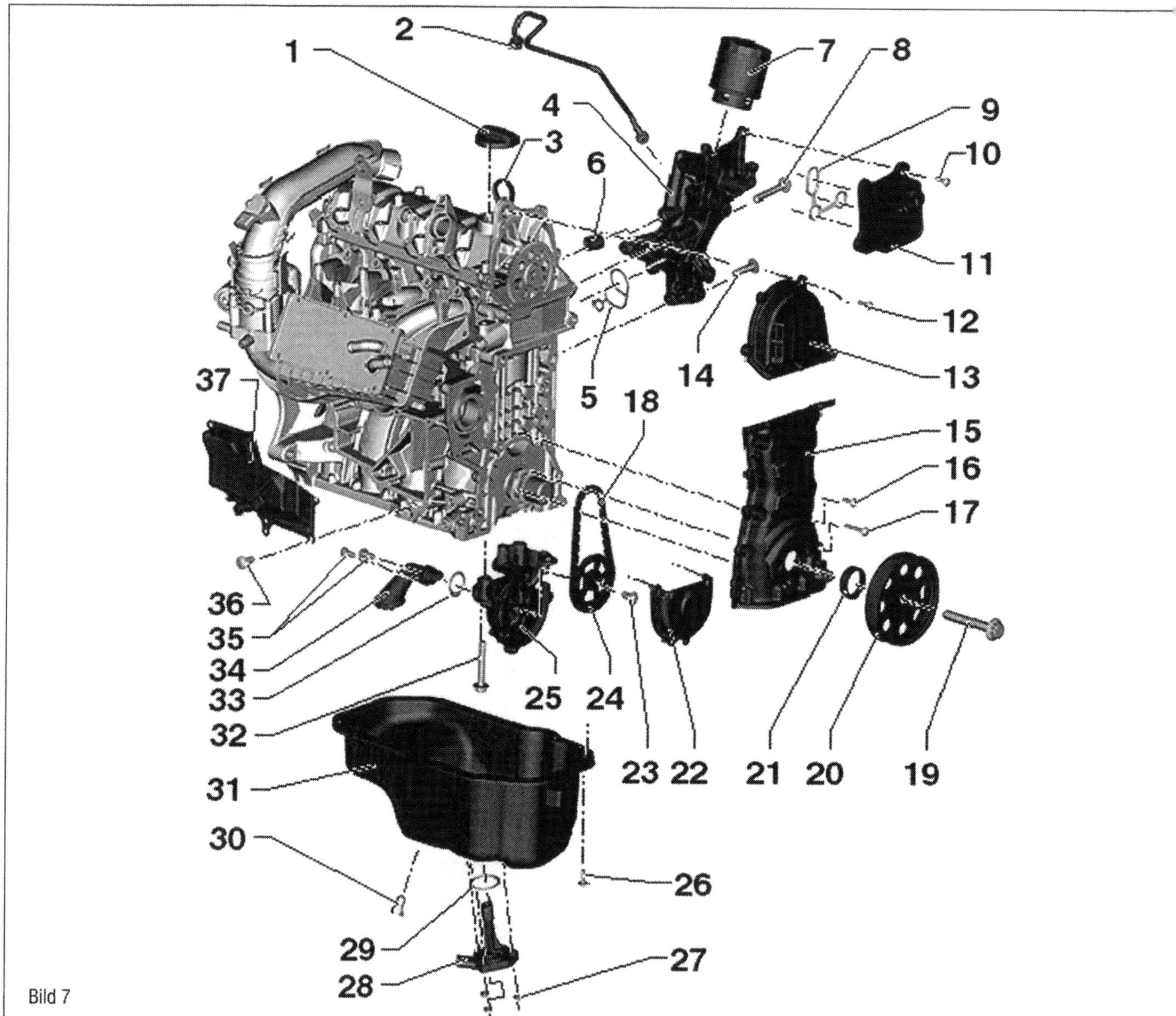

Bild 7

Bild 7
Montageübersicht »Teile des Schmiersystems« 1,2 TSI.
(Die entsprechenden Montageübersichten für den 1,4 TSI und 1,4 MPI zeigen ein ähnliches Bild).

1 Verschlussdeckel (Dichtung bei Beschädigung ersetzen).
2 Ölvorlaufrohr für Abgasturbolader.
3 Ölmessstab.
4 Halter für Nebenaggregate oben.
5 Dichtung (bei Beschädigung ersetzen).
6 Buchse.
7 Ölfilter (20 Nm).
8 Schrauben Halter Nebenaggregate an Zylinderblock (25 Nm).
9 Dichtung (bei Beschädigung ersetzen).
10 Schrauben Ölkühler an Halter für Nebenaggregate (ersetzen, 8 Nm + 90° weiterdrehen).
11 Ölkühler.
12 Schrauben Steuergehäusedeckel oben (8 Nm, Anzugsverfahren beachten!).
13 Steuergehäuse oben (mit Dichtmittel D 176 501 A1 einbauen).
14 Schrauben Halter Nebenaggregate an Zylinderblock (25 Nm).
15 Steuergehäuse unten (mit Dichtmittel D 176 600 A1 einbauen).
16/17 Schrauben Steuergehäuse unten (5 Nm + 30° weiterdrehen, mit Drehmomentschlüssel VAS 6583 festziehen).
18 Antriebskette für Ölpumpe. Vor dem Ausbau Laufrichtung (Einbaulage) kennzeichnen.
19 Schraube Riemenscheibe (ersetzen, 150 Nm + 180° weiterdrehen). Anpressfläche der Befestigungsschraube muss öl- und fettfrei sein, geölt einsetzen (Gewinde).
20 Riemenscheibe für Kurbelwelle. Anpressflächen der Riemenscheibe müssen öl- und fettfrei sein. Riemenscheibe mit Gegenhalter 3415 und Adapter 3415/2 gegen Verdrehen sichern.
21 Dichtring (bei Beschädigung ersetzen).
22 Abdeckung Ölpumpe.
23 Schraube Kettenrad für Antrieb Ölpumpe (ersetzen, 20 Nm + 90° weiterdrehen).
24 Kettenrad für Antrieb Ölpumpe. Mit Gegenhalter T10172 arretieren.
25 Ölpumpe (nur komplett ersetzen).
26 Schrauben Ölwanne an Motorblock (ersetzen, 13 Nm. Nur die Schrauben an der Schwungradseite mit Steckeinsatz T10058 lösen bzw. anziehen).
27 Schrauben Ölstands- und Öltemperaturgeber (10 Nm).
28 Ölstands- und Öltemperaturgeber G266 (bei Beschädigung ersetzen).
29 Dichtring (ersetzen).
30 Ölablassschraube mit unverlierbarem Dichtring (ersetzen, 30 Nm).
31 Ölwanne.
32 Schrauben Ölpumpe (14 Nm + 90° weiterdrehen).
33 O-Ring (ersetzen).
34 Saugleitung.
35 Schrauben Saugleitung (8 Nm).
36 Schrauben Ölabscheider (8 Nm).
37 Ölabscheider. Mit Dichtmittel D 176 501 A1 einbauen.

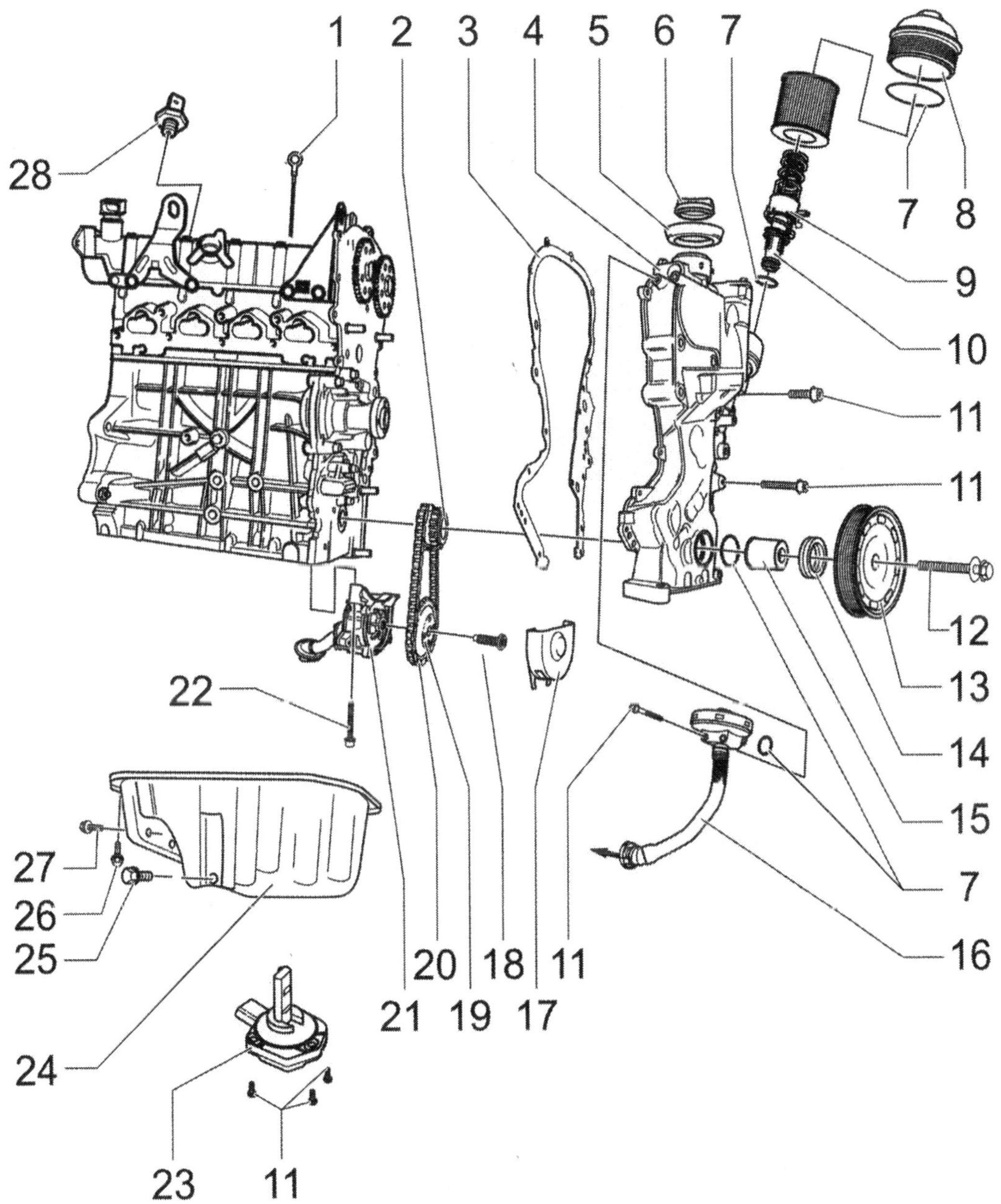

Bild 8
Ölkreislauf 1,6 Liter-MPI-Motor.
1 Ölmessstab
2 Doppelkettenrad
3 Dichtung
4 Steuergehäuse
5 Dichtring
6 Verschlussdeckel
7 O-Ring
8 Ölfilterdeckel
9 Filtereinsatz
10 Ventil
11 Schraube
12 Befestigungsschraube
13 Riemenscheibe
14 Dichtring
15 Lagerbuchse
16 Ölabscheider
17 Abdeckung für Kettenrad
18 Schraube
19 Kettenrad
20 Kette
21 Ölpumpe
22 Schraube
23 Ölstands- und Öltemperaturgeber
24 Ölwanne
25 Ölablassschraube
26 Schraube
27 Schraube
28 Öldruckschalter

Bild 9
Ölkreislauf 1,2 Liter-TDI-CR-Motor.
1 Zylinderblock
2 Dichtung
3 Ölfilterhalter mit Motorölkühler
5 Ölmessstab
6 Schraube
7 Geräuschdämpfung
8 Schraube
9 Schraube
10 Ladeluftrohr links
11 Ölwanne
12 Halter für Kühlmittelrohr
13 Schraube
14 Ölstands- und Öltemperaturgeber
15 O-Ring
16 Schraube
17 Ölablassschraube
18 Schraube
19 Abdeckung
20 Ausgleichswellenmodul
21 15 Nm
22 Dichtflansch

Bild 9

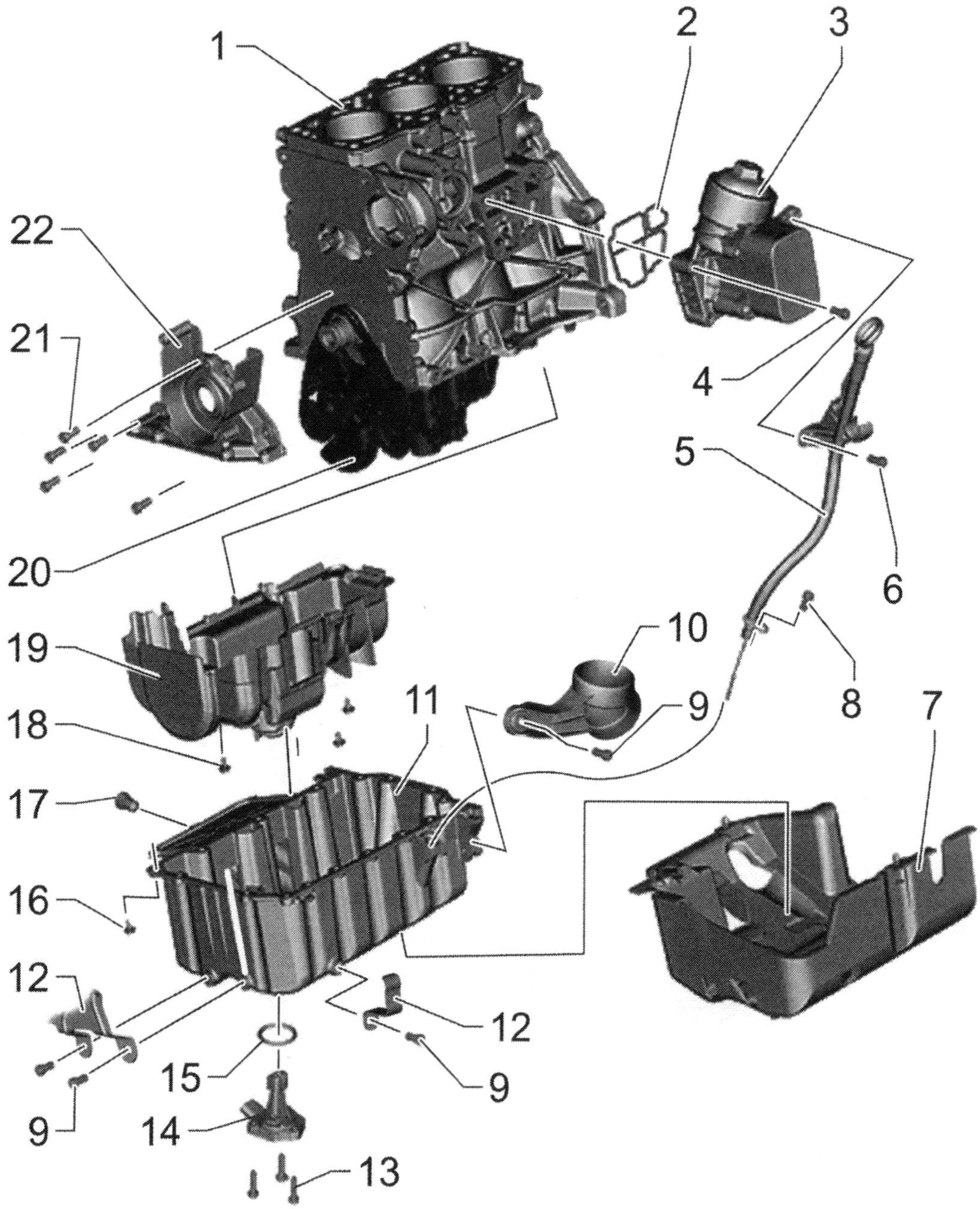

Bild 10

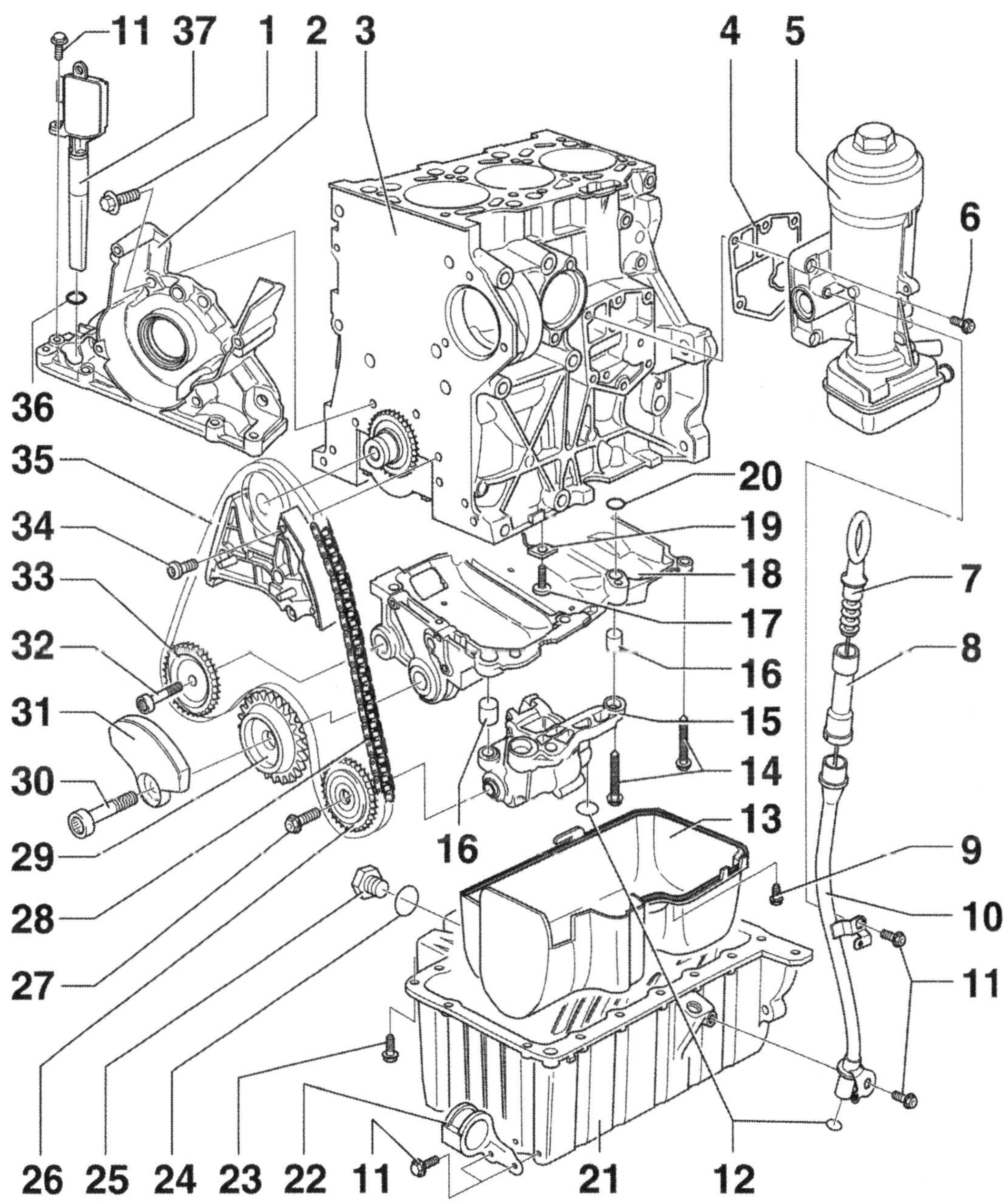

Bild 10
Ölkreislauf 1,4 Liter-TDI-Motor.

1 Schraube
2 Dichtflansch
3 Zylinderblock
4 Dichtung
5 Ölfilterhalter
6 Schraube
7 Ölmessstab
8 Einfuhrtrichter
9 Schraube
10 Führungsrohr
11 Schraube
12 O-Ring
13 Abdeckung
14 Schraube
15 Ölpumpe
16 Passhülse
17 Schraube
18 Halterahmen
19 Ölspritzdüse
20 O-Ring
21 Ölwanne
22 Halter
23 Schraube
24 Dichtring
25 Ölablassschraube
26 Kettenrad
27 Schraube
28 Kette
29 Kettenrad
30 Schraube
31 Ausgleichsgewicht
32 Schraube
33 Kettenrad für Umlenkrolle
34 Schraube
35 Kettenspanner mit Spannschiene
36 O-Ring
37 Ölstands- und Öltemperaturgeber

Sichtprüfung Messen

Bild 11
Ölkreislauf 1,6 Liter-TDI-CR-Motor.
1 Schraube
2 Dichtflansch auf Riemenscheibenseite
3 Zahnriemen für Ölpumpe
4 Schraube
5 Ölmessstab
6 Führungsrohr
7 Clip
8 Passhülsen
9 O-Ring
10 Schraube
11 Ölpumpe
12 Saugrohr
13 Schwallwand
14 Schraube
15 Schraube
16 Ölwanne
17 Schraube
18 Ablassschraube
20 Ölstands- und Öltemperaturgeber
21 O-Ring
22 Leitungsstrang zum Ölstands- und Öltemperaturgeber
23 Überdruckventil
24 Ölspritzdüse

Bild 11

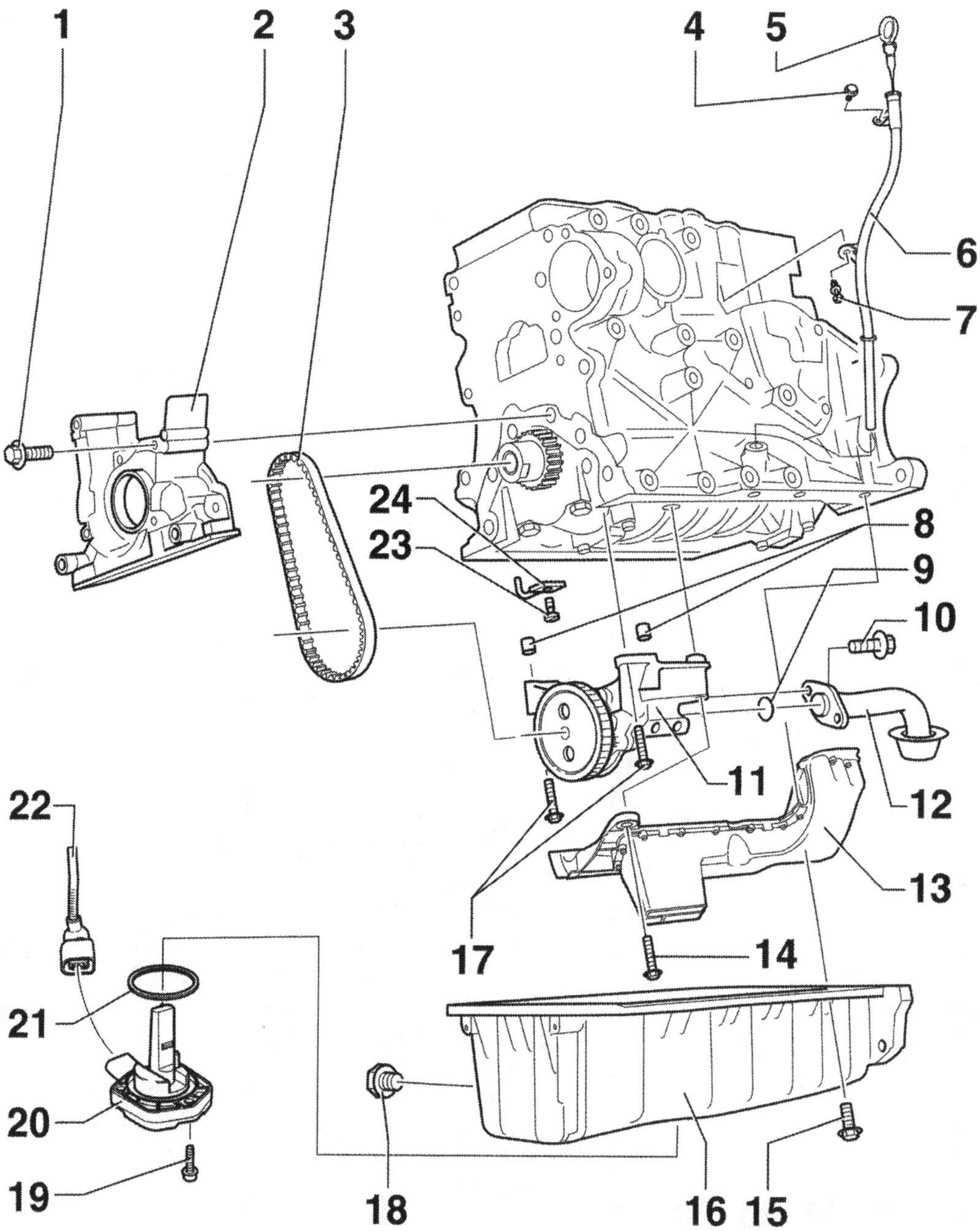

Bild 12

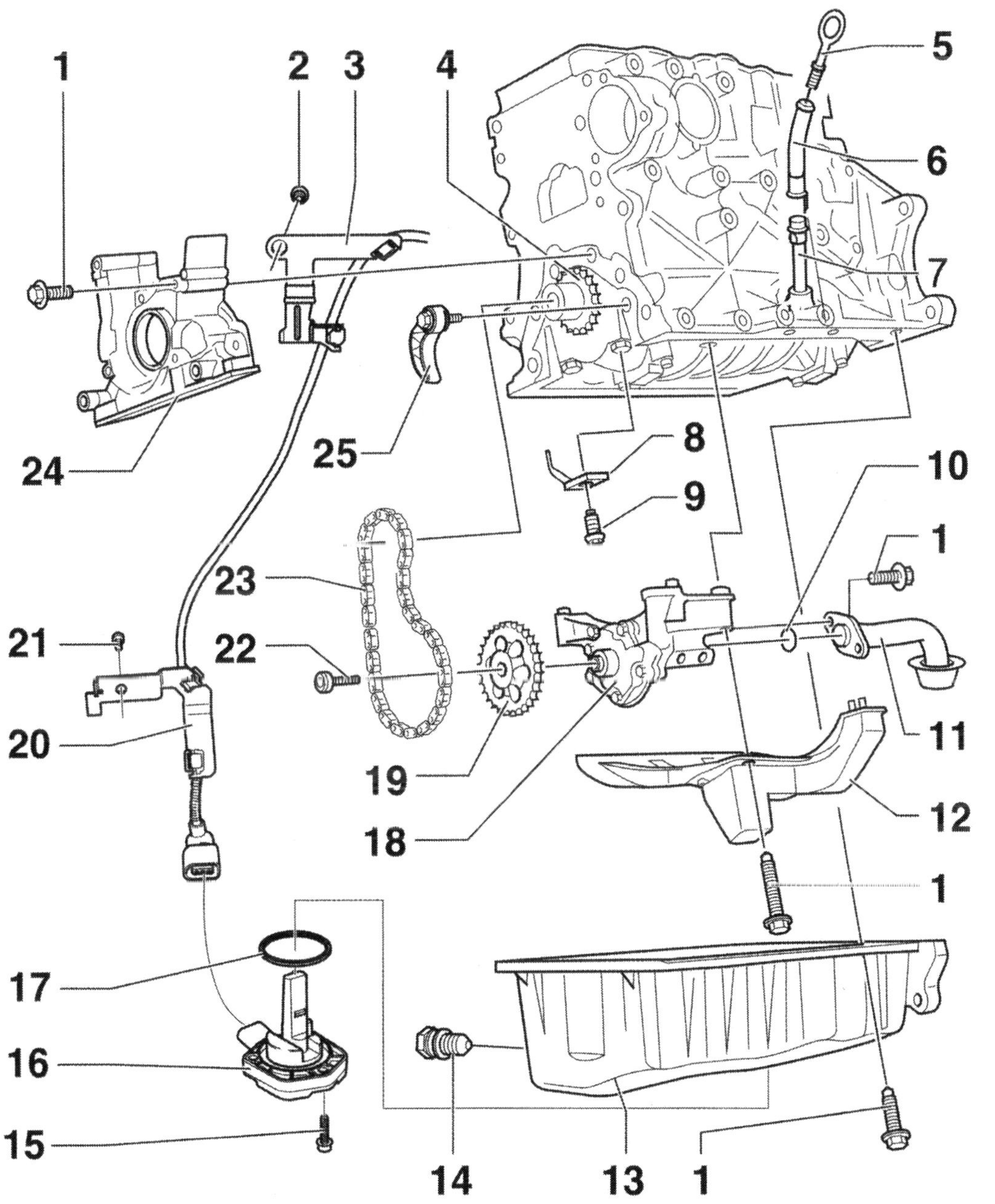

Bild 12
Ölkreislauf 1,9 Liter-TDI-Motor.

1 Schraube
2 Mutter
3 Halter oben
4 Antriebskettenrad
5 Ölmessstab
6 Einfuhrtrichter
7 Führungsrohr
8 Ölspritzdüse
9 Überdruckventil
10 O-Ring
11 Saugleitung
12 Schwallwand
13 Ölwanne
14 Ölablassschraube,
15 Schraube
16 Ölstands- und Öltemperaturgeber
17 Dichtring
18 Ölpumpe
19 Kettenrad für Ölpumpe
20 Halter unten
21 Schraube
22 Schraube
23 Kette für Ölpumpe
24 Dichtflansch
25 Kettenspanner

Ölwanne 1,2 l MPI/1,4 l MPI aus- und einbauen

Benötigte Werkzeuge und Hilfsmittel:
- Steckeinsatz (T10058)
- Drehmomentschlüssel 5 ... 50 Nm (V.A.G 1331)
- Silikon-Dichtmittel D176 600 A1
- Handbohrmaschine mit Kunststoffbürsteneinsatz
- Flachschaber und Schutzbrille

Ausbau

■ Fahrzeug anheben und Geräuschdämpfung bzw. Motorspritzschutz ausbauen.

■ Motoröl ablassen.

■ Abgasvorrohr vom Abgaskrümmer abschrauben (siehe Kapitel 9).

■ Nur 1,4 MPI: Rechte Gelenkwelle am Getriebe abschrauben und hochbinden (siehe Kapitel 11). Außerdem den 3-fach-Stecker vom Ölstands- und Öltemperaturgeber G266 abziehen (siehe Bild 7).

■ Die mit Flüssigdichtung abgedichtete Ölwanne losschrauben und abnehmen. Gegebenenfalls Ölwanne durch leichte Schläge mit einem Gummihammer lösen.

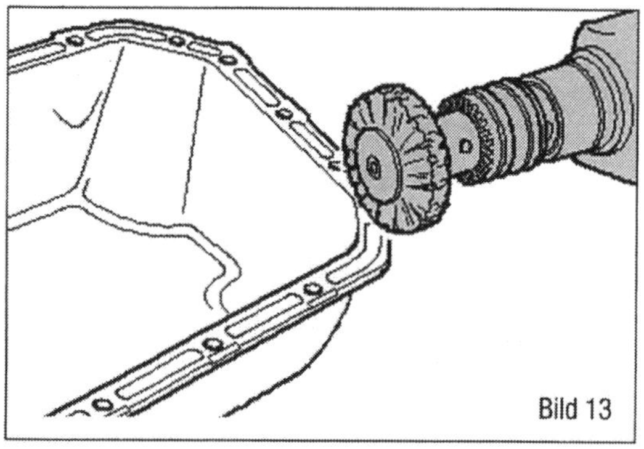

Bild 13

Bild 13
Dichtmittelreste an der Ölwanne mit einer rotierenden Bürste entfernen.

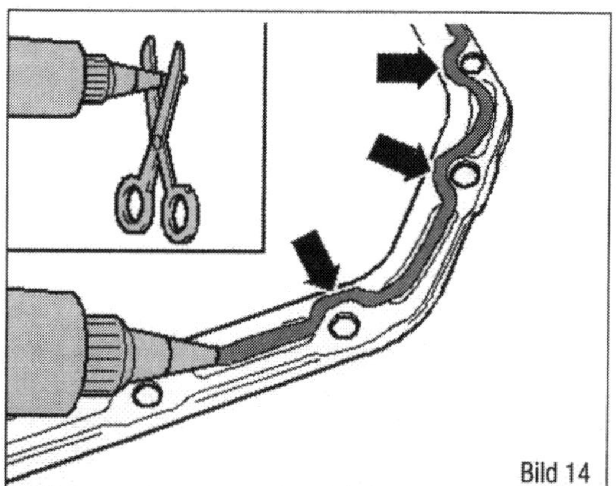

Bild 14

Bild 14
Auftragen des Dichtmittels auf die Dichtfläche der Ölwanne.

■ Dichtmittelreste am Zylinderblock mit einem Flachschaber und an der Ölwanne mit einer rotierenden Bürste (Handbohrmaschine mit Kunststoffbürsteneinsatz) entfernen (Bild 13). Schutzbrille aufsetzen. Dichtflächen reinigen. Sie müssen öl- und fettfrei sein. Dabei offene Teile des Motors abdecken, um Verschmutzungen des Schmiersystems und der Lager zu vermeiden.

Einbau

■ Dichtmittel-Tubendüse an der vorderen Markierung abschneiden (ø der Düse ca. 3 mm). Das Silikon-Dichtmittel wie im Bild 14 gezeigt auf die saubere Dichtfläche der Ölwanne auftragen. Die Dichtmittelraupe muss im Bereich der Schraubenbohrungen an der Innenseite vorbeilaufen (Pfeile im Bild 14). Dicke der Dichtmittelraupe: 2 – 3 mm. Die Dichtmittelraupe darf nicht dicker sein, da sonst überschüssiges Dichtmittel in die Ölwanne gelangen und das Sieb im Ölansaugrohr verstopfen kann. Haltbarkeitsdatum des Dichtmittels beachten!

■ Nach dem Auftragen des Dichtmittels muss die Ölwanne innerhalb von 5 Minuten eingebaut werden.

☞ Sie lässt sich leichter und sicherer ansetzen, wenn zur Führung an zwei Stellen am Flansch des Zylinderblocks M6-Gewindestifte eingesetzt werden. Ölwanne ansetzen und alle Ölwannenschrauben leicht anziehen, danach mit 9 Nm (1,2 MPI) bzw. 13 Nm (1,4 MPI) festziehen.

■ Nach der Montage der Ölwanne muss das Dichtmittel ca. 30 Minuten trocknen. Erst danach darf Motoröl eingefüllt werden.

■ Der weitere Zusammenbau erfolgt sinngemäß in entgegengesetzter Reihenfolge zum Ausbau.

■ Zum Abschluss Motoröl einfüllen und Ölstand prüfen.

Ölwanne 1,2 l TSI/1,4 l TSI aus- und einbauen

Benötigte Werkzeuge und Hilfsmittel:
- Steckeinsatz (T10058)
- Drehmomentschlüssel 5 – 50 Nm (V.A.G 1331)
- Silikon-Dichtmittel D176 600 A1
- Handbohrmaschine mit Kunststoffbürsteneinsatz
- Flachschaber und Schutzbrille

Im Wesentlichen gleicht der Aus- und Einbau zwar den Arbeitsschritten beim 1,2 MPI, zu Beginn sind jedoch weitere Bauteile zu demontieren.

- Nach Ausbau des Motorspritzschutzes bzw. der Geräuschdämpfung, des Katalysators mit Abgasvorrohr und Ablassen des Motoröls geht es wie folgt weiter:
- 3-fach-Stecker vom Ölstands- und Öltemperaturgeber G266 abziehen (2 im Bild 15).
- Nur 1,2 TSI: Schraube (1) vom Halter Kühlmittelrohr ausbauen, die beiden Befestigungsschrauben (3) herausdrehen und das Abdeckblech am Getriebe abnehmen (Bild 15).
- Die folgenden Arbeitsschritte zum weiteren Ausbau (ab »Ölwanne abschrauben«) und dann Einbau sind deckungsgleich mit dem 1,2 MPI.
- Die Ölwannenschrauben mit 13 Nm und beim 1,2 TSI die Befestigungsschrauben vom Abdeckblech am Getriebe mit 40 Nm festziehen.

Ölwanne 1,6 l und 1,9 l TDI aus- und einbauen

Der Aus- und Einbau der Ölwanne gleicht auch bei den Dieselmotoren im Wesentlichen den Arbeiten, welche bereits für die MPI-Motoren beschrieben wurden. Hierbei ist lediglich zu beachten, dass die Demontage des Auspuffs entfällt, dafür allerdings die Druckrohre der Turboaufladung entfernt werden müssen. Die Rohre und Schläuche des Ladeluftsystems sind gesteckt und mit Schlauchschellen gesichert. Hier ist stets darauf zu achten, dass alle Verschmutzungen an den Verbindungsstellen entfernt werden. Weiterhin sollten die Schläuche und Rohre öl- und fettfrei sein. Die Schläuche müssen genau auf der dafür vorgesehenen Position sitzen und die Schellen, soweit möglich (ausgenommen Federbandschellen), ausreichend befestigt werden.

Ölpumpe 1,2 l TSI aus- und einbauen

Spezialwerkzeuge und Hilfsmittel wie beim 1,2 TSI »Ölwanne aus- und einbauen«.

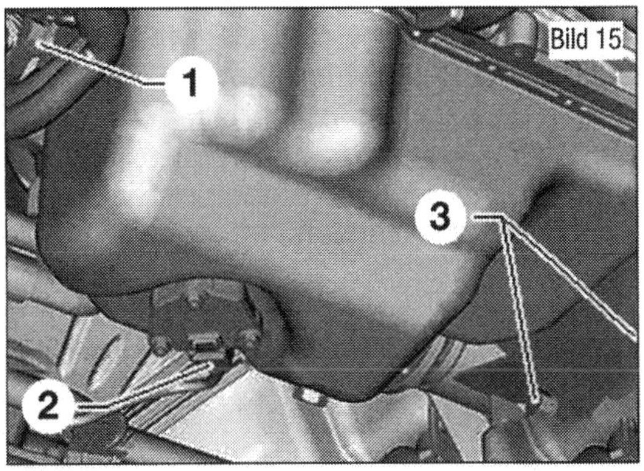

Bild 15
1,2 TSI: Abdeckblech ausbauen.
1 Schraube Halter Kühlmittelrohr.
2 Ölstands- und Öltemperaturgeber.
3 Befestigungsschrauben Abdeckblech am Getriebe.

Ausbau

- Ölwanne ausbauen (siehe vorhergehende Anleitung).
- Abdeckung -22- von der Ölpumpe -25- abziehen und Saugleitung -34- von der Ölpumpe abbauen (siehe Bild 7).
- Befestigungsschrauben der Ölpumpe herausdrehen und die Ölpumpe komplett aus der Antriebskette (18, Bild 7) nehmen).

Einbau

- Ölpumpe mit Kettenrad in die Antriebskette einhängen und neue Schrauben (Pfeile Bild 17) mit 14 Nm + 90° festziehen.
- Anzugsdrehmoment der Saugleitung = 8 Nm.
- Ölwanne einbauen.

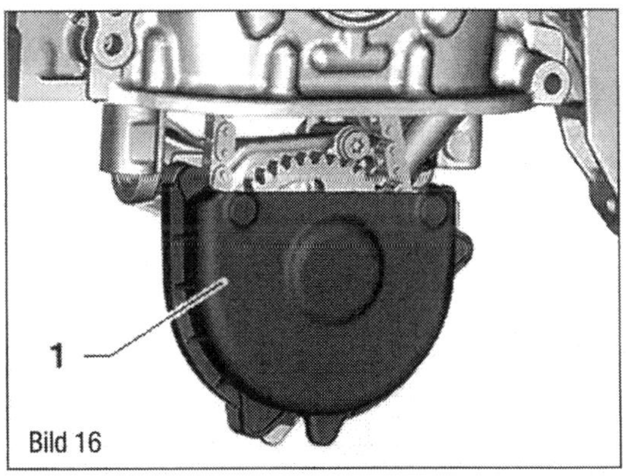

Bild 16
1,2 TSI: Abdeckung (1) von der Ölpumpe abziehen.

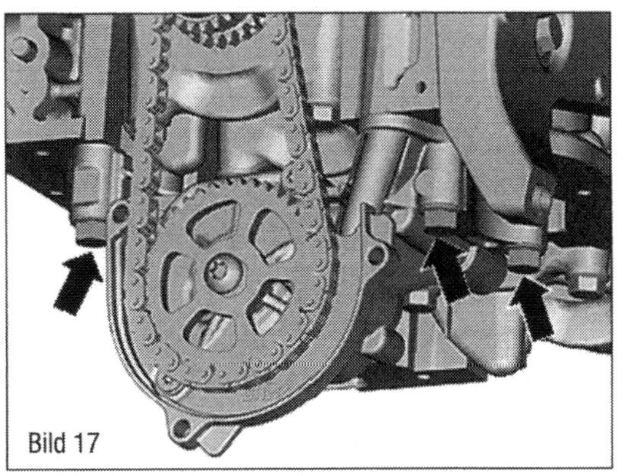

Bild 17
1,2 TSI: Ölpumpe ausbauen.
Pfeile = Befestigungsschrauben.

Der Aus- und Einbau der Ölpumpe beim **1,4 MPI-Motor** ist relativ aufwändig und recht kompliziert, z. B. muss u. a. auch der Haupttrieb-Zahnriemen ausgebaut werden. Wir empfehlen deshalb, dazu eine Fachwerkstatt aufzusuchen.

Ölpumpe 1,6 l und 1,9 l TDI aus- und einbauen

Der Aus und Einbau der Ölpumpe bei den TDI-Motoren ist weitestgehend der gleiche Arbeitsvorgang. Lediglich das Antriebskonzept ist unterschiedlich. So wird die Ölpumpe des 1,9 TDI von einer Steuerkette (siehe Bild 18) und die des 1,6 TDI von einem Zahnriemen angetrieben (siehe Bild 19).

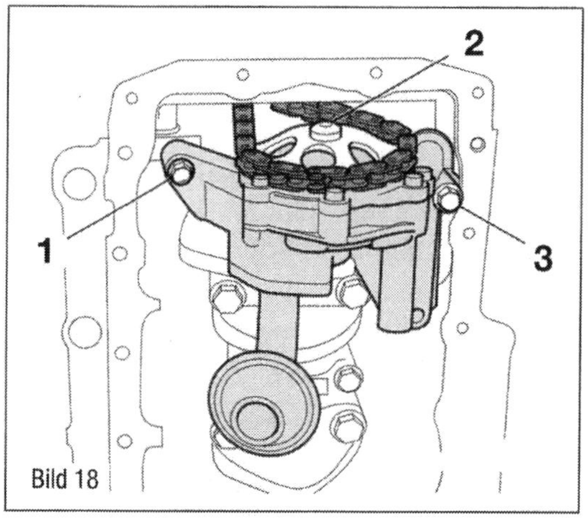

Bild 18
Kettenantrieb der Ölpumpe.

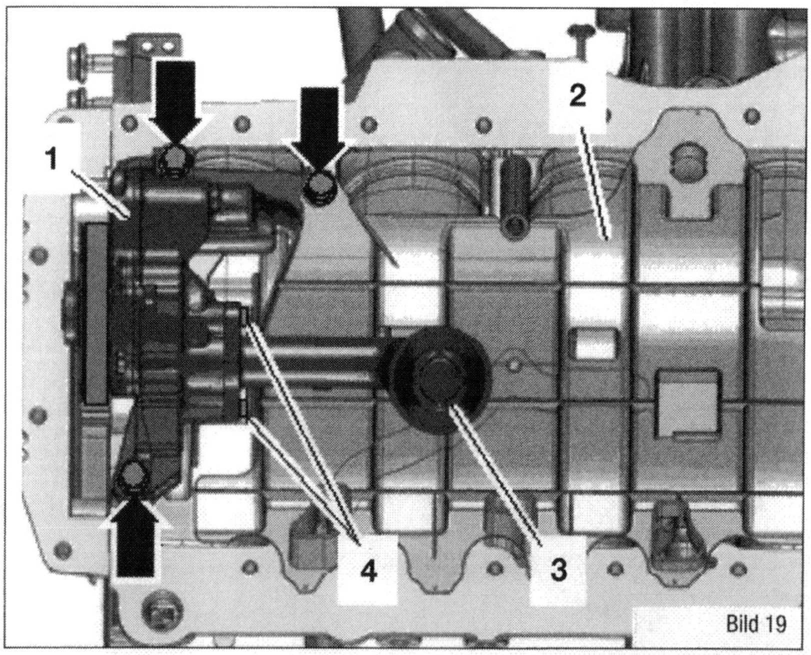

Bild 19
1,6 TDI: Ölpumpe (1) ausbauen.
2 Schwallsperre.
3 Ölansaugrohr.
4 Schrauben Saugleitung/Ölpumpe.
Pfeile = Schrauben Schwallsperre.

Ausbau

- Ölwanne aus und einbauen.
- Schraube (2) herausschrauben (nur 1,9).
- Kettenrad von der Ölpumpenwelle abziehen (nur 1,9).
- Schrauben (1) und (3) herausdrehen und Ölpumpe abnehmen.
- Ölpumpe aus Zahnriemen aushängen (nur 1,6).

Einbau

Der Einbau erfolgt sinngemäß in umgekehrter Reihenfolge, dabei ist Folgendes zu beachten:

- Passhülsen oben in die Ölpumpe einsetzen.
- Einbaulage Ölpumpenwelle/Kettenrad: Kettenrad lässt sich nur in einer Stellung auf die Welle aufstecken.
- Ölwanne einbauen.
- Bei Beschädigung Zahnriemen ersetzen (nur 1,6).
- Anzugsdrehmomente Befestigungsschrauben Ölpumpe 15 Nm.
- Anzugdrehmoment Befestigungsschraube Kettenrad (nur 1,9) 25 Nm.

Öldruck und Öldruckschalter prüfen

Benötigte Werkzeuge und Hilfsmittel:
- Öldruckprüfer (V.A.G 1342)
- Spannungsprüfer (V.A.G 1527 B9)
- Messhilfsmittel-Set (V.A.G 1594 C)

Der Öldruckschalter ist bei den einzelnen Motortypen an unterschiedlichen Stellen eingebaut (1,2 MPI siehe Bild 6; 1,4 TSI: Öldruckschalter getriebeseitig unterhalb der beiden Nockenwellen-Verschlussdeckel).

Prüfablauf

- Stecker vom Öldruckschalter F1 abziehen.
- Öldruckschalter F1 ausbauen und in das Prüfgerät schrauben.
- Prüfgerät anstelle des Öldruckschalters in den Zylinderkopf einschrauben.
- Braune Leitung des Prüfgerätes an Masse (-) legen. Spannungsprüfer mit Hilfsleitungen aus dem Messhilfsmittel-Set an Batterie plus (+) und Öldruckschalter anschließen (Bild 20).

■ Motor anlassen und langsam die Drehzahl erhöhen. Bei 0,3 – 0,7 bar Überdruck muss die Leuchtdiode aufleuchten, andernfalls Öldruckschalter ersetzen.

■ Drehzahl weiter erhöhen. Bei 2000/min und 80 °C Öltemperatur soll der Öluberdruck mindestens 2,0 bar betragen. Bei höherer Drehzahl darf der Öluberdruck 7,0 bar nicht überschreiten.

■ Anzugsdrehmomente Öldruckschalter: 1,2 MPI/1,4 MPI: 25 Nm; 1,2 TSI/1,4 TSI: 20 Nm; 1,6/1,9 TDI 20 Nm.

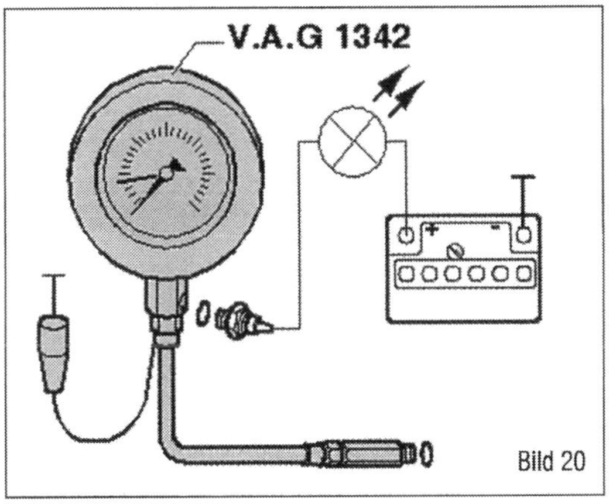

Bild 20
Öldruck und Öldruckschalter prüfen.

6 Kühlsystem

Das Kühlsystem sorgt für die richtige Betriebstemperatur des Motors. Es besteht aufbauseitig aus den Aggregaten Kühler und Ladeluftkühler, Luftführungshutze mit Kühlerlüfter und Ausgleichsbehälter für Kühlmittel sowie motorseitig aus Kühlmittelschläuchen und Kühlmittelrohren sowie einem Netz aus kleinen, genau bemessenen Kanälen in Motorblock und Zylinder, in denen die in den Ausgleichsbehälter eingefüllte Kühlflüssigkeit zirkuliert. So entsteht ein Wassermantel, der die Verbrennungswärme über die Schläuche des Kühlsystems an den Kühler abführt. Ein Kühlmittelregler hält die Kühlmitteltemperatur konstant. Welche Wege das Kühlmittel im Kühlsystem nimmt, hängt von der Temperatur des Motors ab. Eine Kühlmittelpumpe sorgt für den stetigen Kreislauf des Kühlmittels. Sie wird von einem Keilrippenriemen bzw. von einem Zahnriemen (1,4 MPI) angetrieben. Zu den motorseitigen Aggregaten des Kühlsystems gehören ferner der Kühler für Abgasrückführung sowie der Motorölkühler und der ATF-Kühler für Fahrzeuge mit automatischem Getriebe. Das Kühlsystem steht unter einem Überdruck von etwa 1,2 bis 1,5 bar bei Betriebstemperatur. Dadurch und durch den Einsatz von Kühlmittelzusätzen erhöht sich der Siedepunkt der Kühlflüssigkeit von 100 °C auf rund 120 °C. Die höhere Temperatur ermöglicht einen wirtschaftlicheren und damit Kraftstoff sparenden Motorbetrieb. Wenn bei einem heißen Motor der Kühlmitteldruck 1,5 bar übersteigt, tritt das Überdruckventil am Ausgleichsbehälter in Aktion. Es öffnet und lässt zum Druckausgleich etwas Wasserdampf entweichen. Bei den meisten Reparaturen am Kühlsystem müssen das Kühlmittel abgelassen und Kühlmittelschläuche abgebaut werden.

⚠ Kühlmittelzusätze sind giftig. Kühlmitteldämpfe nicht einatmen, Kühlmittel nicht verschlucken, Haut- und Augenkontakt vermeiden. Entsorgungsvorschriften für das abgelassene Kühlmittel beachten!

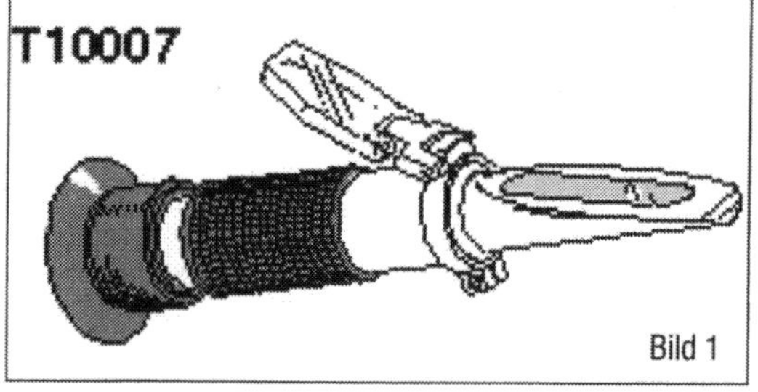

Bild 1

Bild 1
Refraktometer für genaue Messung des Frostschutzes.

Kühlmittelstand prüfen

■ Der Kühlmittelstand wird bei kaltem Motor am Kühlmittel-Ausgleichsbehälter geprüft. Dieser Behälter befindet sich im Motorraum rechts hinten. Er ist mit den Markierungen »max« und »min« gekennzeichnet.
■ Ist der Motor kalt, muss das Kühlmittel zwischen »max« und »min«, bei warmem Motor etwas über »max« stehen.

Frostschutz des Kühlmittels prüfen

Zur Frostschutzprüfung wird ein handelsüblicher Ansaugprüfer oder für genauere Prüfung ein so genanntes Refraktometer (VW: T10007, Bild 1) benötigt.
Das Refraktometer wird wie folgt benutzt:
■ Mit der Pipette etwas Kühlmittel ansaugen und auf das Messprisma auftropfen. Gerät gegen Lichtquelle halten und auf der Skala für Äthylenglycol ablesen, bis zu welcher Temperatur der Frostschutz gegeben ist. Der Frostschutz muss bis etwa -25 °C gewährleistet sein.
■ Ist das Fahrzeug mit dem empfohlenen Kühlmittel befüllt und kein ausreichender Frostschutz vorhanden, ist ein Teil des Kühlmittels abzulassen, und anschließend ist das Kühlsystem mit konzentriertem Kühlmittelzusatz (G12 plus plus) aufzufüllen.
■ Probefahrt durchführen und Frostschutz des Kühlmittels erneut prüfen.

Empfohlene Mischungsverhältnisse

Frostschutz bis	*Frostschutzanteil*	*G12 plus plus*	*Wasser*
-25 °C	40 %	2,25 l	3,35 l
-35 °C	50 %	2,80 l	2,80 l

Die Kühlmittelmenge kann je nach Ausstattung des Fahrzeuges abweichen!

Kühlsystem auf Dichtigkeit prüfen

Zur Prüfung der Dichtheit des Kühlsystems und des Überdruckventils wird ein Kühlsystem-Prüfgerät (V.A.G 1274 B) einschließlich Adapter für Kühlsystem-Prüfgerät (V.A.G 1274/8 und V.A.G 1274/9) benötigt. Der Motor muss betriebswarm sein.

■ Verschlussdeckel vom Kühlmittel-Ausgleichsbehälter öffnen (siehe die folgende Anleitung »Kühlmittel ablassen und auffüllen«).

■ Adapter für Kühlsystemprüfgerät (V.A.G 1274/8) in den Kühlmittelausgleichsbehälter schrauben, Anschlussstück (V.A.G 1274 B/1) in den Adapter für Kühlsystemprüfgerät klemmen und das Anschlussstück über den mitgelieferten Verbindungsschlauch mit dem Kühlsystem-Prüfgerät (V.A.G 1274 B) verbinden (Bild 2).

■ Mit der Handpumpe des Kühlsystem-Prüfgerätes ca. 1,0 bar Überdruck erzeugen. Fällt der Druck ab: Undichte Stelle suchen und Fehler beseitigen.

⚠ Bevor das Kühlsystemprüfgerät vom Verbindungsschlauch oder Anschlussstück getrennt wird, muss unbedingt der vorhandene Druck abgebaut werden. Dazu das Druckentlastungsventil am Kühlsystem-Prüfgerät drücken, bis das Druckmanometer den Wert »0« anzeigt.

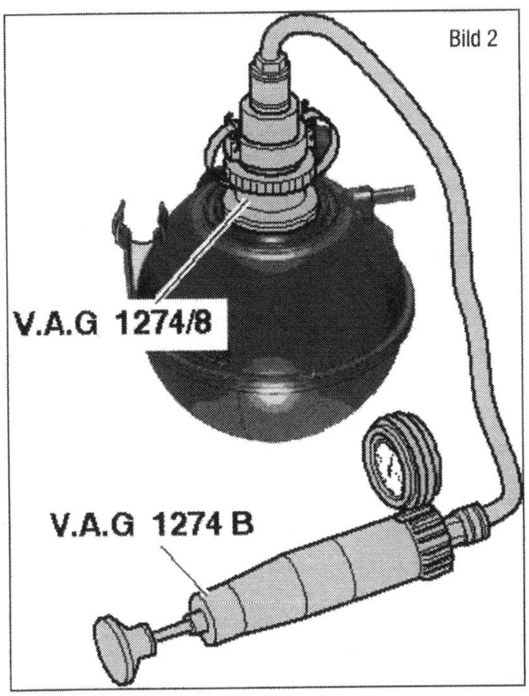

Bild 2
Prüfen der Dichtheit des Kühlsystems mithilfe eines Kühlsystem-Prüfgerätes.

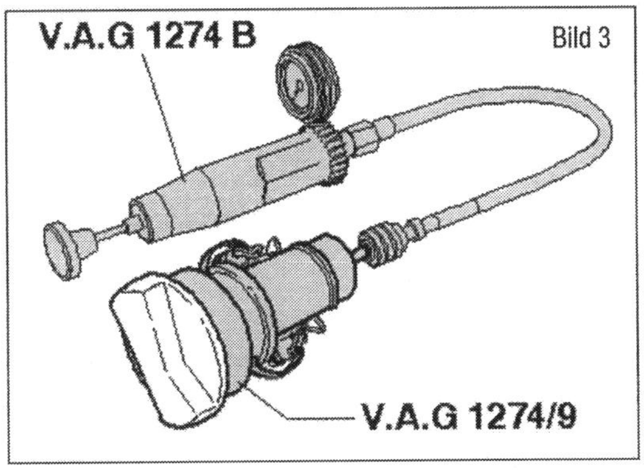

Bild 3
Überdruckventil im Verschlussdeckel mithilfe eines Kühlsystem-Prüfgerätes prüfen.

Überdruckventil im Verschlussdeckel

■ Verschlussdeckel des Kühlmittel-Ausgleichsbehälters in den Adapter für Kühlsystemprüfgerät (V.A.G 1274/9) schrauben, Anschlussstück (V.A.G 1274 B/1) in den Adapter für Kühlsystemprüfgerät klemmen und das Anschlussstück über den mitgelieferten Verbindungsschlauch mit dem Kühlsystem-Prüfgerät verbinden (Bild 3).

■ Mit der Handpumpe des Kühlsystem-Prüfgerätes einen Überdruck von max. 1,6 bar erzeugen. Das Überdruckventil darf noch nicht öffnen. Öffnet das Überdruckventil vorzeitig: Verschlussdeckel ersetzen.

■ Druck auf über 1,6 bar erhöhen. Das Überdruckventil muss öffnen. Öffnet das Überdruckventil nicht: Verschlussdeckel ersetzen.

Kühlmittel ablassen, auffüllen

Benötigte Werkzeuge und Materialien:
- Auffangwanne
- Schlauchklemmenzange (VAS 6340)
- Frostschutzprüfer (z. B. Refraktometer T10007)
- sowie ein Kühlsystem-Befüllgerät (VAS 6096)

Kühlmittel aus dem Motorkühlsystem ablassen

■ Verschlussdeckel vom Kühlmittel-Ausgleichsbehälter öffnen.

Bei warmem Motor steht das Kühlsystem unter Druck, beim Öffnen des Ausgleichsbehälters kann deshalb heißer Dampf bzw. heißes Kühlmittel entweichen. Überdruck abbauen, dazu Verschlussdeckel mit einem Lappen abdecken und vorsichtig öffnen. Schutzbrille und Schutzbekleidung tragen, um Augenverletzungen und Verbrühungen zu vermeiden.

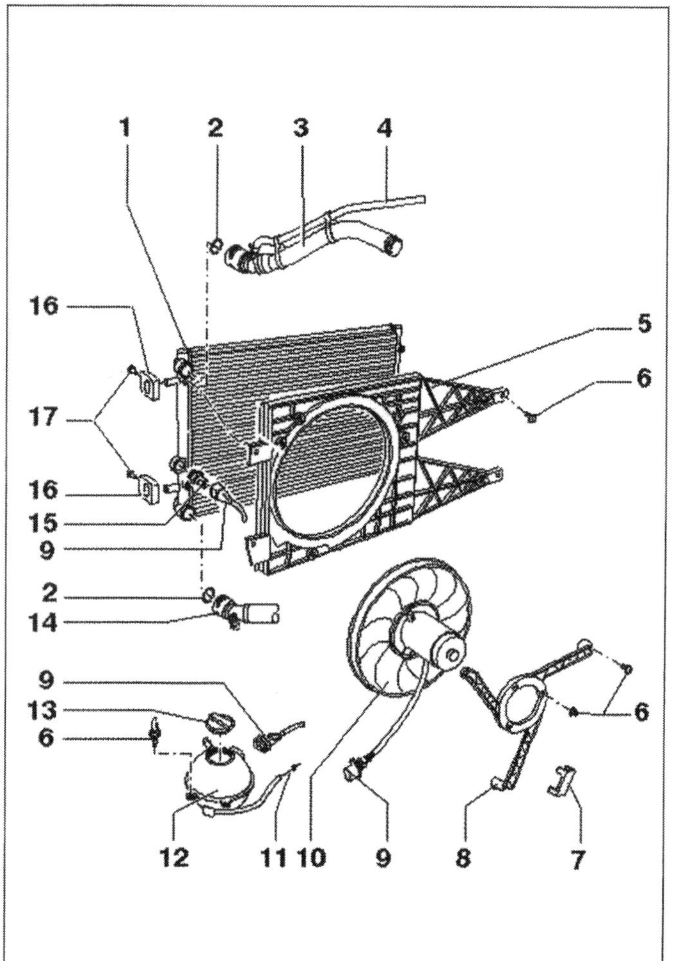

Bild 4

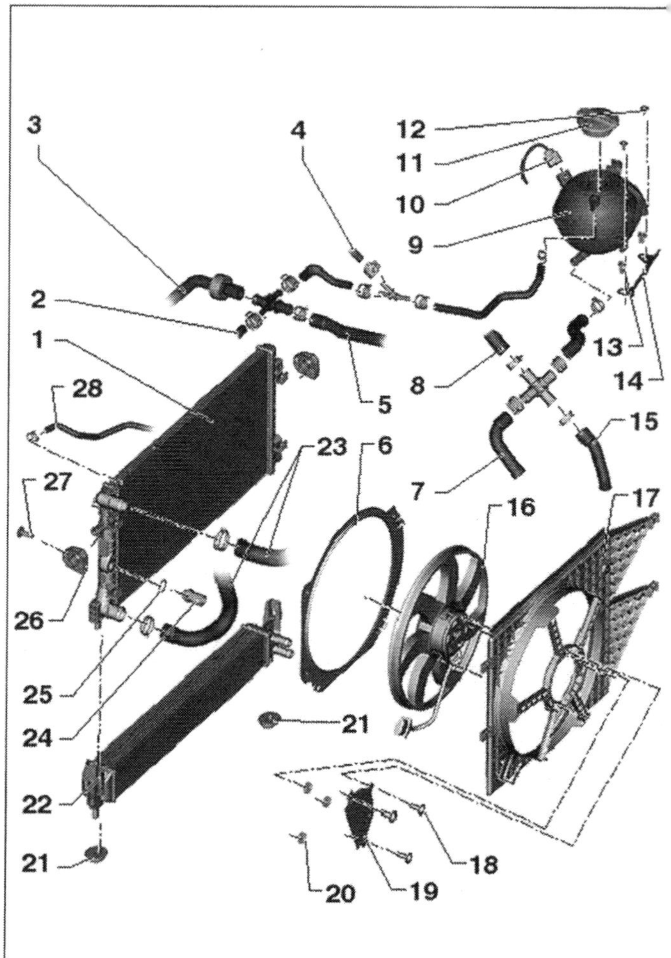

Bild 5

Bild 4
Montageübersicht »Teile des Kühlsystems aufbauseitig« 1,2 MPI (1,4 MPI und 1,9 TDI sehr ähnlich).

1 Kühler. Nach dem Ersetzen das gesamte Kühlmittel erneuern.
2 O-Ringe (ersetzen).
3 Kühlmittelschlauch oben. Mit Halteklammer am Kühler gesichert, auf festen Sitz prüfen.
4 Kühlmittelschlauch.
5 Luftführungshutze.
6 Schrauben Luftführungshutze, bzw. Halter für Elektrolüfter, bzw. Ausgleichsbehälter (10 Nm).
7 Halteklammer, auf festen Sitz prüfen.
8 Halter für Elektrolüfter.
9 Stecker.
10 Kühlerlüfter.
11 Zum Kühlmittelrohr.
12 Ausgleichsbehälter.
13 Verschlussdeckel.
14 Kühlmittelschlauch unten. Mit Halteklammer am Kühler gesichert, auf festen Sitz prüfen.
15 Thermoschalter für Kühlerlüfter F18 (35 Nm).
16 Halter für Kühler. Einbaulage beachten, unterschiedliche Ausführung beachten.
17 Schrauben Halter für Kühler (10 Nm).

Bild 5
Montageübersicht »Teile des Kühlsystems aufbauseitig« 1,2 TSI.
Die Montageübersicht für den 1,4 TSI und 1,6 TDI zeigt ein sehr ähnliches Bild, allerdings sind hier zwei Kühlerlüfter angeordnet.

1 Kühler. Nach dem Ersetzen das gesamte Kühlmittel erneuern.
2 Kühlmittelschlauch zum Abgasturbolader.
3 Kühlmittelschlauch an Ladeluftkühler oben.
4 Kühlmittelschlauch zum Abgasturbolader.
5 Kühlmittelschlauch zum Ladeluftkühler im Saugrohr.
6 Lüfterring.
7 Kühlmittelschlauch zum Kühlmittelrohr unterhalb des Saugrohrs.
8 Kühlmittelschlauch zum Ölkühler.
9 Ausgleichsbehälter.
10 Stecker.
11 Verschlussdeckel.
12 Befestigungsschrauben Ausgleichsbehälter (5 Nm).
13 Kunststoffeinsätze für Befestigungsschrauben Ausgleichsbehälter.
14 Halter.
15 Kühlmittelschlauch an Pumpe für Kühlmittelumlauf V50.
16 Kühlerlüfter V7 mit Steuergerät für Kühlerlüfter J293.
17 Luftführungshutze.
18 Schrauben Wärmeschutzblech an Luftführungshutze (2 Nm).
19 Wärmeschutzblech.
20 Schrauben Kühlerlüfter an Luftführungshutze (8 Nm).
21 Kühlerlager.
22 Ladeluftkühler. Ausbau nur zusammen mit dem Kühler, der auf den Ladeluftkühler aufgesteckt ist.
23 Kühlmittelschläuche an Kühlmittelreglergehäuse.
24 Kühlmitteltemperaturgeber am Kühlerausgang G83.
25 O-Ring (bei Beschädigung ersetzen).
26 Kühlerlager,
27 Schrauben Kühlerlager (5 Nm).
28 Kühlmittelschlauch zum Ausgleichsbehälter.

■ Fahrzeug anheben und Motorspritzschutz bzw. Geräuschdämpfung ausbauen.
■ Kühlmittelschlauch unten am Kühler abziehen, dazu Schlauchschelle lösen und auslaufendes Kühlmittel in der Wanne auffangen (siehe Pos. 14 in Bild 4).
■ 1,4 MPI: Zum Ablassen des Kühlmittels Ablassschraube aus dem Kühler herausschrauben.
Kühlmittel aus dem Ladeluft-Kühlsystem ablassen.
■ 1,2 TSI: Federbandschelle öffnen, Kühlmittelschlauch vom Ladeluftkühler abziehen und auslaufendes Kühlmittel in der Wanne auffangen.

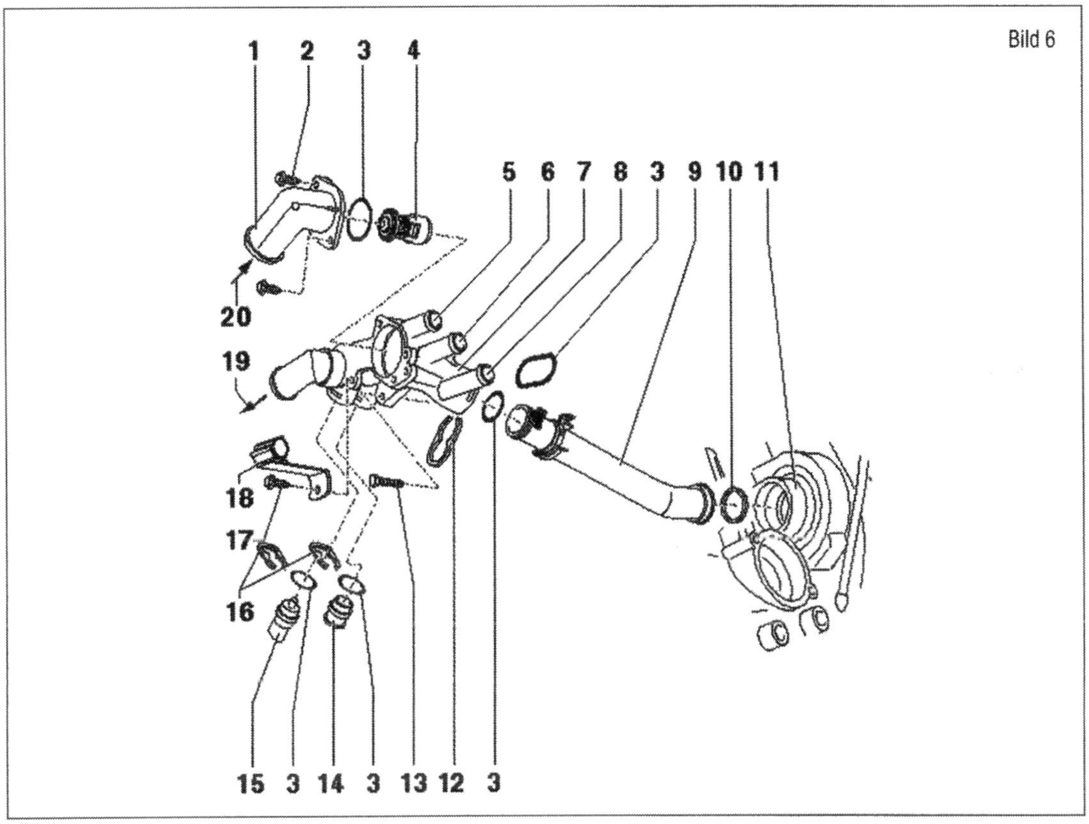

Bild 6
Montageübersicht »Teile des Kühlsystems motorseitig« 1,2 MPI.
1 Anschlussstutzen am Kühlmittelreglergehäuse.
2 Schneidschraube Anschlussstutzen (9 Nm).
3 O-Ringe (ersetzen).
4 Kühlmittelregler. Zur Funktionsprüfung im Wasserbad erwärmen, der Stift des Thermoelementes muss sich herausbewegen. Öffnungsbeginn bei ca. 84 °C und Ende bei ca. 98 °C, nicht prüfbar.
5 Zum Wärmetauscher.
6 Vom Ausgleichsbehälter.
7 Kühlmittelreglergehäuse.
8 Vom Wärmetauscher.
9 Kühlmittelrohr zum Kühlmittelpumpengehäuse.
10 Dichtring (ersetzen).
11 Kühlmittelpumpengehäuse am Zylinderblock.
12 Halteklammer (auf festen Sitz prüfen).
13 Schraube Kühlmittelreglergehäuse (10 Nm).
14 Verschlussstopfen (auf festen Sitz prüfen).
15 Kühlmitteltemperaturgeber G62. Vor Ausbau ggf. Druck vom Kühlsystem abbauen.
16 Halteklammern (auf festen Sitz prüfen).
17 Schneidschraube Halter (6 Nm).
18 Halter.
19 Vom Kühler oben.
20 Zum Kühler unten.

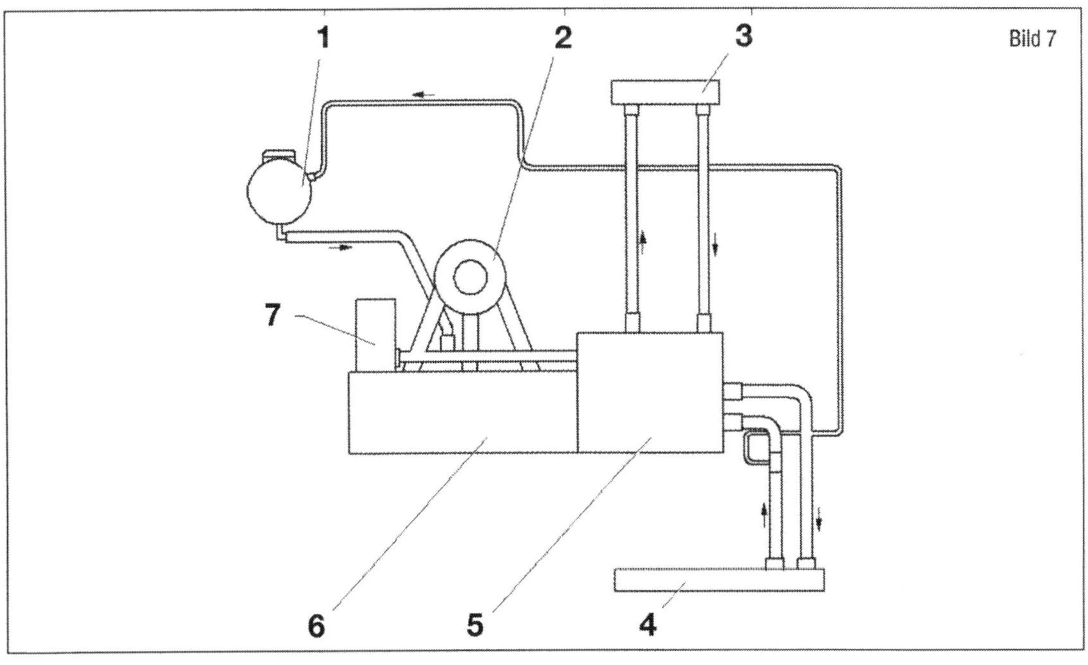

Bild 7
Anschlussplan für Kühlmittelschläuche 1,2 MPI.
1 Ausgleichsbehälter.
2 Saugrohr.
3 Wärmetauscher für Heizung.
4 Kühler.
5 Kühlmittelreglergehäuse.
6 Zylinderkopf und Zylinderblock.
7 Kühlmittelpumpe.

Sichtprüfung

Messen

Um Ihnen die Arbeiten an den Kühlmittelkreisläufen zu erleichtern, zeigen wir Ihnen die Anschlussschemata (Bilder 8-16) der einzelnen Motoren und erläutern diese.

Bild 8
Kühlmittelkreislauf 1,2 Liter-Motor
1 Ausgleichsbehälter
2 Einlass
3 Wärmetauscher
4 Kühler
5 Kühlmittelreglergehäuse
6 Kurbelgehäuse
7 Kühlmittelpumpe

Bild 10
Kühlmittelkreislauf 1,4 Liter-MPI-Motor
1 Ausgleichsbehälter
2 Kühlmittelschlauch
3 Saugrohr
4 Vorwärmung für Kurbelgehäuseentlüftung
5 Wärmetauscher für Heizung
6 Kühlmittelschlauch unten
7 Kühler
8 Kühlmittelschlauch oben
9 Zylinderkopf/Zylinderblock
10 Kühlmittelschlauch

Bild 9
Kühlmittelkreislauf 1,2 Liter-TSI-Motor
1 Ausgleichsbehälter
2 Pumpe für Kühlmittelumlauf
3 Ladeluftkühler
4 Kühlmittelreglergehäuse
5 Wärmetauscher für Heizung
6 Drosselklappe
7 Kühler
8 Ladeluftkühler
9 Zylinderkopf/Zylinderblock
10 Rückschlagventil
11 Motorölkühler
12 Kühlmittelpumpe

Bild 11
Kühlmittelkreislauf 1,4 Liter-TSI-Motor
1 Ausgleichsbehälter
2 Kühlmittelpumpe
3 Saugrohr
4 Zylinderkopf/Zylinderblock
5 Wärmetauscher für Heizung
6 Kühlmittelreglergehäuse
7 Kühleranschlüsse oben
8 Kühleranschluss unten
9 Pumpe für Kühlmittelumlauf
10 Motorölkühler
11 Abgasturbolader

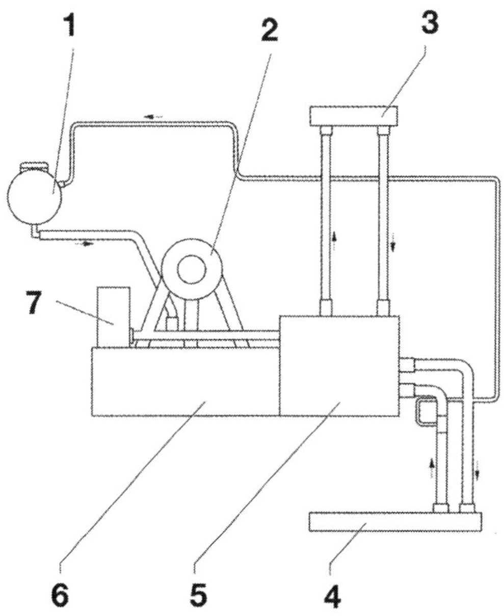
Bild 8

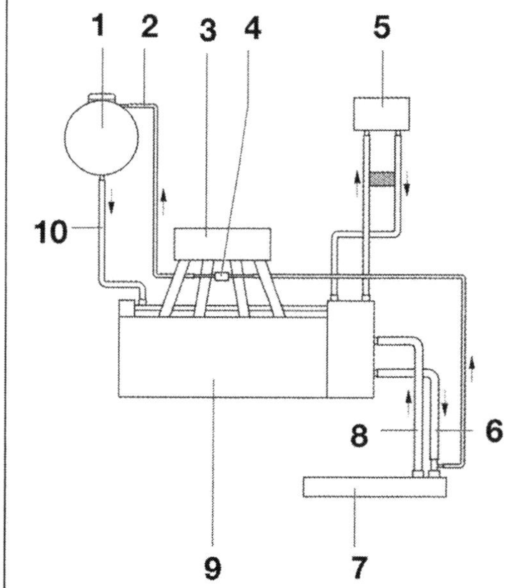
Bild 10

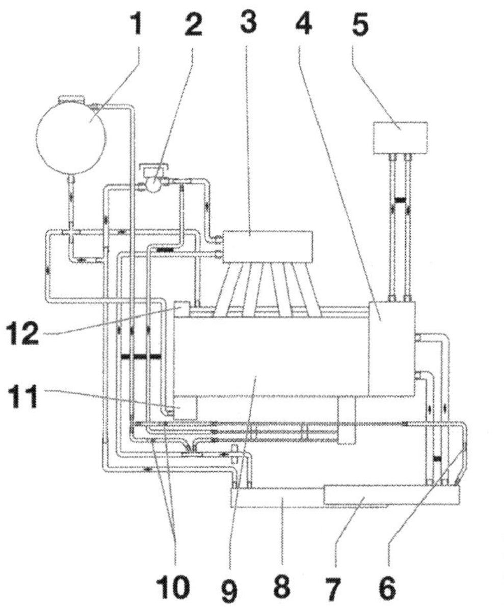
Bild 9

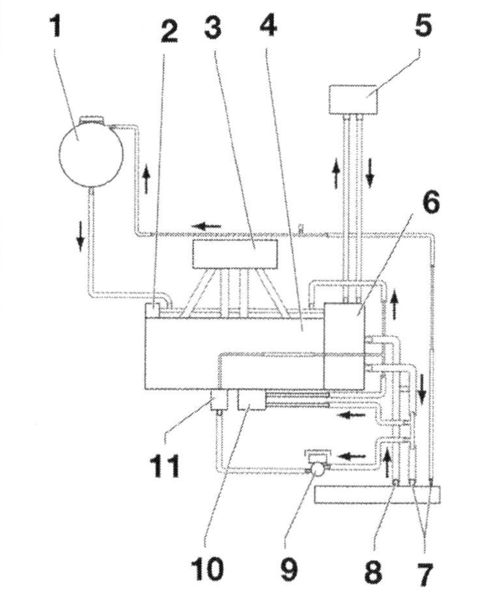
Bild 11

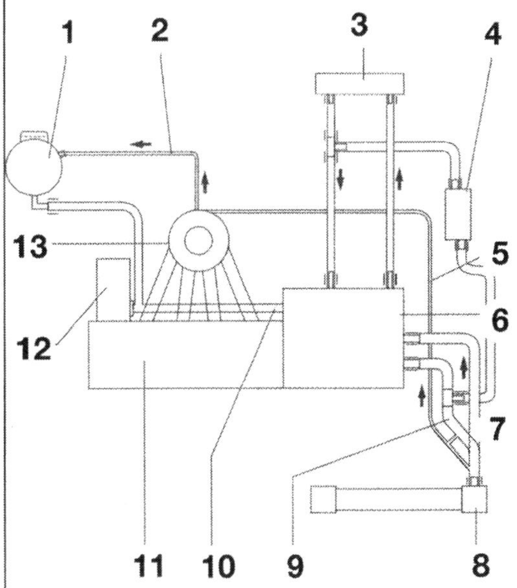

Bild 12

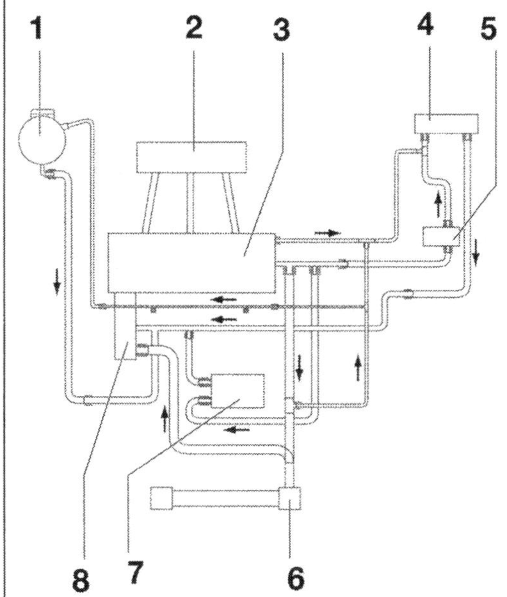

Bild 14

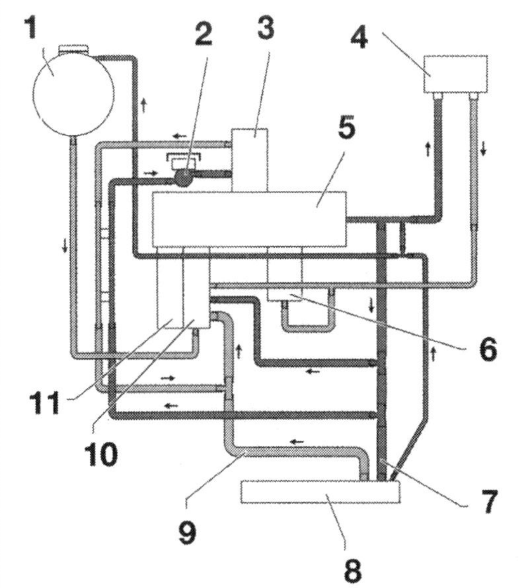

Bild 13

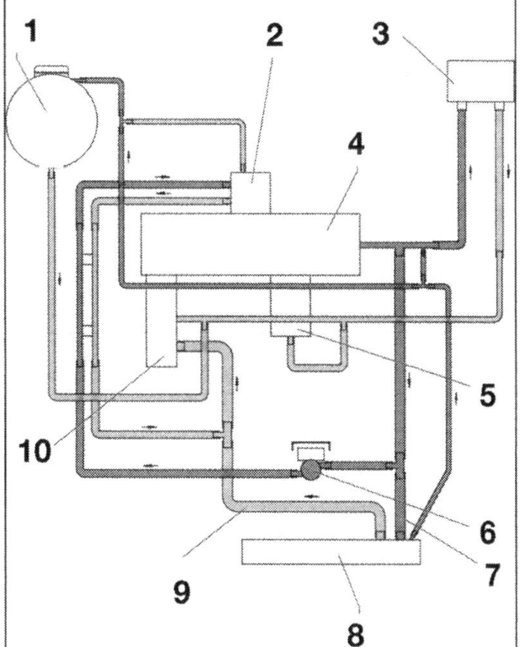

Bild 15

Bild 12
Kühlmittelkreislauf 1,6 Liter-MPI-Motor
1 Ausgleichsbehälter
2 Kühlmittelschlauch
3 Wärmetauscher für Heizung
4 ATF-Kühler
5 Kühlmittelschlauch
6 Kühlmittelreglergehäuse
7 Kühlmittelschlauch unten
8 Kühler
9 Kühlmittelschlauch oben
10 Kühlmittelrohr
11 Zylinderkopf/Zylinderblock
12 Kühlmittelpumpe
13 Saugrohr

Bild 14
Kühlmittelkreislauf 1,4 Liter-TDI-Motor
1 Ausgleichsbehälter
2 Saugrohr
3 Zylinderblock/Zylinderkopf
4 Wärmetauscher für Heizung
5 Abgasrückführungskühler
6 Kühler
7 Ölkühler
8 Kühlmittelpumpe/Kühlmittelregler

Bild13
Kühlmittelkreislauf 1,2 Liter-TDI-CR-Motor
1 Ausgleichsbehälter
2 Pumpe 2 für Kühlmittelumlauf
3 Kühler für Abgasrückführung
4 Wärmetauscher der Heizung
5 Zylinderkopf und Zylinderblock
6 Motorölkühler
7 Kühlmittelschlauch oben
8 Kühler
9 Kühlmittelschlauch unten
10 4/2-Wege-Ventil mit Kühlmittelregler
11 Kühlmittelpumpe

Bild 15
Kühlmittelkreislauf 1,6 Liter-TDI-CR-Motor
1 Ausgleichsbehälter
2 Kühler für Abgasrückführung
3 Wärmetauscher für Heizung
4 Zylinderkopf/Zylinderblock
5 Motorölkühler
6 Pumpe 2 für Kühlmittelumlauf
7 Kühlmittelschlauch oben
8 Kühler
9 Kühlmittelschlauch unten
10 Kühlmittelpumpe/Kühlmittelregler

Bild 16
Kühlmittelkreislauf für 1,9 Liter-TDI-Motor
1 Kühler
2 Ölkühler
3 Kühlmittelregler
4 Kühlmittelpumpe
5 Zylinderblock
6 Ausgleichsbehälter
7 Kühlmittelrohr oben
8 Anschlussstutzen
9 Wärmetauscher für Heizung
10 Anschlussstutzen
11 Abgasruckführungskühler
12 Kühlmittelrohr
13 Schnellkupplung

Bild 16

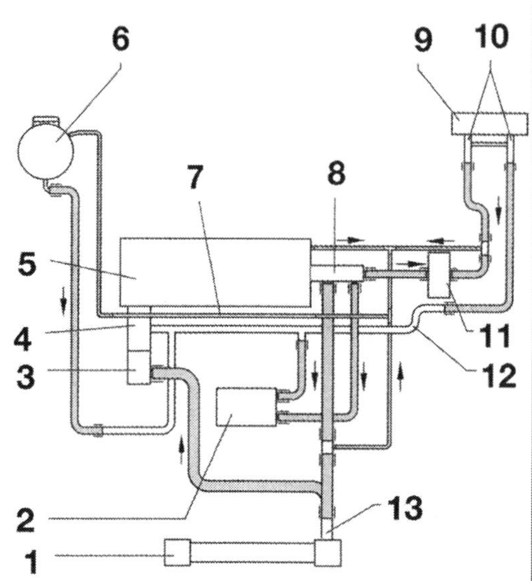

Kühlmittel auffüllen

■ Zur Mischung des Kühlmittels darf nur Leitungswasser bzw. destilliertes Wasser verwendet werden. Brunnenwasser besitzt nicht die erforderlichen Qualitätsmerkmale, um die Funktionalität des Kühlmittels sicherzustellen. Als Kühlmittelzusatz darf nur G12 plus plus gemäß TL VW 774 G verwendet werden. G12 plus plus verhindert Frost- und Korrosionsschäden sowie Kalkansatz und hebt die Siedetemperatur an. Daher muss auch das Kühlsystem unbedingt ganzjährig mit Kühlmittelzusatz und Korrosionsschutzmittel befüllt sein.
Der Frostschutz soll bis etwa -25 °C gewährleistet sein. Die Konzentration des Kühlmittels darf auch in der warmen Jahreszeit nicht durch Nachfüllen von Wasser verringert werden. Der Kühlmittelzusatz-Anteil muss mindestens 40% betragen. Ist ein stärkerer Frostschutz erforderlich, kann der Anteil von G12 plus plus erhöht werden, aber nur bis zu 60% (Frostschutz bis etwa -40 °C), da sich sonst der Frostschutz wieder verringert und außerdem die Kühlwirkung verschlechtert wird.

■ Wurden Kühler, Wärmetauscher, Zylinderkopf oder Zylinderkopfdichtung ersetzt, gebrauchtes Kühlmittel nicht wieder verwenden.

■ Kühlmittelschlauch auf den Anschlussstutzen aufstecken und mit der Schlauchschelle befestigen.

■ 1,4 MPI: Ablassschraube in den Kühler schrauben.

■ 1,2 TSI: Kühlmittelschlauch am Ladeluftkühler mit Federbandschelle befestigen.

■ Wurde das Kühlmittel abgelassen, ist das Kühlsystem mit dem Kühlsystem-Befüllgerät zu befüllen (siehe weiter unten; die Bedienungsanleitung für das Kühlsystem-Befüllgerät liegt dem Gerät in der Regel bei).

Kühlmittel ohne Kühlsystem-Befüllgerät ergänzen

Vorausgesetzt das Kühlsystem ist dicht, Kühlmittel langsam bis zur max-Markierung am Ausgleichsbehälter auffüllen.

■ Ausgleichsbehälter verschließen und Heizungsbetätigung ausstellen.

■ Motor starten, die Motordrehzahl für ca. 3 Minuten auf ca. 2000/min halten. Motor danach im Leerlauf laufen lassen, bis der Kühlerlüfter anläuft.

■ Kühlmittelstand prüfen und ggf. ergänzen.

Bei betriebswarmem Motor muss der Kühlmittelstand an der max-Markierung, bei kaltem Motor zwischen min- und max-Markierung liegen.

■ Geräuschdämpfung einbauen und Wagen ablassen.

Kühlsystem mit dem Kühlsystem-Befüllgerät befüllen

■ Kühlmittelbehälter des Kühlsystem-Befüllgerätes mit etwa 6 Liter Kühlmittel im richtigen Mischungsverhältnis befüllen (siehe auch Bedienungsanleitung für Kühlsystem- Befüllgerät).

■ Adapter für Kühlsystemprüfgerät auf den Kühlmittelausgleichsbehälter schrauben. Kühlsystem-Befüllgerät auf den Adapter montieren. Abluftschlauch (1) in einen kleinen Behälter (2) leiten, da die Abluft eine geringe Menge Kühlmittel mitreißt, die aufgefangen werden soll (Bild 17).

■ Ventile (A) und (B) schließen, dazu Hebel quer zur Durchflussrichtung drehen.

■ Schlauch (3) an Druckluft anschließen, Druck: 6 bis 10 bar Überdruck.

■ Ventil (B) öffnen, dazu Hebel in Durchflussrichtung drehen. Im Kühlsystem wird von der Saugstrahlpumpe Unterdruck erzeugt; der Zeiger des Anzeigeinstruments muss in den grünen Bereich wandern. Zusätzlich kurz Ventil (A) öffnen, dazu Hebel in Durchflussrichtung drehen, damit sich der Schlauch des Kühlmittelbehälters mit Kühlmittel füllt. Ventil (A) wieder schließen.

■ Ventil (B) weitere 2 Minuten geöffnet lassen. Im Kühlsystem wird von der Saugstrahlpumpe weiter Unterdruck erzeugt; der Zeiger des Anzeigeinstruments muss weiterhin im grünen Bereich stehen. Ventil (B) schließen. Der Zeiger des Anzeigeinstruments muss im grünen Bereich stehen bleiben, dann reicht der Unterdruck im Kühlsystem für die anschließende Befüllung aus. Wenn der Zeiger unterhalb des grünen Bereichs steht, den Vorgang wiederholen. Fällt der Unterdruck ab, muss das Kühlsystem auf undichte Stellen geprüft werden.
■ Druckluftschlauch abziehen. Ventil (A) öffnen. Durch den Unterdruck im Kühlsystem wird Kühlmittel aus dem Kühlmittelbehälter angesaugt und das Kühlsystem befüllt (Bild 18).
■ Kühlsystem-Befüllgerät vom Kühlmittelausgleichsbehälter abbauen und Kühlmittel evtl. bis zur max-Markierung auffüllen. Dann weiter wie oben beschrieben (»Kühlmittel ohne Kühlsystem-Befüllgerät ergänzen«).

Wasserkühler aus- und einbauen

Die grundlegenden Arbeiten beim Aus- und Einbau des Kühlers sind bei allen Motor- und Ausstattungsvarianten gleich. Es gibt hier lediglich kleine Unterschiede bei Fahrzeugen mit Klimaanlage und/oder Ladeluftkühler. Darauf weisen wir nachfolgend nochmals besonders hin.

Benötigte Werkzeuge und Hilfsmittel:
- Auffangwanne für Kühlflüssigkeit
- breiter Schlitzschraubendreher

Ausbau
■ Stoßfänger vorn ausbauen
■ Kühlmittel ablassen.
■ Lüfterzarge mit Kühlerlüfter (V7) ausbauen.
■ Stecker vom Thermoschalter für Kühlerlüfter (F18) abziehen.
■ Kühlmittelschlauch oben vom Anschlussstutzen des Kühlers abziehen.
■ Einfüllstutzen für Scheibenwaschanlage vom Halter abdrücken.
■ Halter für Scheibenwaschanlage abbauen. Dazu Verrastung in Pfeilrichtung (1) eindrücken und gleichzeitig den Halter nach oben in Pfeilrichtung (2) schieben Bild 19).

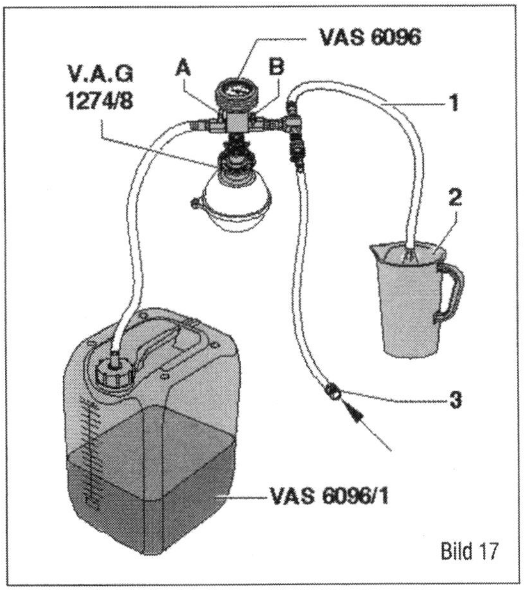

Bild 17

Bild 17
Anordnung des Kühlmittel-Befüllsystems.
(A) und (B) Ventile.
(1) Abluftschlauch.
(2) Behälter.
(3) Schlauch zum Anschluss an Druckluft.

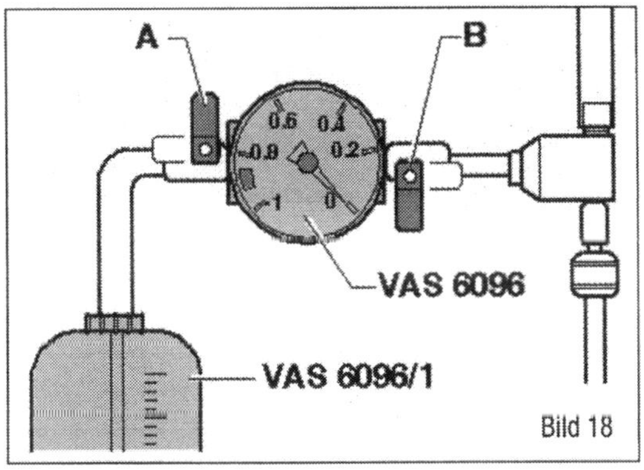

Bild 18

Bild 18
Bedienung der Ventile (A) und (B) sowie Beobachtung des Anzeigeninstrumentes.

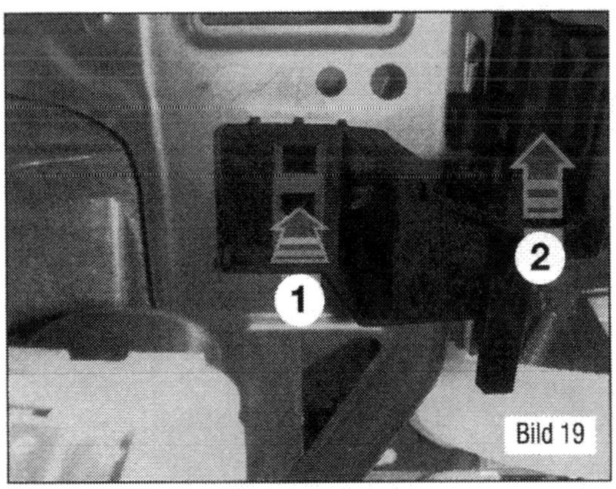

Bild 19

Bild 19
Halter für Scheibenwaschanlage.

■ Schraube (1) für Kühlerlager rechts und links herausdrehen.
■ Kühler nach hinten drücken und Kühlerlager rechts und links (2) Bild 23 ausbauen.

Fahrzeuge ohne Klimaanlage
■ Kühler zusammen mit dem Ladeluftkühler nach oben aus den unteren Gummilagern schieben und seitlich nach unten herausnehmen.

Bild 20
Kühlerlagerung rechts und links
1 Schraube
2 Schraube

Bild 21
Wasserkühler mit Klimakondensator.
1 Wasserkühler
2 Kondensator Klimaanlage

Bild 22
Arretierung des Ladeluftkühlers am Wasserkühler.
1 Ladeluftkühler

Bild 23
1 Schraube
2 Kühlerlagerung
3 Wasserkühler
4 Federbandschelle
5 Kühlwasserschlauch
6 Ladeluftkühler
7 Lüfterzarge
8 Verschlussdeckel
9 Schraube
10 Ausgleichbehälter
11 Zusatzlüfter
12 Hauptlüfter
13 Widerstand
14 Thermoschalter für Lüfter
15 Dichtring
16 Kühlwasserschlauch
17 Gummilager unten
18 Mutter

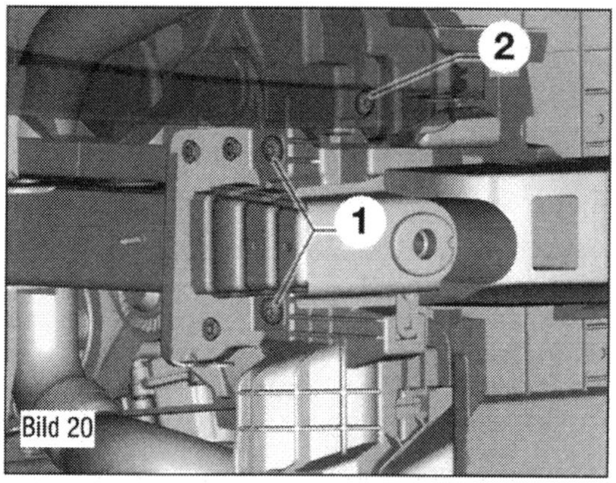

Bild 20

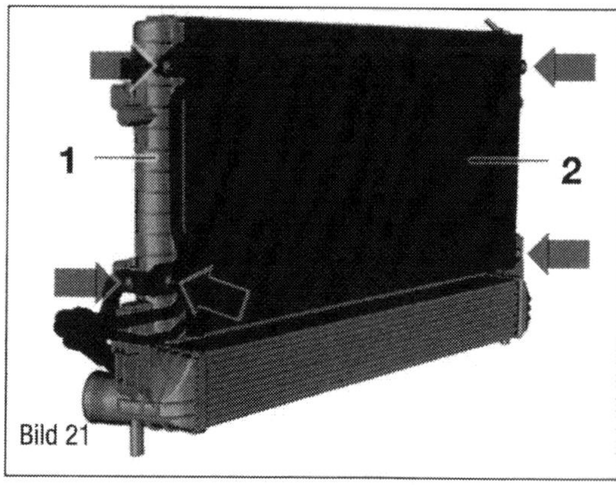

Bild 21

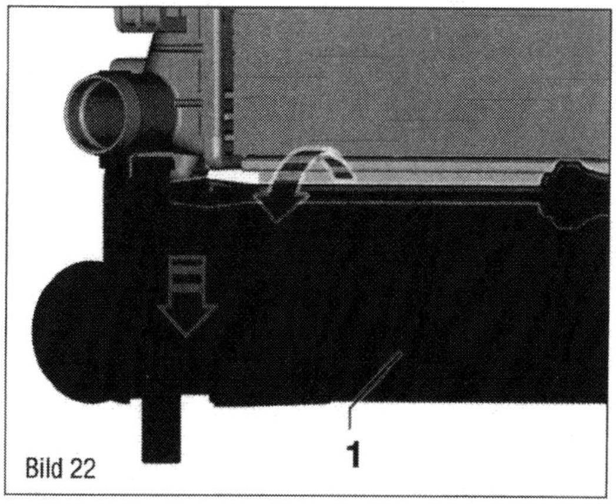

Bild 22

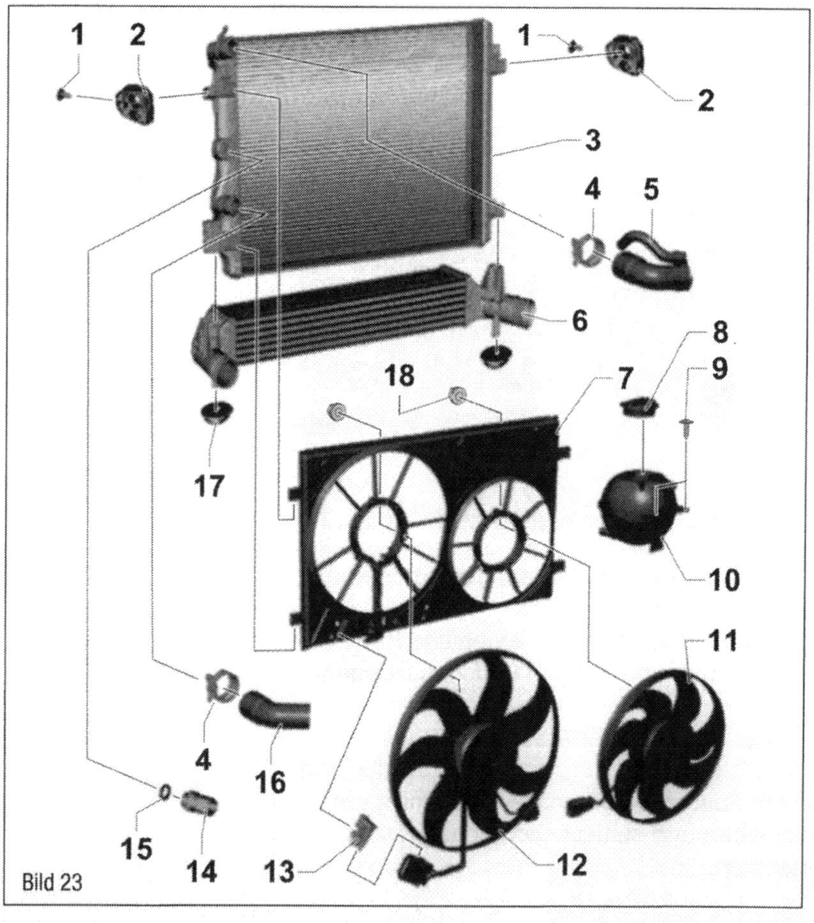

Bild 23

Fahrzeuge mit Klimaanlage

■ Keilrippenriemen ausbauen.

■ Klimakompressor vom Halter für Nebenaggregate abbauen und mit angeschlossenen Kältemittelschläuchen an der Karosserie befestigen.

■ Einbaulage der Schrauben (1) rechts und links markieren und diese nur lösen.

■ Kühler zusammen mit dem Ladeluftkühler und Kondensator nach oben aus den unteren Gummilagern schieben. Dazu das Kunststoffgehäuse des Schlossträgers nach unten ziehen. Es ist rechts wenig Platz zwischen Kältemittelleitung und Karosserie.

■ Kühler mit Kondensator nach hinten ablegen.

■ Schrauben (Pfeile) des Kondensators (2) aus dem Kühler (1) herausdrehen (Bild 21).

■ Kondensator nach vorn ziehen und am Schlossträger festbinden.

■ Kühler zusammen mit dem Ladeluftkühler seitlich nach unten herausnehmen.

⚠ Verletzungsgefahr durch austretendes Kältemittel! »Kältemittelkreislauf darf nicht geöffnet werden«

⚠ Beschädigungsgefahr an Kondensator, Kältemittelleitungen und -schläuchen! »Kältemittelleitungen und -schläuche nicht überdehnen oder knicken!«

■ Ladeluftkühler vom Kühler trennen.

⚠ Um eine Beschädigung des Ladeluftkühlers zu vermeiden, sollte das Trennen von Ladeluftkühler und Kühler von zwei Personen durchgeführt werden!

■ Vorn und hinten einen breiten Schlitzschraubendreher in die linke Verrastung schieben. Durch Drehen des Schraubendrehers die Verrastung des Ladeluftkühlers (1) am Kühler vorsichtig öffnen (Bild 22).

■ In diesem Zustand den Ladeluftkühler links etwas nach unten ziehen.

■ Ladeluftkühler (1) nach rechts aus der Arretierung des Kühlers (2) schieben (Bild 22).

Einbau

Der Einbau erfolgt in umgekehrter Reihenfolge, dabei ist Folgendes zu beachten:

- Bei Fahrzeugen mit Klimaanlage das Kunststoffgehäuse des Schlossträgers nach oben in die ursprüngliche Lage schieben und Schrauben (1) rechts und links festziehen. Anzugsdrehmoment: 8 Nm
- Kühlmittel auffüllen.

Kühlerlüfter aus- und einbauen

Ausbau

- Schrauben (Pfeile) für Ansaugstutzen (1) herausdrehen. Verbindungsschlauch (2) zum Luftfilter herausnehmen (Bild 24).
- Geräuschdämpfung ausbauen.
- Ladeluftschlauch rechts und Ladeluftschlauch links ausbauen.
- Stecker für Kühlerlüfter (V7) abziehen.
- Lüfterzarge mit Kühlerlüfter (V7) an den Rasthaken rechts und links mithilfe eines geeigneten Werkzeugs entrasten (Bild 25).
- Lüfterzarge mit Kühlerlüfter (V7) nach oben aus den Aufnahmen schieben und nach unten herausnehmen.

Kühlerlüfter von der Lüfterzarge abbauen

- Steckverbindung für Kühlerlüfter (V7) aus der Halterung herausnehmen.
- Stifte aus den Spreiznieten (Pfeile) zurückdrücken (Bild 26).
- Lüfterring mit einem geeigneten Werkzeug auf der Rückseite der Zarge vorsichtig lösen (Bild 27).
- Lüfterring abnehmen.
- Muttern (Pfeile) abschrauben und Kühlerlüfter (V7) aus der Zarge herausnehmen (Bild 28).

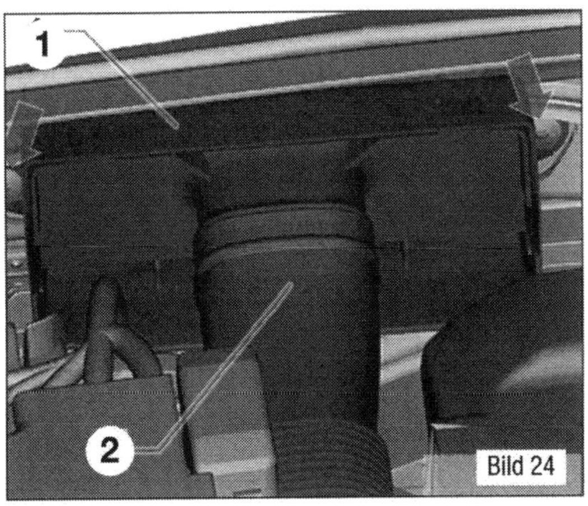

Bild 24
Ansaugstutzen am Schlossträger.
1 Ansaugstutzen
2 Verbindungsschlauch

Bild 25
Lüfterzarge am Wasserkühler entrasten.

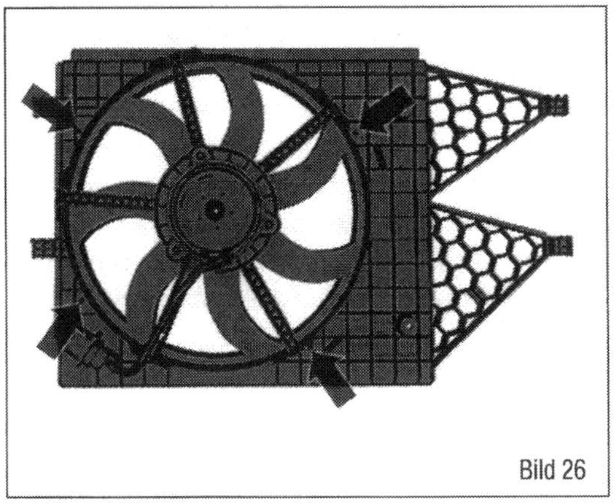

Bild 26
Spreiznieten in der Lüfterzarge.

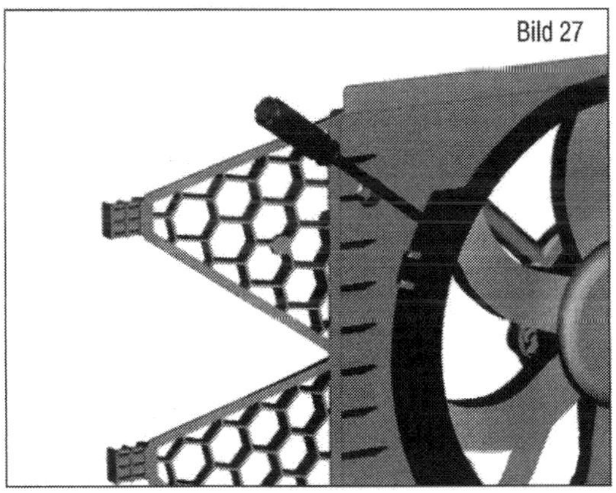

Bild 27
Lüfterring aus der Zarge heraushebeln.

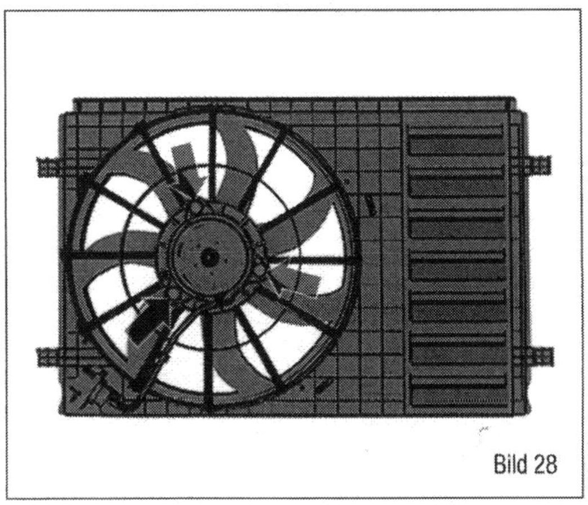

Bild 28
Muttern für Kühlerlüfter.

Einbau

Der Einbau erfolgt in umgekehrter Reihenfolge, dabei ist Folgendes zu beachten:

- Lüfterzarge mit Kühlerlüfter (V7) von unten einfädeln und von oben in alle vier Aufnahmen am Kühler einschieben.
- Die Lüfterzarge muss in den Aufnahmen oben rechts und links hörbar einrasten.
- Lüfterzarge mit Kühlerlüfter (V7) auf korrekte Arretierung in Einbaulage prüfen.

Wasserpumpe erneuern

Die Wasserpumpe wird bei einigen Motorvarianten vom Zahnriemen, bei anderen vom Keilrippenriemen angetrieben. Bei den Motoren, bei welchen sie vom Zahnriemen angetrieben wird, sollte sie beim Wechsel des Zahnriemens gleich mit getauscht werden. Dies bedeutet dann nämlich nur einen geringen Mehraufwand an Materialkosten. Wenn die Wasserpumpe jedoch einzeln ersetzt werden muss, fällt der gleiche Arbeitsaufwand wie beim Zahnriemenwechsel an.

Wasserpumpenwechsel am 1,4 MPI-Motor (BXW, CGGB)

Für diesen Arbeitsablauf ist die Demontage des Zahnriemens erforderlich. Dieser Arbeitsschritt wurde bereits im Kapitel »Zahnriemen erneuern« beschrieben, daher gehen wir nicht mehr näher darauf ein.

- Kühlmittel ablassen.
- Haupttriebzahnriemen ausbauen.
- Befestigungsschraube des Zahnriemenschutzes hinten herausschrauben.
- Befestigungsschrauben der Kühlmittelpumpe herausdrehen und Zahnriemenschutz hinten und Kühlmittelpumpe ausbauen.

Der Wiedereinbau erfolgt sinngemäß in umgekehrter Reihenfolge.

Bild 29
1 Haupttrieb-Zahnriemen
2 Wasserpumpe
3 Schraube Zahnriemenschutz hinten
4 Zahnriemenschutz hinten
5 Zahnriemenschutzoberteil
6 Zahnriemenschutzunterteil
7 Schraube Zahnriemenschutz
8 Keilrippenriemenscheibe
9 Zentralschraube Kurbelwelle
10 Schraube Zahnriemenschutz
11 Schraube Zahnriemenschutz hinten
12 Zahnriemenrad Kurbelwelle

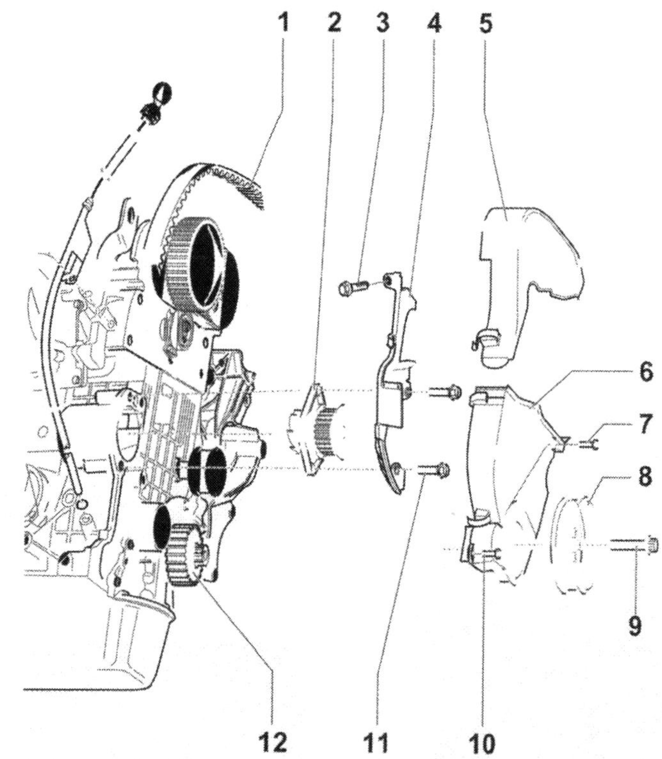

Bild 29

Schrauben/Muttern	Drehmoment
Schraube Kühlmittelpumpe	20 Nm
Schraube Riemenscheibe Kurbelwelle Stufe 1	150 Nm
Schraube Riemenscheibe Kurbelwelle Stufe 2	180°
Schraube Zahnriemenschutz	10 Nm

Wasserpumpenwechsel am 1,6 MPI-Motor (BTS, CFNA, CLSA)

Bei diesem Motortyp wird die Wasserpumpe vom Keilrippenriemen angetrieben. Daher ist der Aus- und Einbau recht einfach durchzuführen.

- Kühlmittel ablassen.
- Radhausschale vorn rechts ausbauen.
- Keilrippenriemen ausbauen.
- Schrauben für Riemenscheibe für Kühlmittelpumpe herausdrehen, dazu mit Schlüssel zur Wasserpumpe und Servolenkung (V.A.G 1590) gegenhalten (Bild 30).

Der Wiedereinbau erfolgt sinngemäß in umgekehrter Reihenfolge.

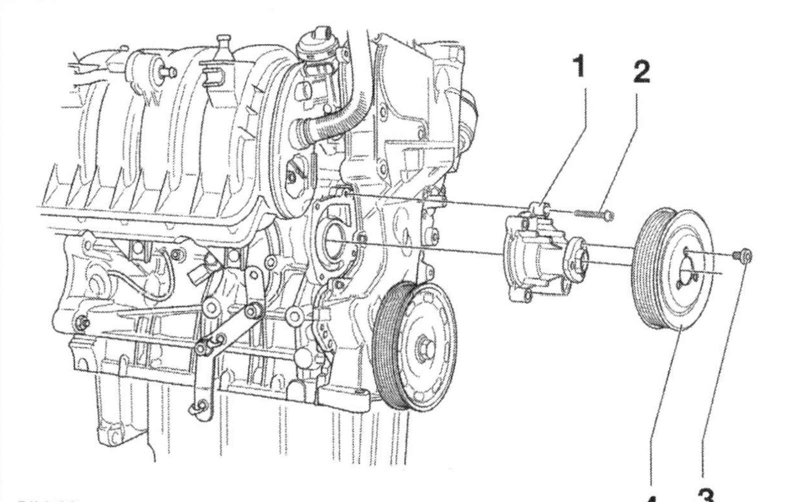

Bild 30

Schrauben/Muttern	Drehmoment
Schraube Kühlmittelpumpe	10 Nm
Schraube Riemenscheibe Pumpe	20 Nm

Bild 30
1 Kühlmittelpumpe
2 Schraube Kühlmittelpumpe
3 Schraube Riemenscheibe
4 Riemenscheibe

Wasserpumpenwechsel an allen TDI-Motoren

Der Wechsel der Wasserpumpe ist vom Prinzip her an allen TDI-Motoren gleich. Daher beschreiben wir diesen Arbeitsschritt nur einmal exemplarisch für alle TDI. Die Zeichnung kann ggf. vom Original abweichen.
Für diesen Arbeitsablauf ist die Demontage des Zahnriemens erforderlich. Dieser Arbeitsschritt wurde bereits im Kapitel »Zahnriemen erneuern« beschrieben, daher gehen wir nun nicht mehr näher darauf ein.

- Kühlmittel ablassen.
- Zahnriemen ausbauen.
- Befestigungsschrauben der Kühlmittelpumpe herausschrauben und Kühlmittelpumpe vorsichtig herausnehmen.

Der Wiedereinbau erfolgt sinngemäß in umgekehrter Reihenfolge.

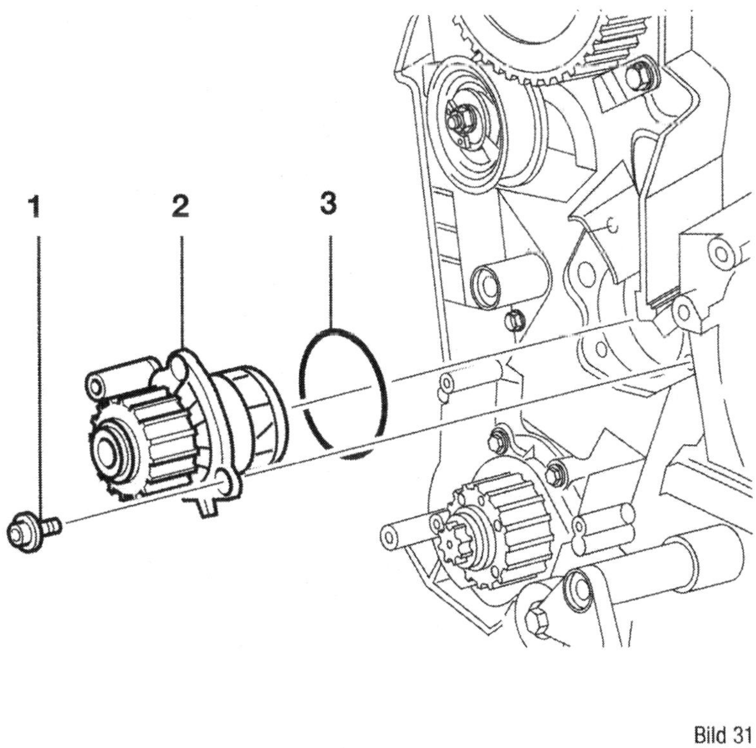

Bild 31

Schrauben/Muttern	Drehmoment
Schraube Kühlmittelpumpe	15 Nm

Bild 31
1 Schraube Wasserpumpe
2 Wasserpumpe
3 Dichtung (O-Ring)

Wasserpumpenwechsel am 1,2 TSI-Motor (CBZA, CBZB)

Bei diesem Motortyp wird die Wasserpumpe vom Keilrippenriemen angetrieben. Daher ist der Aus- und Einbau recht einfach durchzuführen.

- Kühlmittel aus dem Motorkühlsystem ablassen.
- Riemenscheibe für Kühlmittelpumpe ausbauen.
- Unterdruckleitung des Magnetventils für Kühlmittelkreislauf von der Kühlmittelpumpe abziehen (Bild 32).
- Schrauben herausdrehen und Kühlmittelpumpe abnehmen.

Der Wiedereinbau erfolgt sinngemäß in umgekehrter Reihenfolge.

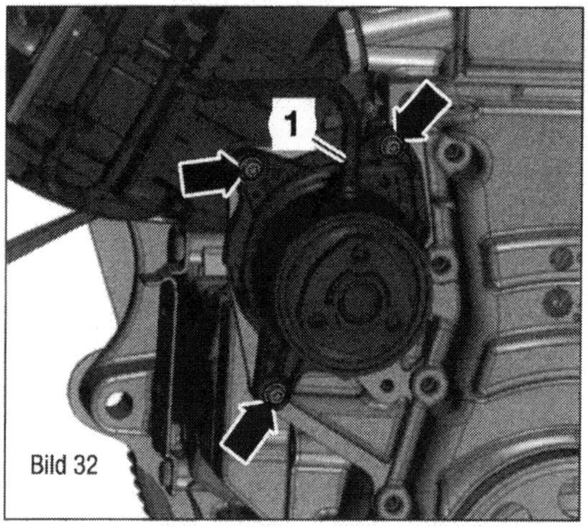

Bild 32
1 Unterdruckleitung

Schraube/Mutter	Drehmoment
Schraube Kühlmittelpumpe	9 Nm
Schraube Riemenscheibe Pumpe	20 Nm

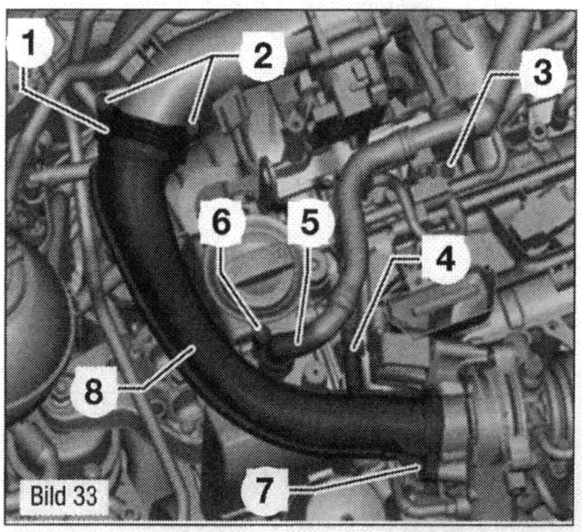

Bild 33
1 Halteklammer
2 Schraube
3 Schraube
4 Schelle
5 Entlüftungsrohr
6 Schraube
7 Schraube
8 Druckrohr

Wasserpumpenwechsel am 1,4 TSI-Motor (CAVE)

Bei diesem Motortyp wird die Wasserpumpe vom Keilrippenriemen angetrieben und treibt gleichzeitig den Kompressor für die Motoraufladung an. Der Aus- und Einbau ist hier etwas umfangreicher als bei den anderen kettengetriebenen Motoren.

- Kühlmittel ablassen.
- Motorabdeckung ausbauen.
- Schelle (1) öffnen und Schlauch vom Druckrohr (8) abziehen (Bild 33).
- Schrauben (2 u. 7) herausdrehen.
- Halteklammer (1) und Druckrohr abnehmen.
- Schrauben (3 u. 6) herausdrehen.
- Entlüftungsrohr (5) aus dem Steuergehäuse ziehen.
- Ansaugschlauch(1) ausbauen (Bild 34).

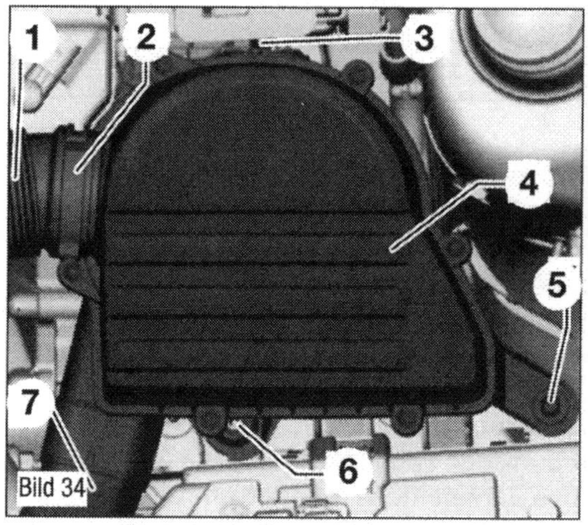

Bild 34
Übersicht Luftfilter.
1 Ansaugschlauch
2 Schelle
3 Lagerbolzen
4 Luftfiltergehäuse
5 Befestigungsschraube
6 Kugelbolzen
7 Ansaugtrichter

- Stecker vom Ansauglufttemperaturgeber und von der Regelklappensteuereinheit abziehen.
- Schlauchschelle (3) lösen (Bild 35).
- Schrauben (Pfeile) herausdrehen.
- Entlüftungsrohr (4) abziehen.

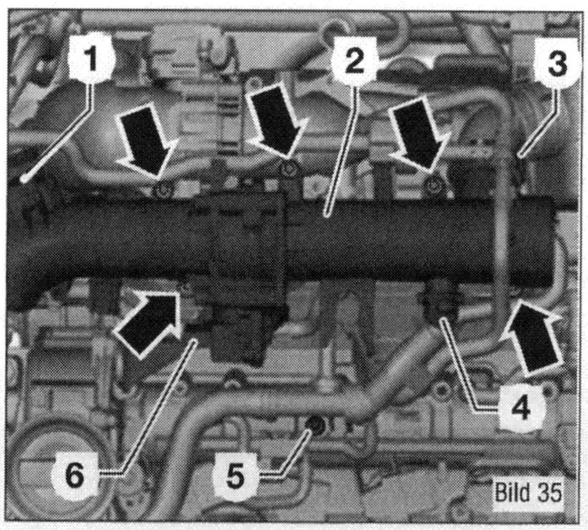

Bild 35
1 Drucksensor
2 Druckrohr
3 Schelle
4 Entlüftungsrohr
5 Schraube
6 Schraube

■ Saugstutzen (2) vom Druckrohr abnehmen.
■ Halter (6) ausclipsen (Bild 36).
■ Druckrohr (5) abnehmen.
■ Kühlmittelschlauch (7) aus dem Halter des Ladeluftrohres (1) ausclipsen.
■ Stecker vom Ladedruckgeber (8) abziehen.
■ Schraube (9) vollständig lösen.
■ Schraubschelle (2) lösen.
■ Keilrippenriemen ausbauen.
■ Ladeluftschlauch rechts vom Ladeluftkühler abbauen.
■ Schrauben (Pfeile) vollständig lösen (Bilder 37 und 38).
■ Ladeluftrohr (1) abziehen.
■ Schraubschelle (4) lösen und Ladeluftschlauch (3) von der Drosselklappe abziehen.
■ Kraftstoffvorlaufleitung abziehen. Dazu Sicherungsring nach oben ziehen.
■ Auslaufenden Kraftstoff mit einem Lappen auffangen.
■ Entlüftungsleitung abziehen. Dazu Sicherungsring eindrücken.
■ Stecker abziehen.
■ Schrauben herausdrehen und Ausgleichsbehälter mit angeschlossenen Kühlmittelleitungen auf dem Motor befestigen.
■ Verriegelungslaschen am Gehäuse für Geräuschdämpfung Kompressor vorsichtig nach außen drücken (Bild 39).
■ Gehäuse mit der Geräuschdämpfung abziehen.
■ Spannelement des Keilrippenriemens des Kompressors mit einem Schraubenschlüssel Schlüsselweite 16 schwenken.
■ Spannelement mit dem Absteckdorn (T10060 A) arretieren.
■ Befestigungsschrauben herausdrehen und das Spannelement abnehmen.
■ Welle des Kompressors mit einem Schraubenschlüssel (1) Schlüsselweite 16 festhalten (Bild 40).
■ Befestigungsschraube (2) der Riemenscheibe herausdrehen.
■ Riemenscheibe und Keilrippenriemen (3) des Kompressors abnehmen.
■ Halter ausbauen.
■ Schrauben der Kühlmittelpumpe (Pfeile) herausdrehen (Bild 41).
■ Kühlmittelpumpe mit Magnetkupplung für Kompressor aus dem Zylinderblock herausnehmen.

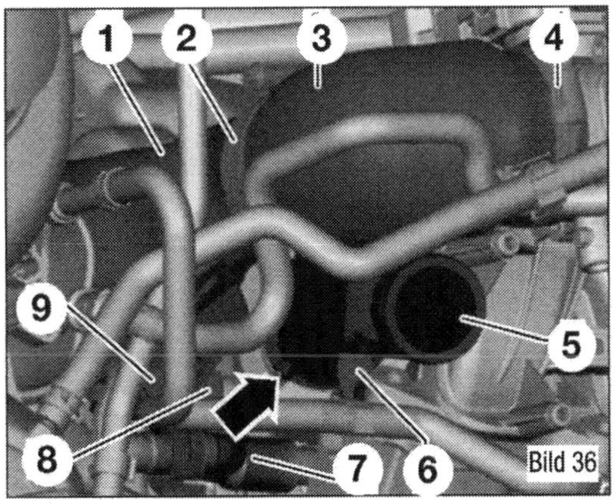

Bild 36
1 Ladeluftrohr
2 Schraubschelle
3 Ladeluftschlauch
4 Schraubschelle
5 Druckrohr
6 Halter
7 Kühlmittelschlauch
8 Ladedruckgeber
9 Schraube

Bild 37
Verschraubung des Druckrohrs.

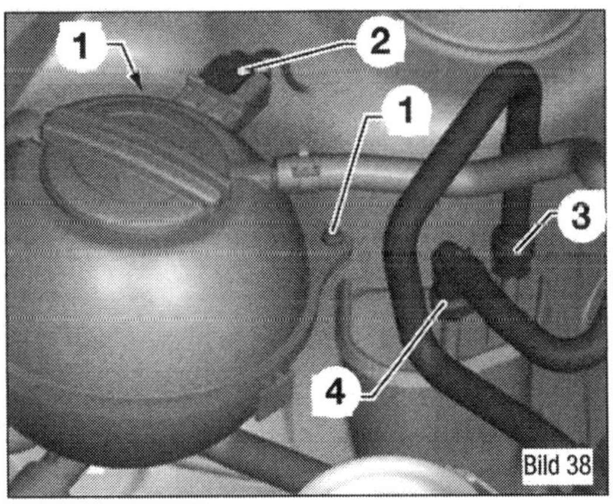

Bild 38
1 Schraube
2 Stecker Kühlmittelstandgeber
3 Kraftstoffvorlaufleitung
4 Entlüftungsleitung

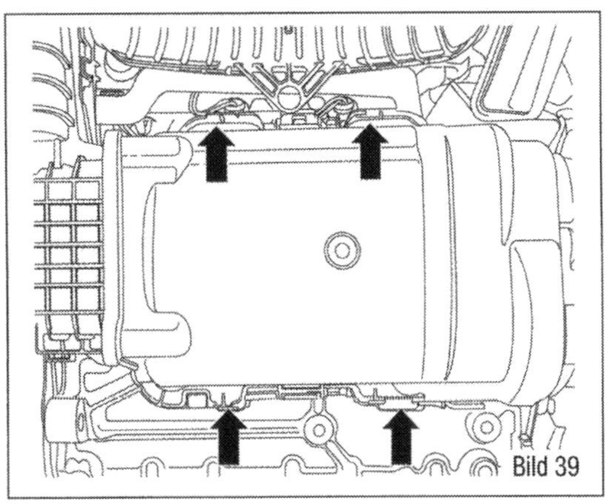

Bild 39
Geräuschdämpfung am Kompressor.

Bild 40
1 Gabelschlüssel 16 mm
2 Schraube
3 Keilrippenriemen

Bild 41
Schrauben der Kühlmittelpumpe.

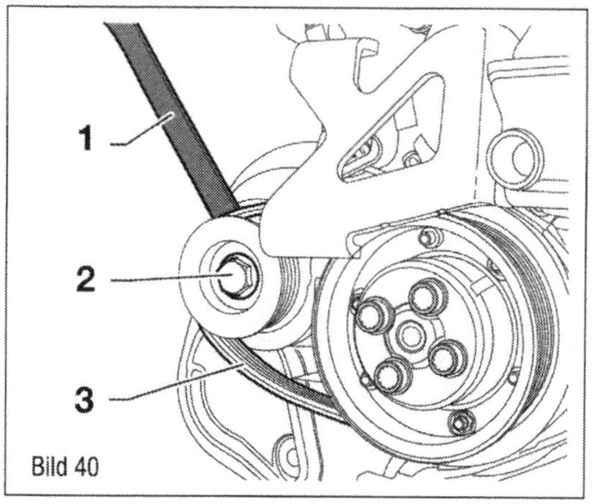

Bild 40

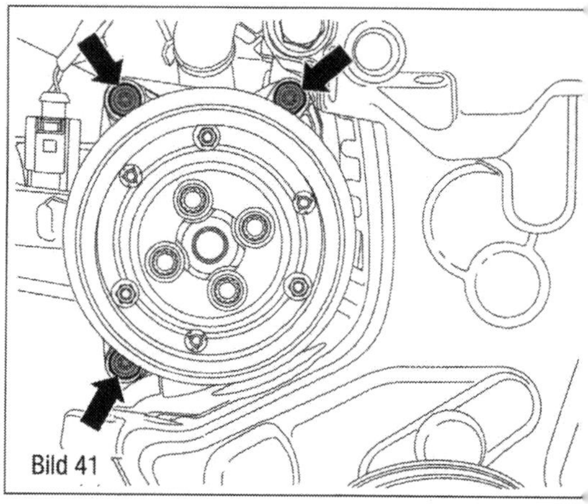
Bild 41

Schrauben/Muttern	Drehmoment
Schraube Kühlmittelpumpe	8 Nm
Mutter Riemenscheibe Kompressor Stufe 1	40 Nm
Mutter Riemenscheibe Kompressor Stufe 2	90°
Schraube Riemenscheibe Kühlmittelpumpe	24 Nm

7 Kraftstoff-versorgung

Zu den wichtigsten Bauteilen des Systems gehören der Kraftstoffbehälter (Tank), in den der Kraftstoff über Tankklappeneinheit und Einfüllstutzen eingebracht wird, die in den Tank eingebaute Kraftstofffördereinheit (Kraftstoffpumpe), der Kraftstofffilter, die Kraftstoffleitungen und die Aktivkohlebehälter-Anlage. Im Zusammenhang damit geben wir am Schluss des Kapitels eine Montageübersicht zur elektronischen Motorleistungsregelung (E-Gas). Die im weiteren Sinne zum Kraftstoffsystem gehörende Einspritzanlage und die Zündanlage behandeln wir im nachfolgenden Kapitel 8 »Kraftstoffaufbereitung«.

⚠ Bei Arbeiten am Kraftstoffsystem sind die gleichen Sicherheitsmaßnahmen zu treffen und Sauberkeitsregeln zu befolgen, die auch für Reparaturarbeiten am Motor gelten.

Sicherheitsmaßnahmen

■ Leitungen aller Art (z. B. für Kraftstoff, Hydraulik, Aktivkohlebehälteranlage, Kühl- und Kältemittel, Bremsflüssigkeit, Unterdruck) und elektrische Leitungen so verlegen, dass die ursprüngliche Leitungsführung wiederhergestellt wird. Auf ausreichenden Freigang zu allen beweglichen oder heißen Bauteilen achten.
■ Der Kraftstoff bzw. die Kraftstoffleitungen im Kraftstoffsystem können sehr heiß werden (Verbrühungsgefahr). Außerdem steht das Kraftstoffsystem unter Druck. Vor dem Öffnen des Systems deshalb Putzlappen um die Verbindungsstelle legen und durch vorsichtiges Lösen der Verbindung Druck abbauen.
■ Aus Sicherheitsgründen muss vor dem Öffnen des Kraftstoffsystems die Sicherung für die Kraftstoffpumpe aus dem Sicherungshalter entfernt werden, da die Kraftstoffpumpe durch den Türkontaktschalter der Fahrertür aktiviert werden kann (zur Sicherungsbelegung siehe Kapitel 15 »Stromlaufpläne«).
■ Bei allen Montagearbeiten am Kraftstoffsystem Schutzbrille und Schutzhandschuhe tragen. Hautkontakt mit Kraftstoff vermeiden.
■ Kraftstoffleitungen sind mit Schnellverschlüssen gesichert. Kraftstoffschläuche dürfen nur mit Federbandschellen gesichert werden. Die Verwendung von Klemm- oder Schraubschellen ist nicht zulässig.
■ Beim Aus- und Einbau des Gebers für Kraftstoffvorratsanzeige oder der Kraftstoffpumpe (Kraftstofffördereinheit) ist Folgendes zu beachten:
Bereits vor Beginn der Arbeiten muss in der Nähe der Montageöffnung des Kraftstoffbehälters zum Absaugen der freiwerdenden Kraftstoffgase der Schlauch einer eingeschalteten Abgas-Absauganlage gelegt werden. Steht keine Abgas-Absauganlage zur Verfügung, kann ein Radiallüfter (Motor liegt außerhalb des Luftstroms) mit einem Fördervolumen größer als 15 m3/h verwendet werden.

1,2 TSI/1,4 TSI: Druckabbau im Hochdruckbereich

■ Die Einspritzanlage ist in einen Hochdruckbereich (maximal ca. 120 bar) und in einen Niederdruckbereich (ca. 6 bar) aufgeteilt. Vor dem Öffnen des Hochdruckbereichs, z. B. beim Ausbau der Hochdruckpumpe, des Kraftstoffverteilers, der Einspritzventile, der Kraftstoffrohre oder des Kraftstoffdruckgebers, muss der Kraftstoffdruck im Hochdruckbereich definiert auf einen Restdruck von ca. 6 bar abgebaut werden.
Dazu wie folgt vorgehen:
■ Diagnosesystem VAS 5051 anschließen und die Geführte Funktion »Kraftstoffhochdruck abbauen« ausführen.
■ Zündung ausschalten.
■ Sauberen Putzlappen um die Verbindungsstelle legen. Verbindungsstelle vorsichtig öffnen, um den Restdruck von ca. 6 bar abzubauen. Ausfließender Kraftstoff ist aufzufangen.
■ Zum Abschluss der Arbeiten den Fehlerspeicher des Motorsteuergeräts abfragen, alle Fehlereinträge löschen, die ggf. durch Abziehen des Steckers entstanden sind. Wurde der Fehlerspeicher gelöscht, muss mit dem VAS 5051 der Readinesscode erzeugt werden.

Sichtprüfung Messen

Sauberkeitsregeln

Bei Arbeiten an der Kraftstoffversorgung/-Einspritzanlage sind die folgenden »5 Regeln zur Sauberkeit« sorgfältig zu beachten:

■ Verbindungsstellen und deren Umgebung vor dem Lösen gründlich reinigen.

■ Ausgebaute Teile auf einer sauberen Unterlage ablegen und abdecken. Keine fasernden Lappen benutzen.

■ Geöffnete Bauteile sorgfältig abdecken bzw. verschließen, wenn die Reparatur nicht umgehend ausgeführt wird.

■ Nur saubere Teile einbauen: Ersatzteile erst unmittelbar vor dem Einbau aus der Verpackung nehmen. Keine Teile verwenden, die unverpackt (z. B. im Regal oder in Werkzeugkästen) aufgehoben wurden.

■ Bei geöffneter Anlage: Möglichst nicht mit Druckluft arbeiten. Das Fahrzeug möglichst nicht bewegen.

Für die in diesem Kapitel zu erläuternden Reparaturen bildet die folgende Montageübersicht »Kraftstoffbehälter mit Anbauteilen « (Bild 1), die prinzipiell für alle Benzinmotoren des Fabia 2010 steht, eine erste anschauliche Anleitung. Sofern nicht besonders vermerkt, gelten auch die Reparatur- Anleitungen in diesem Kapitel für alle Benzinmotoren.

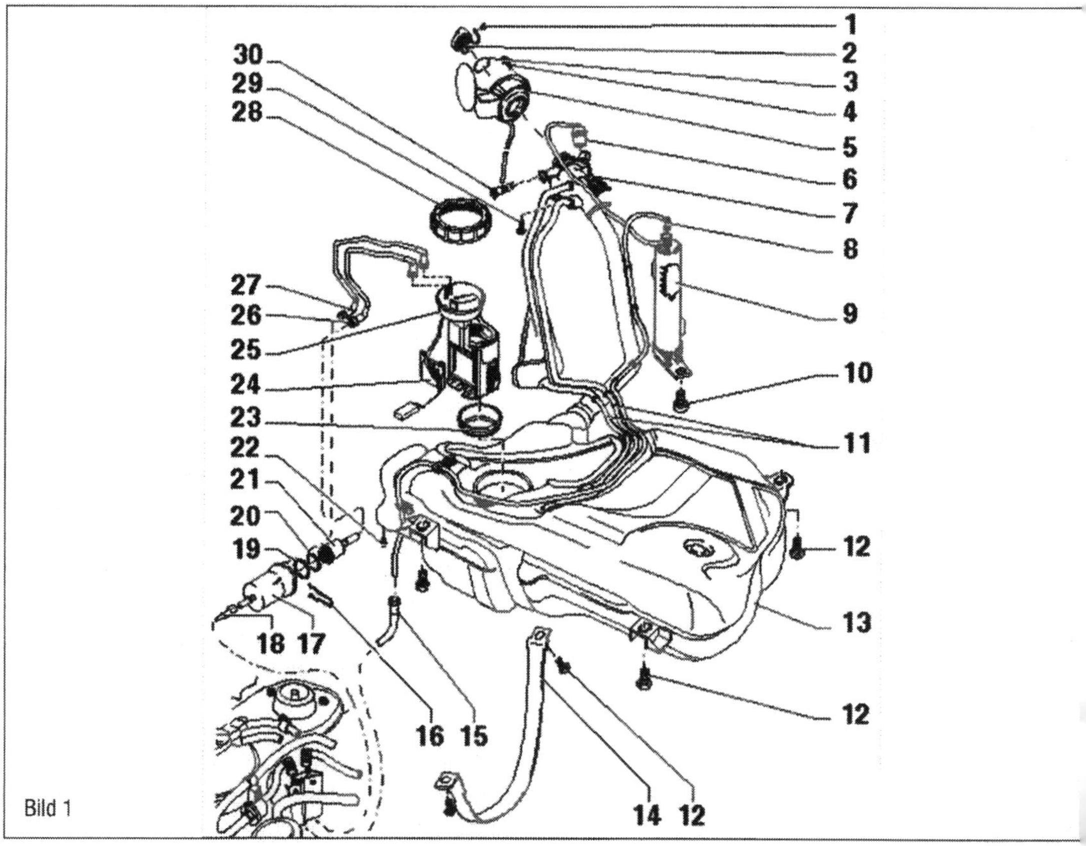

Bild 1

Montageübersicht »Kraftstoffbehälter mit Anbauteilen«.

(1) Halteclip.
(2) Verschlussdeckel.
(3) Dichtring (bei Beschädigung ersetzen).
(4) Befestigungsschraube Tankklappeneinheit (1,5 Nm).
(5) Tankklappeneinheit mit Gummitopf.
(6) Schwerkraftventil. Zum Ausbau Ventil nach oben aus dem Stutzen herausclipsen.
(7) Masseverbindung.
(8) Entlüftungsleitung.
(9) Aktivkohlebehälter. Einbauort: im Radhaus hinten rechts.
(10) Befestigungsschraube Aktivkohlebehälter (10 Nm).
(11) Entlüftungsleitung, am Kraftstoffbehälter eingeclipst.
(12) Befestigungsschrauben Kraftstoffbehälter (25 Nm).
(13) Kraftstoffbehälter. Beim Ausbau mit Motor- und Getriebeheber abfangen. Wurde der Kraftstoffbehälter ersetzt, muss das Kraftstoffsystem entlüftet werden.
(14) Spannband.
(15) Entlüftungsleitung.
(16) Halteklammer.
(17) Kraftstofffilter mit Druckregler. Einbaulage: Pfeil zeigt in Durchflussrichtung. Wurde der Kraftstofffilter ersetzt, muss das Kraftstoffsystem entlüftet werden.
(18) Vorlaufleitung (schwarz) zum Kraftstoffverteiler.
(19) Dichtring (bei Beschädigung ersetzen).
(20) O-Ring (ersetzen).
(21) Kraftstoffdruckregler im Kraftstofffilter integriert; Druckangaben auf dem Druckregler beachten!
(22) Schraube für Klemmschelle für Kraftstofffilter (5 Nm).
(23) Dichtring (bei Beschädigung ersetzen). Zur Montage trocken in die Öffnung des Kraftstoffbehälters einsetzen. Nur zur Montage des Flansches mit Kraftstoff benetzen.
(24) Geber für Kraftstoffvorratsanzeige G.
(25) Kraftstofffördereinheit. Einbaulage am Kraftstoffbehälter beachten!
(26) Rücklaufleitung (blau), seitlich am Kraftstoffbehälter eingeclipst.
(27) Vorlaufleitung (schwarz), seitlich am Kraftstoffbehälter eingeclipst.
(28) Überwurfmutter Kraftstofffördereinheit (80 Nm).
(29) Schraube (10 Nm).
(30) Entlüftungsventil. Zum Ausbau Sperrriegel leicht nach innen drücken und Ventil herausziehen.

Kraftstoffbehälter entleeren

Benötigte Werkzeuge und Materialien:
- Kraftstoffabsauggerät (z. B. VAS 5190)
- Adapter für Kraftstoffabsaugung
- Fahrzeugdiagnosetester
- Schlüssel für Überwurfmutter (3217)
- Drehmomentschlüssel 40 -200 Nm (V.A.G 1332)

Arbeitsablauf bei nicht intakter Kraftstoffpumpe und bei mehr als 3/4 gefülltem Kraftstoffbehälter

■ Masseleitung des Kraftstoffabsauggeräts an einer blanken Stelle der Karosserie befestigen.

■ Kegelstück (2) vom Schaftstück (1) des Kraftstoffabsauggeräts abziehen und im Abstand (a) = 1180 mm vom Ende des Absaugschlauchs mit Isolierband eine Markierung (Pfeil) auf den Schlauch kleben (Bild 2).

■ Verschlussdeckel vom Kraftstoff-Einfüllstutzen abnehmen und das Schaftstück (1) des Kraftstoffabsauggeräts auf den Einfüllstutzen des Kraftstoffbehälters schrauben. Dann den Absaugschlauch vorsichtig nur so weit in den Kraftstoffbehälter schieben, bis die zuvor angebrachte Markierung (Pfeil) am Schaftstück steht, ansonsten besteht Gefahr der Beschädigung des Kugelventils am unteren Ende des Einfüllstutzens (Bild 3).

■ Kraftstoffbehälter durch den Einfüllstutzen so weit wie möglich entleeren. Wenn kein Kraftstoff mehr abgesaugt wird, ist der Kraftstoffbehälter nur so weit entleert, dass der Geberflansch gefahrlos geöffnet werden kann. Mit diesem Rest an Kraftstoff kann der Behälter ausgebaut werden.

■ Absaugschlauch vorsichtig herausziehen. Müssen an der Kraftstoffpumpe bzw. am Geber Arbeiten durchgeführt werden, ist wie folgt vorzugehen:

Arbeitsablauf bei nicht intakter Kraftstoffpumpe und bei weniger als 3/4 gefülltem Kraftstoffbehälter

■ Rücksitzbank nach vorn klappen und Abdeckung von der Kraftstofffördereinheit ausbauen.

■ Anschlussstecker und die Kraftstoffleitungen vom Flansch abziehen (siehe dazu »Kraftstofffördereinheit aus- und einbauen«).

■ Verschlussring mit Schlüssel für Überwurfmutter öffnen und die Kraftstofffördereinheit anheben.

■ Saugschlauch des Kraftstoffabsauggeräts so tief wie möglich in den Kraftstoffbehälter stecken und den Kraftstoff absaugen.

■ Wenn der Kraftstoffbehälter nur entleert werden soll, Kraftstofffördereinheit wieder einbauen.

Kraftstofffördereinheit aus- und einbauen

Soll die Kraftstofffördereinheit getauscht werden, ist zuvor die Kraftstoffpumpe zu prüfen (Funktion und Spannungsversorgung, Kraftstoffdruck und Haltedruck sowie Kraftstofffördermenge, Stromaufnahme). Damit soll u. a. auch ein Fehltausch der Kraftstofffördereinheit vermieden werden. Diese komplexen Prüfungsarbeiten erfordern aber eine Reihe von Prüf- und Messgeräten wie Druckmessgerät (V.A. G 1318) mit verschiedenen Adaptern, Mengenvergleichsmessgerät (V.A.G 1348) und natürlich Fahrzeugdiagnosetester, die in der heimischen Garage und selbst in einer Mietwerkstatt in der Regel nicht vorhanden sind. Wir empfehlen deshalb, dazu eine Fachwerkstatt aufzusuchen. Für den Ausbau der Kraftstofffördereinheit werden ein Schlüssel für Überwurfmutter (3217) und ein Drehmomentschlüssel 40 bis 200 Nm (V.A.G 1332) benötigt.

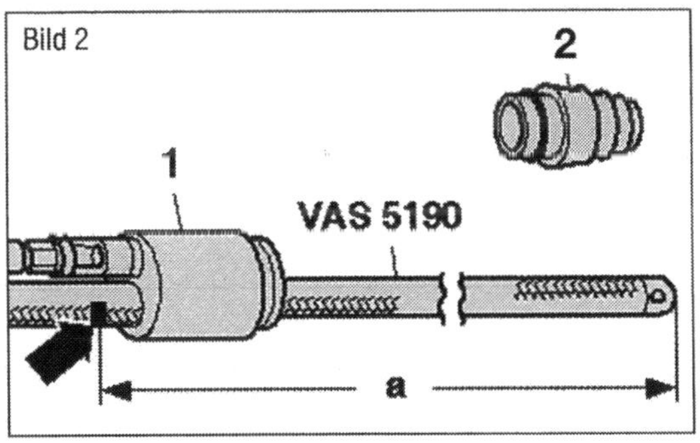

Bild 2
Schaftstück (1) des Kraftstoffabsauggeräts markieren (Pfeil).
(2) Kegelstück.
(a) = 1.180 mm.

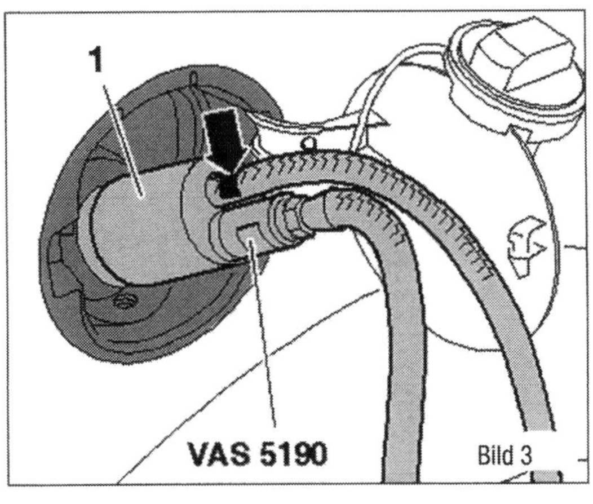

Bild 3
Schaftstück (1) auf den Einfüllstutzen schrauben.
Pfeil = Markierung auf dem Ansaugschlauch.

Sichtprüfung Messen

Ausbau

- Bei ausgeschalteter Zündung das Masseband der Batterie abklemmen (siehe Kapitel 14).
- Rücksitzbank nach vorn klappen und Abdeckung der Kraftstofffördereinheit ausbauen.
- Anschlussstecker (1) sowie Kraftstoffvor- und -rücklaufleitung vom Flansch abziehen (Bild 4). Zum Entriegeln der Kraftstoffleitungen den Sicherungsring eindrücken.
- Überwurfmutter mit Schlüssel für Überwurfmutter abschrauben und Kraftstofffördereinheit und Dichtring aus der Öffnung des Kraftstoffbehälters ziehen (Bild 5).

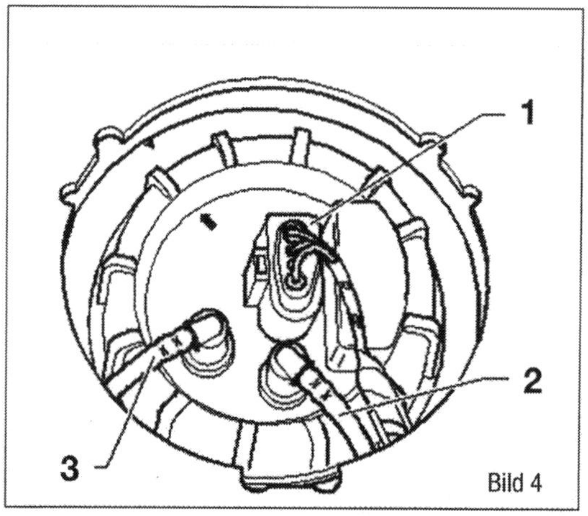

Bild 4

Bild 4
Kraftstoffleitungen (2 und 3) und Anschlussstecker (1) vom Flansch der Kraftstofffördereinheit abbauen.

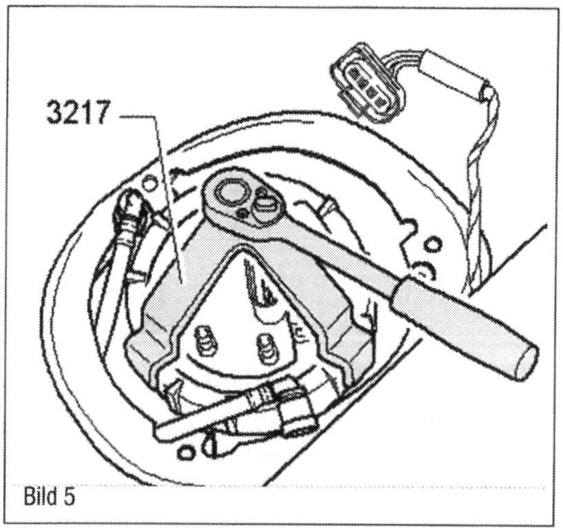

Bild 5

Bild 5
Überwurfmutter der Kraftstofffördereinheit abschrauben.

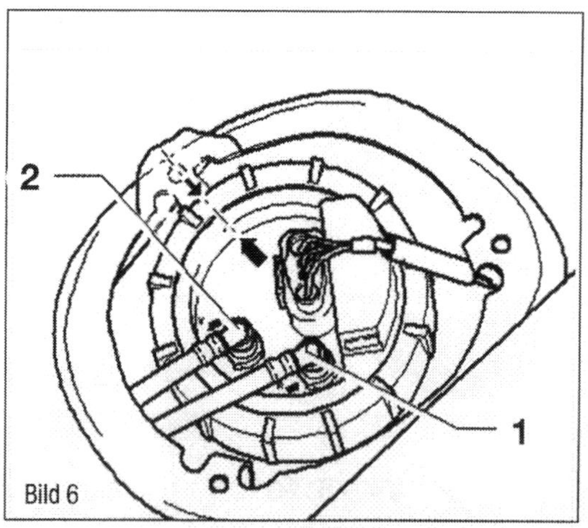

Bild 6

Bild 6
Einbaulage des Flansches der Kraftstofffördereinheit. (1) und (2) Kraftstoffleitungen.

Einbau

Der Einbau der Kraftstofffördereinheit erfolgt sinngemäß in umgekehrter Ausbaureihenfolge. Dabei ist Folgendes zu beachten:

- Geber für Kraftstoffvorrat beim Einbau nicht verbiegen.
- Dichtring des Flansches bzw. der Kraftstofffördereinheit trocken in die Öffnung des Kraftstoffbehälters einsetzen. Dichtring nur zur Montage des Flansches bzw. der Kraftstofffördereinheit mit Kraftstoff benetzen.
- Auf festen Sitz der Kraftstoffschläuche achten.
- Vor- und Rücklaufleitung nicht vertauschen.
- Nach dem Einbau der Kraftstofffördereinheit prüfen, ob die Vorlauf-, Rücklauf- und Entlüftungsleitungen noch am Kraftstoffbehälter eingeclipst sind.
- Einbaulage des Flansches der Kraftstofffördereinheit beachten: Markierung auf dem Flansch muss mit Markierung auf dem Kraftstoffbehälter übereinstimmen (Pfeile im Bild 6).
- Anzugsdrehmoment der Überwurfmutter = 80 Nm.

Geber für Kraftstoffvorratsanzeige aus- und einbauen

Ausbau

- Kraftstofffördereinheit ausbauen.
- Steckerzungen der Leitungen (3) und (4) entriegeln und abziehen. Dann Haltelaschen (1) und (2) mit Schraubendreher anheben und Geber für Kraftstoffvorratsanzeige nach unten abziehen (Pfeil Bild 7).

Einbau

- Geber für Kraftstoffvorratsanzeige in den Führungen an der Kraftstofffördereinheit einsetzen und bis zum Einrasten nach oben drücken. Leitungen anschließen.
- Kraftstofffördereinheit einbauen.

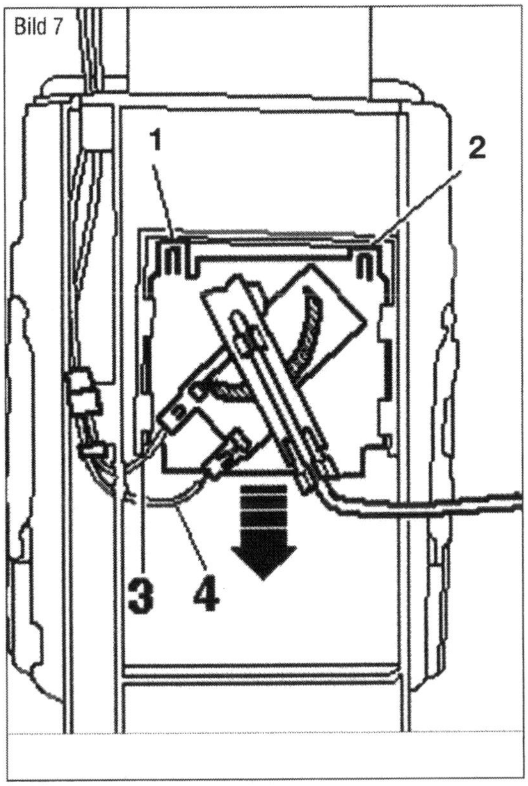

Bild 7
Geber für Kraftstoffvorratsanzeige ausbauen.
(1) und (2) Haltelaschen.
(3) und (4) Leitungen.

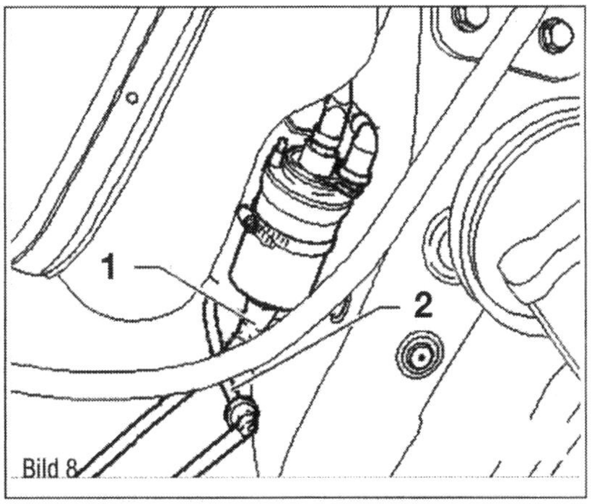

Bild 8
Vorlaufleitung (1, schwarz) und Entlüftungsleitung (2, weiß) an der Verbindungsstelle trennen.

Kraftstoffbehälter aus- und einbauen

Der Ausbau des Kraftstoffbehälters setzt den Ausbau der Hinterachse voraus. Daher empfehlen wir, die Reparatur einer Fachwerkstatt zu überlassen.
Es werden ein Motor- und Getriebeheber (V.A.G 1383 A) und ein Drehmomentschlüssel (V.A.G 1331) benötigt.

Ausbau

- Bei ausgeschalteter Zündung das Masseband der Batterie abklemmen.
- Befestigungsschraube für Tankklappeneinheit herausschrauben und Tankklappeneinheit ausbauen.
- Kraftstoffbehälter entleeren und Umfeld am Kraftstoff-Einfüllrohr reinigen.
- Rücksitzbank nach vorn klappen, Abdeckung von der Kraftstofffördereinheit ausbauen und 4-poligen Stecker vom Flansch abziehen.
- Das rechte Hinterrad abschrauben und Radhausschale hinten rechts ausbauen (siehe Kapitel 11).
- Aktivkohlebehälter abschrauben.
- Einfüllstutzen am Aufbau abschrauben (siehe Bild 1).
- Alle Halterungen für die Abgasanlage hinten vom Aufbau abschrauben. Die Abgasanlage muss danach etwas abgesenkt mit Draht am Aufbau aufgehängt werden (siehe Kapitel 9).
- Hinterachse ausbauen (siehe Kapitel 11).
- Vorlaufleitung (1, schwarz) und Entlüftungsleitung (2, weiß) an der Verbindungsstelle trennen (Bild 8).
- Spannband und Befestigungsschrauben abschrauben (siehe Bild 1, Pos. 14 und 12). Dabei Kraftstoffbehälter mit Motor- und Getriebeheber abfangen. Kraftstoffbehälter absenken.

Einbau

Der Einbau erfolgt sinngemäß in umgekehrter Ausbaureihenfolge. Dabei ist Folgendes zu beachten:

- Entlüftungs- und Kraftstoffschläuche knickfrei verlegen. Auf festen Sitz der Kraftstoffschläuche achten. Vorlaufleitung und Rücklaufleitung nicht vertauschen (Rücklaufleitung blau bzw. mit blauer Markierung, Vorlaufleitung schwarz).
- Nach dem Einbau des Kraftstoffbehälters prüfen, ob die Vorlauf-, Rücklauf- und Entlüftungsleitungen noch am Kraftstoffbehälter eingeclipst sind.
- 1,2 MPI/1,4 MPI: Wurde der Kraftstoffbehälter ersetzt, muss das Kraftstoffsystem entlüftet werden. Da zum Entlüften einige Spezialgeräte benötigt werden (z. B. Fernbedienung zu V.A.G 1348, Dieselsauger VAS 5226 sowie Adapterleitungen und Adapter), die in der Regel in keiner heimischen Garage und wohl auch nicht in Mietwerkstätten vorhanden sein dürften, sollte die Fachwerkstatt, zumindest aber eine Mietwerkstatt mit Werkzeug und Hilfe aufgesucht werden.

Bild 9
Montageübersicht »Aktivkohlebehälter«.
1 Entlüftungsleitung.
2 Druckhalteventil mit Verbindungsschlauch vom Schwerkraftventil am Kraftstoffbehälter.
3 Belüftungsanschluss, von unten sichtbar.
4 Befestigungsschraube Aktivkohlebehälter (10 Nm).
5 Drosselklappensteuereinheit J338 mit Ansaugstutzen.
6 Magnetventil 1 für Aktivkohlebehälter N80. Ventil bei ausgeschalteter Zündung geschlossen, wird vom Motorsteuergerät J623 bei warmem Motor angesteuert (getaktet).
7 Stecker Magnetventil.
8 Aktivkohlebehälter.

Kraftstoffbehälter-Entlüftung prüfen

Benötigtes Werkzeug:
– Handvakuumpumpe (VAS 6213)
Zum besseren Verständnis des Arbeitsablaufs zeigen wir zuerst eine Montageübersicht »Aktivkohlebehälter« (Bild 9). Der Aktivkohlebehälter sitzt im Radhaus hinten rechts.

Prüfbedingung:
Die Zündung muss ausgeschaltet sein.

Prüfablauf:
■ Zuerst den Entlüftungsschlauch (1) vom Aktivkohlebehälter am Magnetventil 1 für Aktivkohlebehälter N80 (2) abziehen. Danach die Handvakuumpumpe wie gezeigt an den Schlauch (1) anschließen.
■ Handvakuumpumpe mehrmals betätigen. Es darf sich kein Unterdruck aufbauen.
Baut sich Unterdruck auf:
■ Belüftungsöffnung (3) unten am Aktivkohlebehälter (4) auf Verschmutzung prüfen, ggf. reinigen.

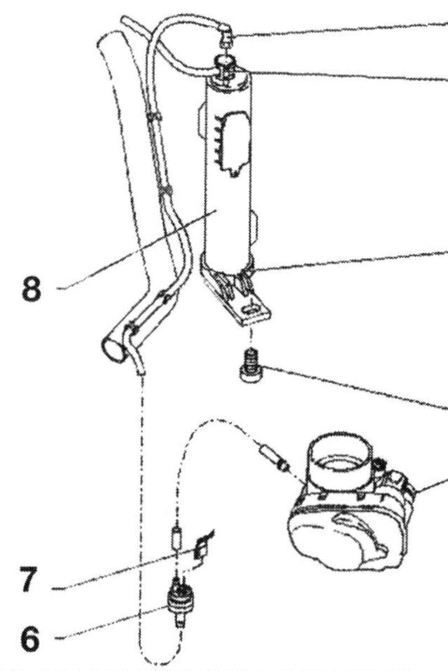

Bild 9

Bild 10
Kraftstoffbehälter-Entlüftung prüfen.
1 Entlüftungsschlauch des Aktivkohlebehälters.
2 Magnetventil 1 für Aktivkohlebehälter.
3 Belüftungsöffnung unten am Aktivkohlebehälter.
4 Aktivkohlebehälter.
VAS 6213 = Handvakuumpumpe.

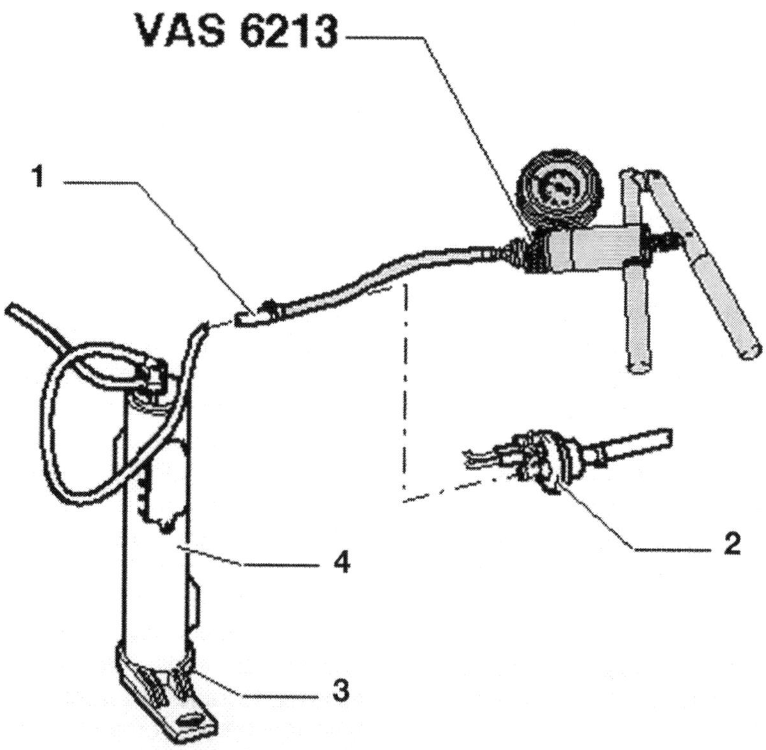

Bild 10

8 Kraftstoffaufbereitung und Einspritzung

Ottomotoren

Die Gemischaufbereitung/Einspritzung/-Zündung wird durch elektronisch gesteuerte Einspritzsysteme geregelt: bei den Fabiamotoren durch SIMOS 9.1 SRE (1,2 MPI), Magneti Marelli 4HV SRE (1,4 MPI), SIMOS 10.1 TSI Turbocharger (1,2 TSI), Motronic MED 17 TSI Twincharger (1,4 TSI). Die MPI-Motoren haben eine indirekte elektronische Einzeleinspritzung, die TSI-Motoren eine direkte Benzineinspritzung mit Aufladung über Abgasturbolader. Der 1,4 TSI hat zusätzlich einen Kompressor. Die elektronische Zündung ohne Verteiler hat eine Zündfolge von 1-3-4-2 (4-Zylinder) bzw. 1-3-2 (3-Zylinder). An den elektronisch gesteuerten Einspritzsystemen kann man nur selbst Hand anlegen, wenn man über den bereits mehrfach erwähnten Diagnosetester verfügt. Das Steuergerät kann zwar viele Fehler an elektrischen Teilen der Einspritz- und Zündanlage per Selbstdiagnose erkennen und sie in einem Datenspeicher ablegen. Dabei wird auch eine Entscheidung getroffen, ob es sich um permanente Fehler oder um sporadische Mängel handelt. Zum Abfragen des Fehlerspeichers aber wird das Diagnosegerät benötigt. Škoda-Werkstätten verwenden das erwähnte VAS 5051, aber mit geeigneter Software und gewisser Kenntnis der Funktions- und Vorgehensweise sind auch andere Werkstattsysteme geeignet, wie sie in vielen Mietwerkstätten vorhanden sind. Wir haben beispielsweise schon das System »VCDS« verwendet und beschrieben (siehe Band 1305 unserer Reihe, die Reparaturanleitung für den VW Caddy Life), das aus den USA kommt und von einigen Händlern in Deutschland vertrieben wird. Es ist absehbar, dass sich dieser hochwertige Tester in freien Werkstätten verbreitet; die Firma PCI Tuning will auf Internetseiten Fehlerbeschreibungen und das Vorgehen mit dem VCDS anbieten. Aber es gibt auch eine Reihe von Arbeiten im Bereich der Einspritz- und Zündanlage sowie der Aufladung, die man ohne Tester mit Übung und Erfahrung, unter Einsatz bestimmter Spezialwerkzeuge und am besten auch mit fachkundiger Beratung in einer Mietwerkstatt ausführen kann.

⚠ Bei allen Arbeiten am Kraftstoffsystem sind bestimmte Sicherheitsmaßnahmen und Sauberkeitsregeln, spezielle Sicherheitsmaßnahmen zum Druckabbau im Hochdruckteil des Kraftstoffsystems (siehe Kapitel 7), allgemeine Hinweise zur Einspritzung sowie spezielle Sicherheitsmaßnahmen bei Arbeiten an der Einspritz- und Zündanlage zu beachten.

Allgemeine Hinweise zur Einspritzung

■ Das Ab- und Anklemmen der Batterie darf nur bei ausgeschalteter Zündung erfolgen, da sonst das Motorsteuergerät beschädigt werden kann.

■ Das Motorsteuergerät J623 ist mit Eigendiagnose ausgestattet. Vor Reparaturen sowie zur Fehlersuche ist als Erstes der Fehlerspeicher abzufragen. Ebenso sind die Unterdruckschläuche und Anschlüsse zu prüfen (Falschluft).

■ Kraftstoffschläuche im Motorraum dürfen nur mit Federbandschellen gesichert werden. Die Verwendung von Klemm- oder Schraubschellen ist nicht zulässig.

■ Zur einwandfreien Funktion der elektrischen Bauteile ist eine Spannung von mindestens 11,5 V erforderlich.

■ Keine silikonhaltigen Dichtmittel verwenden. Vom Motor angesaugte Spuren von Silikonbestandteilen werden im Motor nicht verbrannt und schädigen die Lambdasonde.

■ Die Fahrzeuge verfügen über eine Crash-Kraftstoffabschaltung. Sie soll die Gefahr eines Fahrzeugbrandes nach einem Crash reduzieren, indem die Kraftstoffpumpe durch das Kraftstoffpumpenrelais abgeschaltet wird. Gleichzeitig wird mit dieser Einrichtung auch eine Komfortverbesserung des Startverhaltens beim Motor erreicht. Beim Öffnen der Tür wird die Kraftstoffpumpe 2 Sekunden lang angesteuert, damit sich im Kraftstoffsystem Druck aufbaut.

Spezielle Sicherheitsmaßnahmen bei Arbeiten an der Einspritz- und Zündanlage

⚠ Um Verletzung von Personen und/oder eine Zerstörung der Einspritz- und Zündanlage zu vermeiden, ist Folgendes zu beachten:

- Das Kraftstoffsystem steht unter Druck. Schutzbrille und Schutzbekleidung tragen, um Verletzungen und Hautkontakt zu vermeiden.
- Vor dem Lösen von Schlauchverbindungen einen sauberen Putzlappen um die Verbindungsstelle legen. Dann durch vorsichtiges Abziehen der Leitung Druck abbauen.
- Aus Sicherheitsgründen muss vor dem Öffnen des Kraftstoffsystems die Sicherung für die Kraftstoffpumpe (1,2 MPI/1,4 MPI) bzw. die Sicherung 27 (1,4 TSI) aus dem Sicherungshalter links unter der Schalttafel entfernt werden, da die Kraftstoffpumpe durch den Türkontaktschalter der Fahrertür aktiviert werden kann (siehe Kapitel 15). Beim 1,2 TSI ist die Sicherung für das Steuergerät der Kraftstoffpumpe J536 aus dem Sicherungshalter zu entfernen.
- Zündleitungen bei laufendem Motor bzw. bei Anlassdrehzahl nicht berühren bzw. abziehen.
- Leitungen der Einspritz- und Zündanlage, auch Messgeräteleitungen, nur bei ausgeschalteter Zündung ab- und anklemmen.

⚠ Wenn der Motor mit Anlassdrehzahl betrieben werden soll, ohne dass er anspringt:
Hierbei können Fehlereinträge im Motorsteuergerät gesetzt werden, welche anschließend unbedingt wieder gelöscht werden sollten.

1,2 MPI/1,4 MPI:

- Alle 4-fach-Stecker von den Zündspulen abziehen.
- Die Stecker der Einspritzventile abziehen.
- Die Sicherung für die Einspritzventile aus dem Sicherungshalter entfernen (siehe Kapitel 15).

1,2 TSI:

- Die Sicherung für Steuergerät für Kraftstoffpumpe J538 aus dem Sicherungshalter entfernen (siehe Kapitel 15).
- Alle Zündkerzenstecker mit dem Abzieher T10112 A von den Zündkerzen abziehen.

⚠ Ist bei Probefahrten der Einsatz von Prüf- und Messgeräten erforderlich, ist Folgendes zu beachten:

- Die Prüf- und Messgeräte sind immer auf dem Rücksitz zu befestigen und durch eine zweite Person auch von dort zu bedienen. Wenn die Prüf- und Messgeräte vom Beifahrersitz aus bedient werden, könnte es bei einem Unfall durch das Auslösen des Beifahrer-Airbags zu Verletzungen der dort sitzenden Person kommen.

Das hochsensible Kraftstoffsystem wird elektronisch gesteuert. Reparaturen am System und seinen Bauteilen erfordern deshalb – wie eingangs erläutert – die strikte Beachtung zahlreicher Sicherheitsmaßnahmen und Sauberkeitsregeln sowie den Einsatz von Spezialwerkzeugen und Prüfgeräten. Bauteile des Kraftstoffhochdrucksystems sind mit einem Fahrzeugdiagnosetester in den »Geführten Funktionen« zu prüfen. Nach Beendigung der meisten Prüfungen und Reparaturen am Kraftstoffsystem sind zudem der Fehlerspeicher des Steuergeräts der Einspritzanlage mit einem Fahrzeugdiagnosetester abzufragen und gespeicherte Fehler ggf. zu löschen. Wir verzichten hier auf Anleitungen für besonders sensible Prüfungen und Reparaturen, wie »Drosselklappensteuereinheit reinigen« (wird erforderlich, wenn ein neues Motorsteuergerät eingebaut und damit die Drosselklappensteuereinheit angepasst werden muss), »Kraftstoffdruckgeber prüfen« (Prüfgerät für Drucksensor VAS 6394 erforderlich) oder »Einspritzventile auf Dichtigkeit und Einspritzmenge prüfen« (mehrere spezielle Prüf- und Messgeräte erforderlich). Diese Arbeiten gehören unseres Erachtens in eine Fachwerkstatt.
Wir präsentieren im Folgenden aber einige Montageübersichten, um Einblicke in das System und das Zusammenspiel der einzelnen Bauteile zu vermitteln. Daraus leiten wir dann einige Reparaturhinweise ab. Die Montageübersichten sollen auch dazu dienen, Zusammenhänge und Querverbindungen zu einigen in anderen Kapiteln dieses Buches dargelegten Reparaturanleitungen herzustellen.

Montageübersichten (Bild 1 bis 3) und Reparaturanleitung »Luftfilter aus- und einbauen« für den 1,2 MPI-Motor

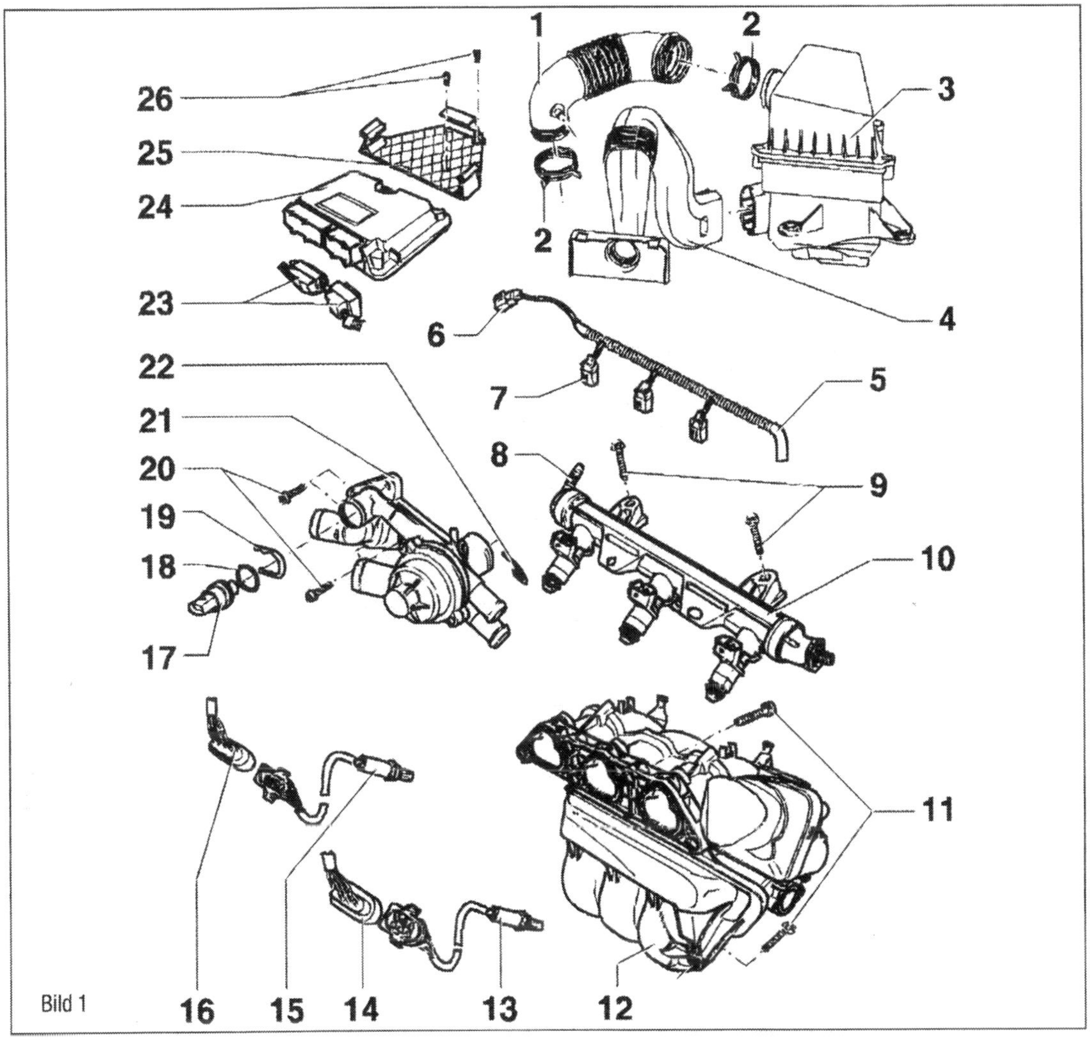

Bild 1

Bild 1
Montageübersicht »Teile der Einspritzung« 1,2 MPI.
Die Montageübersicht des 1,4 MPI-Vierzylinders zeigt eine nahezu deckungsgleiche Anordnung.

1 Ansaugschlauch.
2 Schelle.
3 Luftfilter.
4 Ansaugschlauch zur Drosselklappensteuereinheit J338.
5 Leitungsführung.
6 Stecker (schwarz, 2-polig) für Motordrehzahlgeber G28. Einbauort des Motordrehzahlgebers am Zylinderblock unterhalb des Saugrohres.
7 Stecker (schwarz, 2-polig) für Einspritzventile (Einspritzventil für Zylinder 1 = N30, etc. N31 bis N32).
8 Anschlussstutzen für Kraftstoffvorlaufschlauch.
9 Befestigungsschrauben für Kraftstoffverteiler (10 Nm).
10 Kraftstoffverteiler mit Einspritzventilen (siehe auch Bild 3).
11 Schrauben Saugrohr (20 Nm).
12 Saugrohr (siehe auch Bild 2).
13 Lambdasonde G39 (50 Nm). Das Gewinde mit G 052 112 A3 fetten, es darf jedoch kein Fett an die Schlitze des Sondenkörpers kommen. Aus- und einbauen mit Ringschlüsselsatz für Lambdasonde (3337).
14 6-fach-Steckverbindung (schwarz) für Lambdasonde G39. Kontakte 3 und 4 der Steckverbindung vergoldet.
15 Lambdasonde nach Katalysator G130 (50 Nm). Das Gewinde mit G 052 112 A3 fetten, das Fett darf aber keinesfalls an die Schlitze des Sondenkörpers kommen. Aus- und einbauen mit Ringschlüsselsatz für Lambdasonde (3337).
16 4-fach-Steckverbindung (schwarz) für Lambdasonde nach Katalysator G130.
17 Kühlmitteltemperaturgeber G62 (grün). Vor Ausbau ggf. Druck vom Kühlsystem abbauen.
18 O-Ring (bei Beschädigung ersetzen).
19 Halteklammer.
20 Schrauben Kühlmittelreglergehäuse (10 Nm).
21 Kühlmittelreglergehäuse.
22 Halteklammer.
23 Stecker für Motorsteuergerät J623. Stecker bei ausgeschalteter Zündung abziehen oder aufstecken.
24 Motorsteuergerät J623. Bei Ersatz muss das Motorsteuergerät an die elektronische Wegfahrsicherung angepasst werden (Fahrzeugdiagnosegerät »Geführte Funktionen«).
25 Halterahmen für Motorsteuergerät.
26 Schrauben Halterahmen (5 Nm).

Bild 2
Montageübersicht »Saugrohr« 1,2 MPI.
Die Montageübersicht des 1,4 MPI-Vierzylinders zeigt eine nahezu deckungsgleiche Anordnung.

1 Saugrohr.
2 Schrauben Saugrohr (20 Nm).
3 Drosselklappensteuereinheit J338 (6-poliger Stecker, Kontakte vergoldet, kühlmittelbeheizt). Bei Ersatz Motorsteuergerät J623 an die Drosselklappensteuereinheit anpassen (Fahrzeugdiagnosegerät »Geführte Funktionen«).
4 Schrauben Drosselklappensteuereinheit an Saugrohr (10 Nm).
5 Dichtring (bei Beschädigung ersetzen).
6 Dichtringe (bei Beschädigung ersetzen).
7 O-Ring (bei Beschädigung ersetzen).
8 Saugrohrdruckgeber G71 mit Ansauglufttemperaturgeber G42 (4-poliger Stecker, Kontakte vergoldet).
9 Schrauben Saugdruckgeber an Saugrohr (3 Nm).

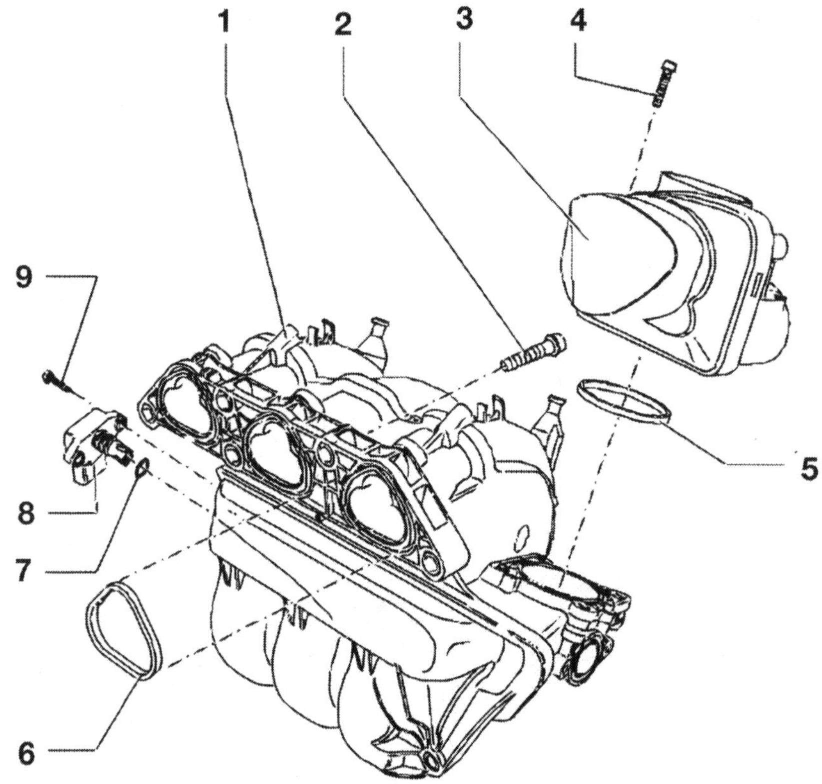

Bild 2

Bild 3
Montageübersicht »Kraftstoffverteiler mit Einspritzventilen« 1,2 MPI.
Die Montageübersicht des 1,4 MPI-Vierzylinders zeigt eine nahezu deckungsgleiche Anordnung.

1 Entlüftungsstutzen.
2 Kraftstoffverteiler mit Einspritzventilen.
3 O-Ringe (ersetzen). Vor dem Einbau leicht mit sauberem Motoröl benetzen.
4 Einspritzventil für Zylinder 1 N30 (etc. N31 und N32).
5 Halteklammer, auf richtigen Sitz am Einspritzventil und Kraftstoffverteiler achten.
6 Vorlaufleitung (schwarz mit weißer Markierung) vom Kraftstofffilter. Mit Federbandschellen sichern.
7 Befestigungsschrauben Kraftstoffverteiler (10 Nm).

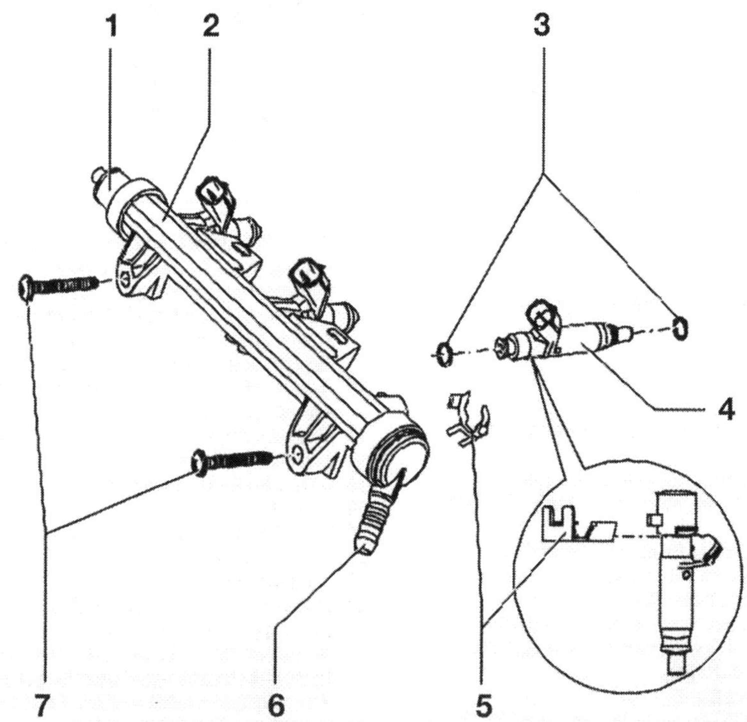

Bild 3

Luftfilter 1,2 MPI aus und einbauen

Benötigte Werkzeuge:
- Schlauchklemmenzange (VAS 6340)

Das Zusammenspiel der einzelnen Bauteile des Luftfilters wird mit der Montageübersicht (Bild 4) verdeutlicht.

Ausbau

■ Ansaugschlauch (10 in Bild 4) vom Ansaugluftstutzen abziehen.
■ Federbandschelle (2 in Bild 4) mit der Schlauchklemmenzange lösen und den Ansaugschlauch vom Luftfiltergehäuse abziehen.
■ Befestigungsschraube (6 in Bild 4) ausbauen und das Luftfiltergehäuse von der Gummilagerung (9 in Bild 4) nach oben herausziehen.

Einbau

■ Luftfiltergehäuse mit der Gummilagerung auf den Bolzen aufsetzen und nach unten auf den Bolzen drücken.
■ Befestigungsschraube (6 in Bild 4) mit 8 Nm festziehen.
■ Ansaugschlauch mit der Federbandschelle am Luftfiltergehäuse befestigen.
■ Ansaugschlauch in den Ansaugstutzen drücken.

Luftfiltereinsatz 1,2 MPI ersetzen

■ Schrauben (4 in Bild 4) lösen und Luftfilterdeckel abnehmen.
■ Luftfiltereinsatz (5 in Bild 4) herausnehmen und Gehäuse säubern.
■ Neuen Luftfiltereinsatz einsetzen, Luftfilterdeckel aufsetzen und Schrauben mit 2 Nm festziehen.

⚠ Für die Befestigung des Luftfilteroberteils auf dem Unterteil werden serienmäßig selbstschneidende Schrauben verwendet. Werden diese mit einem Akkuschrauber gelöst oder angezogen, kann das Gewinde im Saugrohr oder im Luftfilterunterteil beschädigt werden. Aus diesem Grund ist die Benutzung eines Akkuschraubers nur dann gestattet, wenn die Schrauberdrehzahl max. 200/min beträgt und ein Anzugsdrehmoment von max. 1,6 Nm eingestellt wird.

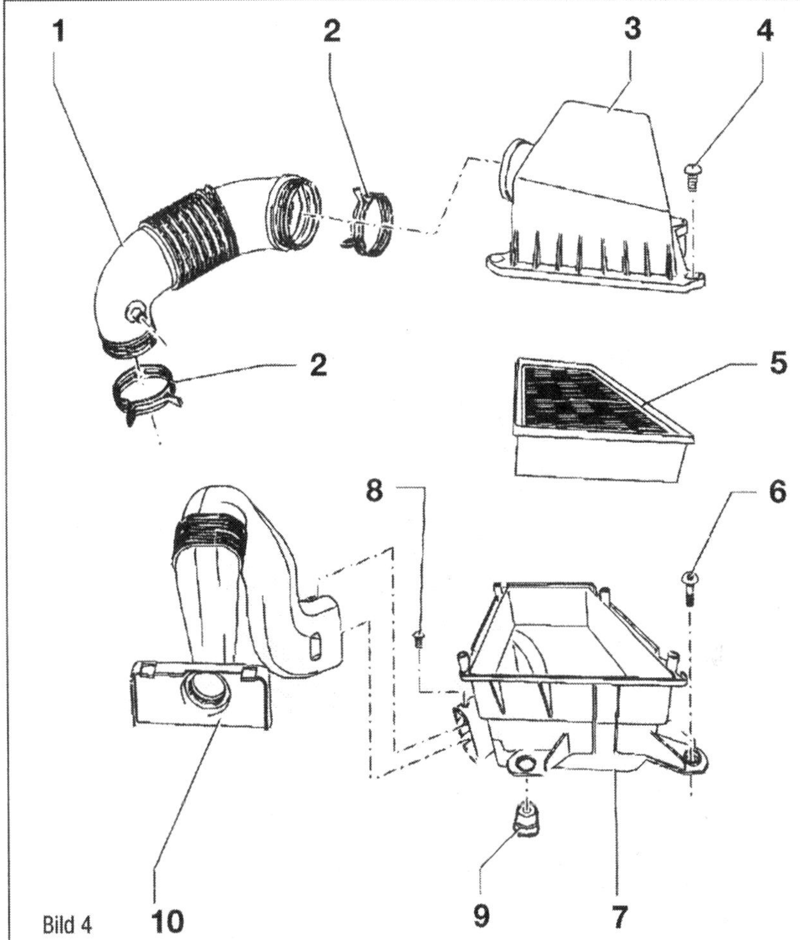

Bild 4

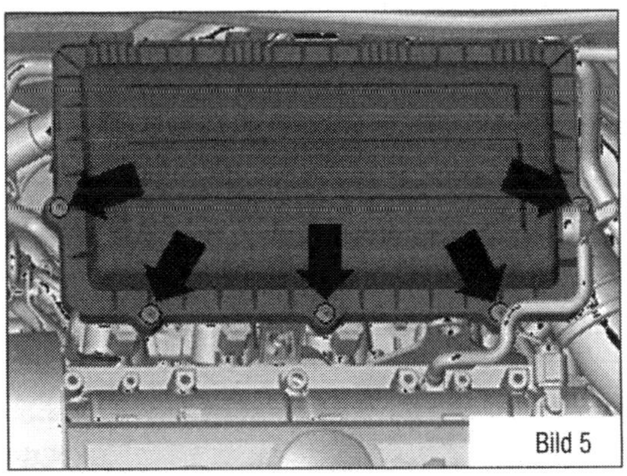

Bild 5

Bild 4
Montageübersicht »Luftfilter« 1,2 MPI.
1 Ansaugschlauch zur Drosselklappensteuereinheit J338.
2 Federbandschellen.
3 Luftfilteroberteil.
4 Schrauben Luftfilteroberteil an Luftfilterunterteil (2 Nm).
5 Luftfiltereinsatz.
6 Befestigungsschraube Luftfilter (8 Nm).
7 Luftfilterunterteil.
8 Schraube Ansaugschlauch an Luftfilterunterteil (4 Nm).
9 Gummilager.
10 Ansaugschlauch mit Ansaugstutzen.

Bild 5
1,4 MPI: Luftfiltereinsatz ersetzen.
Pfeile = Schrauben Luftfiltergehäuse-Oberteil an Luftfiltergehäuse-Unterteil.

Luftfiltereinsatz 1,4 MPI ersetzen

■ Schrauben des Luftfilterkasten-Oberteils lösen (Pfeile) und nach oben klappen, um den Filtereinsatz zu entnehmen (Bild 5).
■ Luftfilteroberteil abnehmen, Filtereinsatz herausnehmen und Luftfiltergehäuse reinigen.
■ Der Einbau des Luftfilters und des Luftfiltergehäuses erfolgt sinngemäß in umgekehrter Ausbaureihenfolge.

Sichtprüfung Messen

Montageübersichten (Bilder 6 und 7) und Reparaturanleitungen für den 1,2 TSI-Motor

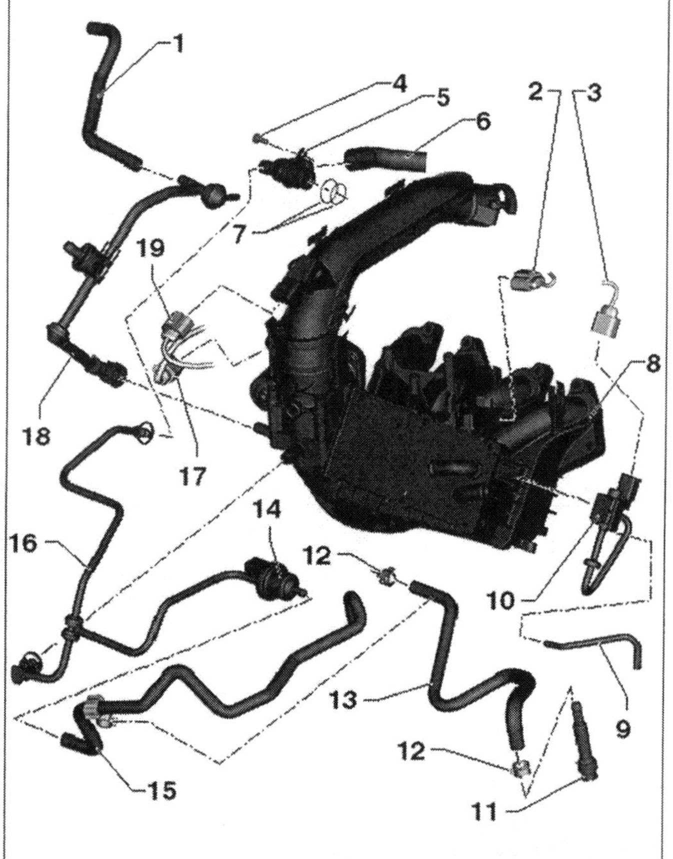

Bild 6

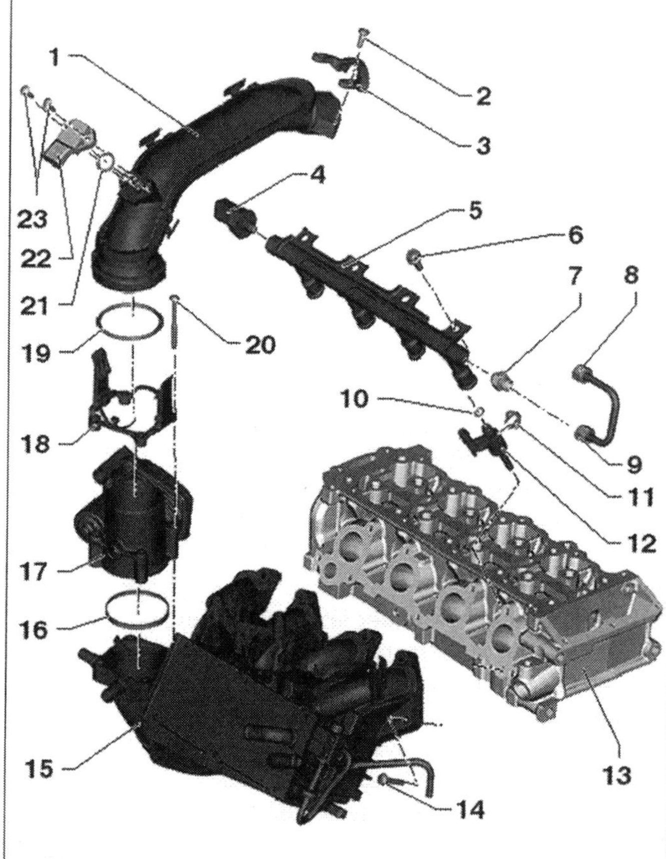

Bild 7

Bild 6

Montageübersicht »Saugrohr mit Schlauchanschlüssen« 1,2 TSI.

1 Verbindungsschlauch zum Luftfilter.
2 Stecker für Saugrohrdruckgeber G71.
3 Stecker für Ventil Position (10).
4 Schrauben Rückschlagventil für Kurbelgehäuseentlüftung (10 Nm).
5 Rückschlagventil für Kurbelgehäuseentlüftung.
6 Verbindungsschlauch zum Abgasturbolader.
7 O-Ringe (ersetzen).
8 Saugrohr.
9 Verbindungsschlauch zur Kühlmittelpumpe. Nur bei Motoren mit abschaltbarer Kühlmittelpumpe eingebaut.
10 Ventil für Kühlmittelregelung N513. Nur bei Motoren mit abschaltbarer Kühlmittelpumpe eingebaut.
11 Anschlussstutzen für Kraftstoffvorlauf.
12 Federbandschellen.
13 Kraftstoffschlauch Niederdruck zur Hochdruckpumpe.
14 Magnetventil 1 für Aktivkohlebehälter N80.
15 Verbindungsschlauch zum Aktivkohlebehälter.
16 Verbindungsschläuche.
17 Stecker für Drosselklappensteuereinheit J338.
18 Verbindungsschlauch.
19 Stecker für Ladedruckgeber G31 mit Ansauglufttemperaturgeber 2 / G299.

Bild 7

Montageübersicht »Saugrohr und Kraftstoffverteiler« 1,2 TSI.

1 Druckrohr.
2 Schrauben der Halteklammer (7 Nm).
3 Halteklammer.
4 Kraftstoffdruckgeber G247 (22 Nm).
5 Kraftstoffverteiler mit Einspritzventilen.
6 Befestigungsschrauben Kraftstoffverteiler (20 Nm).
7 Regelventil (30 Nm).
8/9 Überwurfmuttern (25 Nm).
10 O-Ring (ersetzen).
11 Federelement (auf richtigen Sitz am Einspritzventil achten).
12 Einspritzventil für Zylinder 1 N30 (etc. N31, N32, N33), mit Teflondichtring und Stützscheibe. Nach Ausbau des Einspritzventils müssen der Teflondichtring und die Stützscheibe ersetzt werden.
13 Zylinderkopf.
14 Schrauben Saugrohr (20 Nm).
15 Saugrohr mit Saugrohrdruckgeber G71 (auf dem Saugrohr eingeclipst).
16 Dichtring (ersetzen).
17 Drosselklappensteuereinheit J338. Bei Ersatz Lernwerte löschen und das Motorsteuergerät J623 anpassen (Fahrzeugdiagnosetester, »Geführte Funktionen«).
18 Adapter.
19 O-Ring (ersetzen).
20 Schrauben Adapter/Drosselklappensteuereinheit an Saugrohr (7 Nm).
21 O-Ring (ersetzen).
22 Ladedruckgeber G31 mit Ansauglufttemperaturgeber 2 / G299.
23 Schrauben Ladedruckgeber an Druckrohr (5 Nm).

Drosselklappensteuereinheit 1,2 TSI aus- und einbauen

Benötigte Werkzeuge:
- Drehmomentschlüssel 4 bis 20 Nm (V.A.G 1410)
- eine Schlauchklemmenzange (VAS 6340)

Ausbau

■ Schrauben (1) herausdrehen und Haltebügel abnehmen.

■ Stecker (2) am Ladedruckgeber G31 mit Ansauglufttemperaturgeber 2 / G299 abziehen.

■ Verrastungen in Pfeilrichtung entriegeln und das Druckrohr (3) zuerst von der Drosselklappensteuereinheit J338 und dann vom Abgasturbolader abziehen (Bild 8, siehe auch Bilder 6 und 7).

■ Stecker (1) an der Drosselklappensteuereinheit abziehen, Befestigungsschrauben (2) herausdrehen und die Drosselklappensteuereinheit (3) vom Saugrohr abnehmen (Bild 9, siehe auch Bilder 6 und 7).

Einbau

■ Neuen Dichtring (16 in Bild 7) in die Nut des Saugrohrs einfügen, Drosselklappensteuereinheit (3) zusammen mit dem Adapter (2) und den Befestigungsschrauben (1) auf das Saugrohr (4) aufsetzen (Bild 10).

■ Befestigungsschrauben (2) mit 7 Nm festziehen, Stecker (1) an der Drosselklappensteuereinheit (3) aufsetzen (siehe Bild 9).

■ O-Ringe am Abgasturbolader und im Druckrohr vor dem Einbau leicht mit Motoröl benetzen, das Druckrohr (3) am Turbolader aufstecken und auf die Drosselklappensteuereinheit drücken. Die Halteklammern müssen hörbar einrasten.

■ Schrauben (1) der Halteklammer mit 7 Nm festziehen.

■ Stecker (2) am Ladedruckgeber aufstecken.

■ Wurde eine neue Drosselklappensteuereinheit eingebaut: Lernwerte löschen und das Motorsteuergerät an die Drosselklappensteuereinheit anpassen (Fahrzeugdiagnosesystem, »Geführte Funktion«).

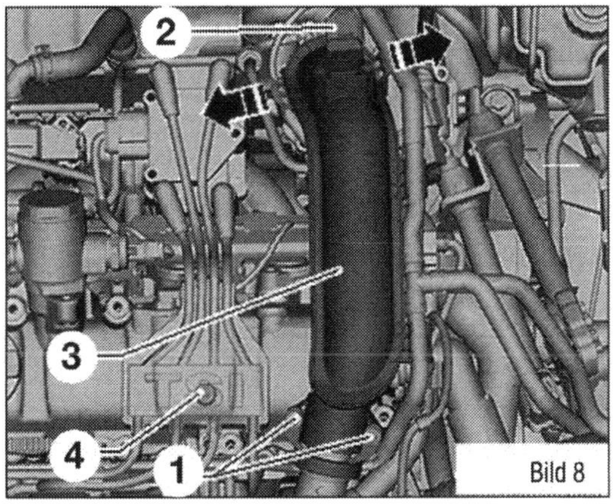

Bild 8

1,2 TSI: Druckrohr (3) ausbauen.
1 Schrauben Haltebügel.
2 Stecker am Ladedruckgeber.

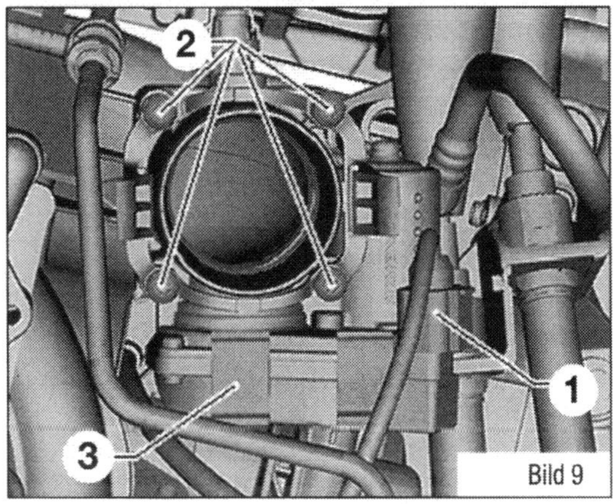

Bild 9

1,2 TSI: Drosselklappensteuereinheit (3) ausbauen.
1 Stecker an der Drosselklappensteuereinheit.
2 Befestigungsschrauben.

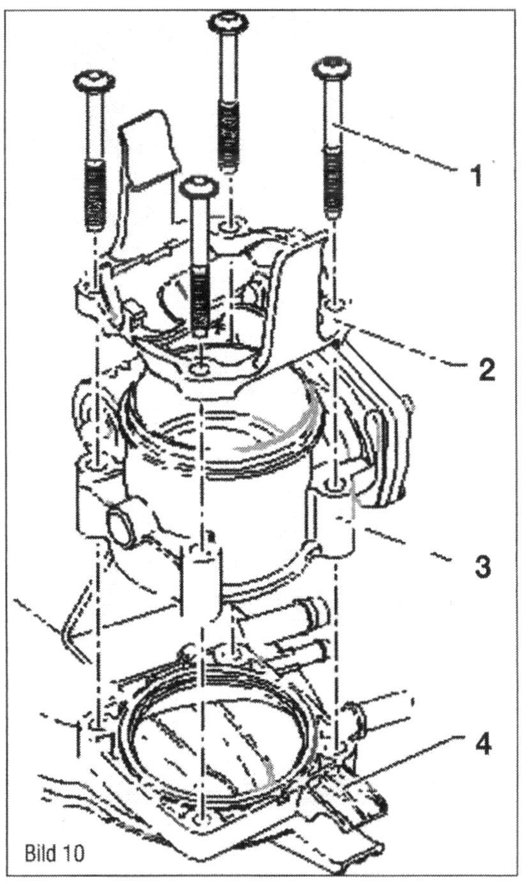

Bild 10

1,2 TSI: Drosselklappensteuereinheit (3) einbauen.
1 Befestigungsschrauben.
2 Adapter.
4 Saugrohr.

Saugrohr 1,2 TSI aus- und einbauen

Benötigte Werkzeuge:
- Schlauchklemmenzange (VAS 6340)
- ein Drehmomentschlüssel 5 bis 50 Nm (V.A.G 1331)

Ausbau

■ Kühlmittel ablassen.
■ Drosselklappensteuereinheit ausbauen.
■ Die Kühlmittelschläuche (3) ausbauen und die Stecker (1) abziehen. Dann die Befestigungsschrauben vom Zündtrafo N152 (2) herausdrehen und den Zündtrafo seitlich ablegen (Bild 11, siehe auch Bild 21 Montageübersicht »Zündanlage«).
■ Befestigungsschrauben des Saugrohrs (Pfeile in Bild 12) unterhalb des Kraftstoffverteilers herausdrehen.

Einbau

■ Der Einbau erfolgt in umgekehrter Ausbaureihenfolge.
■ Anzugsdrehmoment der Befestigungsschrauben Saugrohr: 20 Nm.

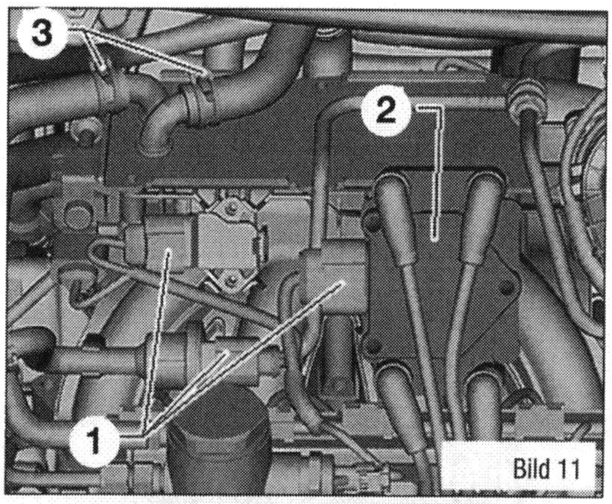

Bild 11

Bild 11
1,2 TSI: Kühlmittelschläuche (3) und Zündtrafo N 152 (2) ausbauen.
1) Stecker.

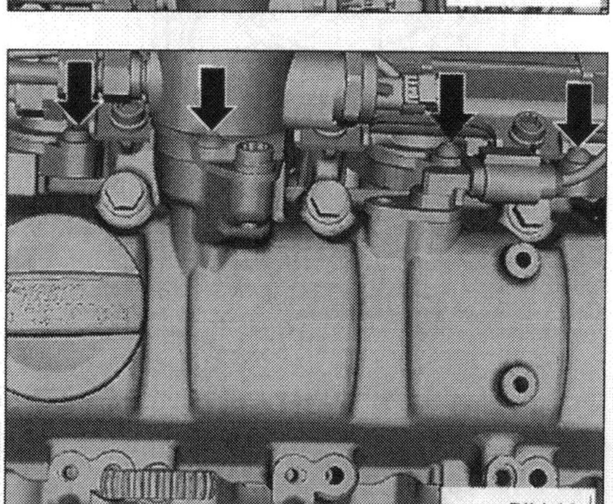

Bild 12

Bild 12
1,2 TSI: Saugrohr ausbauen.
Pfeile = Befestigungsschrauben.

Hochdruckpumpe 1,2 TSI aus- und einbauen

Zunächst wollen wir Ihnen hier eine Montageübersicht (Bild 13) der Hochdruckpumpe darstellen.

Benötigte Werkzeuge:
- Schlauchklemmenzange (VAS 6340)
- ein Drehmomentschlüssel 4 bis 20 Nm (V.A.G 1410)

⚠ Sicherheitsmaßnahmen beachten (Druckabbau im Hochdruckbereich)!

Ausbau

■ Kraftstoffvorlaufleitung (Pfeil in Bild 14) trennen und ausfließenden Kraftstoff mit einem Putzlappen auffangen.
■ Stecker (1) und Kraftstoffvorlaufleitung (2) von der Hochdruckpumpe abbauen. Dann Überwurfmuttern (3) lösen und die Hochdruckleitung abnehmen. Die Verschraubungen an der Hochdruckpumpe und am Kraftstoffverteiler beim Lösen der Überwurfmuttern mit einem Schraubenschlüssel fest-

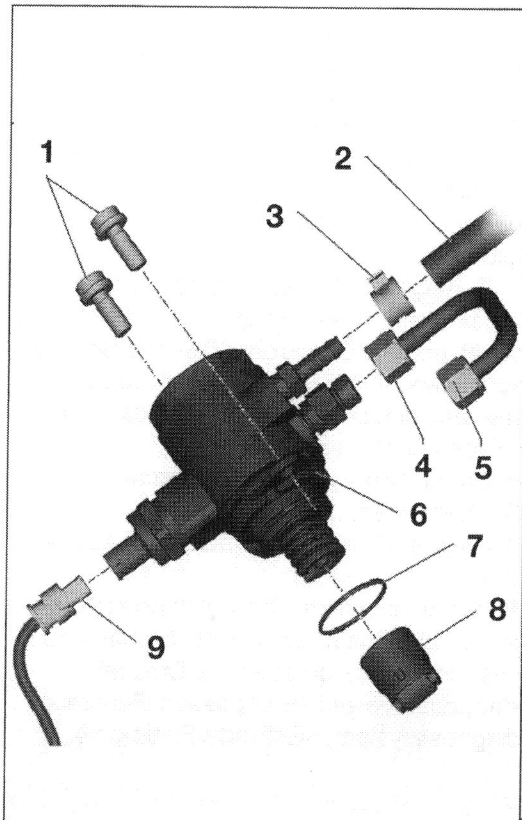

Bild 13

Bild 13
Montageübersicht »Hochdruckpumpe« 1,2 TSI.
1 Schrauben Hochdruckpumpe (20 Nm).
2 Kraftstoffschlauch Niederdruck (Kraftstoffvorlaufleitung) mit Federbandschelle.
3 Federbandschelle, mit Schlauchklemmenzange aus- und einbauen.
4 und (5) Überwurfmuttern (25 Nm). Sicherheitsmaßnahmen beachten (Druckabbau im Hochdruckbereich). Beim Lösen Anschlussstutzen an der Hochdruckpumpe festhalten.
6 Hochdruckpumpe mit Regelventil für Kraftstoffdruck N276.
7 O-Ring (ersetzen, beim Einbau leicht mit Motoröl benetzen).
8 Rollenstößel (beim Einbau leicht mit Motoröl benetzen).
9 Stecker.

halten. Schließlich die Befestigungsschrauben (4) der Hochdruckpumpe herausdrehen und mit dem Stößel aus der Zylinderkopfhaube ziehen (Bild 14, siehe auch Bild 13).

Einbau

Die Hochdruckpumpe darf beim Aus- und Einbau nur am Gehäuse angefasst werden. Wenn sich das Kolben-Federpaket der Hochdruckpumpe löst, wird die Hochdruckpumpe undicht und muss ersetzt werden.

■ Den Rollenstößel (1) der Hochdruckpumpe mit sauberem Motoröl benetzen und in die Zylinderkopfhaube schieben. Danach einen neuen, eingeölten O-Ring (2) in die Nut der Hochdruckpumpe (3) einsetzen und die Hochdruckpumpe auf die Zylinderkopfhaube aufsetzen (Bild 16, siehe auch Bild 13).

■ Befestigungsschrauben (4 im Bild 15) per Hand eindrehen, bis die Schraubenköpfe auf dem Flansch aufliegen. Danach die Befestigungsschrauben gleichmäßig mit 20 Nm festziehen, bis der Flansch auf dem Nockenwellengehäuse aufliegt.

■ Überwurfmuttern (3 in Bild 15) der Hochdruckleitung mit 25 Nm festziehen. Dabei die Verschraubungen an der Hochdruckpumpe und am Kraftstoffverteiler beim Festziehen der Überwurfmuttern mit einem Schraubenschlüssel festhalten.

■ Kraftstoffvorlaufleitung (2 in Bild 15) und den Stecker (1 in Bild 15) an der Hochdruckpumpe befestigen.

■ Kraftstoffvorlaufleitung (Pfeil in Bild 14) zusammenstecken.

Aus- und Einbau der Einspritzventile sollten einer Fachwerkstatt übertragen werden, zumal nach jedem Ausbau des Einspritzventils der Teflondichtring und (bei Beschädigung) die Stützscheibe am Einspritzventil ersetzt werden müssen. Dazu wird aber ein spezieller Werkzeugsatz (T10133) benötigt, der u. a. Schlaghammer, Abzieher, Montagekegel und Montagehülse sowie Distanz- und Kalibrierhülsen enthält.

Luftfilter 1,2 TSI aus- und einbauen

Der Luftfilter sitzt direkt links neben dem Motor. Aus- und Einbau werden durch die Montageübersicht (Bild 17) verdeutlicht.

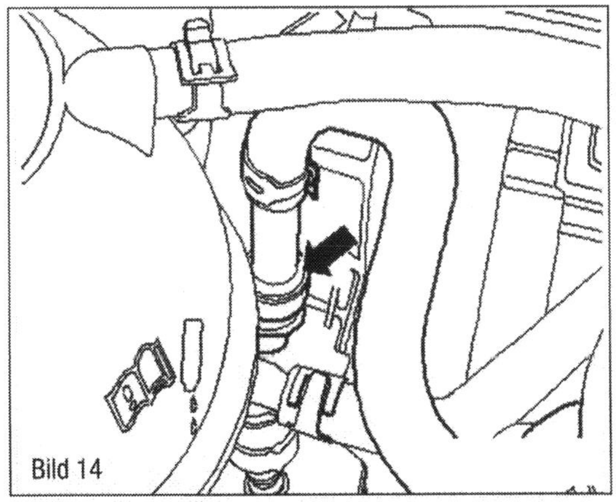

Bild 14

Bild 14
1,2 TSI: Kraftstoffvorlaufleitung (Pfeil) trennen.

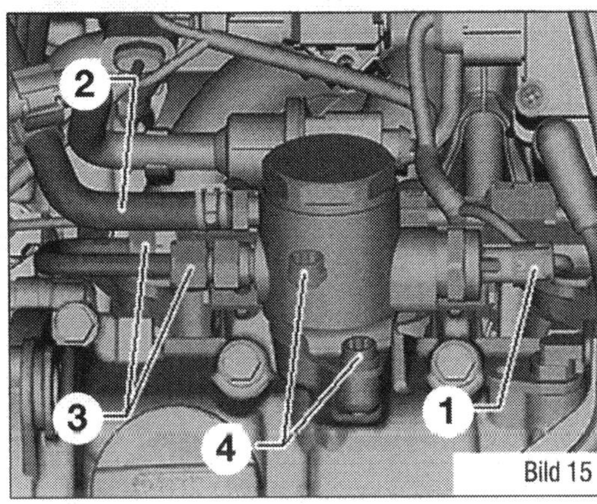

Bild 15

Bild 15
1,2 TSI: Hochdruckpumpe ausbauen.
1 Stecker.
2 Kraftstoffvorlaufleitung.
3 Überwurfmuttern.
4 Befestigungsschrauben für Hochdruckpumpe an Zylinderkopfhaube.

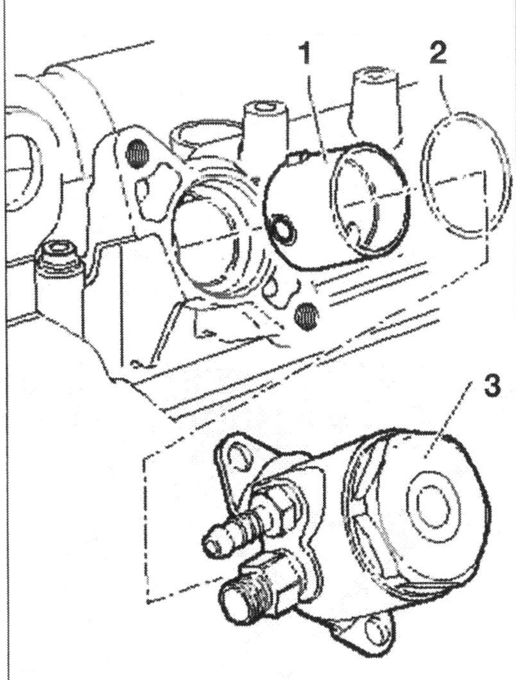

Bild 16

Bild 16
1,2 TSI: Hochdruckpumpe (3) einbauen.
1 Rollenstößel.
2 O-Ring.

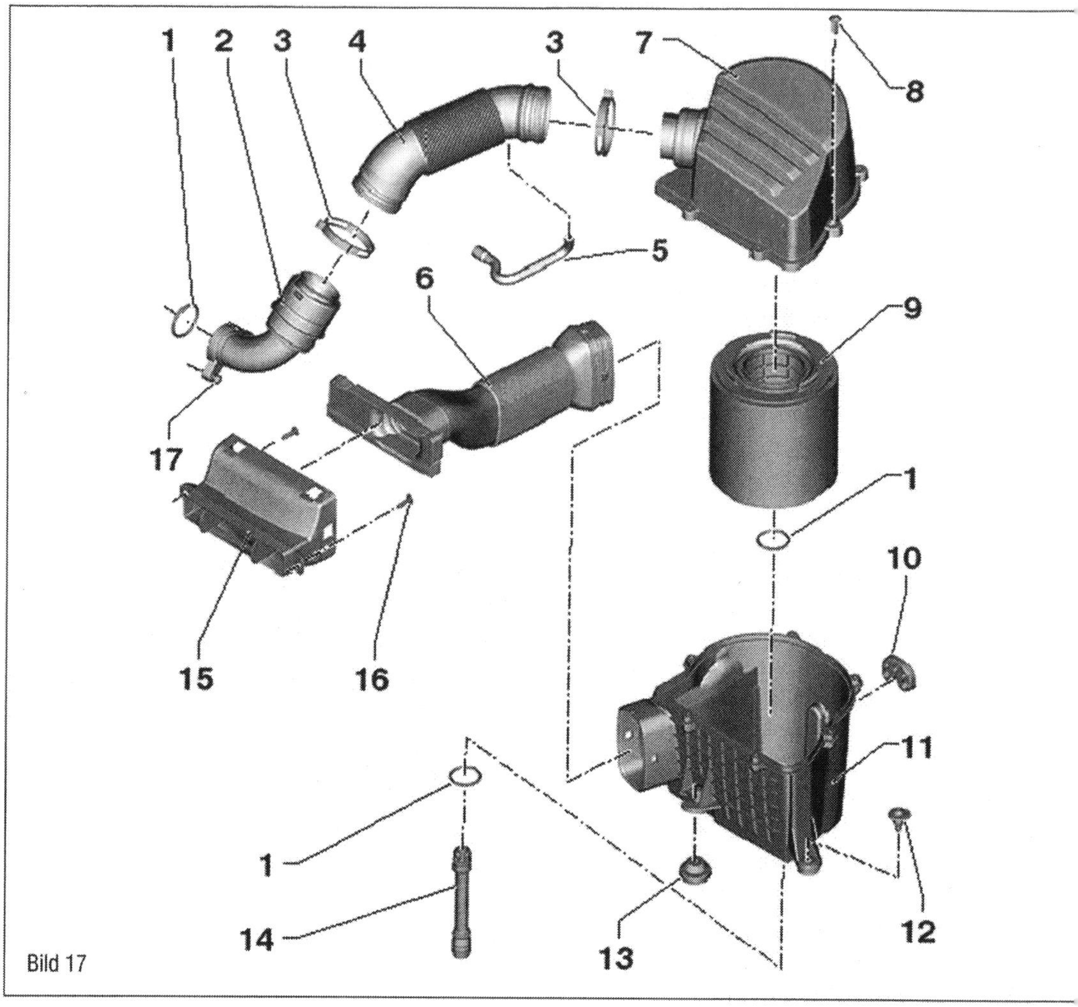

Bild 17
Montageübersicht »Luftfilter« 1,2 TSI.
Das Montagebild für den 1,4 TSI ist annähernd gleich.

1 O-Ring (bei Beschädigung ersetzen).
2 Ansaugstutzen.
3 Federbandschellen.
4 Ansaugschlauch.
5 Unterdruckschlauch zur Zylinderkopfhaube (bei Beschädigung ersetzen).
6 Ansaugstutzen.
7 Luftfilteroberteil.
8 Schrauben Luftfilteroberteil an Luftfilterunterteil (1,6 Nm). Mit Drehmoment-Schraubendreher VAS 6494 festziehen.
9 Filtereinsatz.
10 Gummilager.
11 Luftfilterunterteil.
12 Befestigungsschraube Luftfiltergehäuse (8 Nm).
13 Gummilager.
14 Wasserablaufstutzen.
15 Ansaugluftführung.
16 Schrauben Ansaugluftführung (3 Nm).
17 Schrauben Ansaugstutzen (10 Nm).

Ausbau

■ Befestigungsschrauben (Pfeile) der Ansaugluftführung und des Ansaugstutzens am Abgasturbolader herausdrehen (Bild 17).
■ Danach Unterdruckschlauch (1) unter dem Ansaugschlauch abziehen, die Befestigungsschraube (2) herausdrehen und das Luftfiltergehäuse nach oben ziehen (Bild 19).

Einbau

■ Luftfiltergehäuse von oben auf die Lagerbolzen drücken und die Befestigungsschraube (2 in Bild 19) mit 8 Nm festziehen.
■ Unterdruckschlauch (1 in Bild 19) aufstecken und die Befestigungsschrauben (Pfeile in Bild 18) Ansaugstutzen an Abgasturbolader mit 10 Nm und Ansaugluftführung mit 3 Nm festziehen.

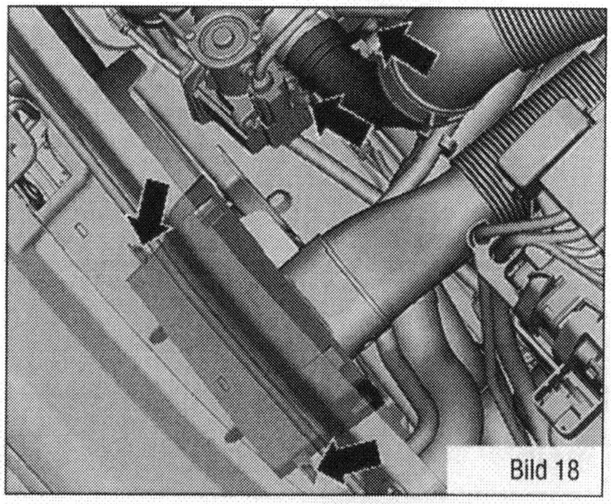

Bild 18
1,2 TSI: Ansaugluftführung und Ansaugschlauch am Abgasturbolader lösen. Pfeile = Befestigungsschrauben.

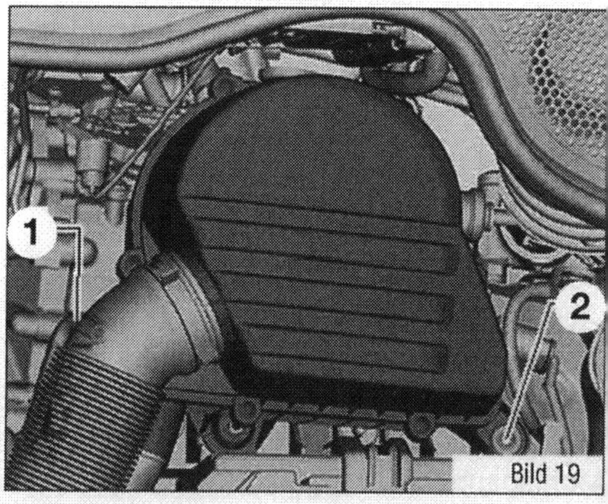

Bild 19
1,2 TSI: Luftfilter ausbauen.
1 Unterdruckschlauch.
2 Befestigungsschraube.

Luftfiltereinsatz 1,2 TSI aus- und einbauen

■ Federbandschelle (1) zwischen Ansaugschlauch und Ansaugstutzen mit der Schlauchklemmenzange abnehmen.
■ Schrauben Luftfilteroberteil an Luftfilterunterteil (Pfeile) lösen.
■ Unterdruckschlauch (2) auf der Zylinderkopfseite abziehen (Bild 20, siehe auch Bild 17).

⚠ Wird der Unterdruckschlauch am Ansaugschlauch abgezogen, kann das zur Beschädigung des Anschlussstücks am Ansaugschlauch führen.

■ Luftfilteroberteil abnehmen, Luftfiltereinsatz abziehen und Luftfiltergehäuse säubern.

☞ Darauf achten, dass der Gummiring richtig an der Mittenzentrierung des Luftfilters befestigt ist.

■ Luftfilter in das Luftfilteroberteil stecken, Luftfilteroberteil auf dem Gehäuse aufsetzen und die Schrauben (Pfeile) mit 2 Nm festziehen.
■ Ansaugschlauch aufstecken und mit Federbandschelle (1) befestigen.
■ Unterdruckschlauch (2) aufstecken (alle Einbauschritte siehe Bild 20).

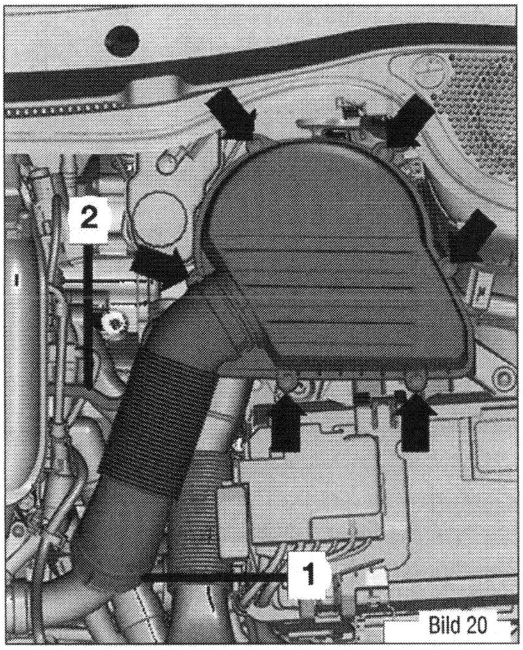

Bild 20

Bild 20
1,2 TSI: Luftfiltereinsatz ersetzen.
1 Federbandschelle.
2 Unterdruckschlauch
Pfeile = Schrauben

Zündspulen mit Leistungsendstufen sowie Zündkerzen 1,2 und 1,4 MPI aus- und einbauen

Benötigte Werkzeuge:
- Abzieher (T10094 A),
- Zündkerzenschlüssel (3122 B)
- Drehmomentschlüssel (V.A.G 1331)

Bild 21 zeigt zunächst eine Montageübersicht »Teile der Zündanlage«.

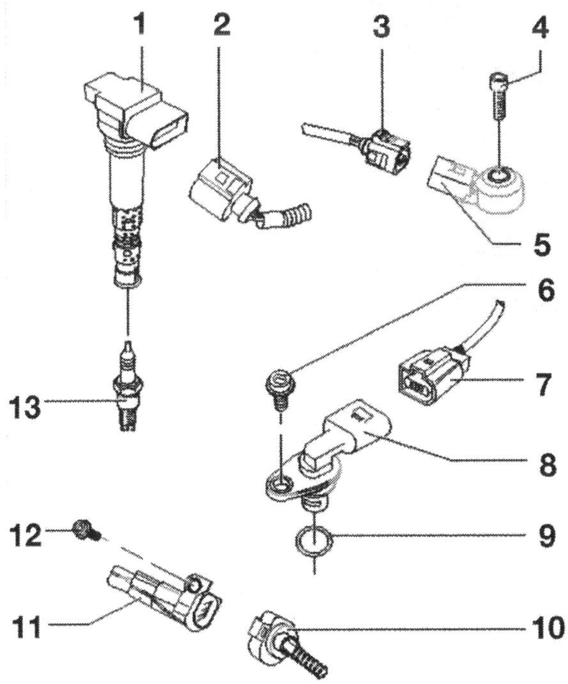

Bild 21

Bild 21
Montageübersicht»Teile der Zündanlage« 1,2 MPI.
Die Montageansichten für den 1,4 MPI und 1,4 TSI sind annähernd gleich.
1 Zündspule 1 mit Leistungsendstufe N70 (Zündspule 2 mit Leistungsendstufe N127, Zündspule 3 mit Leistungsendstufe N291). Mit Abzieher T10094 A aus- und einbauen.
2 Stecker für Zündspule (schwarz, 4-polig).
3 Stecker für Klopfsensor 1 G61 (schwarz, 2-polig).
4 Schraube für Klopfsensor (20 Nm). Anzugsdrehmoment hat Einfluss auf die Funktion des Klopfsensors.
5 Klopfsensor 1 G61.
6 Schraube für Hallgeber (10 Nm).
7 Stecker für Hallgeber G40 (schwarz, 3-polig).
8 Hallgeber G40.
9 O-Ring (bei Beschädigung ersetzen).
10 Stecker für Motordrehzahlgeber G28 (schwarz, 3-polig).
11 Motordrehzahlgeber G28.
12 Schraube für Motordrehzahlgeber (8 Nm).
13 Zündkerze (30 Nm). Aus- und einbauen mit Zündkerzenschlüssel 3122 B. Typ und Elektrodenabstand siehe Tabelle Seite 85.

Bild 22
1,2 MPI: Zündspule mit Leistungsendstufe ausbauen.
1 Abzieher.
2 Stecker.

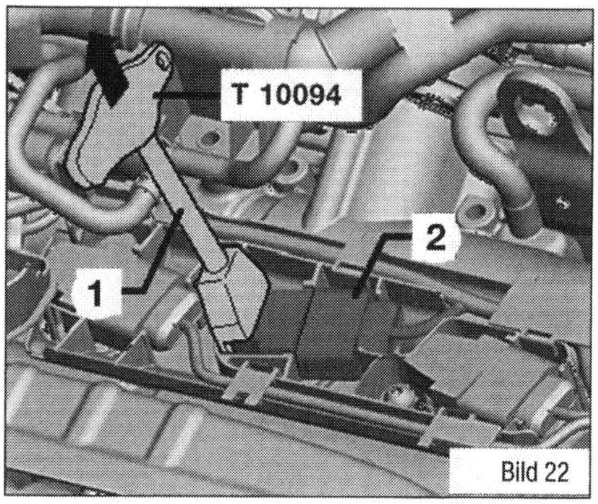

Bild 22

Ausbau

Die Zündkerzen befinden sich unter den Zündspulen mit Leistungsendstufen.

■ Abzieher (1) auf die Zündspule mit Leistungsendstufe setzen und Zündspule mit Leistungsendstufe von den Zündkerzen abziehen. Dann Stecker (2) in Richtung Zündspulen mit Leistungsendstufen drücken, von Hand auf die Verriegelung drücken und Stecker abziehen (Bild 22).

■ Zündkerze mit dem Zündkerzenschlüssel herausschrauben.

Bild 23
1,4 TSI: Zündkerzen ersetzen. Dazu vorab folgende Teile ausbauen:
1 und (5) Schrauben.
2 Schlauchschelle.
3 Stecker,
4 Zündspule

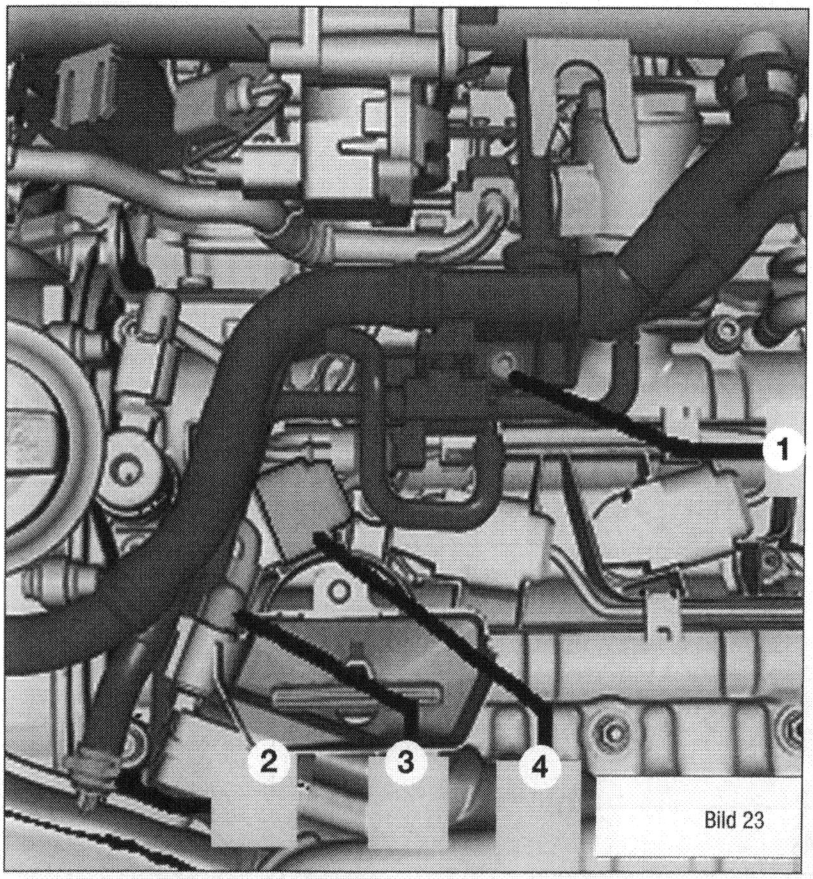

Bild 23

Einbau

■ Neue Zündkerzen mit Zündkerzenschlüssel einschrauben (30 Nm).

■ Beim Einbau neuer Zündkerzen müssen die Zündspulen mit Leistungsendstufe mit Kerzensteckerfett G 052 141 A2 nachgefettet werden. Neue Zündspulen werden gefettet geliefert und müssen nicht nachgefettet werden.

■ Dünne Raupe Kerzensteckerfett umlaufend auf den Dichtschlauch der Zündspule auftragen, die Fettraupe muss 1 bis 2 mm dick sein.

■ Stecker auf die Zündspulen mit Leistungsendstufen aufstecken und die Zündspulen mit Leistungsendstufen in den Zylinderkopf einführen und in den vorgesehenen Aussparungen der Zylinderkopfhaube ausrichten.

■ Zündspulen mit Leistungsendstufen von Hand auf die Zündkerzen stecken. Sie müssen spürbar einrasten.

Zündkerzen 1,4 TSI aus- und einbauen

Ausbau

■ Motorabdeckung ausbauen.

■ Schrauben (1) und (5) herausschrauben, Schlauchschelle (2) entfernen und Stecker (3) abziehen (Bild 23).

■ Schlauch für Kurbelgehäuseentlüftung zur Seite drücken und Zündspule mit Leistungsendstufe mit Abzieher (T10094 A) ein Stück herausziehen.

■ Stecker der Zündspule mit Leistungsendstufe abziehen und Zündspule mit Leistungsendstufe komplett herausziehen.

■ Zündkerzen mit Zündkerzenschlüssel (3122 B) herausschrauben, dabei die Schläuche und Leitungen ein Stück zur Seite drücken.

Einbau

■ Der Einbau folgt den gleichen Arbeitsschritten wie beim 1,2 MPI.

■ Am Schluss dann Schlauch aufstecken und mit Schlauchklemme (2) befestigen, Stecker (3) aufstecken und Schrauben (1) und (5) mit 10 Nm festziehen (siehe Bild 23).

■ Motorabdeckung einbauen.

Das Zusammenspiel Einbau von Zündtrafo, Zündkerzenstecker und Zündkerzen für den 1,2 TSI demonstrieren wir anhand einer entsprechenden Montageübersicht (Bild 24)

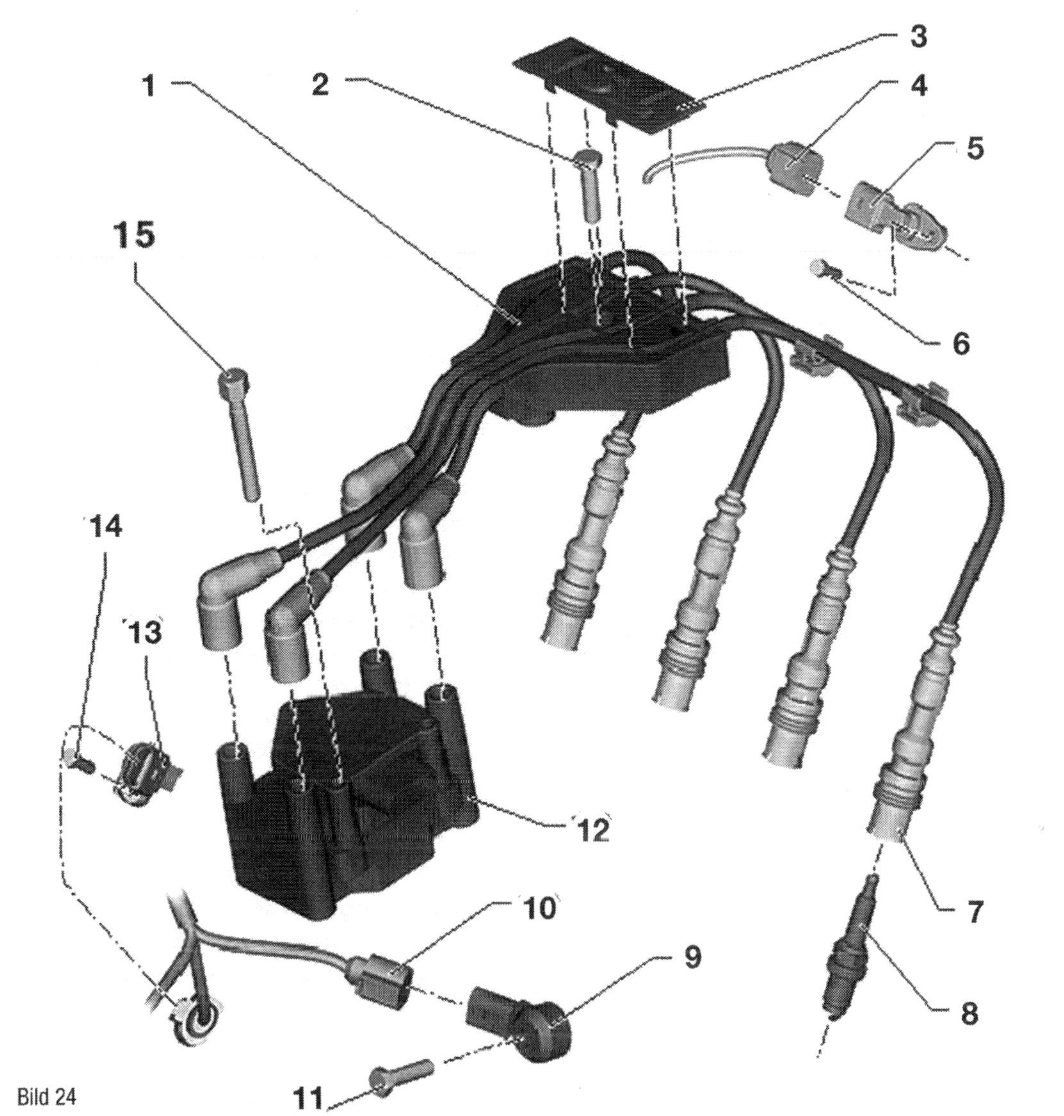

Bild 24

Bild 24
Montageübersicht »Zündanlage« 1,2 TSI.
1 Leitungsführung.
2 Schraube für Leitungsführung (8 Nm).
3 Abdeckung.
4 Stecker Hallgeber.
5 Hallgeber G40 (O-Ring ersetzen). Einbauort: Zylinderkopfhaube.
6 Schraube Hallgeber (10 Nm).
7 Zündkerzenstecker mit Zündleitung. Markierungen auf den Zündleitungen beachten: D Zündtrafo = Zündleitung Zyl. 1, B Zündtrafo = Zündleitung Zyl. 2, C Zündtrafo = Zündleitung Zyl. 3, A Zündtrafo = Zündleitung Zyl. 4.
8 Zündkerze (25 Nm). Beim Einbau neuer Zündkerzen müssen die Zündkerzenstecker mit Schmierpaste G 052 141 A2 nachgefettet werden: eine dünne Raupe Schmierpaste umlaufend auf den Dichtschlauch des Zündkerzensteckers auftragen. Die Raupe muss 1 ... 2 mm dick sein. Dadurch wird verhindert, dass der Dichtschlauch des Zündkerzensteckers an der Zündkerze festklebt. Die Schmierpaste muss sich beim Aufstecken des Zündkerzensteckers auf der Zündkerze verteilen. Neue Zündkerzenleitungen werden gefettet geliefert. Aus- und einbauen mit Abzieher (T10112 A) und Zündkerzenschlüssel (3122 B). Typ und Elektrodenabstand siehe Tabelle Seite 85.
9 Klopfsensor 1 G61. Einbauort: unter dem Saugrohr am Zylinderblock.
10 Stecker Klopfsensor.
11 Schraube Klopfsensor (20 Nm). Anzugsdrehmoment hat Einfluss auf die Funktion des Klopfsensors.
12 Zündtrafo N152. Markierungen auf den Zündleitungen beachten: D Zündtrafo = Zündleitung Zyl. 1, B Zündtrafo = Zündleitung Zyl. 2, C Zündtrafo = Zündleitung Zyl. 3, A Zündtrafo = Zündleitung Zyl. 4.
13 Motordrehzahlgeber G28. Einbauort: getriebeseitig unter dem Saugrohr.
14 Schraube Motordrehzahlgeber (5 Nm).
15 Schrauben Zündtrafo (7 Nm).

Zündkerzen 1,2 TSI aus- und einbauen

Ausbau

Die Zündkerzen befinden sich unter den Zündkerzensteckern.

■ Zündkerzenstecker mit Abzieher (T10112 A) abziehen und Zündkerzen mit Zündkerzenschlüssel (3122 B) herausschrauben.

Einbau

■ Neue Zündkerzen mit Zündkerzenschlüssel einschrauben und die Zündkerzenstecker von Hand auf die Zündkerzen stecken. Sie müssen spürbar einrasten.

Motorsteuergerät aus- und einbauen

Wenn das Motorsteuergerät ersetzt werden soll, einen Fahrzeugdiagnosetester anschließen und die »Geführte Funktion: Steuergerät ersetzen« ausführen. Zündung ausschalten.

Motorsteuergerät ohne Diebstahlschutz – Ausbau

■ 1,2 TSI/1,4 TSI: Luftfilter ausbauen.

■ Die Stecker vom Motorsteuergerät entriegeln und abziehen.

■ Die Clips (Pfeile A) nach außen drücken, das Motorsteuergerät seitlich herausziehen (Pfeil B Bild 25).

Bild 25
Motorsteuergerät ohne Diebstahlschutz ausbauen.

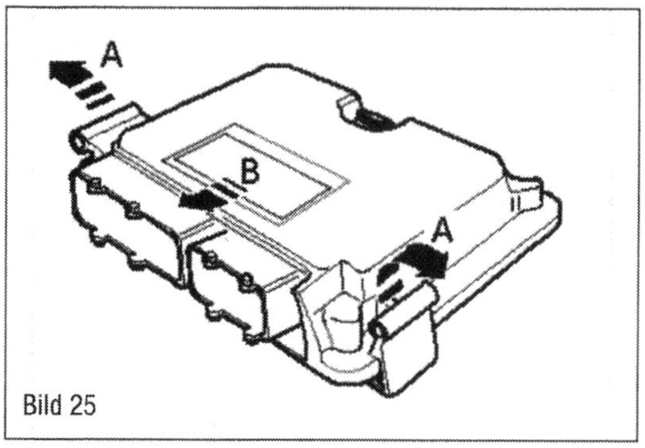

Bild 25

Bild 26
Diebstahl gesichertes Motorsteuergerät ausbauen.
1 Leitungsführung.
2 Verriegelung.

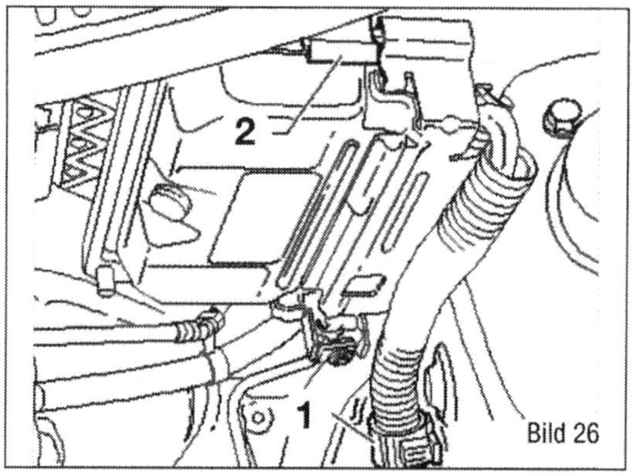

Bild 26

Bild 27
Diebstahl gesichertes Motorsteuergerät ausbauen.
1 Abreißschraube des Halters für das Schutzgehäuse.
2 Motorsteuergerät.

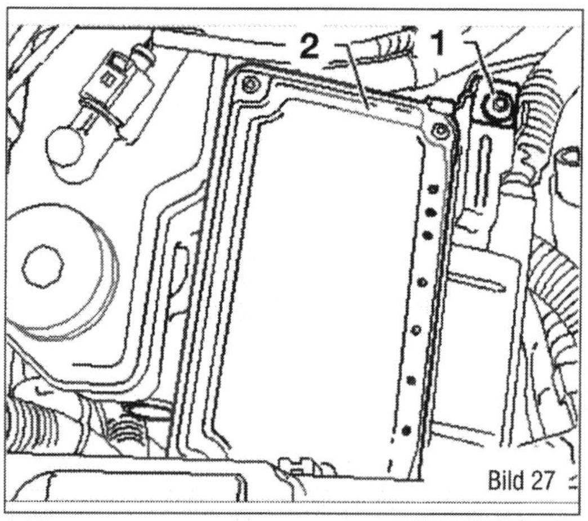

Bild 27

Bild 28
Diebstahl gesichertes Motorsteuergerät ausbauen.
1 Halter des Schutzgehäuses.
2 Schutzgehäuse.
3 Motorsteuergerät.

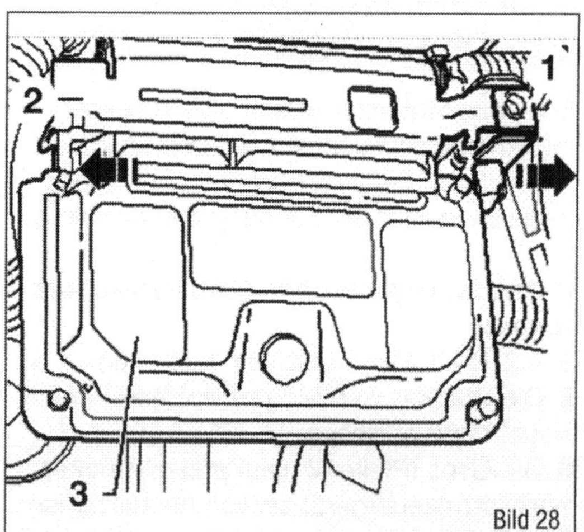

Bild 28

Einbau

■ Motorsteuergerät einsetzen und nach links drücken. Die Stecker anschließen und verriegeln.
■ Bei Ersatz des Motorsteuergeräts Lernwerte löschen und Motorsteuergerät anpassen (Fahrzeugdiagnosesystem »Geführte Funktionen«).
■ Fehlerspeicher abfragen, ggf. vorhandene Fehler beheben, danach den Fehlerspeicher löschen (Fahrzeugdiagnosesystem »Geführte Fehlersuche«). Wurde der Fehlerspeicher gelöscht, muss der Readinesscode erzeugt werden.
■ 1,2 TSI/1,4 TSI: Luftfilter einbauen.
■ Probefahrt durchführen und erneut den Fehlerspeicher des Steuergerätes abfragen.

Diebstahlgesichertes Motorsteuergerät – Ausbau

■ 1,2 TSI/1,4 TSI: Luftfilter ausbauen.
■ Leitungsführung (1) öffnen, die Verriegelung (2) anheben und das Motorsteuergerät aus der Halterung herausnehmen (Bild 26).
■ Die Abreißschraube (1) mit einer Zange herausdrehen, das Motorsteuergerät (2) umdrehen und die zweite Abreißschraube ebenfalls mit einer Zange herausdrehen (Bild 27).
■ Den Halter (1) und das Schutzgehäuse (2) in Pfeilrichtung vom Motorsteuergerät (3) abziehen. Die Stecker vom Motorsteuergerät entriegeln und abziehen (Bild 28).

Einbau

■ Die Stecker anschließen und verriegeln, das Schutzgehäuse über das Motorsteuergerät schieben, den Halter des Schutzgehäuses mit neuen Abreißschrauben einbauen, die Abreißschrauben gleichmäßig bis zum Abreißen der Schraubenköpfe festziehen.
■ Das Motorsteuergerät in die Halterung an der Wasserkastenspritzwand einsetzen, bis die Verriegelung (2) hörbar einrastet. Die Leitung in die Leitungsführung (1) drücken und verschließen (siehe Bild 26).
■ Dann weiter wie oben: »Bei Ersatz des Motorsteuergeräts die Lernwerte löschen und Motorsteuergerät anpassen, etc., etc.«.
Bild 25, Bild 26, Bild 27, Bild 28

Dieselmotoren

Genau wie die Ottomotoren benötigen natürlich auch die Dieselmotoren eine Gemischaufbereitung um einen reibungslosen Betrieb zu gewährleisten. Allerdings unterscheidet sich diese Art der Gemischaufbereitung grundlegend von der des Ottomotors. Deshalb stellen wir auch diese nachfolgend nochmals genauer vor.

Neben den im Kapitel 5 beschriebenen Sicherheitsmaßnahmen und Sauberkeitsregeln sind bei ***Arbeiten am Kraftstoffsystem folgende weitere Sicherheitsmaßnahmen strikt einzuhalten:***

- Bei Fahrzeugen mit aktiviertem Start-Stopp-System (erkennbar an einer Meldung im Schalttafeleinsatz) kann der Motor bei Bedarf automatisch starten. Deshalb sicherstellen, dass bei Arbeiten am Fahrzeug das Start-Stopp-System deaktiviert ist (Zündung ausschalten, bei Bedarf Zündung wieder einschalten).
- Bei ***Probefahrten mit Prüf- und Messgeräten*** sind diese immer auf dem Rücksitz zu befestigen und durch einen Mitfahrer zu bedienen.
- Um Verletzungen von Personen und/oder eine Zerstörung der Einspritz- und Vorglühanlage zu vermeiden, sind Leitungen der Vorglüh- und Einspritzanlage, auch Messgeräteleitungen, nur bei ausgeschalteter Zündung ab- und anzuklemmen.
- Das Ab- und Anklemmen der Batterie soll nur bei ausgeschalteter Zündung erfolgen.

Darüber hinaus gelten folgende ***Anweisungen für Arbeiten am Kraftstoffsystem***:

- Um einen Trockenlauf der Kraftstoff-Hochdruckpumpe zu vermeiden und einen raschen Motorstart nach Teiletausch zu erzielen sind folgende Punkte unbedingt zu beachten:
  Werden Bauteile/Komponenten des Kraftstoffsystems zwischen Kraftstoffbehälter und Kraftstoff-Hochdruckpumpe ausgebaut oder ersetzt, muss eine Kraftstofferstbefüllung durchgeführt werden.
  Wird eine Kraftstoffpumpe, Kraftstoffleitung (zwischen Kraftstoffbehälter und Kraftstoff-Hochdruckpumpe), die Hochdruckpumpe selbst oder der Kraftstofffilter ausgebaut oder ersetzt, muss die Entlüftung des Kraftstoffsystems vor dem ersten Motorstart durchgeführt werden. Dazu ist ein Fahrzeugdiagnosegerät einzusetzen (Fahrzeug muss betankt sein. Dann in den »Geführten Funktionen« die Funktion »Hochdruckpumpe/Kraftstoffsystem befüllen/entlüften« starten).
- Der Arbeitsbereich und das Werkzeug müssen vor der Arbeit an der Einspritzanlage gesäubert werden. Verbindungsstellen und deren Umgebung vor dem Lösen gründlich reinigen. Bei Demontagearbeiten alle offenen Anschlüsse sofort mit geeigneten sauberen Schutzkappen verschließen. Die Schutzkappen aller Komponenten immer erst direkt vor dem Einbau entfernen. Ausgebaute Bauteile in neuen, verschließbaren Plastikbeuteln (wenn vorhanden die Originalverpackungen der Neuteile verwenden) aufbewahren.
- Die Einspritzventile und Einbauorte sind vor der Montage optisch auf Beschädigung und flusenfrei zu kontrollieren. Ein sauberer Injektorschacht ist sicherzustellen. Ggf. ist eine Reinigung des Injektorschachts mit einem sauberen Reinigungstuch vorzunehmen, ohne ihn zu beschädigen (keine scharfkantigen Hilfswerkzeuge).
- Werden die Hochdruckleitungen nicht ersetzt, müssen sie beim Ausbau gekennzeichnet werden. Sie dürfen ausschließlich nur am selben Ort (Zylinder) wieder montiert werden.
- Folgende Bauteile und Dichtungen bzw. O-Ringe sind bei jedem Aus- und Einbauen der Einspritzventile bzw. beim Erneuern eines Einspritzventils zu erneuern: »Schraube für Spannpratze«, »Kupferscheibe«, »O-Ring vom Injektorschacht«. Es müssen immer neue Kupferdichtringe für die Einspritzventile verwendet werden. Alle neuen O-Ringe vor der Montage auf Beschädigung prüfen. O-Ringe sind feucht zu montieren (Montageöl oder sauberes Motoröl). Beim Demontieren des alten Kupferdichtrings darf das Einspritzventil nicht beschädigt werden.
- Die Hochdruckleitungen spannungsfrei ausrichten. Alle Anschlüsse erst handfest anziehen und anschließend mit Drehmoment festziehen. Hochdruckleitungen dürfen niemals nachgebogen werden. Der Gebrauch von Werkzeug ist nur zum Festziehen und Lösen von Leitungen am gesamten Hochdrucksystem zulässig. Alle anderen Montage- oder Demontagevorgänge müssen von Hand und ohne Hilfsmittel erfolgen.

Sichtprüfung Messen

Bild 29
Übersicht »Kraftstofffluss« 1,2 TDI.

1 Ventil für Kraftstoffdosierung N290 (nicht öffnen).
2 Kraftstoff-Hochdruckpumpe. Nach dem Erneuern muss eine Kraftstofferstbefüllung durchgeführt werden (Trockenlauf ist zu vermeiden).
3 Kraftstoffdruckgeber G247.
4 Rail-Element (Hochdruckspeicher).
5 Regelventil für Kraftstoffdruck N276 (ersetzen, 80 Nm).
6 Einspritzventile (Magnetventilinjektoren). Einspritzventil für Zylinder 1 N30, Einspritzventil für Zylinder 2 N31, Einspritzventil für Zylinder 3 N32.
7 Kraftstoffrücklaufleitungen. Sie dürfen nicht zerlegt werden.
8 Kraftstoffbehälter mit Kraftstofffördereinheit G6.
9 Trennstellen Kraftstoffvor- und Rücklaufleitung, unten rechts am Kraftstoffbehälter.
10 Kraftstofffilter.

Bei laufendem Motor dürfen keine Kraftstoffleitungen geöffnet werden.

■ Das Zerlegen von einzelnen Common-Rail-Komponenten ist nicht zulässig. Im Fehlerfall sind die Komponenten komplett zu tauschen. Eine Entlüftung des Common-Rail-Systems durch Lösen von Hochdruckkomponenten nach Motorstart ist nicht zulässig. Bei laufendem Motor dürfen keine Montagearbeiten am Common-Rail-System ausgeführt werden, insbesondere kein Öffnen/Lösen der Hochdruckleitungen.

■ Bei geöffnetem Kraftstoffsystem die Verwendung von Druckluft vermeiden. Das Fahrzeug nach Möglichkeit nicht bewegen. Außerdem ist darauf zu achten, dass kein Dieselkraftstoff auf die Kühlmittelschläuche läuft. Gegebenenfalls müssen die Schläuche sofort wieder gereinigt werden. Angegriffene Schläuche sind zu ersetzen.

■ Personen mit einem Herzschrittmacher sollten sich bei laufendem Motor nicht über den Motorraum beugen, da die Einspritzventile mit hoher Spannung angetaktet werden.

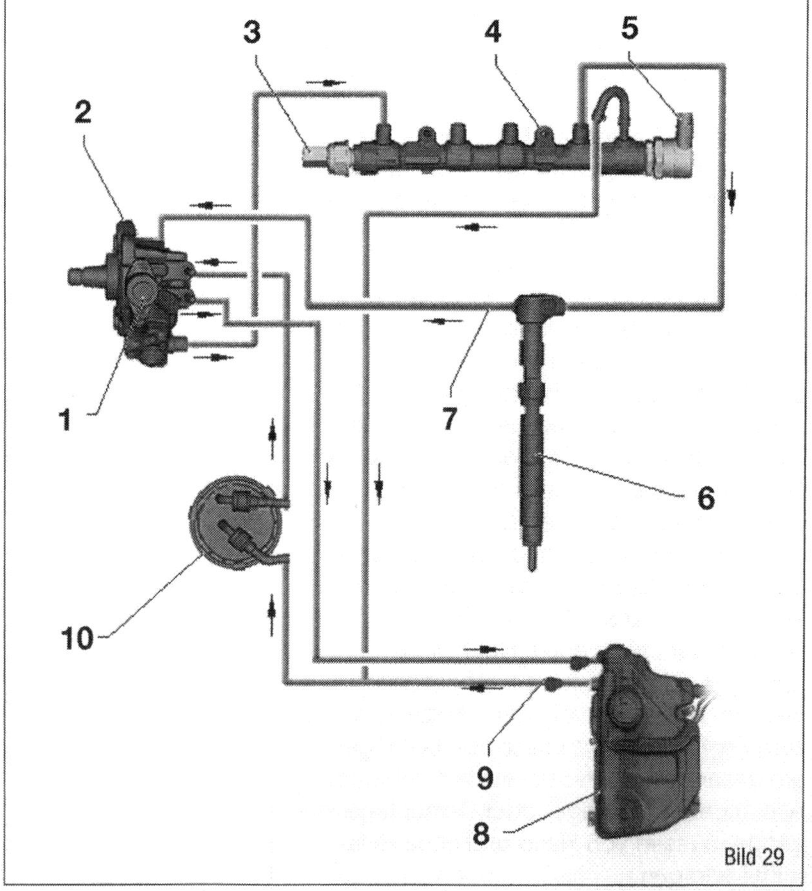

Bild 29

Das hochsensible Kraftstoffsystem wird elektronisch gesteuert, bei Dieselmotoren durch Bosch EDC. Reparaturen am System und seinen Bauteilen erfordern – wie eingangs erläutert – die strikte Beachtung zahlreicher Sicherheitsmaßnahmen und Sauberkeitsregeln und den Einsatz einer Reihe von Spezialwerkzeugen und Prüfgeräten. Bauteile des Kraftstoffhochdrucksystems sind mit einem Fahrzeugdiagnosetester in den »Geführten Funktionen« zu prüfen. Nach Beendigung der meisten Prüfungen und Reparaturen am Kraftstoffsystem sind zudem der Fehlerspeicher des Steuergeräts der Diesel-Direkteinspritzanlage mit einem Fahrzeugdiagnosetester abzufragen und gespeicherte Fehler ggf. zu löschen.

Wir verzichten deshalb hier auf einige Anleitungen für Prüfungen und Reparaturen, wie »Teile des Kraftstoffsystems prüfen (z. B. das Regelventil für Kraftstoffdruck N276)«, »Hochdruckpumpe/Kraftstoffsystem befüllen/entlüften«, »Hochdruckpumpe aus- und einbauen« oder »Saugrohr aus- und einbauen«. Diese Arbeiten gehören unseres Erachtens in eine Fachwerkstatt.

Andererseits präsentieren wir im Folgenden vier (Montage-) Übersichten zum Kraftstoffsystem (Bild 29 bis 31) des 1,2 TDI-Dreizylinder-Motors (in einem Fall auch des 1,6 TDI-Vierzylinder-Motors), um Einblicke in das System und das Zusammenspiel der einzelnen Bauteile zu vermitteln. Die entsprechenden Montage-Übersichten zum 1,6 TDI-Vierzylinder-Motor zeigen jeweils ein ähnliches Bild. Diese vier Montageübersichten sollen aber auch dazu dienen, Zusammenhänge und Querverbindungen zu einigen in anderen Kapiteln dieses Buches demonstrierten Reparaturanleitungen herzustellen.

Einspritzventile (Magnetventilinjektoren) 1,2 TDI aus- und einbauen

Dazu werden ein Abzieher (T10055), eine Montagehülse (T10377), ein Steckschlüsseleinsatz (T40055), eine Stützhülse (T10411), ein Injektorabzieher (T10426) sowie ein Drehmomentschlüssel (V.A.G 1331) und eine Knarre (V.A.G 1331/1) benötigt.

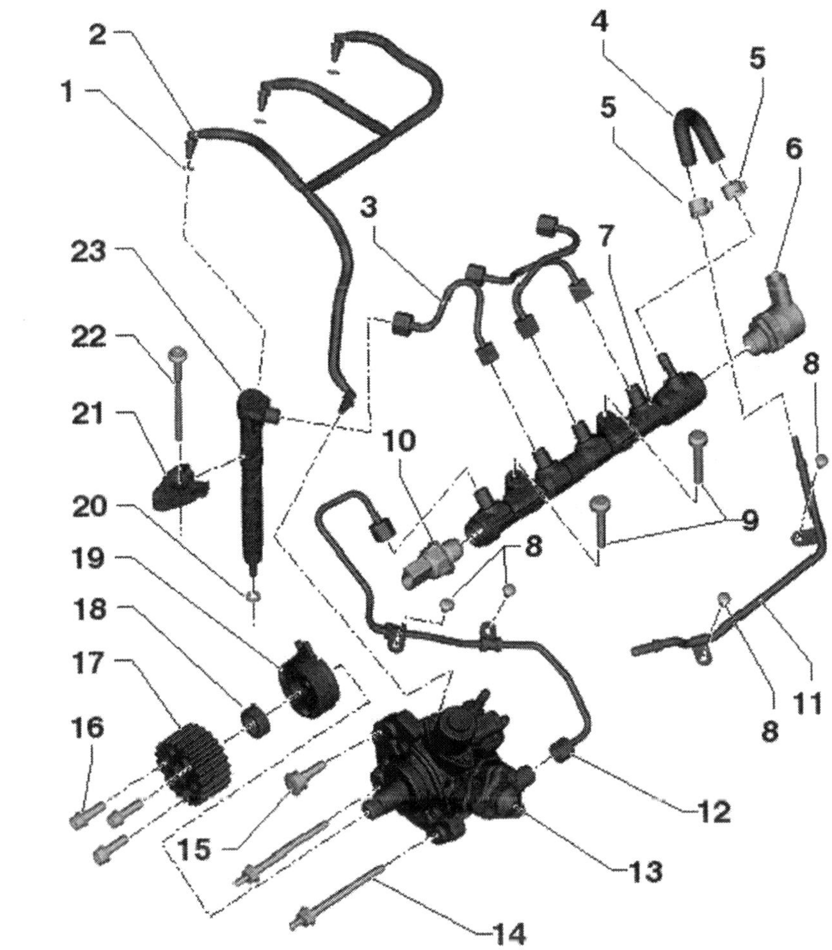

Bild 30

Bild 30
Montageübersicht »Kraftstoffsystem« 1,2 TDI.

1 O Ring.
2 Leckagenleitungen (Kraftstoffrücklaufleitungen) zur Hochdruckpumpe. Die Kraftstoffrücklaufleitung darf nicht geknickt, beschädigt oder verstopft sein, und sie darf nicht zerlegt werden.
3 Hochdruckleitungen (28 Nm) zwischen Rail-Element (Hochdruckspeicher) und Einspritzventilen (Magnetventilinjektoren). Nicht vertauschen, spannungsfrei einbauen. Bei Wiederverwendung der Hochdruckleitungen zylinderspezifische Kennzeichnung beachten. Die Hochdruckleitungen können wiederverwendet werden nach folgenden Prüfungen: Den Dichtkonus der jeweiligen Hochdruckleitung auf Verformungen und Risse prüfen. Die Leitungsbohrung darf nicht verformt, verengt oder beschädigt sein. Korrodierte Leitungen dürfen nicht mehr verwendet werden.
4 Verbindungsleitung im Kraftstoffrücklauf.
5 Schellen.
6 Regelventil für Kraftstoffdruck N276 (80 Nm). Nicht wieder verwendbar.
7 Rail-Element (Hochdruckspeicher).
8 Schrauben Halter Hochdruckleitung zwischen Rail-Element und Hochdruckpumpe sowie Schrauben Halter Kraftstoffrückleitung zum Kraftstoffvorlauf (9 Nm).
9 Schrauben Rail-Element (ersetzen, 20 Nm + 180° weiterdrehen).
10 Kraftstoffdruckgeber G247 (100 Nm).
11 Kraftstoffrücklaufleitung zum Kraftstoffvorlauf.
12 Hochdruckleitung (28 Nm) zwischen Hochdruckpumpe und Rail-Element (Hochdruckspeicher). Siehe auch Anmerkungen zu Hochdruckleitungen Pos. 3.
13 Kraftstoff-Hochdruckpumpe mit Ventil für Kraftstoffdosierung N290 (nicht öffnen). Nach dem Erneuern der Hochdruckpumpe muss eine Kraftstofferstbefüllung durchgeführt werden (Trockenlauf ist unbedingt zu vermeiden).
14 Schrauben Hochdruckpumpe (20 Nm + 180° weiterdrehen).
15 Schraube Hochdruckpumpe (20 Nm + 45° weiterdrehen).
16 Schrauben für Zahnriemenrad-Hochdruckpumpe (20 Nm + 90° weiterdrehen).
17 Zahnriemenrad-Hochdruckpumpe.
18 Mutter Nabe Hochdruckpumpe (95 Nm).
19 Nabe Hochdruckpumpe. Zum Lösen und Anziehen Gegenhalter T10051, zum Ausbau Abzieher T40064 verwenden.
20 Kupferscheibe (ersetzen).
21 Spannpratze.
22 Schraube für Spannpratze (8 Nm + 180° weiterdrehen).
23 Einspritzventile (Magnetventilinjektoren). Folgende Bauteile und Dichtungen bzw. O-Ringe sind bei jedem Aus- und Einbau sowie beim Erneuern eines Injektors zu erneuern: Kupferscheibe, O-Ring vom Injektorschacht, Schraube für Spannpratze.
Vor Wiederverwendung der Einspritzhochdruckleitung eine visuelle Prüfung der Dichtkonen auf Beschädigungen, z. B. Querriefen, Korrosion, durchführen, bei Beschädigung immer ersetzen.
Demontierte Einspritzventile, Hochdruckleitungen und Spannpratzen, die wieder eingebaut werden, dürfen ausschließlich am selben Ort (Zylinder) wieder montiert werden.

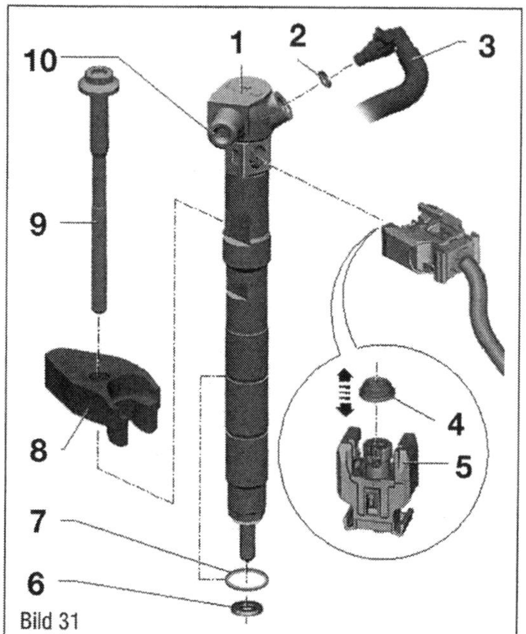

Bild 31

Bild 31
Montageübersicht »Einspritzventil/Einbaulage Spannpratze« 1,2 TDI.
1 Einspritzventile (Magnetventilinjektoren). Folgende Bauteile und Dichtungen bzw. O-Ringe sind bei jedem Aus- und Einbau sowie beim Erneuern eines Injektors zu erneuern: Kupferscheibe, O-Ring vom Injektorschacht, Schraube für Spannpratze.
2 O-Ring.
3 Leckagenleitungen (Kraftstoffrücklaufleitungen) zur Hochdruckpumpe. Sie dürfen nicht geknickt, beschädigt oder verstopft sein und nicht zerlegt werden.
4 Dichtung im Stecker (ersetzen)
5 Stecker. Wird der Stecker demontiert, Steckerdichtung ersetzen.
6 Kupferscheibe (ersetzen).
7 O-Ring.
8 Spannpratze.
9 Schraube für Spannpratze (ersetzen, 8 Nm + 180° weiterdrehen).
10 Gewindestutzen Einspritzventil.

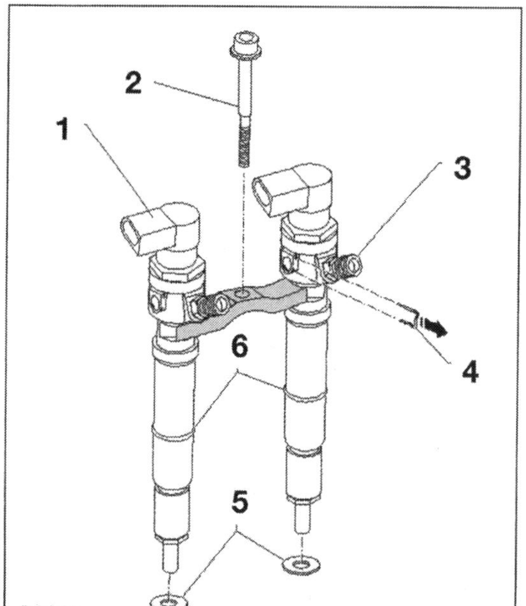

Bild 32

Bild 32
Montageübersicht »Einspritzventil/Einbaulage Spannpratze« 1,6 TDI.
1 Einspritzventile (Piezo-Injektoren).
2 Schraube für Spannpratze (ersetzen, 8 Nm + 180° weiterdrehen).
3 Hochdruckstutzen. Beim Lösen der Hochdruckleitungen gegenhalten.
4 Halteklammer Rücklaufleitungen (ersetzen). Halteklammer vor Montage des Injektors leicht fetten.
5 Kupferscheibe (ersetzen).
6 O-Ring (ersetzen).

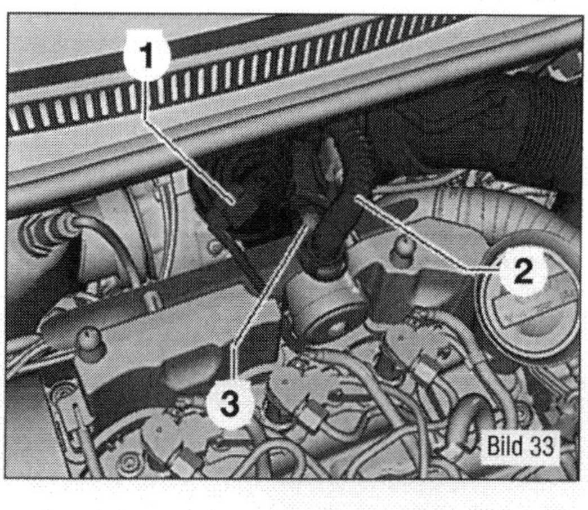

Bild 33

Bild 33
1,2 TDI: Entlüftungsleitung (2) zwischen Zylinderkopfhaube und Ansaugschlauch ausbauen.
1 Stecker Ladedrucksteller.
2 Entlüftungsleitung
3 Zylinderkopfhaube

Ausbau

- Motorabdeckung ausbauen.
- Stecker (1) Ladedrucksteller vom Abgasturbolader abziehen. Dann Entlüftungsleitung (2) zwischen Zylinderkopfhaube und Ansaugschlauch ausbauen. Dazu die Schnellverschlüsse zusammendrücken (Bild 32).
- Den Rücklaufleitungs-Anschluss öffnen, dazu die Verrastung (1) entriegeln. Den Anschluss der Kraftstoffrücklaufleitung am Einspritzventil in Pfeilrichtung abziehen (Bild 33).

⚠ Auf Sauberkeit achten, Schmutz darf keinesfalls in die abgezogenen Rücklaufleitungen und in die Anschlüsse der Einspritzventile gelangen. Geöffnete Kraftstoffanschlüsse unbedingt mit geeigneten Mitteln vor Schmutzeintrag schützen.

- Die Steckverbindung (Pos. 5 Bild 31) an den auszubauenden Injektoren abziehen. Die Steckerdichtung (Pos. 4 Bild 31) bei Einbau ersetzen.
- Hochdruckleitung (Pos. 12 Bild 30) zwischen Rail-Element (Hochdruckspeicher) und Hochdruckpumpe lösen.
- Hochdruckleitungen (Pos. 3 Bild 30) zwischen Rail-Element und Einspritzventilen ausbauen.
- Befestigungsschraube (Pos.9 Bild 31) der Spannpratze (Pos. 8 Bild 31) des auszubauenden Einspritzventils herausdrehen (Bild 35).
- Den Abzieher T10055 mit dem Injektorabzieher T10426 wie im Bild 36 gezeigt ansetzen. Durch Klopfbewegungen die Einspritzventile immer zusammen mit der Spannpratze nach oben herausziehen.

⚠ Mit großer Vorsicht vorgehen, um unnötige Montagearbeiten oder Folgeschäden zu vermeiden.

Einbau

⚠ Beim Einbau der Einspritzventile sind die eingangs dieses Kapitels aufgelisteten Anweisungen strikt zu beachten.

- Wird eine gebrauchte Einspritzeinheit wieder eingebaut:

- Die Spitze der Einspritzeinheit mit einem Rostlösespray einsprühen. Nach ca. 5 Minuten mit einem Lappen die Rußpartikel bzw. Ölpartikel entfernen.
- Zum Demontieren des alten Kupferdichtrings von der Einspritzeinheit den Kupferdichtring vorsichtig mit einer Zange einspannen, bis der Kupferdichtring gerade am Durchdrehen gehindert wird. Einspritzeinheit mit leicht drehenden und ziehenden

Bewegungen von Hand aus dem Kupferdichtring ziehen (Bild 37).
- Den neuen Kupferdichtring mithilfe einer Kunststoffbuchse montieren.
- Dichtfläche im Zylinderkopf und den Injektorschacht mit einem in Motoröl bzw. Rostlöser getränkten Lappen reinigen. Die Dichtfläche dabei nicht beschädigen.
- Den Dichtring für Injektorschacht ersetzen, dazu die Montagehülse T10377 nutzen (Bild 38).
- Die Spannpratze auf die Einspritzventile schieben (Einbaulage beachten, siehe Bild 31) und die Injektoren mit Spannpratze vorsichtig in die Injektorschächte einführen. Mit großer Vorsicht vorgehen, um unnötige Montagearbeiten oder Folgeschäden zu vermeiden. Beschädigung und Kontakt der Injektoren mit dem Zylinderkopf sind zu vermeiden.
- Die Befestigungsschrauben zunächst nur mit 1 - 2 Nm festziehen. Ein Ausrichten der Injektoren, bei Handmontage der Hochdruckleitungen, muss möglich sein.
- Hochdruckleitungen einbauen (siehe anschließende Anleitung).
- Der restliche Zusammenbau erfolgt sinngemäß in umgekehrter Ausbaureihenfolge.
- Nach dem Erneuern der Einspritzventile »Korrekturwerte anpassen« (Fahrzeugdiagnose-, Mess- und Informationssystem VAS 5051 »Geführte Funktionen«).

Einspritzventile (Piezo-Injektoren) 1,6 TDI aus- und einbauen

Es werden die gleichen Spezialwerkzeuge und Hilfsmittel benötigt wie beim 1,2 TDI, Injektorabzieher jedoch T10402.
Auch der Reparaturablauf folgt im Wesentlichen den Arbeitsschritten zum 1.2 TDI.

Ausbau (siehe dazu Bild 30 und 32)
- Motorabdeckung ausbauen und Geräuschdämpfung von der Zylinderkopfhaube abnehmen.
- Steckverbindungen an den auszubauenden Injektoren abziehen. Hochdruckleitung zwischen Rail-Element und Injektoren abschrauben. Bevorzugte Lösereihenfolge der Hochdruckleitungen: Zylinder 4-3-2-1. Zum Lösen der Hochdruckleitungen den Hochdruckstutzen an den Injektoren gegenhalten.

Bild 34
1,2 TDI: Anschluss der Kraftstoffrücklaufleitung am Einspritzventil ausbauen.
1 Verrastung.

Bild 35
1,2 TDI: Befestigungsschraube der Spannpratze herausdrehen.

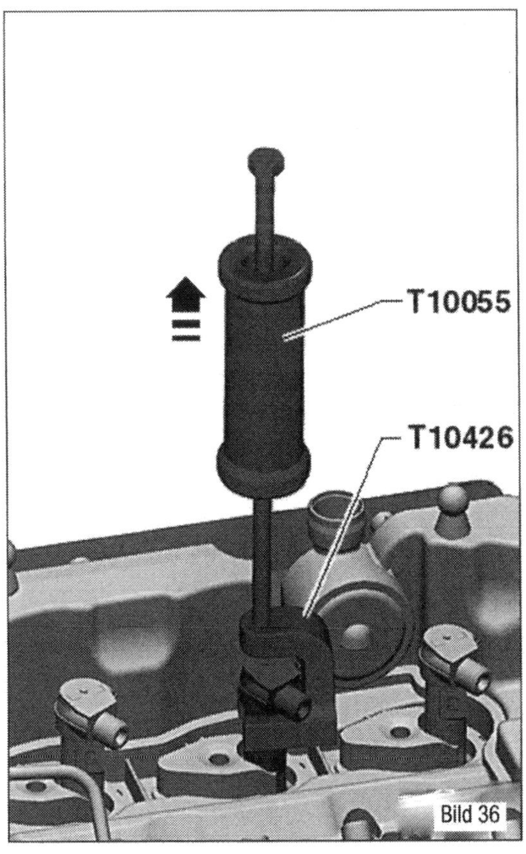

Bild 36
1,2 TDI: Einspritzventil ausbauen.

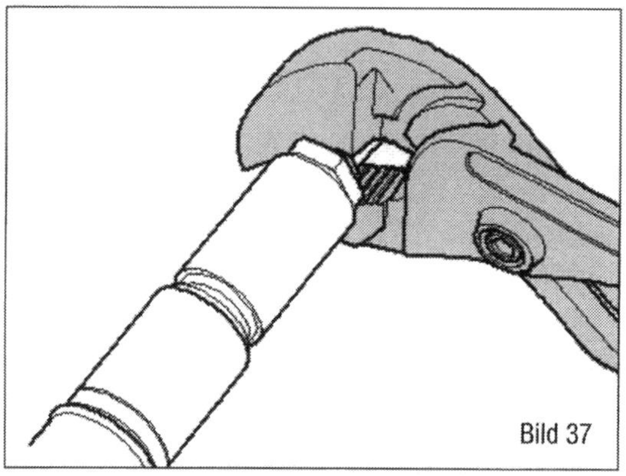

Bild 37
1,2 TDI: Kupferdichtring aus der gebrauchten Einspritzeinheit ausbauen.

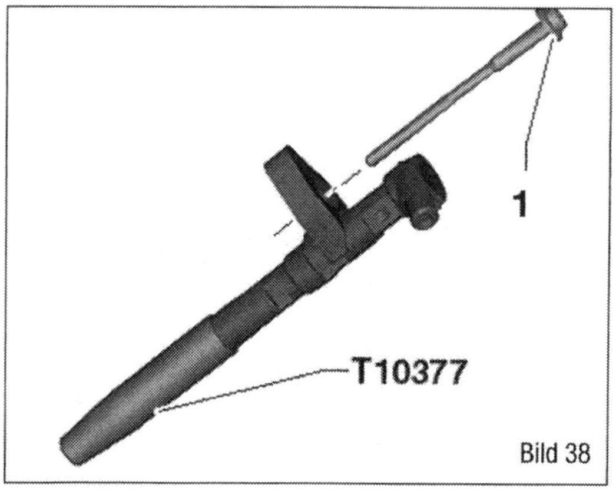

Bild 38
1,2 TDI: Dichtring für Injektorschacht mithilfe einer Montagehülse ersetzen.
1 Schraube für Spannpratze.

■ Die Hochdruckleitung am Rail-Element und an der Hochdruckpumpe nur lösen.
■ Rücklaufleitungs-Anschluss mithilfe eines schmalen Schraubendrehers und einer Spitzzange öffnen. Zum Entriegeln der Kraftstoffrücklaufleitung die Halteklammer in Pfeilrichtung (Pos. 4 Bild 32) herausziehen. Dann die Anschlüsse der Kraftstoffrücklaufleitung an den Injektoren abziehen.
■ Befestigungsschraube der Spannpratze (Pos. 2 Bild 32) der auszubauenden Injektoren herausschrauben.
■ Abzieher T10055 mit dem Injektorabzieher T10402 wie im Bild 8 gezeigt ansetzen und durch Klopfbewegungen die Injektoren nach oben herausziehen.

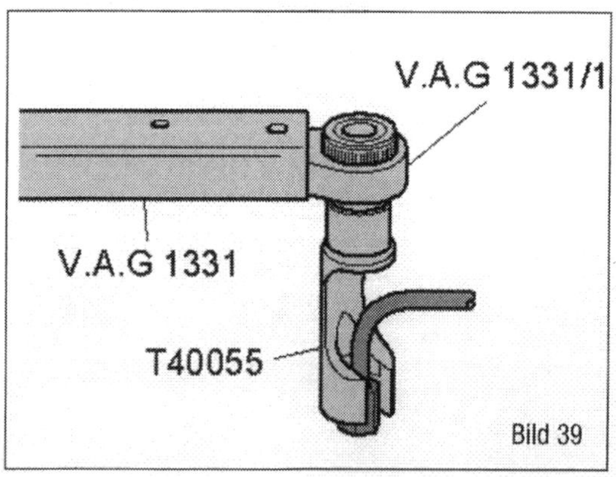

Bild 39
Zum Festziehen der Einspritzleitungen den Drehmomentschlüssel mit Knarre und Steckschlüssel Schlüsselweite 17 verwenden.

Einbau

■ Zum Einbau einer gebrauchten Einspritzeinheit, Reinigung des Injektorschachtes und Ersetzen des Dichtringes für Injektorschacht: siehe Arbeitsschritte 1,2 TDI.
■ Neue Halteklammern vor Montage des Injektors einsetzen.
■ Spannpratze auf die Einspritzventile schieben (Einbaulage beachten, siehe Bild 32) und dann immer 2 Injektoren mit Spannpratze vorsichtig in die Injektorschächte des Zylinderkopfs einführen. Befestigungsschrauben zunächst nur mit max. 1 - 2 Nm festziehen. Ein Ausrichten der Injektoren, bei Handmontage der Hochdruckleitungen, muss möglich sein.
■ Hochdruckleitungen einbauen.
■ Der restliche Zusammenbau erfolgt sinngemäß in umgekehrter Ausbaureihenfolge (siehe dazu Arbeitsschritte beim 1,2 TDI).

Hochdruckleitungen montieren 1,2 TDI/1,6 TDI

Dazu werden ebenfalls, wie beim Ausbau der Einspritzventile, Drehmomentschlüssel, Knarre, Steckschlüsseleinsatz, Stützhülse und zusätzlich ein Einsteckwerkzeug 17 (V.A.G 1331/6) benötigt.

⚠ Zum besseren und spannungsfreien Ansetzen der Einspritzleitungen das Rail-Element (Hochdruckspeicher) und die Einspritzventile (Magnetventilinjektoren bzw. Piezo-Injektoren) lösen und leicht verschieben. Die Leitungen dürfen keinesfalls gebogen oder verspannt werden. Verspannungen würden langfristig zum Bruch der entsprechenden Leitung führen.

■ Schmutz aus dem Dichtkonus am Rail-Element absaugen. Kraftstoffleitung und Leitungskopf mit Kaltreiniger reinigen und mit Druckluft trockenblasen. Gewinde der Überwurfmuttern mit Kraftstoff benetzen.
■ Einspritzleitungen vom Rail-Element zum Einspritzventil erst von Hand ansetzen, die Überwurfmuttern nur handfest anziehen.
■ Anschließend die Hochdruckleitung von der Hochdruckpumpe zum Rail-Element montieren, Überwurfmuttern nur handfest anziehen.
■ Die weitere **Endmontage** entsprechend der aufgeführten **Reihenfolge:**

■ Hochdruckleitungen an Rail-Element und Einspritzventile mit 28 Nm anziehen. Zum Festziehen der Einspritzleitungen den Drehmomentschlüssel mit Knarre und Steckschlüssel Schlüsselweite 17 verwenden (Bild 39).
■ Das Rail-Element mit 20 Nm + 180°(1,2 TDI) bzw. 22 Nm (1,6 TDI) anziehen.
■ Zum Einbauen der Hochdruckleitung zwischen der Hochdruckpumpe und dem Rail-Element die Stützhülse T10411 auf den Kraftstoffdruckgeber G247 aufschieben (vorher Stecker abziehen). Die Stützhülse gibt den richtigen Abstand zwischen Kraftstoffdruckgeber und der Hochdruckleitung vor.
■ Zum Ansetzen der Überwurfmutter an der Hochdruckpumpe muss die Aufhängeöse beweglich sein, dazu die Schrauben lösen. Die Hochdruckleitung zwischen Hochdruckpumpe und Rail-Element zuerst an der Hochdruckpumpe und dann am Rail-Element mit 28 Nm festziehen.
■ Schraube (Pos. 8 Bild 30) vom Halter der Kraftstoffhochdruckleitung mit 9 Nm festschrauben.
■ Aufhängeöse mit 25 Nm (1,2 TDI) bzw. 20 Nm (1,6 TDI) festschrauben.
■ Die Stützhülse entnehmen und den Stecker auf den Kraftstoffdruckgeber wieder aufstecken.
■ Die Anschlüsse der Rücklaufleitungen vorsichtig in die Einspritzventile drücken. (Dichtring vorher auf Beschädigung kontrollieren). Der Verschluss muss hörbar einrasten.
■ Kraftstoffsystem entlüften/befüllen (Fahrzeugdiagnosetester anschließen, in den »Geführten Funktionen« die Funktion »Hochdruckpumpe/Kraftstoffsystem befüllen/entlüften« starten.
■ Motor einige Minuten im Leerlauf laufen lassen und wieder abstellen. Zündung ausschalten. Das gesamte Kraftstoffsystem und die Anschlüsse der Rücklaufleitungen auf Dichtigkeit prüfen. Bei Undichtigkeit trotz korrektem Anzugsdrehmoment ist das betroffene Bauteil zu tauschen.
■ Eine Probefahrt mit mindestens einer Volllastbeschleunigung fahren. Anschließend ist der Hochdruckbereich nochmals auf Dichtigkeit zu prüfen.

Luftfiltergehäuse 1,2 TDI aus- und einbauen/Filtereinsatz ersetzen

Der Luftfilter sitzt direkt links neben dem Motor. Aus- und Einbau werden durch die folgende Montageübersicht für den 1,2 TDI verdeutlicht (Bild 40).

Die Montageübersicht für den 1,6 TDI zeigt ein nahezu deckungsgleiches Bild. Aus- und Einbau verlaufen in gleichen Arbeitsschritten.

Ausbau

■ Steckverbindung vom Luftmassenmesser G70 abziehen, Federbandschelle Pos. 5 in Bild 40) öffnen und den Ansaugschlauch zum Abgasturbolader (Pos. 3 im Bild 40) abziehen.
Beim 1,6 TDI ist es wegen des schlechten Zugangs zur Schelle am Ansaugschlauch unten günstiger, den Ansaugstutzen vom Abgasturbolader abzubauen.

Bild 40
Montageübersicht »Luftfilter« 1,2 TDI.
1 Schelle (8 Nm).
2 Verbindungsrohr von der Zylinderkopfhaube für Kurbelgehäuseentlüftung.
3 Ansaugschlauch zum Abgasturbolader.
4 Schrauben Luftmassenmesser an Luftfilteroberteil (2 Nm).
5 Federbandschelle.
6 Luftmassenmesser G70.
7 O-Ring (bei Beschädigung ersetzen).
8 Schrauben Luftfilteroberteil an Luftfilterunterteil (8 Nm).
9 Luftfilteroberteil.
10 Filtereinsatz. Zum Ausbau ¼ Umdrehung nach links.
11 Schraube Luftfilterunterteil (10 Nm).
12, (13) und (17) Gummilager (bei Beschädigung ersetzen).
14 Luftansaugschlauch mit Ansaugluftstutzen (Ansaugluftstutzen am Schlossträger befestigt).
15 Entwässerungsrohr (Einbaulage beachten).
16 Luftfilterunterteil.

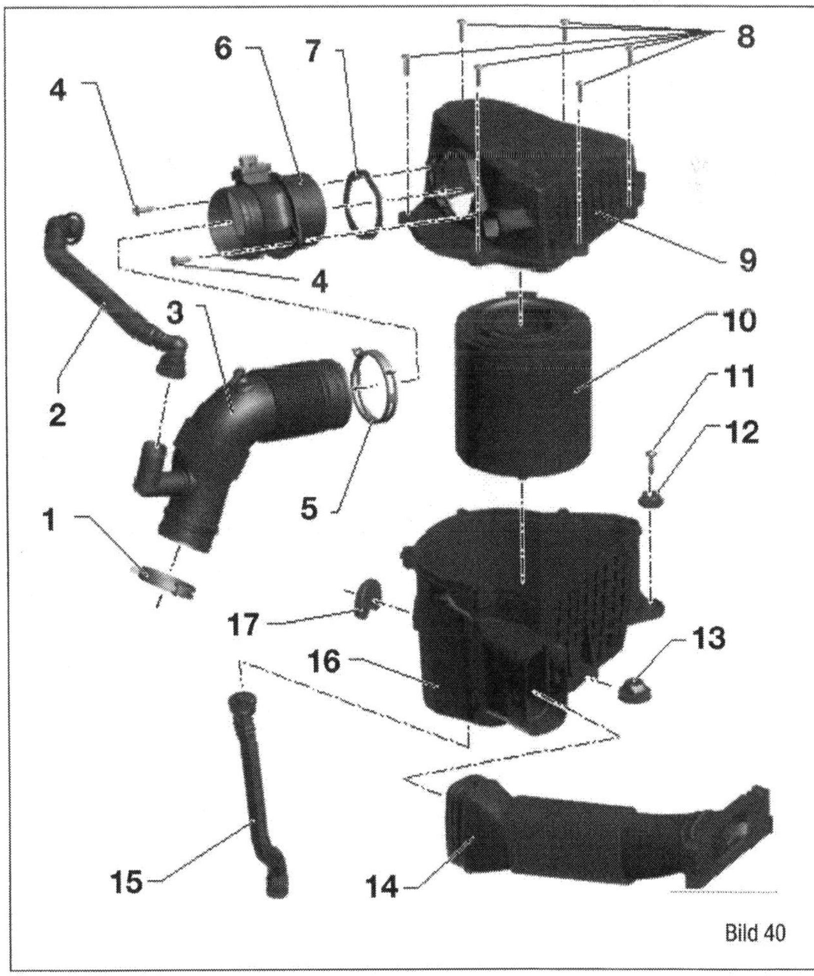

Bild 40

Nach diesem Schritt können die Befestigungsschrauben (Pos. 8 im Bild 40) Luftfilteroberteil an Luftfilterunterteil herausgeschraubt, das Luftfilteroberteil abgenommen und der Filtereinsatz (Pos. 10 im Bild 40) durch Umdrehung nach links ausgebaut werden. Filtergehäuse reinigen und neuen Filtereinsatz einbauen.

■ Die Unterdruckleitungen vom Luftfilter komplett mit Halter (1) nach oben abnehmen (Bild 41).
■ Verschraubung am Luftfiltergehäuse (Pos.11 im Bild 40) lösen, den Verbindungsschlauch (Pos. 14 im Bild 40) und anschließend das komplette Luftfiltergehäuse herausnehmen.

Einbau
Der Einbau erfolgt in umgekehrter Ausbaureihenfolge. Dabei ist Folgendes zu beachten:
■ Das Entwässerungsrohr (Pos. 15 im Bild 40) zwischen Getriebe und Karosserie durchführen und durch einen Blick unter den Kotflügel kontrollieren, ob es richtig verbaut ist.
■ Anzugsdrehmomente siehe Legende zu Bild 40.

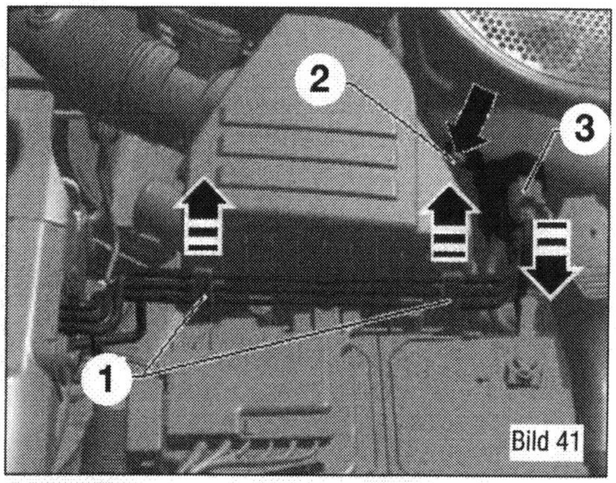

Bild 41
Unterdruckleitungen vom Luftfilter komplett mit Halter (1) nach oben abnehmen.
2 Schraube an Halter des Magnetventils für Ladedruckbegrenzung N75.
3 Stecker des Magnetventils für Ladedruckbegrenzung N75.

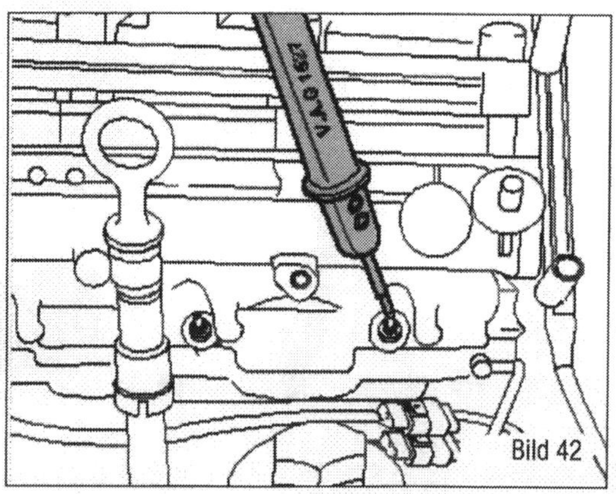

Bild 42
Metall-Glühkerzen mit Spannungsprüfer prüfen.

Metall-Glühkerzen 1,2 TDI prüfen, aus- und einbauen

Es werden ein Gelenkschlüssel SW 10 (3220), ein Drehmomentschlüssel (V.A.G 1331), ein Spannungsprüfer (V.A.G. 1527 B) und ein Messhilfsset (V.A.G 1594 C) benötigt.

Prüfungsvoraussetzungen
Streifensicherung für Glühkerzen im Sicherungshalter/Batterie i. O.
Batteriespannung mindestens 11,5 V,
Zündung ausgeschaltet

Prüfablauf
■ Motorabdeckung ausbauen, Glühkerzenstecker von den Glühkerzen abziehen.
■ Die Leitung des Spannungsprüfer mit den Hilfsklemmen aus dem Messhilfsmittel-Set an Batterie Plus (+) anschließen und die Prüfspitze des Spannungsprüfers nacheinander an jeder Glühkerze anlegen (Bild 42). Diode leuchtet: Glühkerze i. O. Diode leuchtet nicht: Glühkerze ersetzen.

Ausbau
■ Glühkerzen mit dem Gelenkschlüssel ausbauen.

Einbau
Der Zusammenbau erfolgt sinngemäß in entgegen gesetzter Reihenfolge zum Ausbau.
■ Glühkerzen von Hand mit dem Gelenkschlüssel in den Zylinderkopf eindrehen und anschließend mit Drehmomentschlüssel mit 15 Nm festziehen.

Sind **Keramik-Glühstiftkerzen** verbaut, ist besondere Vorsicht geboten. Keramik-Glühstiftkerzen sind gegen Stoß und Biegung empfindlich. Aus diesem Grund dürfen selbst aus geringer Höhe (ca. 2 cm) herab gefallene Glühstiftkerzen keinesfalls verwendet werden, auch wenn augenscheinlich keine Beschädigung erkennbar ist. Der Montageanweisung ist unbedingt Folge zu leisten, ansonsten besteht die Gefahr des Stiftbruchs und daraus folgender Motorschäden.

Ansonsten folgt der **Aus- und Einbau der Keramik-Glühstiftkerzen** bei kaltem Motor

und ausgeschalteter Zündung den gleichen Arbeitschritten wie bei Metall-Glühkerzen. Kerzen nicht verkanten. Vor dem Einbau die Zylinderkopfbohrung und das Gewinde vollständig von Ablagerungen säubern. Das Gewinde der Bohrung im Zylinderkopf bzw. der Keramik-Glühstiftkerzen nicht einölen oder fetten.
Nach dem Einbau und vor dem ersten Motorstart am kalten Motor eine **Widerstandsprüfung** an allen Keramik-Glühstiftkerzen durchführen. Sollte die defekte Keramik-Glühstiftkerze gebrochen sein, alle Bruchstücke aus dem Motor entfernen, da es sonst zu Motorschäden kommen kann. Sollwert: max. 1 Ω. Wird der Sollwert überschritten, defekte Keramik-Glühstiftkerze ersetzen.
Aus- und Einbau der Glühstiftkerzen beim 1,6 TDI-Motor verlaufen in ähnlichen Bahnen: Zusätzlich sind die Steckverbindungen am Differenzdruckgeber G505 und am Kraftstoffdruckgeber G247 abzuziehen, die Verrastung der Kabelführung zu öffnen, um den Leitungsstrang frei zu legen, und die Kraftstoffrücklaufleitung am Rail-Element abzubauen.
Die Steckverbindung der Glühstiftkerze ist mit der Zange 3314 nach oben abzuziehen (Zange mit der Zungennut am Bund der Stützhülse ansetzen: siehe Kapitel 2, Bild 82 und 83).
Anzugsdrehmoment für die Glühstiftkerzen = 18 Nm.
Die Vorglühanlage wird von der Eigendiagnose des Motorsteuergeräts überwacht. Notwendige Prüfungen erfolgen mit der »Geführten Fehlersuche« (Fahrzeugdiagnosetester).

Motorsteuergerät aus- und einbauen

Wenn das Motorsteuergerät ersetzt werden soll, einen Fahrzeugdiagnosetester anschließen und in den geführten Funktionen »Steuergerät ersetzen« durchführen.

Motorsteuergerät ohne Diebstahlschutz
Ausbau
■ Zündung ausschalten und die Stecker vom Motorsteuergerät entriegeln und abziehen.

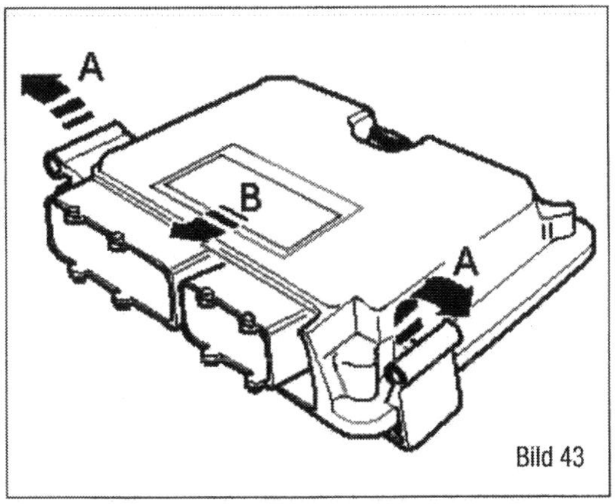

Bild 43
Motorsteuergerät ohne Diebstahlschutz ausbauen.

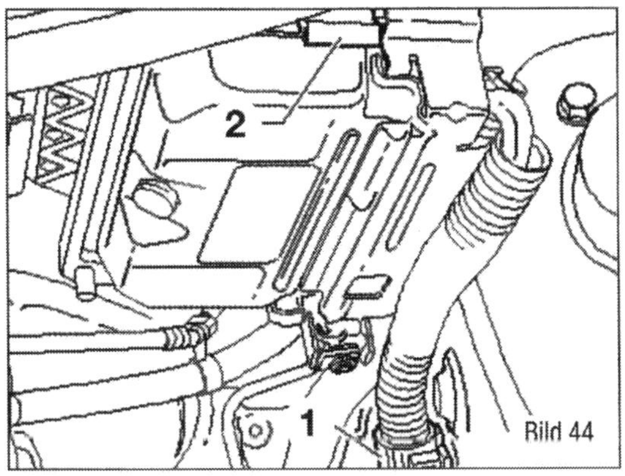

Bild 44
Diebstahl gesichertes Motorsteuergerät ausbauen.
1 Leitungsführung.
2 Verriegelung.

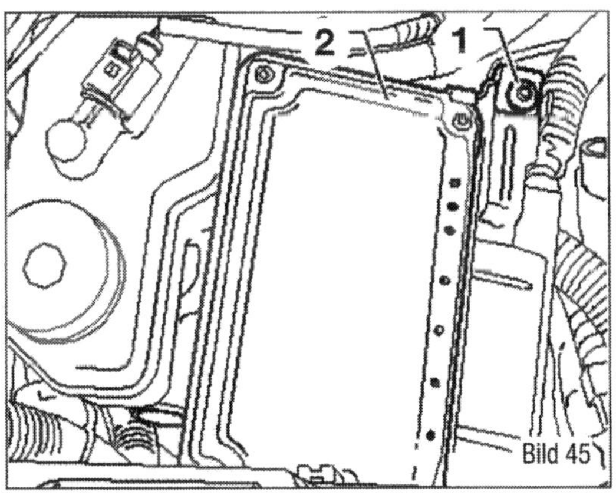

Bild 45
Diebstahl gesichertes Motorsteuergerät ausbauen.
1 Abreißschraube des Halters für das Schutzgehäuse.
2 Motorsteuergerät.

■ Die Clips (Pfeile A) nach außen drücken, das Motorsteuergerät seitlich herausziehen (Pfeil B Bild 43).

Einbau
■ Motorsteuergerät einsetzen und nach links drücken. Die Stecker anschließen und verriegeln.

Diebstahl gesichertes Motorsteuergerät
Ausbau
■ Zündung ausschalten, Leitungsführung (1) öffnen, die Verriegelung (2) anheben und das Motorsteuergerät aus der Halterung herausnehmen (Bild 44).

■ Die Abreißschraube (1) mit einer Zange herausdrehen, das Motorsteuergerät (2) umdrehen und die zweite Abreißschraube ebenfalls mit einer Zange herausdrehen (Bild 45).

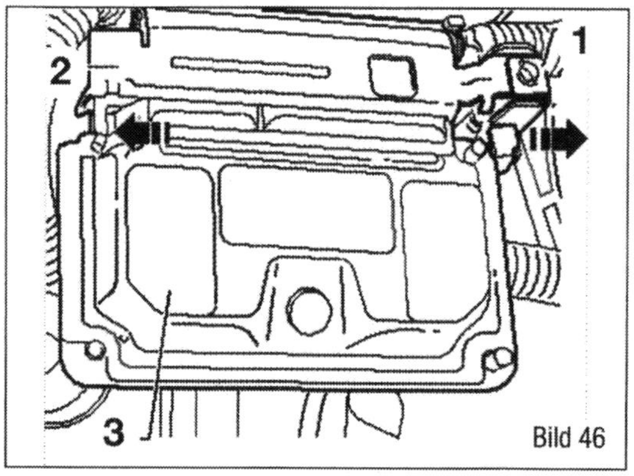

Bild 46
Diebstahl gesichertes Motorsteuergerät ausbauen.
1 Halter des Schutzgehäuses.
2 Schutzgehäuse.
3 Motorsteuergerät.

Den Halter (1) und das Schutzgehäuse (2) in Pfeilrichtung vom Motorsteuergerät (3) abziehen. Die Stecker vom Motorsteuergerät entriegeln und abziehen (Bild 46).

Einbau

■ Die Stecker anschließen und verriegeln, das Schutzgehäuse über das Motorsteuergerät schieben, den Halter des Schutzgehäuses mit neuen Abreißschrauben einbauen, die Abreißschrauben gleichmäßig bis zum Abreißen der Schraubenköpfe festziehen.

■ Das Motorsteuergerät in die Halterung an der Stirnwand einsetzen, bis die Verriegelung (2) hörbar einrastet. Die Leitung in die Leitungsführung (1) drücken und verschließen (siehe Bild 44).

9 Abgasanlage und Turboaufladung

Die Abgas- oder Auspuffanlage am Fahrzeugunterboden reinigt mit Katalysatoren die Verbrennungsabgase und leitet sie mit geringem Gegendruck zum Endrohr am Fahrzeugheck. Außerdem soll sie die Verbrennungsgeräusche auf ein Minimum reduzieren und die Motorleistung optimieren.
Der Auspuff moderner Pkw ist für mehr als 60.000 Kilometer gut, wobei die Lebensdauer natürlich auch von den Einsatzbedingungen des Fahrzeugs abhängt. Ist man überwiegend auf kurzen Strecken unterwegs, fallen mehr Kondensat, Ruß und aggressive Säuren im Innern der Anlage an als beim Langstreckenbetrieb mit voll durchgewärmtem Motor. Das Abgasrohr vorn mit angebautem Katalysator ist seltener als die anderen Teile vom Rost bedroht, weil dort die Verbrennungsgase noch mit Temperaturen zwischen 800 und 1000 °C einströmen. Danach verlieren die Abgase an Temperatur und sind am Endrohr nur noch 150 bis 300 °C heiß. Dort tritt das meiste Kondenswasser aus. Es mischt sich mit Verbrennungsrückständen zu aggressiven Säuren und lässt das Auspuffblech von innen nach außen durchrosten, falls das Endrohr nicht, wie es heute meist geschieht, aus besonders korrosionsbeständigem Material hergestellt wurde.

Hinweise und Regeln bei Arbeiten an der Auspuffanlage

■ Nach Montagearbeiten an der Abgasanlage darauf achten, dass sie nicht verspannt wird und dass sie ausreichend Abstand zum Aufbau hat. Gegebenenfalls Doppelschelle(n) lösen und Schalldämpfer und Abgasrohre so ausrichten, dass überall ausreichend Abstand zum Aufbau vorhanden ist und die Aufhängungen gleichmäßig belastet werden.
■ Dichtungen und selbstsichernde Muttern immer ersetzen.
■ Alle Schlauchverbindungen mit entsprechenden Schlauchschellen sichern.
■ Alle Kabelbinder, die beim Ausbau gelöst werden, sind beim Einbau an der gleichen Stelle wieder anzubringen.
■ Für Arbeiten an Abgasanlage und Ladeluftsystem gelten die Vorschriften, die für Arbeiten am Motor oder am Kraftstoffsystem üblich sind.

Darüber hinaus sind folgende Regeln zu beachten:
■ Reparaturen an durchgerosteten Auspuffanlagen z. B. mit Auspuffkitt und Bandagen haben nur kurzzeitig Erfolg. Das Blech bricht bald neben der Reparaturstelle. Werkstätten wechseln Auspuffanlagen meist komplett aus.
■ Daher Zustand der Anlage genau prüfen und dann entscheiden, ob einzelne Teile oder das ganze System erneuert werden sollen. Die Abgasanlage kann, bei der Demontage abgestützt, komplett mit Schalldämpfern ausgebaut werden.
■ Bei einer Demontage darf die Abgasanlage keinesfalls herunterfallen. Dabei könnten wichtige Teile beschädigt werden.
■ Der mit dem Abgaskrümmer verbundene Abgasturbolader kann bei einem Defekt nur komplett ersetzt werden. Der Turbolader ist ein Präzisionsteil. Zum Austausch empfiehlt sich eine Werkstatt.
■ Verschraubungen der Auspuffanlage lassen sich beim nächsten Mal leichter lösen, wenn die Gewinde beim Einbau mit hochhitzefestem Kupferfett bestrichen werden. Das gilt auch für die Rohrverbindungen.
■ Werden Katalysatoren ausgebaut und ersetzt, müssen die Altteile vorschriftsmäßig entsorgt werden. Sie dürfen nicht wie Schrott behandelt werden, weil sie wertvolles Edelmetall enthalten, das wieder in den Produktionsprozess eingebracht werden kann.
■ Nach getaner Arbeit immer Motorprobelauf durchführen und Auspuffanlage auf Dichtheit prüfen.

Bei Dieselmotoren gilt zusätzlich:
■ Wird der Partikelfilter oder der Differenzdruckgeber G505 ausgewechselt, muss der Differenzdruckgeber G505 zwingend neu angepasst werden. Dies erfolgt über den Fahrzeugdiagnosetester »Geführte Funktionen – Differenzdruckgeber G505 anpassen«.
■ Der ausgebaute Dieselpartikelfilter ist ein hochwertiges Altteil und wird im Tausch aufbereitet.

Zustand der Auspuffanlage kontrollieren

⚠ Fahrzeug auf einer Hebebühne anheben oder absolut rüttelsicher aufbocken. Es darf nicht kippeln, wenn heftig an den Rohren der Auspuffanlage gedreht oder gezerrt wird.

■ Komponenten auf Brüchigkeit, Einrisse oder sonstige Schäden überprüfen, bei Bedarf ersetzen. Zur Kontrolle den Auspuff an den Schraubbefestigungen rütteln.

■ Verschraubungen am Auspuffkrümmerflansch auf festen Sitz prüfen. Wenn sich beim Demontieren eine Verschraubung nicht lösen lässt, mit Rost lösendem Mittel behandeln oder durch Überdrehen abreißen.

■ Dichtheit der Auspuffanlage prüfen (nachfolgende Anleitung).

■ Ein sehr dumpfer Auspuffton und Knallen im Schiebebetrieb weisen auf einen durchgerosteten Auspuff hin.

■ Schalldämpfer mit einem Hammer rundum gründlich abklopfen, auch an den Stirnseiten.
Nicht zu zaghaft hämmern. Klingt es bei jedem Schlag hell, ist das Blech noch gesund. Wird das Klopfgeräusch an manchen Stellen dumpfer, ist die Außenhaut bereits geschwächt und wird bald durchbrechen.

■ Wenn Teile der Anlage schon einmal ersetzt wurden, trennt man die Steckverbindung der Rohrenden am besten in erwärmtem Zustand. Schweißbrenner oder Propangasbrenner verwenden und Feuerlöscher bereithalten.

Abgasanlage auf Dichtheit prüfen

■ Motor anlassen und im Leerlauf drehen lassen.

■ Auspuffendrohr für die Dauer der Dichtheitsprüfung verschließen (Lappen, Stöpsel). Der Motor muss nach kurzer Zeit ausgehen.

■ Läuft der Motor weiter: Verbindungsstellen Zylinderkopf/Abgaskrümmer, Abgasturbolader/Abgasvorrohr usw. durch Abhören auf Dichtheit prüfen. Gibt es zischelnde Geräusche an Verbindungsstellen und läuft der Motor ungestört weiter, ist die Anlage an der Geräuschstelle undicht.

■ Festgestellte Undichtigkeiten beseitigen.

Im Folgenden stellen wir zuerst die Montageübersichten »Abgasanlage vorn mit Anbauteilen« sowie »Schalldämpfer mit Aufhängungen« jeweils für die vier Benzinmotoren zusammen (Bilder 1 bis 8). Obwohl diese Montageübersichten schon die Aus- und Einbausituation anschaulich demonstrieren, fügen wir noch die konkreten Anleitungen »Katalysator mit Abgasrohr aus- und einbauen« sowie »Mittel- und Nachschalldämpfer trennen« für den 1,2 TSI an. Damit wird auch die grundsätzliche Montagerichtung für die anderen Benzinmotoren vorgegeben.

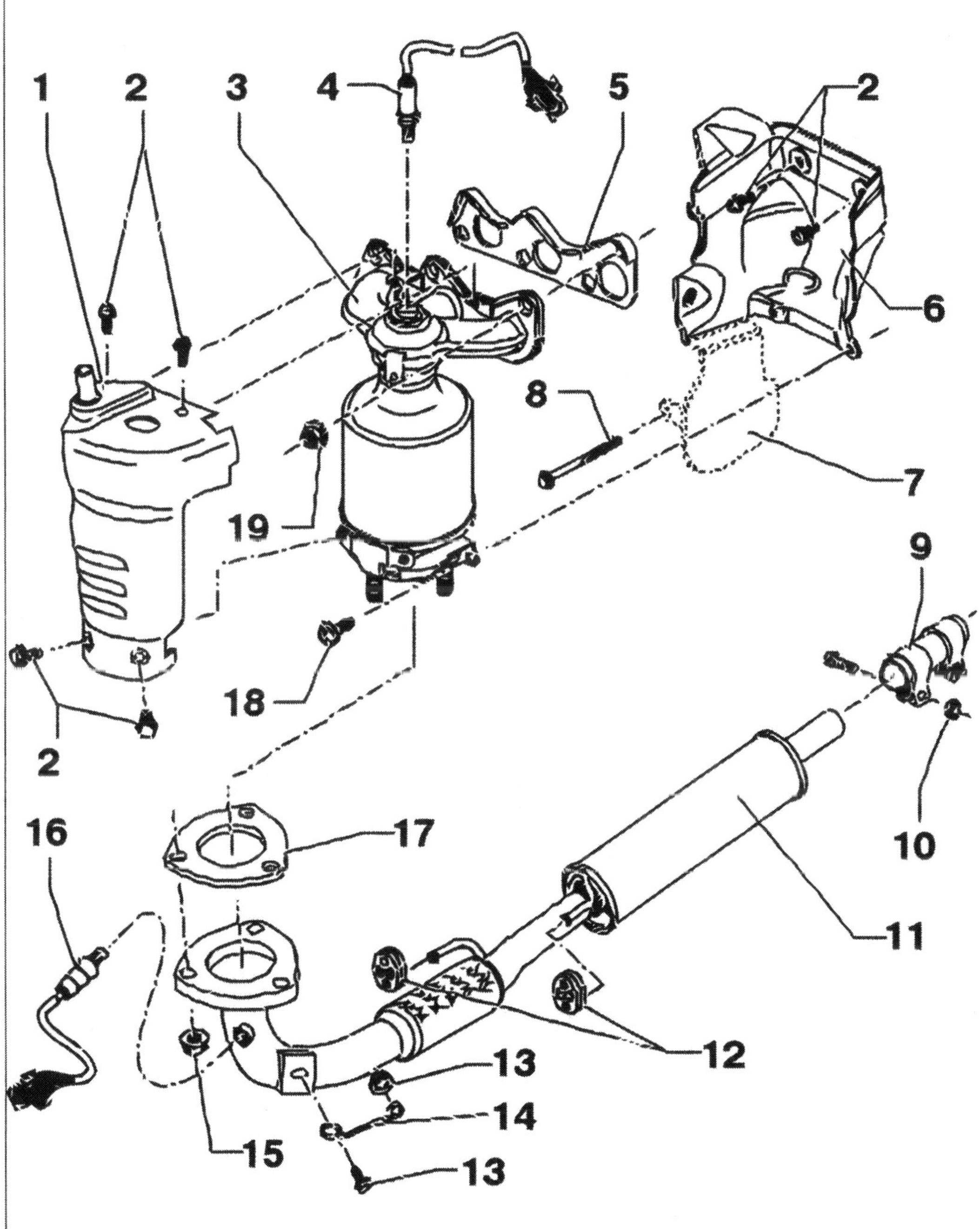

Bild 1

Montageübersicht »Abgasablage vorn mit Anbauteilen« 1,2 MPI.

1 Wärmeschutzblech (ohne Vorspannung einbauen).
2 Schrauben für Wärmeschutzbleche (10 Nm).
3 Abgaskrümmer mit Katalysator.
4 Lambdasonde G39 (50 Nm). Nur das Gewinde mit G 052 112 A3 fetten. An die Schlitze des Sondenkörpers darf kein Fett kommen. Aus- und Einbau mit Ringschlüsselsatz für Lambdasonde 3337. Dichtring bei Undichtigkeit aufkneifen und ersetzen.
5 Dichtung (ersetzen).
6 Wärmeschutzblech.
7 Wärmeschutzblech für Drehstromgenerator.
8 Schraube (20 Nm).
9 Doppelschelle zwischen Abgasvorrohr und Abgasrohr mit Nachschalldämpfer.
10 Muttern Doppelschelle (25 Nm).
11 Abgasvorrohr.
12 Aufhängungen (bei Beschädigung ersetzen).
13 Schrauben für Stütze (ersetzen, 20 Nm).
14 Stütze.
15 Sicherungsmuttern Abgasvorrohr an Katalysator (ersetzen, 25 Nm).
16 Lambdasonde nach Katalysator G130 (50 Nm). Nur das Gewinde mit G 052 112 A3 fetten. Fett darf nicht an die Schlitze des Sondenkörpers kommen. Aus- und Einbau mit Ringschlüsselsatz für Lambdasonde 3337. Dichtring bei Undichtigkeit aufkneifen und ersetzen.
17 Dichtung (ersetzen).
18 Schraube (20 Nm).
19 Sicherungsmuttern Abgaskrümmer (ersetzen, 25 Nm).

Sichtprüfung Messen

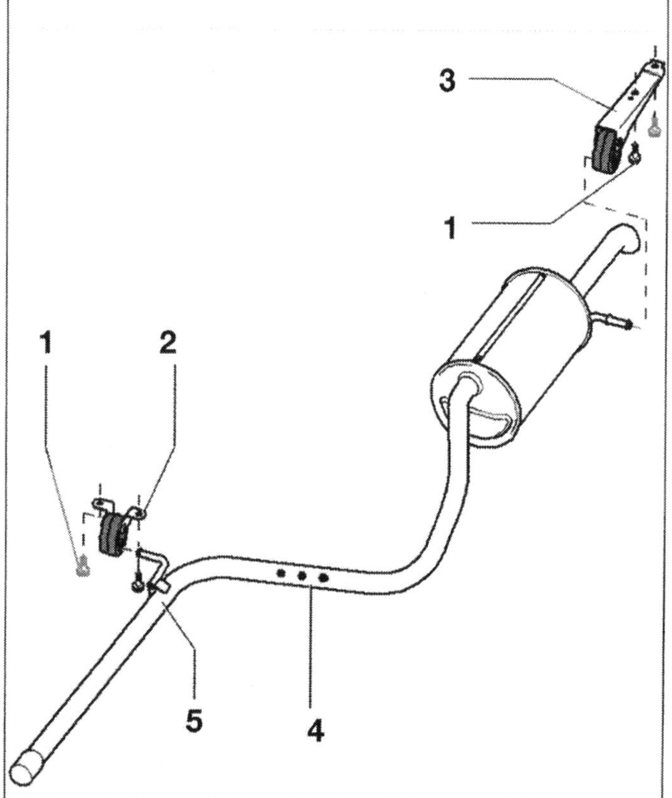

Bild 2

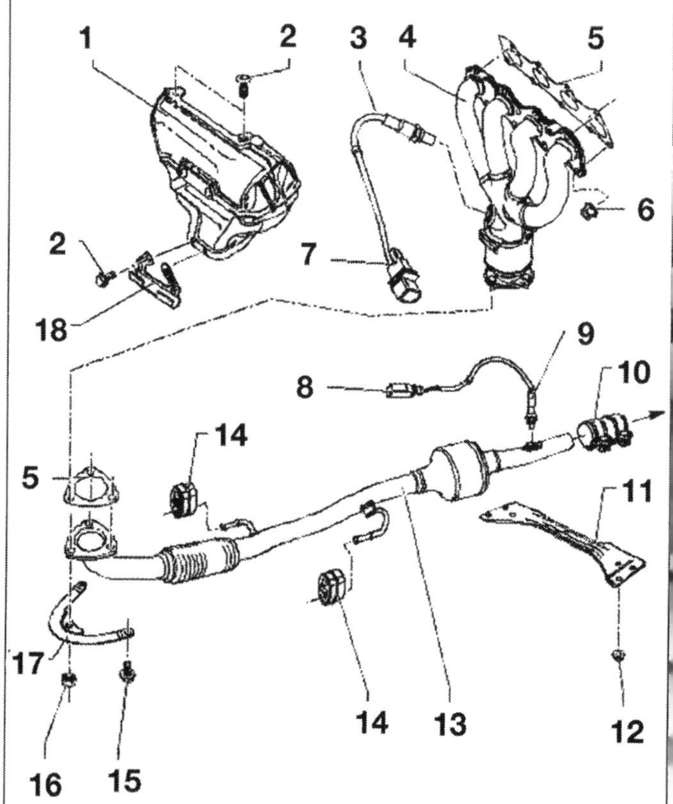

Bild 3

Bild 2
Montageübersicht »Schalldämpfer mit Aufhängungen« 1,2 MPI.

1 Schrauben der Aufhängungen (23 Nm).
2/3 Aufhängungen.
4 Trennstelle, durch Eindrückung auf dem Verbindungsrohr gekennzeichnet. Serienmäßig werden Vor- und Nachschalldämpfer als ein Teil eingebaut. Für den Reparaturfall werden Vor- und Nachschalldämpfer einzeln und mit einer Reparaturdoppelschelle zur Verbindung geliefert. Verbindungsrohr an der Trennstelle mit Karosseriesäge (V.A.G 1523A) rechtwinklig trennen.
5 Abgasrohr mit Nachschalldämpfer. Einbaulage beachten!

Bild 3
Montageübersicht »Abgasablage vorn mit Anbauteilen« 1,4 MPI.

1 Warmluftfangblech.
2 Schrauben Warmluftfangblech (10 Nm).
3 Lambdasonde G39 (50 Nm). Gewinde mit G 052 112 A3 fetten, kein Fett an die Schlitze des Sondenkörpers kommen lassen. Aus- und Einbau mit Ringschlüsselsatz für Lambdasonde 3337. Dichtring bei Undichtigkeit aufkneifen und ersetzen.
4 Abgaskrümmer mit Vorkatalysator. Vor Stoß- und Schlagbeanspruchung schützen.
5 Dichtungen (ersetzen).
6 Muttern Abgaskrümmer (ersetzen, 25 Nm).
7 Stecker (4-polig) für Lambdasonde G39.
8 Stecker (4-polig) für Lambdasonde G130.
9 Lambdasonde nach Katalysator G130 (55 Nm). Gewinde mit Heißschraubenpaste G 052 112 A3 fetten, keine Paste an die Schlitze des Sondenkörpers kommen lassen. Die Steckverbindung befindet sich unter der rechten Wagenbodenverkleidung.
10 Doppelschelle (25 Nm). Doppelschelle so einbauen, dass das Schraubenende nicht über die Unterkante der Doppelschelle hinausragt. Zunächst die Abgasanlage in kaltem Zustand spannungsfrei ausrichten, erst dann die Verschraubungen gleichmäßig anziehen.
11 Tunnelbrücke vorn.
12 Muttern Tunnelbrücke (23 Nm).
13 Katalysator mit Abgasrohr und mit Abkoppelelement, das nicht mehr als 10° geknickt werden darf.
14 Aufhängungen (bei Beschädigung ersetzen).
15 Schrauben Halter (20 Nm).
16 Muttern Katalysator mit Abgasrohr an Abgaskrümmer mit Vorkatalysator (ersetzen, 40 Nm).
17 Halter.
18 Leitungsführung.

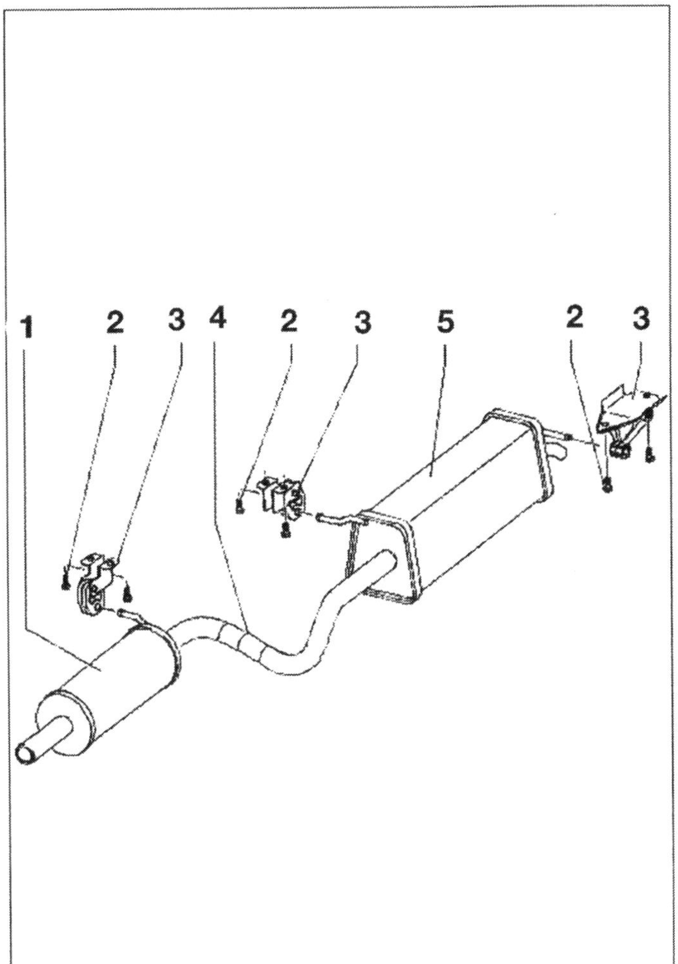

Bild 4

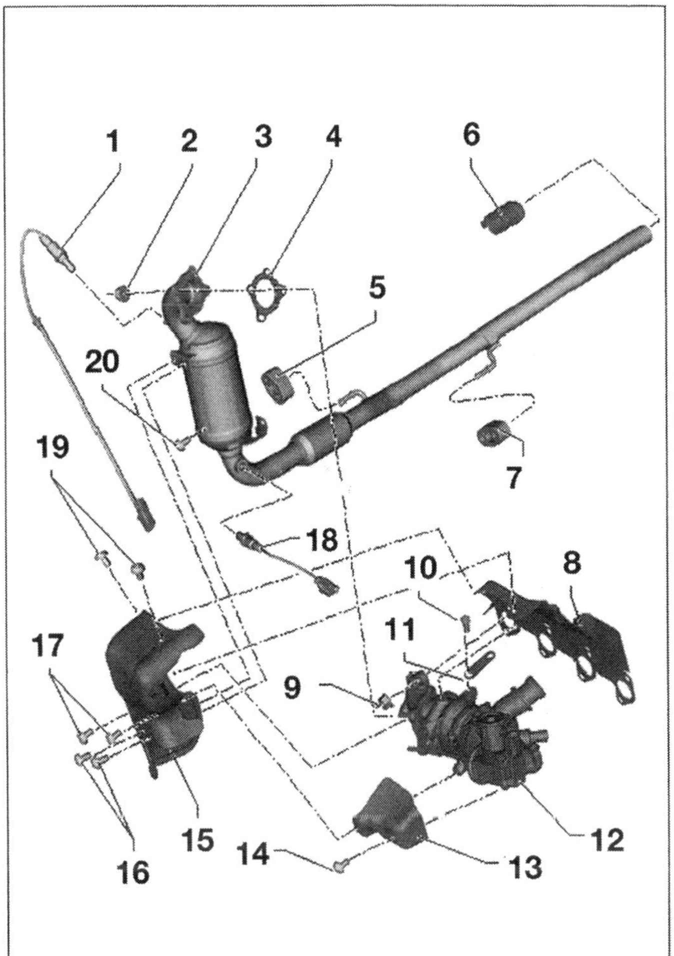

Bild 5

Bild 4

Montageübersicht »Schalldämpfer mit Aufhängungen« 1,4 MPI

1 Vorschalldämpfer.
2 Schrauben Aufhängungen (25 Nm).
3 Aufhängungen.
4 Trennstelle, durch Eindrückung auf dem Verbindungsrohr gekennzeichnet. Serienmäßig werden Vor- und Nachschalldämpfer als ein Teil eingebaut. Für den Reparaturfall werden sie einzeln mit Doppelschelle zur Verbindung geliefert. Verbindungsrohr an der Trennstelle mit Karosseriesäge (V.A.G 1523A) rechtwinklig trennen.
5 Nachschalldämpfer.

Bild 5

Montageübersicht »Katalysator und Anbauteile« 1,2 TSI.

1 Lambdasonde G39 (50 Nm). Nur das Gewinde mit G 052 112 A3 fetten, kein Fett an die Schlitze des Sondenkörpers kommen lassen. Aus- und Einbau mit Ringschlüsselsatz für Lambdasonde 3337.
2 Muttern Katalysator mit Abgasrohr an Abgasturbolader (ersetzen, 23 Nm). Stiftschrauben des Abgasturboladers mit Heißschraubenpaste einstreichen.
3 Katalysator mit Abgasrohr und mit Entkopplungselement. Element nicht mehr als 10° knicken.
4 Dichtung ersetzen.
5/7 Aufhängungen.
6 Klemmhülse. Verschraubungen gleichmäßig anziehen.
8 Dichtung (ersetzen).
9 Muttern Abgasturbolader an Zylinderkopf (18 Nm). Anzugsdrehmoment Stiftschraube in Zylinderkopf: 18 Nm (geölt einsetzen).
10 Schraube Halter (20 Nm).
11 Halter.
12 Abgasturbolader mit Ladedrucksteller V465.
Der Abgasturbolader kann nur komplett mit Abgaskrümmer und Ladedrucksteller ersetzt werden.
13 Wärmeschutzblech.
14 Schrauben Wärmeschutzblech (10 Nm). Beim Einbau alle Befestigungsschrauben zunächst handfest anschrauben.
15 Wärmeschutzblech.
16/17/19 Schrauben Wärmeschutzblech (10 Nm). Beim Einbau alle Befestigungen zunächst handfest anschrauben.
18 Lambdasonde nach Katalysator G130 (50 Nm). Nur das Gewinde mit G 052 112 A3 fetten, keine Fettpaste an die Schlitze des Sondenkörpers kommen lassen. Dichtring bei Undichtigkeit aufkneifen und ersetzen.
20 Schraube (25 Nm).

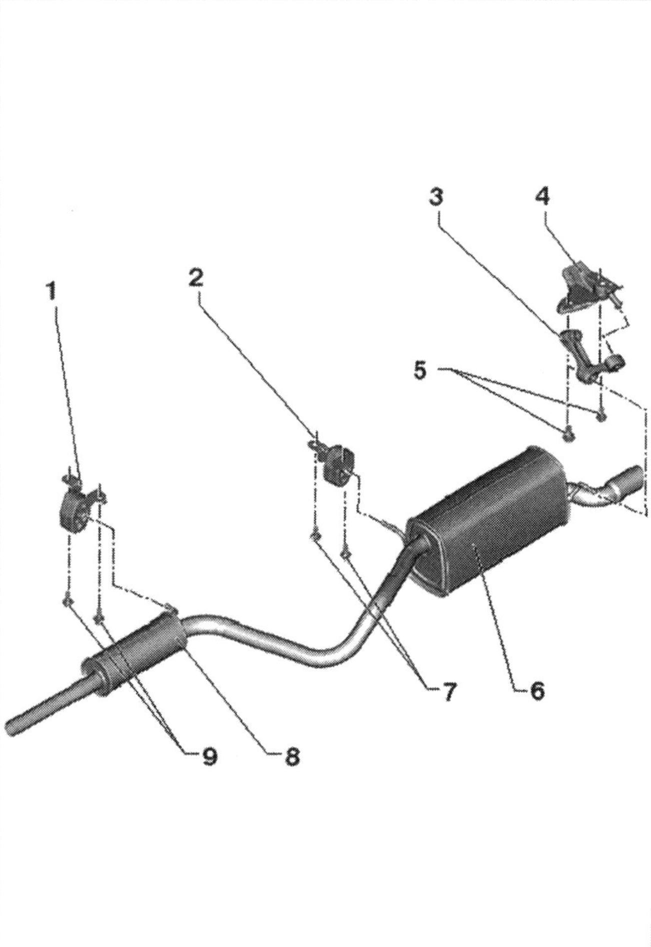

Bild 6

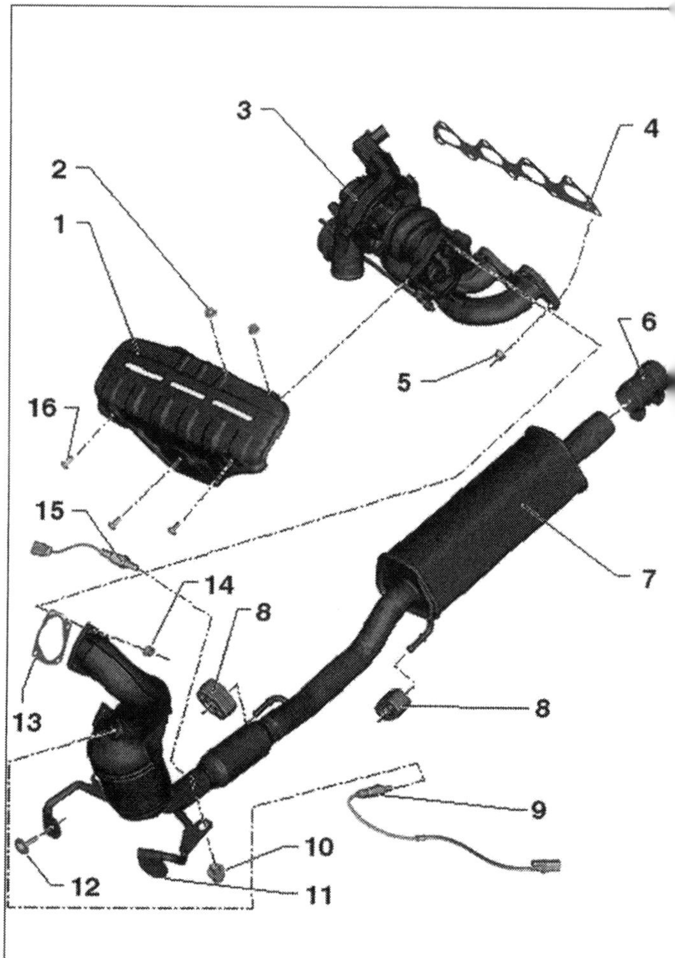

Bild 7

Bild 6

Montageübersicht »Schalldämpfer mit Aufhängungen« 1,2 TSI.

1/2 Halter mit Aufhängung.
3 Aufhängung.
4 Halter für Aufhängung.
5 Schrauben Halter (25 Nm).
6 Nachschalldämpfer. In Erstausrüstung Baueinheit mit Mittelschalldämpfer. Im Reparaturfall einzeln zu ersetzen. Abgasrohr zwischen Mittelschalldämpfer und Nachschalldämpfer trennen. Abgasanlage spannungsfrei einrichten.
7 und (9) Schrauben Halter mit Aufhängung (25 Nm).
8 Mittelschalldämpfer. In Erstausrüstung Baueinheit mit Nachschalldämpfer. Im Reparaturfall einzeln zu ersetzen. Abgasanlage spannungsfrei einrichten.
9 Schrauben Halter (25 Nm).

Bild 7

Montageübersicht »Katalysator und Anbauteile« 1,4 TSI.

1 Wärmeschutzblech.
2/16 Schrauben Wärmeschutzblech (10 Nm).
3 Abgasturbolader. **Abgasturbolader und Abgaskrümmer können nur zusammen ersetzt werden. Bei Einbau eines neuen Abgasturboladers muss das Ölvorlaufrohr ersetzt werden.**
4 Dichtung (ersetzen).
5 Muttern Abgasturbolader/Abgaskrümmer (25 Nm).
6 Klemmhülse. Verschraubungen gleichmäßig anziehen.
7 Katalysator mit Vorschalldämpfer und Abkoppelelement. Abkoppelelement nicht mehr als 10° knicken.
8 Aufhängungen.
9 Lambdasonde G39 (50 Nm). Nur das Gewinde mit G 052 112 A3 fetten, es darf keine Paste an die Schlitze des Sondenkörpers kommen. Mit Ringschlüsselsatz für Lambdasonde (3337) aus- und einbauen.
10 Schraube Halter (25 Nm).
11 Halter.
12 Schraube (10 Nm).
13 Dichtung (ersetzen).
14 Muttern Katalysator mit Vorschalldämpfer an Abgasturbolader (ersetzen, 23 Nm). Stiftschrauben des Abgasturboladers mit Heißschraubenpaste einstreichen.
15 Lambdasonde nach Katalysator G130 (50 Nm). Nur das Gewinde mit G 052 112 A3 fetten, es darf kein Fett an die Schlitze des Sondenkörpers kommen.

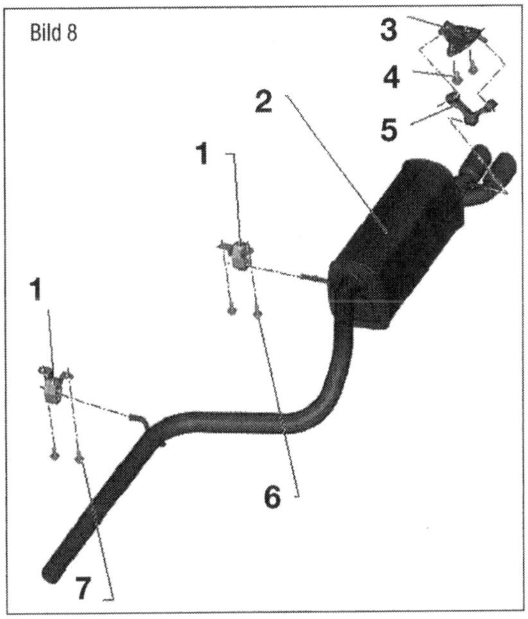

Bild 8
Montageübersicht »Schalldämpfer mit Aufhängungen« 1,4 TSI.
1 Halter mit Aufhängung.
2 Nachschalldämpfer. In Erstausrüstung Baueinheit mit Nachschallschalldämpfer. Zum einzelnen Ersetzen des Nachschalldämpfers ist im Verbindungsrohr eine Trennstelle vorgesehen. Die Trennstelle ist durch eine Eindrückung auf dem Umfang des Abgasrohres gekennzeichnet. Abgasanlage spannungsfrei einrichten.
3 Halter.
4 Schrauben Halter (25 Nm).
5 Aufhängung.
6/7 Schrauben Halter mit Aufhängung (25 Nm).

Katalysator mit Abgasrohr aus- und einbauen 1,2 TSI

Benötigte Werkzeuge:
- Ringschlüsselsatz für Lambdasonde (3337)
- Drehmomentschlüssel (V.A.G 1331).

Ausbau

■ Lambdasonde G39 (1) mit dem Ringschlüsselsatz für Lambdasonde ausbauen. Die obere Befestigungsschraube des Drehstromgenerators (2) herausdrehen und Generator etwas nach unten drücken (Bild 9).

■ Die Befestigungsschrauben (Pfeile) herausdrehen und das Wärmeschutzblech vom Abgasturbolader abnehmen (Bild 9 und Bild 5).

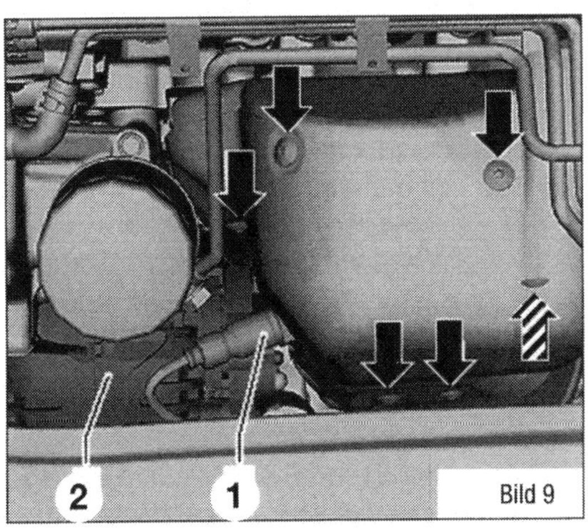

Bild 9
1,2 TSI: Lambdasonde G39 (1) und Wärmeschutzblech Abgasturbolader ausbauen. (2) Drehstromgenerator. Pfeile = Befestigungsschrauben Wärmeschutzblech.

■ Die Befestigungsmuttern am Abgasturbolader (Pfeile) abschrauben (Bild 10).

■ Motorspritzschutz ausbauen (Kapitel 13).

■ Die Steckverbindung (1) trennen und die Lambdasonde nach Katalysator G130 (2) ausbauen (Bild 11).

■ Die Befestigungsschrauben (1) herausdrehen, dann die Aufhängungen (2) von den Bolzen drücken (Bild 12).

■ Die Befestigungsschrauben der Klemmhülse (Pos 6 in Bild 5) lösen und Klemmhülse nach hinten schieben. Jetzt kann der Katalysator mit dem Abgasrohr nach unten abgenommen werden.

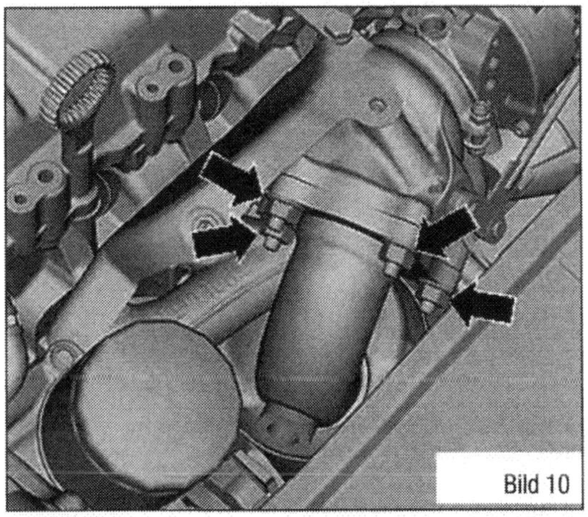

Bild 10
1,2 TSI: Katalysator vom Abgasturbolader abbauen. Pfeile = Befestigungsmuttern.

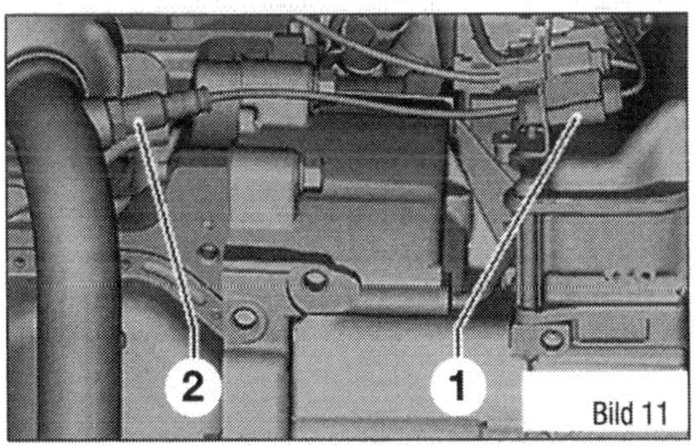

Bild 11
1,2 TSI: Lambdasonde G130 (2) ausbauen. (1) Stecker der Lambdasonde G130.

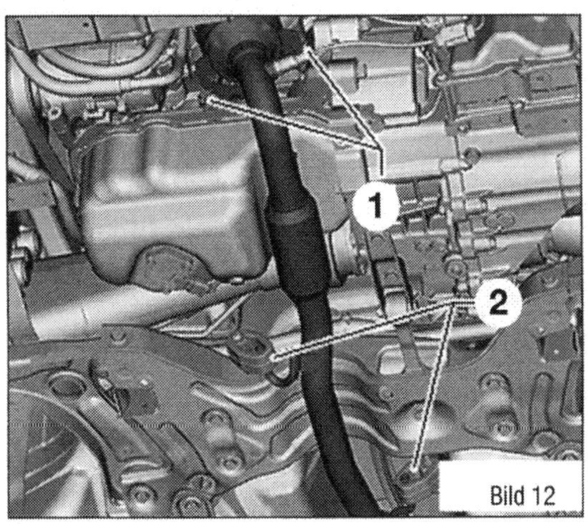

Bild 12
1,2 TSI: Aufhängungen (2) von den Bolzen drücken. (1) Befestigungsschrauben.

Einbau

- Der Einbau erfolgt in umgekehrter Reihenfolge zum Ausbau.
- Anzugsdrehmomente siehe Legende zu Bild 5.

Katalysator mit Vorschalldämpfer aus- und einbauen 1,4 TSI

Ausbau

- Motorabdeckung ausbauen (Kapitel 2).
- Wärmeschutzblech über dem Turbolader abschrauben (Bild 7).
- Geräuschdämpfung ausbauen.
- Befestigungsmuttern am Abgasturbolader abschrauben (Pfeile in Bild 13).
- Steckverbindung (3) für Lambdasonde nach Katalysator G130 und Steckverbindung für Lambdasonde G39 trennen (Bild 7).
- Befestigungsschrauben (1) für Ladeluftrohr herausdrehen.
- Befestigungsschrauben (4) herausschrauben und den Halter (5) abnehmen.

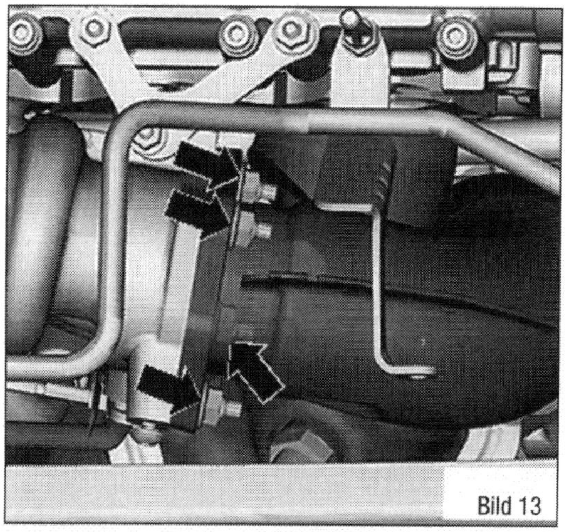

Bild 13
1,4 TSI: Katalysator vom Abgasturbolader abschrauben.
Pfeile = Befestigungsmuttern.

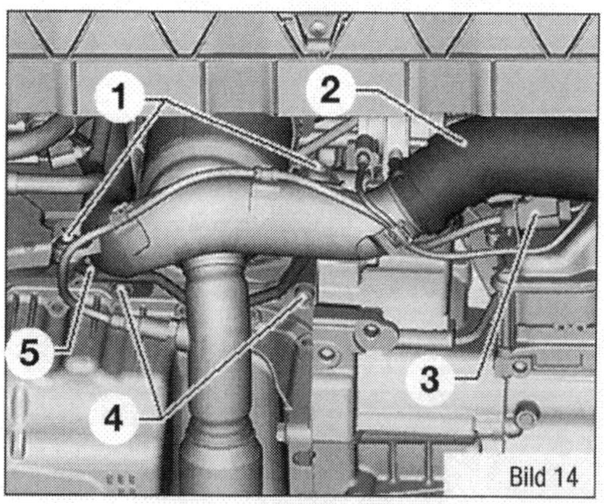

Bild 14
1,4 TSI: Einzelschritte zu Ausbau des Katalysators mit Vorschalldämpfer.
1 Befestigungsschrauben für Ladeluftrohr.
2 Ladeluftrohr.
3 Steckverbindung Lambdasonde G 130.
4 Befestigungsschrauben Halter.
5 Halter.

- Ladeluftschlauch oben am Turbolader abziehen. Ladeluftrohr nach unten abnehmen (Bild 14).
- Aufhängungen des Abgasvorrohres von den Bolzen drücken (Bild 7).
- Befestigungsmuttern der Klemmhülse (Pos. 6 in Bild 7) lösen und Klemmhülsen nach hinten schieben.
- Katalysator mit Vorschalldämpfer nach unten abnehmen.

Einbau

- Der Einbau erfolgt in entgegen gesetzter Reihenfolge zum Ausbau.
- Anzugsdrehmomente: siehe Legende Bild 7.

Partikelfilter 1,2 / 1,6 TDI CR aus- und einbauen

Benötigte Werkzeuge:
- Drehmomentschlüssel (V.A.G 1331)
- Ringschlüsselsatz für Lambdasonde (3337)
- Motor- und Getriebeheber (V.A.G. 1383A)
- Spanngurte
- Werkzeugsatz (T 10395)
- Heißschraubenpaste G052112A3

Ausbau

- Räder in Geradeausstellung bringen.
- Das Kreuzgelenk der Lenksäule lösen, dazu die Abdeckung (2) ausbauen, die Kunststoffmutter (1) herausdrehen (Bild 16) und dann Schraube (1) vom Kreuzgelenk herausdrehen und Kreuzgelenk in Pfeilrichtung abziehen (Bild 17).
- Motorabdeckung ausbauen.
- Folgende Steckverbindungen trennen: Steckverbindung Abgastemperaturgeber 1 G235, Steckverbindung Abgastemperaturgeber 3 G495, Steckverbindung Abgastemperaturgeber 4 G468, Steckverbindung Lambdasonde G39
- Steckverbindung zum Differenzdruckgeber G505 trennen und Differenzdruckgeber losschrauben.
- Die Leitungen aus den Halterungen am Motor und dem Wärmeschutzblech vom Partikelfilter herausnehmen und ggf. verbaute Kabelbinder entfernen.
- Die Lambdasonde G39 (Pos. 6 in Bild 15) mit dem Ringschlüssel für Lambdasonde

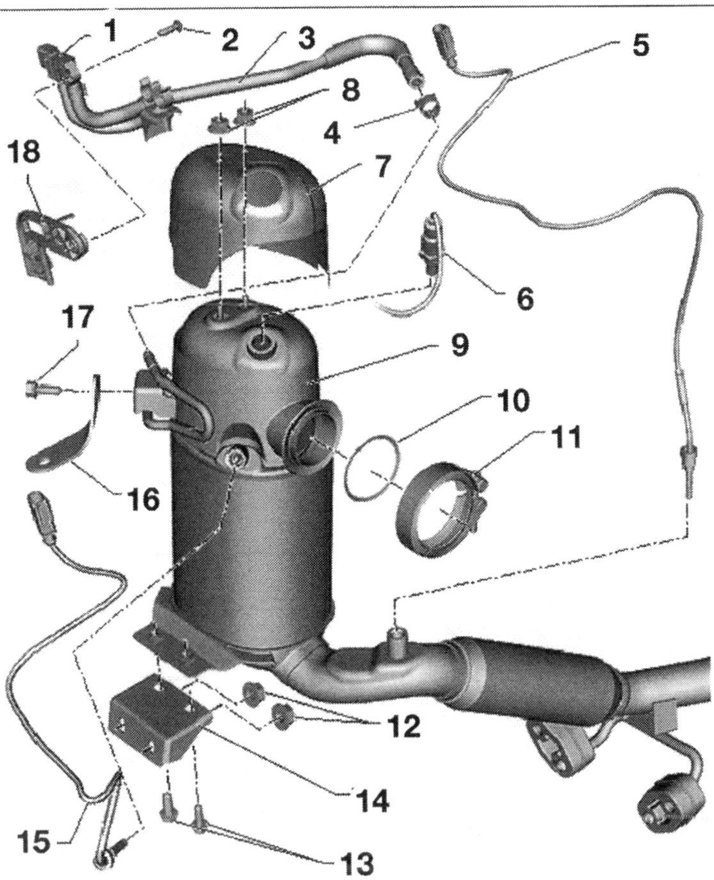

Bild 15
Montageübersicht »Dieselpartikelfilter« 1,2 TDI (1,6 TDI nahezu deckungsgleich).

1 Differenzdruckgeber G505. Ermittelt den Beladungszustand vom Partikelfilter und ist über eine Rohrleitung mit der Messstelle vor dem Partikelfilter verbunden.
2 Schraube Halter für Differenzdruckgeber (3 Nm).
3 Steuerleitung.
4 Schellen.
5 Abgastemperaturgeber 4 G648 (45 Nm). Gewinde des Gebers mit Heißschraubenpaste fetten.
6 Lambdasonde G39 (50 Nm). Nur das Gewinde mit Heißschraubenpaste fetten. Die Paste darf nicht an die Schlitze des Sondenkörpers kommen. Zum Ausbau Ringschlüssel für Lambdasonde verwenden.
7 Wärmeschutzblech.
8 Muttern Wärmeschutzblech (9 Nm).
9 Partikelfilter.
10 Dichtung (ersetzen und Einbaulage beachten).
11 Schelle (7 Nm).
12 Muttern Halter Partikelfilter (25 Nm).
13 Schrauben Halter Partikelfilter (25 Nm).
14 Halter Partikelfilter. Der Halter ist am Motorhalter festgeschraubt.
15 Abgastemperaturgeber 3 G495 (45 Nm). Gewinde des Gebers mit Heißschraubenpaste fetten. Zum Ausbau T10 10395/6-Werkzeugsatz verwenden.
16 Halter.
17 Schraube (25 Nm).
18 Halter für Differenzdruckgeber.

und den Abgastemperaturgeber 3 G495 (Pos.15 im Bild 15) mit dem Schlüssel T10395/6 herausdrehen.

■ Die Befestigungsschelle (1) zwischen Dieselpartikelfilter und Abgasturbolader abbauen. Die Schrauben (2 + 3) am oberen Halter des Partikelfilters herausdrehen (Bilder 15 und 18).

■ Geräuschdämpfung ausbauen.

■ Halter (B) der Hydraulikleitung (A) öffnen (Bild 19).

■ Befestigungsschrauben (Pfeile) herausdrehen und Pendelstütze abbauen. Position (1) darf nicht gelöst werden!

■ Motor- und Getriebeheber unter den Aggregatträger stellen und diesen fixieren.

■ Stabilisator oben an der Koppelstange lösen.

■ Den Aggregatträger vorsichtig mit dem Motor- und Getriebeheber ablassen, die Lenkung verbleibt dabei am Aggregatträger. Daher muss der Hydraulikkreis der Lenkung nicht geöffnet werden. Achten Sie beim Ablassen darauf, dass die Hydraulikleitungen nicht überdehnt werden (rechts max. 10 cm, links max. 7 cm ablassen). Um die hydraulischen Leitung zu entlasten, sichern Sie den Aggregatträger am Unterboden des Fahrzeuges mit einem Spanngurt.

■ Die Befestigungsschrauben (1) herausdrehen, die Abdeckung (Wärmeschutzblech) für die rechte Gelenkwelle vom Motorblock abschrauben.

■ Abgastemperaturgeber 4 G648 aus dem Abgasrohr hinter dem Partikelfilter herausschrauben (Pos.5 im Bild 15).

■ Halter für Partikelfilter abnehmen, dazu die Schrauben (4), anschließend die Muttern (5) herausdrehen (Bild 18).

■ Ggf. eine Transportmanschette am Entkoppelungselement anbringen. Das Entkoppelungselement darf nicht stärker als 10° geknickt werden!

■ Die Befestigungsmuttern (Pfeile in Bild 21) der Klemmhülse zwischen dem Abgasvorrohr und dem Abgasrohr mit Schalldämpfer lösen und die Hülse nach hinten herunterschieben. Das Abgasvorrohr aus den Halteringen aushängen.

■ Den Partikelfilter vorsichtig herausnehmen. Hierzu muss der Partikelfilter um 180° gedreht werden (Bild 22).

Bild 16
Abdeckung (2) im Fußbereich Fahrerseite ausbauen.
1 Kunststoffmuttern.

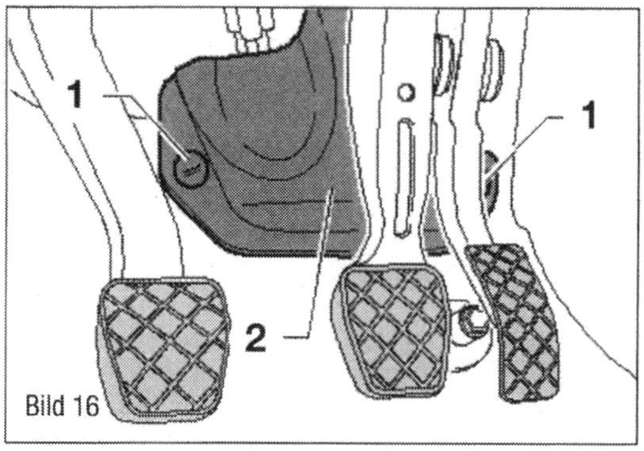

Bild 20
Transportmanschette am Entkopplungselement im Abgasrohr.

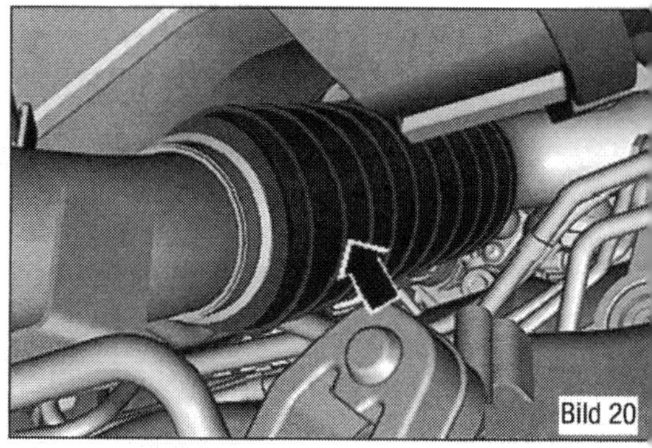

Bild 17
Schraube (1) vom Kreuzgelenk herausdrehen.

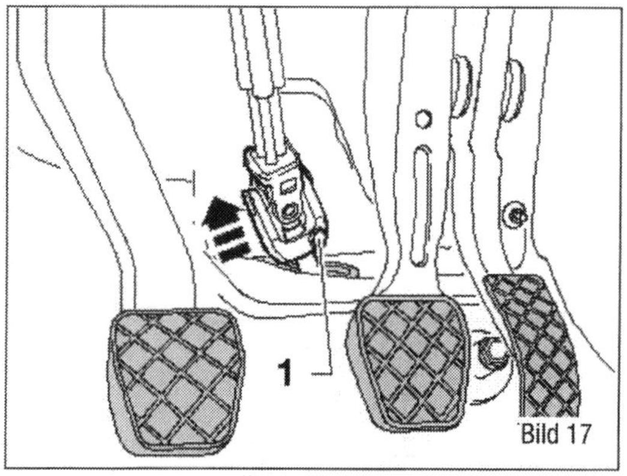

Bild 21
Klemmhülse zwischen Abgasvorrohr und Abgasrohr mit Schalldämpfer.
Pfeile = Befestigungsmuttern der Klemmhülse.

Bild 18
Partikelfilter vom Abgasturbolader trennen.
1 Befestigungsschelle.
2 und (3) Schrauben.

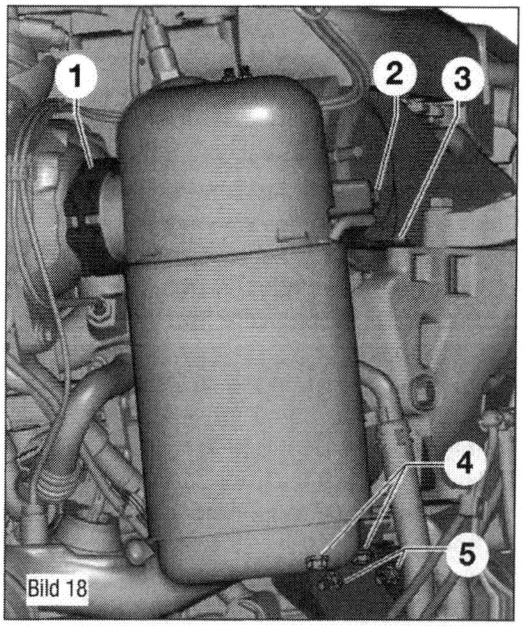

Bild 22
Partikelfilter durch Drehen um 180° und um die eigene Achse abnehmen.

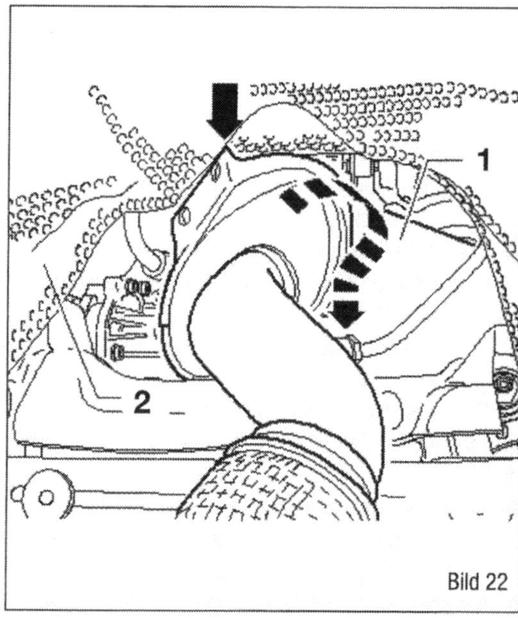

Bild 19
Halter (B) der Hydraulikleitungen (A) öffnen.

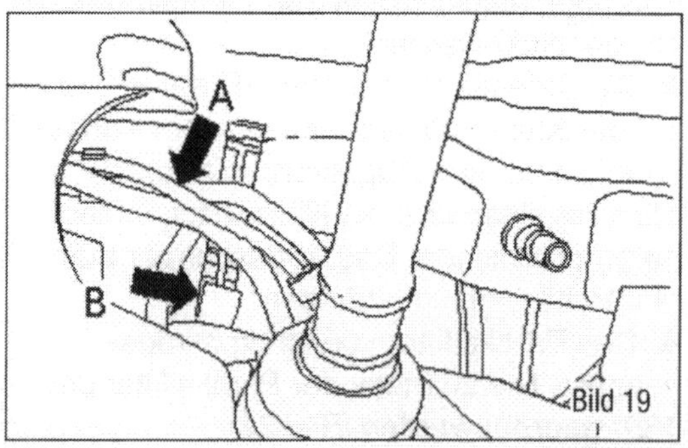

Bild 23
Einbaulage der Klemmhülse zwischen Abgasvorrohr und Abgasrohr mit Schalldämpfer.
(a) = 5 mm.

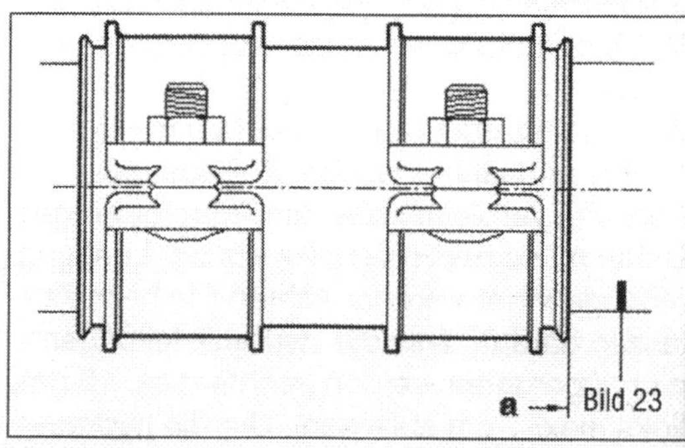

Einbau

Der Einbau erfolgt grundsätzlich in umgekehrter Reihenfolge unter Beachtung folgender Punkte:

- Reihenfolge beim Einbau des Partikelfilters beachten (Bilder 15 und 18).

1. Partikelfilter am Abgasturbolader ansetzen und Schelle (1) lose befestigen.
2. Schrauben und Muttern (2...5) von Hand lose eindrehen. Partikelfilter und Halter müssen sich noch verschieben lassen.
3. Schelle (1) mit 7 Nm festziehen.
4. Schrauben (2), (3) und Muttern (5) mit 25 Nm festziehen.
5. Schrauben (4) mit 25 Nm festziehen.

- Anzugsdrehmoment Schrauben Wärmeschutzblech 25 Nm.
- Einbaulage Klemmhülse:

Doppelschelle am Abstand (a) = 5mm von der Markierung am Abgasvorrohr positionieren (Bild 23). Anzugsdrehmomente: M8 = 25 Nm, M10 = 40 Nm.

- Vor dem Einbau des Aggregatträgers mit Lenkgetriebe darauf achten, dass die Dichtung auf dem Lenkgetriebe ohne Knick auf der Montageplatte anliegt.
- Anzugsdrehmomente für Schrauben Aggregatträger siehe Kapitel 17.

Mittel- und Nachschalldämpfer trennen

Zum einzelnen Ersetzen des Mittel- bzw. Nachschalldämpfers bzw. des Nachschalldämpfers ist im Verbindungsrohr eine Trennstelle vorgesehen. Diese Trennstelle ist durch eine Eindrückung auf dem Umfang des Abgasrohrs gekennzeichnet. Trennen mit Karosseriesäge (V.A.G 1523A) oder Kettenrohrabschneider (VAS 6254).

Arbeitsablauf

- Abgasrohr an der Trennstelle (Pfeil 2) mit Kettenrohrabschneider oder Karosseriesäge trennen. Dann Klemmhülse (4) an den seitlichen Markierungen (1) und (3) mittig positionieren (Bild 24) und so einbauen, dass das Schraubenende nicht über die Unterkante der Klemmhülse hinausragt (Pfeil in Bild 25) und die Verschraubung nach hinten zeigt.
- Nachschalldämpfer spannungsfrei ausrichten, und zwar so, dass die Maße (a) gleich sind (Bild 26).
- Anzugsdrehmoment der Klemmhülse = 25 Nm.

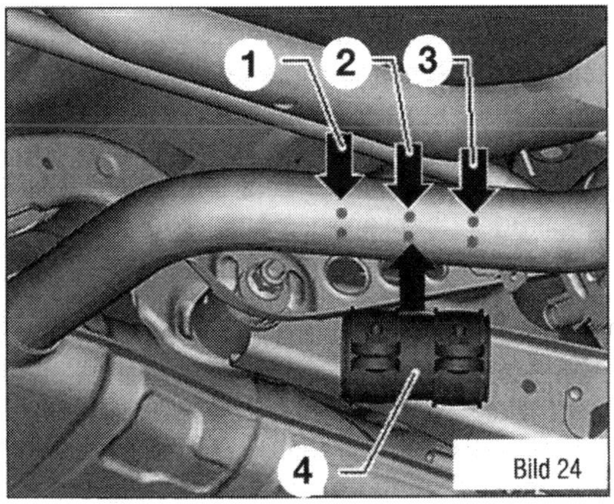

Bild 24

Bild 24
1,2 TSI: Abgasrohr trennen und mit Klemmhülse (4) wieder verbinden.
(1) bis (3) Markierungen auf dem Abgasrohr.

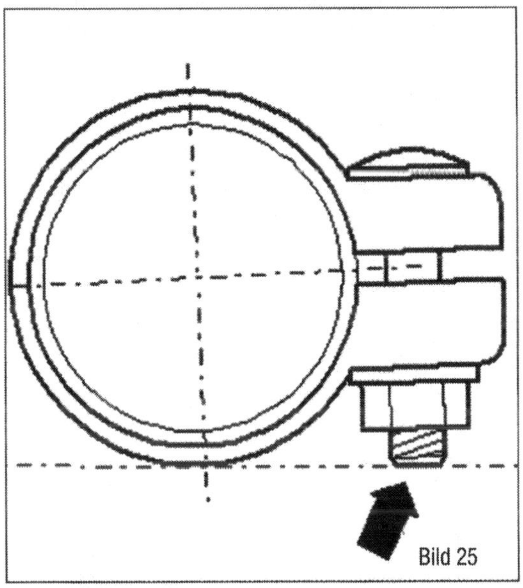

Bild 25

Bild 25
Einbaulage der Klemmhülse.

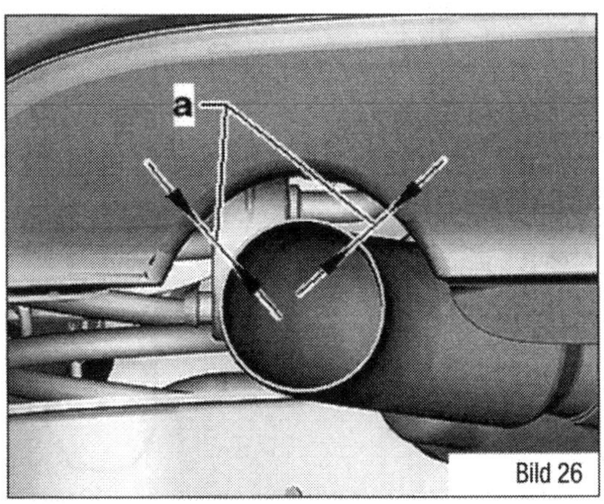

Bild 26

Bild 26
1,2 TSI: Nachschalldämpfer spannungsfrei ausrichten. (Beim 1,4 TSI mit Auspuff-Doppelrohr entsprechend)

10 Kraftübertragung

Bild 1
Übersicht der Kraftübertragung am Beispiel des 5-Gang-Schaltgetriebes 02T. Die Kraftübertragung für das 6-Gang-Schaltgetriebe 02U zeigt ein fast deckungsgleiches Bild, lediglich der 6. Gang kommt hinzu.
1 Motor.
2 Kupplung.
3 Schaltgetriebe.
4 Antriebswelle.
5 Abtriebswelle / Triebwelle.
6 Ausgleichsgetriebe.
I 1. Gang.
II 2. Gang.
III 3. Gang.
IV 4. Gang.
V 5. Gang.
R Rückwärtsgang.
A Achsantrieb.
T Tachoantrieb.
Die Pfeile zeigen in Fahrtrichtung.

Bild 2
5-Gang-Schaltgetriebe 02T.
Pfeil 1 = Kennbuchstaben und Produktionsdatum.
Pfeil 2 = Getriebename (02T).

Zum System der Kraftübertragung bei Fahrzeugen mit Schaltgetriebe gehören **Getriebe, Kupplung und Achsantrieb.** Damit alle Akteure perfekt zusammenarbeiten und die vom Motor produzierte Leistung an die Antriebsräder übertragen, sind sie durch Gelenke, Wellen und Zahnräder miteinander verbunden. Welche Kraft tatsächlich an den Rädern benötigt wird, hängt davon ab, was dem Fahrzeug während der Fahrt abverlangt wird. Der Motor bietet jedoch nur in einem begrenzten Drehzahlbereich eine verwertbare Leistung an. Damit der Wagen beim Beschleunigen und bei Bergfahrten trotzdem genügend Zugkraft entwickelt, ist das **Getriebe** nötig. Mit seinen verschiedenen Gängen gewährleistet es eine jeweils passende Übersetzung. Eine prinzipielle Übersicht der Kraftübertragung demonstrieren wir am Beispiel des 5-Gang-Schaltgetriebes 02T (Bild 1).

Der Fabia ist grundsätzlich mit zwei verschiedenen Schaltgetrieben ausgestattet: dem 02R und dem 02T. Dies sind die internen Codes für die Getriebebauform. Diese untergliedern sich dann nochmals in verschiedene Getriebekennbuchstaben, je nach Motorisierung. Das 02R-Getriebe ist in den Fahrzeugen mit TDI-Motor verbaut und das 02T-Getriebe in den Benzinern. Da sich die Demontage der beiden Getriebe nicht gravierend voneinander unterscheidet, beschreiben wir hier nur eines exemplarisch für alle Motoren. Außerdem werden im Fabia auch noch das DSG (Doppelkupplungsgetriebe) 0AM sowie das 6-Gang-Automatikgetriebe 09G verbaut.
Das Getriebe muss bei allen Fabia-Modellen nach unten ausgebaut werden. Um sich die Arbeit etwas zu erleichtern, sollten Sie zuerst alle von oben anfallenden Arbeiten erledigen und dann die unteren Arbeiten durchführen. So ersparen Sie sich ein dauerndes Hochheben und Ablassen mit der Hebebühne, oder noch schlimmer, ein permanentes Rein und Raus bei der Arbeit über einer Grube.
Getriebename und Kennbuchstaben sind für Reparaturfälle von Bedeutung. Mit Bild 2 zeigen wir als Beispiel die Bauform des 5-Gang-Schaltgetriebes 02T und die Kennzeichnungsstellen am Getriebegehäuse. Die Kennbuchstaben des Getriebes sind ebenfalls im Fahrzeugdatenträger aufgeführt.

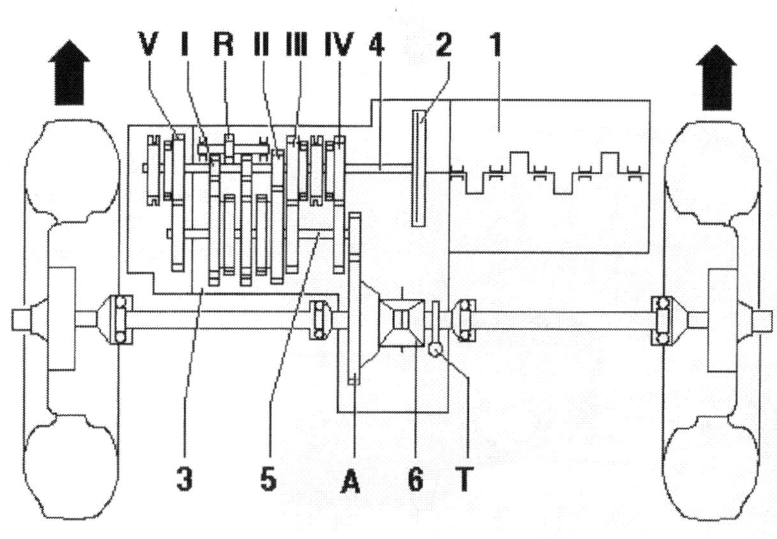

Bild 1

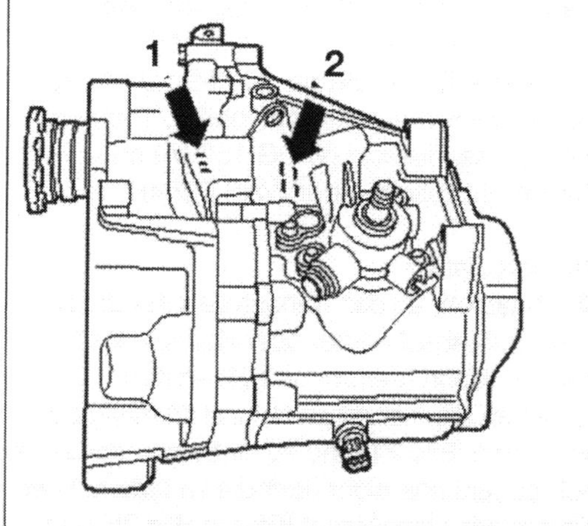

Bild 2

Zuordnung der Getriebe zu den Motorkennbuchstaben

Schaltgetriebe 02T			
Fahrzeug	*Bauzeitraum*	*Getriebe*	*Motor*
Fabia 1,2	12/2006 – 05/2009	JHN	BMM
Fabia 1,2	06/2009 – 03/2010	LVC	CHFA
Fabia 1,2	01/2007 – 05/2009	JUS	BZG
Fabia 1,2	06/2009 – 03/2010	LVG	CGPA
Fabia 1,2	03/2010 –	LNR	CGPA
Fabia 1,2	03/2010 –	LNR	CHFA
Fabia 1,2	09/2010 –	LVC	CJLA
Fabia 1,2	03/2010 –	MFX	CBZA
Fabia 1,2	03/2010 –	LMG	CBZB
Fabia 1,4	02/2007 – 05/2009	JHQ	BZG
Fabia 1,4	06/2009 –	LVE	BZG, CGGB
Fabia 1,6	04/2007 – 05/2009	JHL	BTS
Fabia 1,6	06/2009 – 06/2010	LVA	BTS
Fabia 1,6	06/2010 –	MAB	CFNA
Fabia 1,6	09/2010 –	LNJ	CFNA
Fabia 1,4 TDI	02/2007 – 05/2009	JQM	BNM
Fabia 1,4 TDI	06/2009 – 09/2010	LVF	BNM

Schaltgetriebe 02R			
Fahrzeug	*Bauzeitraum*	*Getriebe*	*Motor*
Fabia 1,4 TDI	02/2007 – 03/2010	JCZ	BNV, BMS
Fabia 1,4 TDI	02/2007 – 03/2010	JDE	BNV, BMS
Fabia 1,4 TDI	03/2008 – 03/2010	JDD	BNV, BMS
Fabia 1,9 TDI	04/2007 – 04/2007	JDA	BSW, BLS
Fabia 1,9 TDI	04/2007 – 03/2010	JXY	BSW, BLS
Fabia 1,6 TDI-CR	03/2010 –	KFK, MZL	CAYA, CAYB, CAYC
Fabia 1,2 TDI-CR	03/2010 – 10/2010	MAL	CFWA
Fabia 1,2 TDI-CR	05/2010 – 10/2010	MNY	CFWA
Fabia 1,2 TDI-CR	09/2010 – 10/2010	MUW	CFWA
Fabia 1,2 TDI-CR	11/2010 –	MZR	CFWA
Fabia 1,2 TDI-CR	11/2010 –	MZK	CFWA
Fabia 1,2 TDI-CR	11/2010 –	MZN	CFWA

Doppelkupplungsgetriebe 0AM			
Fahrzeug	*Bauzeitraum*	*Getriebe*	*Motor*
Fabia 1,2 TFSI	03/2010 – 05/2010	MGV	CBZB
Fabia 1,2 TFS	05/2010 – 10/2010	MLN	CBZB
Fabia 1,2 TFSI	11/2010 –	MPU	CBZB
Fabia 1,4 TFSI	05/2010 – 10/2010	MLH	CAVE
Fabia 1,4 TFSI	11/2010 –	MPP	CAVE

Automatikgetriebe 09G			
Fahrzeug	*Bauzeitraum*	*Getriebe*	*Motor*
Fabia 1,6	05/2007 – 05/2008	JUF	BTS
Fabia 1,6	06/2008 – 07/2010	KGG	BTS
Fabia 1,6	07/2010 –	MFZ	CFNA

Reparaturarbeiten an Schaltung und Kupplung sind mit Erfahrung und gutem Werkzeug noch relativ einfach auszuführen. Reparaturen am Getriebe, also Aus- und Einbau sowie Zerlegen des Getriebes – vor allem der Automatik – sowie am Achsantrieb/ Ausgleichsgetriebe haben einen hohen Schwierigkeitsgrad und erfordern besondere Präzision, Spezialwerkzeuge sowie größtmögliche Sorgfalt und Sauberkeit. Reparaturen am Getriebe sind unseres Erachtens deshalb in der Regel Sache spezialisierter Fachwerkstätten. Wir beginnen mit dem Segment »Schaltbetätigung«. Den beiden folgenden Reparaturanleitungen für das 5-Gang- Schaltgetriebe 02T »Schaltbetätigung aus- und einbauen« sowie »Betätigungsseilzüge aus- und einbauen« stellen wir drei korrespondierende Montageübersichten, nämlich »Einbaulage der Schaltbetätigung« (Bild 3), »Schalthebel und Schaltgehäuse« (Bild 4) sowie »Schaltknopf und Abdeckung« (Bild 5) voran.

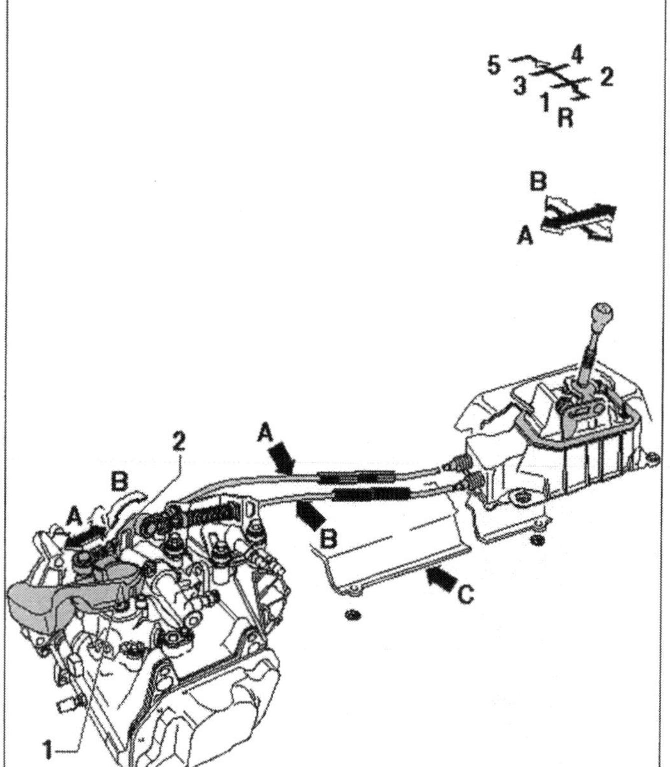

Bild 3

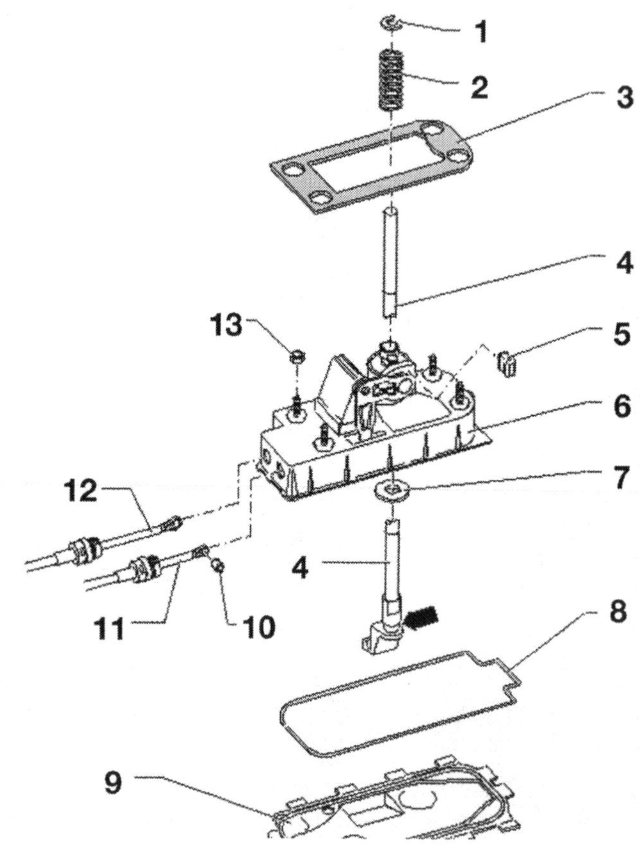

Bild 4

Bild 3
5-Gang-Schaltgetriebe 02T: Einbaulage der Schaltbetätigung. Trifft prinzipiell auch auf das 6-Gang-Schaltgetriebe 02U zu.
Doppel-Pfeil A = Schaltbewegung.
Doppel-Pfeil B = Wählbewegung.
A Schaltseilzug für Schaltbewegung.
B Wählseilzug für Wählbewegung.
C Wärmeschutzblech, vor Ausbau der Schaltbetätigung abbauen.
1 Getriebeschalthebel.
2 Umlenkhebel.

Bild 4
5-Gang-Schaltgetriebe 02T/6-Gang-Schaltgetriebe 02U: Montageübersicht »Schalthebel und Schaltgehäuse«.
1 Sicherungsscheibe. Zum Aus- und Einbau der Sicherungsscheibe muss die Druckfeder (Pos. 2) heruntergedrückt werden.
2 Druckfeder.
3 Dichtung zwischen Schaltgehäuse und Unterboden (selbstklebend, auf Schaltgehäuse kleben).
4 Schalthebel.
5 Dämpfung.
6 Schaltgehäuse.
7 Dämpferscheibe (muss sich in der umlaufenden Nut (Pfeil) des Schalthebels befinden).
8 Dichtung (immer ersetzen).
9 Bodenplatte der Schaltbetätigung. Zum Abbau Laschen aufbiegen, immer ersetzen).
10 Buchse.
11 Wählseilzug. Ausbau: mit dem Entriegelungswerkzeug T10236 abhebeln. Einbau: auf den Wählwinkel innerhalb der Schaltbetätigung aufdrücken. Einbaulage: siehe Bild 3.
12 Schaltseilzug. Ausbau: mit dem Entriegelungswerkzeug T10236 abhebeln. Einbau: auf die Schalthebelführung innerhalb der Schaltbetätigung aufdrücken. Einbaulage: siehe Bild 3.
13 Sechskantmuttern (4 Stück) Schaltgehäuse an Aufbau (25 Nm).

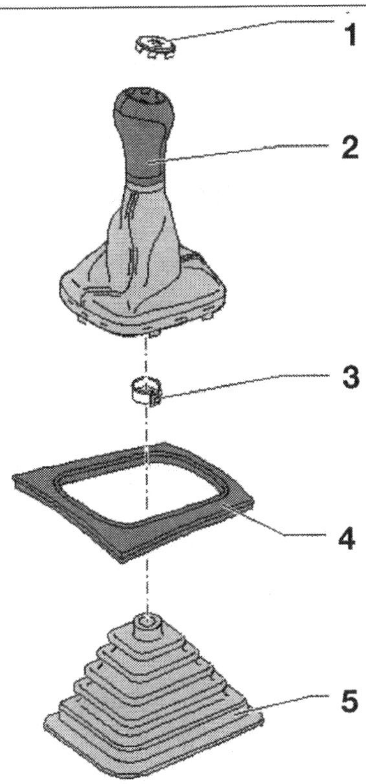

Bild 5

Schaltbetätigung aus- und einbauen (5-Gang 02T/02R)

Benötigte Werkzeuge:
- Drehmomentschlüssel (V.A.G. 1331)
- Abdrückhebel (80 – 200) für 5-Gang
- Demontagekeil (3409)
- Schlauchbinderzange (V.A.G. 1275)

Ausbau

■ Batteriemasseband bei ausgeschalteter Zündung abklemmen und Batterie mit Batteriekonsole ausbauen (Kapitel 14).
■ Für Arbeiten an der Schaltbetätigung im Motorraum Luftfilter ausbauen, wenn er hinter der Batterie angeordnet ist.
■ Sicherungsscheibe (3) für den Schaltseilzug vom Getriebeschalthebel (1) abbauen. Schaltseilzug vom Zapfen abziehen (Bild 6).
■ Um bei einem Umlenkhebel aus Kunststoff (ab 12.06 grundsätzlich eingebaut) Beschädigungen des Wählseilzuges zu vermeiden, muss die Seilzugarretierung am Umlenkhebel vom Wählseilzug getrennt werden. Dazu Sicherungsmechanismus bis Anschlag nach vorn in Pfeilrichtung (1) ziehen und danach nach links in Pfeilrichtung (2) verriegeln. Dann den Umlenkhebel nach vorn in Pfeilrichtung (3) drücken (Bild 7).
■ Seilzugwiderlager vom Getriebe abbauen (Pfeile Bild 8).
■ Manschette nach oben aus dem Rahmen für Mittelkonsole mit Abdrückhebel (5-Gang-Schaltgetriebe) bzw. mit Montagekeil (6-Gang-Schaltgetriebe) aushebeln und nach oben über den Schaltknopf stülpen (Bilder 9 und 10).
■ Klemmschelle (Pos 3 in Bild 5) öffnen (zerstören) und Schaltknopf mit Manschette abziehen. Geräuschdämpfung, falls vorhanden, herausnehmen (Bild 5).

Mit etwas Liebe und Vorsicht kann man die Schelle mit einem kleinen Schraubendreher etwas an der Klemmstelle weiten und dadurch wiederverwenden.

■ Oberteile und Befestigungswinkel der Mittelkonsole ausbauen.
■ Muttern für das Schaltgehäuse vom Aufbau abschrauben (Pfeile in Bild 11).
■ Geräuschdämpfung unterhalb Motor/Getriebe, falls vorhanden, abbauen.
■ Tunnelbrücken ausbauen und Abgasanlage trennen (Kapitel 9).
■ Abdeckung für Fahrzeugboden (Unterbodenverkleidung) abbauen.
■ Schaltgehäuse herunterschwenken und mit Seilzügen entnehmen.

Einbau

Der Einbau erfolgt in umgekehrter Ausbaureihenfolge. Dabei Folgendes beachten:
■ Eine kleine Menge Fett auf die Zapfen (Pfeile) des Getriebeschalthebels (1) streichen (Bild 6).
■ Sicherungsscheibe (3) nach jeder Demontage ersetzen. Den Schaltseilzug mit der Sicherungsscheibe (3) sichern (Bild 6).
■ Bei dem ab 12.06 eingebauten Umlenkhebel aus Kunststoff müssen der Umlenkhebel und die Seilzugarretierung gemeinsam montiert werden. Wählseilzug in die Seilzugarretierung einsetzen.
■ Mittelkonsole zusammenbauen.
■ Klemmschelle am Schaltknopf ersetzen und einbauen (Bild 5).
■ Abdeckung für Fahrzeugboden anbauen, Tunnelbrücken und Abgasrohr vorn montieren.
■ Schaltbetätigung einstellen (Fachmann hinzuziehen oder von Werkstatt ausführen lassen).

Bild 5
5-Gang-Schaltgetriebe 02T/6-Gang-Schaltgetriebe 02U: Montageübersicht »Schaltknopf und Abdeckung«.
1 Plakette. Kann vorsichtig vom Schaltknopf aus Kunststoff oder aus Leder abgehebelt werden.
2 Schaltknopf mit Manschette. Schaltknopf und Manschette können nicht voneinander getrennt werden, immer gemeinsam ersetzen.
3 Klemmschelle zur Befestigung von Schaltknopf an Schalthebel. Mit Schlauchbinderzange (V.A.G 1275) auf dem Schaltknopf befestigen, immer ersetzen.
4 Abdeckung für Mittelkonsole. Sie ist mit dem Oberteil der Mittelkonsole zu einem Teil vereinigt, bei einigen Ausstattungsvarianten auch einzeln.
5 Geräuschdämpfung. Sie ist nicht bei allen Fahrzeugen vorhanden. Der Pfeil auf der Geräuschdämpfung zeigt in Fahrtrichtung. Da die Rastnasen in unterschiedlichen Abständen angeordnet sind, kann die Geräuschdämpfung nur in einer Stellung angeordnet werden.

Sichtprüfung Messen

Bild 9
5-Gang-Schaltgetriebe: Manschette des Schaltknopfes nach oben mit Abdrückhebel ausheben.

Bild 6
Sicherungsscheibe (3) für den Schaltseilzug vom Getriebeschalthebel (1) abbauen.

2 Umlenkhebel (bis 11.06 aus Metall, ab 12.06 aus Kunststoff).
4 Sicherungsscheibe für den Wählseilzug (nur bei Umlenkhebel aus Metall von Bedeutung).

Bild 7
Seilzugarretierung vom Wählseilzug trennen (Umlenkhebel aus Kunststoff).

Bild 10
6-Gang-Schaltgetriebe: Manschette des Schaltknopfes mit Demontagekeil wechselseitig ausheben (Pfeile) und nach oben abziehen.

Bild 8
Seilzugwiderlager vom Getriebe abbauen.
Pfeile = Sechskant-Befestigungsschrauben für Seilzugwiderlager an Getriebe.
(Schalt- und Umlenkhebel mit Schaltarretierungen wurden aus Darstellungsgründen ausgebaut).

Bild 11
Schaltgehäuse vom Aufbau abschrauben.
Pfeile = Muttern.

- Luftfiltergehäuse einbauen.
- Batterie einbauen und anklemmen.
- Anzugsdrehmomente: Schaltgehäuse an Aufbau: Sechskantmuttern = 25 Nm; Seilzugwiderlager an Getriebe: Sechskantschrauben = 25 Nm.

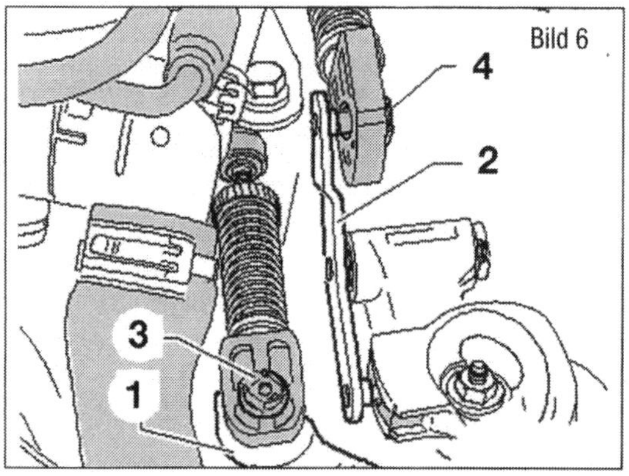

Bild 6

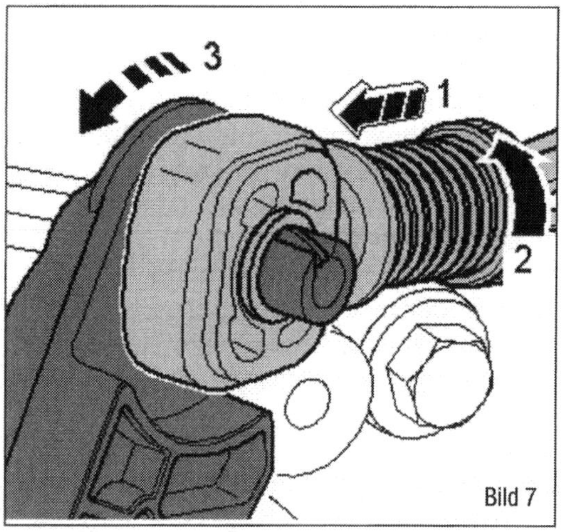

Bild 7

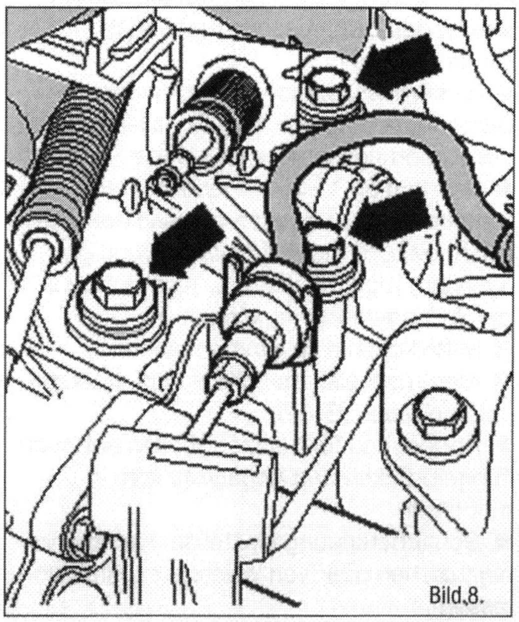
Bild 8

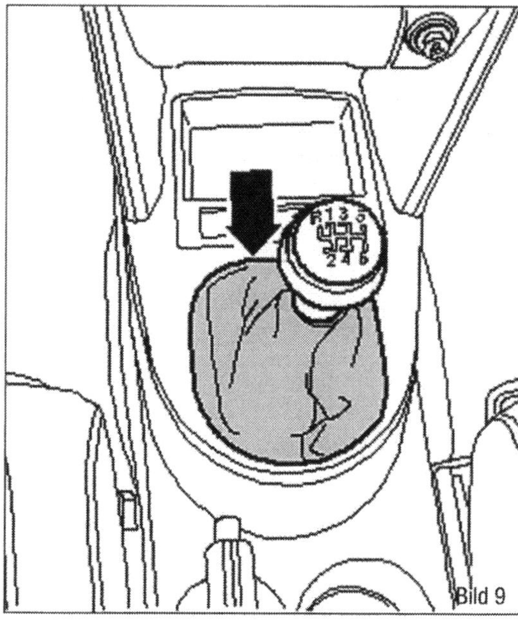

Bild 9

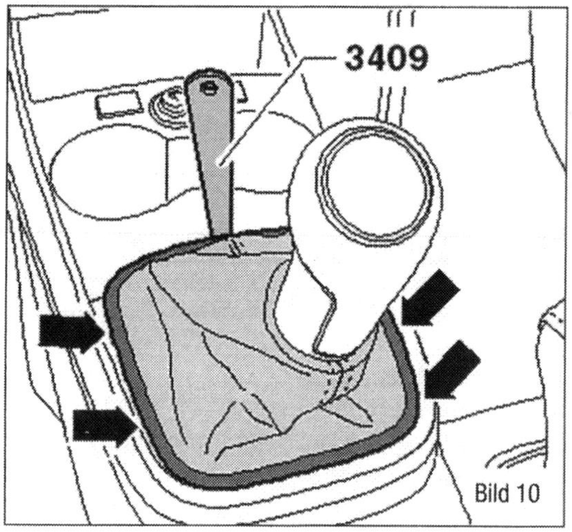

Bild 10

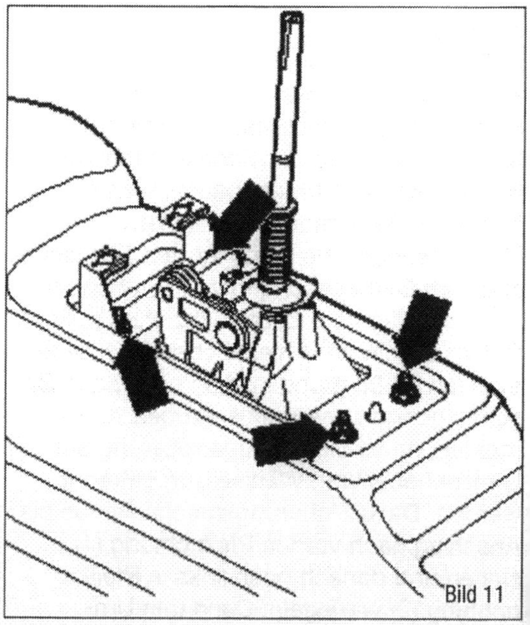
Bild 11

Betätigungsseilzüge aus- und einbauen (5-Gang 02T/02R

Voraussetzung für das Ersetzen der Betätigungsseilzüge ist der Ausbau der Schaltbetätigung. Ansonsten demonstrieren die folgende Montageübersicht »Betätigungsseilzüge aus- und einbauen« sowie die daran anschließende Anleitung »Umlenkhebel mit Seilzugarretierung aus- und einbauen« die notwendigen Arbeitsschritte (Bild 12).

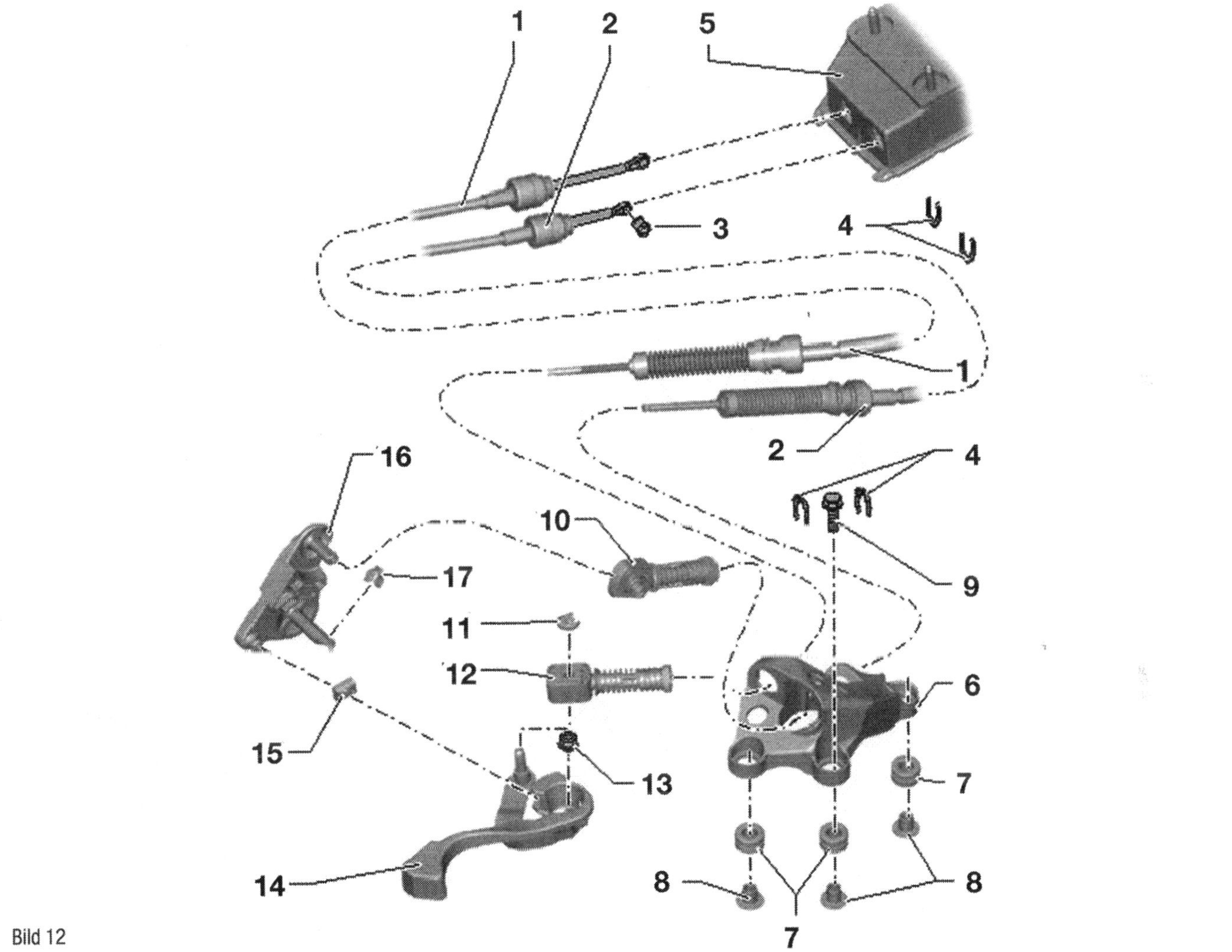

Bild 12

Bild 12
6-Gang-Schaltgetriebe 02U: Montageübersicht »Betätigungsseilzüge (Schaltseilzug und Wählseilzug) aus- und einbauen«.
Trifft prinzipiell auch auf das 5-Gang-Schaltgetriebe 02T zu.

1 **Schaltseilzug** mit Seilzugarretierung (Pos. 12) verbinden. Einbaulage siehe Bild 3. Zum **Ausbau** Schaltseilzug am Schalthebel innerhalb der Schaltbetätigung mit dem Entriegelungswerkzeug T10236 abhebeln. Zum **Einbau** Schaltseilzug auf die Schalthebelführung innerhalb der Schaltbetätigung aufdrücken (auch Bild 4).
2 **Wählseilzug** mit Seilzugarretierung (Pos. 10) verbinden. Einbaulage siehe Bild 3. Zum **Ausbau** Wählseilzug am Wählwinkel innerhalb der Schaltbetätigung mit dem Entriegelungswerkzeug T10236 abhebeln. Zum **Einbau** Wählseilzug auf den Wählwinkel innerhalb der Schaltbetätigung aufdrücken (auch Bild 4).
3 Buchse.
4 Sicherungsscheiben, immer ersetzen.
5 Schaltgehäuse.
6 Seilzugwiderlager.
7 Tüllen für Lagerung Seilzugwiderlager an Getriebe.
8 Distanzstücke.
9 Drei Sechskant-Befestigungsschrauben für Seilzugwiderlager an Getriebe (25 Nm).
10 Seilzugarretierung für Wählseilzug an Umlenkhebel. Ausbau: vom Umlenkhebel abbauen. Einbau: auf Umlenkhebel aufdrücken.
Nach Einbau der Seilzugarretierung Schaltbetätigung einstellen. Das sollte einem Fachmann oder einer Werkstatt überlassen werden.
11 Sicherungsscheibe, immer ersetzen.
12 Seilzugarretierung für Schaltseilzug an Getriebeschalthebel.
Nach Einbau der Seilzugarretierung Schaltbetätigung einstellen (Fachmann, Werkstatt).
Sicherungsscheibe, immer ersetzen. Wird bei Umlenkhebel aus Kunststoff jedoch nicht benötigt.
13 Selbstsichernde Sechskantmutter Getriebeschalthebel (ersetzen, 25 Nm).
14 Getriebeschalthebel. Kann bei montierter Schaltbetätigung ersetzt werden. Einbau des Getriebeschalthebels siehe Bild 13. Nach Einbau Schaltbetätigung einstellen (Fachmann, Werkstatt).
15 Gleitschuh.
16 Umlenkhebel (aus Kunststoff). Gemeinsam mit Seilzugarretierung aus- und einbauen (folgende Anleitung). Einbaulage: Umlenkhebel greift über den Gleitschuh (Pos 15) in die Gleitschiene des Getriebeschalthebels (Pos 14) ein. Nach Einbau des Umlenkhebels Schaltbetätigung einstellen (Fachmann, Werkstatt).
17 Clip für Umlenkhebel.

Getriebeschalthebel einbauen

■ Beim Aufsetzen des Getriebeschalthebels darauf achten, dass die Zahnlücke (Pfeil A) über die unterbrochene Zahnteilung der Schaltwelle (Pfeil B) gesteckt wird (Bild 13).

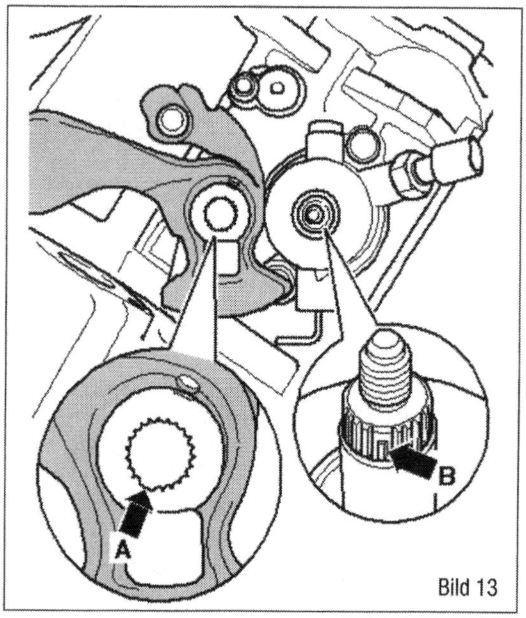

Bild 13
Getriebeschalthebel einbauen.

Umlenkhebel mit Seilzugarretierung aus- und einbauen

Zum Ausbau des Umlenkhebels muss die Seilzugarretierung vom Wählseilzug getrennt werden. Die Seilzugarretierung selbst darf nur bei ausgebautem Umlenkhebel abgebaut werden.

■ Sicherungsmechanismus bis Anschlag nach vorn in Pfeilrichtung (1) ziehen und danach nach links in Pfeilrichtung (2) verriegeln. Dann den Umlenkhebel nach vorn in Pfeilrichtung (3) drücken (Bild 7).

■ Bei **Umlenkhebel mit Raste** die Raste (Pfeil 1 in Bild 14) bis zum Anschlag herunterdrücken und den Umlenkhebel gemeinsam mit der Seilzugarretierung entnehmen. Den Umlenkhebel dabei in Betätigungsrichtung bewegen. Die Seilzugarretierung muss sich hinter der Raste (Pfeil 2) befinden.

■ Bei Umlenkhebel mit Clip den Clip (Pfeil 1 in Bild 15) abziehen und den Umlenkhebel gemeinsam mit der Seilzugarretierung entnehmen. Die Seilzugarretierung muss sich hinter der Raste (Pfeil 2) befinden.

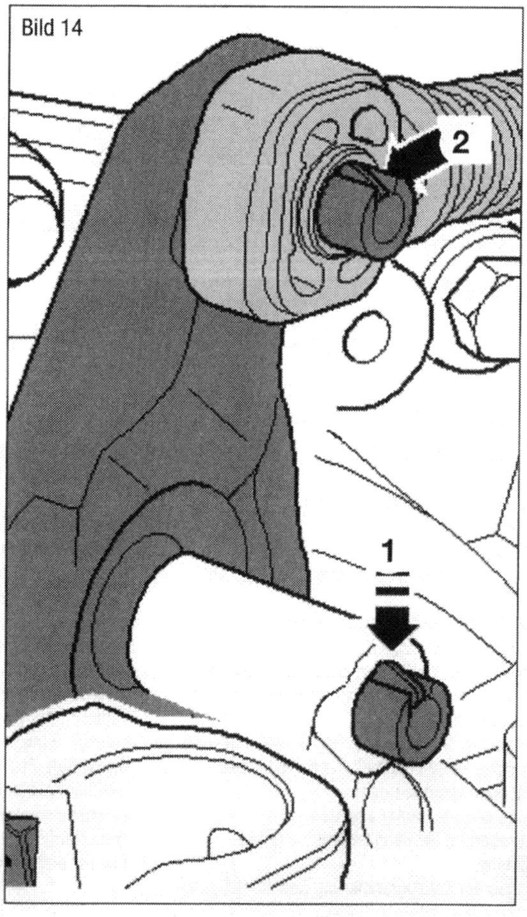

Bild 14
Umlenkhebel mit Raste ausbauen.

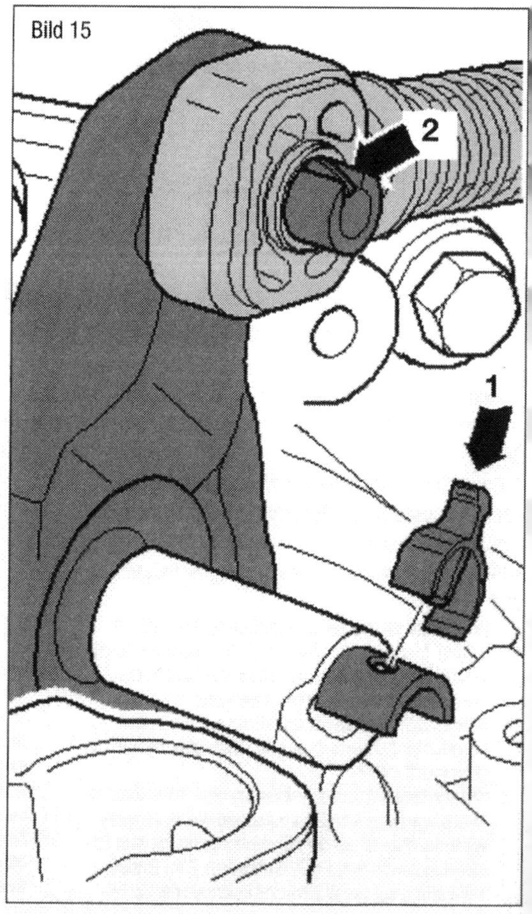

Bild 15
Umlenkhebel mit Clip ausbauen.

Seilzugarretierung für Wählseilzug vom Umlenkhebel abhebeln

■ Nachdem der Umlenkhebel ausgebaut ist, kann die Seilzugarretierung für Wählseilzug vom Umlenkhebel abgehebelt werden. Dazu einen Schlitzschraubendreher (A) zwischen der Buchse (B) und dem Umlenkhebel ansetzen (Bild 16).

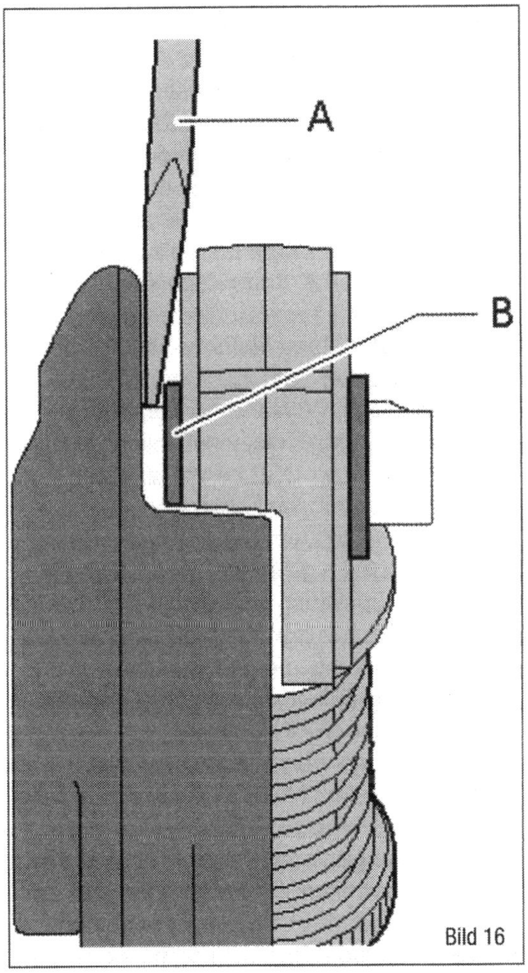

Bild 16

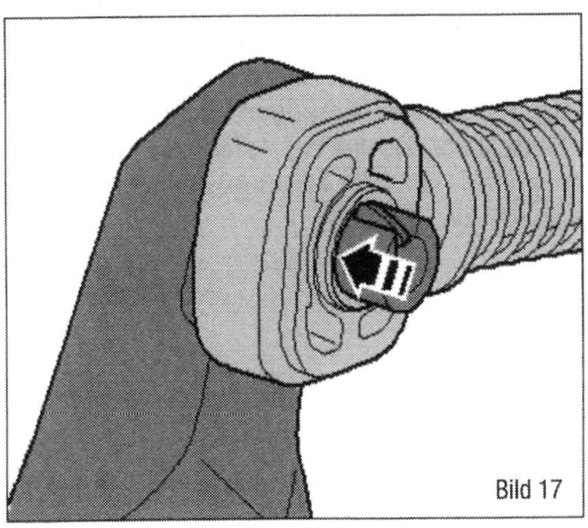

Bild 17

Einbau

■ Lagerstellen und Gleitflächen fetten.

Seilzugarretierung auf Umlenkhebel aufdrücken

■ Seilzugarretierung auf den noch ausgebauten Umlenkhebel aufdrücken. Dabei darf die Seilzugarretierung nur an der Buchse (Pfeil im Bild 17) aufgedrückt werden. Sie muss auf dem Umlenkhebel leichtgängig sein, und sie muss sich hinter der Raste (Pfeil 2 im Bild 15) befinden.

■ Jetzt Umlenkhebel gemeinsam mit Seilzugarretierung bis Anschlag einsetzen. Der Clip (Pfeil 1 im Bild 15) sichert den Umlenkhebel. Auf sichere Verrastung achten. Die Seilzugarretierung muss sich hinter der Raste (Pfeil 2 im Bild 15) befinden.

Getriebeölstand prüfen 5-Gang 02T/02R

Benötigte Werkzeuge:
- Drehmomentschlüssel (V.A.G 1331)
- Steckeinsatz SW 17 (VAS 3257)

Arbeitsablauf

■ Geräuschdämpfung unterhalb Motor/Getriebe, falls vorhanden, abbauen.

■ Schraube zur Getriebeölkontrolle (Pfeil) herausschrauben. Der Ölstand ist korrekt, wenn das Getriebe bis Unterkante Öleinfüllbohrung befüllt ist.

■ Schraube (Pfeil) mit 25 Nm (Schraube mit Innenvielzahn; Torx) bzw. 30 Nm (Schraube mit Innensechskant; Inbus) festschrauben. Bei Neubefüllung ist Folgendes zu beachten:

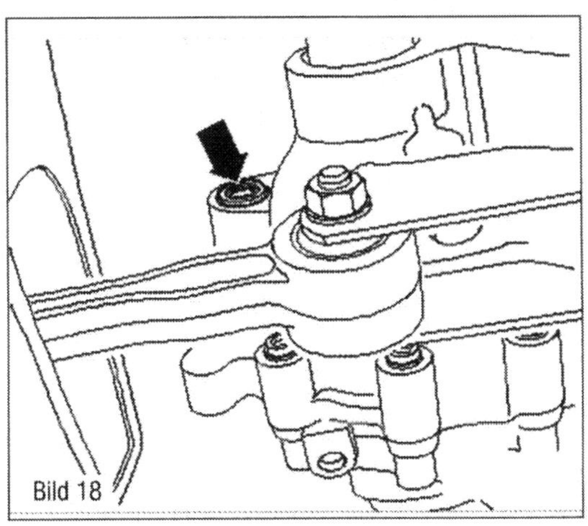

Bild 18

Bild 16
(A) Schlitzschraubendreher.
(B) Buchse.

Bild 17
Seilzugarretierung auf den noch ausgebauten Umlenkhebel aufdrücken.
Pfeil = Buchse.

Bild 18
Getriebe mit Schraube zur Getriebeölkontrolle (Pfeil).

■ Schraube (Pfeil) herausschrauben und Getriebeöl bis Unterkante Einfüllbohrung auffüllen.
■ Schraube (Pfeil) einschrauben, Motor anlassen, Gang einlegen und Getriebe ca. 2 Minuten drehen lassen. Motor abstellen und Schraube (Pfeil) herausschrauben. Getriebeöl erneut bis Unterkante Einfüllbohrung auffüllen. Schraube (Pfeil) mit Anzugsdrehmoment (siehe oben) festschrauben (alles Bild 18).

Das **7-Gang-Doppelkupplungsgetriebe** 0AM hat eine Getriebeöl-Lebensdauerfüllung. Damit ist eine Ölstandskontrolle bei diesem Getriebe nicht notwendig, und eine Möglichkeit zur Ölstandskontrolle ist auch gar nicht vorgesehen. Wenn das Getriebe jedoch undicht geworden sein sollte, muss nachgeschaut werden, wo das Öl austritt und diese Undichtigkeit behoben werden. Dazu restliches Öl ablaufen lassen, Undichtigkeit reparieren und die Ablassschraube wieder einbauen. Das Einfüllen des Öls (exakt 1,7 Liter) setzt allerdings den Ausbau einiger Bauteile voraus und führt letztlich auch zur Einstellung des Wählhebelseilzuges. Außerdem darf lediglich das von Škoda lieferbare Öl verwendet werden, da ansonsten die einwandfreie Funktion nicht mehr gewährleistet ist. Damit kommen für diesen Prozess nur eine Mietwerkstatt mit entsprechender Ausrüstung und fachkundiger Beratung oder letztlich eine Fachwerkstatt infrage.

Auch die Überprüfung des Getriebeölstandes an dem 6-Gang-Automatikgetriebe 09G empfehlen wir lediglich in einer Fachwerkstatt durchführen zu lassen. Hierbei werden der Einsatz von diversen Spezialwerkzeugen, einem Fehlerauslesegerät (z.B. V.A.G 5051 oder VAGcom) sowie die exakte Einhaltung der Prüfbedingungen vorausgesetzt. Weiterhin ist zu beachten, dass nur ein ATF-Öl gleicher Spezifikation nachgefüllt werden darf. Daher gilt für diese Arbeiten das Gleiche wie beim DSG-Getriebe.

Die Kupplung

Der direkte Kraftfluss vom Motor zum Getriebe muss unterbrochen werden können, zum Beispiel beim Starten des Motors, mit laufendem Motor im Stand und natürlich für den Gangwechsel. Bei Fahrzeugen mit Schaltgetriebe übernimmt die **Kupplung** das Trennen. Die Fabia-Modelle mit Schaltgetriebe haben eine hydraulisch betätigte Einscheiben-Trockenkupplung. Die wichtigsten Bauteile der Kupplung sind das fest mit der Kurbelwelle verbundene Zweimassenschwungrad, die Kupplungsscheibe, die auf der Eingangswelle des Getriebes sitzt, und die mit dem Schwungrad fest verschraubte Druckplatte. Der Kupplungsausrücker bewirkt dann die gewünschte Unterbrechung des Kraftflusses zwischen Motor und Getriebe. Komplizierter wird die Angelegenheit bei automatischen Getrieben. Das automatische 7-Gang-Getriebe (DSG) erfüllt beim Anfahren die Aufgaben der herkömmlichen Kupplung. Während der Fahrt übernimmt die Automatik die sonst übliche Schaltarbeit. Das 7-Gang-DSG besitzt als eines seiner herausragenden konzeptionellen Merkmale zwei trockene Kupplungen, deren Druck hydraulisch geregelt wird. Übertragen wird die Motorleistung via Kurbelwelle über ein Zweimassenschwungrad auf die Doppelkupplung. Die Kupplung I bedient dabei die ungeraden Gänge, die Kupplung II die geraden Gänge plus den Rückwärtsgang.
Folge dieses aufwändigen Kupplungsmanagements mit intelligenter Mechatronik (elektro-hydraulische Getriebesteuerung), zwei Kupplungen sowie zwei Antriebs- und drei Abtriebswellen: Beim Schalten gibt es keine Zugkraftunterbrechung. Bei hohen Komforteigenschaften wird somit ein unvergleichbar dynamisches und auch komfortables Schaltgefühl vermittelt.
Im Folgenden demonstrieren wir zuerst einige Reparaturanleitungen zur Rubrik »Kupplungsbetätigung instand setzen«. Wir beginnen mit einer Montageübersicht »Fußhebelwerk« (Bild 19).

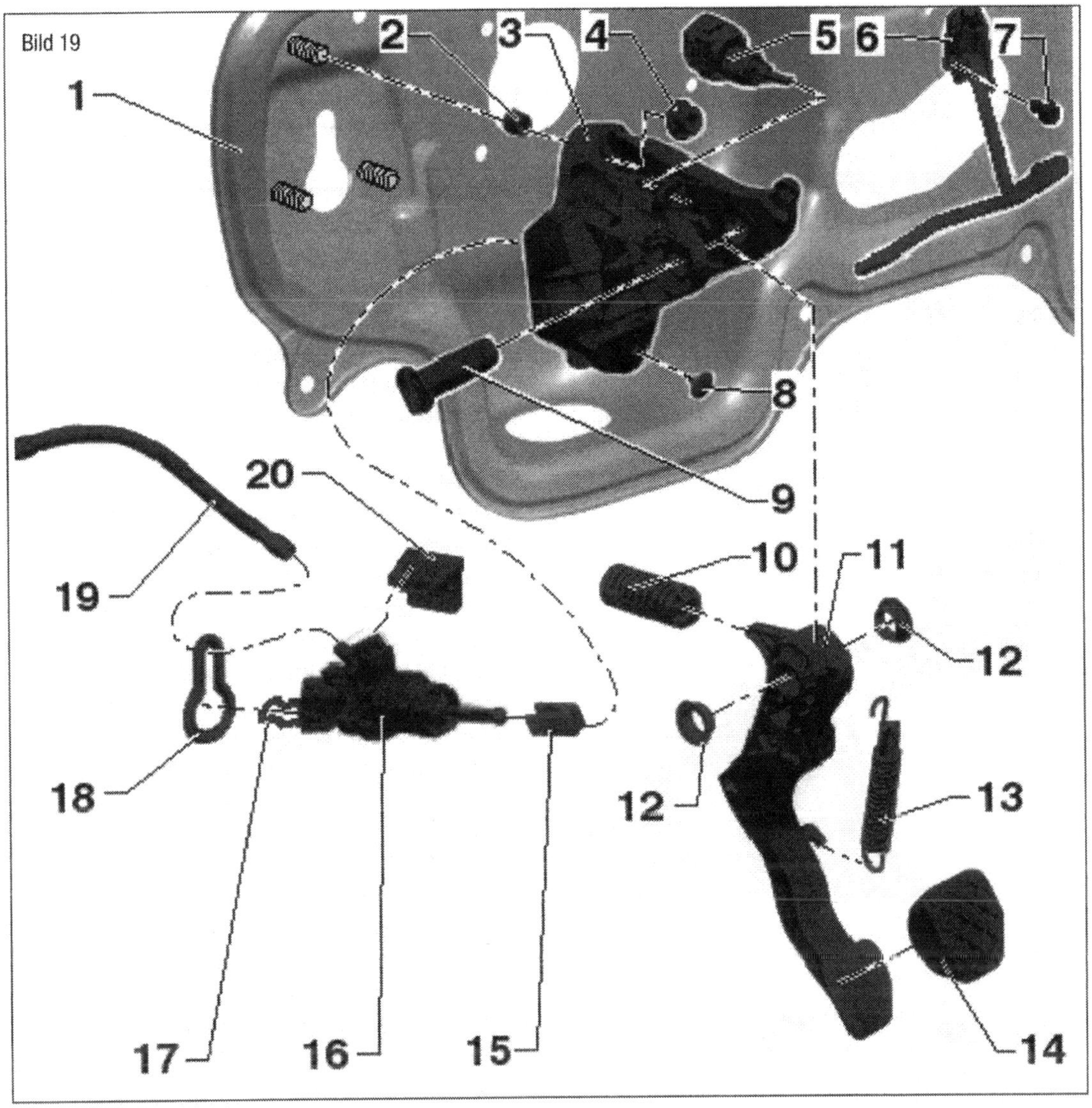

Bild 19
Montageübersicht »Fußhebelwerk« 5-Gang-Schaltgetriebe 02T/6-Gang-Schaltgetriebe 02U.
1 Stirnwand mit Aufnahme für Lagerbock und Geberzylinder.
2 Buchse für die obere Aufnahmebohrung im Lagerbock. Die Buchsen für die untere Aufnahmebohrung im Lagerbock befinden sich im Geberzylinder.
3 Lagerbock, mit Geberzylinder aus- und einbauen.
4 Drei selbstsichernde Sechskantmuttern (ersetzen, 25 Nm).
5 Kupplungspedalschalter F36.
6 Crashstrebe, ist an der Lenksäule befestigt.
7 Schraube Crashstrebe (20 Nm).
8 Anschlag für das Kupplungspedal.
9 Lagerachse (immer ersetzen).
10 Übertotpunktfeder; abhängig von der Ausstattungsvariante ist eine Zugfeder oder eine Übertotpunktfeder eingebaut.
11 Kupplungspedal.
12 Lagerbuchse.
13 Zugfeder mit Vibrationsdämpfer; abhängig von der Ausstattungsvariante ist eine Zugfeder oder eine Übertotpunktfeder eingebaut.
14 Kappe des Kupplungspedals.
15 Aufnahme, nur bei ausgebautem Geberzylinder ersetzen.
16 Geberzylinder.
17 Klammer. Zum Aus- und Einbau der Rohr-Schlauchleitung Klammer bis Anschlag herausziehen.
18 Dichtung Geberzylinder. Immer ersetzen; auf den Geberzylinder kleben.
19 Nachlaufschlauch aus Kunststoff.
20 Kupplungspositionsgeber G476 für Fahrzeuge mit Start-Stopp-System. Kann in der »Geführten Fehlersuche« mit dem Werkstattsystem VAS 5051 geprüft werden.

Kupplungspedal mit Übertotpunktfeder aus- und einbauen (5-Gang 02R/ 02T)

Benötigte Werkzeuge:
- Zange T10005 (zur Entriegelung der Betätigungsstange Geberzylinder vom Kupplungspedal)
- handelsüblicher Innensechskantschlüssel (Inbus, 8 mm Schlüsselweite)

Wenn nur die Übertotpunktfeder ausgebaut werden soll, braucht das Kupplungspedal nicht vom Geberzylinder getrennt zu werden.

Ausbau

■ Abdeckung Fahrerfußraum und Fußraumausströmer links ausbauen. Zum Ausbau der Abdeckung die Kunststoffmuttern herausdrehen. Zum Ausbau des Fußraumausströmers Verkleidung links unter der Schalttafel ausbauen, dann eine Schraube herausdrehen und den Ausströmer vom Heizgerät abnehmen.

■ Crashstrebe an der Lenksäule ausbauen (Pfeil im Bild 20, siehe auch Bild 19, Pos 6 und 7).

■ Kupplungspedalschalter F36 ausbauen. Der Kupplungspedalschalter ist ab KW 45.09 von der Stirnwand aus eingebaut. Stecker vom Kupplungspedalschalter abziehen, Kupplungspedalschalter am Lagerbock 45° in Pfeilrichtung drehen und aus der Aufnahme herausziehen (Bild 21, siehe auch Bild 19, Pos 5).

■ Betätigungsstange/Geberzylinder vom Kupplungspedal wie folgt entriegeln: Kupplungspedal leicht in den Fahrgastraum

Bild 20
Crashstrebe an der Lenksäule ausbauen.
Pfeil = Schraube.

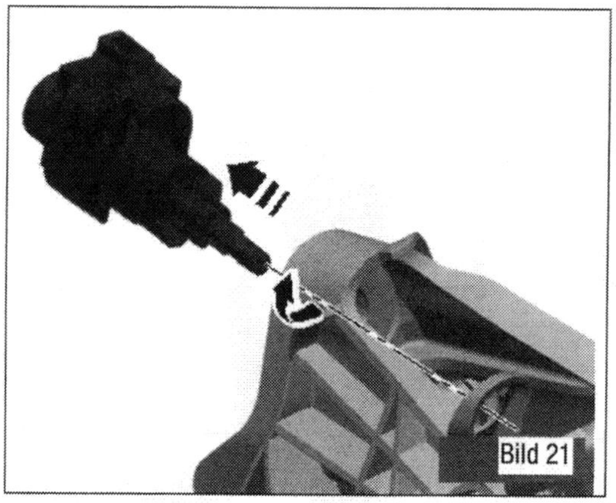

Bild 21
Kupplungspedalschalter F36 (montiert ab KW 45.09) ausbauen.

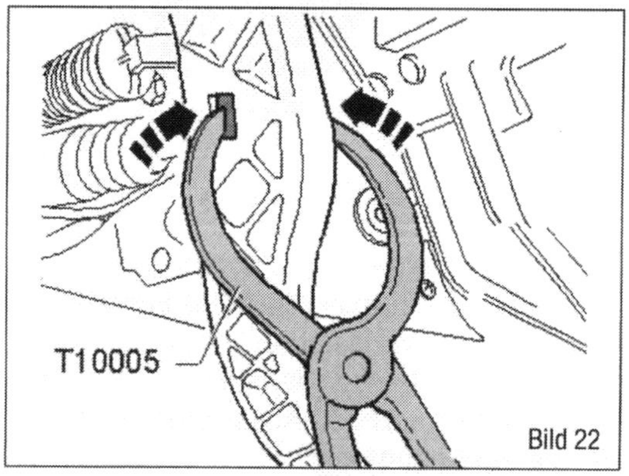

Bild 22
Betätigungsstange/Geberzylinder vom Kupplungspedal entriegeln.

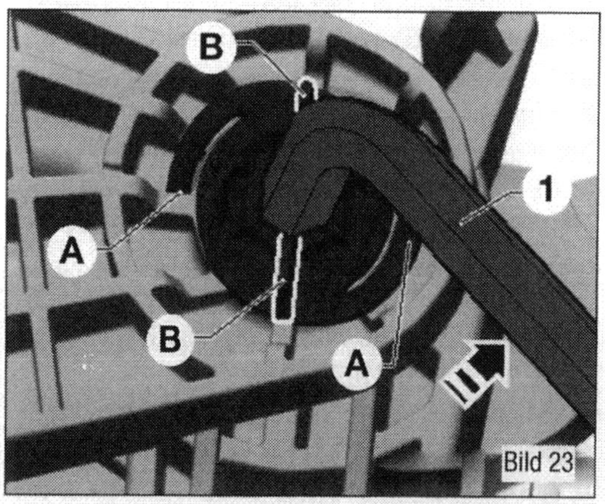

Bild 23
Lagerachse für das Kupplungspedal ausbauen.
1 Innensechskantschlüssel.
A Arretierungen.
B Zapfen.

ziehen. Beide Seiten der Aufnahme mit der Zange T10005 nach innen drücken (Pfeile in Bild 22, siehe auch Bilder 19 und 24).

■ Lagerachse für das Kupplungspedal ausbauen. Dazu die Lagerachse für das Kupplungspedal mit Innensechskantschlüssel (1) nach links (Pfeilrichtung) drehen. Die Arretierungen (A) werden zerstört. Die Zapfen (B) stehen dann waagerecht (Bild 23).

■ Kupplungspedal bewegen, damit die Lagerachse herausgezogen werden kann. Übertotpunktfeder entnehmen und Kupplungspedal abnehmen.

Einbau

■ Die Aufnahme (2) muss sich auf der Betätigungsstange (1) des Geberzylinders befinden. Dann die Aufnahme (2) bis zum hörbaren Einrasten in die Aussparung am Kupplungspedal (Pos 3 im Bild 24) drücken.

■ Die Übertotpunktfeder seitlich von unten, neben dem Stößel des Geberzylinders und neben dem Kupplungspedal in die Aufnahme (A) im Lagerbock einsetzen. Der Aufnahmebereich (Pfeil) für den Lagerzapfen des Kupplungspedals muss senkrecht stehen (Bild 25).

■ Jetzt die Übertotpunktfeder an den Aufnahmezapfen (Pfeil) des Kupplungspedals ansetzen (Bild 26).

■ Kupplungspedal etwas andrücken und eine neue Lagerachse durchschieben. Zapfen (A) waagerecht stellen und die Lagerachse mit dem Innensechskantschlüssel (1) nach rechts (Pfeilrichtung) drehen. Die Arretierungen (B) müssen hörbar einrasten. Die Zapfen (A) stehen dann senkrecht (Bild 27).

■ Kupplungspedalschalter F36 (mit »heller Kuppe« auf dem Stößelkopf) einbauen. Um ausreichend festen Sitz im Lagerbock für Kupplungspedal zu gewährleisten, darf der Kupplungspedalschalter nur einmal montiert werden. Beim Einbau des Kupplungspedalschalters muss das Kupplungspedal immer in Ruhestellung bleiben. Das Kupplungspedal darf während der gesamten Montage nur mit dem Stößelkopf des Kupplungspedalschalters berührt werden. Der Stößel darf jedoch nicht herausgezogen, der Stößelkopf muss aber gefettet werden. Der Kupplungspedalschalter wird von der Stirnwand aus eingebaut. Kupplungspedalschalter in die Aufnahme des Lagerbocks einsetzen und 45° im Vergleich zu Bild 21 in entgegengesetzter

Pfeilrichtung drehen. Stecker für den Kupplungspedalschalter aufstecken.

■ Crashstrebe an der Lenksäule einbauen. Schraube (Pfeil im Bild 20) mit 20 Nm anziehen.

■ Fußraumausströmer und Verkleidung Fahrerseite einbauen.

Lagerbock mit Geberzylinder aus- und einbauen (5-Gang 02T/02R)

Benötigte Werkzeuge:

- Schlauchklemme (3094)
- Verschlusswerkzeug (T10249)
- Drehmomentschlüssel (V.A.G 1331)

Ausbau

■ Batterie und Luftfiltergehäuse ausbauen sowie Motorsteuergerät von der Stirnwand abbauen, wenn dadurch der Geberzylinder nicht zugänglich ist.

■ Nachlaufschlauch zum Geberzylinder mit Schlauchklemme abklemmen und am Geberzylinder abziehen. Zusätzlich zum Abklemmen kann der Nachlaufschlauch mit dem Verschlusswerkzeug verschlossen werden (Bilder 28 und 19).

⚠ Bei diesen Arbeiten darauf achten, dass keine Bremsflüssigkeit auf den Längsträger oder auf das Getriebe gelangt. Falls doch, diese Stelle gründlich reinigen. Am besten einen nicht fasernden Lappen unter den Geberzylinder legen.

■ Sicherungsklammer (2) mit einem Schraubendreher oder einem spitzen Gegenstand entriegeln und Rohr-Schlauchleitung (3) am Geberzylinder abziehen. Die Sicherungsklammer (2) kann bei einigen Geberzylindern auch seitlich herausgezogen werden. Bei Fahrzeugen mit Start-Stopp-System: Kupplungspositionsgeber G476 am Geberzylinder ausclipsen (Pfeil A und Pfeil B), danach mit angeschlossener elektrischer Steckverbindung vom Geberzylinder abnehmen (Bilder 29 und 19).

■ Verkleidung Fahrerseite, Fußraumausströmer links, Crashstrebe (falls vorhanden) und Kupplungspedalschalter F36 ausbauen (siehe »Kupplungspedal aus- und einbauen«). Bei Arbeiten im Fußraum den Bodenteppich mit Lappen vor auslaufender Bremsflüssigkeit schützen.

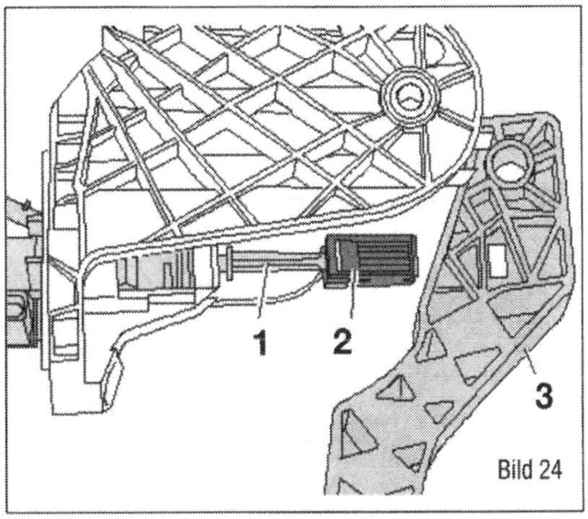

Bild 24
Aufnahme (2) bis zum hörbaren Einrasten in die Aussparung am Kupplungspedal (3) drücken.
1 Betätigungsstange des Geberzylinders.

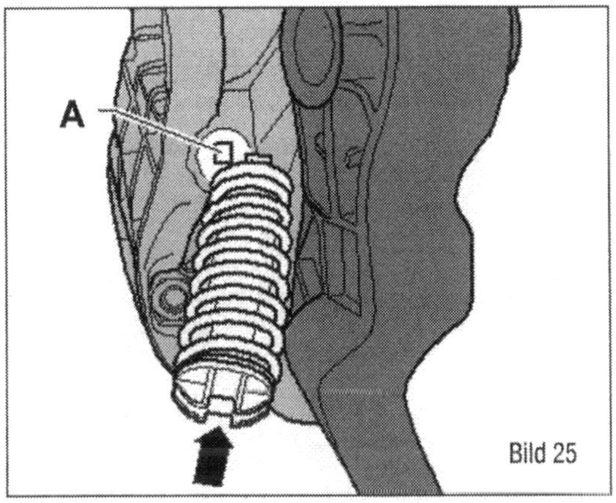

Bild 25
Übertotpunktfeder einsetzen.
A Aufnahme im Lagerbock.

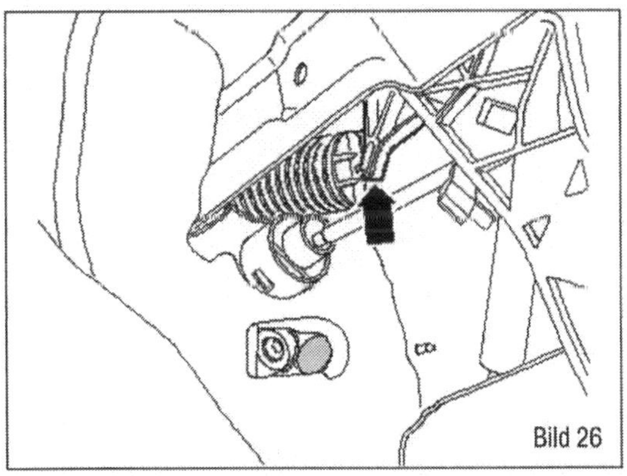

Bild 26
Übertotpunktfeder an den Aufnahmezapfen (Pfeil) des Kupplungspedals ansetzen.

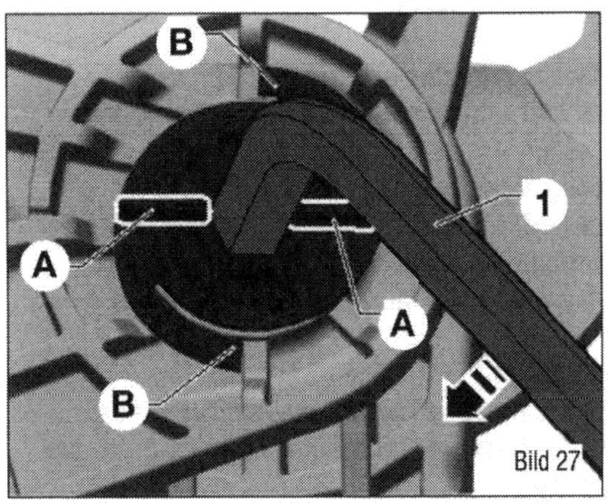

Bild 27
Neue Lagerachse einbauen.
1 Innensechskantschlüssel.
A Zapfen.
B Arretierungen.

Sichtprüfung Messen

■ Befestigungsmuttern (Pos 4 in Bild 19) herausdrehen und Lagerbock (Pos 3 in Bild 19) zusammen mit Geberzylinder und Kupplungspedal herausnehmen.

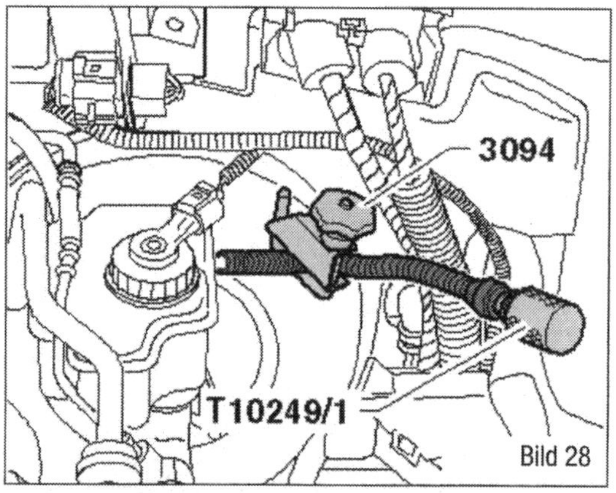

Bild 28
Nachlaufschlauch zum Geberzylinder abbauen.

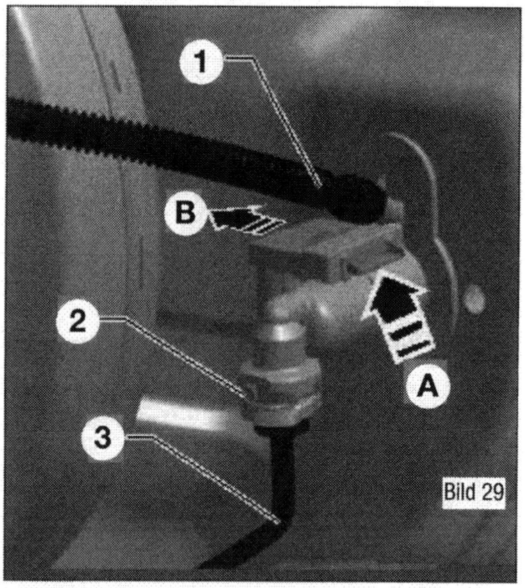

Bild 29
Rohr-Schlauchleitung (3) und Kupplungspositionsgeber am Geberzylinder abbauen.
1 Nachlaufschlauch.
2 Sicherungsklammer.
Pfeile A und B = Positionen zum Ausclipsen des Kupplungspositionsgebers.

Geberzylinder ausbauen
■ Kupplungspedal vom Geberzylinder mit der Zange T10005 entriegeln und den Geberzylinder aus dem Lagerbock herausnehmen (Bild 22).

Geberzylinder einbauen
■ Geberzylinder in den Lagerbock einsetzen. Darauf achten, dass sich auf der Betätigungsstange (1) die Aufnahme (2) befindet. Dann die Aufnahme bis zum hörbaren Einrasten in die Aussparung am Kupplungspedal (3) drücken (Bild 24).

Einbau
Der Einbau erfolgt in umgekehrter Ausbaureihenfolge, dabei ist Folgendes zu beachten:

■ Neue Schaumstoffdichtung auf Geberzylinder und Lagerbock kleben. Lagerbock mit Geberzylinder an Stirnwand ansetzen und neue selbstsichernde Muttern mit 25 Nm festziehen.
■ Kupplungspedalschalter F36, Crashstrebe (falls vorhanden), Fußraumausströmer und Verkleidung Fahrerseite einbauen (siehe »Kupplungspedal aus- und einbauen«).
■ Bei Fahrzeugen mit Start-Stopp-System Kupplungspositionsgeber G476 mit angeschlossener elektrischer Steckverbindung am Geberzylinder bis zum Anschlag einsetzen. Der Kupplungspositionsgeber muss einrasten (Pfeil A). Zum Prüfen am Kupplungspositionsgeber ziehen (Pfeil B, Bild 29).
■ Nach Abbau der Schlauchklemme den Nachlaufschlauch (1) ggf. wieder in seine ursprüngliche Kontur bringen. Rohr-Schlauchleitung bzw. Kunststoffleitung (3) am Anschluss des Geberzylinders eindrücken, bis die Sicherungsklammer (2) hörbar einrastet (siehe Bild 29). Zum Prüfen an der Leitung ziehen.
■ Kupplungsanlage entlüften (siehe spätere Anleitung).
■ Motorsteuergerät an die Stirnwand anbauen, Batterie und Luftfiltergehäuse einbauen.

Nehmerzylinder aus- und einbauen (5-Gang 02T/02R)

Der folgenden Reparaturanleitung »Nehmerzylinder aus- und einbauen« stellen wir die anschauliche Montageübersicht »Kupplungshydraulik« voran.

Ausbau
■ Luftfiltergehäuse ausbauen, wenn dadurch der Nehmerzylinder nicht zugänglich ist.
■ Einen nicht fasernden Lappen unter den Nehmerzylinder legen.
■ Klammer (Pos 13 in Bild 30) für Rohr-Schlauchleitung (Pos 9 in Bild 30) bis Anschlag aus dem Nehmerzylinder (Pos 16 in Bild 30) und Rohr-Schlauchleitung aus dem Nehmerzylinder ziehen, anschließend Rohr-Schlauchleitung verschließen.
■ Nehmerzylinder ausbauen (Pfeile in Bild 31, Pos 12 in Bild 30).

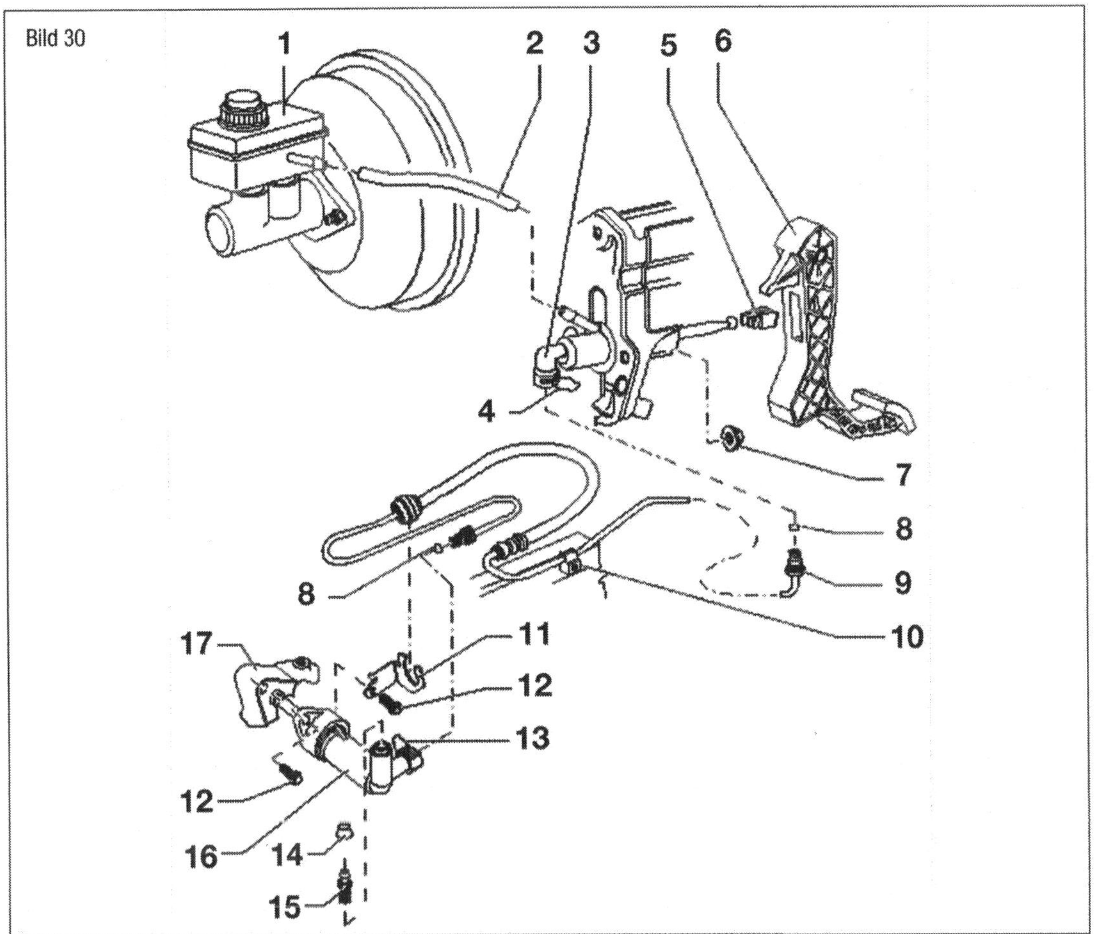

Bild 30
Montageübersicht »Kupplungshydraulik« 5-Gang-Schaltgetriebe 02T (für das 6-Gang-Schaltgetrieb 02U annähernd deckungsgleich).

1 Bremsflüssigkeitsbehälter.
2 Nachlaufschlauch aus Kunststoff (die Dichtungen müssen sich im Nachlaufschlauch befinden).
3 Geberzylinder.
4 Klammer. Zum Aus- und Einbau der Rohr-Schlauchleitung, Klammer bis Anschlag herausziehen.
5 Aufnahme. Nur bei ausgebautem Geberzylinder ersetzen.
6 Kupplungspedal.
7 Selbstsichernde Sechskantmuttern (ersetzen, 25 Nm).
8 Dichtring / O-Ring für Rohr-Schlauchleitung auf Leitungsanschluss aufziehen, mit Bremsflüssigkeit benetzen. Darauf achten, dass Dichtringe / O-Ringe der Ausführung des Leitungsanschlusses angepasst sind.
9 Rohr-Schlauchleitung. Zum Ausbau das Steuergerät für ABS mit Hydraulikeinheit ausbauen.
10 Halter für Rohr-Schlauchleitung, am Aufbau befestigt.
11 Halter für Rohr-Schlauchleitung, am Nehmerzylinder/Getriebe befestigt (nur beim Polo 2002).
12 Sechskantschrauben für Nehmerzylinder an Getriebe (20 Nm).
13 Klammer zum Aus- und Einbau der Rohr-Schlauchleitung; Klammer bis zum Anschlag herausziehen.
14 Staubkappe des Entlüftungsventils.
15 Entlüftungsventil zum Entlüften der Kupplungsanlage.
16 Nehmerzylinder.
17 Getriebe.

Einbau

■ Nehmerzylinder einbauen und Schrauben (Pfeile im Bild 31) mit 20 Nm anziehen.

■ Rohr-Schlauchleitung bis Anschlag in den Nehmerzylinder stecken, Halteklammer bis Anschlag eindrücken. Zum Prüfen an der Rohr-Schlauchleitung ziehen (Bild 30).

■ Nach Einbau des Nehmerzylinders Kupplungsanlage entlüften (anschließende Anleitung).

■ Luftfiltergehäuse einbauen.

Kupplungsanlage entlüften

Bei den nachfolgenden Arbeiten, für die ein Bremsen-Füll- und Entlüftungsgerät (z. B. VAS 5234) erforderlich ist, darauf achten, dass keine Bremsflüssigkeit auf den Längsträger oder auf das Getriebe gelangt. Ein Vorbefüllen des Systems ist nicht notwendig. Nur neue Bremsflüssigkeit gemäß Standard FMVSS 116 DOT 4 (VW 501 14 B 000 750) verwenden.

Arbeitsablauf

■ Wenn durch den Luftfilter der Nehmerzylinder nicht zugänglich ist, muss der Filter ausgebaut werden.

■ Bremsen-Füll- und Entlüftungsgerät anschließen. Zum Entlüften ist ggf. der Entlüfterschlauch (670 mm lang, V.A.G 1238/B3) zu verwenden.

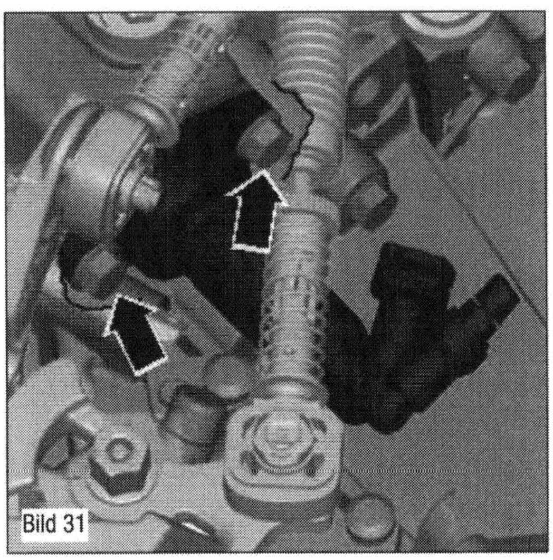

Bild 31
Nehmerzylinder ausbauen. Pfeile = Sechskantschrauben Nehmerzylinder an Getriebe.

■ Entlüfterschlauch dann mit der Auffangflasche des Bremsen-Entlüftungsgerätes verbinden. Danach Entlüfterschlauch auf das Entlüftungsventil (Pfeil) stecken (Bild 32, siehe auch Pos 15 in Bild 30).
■ Das System mit einem Druck von 2 bar beaufschlagen.
■ Das Entlüftungsventil öffnen und ca. 100 ccm Bremsflüssigkeit ausströmen lassen.
■ Das Entlüftungsventil schließen, Pedal zügig von Anschlag zu Anschlag 10 bis 15 Mal betätigen und Entlüftungsventil wieder öffnen. Weitere 50 ccm Bremsflüssigkeit ausströmen lassen. Entlüftungsventil schließen.
■ Nach Beendigung des Entlüftungsvorganges mehrmals das Kupplungspedal betätigen.
■ Luftfilter einbauen.

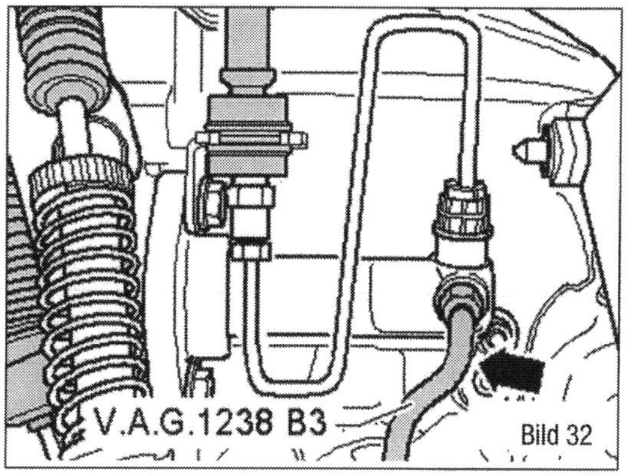

Bild 32

Bild 32
Kupplungsanlage entlüften. Entlüfterschlauch auf das Entlüftungsventil (Pfeil) stecken.

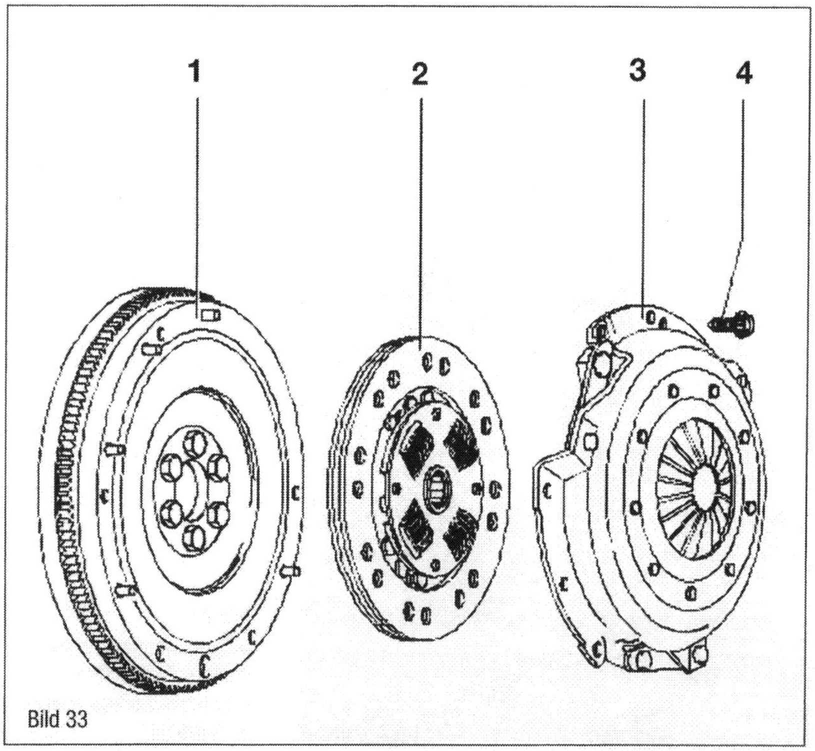

Bild 33

Bild 33
Teileübersicht »Kupplung« 5-Gang-Schaltgetriebe 02T/6-Gang-Schaltgetriebe 02U.
1 Schwungrad. Auf festen Sitz der Zentrierstifte achten. Anlagefläche für Kupplungsbelag frei von Rillen, Öl und Fett halten.
2 Kupplungsscheibe. Einbaulage: Federkäfig zeigt zur Druckplatte. Kupplungsscheibe zentrieren (Bild 34).
3 Druckplatte. **Druckplatte aus- und einbauen** (Bild 34) Enden der Membranfeder prüfen (Bild 35).
4 Schrauben Druckplatte an Schwungrad (M6 = 13 Nm; M7 = 20 Nm). Stufenweise über Kreuz lösen bzw. anziehen.

Kupplung aus- und einbauen (5-Gang-Schaltgetriebe 02T/02R)

Benötigte Werkzeuge:
- Gegenhalter (3067)
- Zentrierdorn (T10086)
- Drehmomentschlüssel(V.A.G 1331)
- Schmierfett für die Kupplungsscheibensteckverzahnung(G 000 100)

Zur Kupplung gehören neben der Kupplungsausrückung die in der Teileübersicht »Kupplung« dargestellten Bauteile (Bild 33). ((Bild 33 aus Band 1325, Seite 108 inkl. BU

Ausbau

■ Zum Instandsetzen der Kupplung muss als Erstes das Getriebe ausgebaut werden.
■ Zum Lösen der Schrauben (Pos 4 in Bild 33) Gegenhalter einsetzen und Schrauben stufenweise über Kreuz lösen (Bild 34).
■ Druckplatte und Kupplungsscheibe abnehmen.

Einbau

■ Einbau in umgekehrter Ausbaureihenfolge, wobei, wenn erforderlich, Druckplatte und Kupplungsscheibe grundsätzlich gemeinsam zu ersetzen sind.
■ Kupplungsscheiben und Druckplatten mit beschädigter oder loser Nietverbindung ersetzen.
■ Druckplatte und Kupplungsscheibe nach Motorkennbuchstaben über den »Elektronischen Teilekatalog (ETKA)« zuordnen.
■ Die Enden der Membranfedern (Pfeile) der ausgebauten Druckplatte prüfen. Eine Abnutzung bis zur halben Membranfederdicke ist zulässig (Bild 35).
■ Druckplatten sind korrosionsgeschützt und gefettet. Sie dürfen nur an der Anlauffläche gereinigt werden, andernfalls wird die Lebensdauer der Kupplung erheblich verringert.
■ Verzahnung der Antriebswelle und bei gebrauchten Kupplungsscheiben Verzahnung der Nabe reinigen, Korrosion entfernen. Eine hauchdünne Schicht des Fettes G 000 100 auf die Verzahnung auftragen. Danach Kupplungsscheibe auf der Antriebswelle hin und her bewegen, bis die Nabe auf der Welle leichtgängig ist. Überschüssiges Fett unbedingt entfernen.

■ Druckplatte auf die Passstifte aufstecken und zum Zentrieren der Kupplungsscheibe den Zentrierdorn verwenden (Bild 34).
■ Anlauffläche der Druckplatte und Belag der Kupplungsscheibe müssen vor Einsetzen der Schrauben vollständig am Schwungrad anliegen. Dann erst Befestigungsschrauben einsetzen.
■ Zum Anziehen der Schrauben wieder den Gegenhalter verwenden.
■ Alle Schrauben von Hand gleichmäßig eindrehen, bis der Schraubenkopf an der Druckplatte anliegt. Dann die Schrauben in kleinen Stufen über Kreuz anziehen, um die Zentrierbohrungen der Druckplatte und die Zentrierstifte des Schwungrades nicht zu beschädigen.
■ Getriebe einbauen.

Der Achsantrieb ist die letzte Zwischenstation, über den das vom Motor produzierte Drehmoment die Antriebsräder erreicht. Seine Aufgabe besteht darin, die vom Getriebe kommenden Drehzahlen ins Langsamere zu übersetzen, das Drehmoment zu vergrößern und gleichmäßig an die Antriebsräder zu übertragen. Wesentliche Baugruppe dabei ist das Ausgleichsgetriebe. Der Achsantrieb sitzt mit dem Ausgleichsgetriebe (Differenzial) und dem Schaltgetriebe (oder Automatikgetriebe) in einem Gehäuse. Vom Ausgleichsgetriebe erfolgt die Kraftübertragung über zwei Antriebswellen (Gelenkwellen) auf die Vorderräder (Bild 1).
Aus- und Einbau von Gelenkwellen beschreiben wir im Kapitel 11.

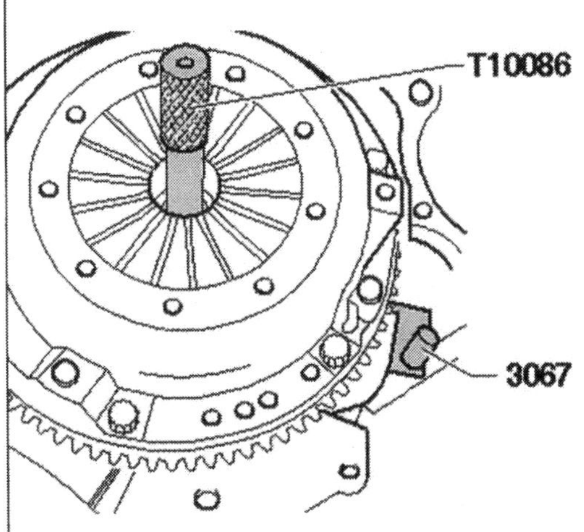

Bild 34

Bild 34
Kupplungsscheibe zentrieren und Druckplatte aus- und einbauen.

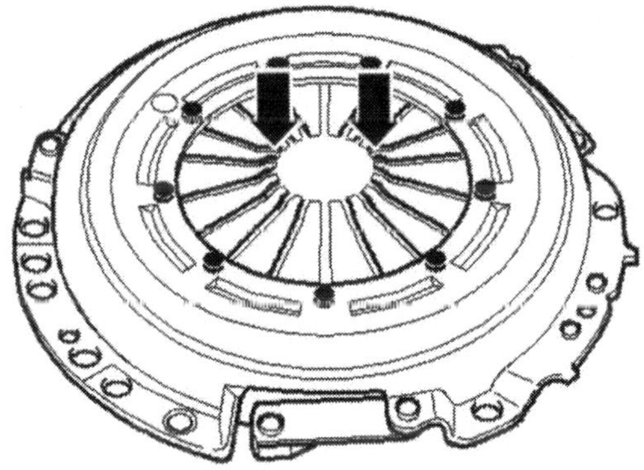
Bild 35

Bild 35
Enden der Membranfedern prüfen.

11 Fahrwerk
(Vorder- und Hinterachse, Radaufhängungen)

Die richtige Radaufhängung ist entscheidend für eine gute Fahrdynamik. Fährt der Wagen über Bodenwellen oder schnell durch eine Kurve, verändert sich jedes Mal die Geometrie der Räder. Die Reifen dürfen aber nie den Kontakt zur Fahrbahn verlieren, weil sie dann keine Brems- und Lenkkräfte mehr übertragen können. Die Federung nimmt Stöße auf und folgt den Unebenheiten der Straße. Die Stoßdämpfer verhindern das Nachschwingen. Škoda hat das Fahrwerk des neuen Fabia in weiten Bereichen neu ausgelegt. Auf dem Fahrzeugdatenträger ist vermerkt, welches Fahrwerk im Fahrzeug eingebaut ist. Das Fahrwerk wird durch eine PR-Nummer dargestellt. Das serienmäßige Basisfahrwerk trägt die Kennung (PR-Nummer) G10.

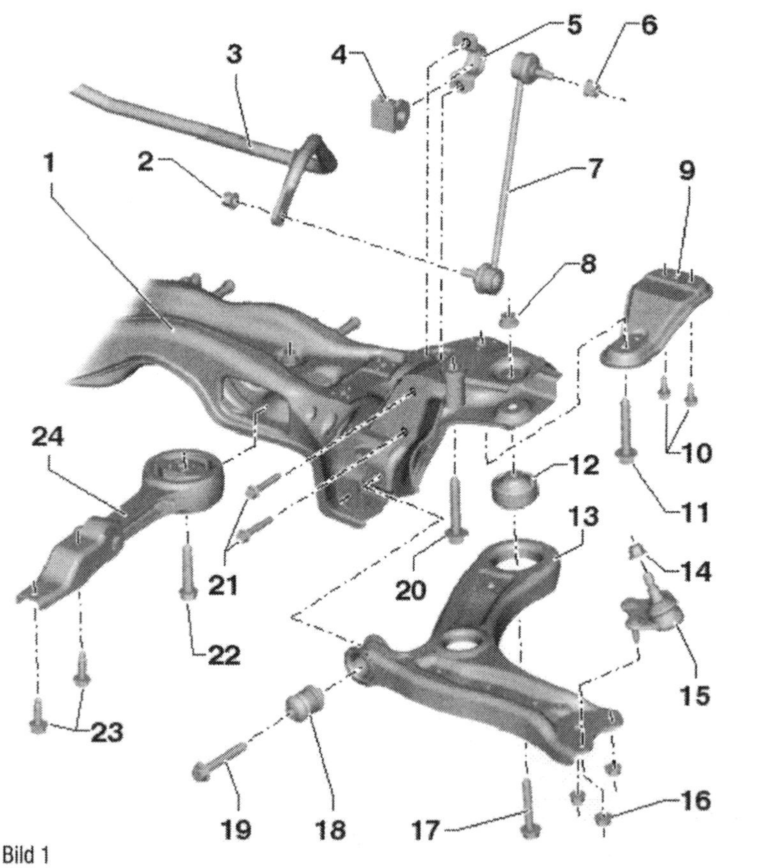

Bild 1

Vorne kommt eine komplett neu entwickelte McPherson-Achse nach dem Federbein-Prinzip mit unteren Dreieckslenkern zum Einsatz. Das Rad ist mit seiner Einheit aus Radnabe und Radlager an das Radlagergehäuse geschraubt. Die Verbundlenker-Hinterachse wurde ebenfalls verbessert, die Spurweite z. B. um 30 mm vergrößert. Feder und Dämpfer sind voneinander getrennt angeordnet. Außerdem wird der Fabia in Deutschland und in zahlreichen weiteren Ländern mit dem elektronischen Stabilisierungsprogramm ESP inklusive Berganfahrassistent angeboten. ESP verbessert die Fahrzeugkontrolle in fahrdynamisch kritischen Situationen.

Bild 1
Montageübersicht »Aggregateträger, Stabilisator, Achslenker«.

1 Aggregateträger (Hilfsrahmen).
2 Selbstsichernde Mutter Koppelstange an Stabilisator (nach jeder Demontage ersetzen, 40 Nm).
3 Stabilisator. Für den Aus- und Einbau muss der Aggregateträger abgesenkt werden (siehe »Aggregateträger fixieren«).
4 Gummilager für Stabilisator. Immer auf beiden Seiten tauschen.
5 Stabilisator-Schelle.
6 Selbstsichernde Mutter Koppelstange an Federbein (nach jeder Demontage ersetzen, 40 Nm).
7 Koppelstange zur Anbindung Stabilisator an Federbein.
8 Mutter Achslenker an Aggregateträger (in Verbindung mit Pos 17).
9 Abstützung.
10 Schraube Abstützung an Karosserie (M 8 x 22, nach jeder Demontage ersetzen, 20 Nm und 90° weiterdrehen). Bei Beschädigung des Gewindes der Schweißmutter kann das Gewinde mit Heli-Coil-Gewindeeinsatz in Stand gesetzt werden.
11 Schraube Abstützung an Aggregateträger/Karosserie (M 12 x 1,5 x 75, nach jeder Demontage ersetzen, 70 Nm und 90° weiterdrehen). Bei Beschädigung des Gewindes der Schweißmutter kann das Gewinde mit Heli-Coil-Gewindeeinsatz in Stand gesetzt werden.
12 Gummimetalllager Achslenker hinten.
13 Achslenker.
14 Selbstsichernde Mutter Achsgelenk an Radlagergehäuse (nach jeder Montage ersetzen, 20 Nm und 90° weiterdrehen).
15 Achsgelenk.
16 Muttern Achsgelenk an Achslenker (nach jeder Demontage ersetzen, 100 Nm).
17 Schraube Achslenker an Aggregateträger/Karosserie (nach jeder Demontage ersetzen, 70 Nm und 90° weiterdrehen).
18 Gummimetalllager Achslenker vorn.
19 Schraube Achslenker an Aggregateträger (nach jeder Demontage ersetzen, 70 Nm und 90° weiterdrehen).
20 Schraube Aggregateträger an Karosserie (nach jeder Montage ersetzen, 70 Nm und 90° weiterdrehen).
21 Sechskantschrauben (nach jeder Demontage ersetzen, 20 Nm und 90° weiterdrehen).
22 Sechskantschraube Pendelstütze an Aggregateträger (nach jeder Demontage ersetzen, 40 Nm und 90° weiterdrehen).
23 Sechskantschrauben Pendelstütze an Getriebe (nach jeder Demontage ersetzen, 30 Nm und 90° weiterdrehen).
24 Pendelstütze.

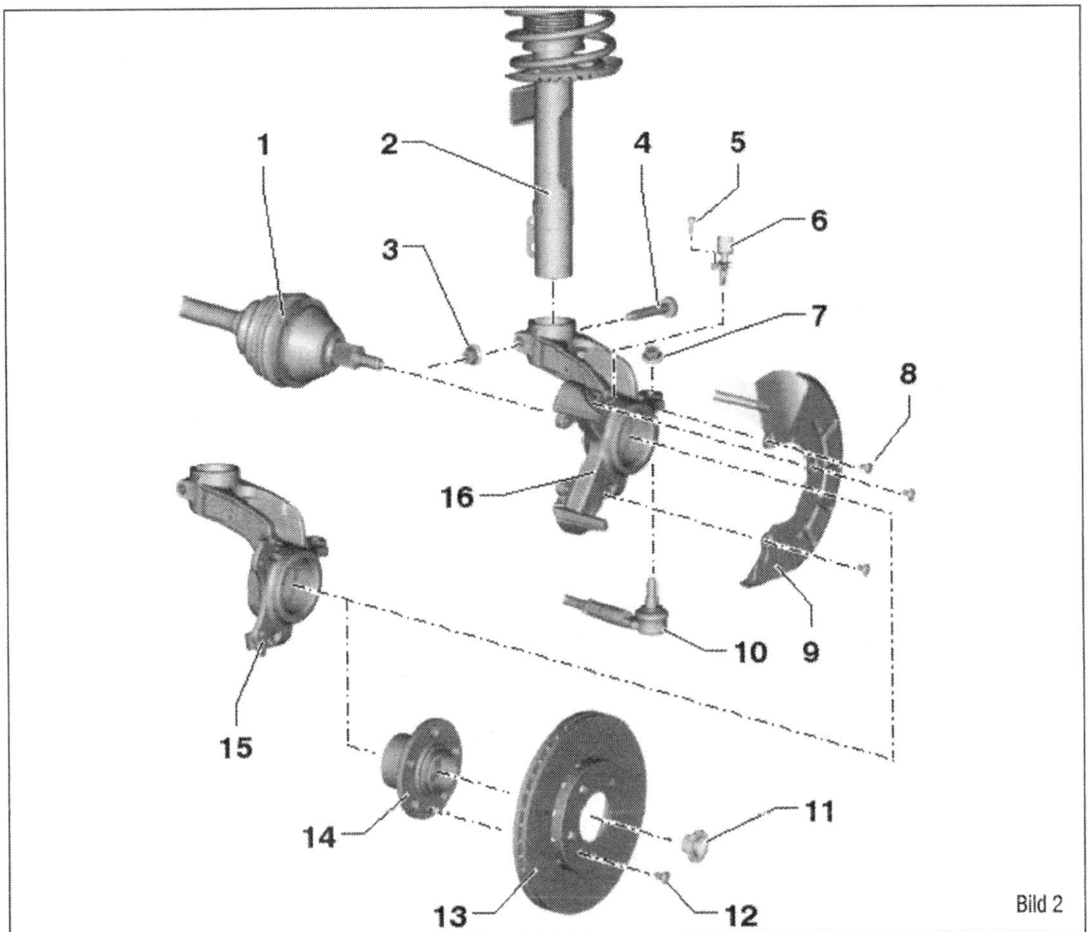

Bild 2

Bild 2
Montageübersicht »Radlagerung«.
1 Gelenkwelle.
2 Federbein.
3 Mutter Federbein an Radlagergehäuse (nach jeder Demontage ersetzen, 60 Nm und 90° weiterdrehen).
4 Innenvielzahnschraube Federbein an Radlagergehäuse. Spitze der Schraube muss in Fahrtrichtung zeigen.
5 Innensechskantschraube Drehzahlfühler an Radlagergehäuse (8 Nm).
6 Drehzahlfühler. Vor dem Einsetzen des Fühlers die Innenfläche der Bohrung reinigen und mit Festschmierstoffpaste G 000 650 bestreichen.
7 Mutter Spurstangenkopf an Radlagergehäuse (nach jeder Demontage ersetzen, 20 Nm und 90° weiterdrehen).
8 Schrauben Abdeckblech an Radlagergehäuse (12 Nm).
9 Abdeckblech.
10 Spurstangenkopf.
11 Selbstsichernde Zwölfkantmutter für Gelenkwelle (nach jeder Demontage ersetzen, 50 Nm und 45° weiterdrehen). Mit Steckeinsatz SW 36 (T10125) lösen.
12 Schraube Bremsscheibe an Radnabe (4 Nm).
13 Bremsscheibe innen belüftet.
14 Radnabe mit Radlager. Der Sensorring für das ABS ist in der Radnabe eingebaut. Er hat unterschiedliche Ausführungen für 14"- und 15"-Fahrwerk und muss immer ersetzt werden, weil er beim Ausziehen zerstört wird.
15 Radlagergehäuse für Bremssattel FN3 für Fahrzeuge mit 15"-Fahrwerk.
16 Radlagergehäuse für Bremssattel FS III für Fahrzeuge mit 14"-Fahrwerk.

Den folgenden Reparaturen an der **vorderen Radaufhängung und Radlagerung** stellen wir die anschaulichen Montageübersichten »Aggregatträger, Stabilisator, Achslenker« und »Radlagerung« voran. Sie bringen die einzelnen Reparaturschritte in einen übergeordneten Zusammenhang (Bilder 1 und 2).

Grundsätzlich ist darauf hinzuweisen, dass sämtliche Schweiß- und Richtarbeiten an tragenden und Rad führenden Bauteilen der Radaufhängung nicht zulässig sind. Selbstsichernde Muttern sowie korrodierte Schrauben/ Muttern müssen immer ersetzt werden.

Aggregatträger fixieren

Benötigte Werkzeuge:
- Motor- und Getriebeheber (V.A.G 1383A) mit Universal-Getriebeaufnahme (V.A.G 1359/2)
- Fixiervorrichtung (T10096), das sind so genannte Fixierbolzen

Ausbau

■ Schrauben Pendelstütze an Getriebe (Bild 1 Pos 23) abschrauben.
■ Bei Fahrzeugen mit Abgasrohr unterhalb des Aggregatträgers: Abgasrohr ausbauen (Kapitel 9).
■ Motor- und Getriebeheber unter den Aggregatträger stellen.
■ Gewinde der Fixierbolzen reinigen.
■ Um den Aggregatträger zu fixieren, müssen an den Positionen (1), (2), (3) und (4) nacheinander die Fixierbolzen eingeschraubt werden. Die Positionen (3) und (4) müssen zuerst fixiert werden. Die Fixiervorrichtungen dürfen nur mit maximal 20 Nm angezogen werden, da sonst ihr Gewinde beschädigt wird (Bild 3).
■ Befestigungsschrauben (2) nacheinander auf beiden Fahrzeugseiten durch die Fixierbolzen ersetzen und mit 20 Nm anziehen. Schrauben (Pfeile) für die Abstützung (Bild 1, Pos 9) herausschrauben. Befestigungsschraube (1) auf einer Fahrzeugseite herausschrauben und die Abstützung entnehmen. Fixierbolzen einsetzen und mit 20 Nm anziehen (Bild 4).

■ Die Fixierung des Aggregatträgers ist abgeschlossen, wenn alle 4 Schrauben nacheinander durch die Fixierbolzen ersetzt wurden. Er kann nun ca. 4 cm abgesenkt werden.

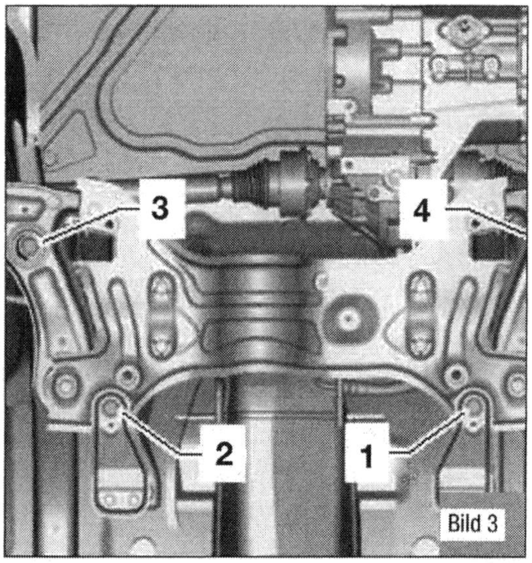

Bild 3

Bild 3
Aggregateträger fixieren, 1–4 Schrauben (durch Fixierbolzen zu ersetzen).

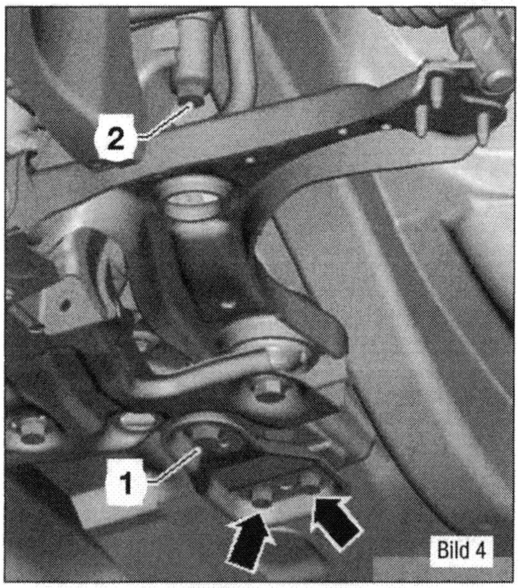

Bild 4

Bild 4
Aggregateträger fixieren. (1) und (2) Befestigungsschrauben (durch Fixierbolzen ersetzen). Pfeile = Schrauben Abstützung an Karosserie.

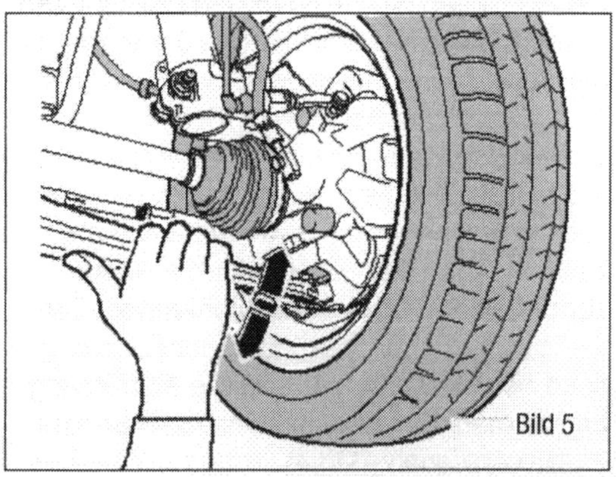
Bild 5

Bild 5
Axialspiel prüfen.

Einbau

■ Der Einbau erfolgt in umgekehrter Ausbaureihenfolge, dabei ist Folgendes zu beachten:
■ Immer nur einen Fixierbolzen herausschrauben und diesen durch eine neue Schraube (1) und (2) ersetzen (Bild 4).
■ Neue Schrauben (Pfeile) für die Abstützung einschrauben und festziehen.
■ Anzugsdrehmomente: Aggregatträger an Karosserie = 70 Nm + 90°, Abstützung an Karosserie = 20 Nm + 90°, Pendelstütze an Getriebe = 30 Nm + 90°.
■ Nach dem Einbau muss während einer Probefahrt die Stellung des Lenkrades geprüft werden. Sollte das Lenkrad nicht gerade stehen, muss auf jeden Fall eine Achsvermessung durchgeführt werden.

Achsgelenk prüfen

Axialspiel prüfen

■ Fahrzeug anheben und Achslenker (Pos.13 in Bild 1) kräftig in Pfeilrichtung nach unten ziehen und wieder hoch drücken (Bild 5).

Radialspiel prüfen

■ Rad unten kräftig nach innen und außen drücken (Bild 6).
■ Es darf bei beiden Prüfungen kein fühl- oder sichtbares »Spiel« vorhanden sein. Falls Spiel registriert wird, müssen Achsgelenke und Gleichlaufgelenke bzw. Tripodegelenke auf Schäden überprüft und im Schadensfalle ausgetauscht werden.
■ Während der Prüfungen das Achsgelenk (15 in Bild 1) beobachten.
■ Eventuell vorhandenes Radlagerspiel oder »Spiel« im Federbeinlager oben berücksichtigen.
■ Gummibalg am Achsgelenk auf Beschädigung prüfen, ggf. Achsgelenk ersetzen.

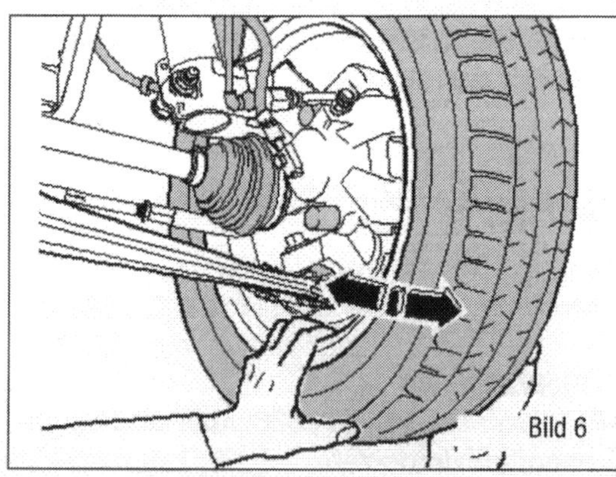
Bild 6

Bild 6
Radialspiel prüfen.

Der Aus- und Einbau von Aggregatträger, Achsgelenk, Achslenker, Stabilisator oder der Gummimetalllager bzw. Gummilager erfordern eine Reihe von Spezialwerkzeugen und Geräten (z. B. Fixiervorrichtung T10096 zum Fixieren des Aggregatträgers bei dessen Ausbau und bei der Demontage des Stabilisators, Motor-/Getriebeheber V.A.G 1383 A mit Universal-Getriebeaufnahme V.A.G 1359/2, Kugelgelenkabzieher 3287A u. a.) sowie natürlich eine gehörige Portion »Schrauber«-Erfahrung, so dass wir hier lediglich den Aus- und Einbau des Achsgelenks beschreiben. Alle anderen Reparaturen sind unseres Erachtens Sache einer Fachwerkstatt. Es kommt nämlich noch hinzu, dass einige Schrauben/Muttern, z. B. alle Schrauben an Fahrwerksteilen mit Gummimetalllagern, grundsätzlich in so genannter Leergewichtslage festgezogen werden müssen. Dazu ist die Radlagerung in die Leergewichtslage zu heben (siehe Anleitung am Ende des Kapitels). Aus ähnlichen Gründen verzichten wir im Segment »Radlagerung« auf den Reparaturablauf »Radnabe mit Radlager aus- und einbauen«, zumal dafür zahlreiche miteinander korrespondierende Montagevorrichtungen und Spezialwerkzeuge zum Ausziehen bzw. zum Einziehen von Radnabe mit Radlager benötigt werden. Wir präsentieren jedoch die Reparatur »Radlagergehäuse aus- und einbauen«.

Achsgelenk aus- und einbauen

Benötigte Werkzeuge:
- Kugelgelenkabzieher
- Motor-/Getriebeheber
- Drehmomentschlüssel (V.A.G 1331)
- Drehwinkelschlüssel (V.A.G 1756)
- Steckeinsatz SW 36 (T10125).

Ausbau

■ Fahrzeug so weit anheben, dass die Vorderachse entlastet ist. Dann Zwölfkantmutter für Gelenkwelle mit Steckeinsatz SW 36 lösen (Bild 2).

⚠ Beim Lösen und Festziehen darf das Fahrzeug nicht auf den Rädern stehen. Das Radlager kann bei gelöster Schraube durch das Eigengewicht des Fahrzeugs beschädigt werden. Sollen Fahrzeuge mit ausgebauter Gelenkwelle bewegt werden, muss ein Außengelenk eingebaut und mit 50 Nm festgezogen werden.

■ Rad abbauen.

■ Muttern (Pfeile) Achsgelenk an Achslenker abschrauben (Bild 7, siehe auch Bild 1).

■ Gelenkwelle etwas aus der Radnabe ziehen, ggf. komplett herausziehen.

■ Achslenker aus dem Achsgelenk herausziehen. Mutter für Achsgelenk an Radlagergehäuse
lösen (Bild 1), Mutter zum Schutz des Gewindes einige Gewindegänge auf dem Achsgelenk belassen.

■ Kugelgelenkabzieher wie im Bild 8 gezeigt ansetzen und Achsgelenk ausdrücken. Dabei Motor- und Getriebeheber oder Ähnliches unterstellen.

⚠ Unfallgefahr durch herabfallende Teile beim Ausdrücken des Achsgelenks!

Einbau

■ Achsgelenk in Radlagergehäuse einsetzen, dabei auf Einbaulage der Achsgelenke achten (Bilder 9 und 10). Bei falscher Einbaulage ist der Nachlauf nicht in Ordnung.

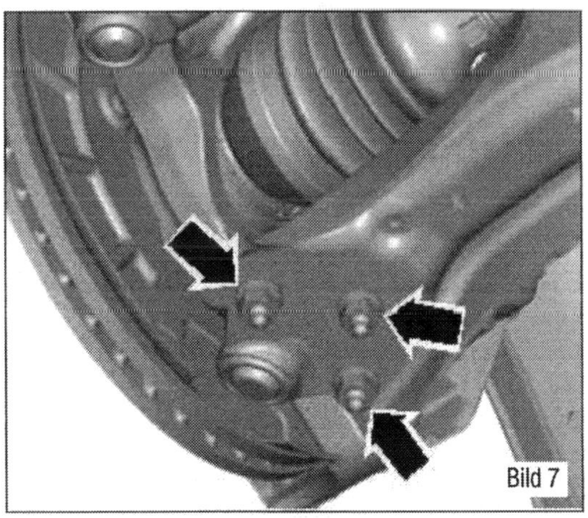

Bild 7
Muttern (Pfeile) Achsgelenk an Achslenker abschrauben.

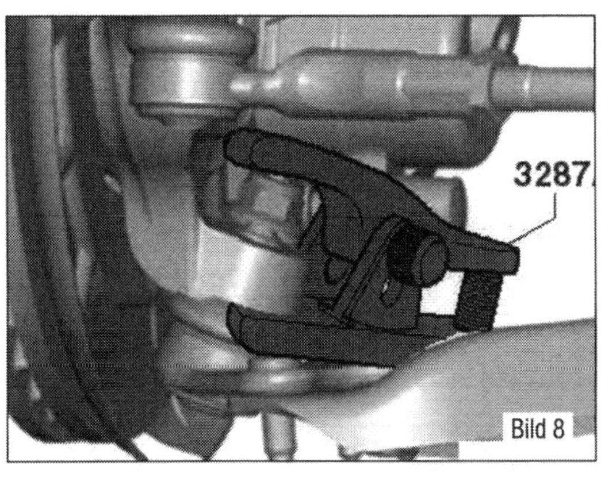

Bild 8
Achsgelenk mit Kugelgelenkabzieher ausdrücken.

Sichtprüfung Messen

■ Neue selbstsichernde Mutter für Achsgelenk an Radlagergehäuse mit 20 Nm +90° aufschrauben, dabei mit Innentorx T40 am Achsgelenk gegenhalten.
■ Gelenkwelle in Radnabe einsetzen.
⚠ Unbedingt darauf achten, dass die Schleuderscheibe (1) komplett auf das Außengelenk aufgeclipst ist. Die Schleuderscheibe muss mit der Anlagefläche des Außengelenks (Pfeil) fluchten (Bild 11, siehe auch Bild 21).

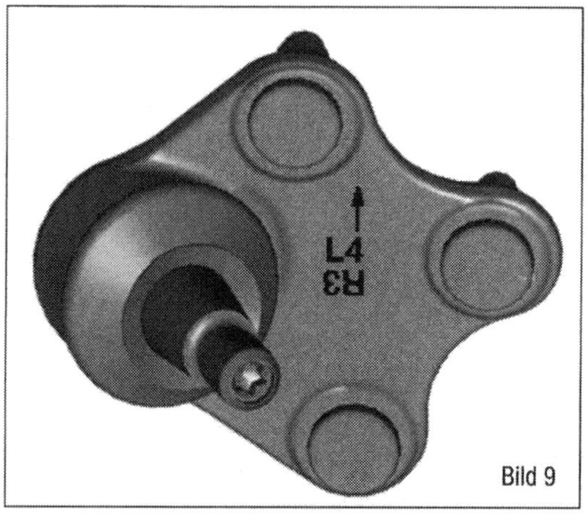

Bild 9

Bild 9
Einbaulage linkes Achsgelenk.
Pfeil mit Bezeichnung »L4« zeigt bei 14"-/15"-Fahrwerken in Fahrtrichtung.

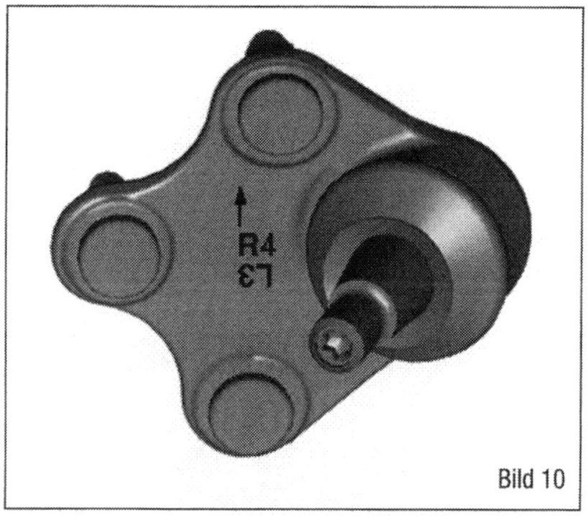

Bild 10

Bild 10
Einbaulage rechtes Achsgelenk.
Pfeil mit Bezeichnung »R4« zeigt bei 14"-/15"-Fahrwerken in Fahrtrichtung.

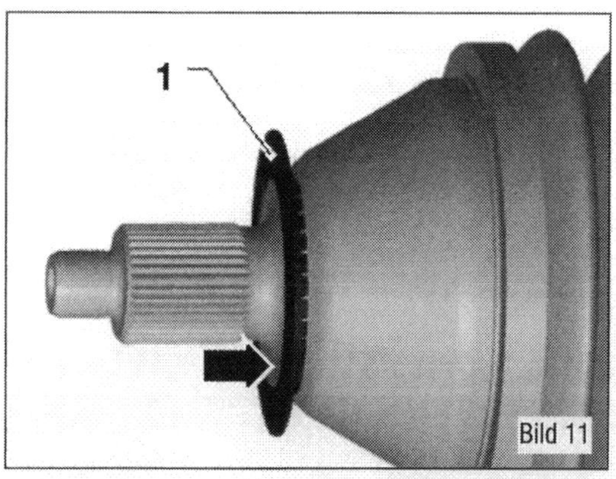

Bild 11

Bild 11
Gelenkwelle in Radnabe einsetzen.
(1) Schleuderscheibe muss komplett auf das Außengelenk aufgeclipst sein.
Pfeil = Schleuderscheibe (1) muss mit der Anlagefläche des Außengelenks (Pfeil) fluchten.

■ Muttern (Pfeile) Achsgelenk an Achslenker mit 100 Nm festziehen (Bild 7).
Sichtprüfung: Auf beschädigungsfreien und nicht verdrillten Dichtbalg achten.
■ Rad anbauen und mit 120 Nm sowie Zwölfkantmutter für Gelenkwelle mit Steckeinsatz SW 36 mit 50 Nm +45° festziehen

Radlagergehäuse aus- und einbauen

Benötigt Werkzeuge:
- die gleichen Spezialwerkzeuge wie beim Ausbau des Achsgelenks
- zusätzlich ein Spreizer (3424)

Ausbau

■ Fahrzeug so weit anheben, dass die Vorderachse entlastet ist. Danach Zwölfkantmutter für Gelenkwelle mit Steckeinsatz lösen und das Rad abbauen.
■ Bremssattel abbauen und mit Draht am Aufbau aufhängen sowie ABS-Drehzahlfühler ausbauen und Bremsscheibe abbauen (Kapitel 13).
■ Jetzt das Abdeckblech vom Radlagergehäuse abbauen (Bild 2).
■ Mutter (1) von Spurstangenkopf (2) lösen, aber noch nicht abschrauben. Mutter zum Schutz des Gewindes einige Umdrehungen auf dem Zapfen lassen. Spurstangenkopf (2) vom Lenkspurhebel mithilfe eines Kugelgelenkabziehers abdrücken (Bild 12).
■ Muttern (Pfeile) Achsgelenk an Achslenker abschrauben (Bild 7). Achslenker aus dem Achsgelenk herausziehen. Außengelenk der Gelenkwelle aus der Radnabe ziehen. Gelenkwelle mit Bindedraht am Aufbau befestigen.
■ Motor- und Getriebeheber unter das Radlagergehäuse stellen.
■ Schraubverbindung Radlagergehäuse/Federbein (Pfeil) ausbauen (Bild 13, siehe auch Bild 2).
■ Spreizer in den Schlitz des Radlagergehäuses einsetzen (Bild 14), Knarre um 90° drehen und vom Spreizer abziehen. Dann Radlagergehäuse vom Federbein abziehen. Wenn das Radlagergehäuse ersetzt wird, muss das Achsgelenk umgebaut werden. Dazu müssen neue Muttern verwendet werden.

Einbau

Der Einbau erfolgt in umgekehrter Reihenfolge, dabei ist Folgendes zu beachten:

- Die Schleuderscheibe (1) muss komplett auf das Außengelenk aufgeclipst sein und mit der Anlagefläche des Außengelenks (Pfeil) fluchten (Bild 11).
- Zwölfkantmutter für Gelenkwelle an Radnabe mit Steckeinsatz SW 36 mit 50 Nm + 45° festziehen. Dabei darf das Fahrzeug nicht auf den Rädern stehen, da sonst das Radlager beschädigt wird.
- Wurde das Radlagergehäuse ersetzt, muss das Fahrzeug vermessen werden (Sache einer Fachwerkstatt).
- Bremssattel und Bremsscheibe einbauen (Kapitel 13).
- Räder anbauen und mit 120 Nm festziehen.
- Weitere Anzugsdrehmomente: Federbein an Radlagergehäuse = 60 Nm + 90°, Achsgelenk an Achslenker = 100 Nm, Spurstangenkopf an Radlagergehäuse = 20 Nm + 90°.

Federbein aus- und einbauen

Den folgenden Reparaturanleitungen an Federbein, Dämpfer und Feder legen wir die Montageübersicht »Federbein« zugrunde (Bild 15).

Benötigte Werkzeuge:

- Motor-/Getriebeheber (z. B. V.A.G 1383 A)mit Aufnahme (T10140)
- Spreizer (3424) mit Knarre
- Drehmomentschlüssel (V.A.G 1331 bzw. 1332) mit Steckeinsatz SW 36 (T10125)
- Federspanngerät (z. B. V.A.G 1752/1)
- Federhalter (z. B. V.A.G 1752/7)
- Stoßdämpfer-Set (T10001)

Ausbau

- Fahrzeug so weit anheben, bis die Vorderachse entlastet ist, Zwölfkantmutter für Gelenkwelle mit Steckeinsatz SW 36 lösen und Rad abbauen.
- Mutter Koppelstange an Federbein (Pfeil) abschrauben und Koppelstange (1) aus dem Federbein herausziehen (Bild 16, siehe auch Bild 1).
- Leitung für den Drehzahlfühler vom Federbein aushängen.
- Clip für Bremsleitung (Pfeil) ausbauen und Bremsleitung am Federbein aushängen (Bild 17). Dann Stecker vom ABS-Drehzahlfühler abziehen (Bild 2).
- Muttern Achsgelenk an Achslenker (Pfeile im Bild 5) abschrauben. Achslenker aus dem Achsgelenk herausziehen und Außengelenk der Gelenkwelle aus der Radnabe ziehen.
- Gelenkwelle mit Bindedraht am Aufbau befestigen. Wenn sich die Gelenkwelle nicht aus dem Radlager herausziehen lässt, kann sie mit dem Ausdrücker (3283) aus dem Radlager gedrückt werden.

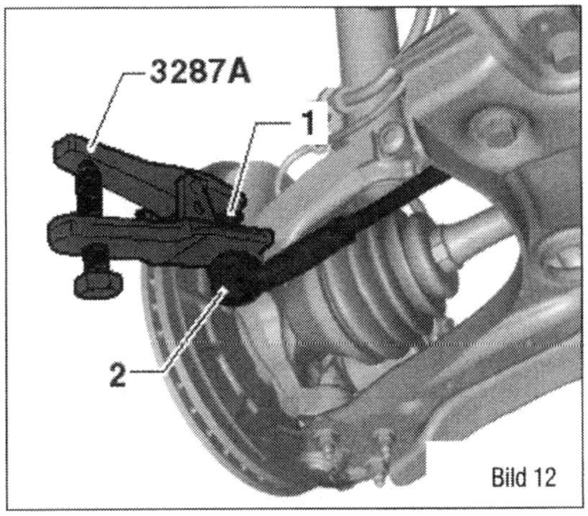

Bild 12

Bild 12
Spurstangenkopf (2) vom Lenkspurhebel abdrücken.
(1) Mutter Spurstangenkopf.

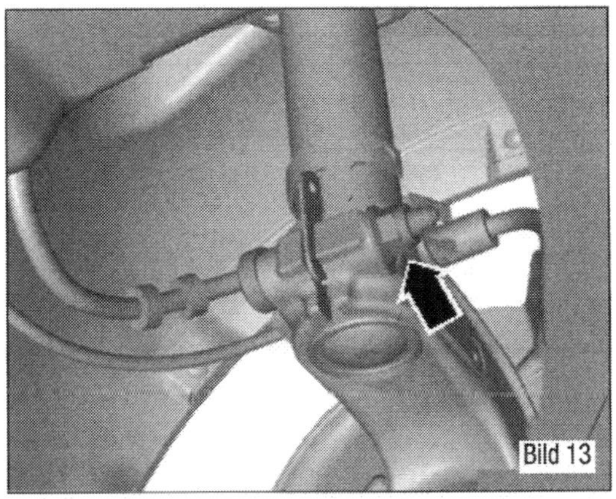
Bild 13

Bild 13
Schraubverbindung (Pfeil) Radlagergehäuse/Federbein ausbauen.

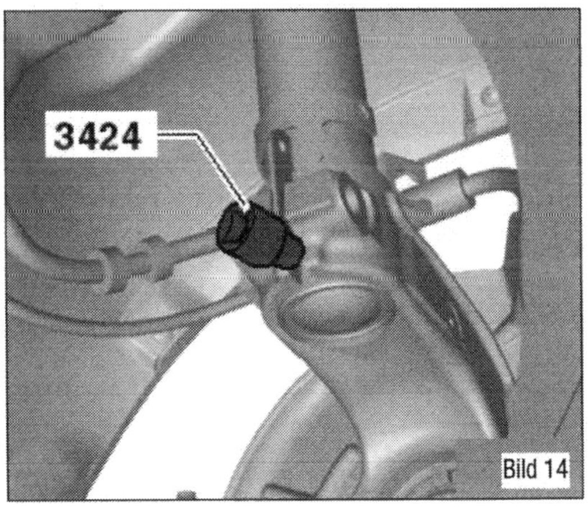

Bild 14

Bild 14
Radlagergehäuse vom Federbein abbauen.

Sichtprüfung Messen

Bild 15
Montageübersicht »Federbein«.
1 Kappe.
2 Selbstsichernde Mutter (nach jeder Demontage ersetzen, 60 Nm).
3 Anschlag.
4 Federbeindom.
5 Selbstsichernde Mutter (nach jeder Demontage ersetzen, 60 Nm).
6 Federbeinlager. Einbaulage: Der Bund des Federbeinlagers muss wie im Bild gezeigt zum Federteller zeigen.
7 Axialrillenkugellager.
8 Federteller.
9 Schraubenfeder. Auf Farbkennzeichnung achten. Federzuordnung über PR-Nummer, die sich auf dem Fahrzeugdatenträger befindet. Oberfläche der Federwindung darf nicht beschädigt werden.
10 Schutzhülle.
11 Anschlagpuffer.
12 Dämpfer (einzeln austauschbar).

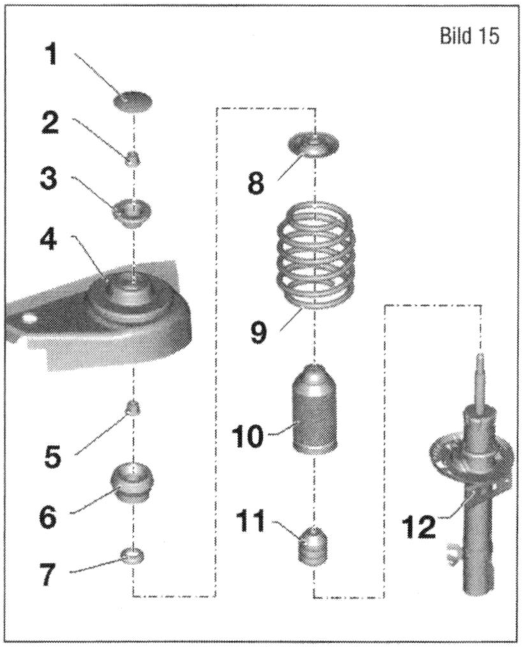

Bild 15

Bild 16
Koppelstange (1) vom Federbein abbauen.
Pfeil = Mutter.

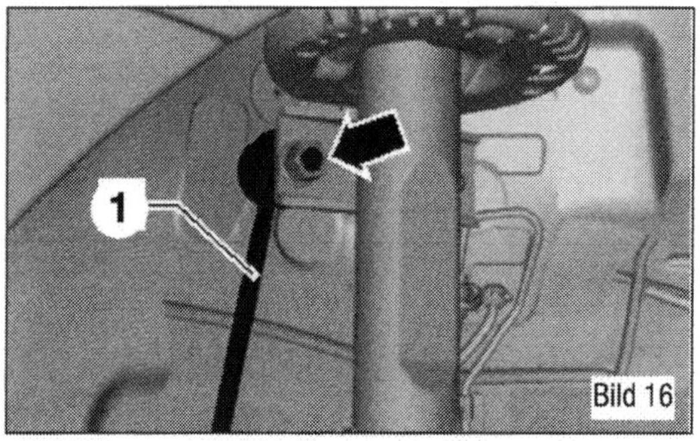

Bild 16

Bild 17
Bremsleitung am Federbein aushängen.
Pfeil = Clip für Bremsleitung.

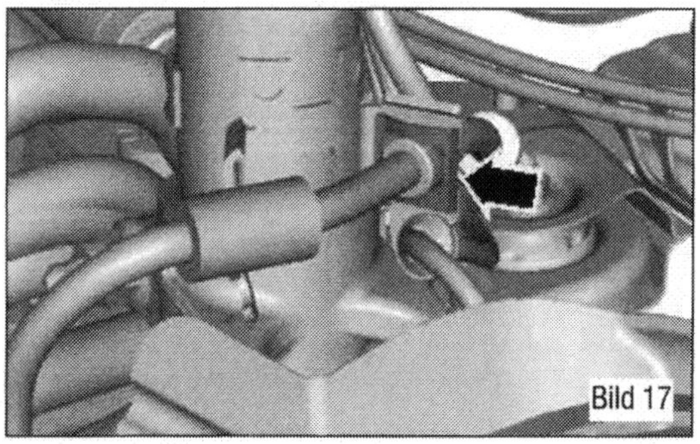
Bild 17

Bild 18
Aufnahme T10149 an der Radnabe mit einer Radschraube befestigen.
(a) Standhöhemaß für »Radlagerung in Leergewichtslage heben«: für das Basisfahrwerk (G09/G10) = 366 ± 10 mm.

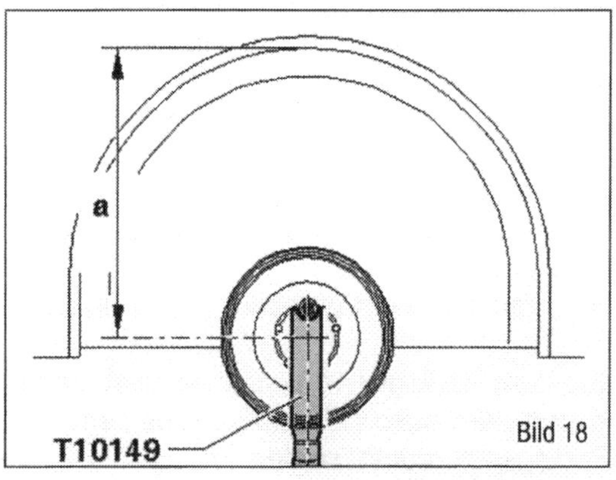

Bild 18

Bild 19
Obere Dämpferbefestigung abschrauben.
1 Ratsche, handelsüblich.
Aus dem Stoßdämpferset:
2 T10001/8.
3 T10001/11.
4 T10001/5.

⚠ Die Gelenkwelle darf nicht herunterhängen, das Innengelenk wird sonst durch Überbeugen beschädigt.

■ Achsgelenk wieder mit Achslenker verschrauben. Motor- und Getriebeheber mit Aufnahme an der Radnabe mit einer Radschraube befestigen (Bild 18). Dazu Radnabe so weit drehen, bis eine der Bohrungen für Radschrauben oben steht.

⚠ Fahrzeug nicht anheben oder ablassen, wenn der Motor- und Getriebeheber unter dem Fahrzeug steht. Das Fahrzeug könnte von der Hebebühne abrutschen. Motor- und Getriebeheber nicht länger als erforderlich unter dem Fahrzeug stehen lassen.

■ Schraubverbindung Radlagergehäuse/-Federbein (Pfeil im Bild 13, siehe auch Bild 2) trennen. Spreizer in den Schlitz des Radlagergehäuses einsetzen. Knarre um 90° drehen und vom Spreizer abziehen (Bild 14).

■ Bremsscheibe mit der Hand in Richtung Federbein drücken, sonst kann sich das Stoßdämpferrohr in der Bohrung des Radlagergehäuses verkanten.

■ Radlagergehäuse nach unten vom Stoßdämpferrohr abziehen und mit dem Motor und Getriebeheber so weit absenken, bis das Stoßdämpferrohr frei hängt. Dann das Radlagergehäuse mit Bindedraht am Aggregatträger festbinden.

■ Aufnahme T10149 von der Radnabe abbauen und Motor- und Getriebeheber unter dem Fahrzeug wegnehmen.

■ Obere Dämpferbefestigung abschrauben und Federbein nach unten herausnehmen (Bild 19).

Einbau

■ Motor- und Getriebeheber mit Aufnahme T10149 an der Radnabe mit einer Radschraube befestigen (Bild 18).

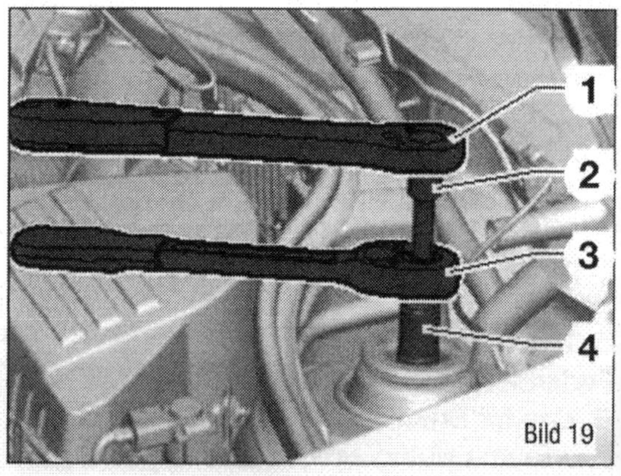

Bild 19

■ Federbein am Radlagergehäuse ansetzen und mit der Innenvielzahnschraube und einer neuen Mutter mit 60 Nm + 90° fixieren (Bild 2). Die Innenvielzahnschraube muss mit der Spitze in Fahrtrichtung zeigen.
■ Bindedraht am Radlagergehäuse entfernen und Spreizer herausnehmen.
■ Radlagergehäuse mit dem Motor- und Getriebeheber vorsichtig so weit anheben, bis das Federbein im Federbeindom innen anliegt. Anschlag auf den Federbeindom auflegen und Mutter für obere Dämpferbefestigung mit 60 Nm festziehen (Bilder 15 und 20).
■ Aufnahme T10149 von der Radnabe abbauen und Motor- und Getriebeheber unter dem Fahrzeug wegnehmen.
■ Schraubverbindung (neue Schrauben und Muttern) Federbein an Radlagergehäuse (Pfeil in Bild 13) mit 60 Nm + 90° festziehen.
■ Muttern Achsgelenk an Achslenker (Pfeile in Bild 7) abschrauben. Achslenker aus dem Achsgelenk herausziehen und Gelenkwelle in Radlager einsetzen.

⚠ Unbedingt darauf achten, dass die Schleuderscheibe (1) komplett auf das Außengelenk aufgeclipst ist und mit der Anlagefläche des Außengelenks (Pfeil) fluchtet (Bilder 11 und 23).

■ Achsgelenk mit Achslenker mit neuen Muttern (Pfeile in Bild 7) mit 100 Nm verschrauben.

Auf beschädigungsfreien und nicht verdrillten Dichtbalg achten.

■ Der weitere Einbau erfolgt in umgekehrter Ausbaureihenfolge.
■ Rad anbauen und mit 120 Nm festziehen.
■ Zwölfkantmutter für Gelenkwelle mit Steckeinsatz SW 36 mit 50 Nm +45° festziehen.
■ Weitere Anzugsdrehmomente: Koppelstange an Federbein = 40 Nm.

Schraubenfeder aus- und einbauen

Ausbau

■ Federbein ausbauen.
■ Zuerst die Feder mit der Spannvorrichtung so weit vorspannen, dass der obere Federteller entlastet ist. Dabei auf den richtigen Sitz der Schraubenfeder im Federhalter (Pfeil, Bild 20) achten.

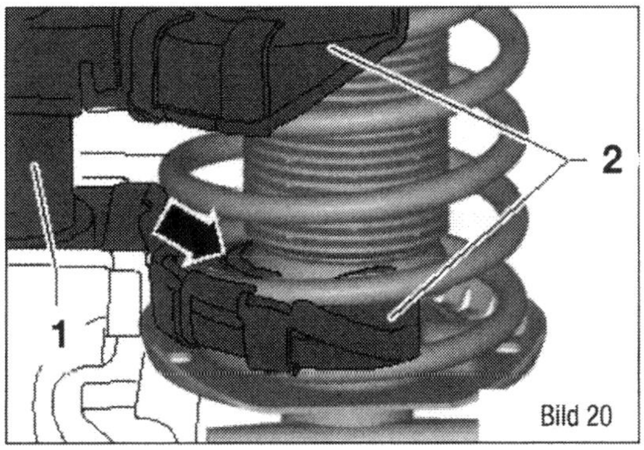

Bild 20
Richtiger Sitz (Pfeil) der Schraubenfeder im Federhalter.
1 Federspanngerät V.A.G 1752/1.
2 Federhalter V.A.G 1752/7.

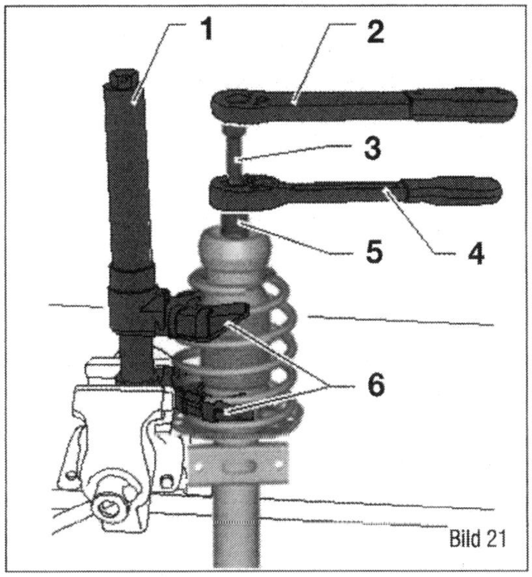

Bild 21
1 Federspanngerät V.A.G 1752/1.
2 Ratsche, handelsüblich.
Aus dem Stoßdämpferset:
3 T10001/8.
4 T10001/11.
5 T10001/5.
6 Federhalter V.A.G 1752/7.

■ Schraubenfeder mit Spannvorrichtung für Federbeine (V.A.G 1752) so weit vorspannen, bis das Axialrillenkugellager oben frei ist.
■ Sechskantmutter von Kolbenstange an Federbein abschrauben (Bild 21).
■ Einzelteile des Federbeins und Schraubenfeder mit Spannvorrichtung für Federbeine abnehmen (Bild 21).

Einbau

■ Schraubenfeder mit Spannvorrichtung für Federbeine auf die Federunterlage unten aufsetzen. Das Ende der Federwindung muss am Anschlag (Pfeil A) und an der Nase (Pfeil B) anliegen (Bild 22).
■ Federteller, Axialrillenkugellager und Federbeinlager auf die Feder aufsetzen (siehe Bild 15). Der Bund des Federbeinlagers muss zum Federteller zeigen.
■ Neue Sechskantmutter an Kolbenstange mit 60 Nm festziehen.
■ Spannvorrichtung für Federbeine entspannen und von der Schraubenfeder abnehmen (Bild 21).
■ Federbein einbauen.

Sichtprüfung Messen

Bild 22
Schraubenfeder richtig einsetzen.
Pfeil A = Anschlag der Federunterlage unten.
Pfeil B = Nase an der Federunterlage unten.

Bild 23
Montageübersicht »Gelenkwellen mit Gleichlaufgelenk VL90 und VL100«.
1 Selbstsichernde Zwölfkantmutter für Gelenkwelle (nach jeder Demontage ersetzen, 50 Nm und 45° weiterdrehen). Eventuell vorhandene Korrosion im Gewinde des Außengelenks vor dem Aufschrauben der Mutter entfernen.
2 Schleuderscheibe. Vor Einbau der Gelenkwelle den richtigen Sitz der Schleuderscheibe prüfen.
3 Gleichlaufgelenk außen, nur komplett ersetzen.
4 Sicherungsring, nach jeder Demontage ersetzen, in die Nut der Welle einsetzen.
5 Distanzring.
6 Tellerfeder.
7 Klemmschelle für Gelenkschutzhülle, nach jeder Demontage ersetzen.
8 Gelenkschutzhülle, auf Risse und Scheuerstellen prüfen, vor Montage an das Gleichlaufgelenk die Dichtfläche mit D 454 300 A2 bestreichen.
9 Klemmschelle für Gelenkschutzhülle, nach jeder Demontage ersetzen.
10 Gelenkwelle.
11 nnenvielzahnschrauben Innengelenk an Getriebe (nach jeder Demontage ersetzen, mit 10 Nm über Kreuz anziehen, dann mit 40 Nm über Kreuz festziehen/M8 x 48).
12 Unterlegplatte.
13 Klemmschelle für Gelenkschutzhülle, nach jeder Demontage ersetzen.
14 Gelenkschutzhülle für Gleichlaufgelenk innen, auf Risse und Scheuerstellen prüfen, mit Dorn abtreiben.
15 Tellerfeder, im Innendurchmesser verzahnt. Einbaulage: Großer Ø (Konkavseite) liegt am Gleichlaufgelenk an.
16 Gleichlaufgelenk innen, nur komplett ersetzen.
17 Dichtung, ersetzen, Schutzfolie abziehen und in das Gelenk kleben.
18 Sicherungsring, nach jeder Demontage ersetzen.

Bild 22

Gelenkwelle mit Gleichlaufgelenk/Tripodegelenk aus- und einbauen

Benötigte Werkzeuge:
- Steckeinsatz SW 36 (T10125) und
- Drehmomentschlüssel (V.A.G 1331)

Ausbau

■ Fahrzeug so weit anheben, dass die Vorderachse entlastet ist. Dann Zwölfkantmutter der Gelenkwelle mit Steckeinsatz SW 36 abschrauben.
■ Rad abbauen.
■ Gelenkwelle von Flanschwelle/Getriebe abschrauben.
■ Muttern (Pfeile im Bild 7) Achsgelenk an Achslenker abschrauben und Achslenker aus dem Achsgelenk herausziehen.
■ Federbein nach außen schwenken und z. B. mit einem Holzklotz (1, Bild 25) abstützen, dabei Gelenkwelle aus dem Radlager ziehen und nach außen herausnehmen. Wenn sich die Gelenkwelle nicht aus dem Radlager herausziehen lässt, kann sie mit dem Ausdrücker (3283) aus dem Radlager gedrückt werden.

Einbau

■ Eventuell vorhandene Lackrückstände und/oder Korrosion im Gewinde/Verzahnung des Außengelenks entfernen. Dann Gelenkwelle einsetzen. Unbedingt darauf achten, dass die Schleuderscheibe (1 in Bild 11) komplett auf das Außengelenk aufgeclipst ist. Die Schleuderscheibe muss mit der Anlagefläche des Außengelenks (Pfeil im Bild 11) fluchten.
■ Außengelenk in die Verzahnung der Radnabe so weit wie möglich einführen.
■ Achsgelenk mit Achslenker mit neuen Muttern (Pfeile im Bild 7) mit 100 Nm verschrauben.

Auf beschädigungsfreien und nicht verdrillten Dichtbalg achten.

Bild 23

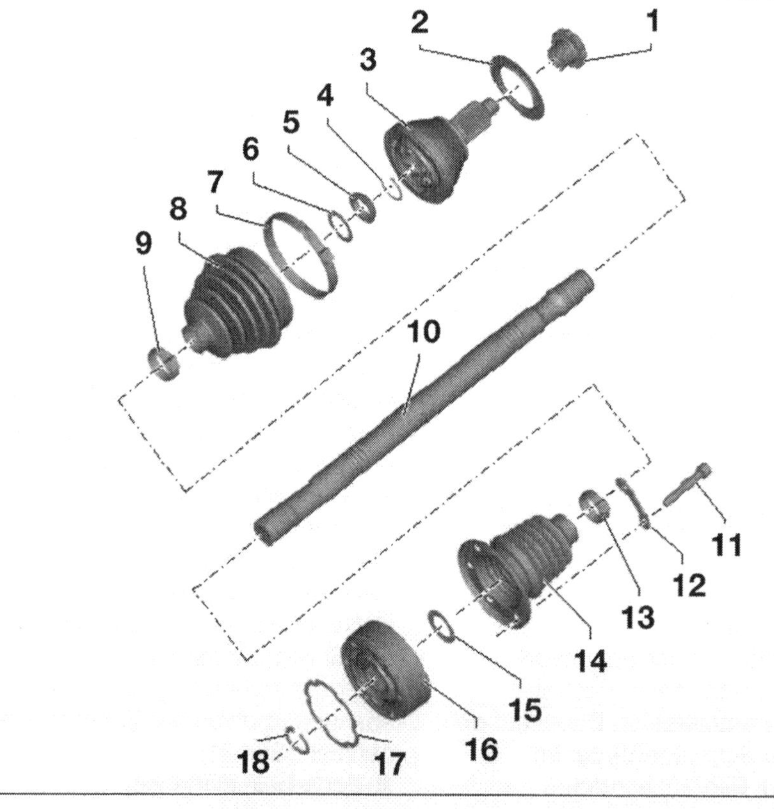

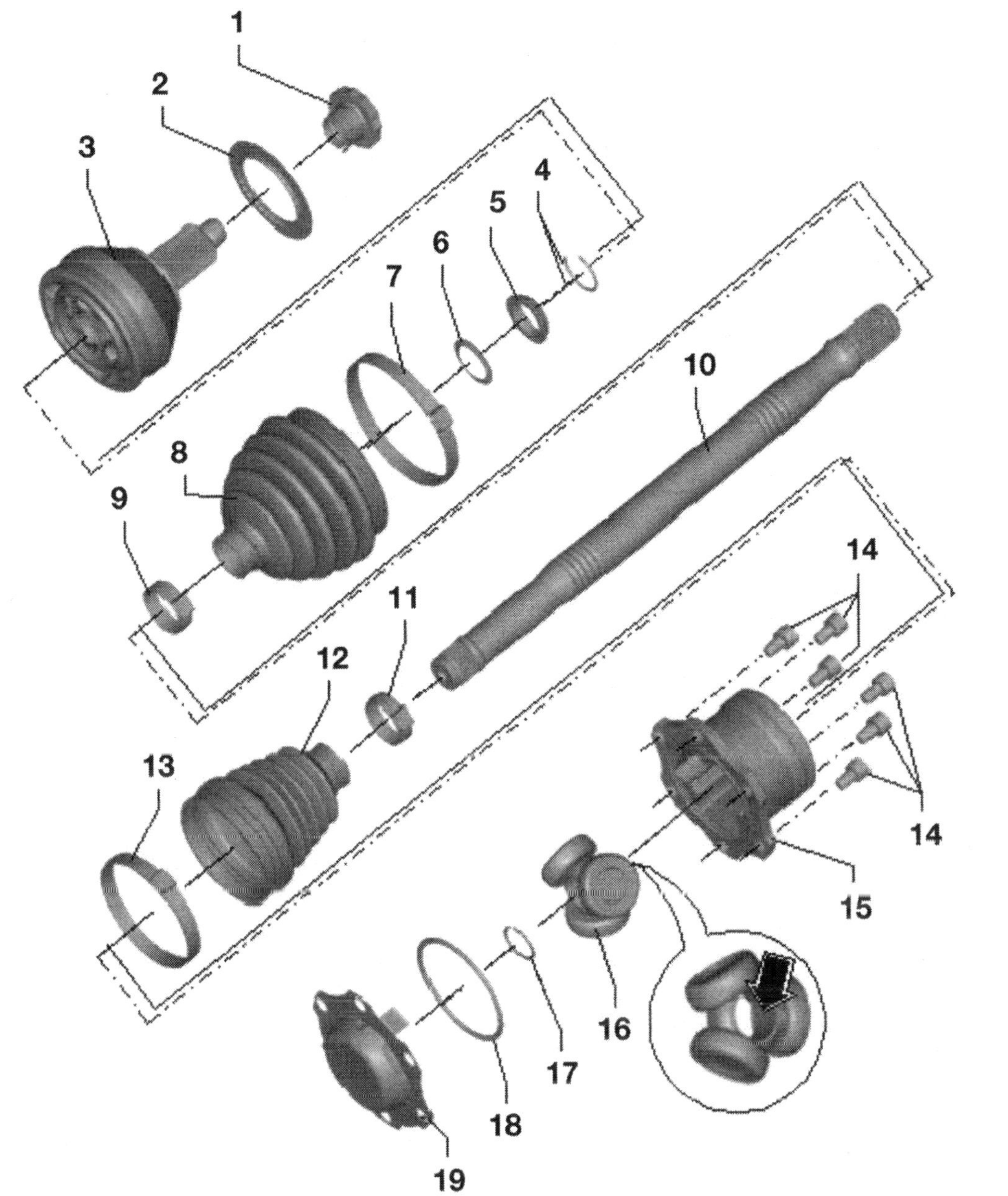

Bild 24

Bild 24

Montageübersicht »Gelenkwellen mit Tripodegelenk«.

1 Selbstsichernde Zwölfkantmutter für Gelenkwelle (nach jeder Demontage ersetzen, 50 Nm und 45° weiterdrehen). Eventuell vorhandene Korrosion im Gewinde des Außengelenks vor dem Aufschrauben der Mutter entfernen.
2 Schleuderscheibe. Vor Einbau der Gelenkwelle den richtigen Sitz der Schleuderscheibe prüfen.
3 Gleichlaufgelenk außen, nur komplett ersetzen.
4 Sicherungsring, in die Nut der Welle einsetzen.
5 Distanzring.
6 Tellerfeder.
7 Klemmschelle, nach jeder Demontage ersetzen.
8 Gelenkschutzhülle für Gleichlaufgelenk. Auf Risse und Scheuerstellen prüfen. Werkstoff: Hytrel (Polyelastomer). Vor Montage an das Gleichlaufgelenk die Dichtfläche mit D 454 300 A2 bestreichen.
9 und (11)Klemmschellen, nach jeder Demontage ersetzen.
10 Gelenkwelle.
12 Gelenkschutzhülle für Tripodegelenk. Auf Risse und Scheuerstellen prüfen.
13 Klemmschelle, nach jeder Demontage ersetzen.
14 Innenvielzahnschrauben (nach jeder Demontage ersetzen, mit 10 Nm über Kreuz anziehen, mit 70 Nm über Kreuz festziehen/M10 x 23).
15 Gelenkstück (Außendurchmesser: 108 mm).
16 Tripodestern mit Rollen. Die Fase (Pfeil) zeigt zur Verzahnung der Gelenkwelle.
17 Sicherungsring, nach jeder Demontage ersetzen.
18 Dichtring, nach jeder Demontage ersetzen.
19 Deckel, nach jeder Demontage ersetzen.

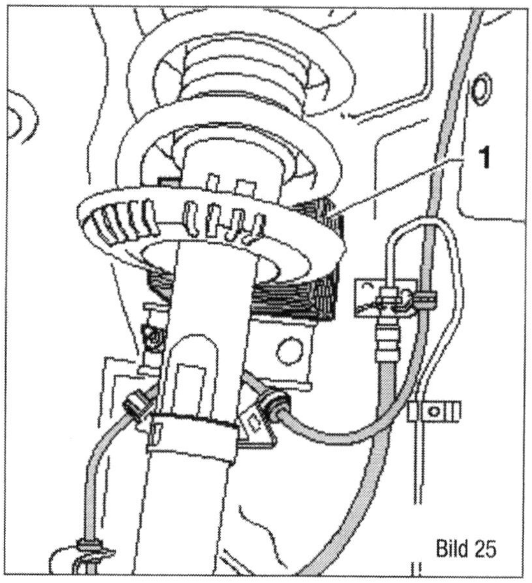

Bild 25
Federbein nach außen schwenken, mit Holzklotz (1) abstützen und Gelenkwelle aus dem Radlager ziehen.

■ Innengelenk der Gelenkwelle an Getriebe ansetzen und neue Innenvielzahnschrauben über Kreuz mit 10 Nm anziehen. Danach Innenvielzahnschrauben mit 40 Nm (M8) bzw. 70 Nm (M10) über Kreuz festziehen. Neue Unterlegplatten bei M8 verwenden.
■ Rad anbauen und mit 120 Nm festziehen.
■ Neue Zwölfkantmutter der Gelenkwelle mit Steckeinsatz SW 36 mit 50 Nm + 45° festziehen.
■ Fahrzeug ablassen.

Die Reparaturen »Zerlegen und Zusammenbauen der Gelenkwellen mit Gleichlaufgelenk bzw. Tripodegelenk« und »Prüfen des Gleichlaufgelenks innen wie außen« sind aufgrund der zahlreich erforderlichen Spezialwerkzeuge und natürlich der nötigen Erfahrung unseres Erachtens eine Aufgabe der Fachwerkstatt.

Hinterachse aus- und einbauen

Das Reparatursegment **hintere Radaufhängung und Radlagerung** eröffnen wir mit einer Montageübersicht, die das Zusammenspiel der einzelnen Bauteile treffend veranschaulicht (Bild 26). Anschließend widmen wir uns den Reparaturanleitungen »Hinterachse aus und einbauen« sowie »Radnabe mit Radlager für Fahrzeuge mit Scheibenbremse bzw. Trommelbremse aus- und einbauen«, »Schraubenfeder« und »Stoßdämpfer aus- und einbauen«. Besonders letztere sind geeignete Reparaturen in der heimischen Garage.

Benötigte Werkzeuge:
- Motor- und Getriebeheber (V.A.G 1383 A)
- Spanngurte (T10038)
- Spannvorrichtung für Federbeine (V.A.G 1752)
- Bremspedalbelaster (V.A.G 1869/2)
- Drehmomentschlüssel (V.A.G 1332)

Ausbau

■ Mittelkonsole ausbauen (Kapitel 13).
■ Handbremse lösen, die Nachstellmutter (Pfeil A, Bild 35 im Kapitel 11) so weit lösen, bis die Handbremsseile aus dem Ausgleichbügel herausgezogen werden können.
■ Bremspedalbelaster einsetzen. Dadurch wird das Leerlaufen der Bremsleitungen und der Hydraulikeinheit für ABS verhindert.

⚠ Bevor die Hinterachse ausgebaut wird, muss das Fahrzeug an den Tragarmen der Hebebühne verzurrt werden. Wird das Fahrzeug nicht verzurrt, besteht die Gefahr, dass das Fahrzeug von der Hebebühne abrutschen kann. Fahrzeug auf Montagehöhe anheben und mit der Hebebühne verzurren. Dazu die Stopfen aus dem Längsträger (3) herausnehmen und den Spanngurt einziehen. Das Fahrzeug muss auf der rechten und linken Seite mit den Spanngurten verzurrt sein (Bild 27).

■ Räder abbauen.
■ Stecker vom Drehzahlfühler abziehen (Bild 26) und Leitung (1) für Drehzahlfühler aus Haltern ausclipsen (Pfeile in Bild 28).
■ Schraubenfeder ausbauen (siehe spätere Anleitung).
■ Schrauben für Radhausschalen auf beiden Seiten herausschrauben.
■ Bremsleitung links trennen (Pfeil A) und Klammer (Pfeil B) herausnehmen. Bremsschlauch links (1) aus dem Halter herausziehen (Bild 29).

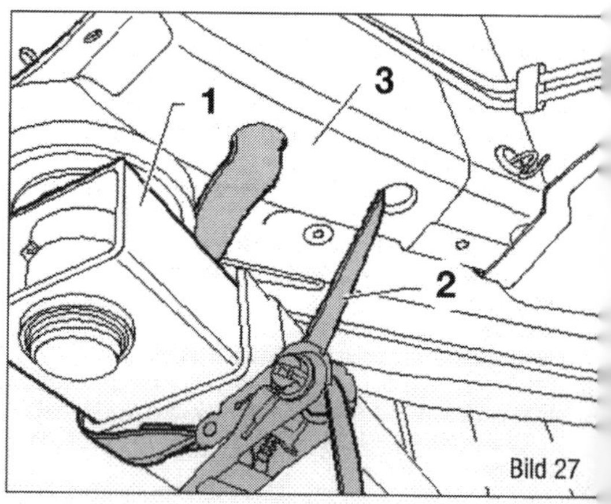

Bild 27
Fahrzeug auf Montagehöhe anheben und mit der Hebebühne verzurren.
1 Tragarm der Hebebühne.
2 Spanngurt.
3 Längsträger.

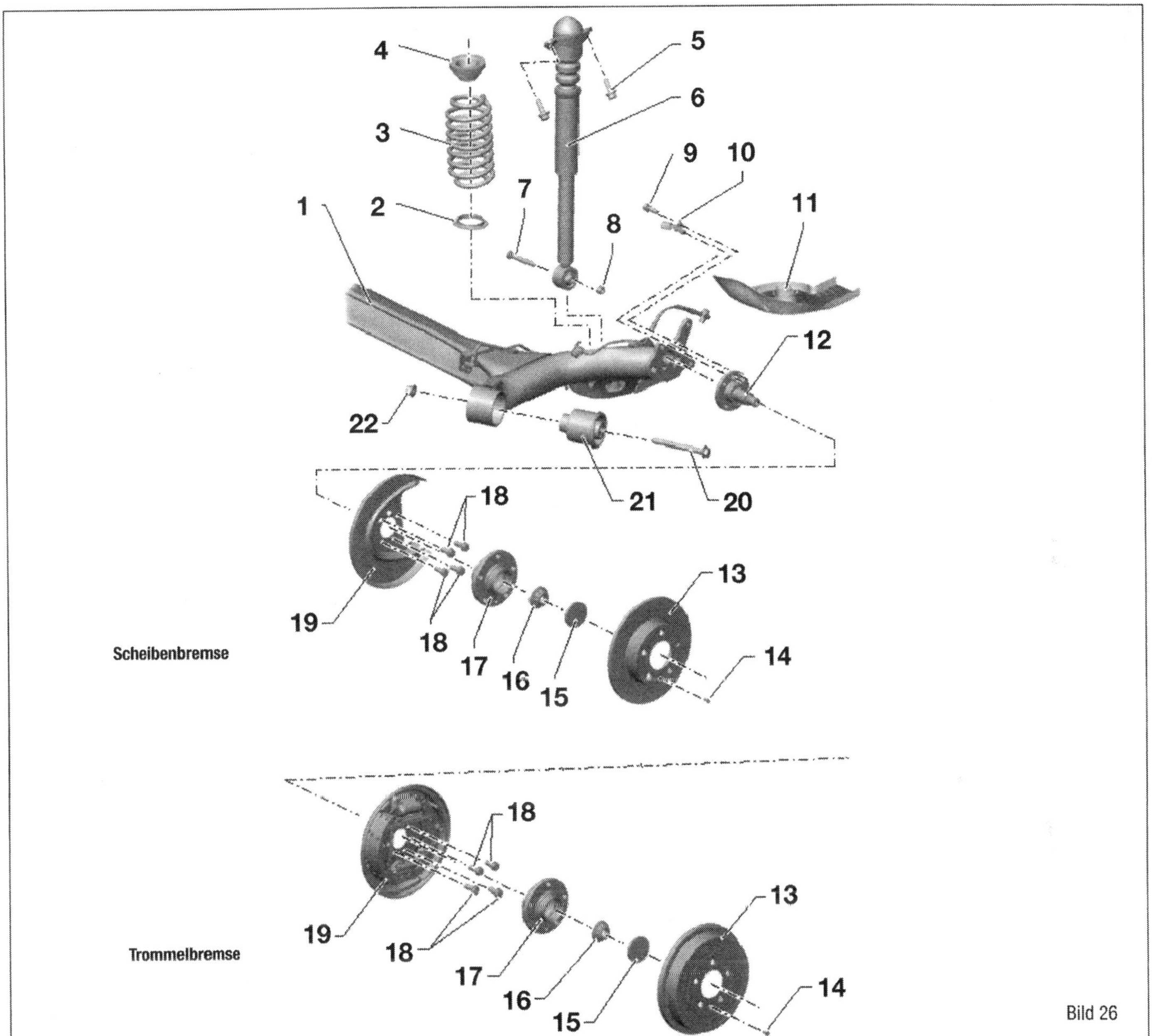

Bild 26
Montageübersicht »Achskörper, Radlagerung, Scheibenbremse/Trommelbremse«.

1 Achskörper. Anlagefläche und Gewindelöcher für Achszapfen frei von Lack und Verschmutzungen.
2 Federunterlage, auf Schäden prüfen.
3 Schraubenfeder. Oberfläche der Federwindung darf nicht beschädigt werden.
4 Federauflage.
5 Schrauben Stoßdämpfer an Karosserie (nach jeder Demontage ersetzen, 30 Nm und 90° weiterdrehen).
6 Stoßdämpfer.
7 Schraube Stoßdämpfer an Hinterachse (nach jeder Demontage ersetzen, 40 Nm und 90° weiterdrehen). In Leergewichtslage festschrauben.
8 Selbstsichernde Mutter Stoßdämpfer an Hinterachse. Nach jeder Demontage ersetzen.
9 Schraube Drehzahlfühler (8 Nm).
10 Drehzahlfühler ABS. Vor dem Einsetzen des Fühlers die Innenfläche der Bohrung reinigen und mit Festschmierstoffpaste G 000 650 bestreichen.
11 Steinschlagschutz.
12 Achszapfen. Richtarbeiten und Gewindenachschneiden sind nicht zulässig.
13 Bremsscheibe bzw. Bremstrommel.
14 Schraube Bremsscheibe bzw. Bremstrommel (4 Nm).
15 Staubkappe, nach jeder Demontage ersetzen. Eine fachgerechte Abdichtung wird nur mit einer neuen Staubkappe erreicht. Nur dann ist eine optimale Funktion und lange Lebensdauer des Radlagers gewährleistet.
16 Selbstsichernde Zwölfkantmutter Radnaben/Radlagereinheit an Achszapfen (nach jeder Demontage ersetzen, 70 Nm + 30° weiterdrehen).
17 Radnabe mit Radlager, Das Radlager und die Radnabe sind zusammen in einem Gehäuse integriert. Die Radnabe mit Radlager ist wartungs- und spielfrei. Einstellarbeiten sowie Instandsetzungsarbeiten sind nicht möglich.
18 Schrauben (nach jeder Demontage ersetzen, 30 Nm und 90° weiterdrehen).
19 Abdeckblech bzw. Bremsträger mit Bremsbacken.
20 Schraube Hinterachse an Lagerbock (nach jeder Demontage ersetzen, 45 Nm und 90° weiterdrehen). Von außen aus einsetzen und in Leergewichtslage festziehen.
21 Gummimetalllager.
22 Selbstsichernde Mutter Hinterachse an Lagerbock. Nach jeder Demontage ersetzen.

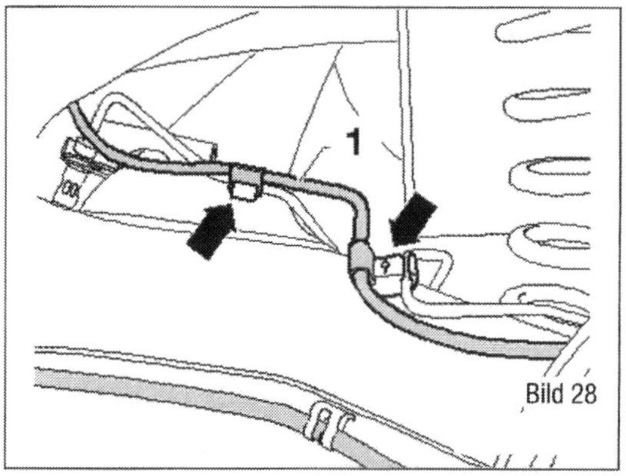

Bild 28
Leitung (1) für Drehzahlfühler aus Haltern ausclipsen.

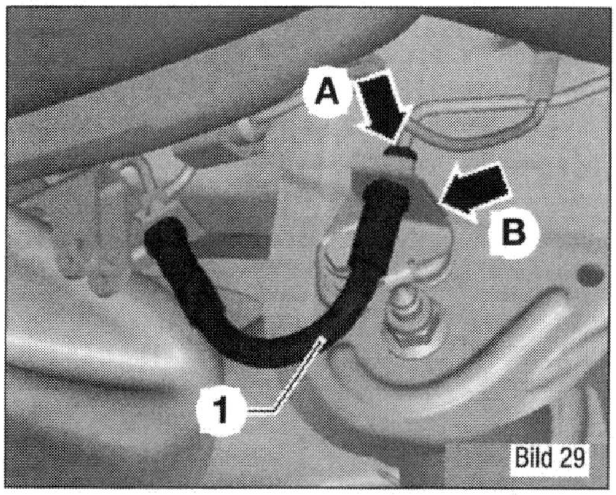

Bild 29
Links: Bremsleitung von Bremsschlauch (1) trennen.

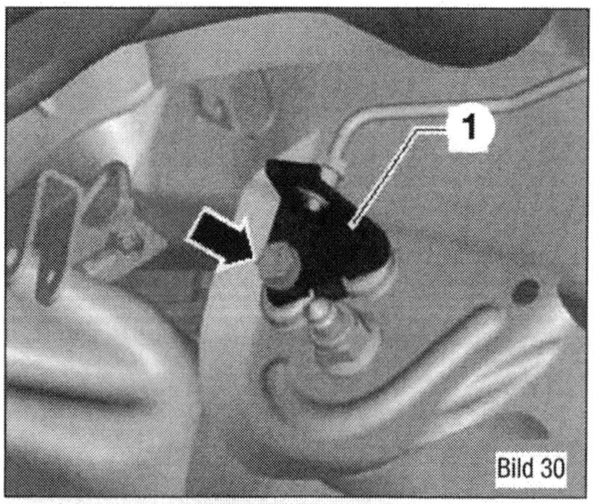

Bild 30
Halter (1) vom Lagerbock abbauen.
Pfeil = Schraube.

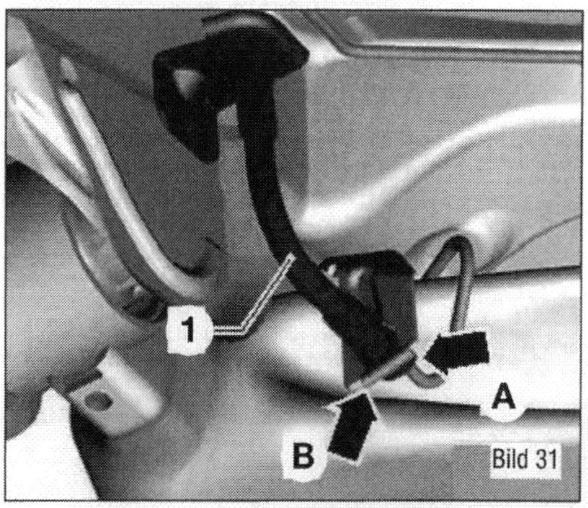

Bild 31
Rechts: Bremsleitung von Bremsschlauch (1) trennen.

■ Schraube (Pfeil) herausschrauben und Halter (1) vom Lagerbock abnehmen (Bild 30).
■ Bremsleitung rechts trennen (Pfeil A) und Klammer (Pfeil B) herausnehmen. Bremsschlauch rechts (1) aus dem Achskörper herausziehen (Bild 31).
■ Handbremsseile aus den Haltern (Pfeile) ausbauen und aus den Führungsrohren ziehen (Bild 32).
■ Motor- und Getriebeheber (mit Universalgetriebeaufnahme (V.A.G 1359/2) unterstellen (Bild 33).
■ Hinterachse mit einem Gurt oder Ähnlichem zum Absenken und Ausbauen sichern.
■ Schrauben (1 in Bild 32) für Achskörper rechts und links herausschrauben.
■ Hinterachse von den Dämpfern abschrauben (Bild 33, auch Bild 26).
■ Hinterachse mit Motor- und Getriebeheber absenken.

Einbau

■ Vor dem Einsetzen der Hinterachse die nierenförmigen Hohlräume der Gummimetalllager mit Montagepaste G 052 150 A2 fetten. Wird die Hinterachse nämlich »tro-

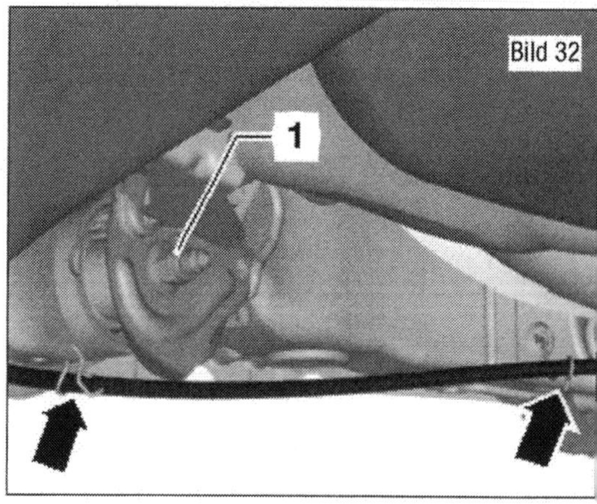

Bild 32
Handbremsseile aus den Haltern (Pfeile) ausbauen und aus den Führungsrohren ziehen.

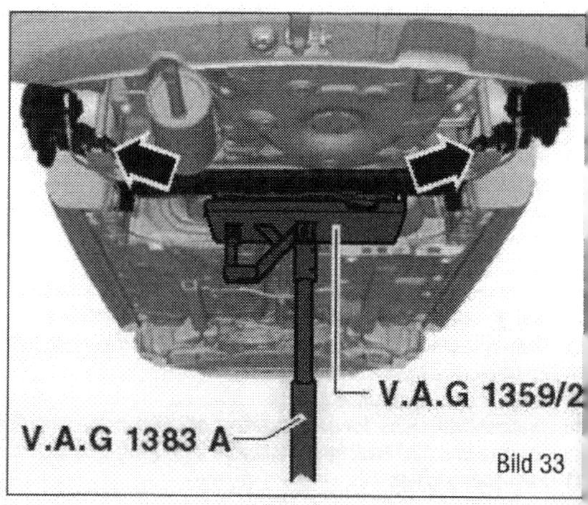

Bild 33
Motor- und Getriebeheber mit Universalgetriebeaufnahme (V.A.G 1359/2) unter den Achskörper stellen.

cken« eingesetzt, können im Fahrbetrieb Geräusche entstehen.

■ Die Hinterachse in Leergewichtslage festziehen (siehe Anleitung am Schluss des Kapitels).

Anzugsdrehmomente: Achskörper an Lagerbock = 45 Nm + 90°; Stoßdämpfer an Achskörper = 40 Nm + 90°; Halter für Bremsleitung links = 20 Nm; Bremsleitungen an Bremsschlauch = 14 Nm.

■ Der weitere Einbau erfolgt in umgekehrter Ausbaureihenfolge.

■ Bremsanlage entlüften und Handbremse einstellen (Kapitel 13).

■ Räder anbauen und festziehen, Mittelkonsole einbauen.

Radnabe mit Radlager für Fahrzeuge mit Scheibenbremse/Trommelbremse aus- und einbauen

Der Fabia kann, je nach Motorisierung, an der Hinterachse mit Trommel- oder Scheibenbremsen ausgerüstet sein. Der grundsätzliche Aus- und Einbau der Radnabe ist jedoch, nach den Arbeiten an der Bremse, der gleiche.

Benötigte Werkzeuge:
- Nabendeckelabzieher (VW 637/2),
- Treibhülse (3241/4)
- Drehmomentschlüssel (V.A.G 1332)

Ausbau

■ Fahrzeug anheben und Rad abschrauben.

■ **Fahrzeuge mit Trommelbremse:** Bremse zurückstellen. Dazu durch eine Bohrung in der Bremstrommel mit einem Schraubendreher den Keil an der Druckstange nach oben drücken, Schraube für Bremstrommel herausschrauben und Bremstrommel abnehmen (Bild 34, siehe auch Kapitel 13 »Bremstrommel aus- und einbauen«).

■ **Fahrzeuge mit Scheiben- bzw. Trommelbremse:** Staubkappe (Pos. 15 in Bild 26) durch leichte Schläge auf die Klaue des Nabendeckelabziehers vom Sitz lösen (Bilder 35 und 36) und die Staubkappe abdrücken (Bilder 37 und 38).

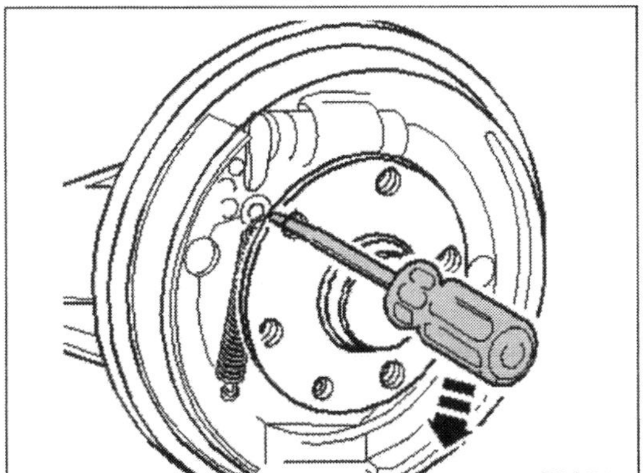
Bild 34

Bild 34
Bremstrommel abbauen.

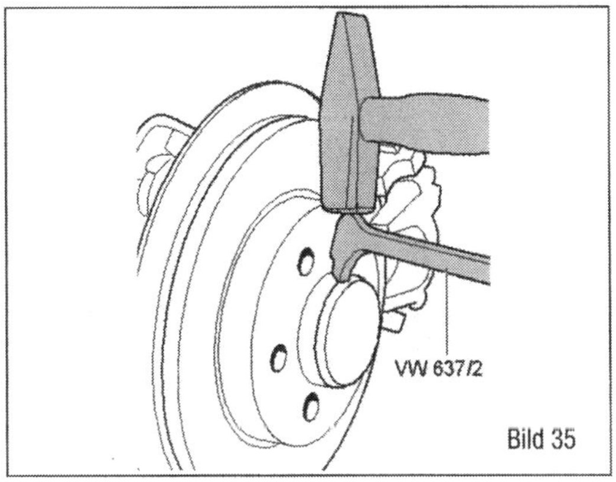

Bild 35

Bild 35
Fahrzeuge mit Scheibenbremse: Staubkappe vom Sitz lösen.

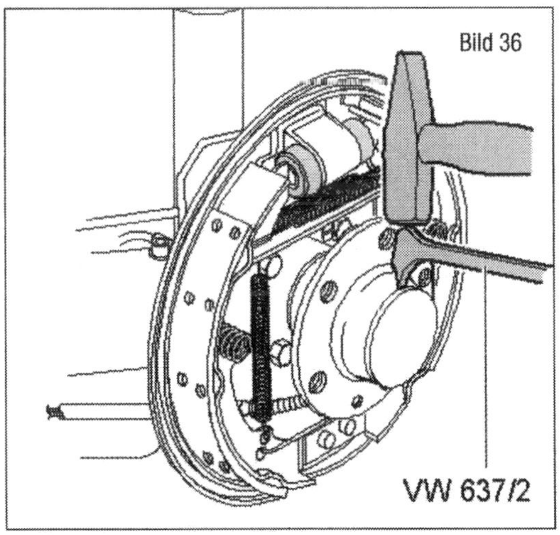

Bild 36

Bild 36
Fahrzeuge mit Trommelbremse: Staubkappe vom Sitz lösen.

■ **Fahrzeuge mit Scheibenbremse:** Bremssattel abschrauben und am Aufbau aufhängen. Danach Schraube für Bremsscheibe herausschrauben und Bremsscheibe abnehmen (Kapitel 13). Zwölfkantmutter abschrauben und die Radnaben/ Radlagereinheit vom Achszapfen abziehen.

■ **Fahrzeuge mit Trommelbremse:** Zwölfkantmutter abschrauben und Radnaben/ Radlagereinheit vom Achszapfen abziehen.

Bild 37
Fahrzeuge mit Scheibenbremse: Staubkappe mithilfe eines Nabendeckelabziehers abdrücken.

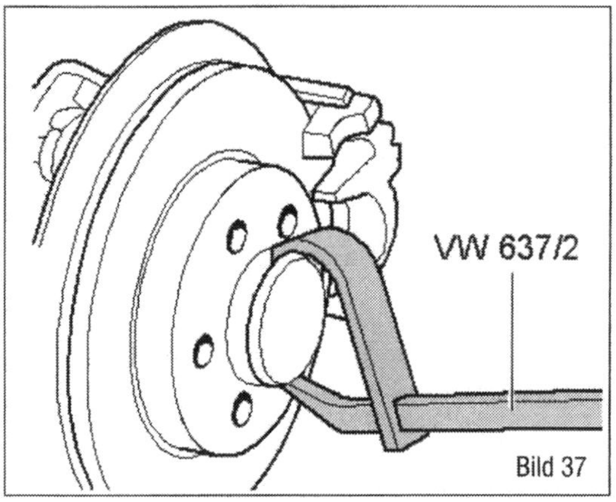

Bild 37

Bild 38
Fahrzeuge mit Trommelbremse: Staubkappe mithilfe eines Nabendeckelabziehers abdrücken.

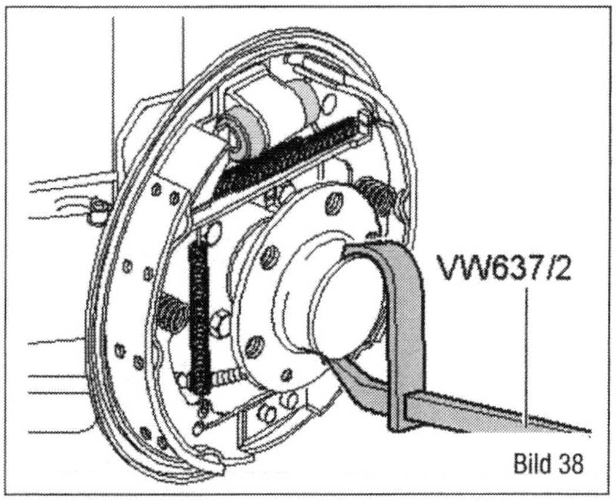

Bild 38

Bild 39
Fahrzeuge mit Scheibenbremse: Neue Staubkappe mithilfe einer Treibhülse eintreiben.

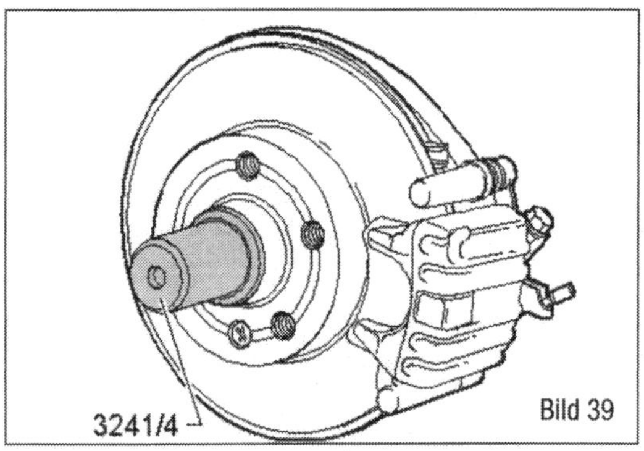

Bild 39

Bild 40
Fahrzeuge mit Trommelbremse: Neue Staubkappe mithilfe einer Treibhülse eintreiben.

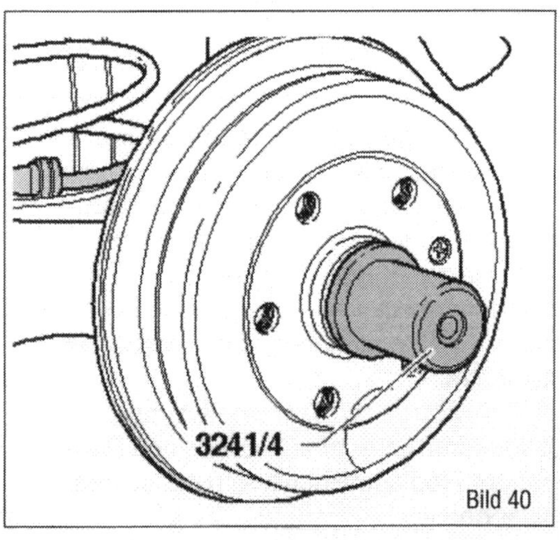

Bild 40

Einbau

■ Radnaben/Radlagereinheit vorsichtig auf den Achszapfen aufschieben. Darauf achten, dass sich die Radnaben/Radlagereinheit nicht verkantet.

■ Neue Zwölfkantmutter mit 70 Nm + 30° festziehen.

■ Neue Staubkappe eintreiben. Beschädigte Staubkappen ermöglichen den Eintritt von Feuchtigkeit. Deshalb unbedingt das abgebildete Werkzeug (Treibhülse) verwenden (Bilder 39 und 40).

■ Rad anbauen und mit 120 Nm festziehen.

Schraubenfeder aus- und einbauen

Benötigte Werkzeuge:

- Spannvorrichtung für Federbeine (V.A.G 1752)
- Getriebestütze

Ausbau

■ Fahrzeug anheben und Rad ausbauen.

■ Federspanngerät (1) einsetzen und die Schraubenfeder so weit spannen, bis sie herausgenommen werden kann. Feder ausbauen (Bild 41).

☞ Für den Fall, dass Sie kein Federspanngerät zur Hand haben, können Sie auch die Hinterachse mit der Getriebestütze abstützen und die untere Befestigungsschraube des Stoßdämpfers (Bild 44) lösen (nur einseitig!). Wenn Sie nun die Getriebestütze vorsichtig ablassen entspannt sich die Feder und Sie können diese aus der Aufnahme herausnehmen.

Bild 41
Feder ausbauen.
1 Federspanngerät (V.A.G 1752/1).
2 Federhalter (V.A.G 1752/3A).

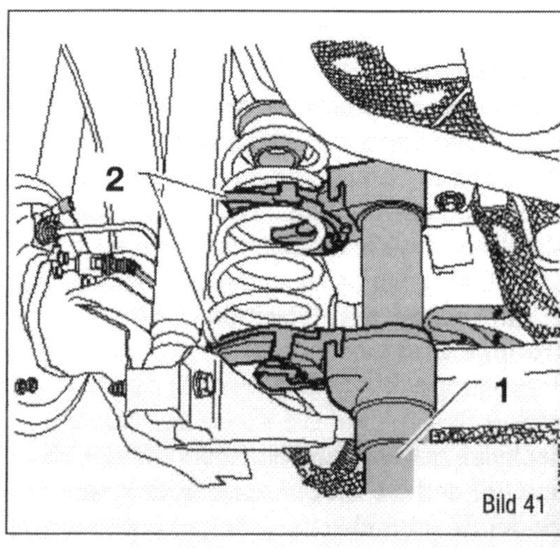

Bild 41

Einbau

- Zuerst prüfen, ob die Federunterlage beschädigt ist, ggf. ersetzen.
- Feder zusammen mit der Federauflage einbauen. Das Federende muss am Anschlag der Federunterlage oben (Pfeil) anliegen (Bild 42).
- Feder entspannen und das Federspanngerät herausnehmen (Oberflächenschutz der Feder nicht beschädigen).

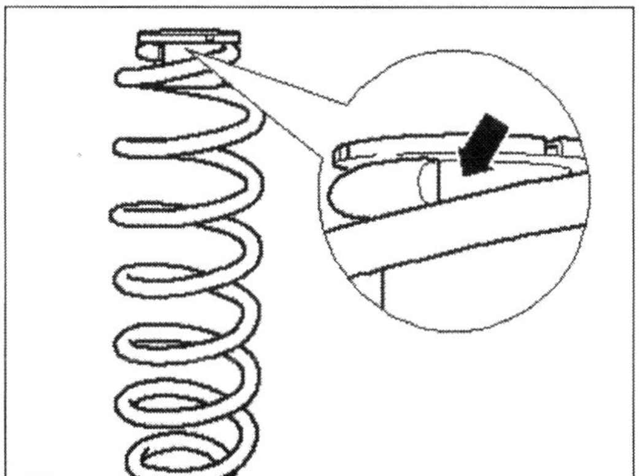

Bild 42
Feder einbauen. Das Federende muss am Anschlag der Federunterlage oben (Pfeil) anliegen.

Stoßdämpfer aus- und einbauen

Benötigtes Werkzeug:
- Drehmomentschlüssel (V.A.G 1332)

Ausbau

- Rad abbauen, evtl. auch Radhausschale und Schraubenfeder.
- Schrauben (1) Stoßdämpfer an Karosserie ausbauen. Dazu Fahrzeug ggf. so weit anheben, bis die Schrauben zugänglich sind (Bild 43).
- Fahrzeug auf Montagehöhe anheben. Mutter (1) abschrauben, Sechskantschraube (2) für Dämpfer (3) an Hinterachse und schließlich Dämpfer herausnehmen (Bild 44).

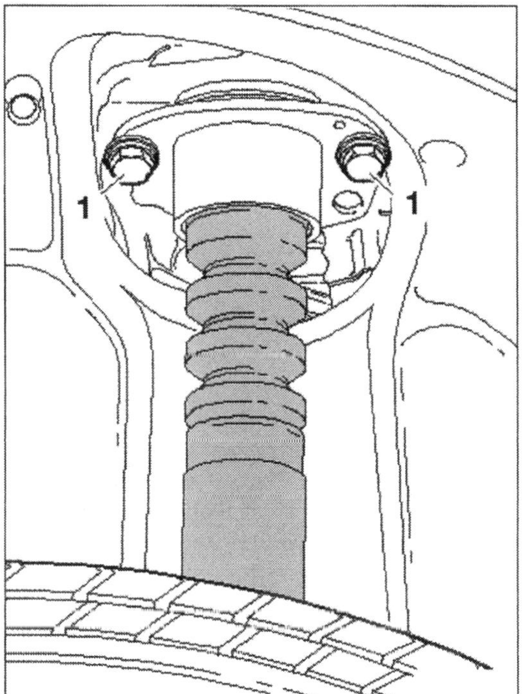

Bild 43
Stoßdämpfer an Karosserie ausbauen.
1 Schrauben.

Einbau

- Dämpfer (3) einsetzen und mit neuer Sechskantschraube (2) und neuer Mutter (1) mit der Hinterachse verschrauben (Bild 44).
- Dämpfer an Karosserie mit neuen Schrauben verschrauben.
- Schrauben in Leergewichtslage festziehen: Dämpfer an Hinterachse mit 40 Nm + 90°, Dämpfer an Karosserie mit 30 Nm + 90°.

Das **Zerlegen und Zusammenfügen des ausgebauten Stoßdämpfers** zeigt die Montageübersicht »Stoßdämpfer« (Bild 45), das Lösen und Festziehen der Mutter zur Verschraubung für das Dämpferlager veranschaulicht Bild 46.

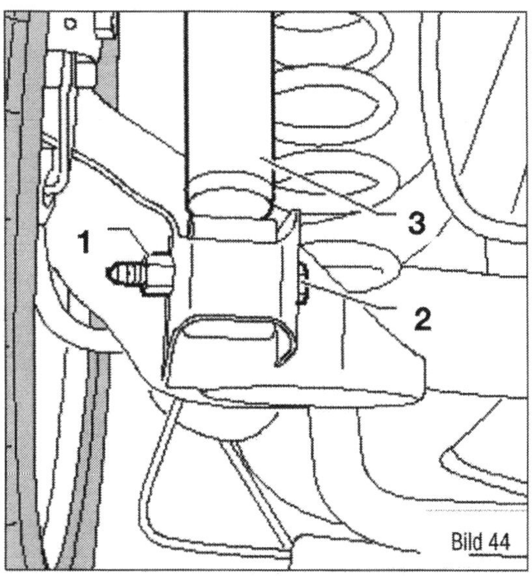

Bild 44
Stoßdämpfer (3) ausbauen.
1 Mutter.
2 Schraube für Dämpfer an Hinterachse.

Funktionsprüfung Gasdruckstoßdämpfer
Dämpfer von Hand zusammendrücken. Dabei muss sich die Kolbenstange über den gesamten Weg ruckfrei und mit gleichmäßiger Kraft einschieben lassen. Wenn im Dämpfer ausreichend Gasfülldruck vorhanden ist, geht die Kolbenstange in ihre Ausgangsstellung

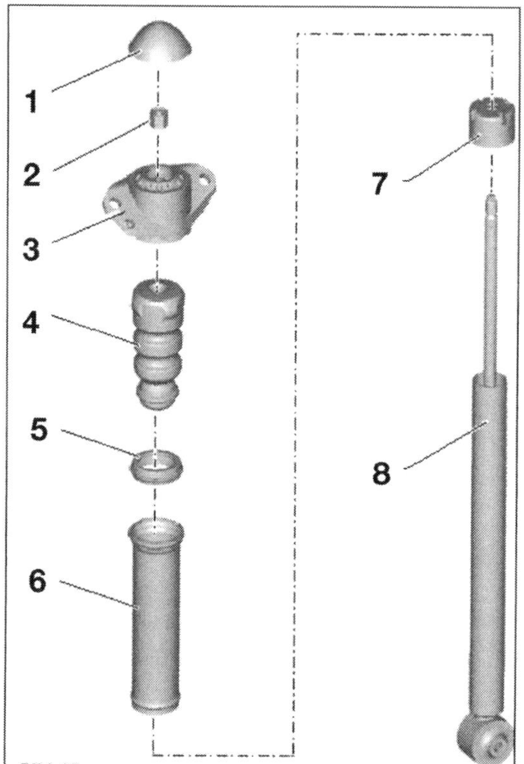

Bild 45

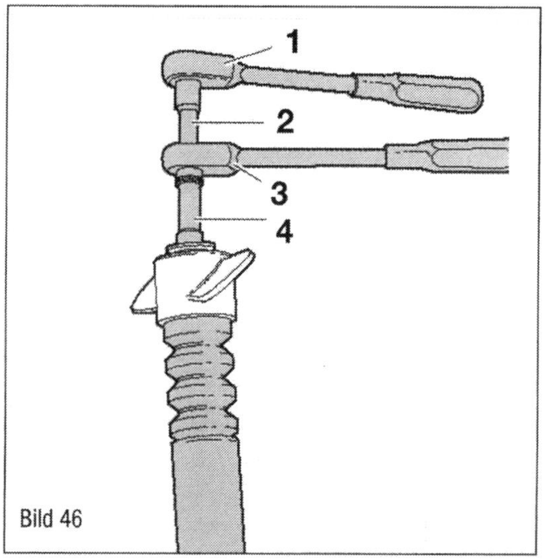

Bild 46

zurück. Schiebt sich die Kolbenstange nicht von selbst in ihre Ausgangsstellung, kann, wenn kein Ölverlust vorliegt, der Dämpfer trotzdem noch in Ordnung sein.

⚠ Wie bereits bei vorhergehenden Reparaturanleitungen vermerkt, müssen alle Schrauben an Fahrwerksteilen mit Gummimetalllagern grundsätzlich in **Leergewichtslage** (unbeladener Zustand) festgezogen werden.

Leergewicht: Gewicht des betriebsfertigen Fahrzeuges mit vollständig gefülltem Kraftstofftank sowie Wasserbehälter für Scheiben-/Scheinwerferreinigungsanlage, mit Bordwerkzeug, Reserverad und Wagenheber (oder Reparaturset, kein Reserverad), aber ohne Fahrer. Bordwerkzeug, Reserverad und Wagenheber oder Reparaturset müssen sich an der vom Fahrzeughersteller vorgesehenen Position befinden. Gummimetalllager haben einen begrenzten Verdrehbereich. Achsbauteile mit Gummimetalllagern müssen deshalb vor dem Festziehen in eine Position gebracht werden, die der Position im Fahrbetrieb entspricht (Leergewichtslage). Anderenfalls wird das Gummimetalllager verspannt, eine geringere Lebensdauer wäre dann die Folge. Durch Anheben der entsprechenden Radaufhängung/Achse auf einer Seite mit dem Motor-/Getriebeheber (z. B. V.A.G 1383 A) und der Aufnahme (T10149) kann diese Position auf der Hebebühne simuliert werden. Außerdem werden für den folgenden Arbeitsablauf noch Spanngurte (T10038) benötigt.

Radlagerung in Leergewichtslage heben

⚠ Bevor die entsprechende Radaufhängung bzw. Achse auf einer Seite angehoben wird, muss das Fahrzeug an den Tragarmen der Hebebühne mit den Spanngurten (T10038) verzurrt werden. Wird das Fahrzeug nicht verzurrt, besteht die Gefahr, dass das Fahrzeug von der Hebebühne abrutschen kann.

■ Radnabe so weit drehen, bis eine der Bohrungen für Radschrauben oben steht.

■ Aufnahme T10149 mit Radschraube an die Radnabe anbauen.

■ Radlagergehäuse/Achse mit Motor-/Getriebeheber so weit anheben, bis das Maß (a) erreicht ist. Das Festziehen der betroffenen Schrauben/Muttern darf nur dann erfolgen, wenn das Maß (a) zwischen der Radnabenmitte und der Unterkante Radhaus erreicht ist (Bild 18).

■ Betroffene Schrauben/Muttern mit dem vorgeschriebenen Anzugsdrehmoment festziehen.

■ Radlagergehäuse/Achse ablassen.

⚠ Das Fahrzeug nicht anheben oder ablassen, wenn der Motor-/Getriebeheber unter dem Fahrzeug steht.

■ Motor-/Getriebeheber unter dem Fahrzeug wegziehen.

■ Aufnahme und Spanngurte abbauen.

12 Lenkung

Elektrohydraulische Servolenkung

Die elektrohydraulische Servolenkung des Fabia basiert auf einer konventionellen Zahnstangenlenkung. Dass sich der Fabia bequem einparken, sicher durch Kurven lenken sowie äußerst exakt und bequem geradeaus fahren lässt, ist vor allem das Verdienst dieser Zahnstangenlenkung mit elektrohydraulischer Servounterstützung. Zur Lenkung gehören das Lenkrad, die Lenksäule, das Servolenkgetriebe mit Sensor für Lenkhilfe G250, die Spurstangen/Spurstangenköpfe sowie das Motorpumpenaggregat, ein in sich geschlossenes Bauteil an einem speziellen Halter, der im Motorraum links zwischen Stoßfänger und Radhaus fest an den Längsträger geschraubt ist. Im Motorpumpenaggregat sind unten Hydraulikeinheit mit Zahnradpumpe, Druckbegrenzungsventil und Elektromotor, in der Mitte das Steuergerät J500 für Lenkhilfe und oben der Vorratsbehälter für das Hydrauliköl zusammengefasst. Das wartungsfreie Aggregat wird durch das Hydrauliköl geschmiert. Eine Druckleitung verbindet Pumpe und Lenkgetriebe, die Öl-Rücklaufleitung führt zum Vorratsbehälter (Bild 4). Die Lenkung ist ein Bauteil, von dem die Fahrsicherheit besonders stark abhängt. Defekte, falsche Einstellungen und fehlerhafte Reparaturarbeiten können fatale Auswirkungen haben. Nach einem Unfall und bei Beschädigung der Vorderachse können verschiedene Lenkungsteile ersetzt werden, z. B. Faltenbälge, Spurstangen und Spurstangenköpfe. Eine Instandsetzung der Lenksäule, des Lenkgetriebes und des Motorpumpenaggregats ist jedoch nicht zulässig. Sie werden als Ersatzteil nur komplett geliefert. Zu beachten sind zudem strenge Regeln zur Handhabung und zum Transport der Lenksäule.

Zur Einstimmung und zum Verständnis der konstruktiven Zusammenhänge präsentieren wir drei Montageübersichten, und zwar zur **Lenksäule** (Bild 1), zur **elektrohydraulischen Servolenkung** (Bild 2) und zum **Lenkgetriebe/Spurstangen** (Bild 3). Wir geben hier keine Reparaturanleitungen zum Aus- und Einbau von Lenksäule, Lenkgetriebe und Spurstangen, da deren Demontage den Ausbau des Lenkgetriebes bedingt. Nach Montagearbeiten am Lenkstockschalter, der beim Ausbau der Lenksäule ebenfalls demontiert werden muss, ist zum Beispiel die Grundeinstellung des Winkelgebers G85, mit dem zusätzlich alle Fahrzeuge mit ESP ausgerüstet sind, per Diagnosesystem VAS 5051A durchzuführen. Der Ausbau des Lenkrades und der Lenksäule setzt zudem den Ausbau der Airbageinheit Fahrerseite voraus. Für Arbeiten an Airbags (pyrotechnische Bauteile) sind aber strenge Sicherheitsvorkehrungen zu beachten. Prüf-, Montage- und Instandsetzungsarbeiten dürfen im Übrigen nur von geschultem Personal ausgeführt werden. Schließlich muss nach Einbau eines neuen Lenkgetriebes oder neuer Spurstangen die Spur der Vorderachse auf dem Achsmessstand geprüft und gegebenenfalls neu eingestellt werden (Fahrzeugvermessung). Wir empfehlen deshalb, alle diese Reparaturarbeiten in der Werkstatt ausführen zu lassen.

Bild 1
Montageübersicht »Lenksäule«.
1 Montageträger mit Lagerbock.
2 Crashstrebe.
3 Schrauben Crashstrebe (20 Nm).
4 Schraube Lenksäule an Lagerbock unten (8 Nm).
5 Lenksäule.
6 Schrauben Lenksäule an Lagerbock oben (20 Nm).
7 Sechskantschraube am Kreuzgelenk (nach jeder Demontage ersetzen, 30 Nm).

Bild 1

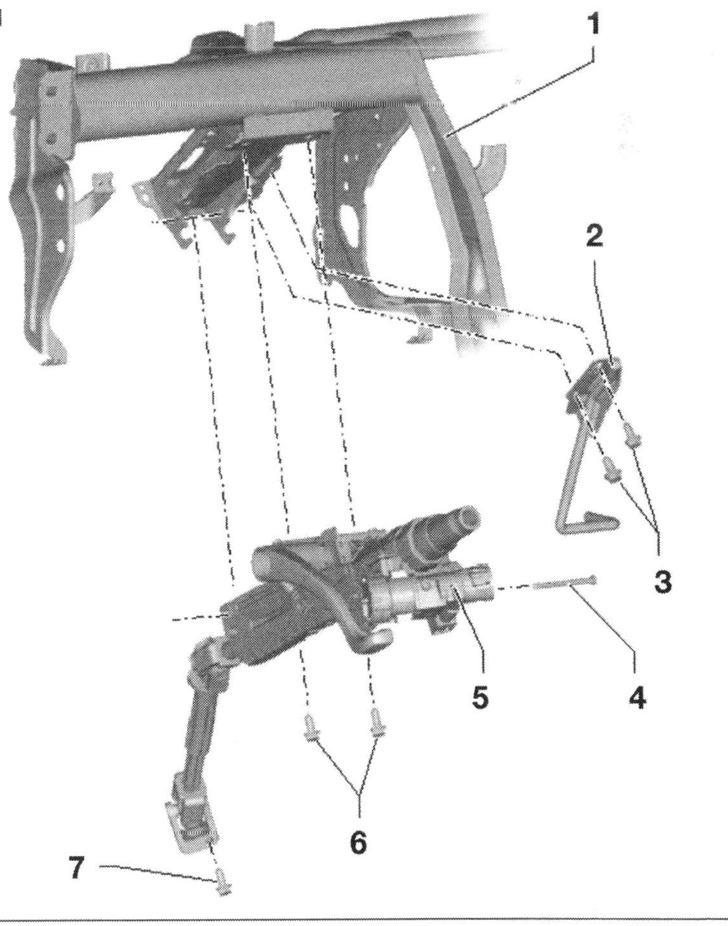

Bild 2

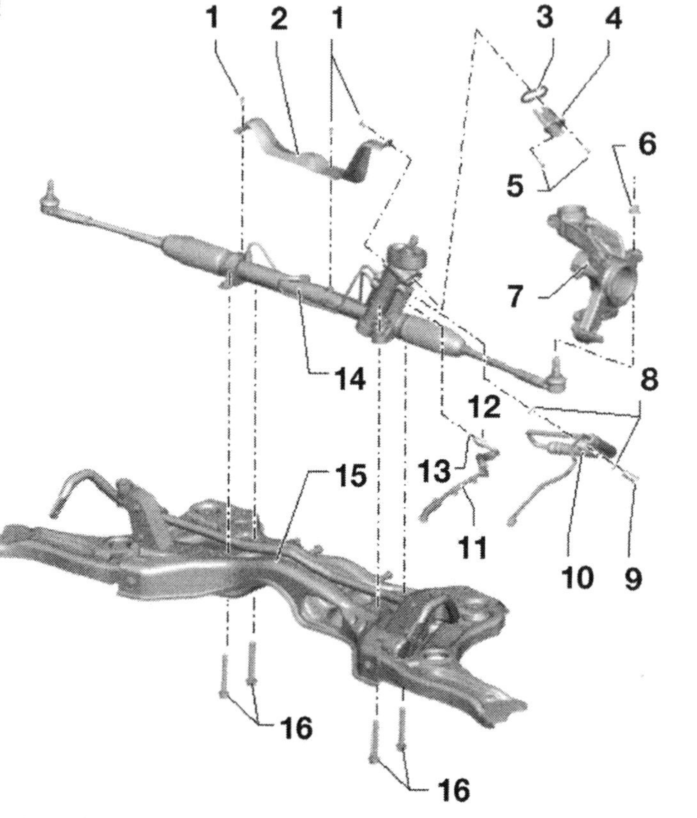

Bild 2

Montageübersicht »Elektrohydraulische Servolenkung«.

1 Schrauben Wärmeschutzblech (8 Nm).
2 Wärmeschutzblech.
3 Dichtung.
4 Sensor für Lenkhilfe G250 in Lenkgetriebe. Kann in der »Geführten Fehlersuche« mit dem Fahrzeugdiagnosesystem geprüft werden.
5 Schrauben Sensor für Lenkhilfe an Lenkgetriebe (6 Nm).
6 Mutter Spurstangenkopf an Radlagergehäuse (nach jeder Demontage ersetzen, 20 Nm und 90° weiterdrehen).
7 Radlagergehäuse.
8 Dichtringe (immer ersetzen).
9 Hohlschraube (SW 19 mm) für Druckleitung an Lenkgetriebe (40 Nm).
10 Druckleitung.
11 Rücklaufschlauch.
12 Überwurfschraube (SW 17 mm) für Rücklaufschlauch an Lenkgetriebe (30 Nm).
13 Dichtring (immer ersetzen).
14 Lenkgetriebe.
15 Aggregateträger.
16 Schrauben Lenkgetriebe an Aggregateträger (nach jeder Demontage ersetzen, 50 Nm und 90° weiterdrehen).

Bild 3

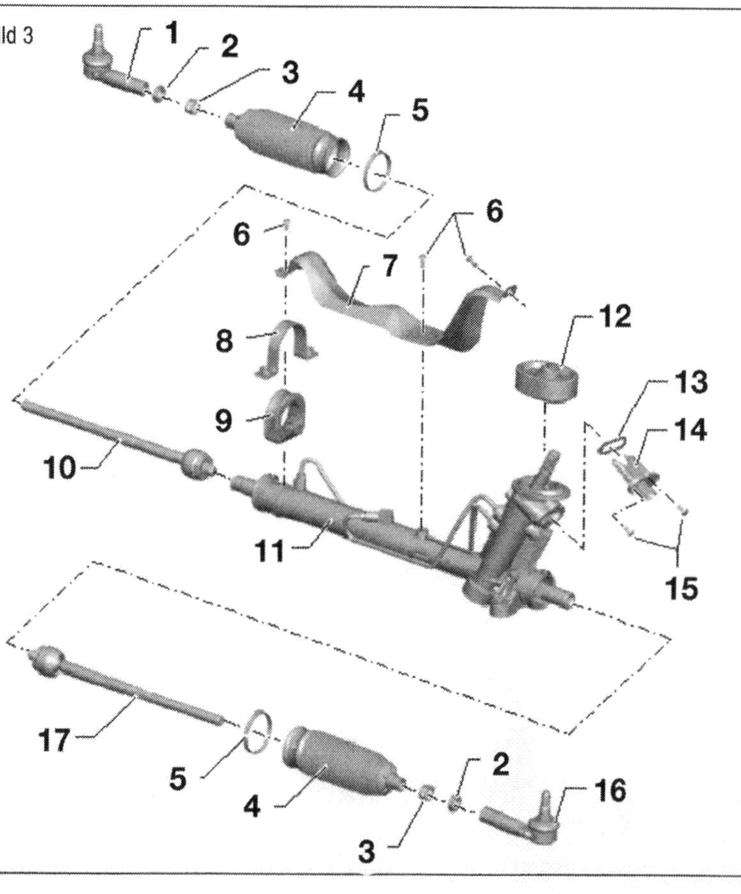

Bild 3

Montageübersicht »Lenkgetriebe/Spurstangen«.

1 Spurstangenkopf rechts (mit »C« gekennzeichnet). Wird nach Lösen der Mutter Spurstangenkopf um einige Umdrehungen mithilfe eines Kugelgelenkabziehers (3287 A) vom Lenkspurhebel abgedrückt.
2 Mutter Spurstangenkopf an Spurstange (50 Nm).
3 Schelle Faltenbalg.
4 Faltenbalg. Darf nach dem Spureinstellen nicht verdrillt werden. Zum Ersetzen Lenkgetriebe ausbauen.
5 Klemmschelle Faltenbalg (ersetzen, mit Schlauchbinderzange (V.A.G 1275) spannen).
6 Schrauben Wärmeschutzblech (8 Nm).
7 Wärmeschutzblech.
8 Schelle mit Muttern (bei Schäden im Gewinde ersetzen).
9 Gummilager.
10 Spurstange rechts (80 Nm). Wird als Ersatzteil voreingestellt geliefert. Zum Abschrauben der rechten Spurstange von der Zahnstange müssen Klemm- und Schlauchschelle des linken Faltenbalgs geöffnet, der Faltenbalg zurückgeschoben und das Lenkgetriebe auf einen Getriebehalter (T10108) gespannt werden. An der linken Zahnstange gegenhalten!
11 Servolenkgetriebe.
12 und (13) Dichtungen.
14 Sensor für Lenkhilfe G250. Kann in der »Geführten Fehlersuche« mit dem Fahrzeugdiagnosesystem geprüft werden.
15 Schrauben Sensor für Lenkhilfe an Lenkgetriebe (6 Nm).
16 Spurstangenkopf links (mit »D« gekennzeichnet). Ansonsten siehe Pos (1).
17 Spurstange links (80 Nm). Wird als Ersatzteil voreingestellt geliefert. Muss auf ein bestimmtes Längenmaß geprüft und gegebenenfalls neu eingestellt werden.

Wie oben bereits erläutert, dürfen auch keine Instandsetzungen am **Motorpumpenaggregat** erfolgen (Bild 4 Montageübersicht). Lediglich der Vorratsbehälter darf nach Ausbau des Motorpumpenaggregats unter Beachtung strenger Sauberkeitsregeln ersetzt werden. Bei Beanstandungen am Motorpumpenaggregat ist mithilfe der Funktions-, Druck- und Dichtigkeitsprüfung sowie der Eigendiagnose die Ursache zu ermitteln. Zur Prüfung des Förderdrucks des Motorpumpenaggregats ist ein Prüfgerät für Servolenkung (V.A.G 1402) mit entsprechenden Adaptern und Schläuchen erforderlich. Liegt ein Fehler vor, ist das Motorpumpenaggregat zu ersetzen. Fehlt Hydrauliköl im Vorratsbehälter, ist immer das Lenksystem auf Dichtigkeit zu prüfen. Bei Undichtigkeit im Bereich der Leitungsanschlüsse sind die Anschlüsse nachzuziehen und trockenzuwischen. Abgelassenes Hydrauliköl nicht wieder verwenden. Restmengen von Hydrauliköl verbleiben nach dem Absaugen im Motorpumpenaggregat sowie in der Rücklauf- und der Druckleitung. Druck- und Rücklaufleitung dürfen nicht mit den Schlauchklemmen oder anderen Werkzeugen abgeklemmt werden. Beim Biegen bzw. Hochlegen von Druck- und Rücklaufleitung darf ein Biegeradius von 100 mm nicht unterschritten werden, um Beschädigungen zu vermeiden. Nach Einbau des Motorpumpenaggregats ist das Lenksystem auch zu entlüften. **Die Ölmenge im System beträgt ca. 0,8 Liter der Ölsorte Hydrauliköl G 004 000 M2.**

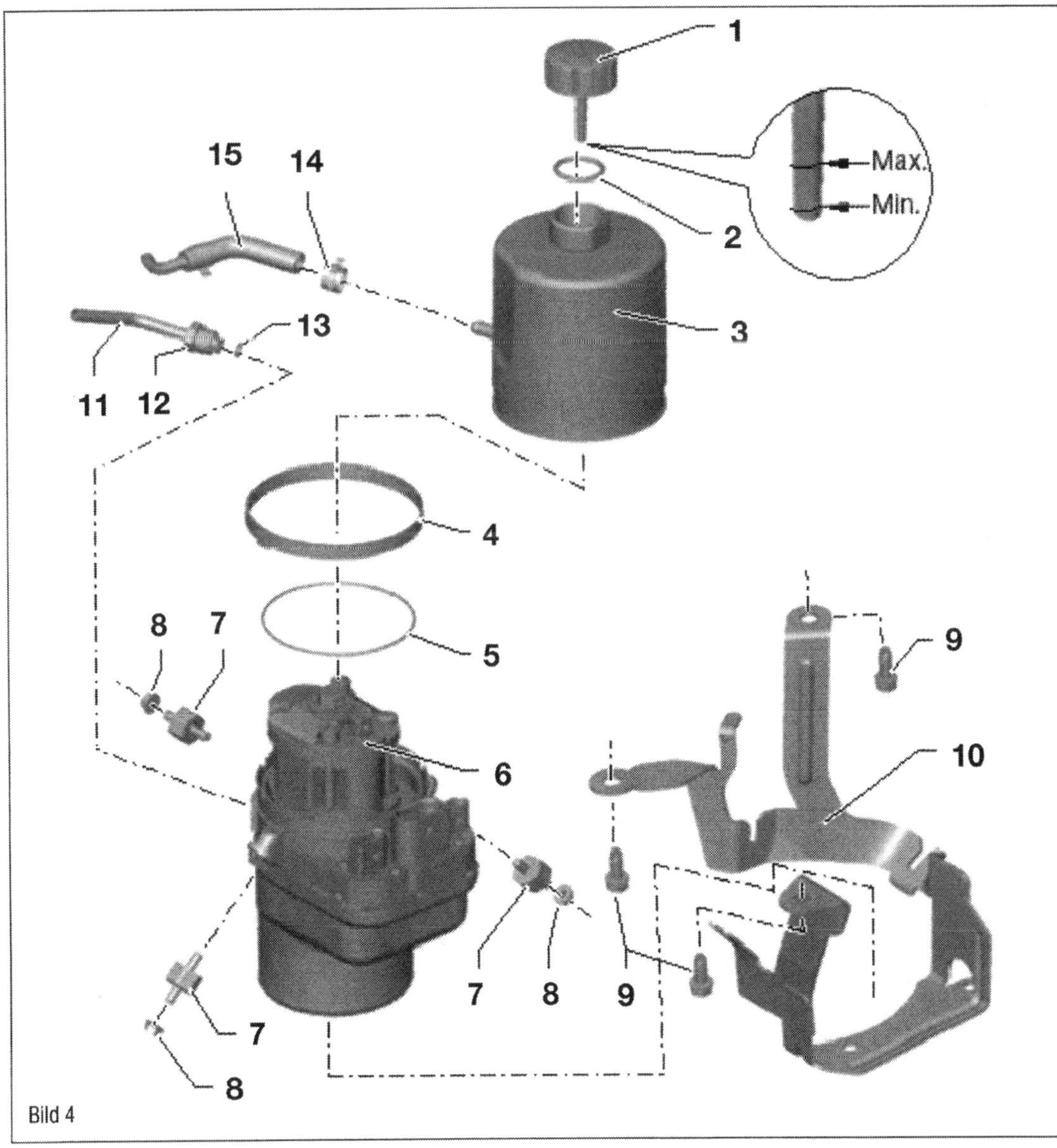

Bild 4

Bild 4
Montageübersicht »Motorpumpenaggregat«.
1 Verschlussdeckel mit Peilstab.
2 Dichtring.
3 Ölbehälter. Kann gesondert ersetzt werden.
4 Schelle (3 Nm).
5 Dichtring (nach jeder Demontage ersetzen).
6 Motorpumpenaggregat mit Steuergerät für Lenkhilfe J500. Instandsetzung ist nicht vorgesehen, es dürfen nur der Ölbehälter, die Schelle (Pos 4) und der Dichtring (Pos 5) getauscht werden.
7 Lager (7 Nm). Auf Beschädigung, Risse im Gummi, abgelöste Metallplatte vom Gummi prüfen, ggf. ersetzen.
8 Mutter Lager (7 Nm). Beim Festziehen am Lager (Pos 7) gegenhalten.
9 Schrauben Halter für Motorpumpenaggregat (nach jeder Demontage ersetzen, 20 Nm und 90° weiterdrehen).
10 Halter für Motorpumpenaggregat.
11 Druckleitung.
12 Überwurfschraube für Druckleitung an Motorpumpenaggregat (30 Nm).
13 Dichtring (nach jeder Demontage ersetzen).
14 Federbandschelle.
15 Rücklaufleitung.

Servolenksystem entlüften

Arbeitsablauf

■ Fahrzeug so weit anheben, bis die Vorderräder frei sind. Vorderrad und Radhausschale links abbauen. Danach Hydraulikölstand prüfen und ggf. nachfüllen.

■ Motor starten und für ca. 5 Sekunden im Leerlauf laufen lassen. Motor ausschalten und Hydraulikölstand überprüfen. Den Vorgang wiederholen.

■ Motor wieder starten und im Leerlauf das Lenkrad 3 Mal von Anschlag zu Anschlag drehen. Motor ausschalten und den Hydraulikölstand überprüfen, ggf. nachfüllen.

Den Vorgang 2 Mal wiederholen.

■ Zum Entgasen des Hydrauliköls den Motor 2 bis 3 Minuten stehen lassen. Fahrzeug absenken. Jetzt noch einmal, bei Leerlauf, das Lenkrad 5 Mal von Anschlag zu Anschlag drehen. Das Lenksystem ist entlüftet, wenn keine Luftblasen mehr im Hydraulikölbehälter aufsteigen.

■ Nach dem Entlüften den Verschlussdeckel handfest auf den Vorratsbehälter des Motorpumpenaggregats schrauben.

Servolenksystem auf Dichtheit prüfen

Nach Montagearbeiten und bei Hydraulikölverlusten im Vorratsbehälter muss das Servolenksystem auf Dichtigkeit geprüft werden.

Arbeitsablauf

■ Vorderrad links, Geräuschdämpfung und Radhausschale vorn links ausbauen.

■ Motor starten, Leerlaufdrehzahl, Lenkrad beidseitig bis zum Anschlag drehen und maximal 5 – 10 Sekunden festhalten. Dadurch baut sich der größtmögliche Druck auf.

■ Druckleitung und Rücklaufleitung auf Dichtheit prüfen.

■ Alle Leitungs- und Schlauchanschlüsse auf festen Sitz und Dichtigkeit prüfen. Bei Undichtheiten Leitungs- bzw. Schlauchanschluss mit dem vorgeschriebenen Anzugsdrehmoment nachziehen bzw. Dichtung oder Leitung ersetzen.

■ Motorpumpenaggregat auf Dichtigkeit prüfen. Bei Undichtheiten Motorpumpenaggregat ersetzen.

■ Vorratsbehälter für Hydrauliköl auf Dichtigkeit prüfen. Vorratsbehälter bei Undichtheiten ersetzen.

■ Hydraulikölstand prüfen und ggf. nachfüllen (folgende Anleitung).

■ Sinkt der Hydraulikölstand im Vorratsbehälter, obwohl alle Schlauch- und/oder Druckleitungsanschlüsse absolut dicht sind, könnte das Servolenkgetriebe die Ursache für den Hydraulikölverlust sein. In diesem Fall ist das Lenkgetriebe in ausgebautem Zustand auf Dichtheit zu prüfen, und zwar folgende Bauteile: Dichtring für Lenkritzel am Ventilgehäuse des Lenkgetriebes sowie alle Leitungsanschlüsse am Lenkgetriebe.

■ Beim nächsten Prüfschritt müssen die Faltenbälge nach Öffnen der Klemmschellen des Faltenbalgs zurückgeschoben werden. Ist Hydrauliköl im Lenkgetriebegehäuse und/oder in den Faltenbälgen sichtbar, muss das Lenkgetriebe ersetzt werden.

■ (Servolenkgetriebe), Radhausschale vorn links und Geräuschdämpfung einbauen sowie Rad vorn links anbauen und festziehen.

Ölstand der Servolenkung prüfen

Arbeitsablauf

■ Motor nicht laufen lassen und Vorderräder in Geradeausstellung.

■ Bei Fahrzeugen mit Luftfilter links im Motorraum Batterie und Batteriekonsole ausbauen (Kapitel 14).

■ Verschlussdeckel (1) vom Motorpumpenaggregat (2) abschrauben (Bild 5, siehe auch Bild 4), Ölmessstab mit einem sauberen Putzlappen abwischen, Verschlussdeckel handfest einschrauben, wieder abschrauben und Ölstand kontrollieren.

■ Der Ölstand muss sich zwischen der untersten Markierung (Pfeil A) und der obersten Markierung (Pfeil B) des Ölmessstabs befinden. Befindet sich der Ölstand über der Markierung (Pfeil B), muss Öl abgesaugt werden. Befindet sich der Ölstand unter dem angegebenen Bereich, muss das Hydrauliksystem auf Undichtigkeiten geprüft werden. Es genügt dann nicht, lediglich Öl nachzufüllen (Bilder 6 und 4).

■ Abgelassenes Hydrauliköl nicht mehr verwenden.
■ Ist das Hydrauliksystem dicht, Hydrauliköl nachfüllen.

■ Zum Schluss Verschlussdeckel handfest auf den Vorratsbehälter des Motorpumpenaggregats schrauben.

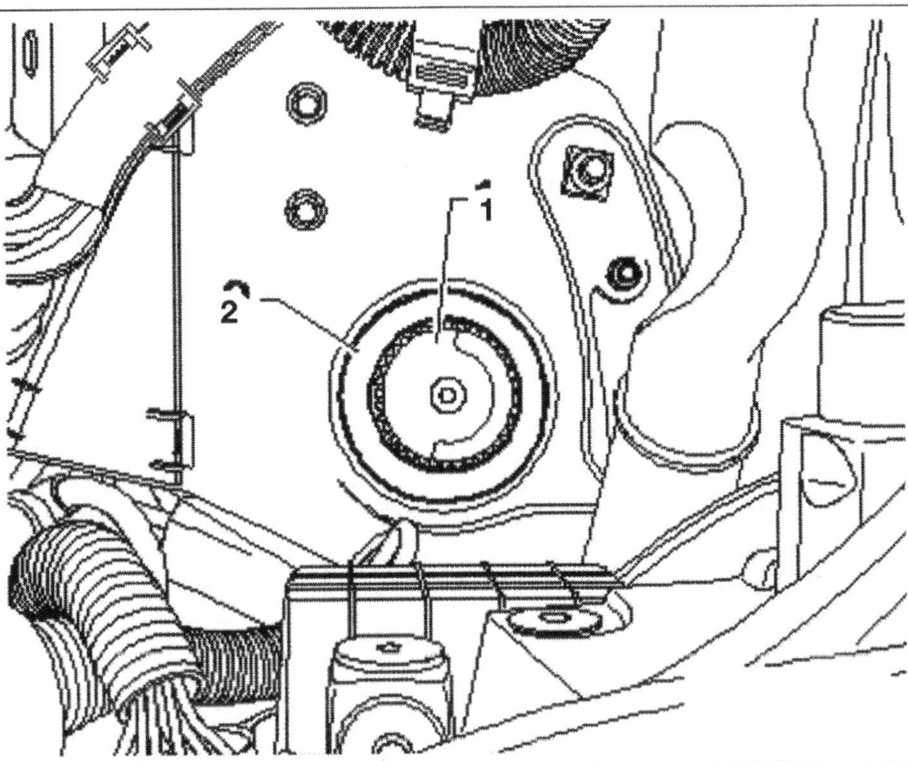

Bild 5

Bild 5
Verschlussdeckel (1) vom Motorpumpenaggregat (2) abschrauben.

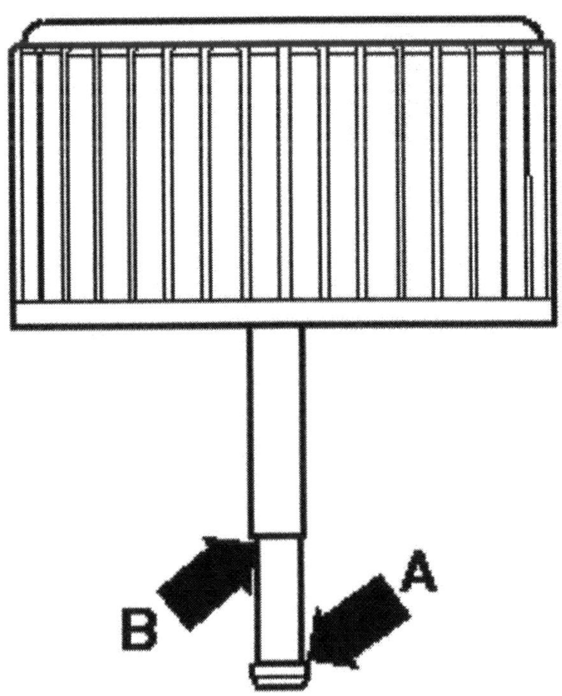

Bild 6

Bild 6
Verschlussdeckel des Ölbehälters vom Motorpumpenaggregat mit Ölmessstab.
Pfeil A = Markierung für den niedrigsten Ölstand.
Pfeil B = Markierung für den höchsten Ölstand

13 Bremsanlage

Der Fabia wird über ein Hydraulik-Zweikreis-Bremssystem mit entweder rundum Scheibenbremsen oder Scheibenbremsen vorn sowie selbstnachstellenden Trommelbremsen hinten verzögert. Die vorderen Scheibenbremsen sind bei größeren Motorisierungen innenbelüftet, bei den kleineren Motoren sind die Scheibenbremsen massiv. Eine mechanische Feststellbremse (Seilzugbremse) wirkt auf die Hinterräder. Die Bremskraftverstärkung erfolgt pneumatisch durch Vakuumbremskraftverstärker. Im Bremskraftverstärker wird der hydraulische Druck mehr als verdoppelt. Dieser bringt etwa 60% der wirkenden Bremskraft auf. Die Verstärkung wird im Bremskraftverstärker pneumatisch, durch Unterdruck, erzeugt. Das Vakuum hierfür wird bei den Fahrzeugen mit Ottomotoren dem Saugrohr entnommen. Welche Bremsen im Fahrzeug verbaut sind, wird unter anderem auf dem Fahrzeugdatenträger durch die entsprechende PR-Nummer dokumentiert. Der Fahrzeugdatenträger befindet sich in der Reserveradmulde und im Serviceheft. Die nachstehende Tabelle zeigt eine Aufschlüsselung der PR-Nummern sowie der Bremsentypen zu den Benzinmotorisierungen. Die PR-Nummern sind für die Kombination Bremssattel/Bremsscheibe/Bremstrommel und Bremsbelag wichtig. Die jeweilige Bezeichnung der vorderen Bremsanlage ist auf den Bremssätteln eingeschlagen bzw. eingegossen. Eine Zuordnung zur Motorisierung entnehmen Sie folgender Tabelle (ohne Gewähr).

Motor	Vorderradbremse	Hinterradbremse
1,2 l, 44 kW bis 12.2008	FS-II	Trommelbremse
1,2 l, 44 kW ab 01.2009	FS III	Trommelbremse
1,2 l, 51 kW	FS III	Trommelbremse
1,2 l, 63 kW	FS III	C 38
1,2 l, 77 kW	FS III	C 38
1,4 l, 63 kW	FS III	C 38
1,6 l, 77 kW	FS III	C 38
1,2 l, 55 kW TDI CR	FS III	C 38
1,6 l, 66 kW TDI CR	FS III	C 38
1,6 l, 77 kW TDI CR	FN 3	C 38
1,6 l, 55 kW TDI CR	FN 3	C 38
1,4 l, 51 kW TDI PD	FS III	Trommelbremse
1,4 l, 59 kW TDI PD	FS III	C 38
1,9 l, 77 kW TDI PD	C 54	C 38
1,4 l 132 kW	FN 3	C 38

Auf die genauen Abmessungen der Bremsanlagen und die Mindestmaße von Bremsscheiben, Bremstrommel und Bremsbelägen gehen wir später in diesem Kapitel nochmals ein.

Der Fabia verfügt serienmäßig über ein **Antiblockiersystem (ABS)**. Beim ABS-Bosch 8.2 sind folgende Varianten möglich:

- ABS
- ABS/EDS/ASR/ESP (Bild 1)

Wir geben hier keine Reparaturanleitungen am sensiblen Antiblockiersystem, zumal vor Instandsetzungen an diesem System die Schadensursache mithilfe der »Geführten Fehlersuche» mit dem Fahrzeugdiagnose-, Mess- und Informationssystem ermittelt werden muss. Das sollte in einer Fachwerkstatt geschehen.
Aber: Störungen am ABS haben keinen Einfluss auf Bremsanlage und Bremskraftverstärkung.
Die herkömmliche Bremsanlage bleibt auch ohne ABS funktionsfähig. Es muss jedoch mit einem veränderten Bremsverhalten gerechnet werden. Nach Aufleuchten der ABS-Kontrollleuchte können die Hinterräder beim Bremsen frühzeitig blockieren.

Wir beginnen im Segment »Bremshydraulik« mit wichtigen Sicht- und Funktionsprüfungen und schließen dann einige Reparaturanleitungen an.

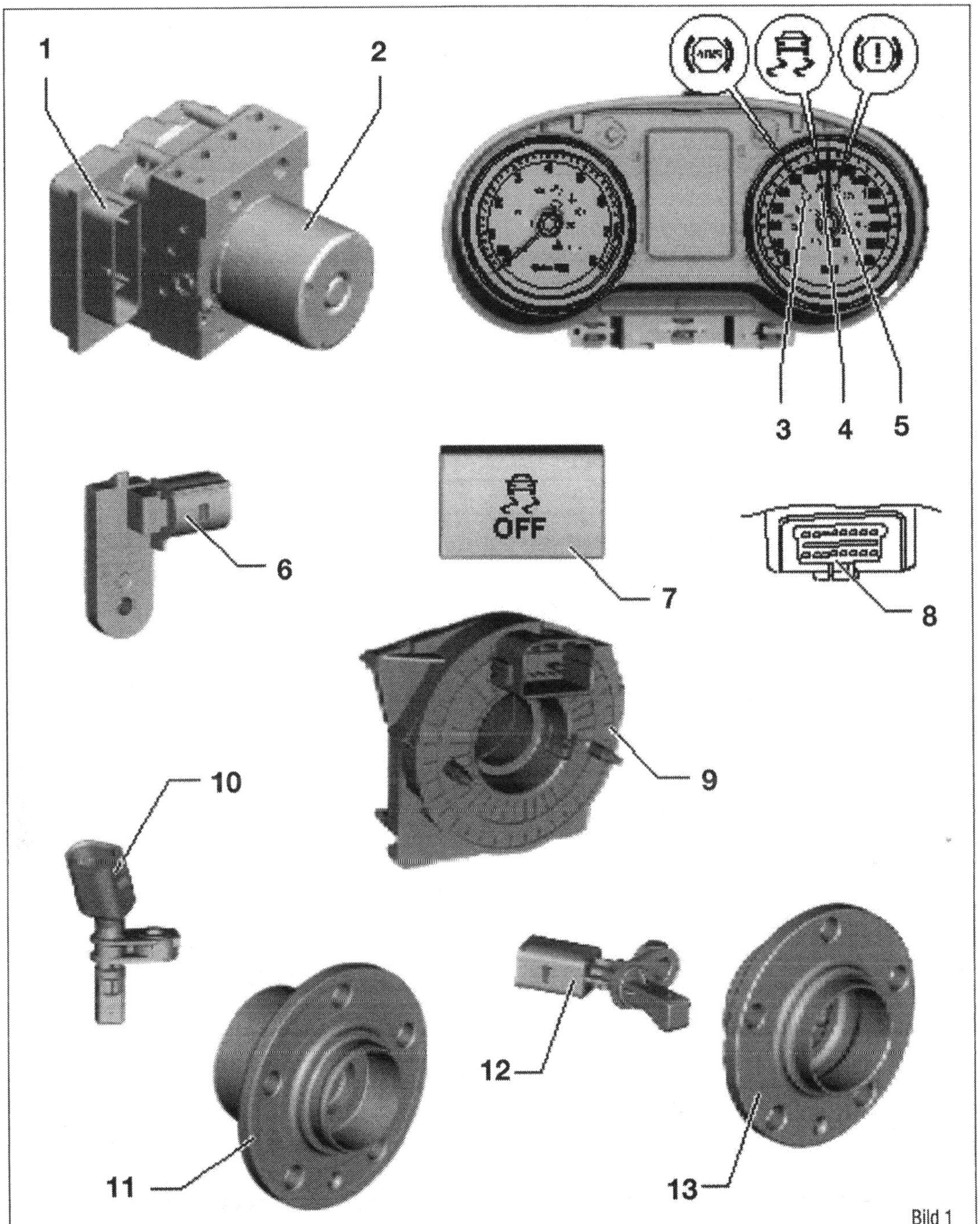

Bild 1

Bild 1
Elektrisch/Elektronische Bauteile und Einbauorte Bosch 8.2 ABS/EDS/ASR/ESP.

1 Steuergerät für ABS J104. Einbauort: an der Hydraulikeinheit im Motorraum rechts. Steckverbindung nicht vor erfolgter Eigendiagnose trennen. Vor dem Trennen der Steckverbindung die Zündung ausschalten. Im Steuergerät sind folgende Bauteile integriert: Querbeschleunigungsgeber G200, Drehratengeber G202, Längsbeschleunigungsgeber G251 (ausstattungsbedingt).
2 Hydraulikeinheit für ABS N55. Die Hydraulikeinheit besteht aus den Komponenten: Rückförderpumpe für ABS V39, Bremsdruckgeber G201, Ventilblock (enthält die Ein-/Auslassventile). Rückförderpumpe für ABS V39 und Ventilblock dürfen nicht voneinander getrennt werden.
3 Kontrollleuchte für ABS K47. Einbauort: im Schalttafeleinsatz.
4 Kontrollleuchte für ESP und ASR K155. Einbauort: im Schalttafeleinsatz.
5 Kontrollleuchte für Bremsanlage K118. Einbauort: im Schalttafeleinsatz.
6 Bremslichtschalter F inklusive Bremspedalschalter F47.
7 Taster für ASR und ESP E256. Einbauort: in der Schalttafel.
8 Diagnoseanschluss. Einbauort: Abdeckung Fußraum Fahrerseite.
9 Geber für Lenkwinkel G85. Einbauort: auf der Lenksäule zwischen Lenkrad und dem Lenkstockschalter.
10 Drehzahlfühler vorn rechts/links G45/G47.
11 Radnabe mit Radlager. Der Sensorring für das ABS ist im Radlager eingebaut.
12 Drehzahlfühler hinten rechts/links G44/G46.
13 Radnabe mit Radlager. Der Sensorring für das ABS ist im Radlager eingebaut.

Anmerkungen zur **Bremsflüssigkeit:** Der Volkswagenkonzern und somit auch Škoda setzt Bremsflüssigkeit nach dem Standard »FMVSS 116 DOT 4« ein, wovon auch die Weiterentwicklung »DOT 4 plus« erhältlich ist. Bei Škoda hat das Produkt die Katalog-Teilenummer VW 501 14 B 000 750. Bremsflüssigkeit auf keinen Fall mit mineralölhaltigen Flüssigkeiten (Öl, Benzin, Reinigungsmittel) in Verbindung bringen. Mineralöle beschädigen die Dichtungen und Gummitüllen der Bremsanlage! Bremsflüssigkeit ist giftig. Sie darf außerdem wegen ihrer ätzenden Wirkung nicht mit Lack in Berührung kommen. Eventuell ausgetretene Bremsflüssigkeit mit viel Wasser abspülen! Bremsflüssigkeit ist hygroskopisch, das heißt, sie nimmt aus der umgebenden Luft Feuchtigkeit auf und ist darum stets in luftdicht verschlossenen Behältern aufzubewahren.

Bremsflüssigkeitsstand (abhängig vom Belagverschleiß) prüfen

Der Stand der Bremsflüssigkeit ist an den Markierungen des Bremsflüssigkeitsbehälters abzulesen.

■ Der Bremsflüssigkeitsstand (Menge) ist stets in Abhängigkeit vom Bremsbelagverschleiß zu beurteilen. Im Fahrbetrieb sinkt durch Abnutzung und automatische Nachstellung der Bremsbeläge der Flüssigkeitsstand geringfügig ab.

■ Bei einem Flüssigkeitsstand an der »MIN«-Markierung und etwas darüber ist kein Nachfüllen erforderlich, wenn die Bremsbelagverschleißgrenze nahezu erreicht ist.

■ Sind die Bremsbeläge neu bzw. weit von der Belagverschleißgrenze entfernt, muss der Flüssigkeitsstand zwischen der »MIN«- und der »MAX«-Markierung liegen.

■ Die »MAX«-Markierung darf jedoch nicht überschritten werden, damit die Flüssigkeit nicht aus dem Bremsflüssigkeitsbehälter austritt.

■ Ist der Flüssigkeitsstand unter die »MIN«-Markierung abgesunken, muss, bevor Bremsflüssigkeit ergänzt wird, das ganze Bremssystem überprüft werden. Ggf. sind Reparaturen einzuleiten.

Bremsanlage auf Undichtigkeiten und Beschädigungen prüfen

Sichtprüfung folgender Bauteile auf Undichtigkeiten und Beschädigungen: Hauptbremszylinder, Bremskraftverstärker (bei Antiblockiersystem: Hydraulikeinheit), Bremskraftregler, Bremssättel. Weiter sind zu prüfen: Vorhandensein der Staubkappen an den Entlüftungsventilen für Bremsflüssigkeit, dass die Bremsschläuche nicht verdreht sind und dass sie beim maximalen Lenkeinschlag keine Fahrzeugbauteile berühren. Außerdem Bremsschläuche auf Porosität und Brüchigkeit, Bremsschläuche und Bremsleitungen auf Scheuerstellen und Bremsanschlüsse und Befestigungen auf richtigen Sitz, Undichtigkeiten und Korrosion prüfen. Festgestellte Mängel sind unbedingt durch entsprechende Reparaturmaßnahmen zu beseitigen.

■ Zur **professionellen Dichtigkeitsprüfung unter Druck** sind ein Prüfgerät für Bremssysteme (z. B. V.A.G 1310 A) sowie ein Adapter M 10 (z. B. V.A.G 1310/6) erforderlich. Prüfvoraussetzung ist, dass Funktion und Dichtheit der Bremsanlage gewährleistet sind.
– Entlüftungsventil an einem der vorderen Bremssättel herausschrauben. Das Prüfgerät für Bremssysteme anschließen und entlüften.
– Bremspedal belasten, bis das Druckmanometer 50 bar Überdruck anzeigt. Während der Prüfdauer von 45 Sekunden darf der Druckabfall nicht mehr als 4 bar betragen. Bei größerem Druckabfall Hauptbremszylinder ersetzen.

Bremsanlage entlüften

Bremsanlage mit einem Bremsenfüll- und Entlüftungsgerät (z. B. VAS 5234 oder V.A.G 1869) sowie einem Aufrüstsatz Absaugvorrichtung Bremsenfüll- und Entlüftungsgerät (V.A.G 1869/4) entlüften.

Entlüftung (normal)
Den *Arbeitsablauf* zum Entlüften der Bremsanlage genau einhalten.

■ Bremsenfüll- und Entlüftungsgerät anschließen, d. h. Adapter statt Verschlussdeckel auf Bremsflüssigkeitsbehälter aufschrauben, Druck einstellen und Befüllschlauch des Gerätes an den Adapter anschließen.

■ Abdeckkappen von den Entlüftungsventilen abziehen, Schlauch der Entlüfterflasche aufstecken und dann Entlüftungsventil mit einem passenden Schlüssel in folgender Reihenfolge öffnen und jeweiligen Radbremszylinder/Bremssättel entlüften:

1. Radbremszylinder/Bremssattel hinten rechts
2. Radbremszylinder/Bremssattel hinten rechts
3. Bremssattel vorn rechts
4. Bremssattel vorn links

■ Entlüftungsventil bei aufgestecktem Schlauch der Entlüfterflasche so lange geöffnet lassen, bis blasenfreie Bremsflüssigkeit ausströmt.

⚠ Geeigneten Entlüfterschlauch verwenden. Er muss straff auf dem Entlüftungsventil sitzen, damit keine Luft in die Bremsanlage gelangen kann!

Vorentlüftung

Wenn bei Fahrzeugen mit EDS, EDS/ASR oder EDS/ASR/ESP eine Kammer des Bremsflüssigkeitsbehälters komplett leer gelaufen ist (z. B. bei Undichtigkeiten der Bremsanlage), muss zuerst eine Vorentlüftung der Bremsanlage erfolgen.

■ Entlüftungsreihenfolge:

1. Bremssattel vorn links und vorn rechts gleichzeitig zusammen entlüften.
2. Bremssattel hinten links und hinten rechts gleichzeitig zusammen entlüften.

■ Entlüftungsventile bei aufgesteckten Schläuchen der Entlüfterflasche so lange geöffnet lassen, bis blasenfreie Bremsflüssigkeit ausströmt.

■ Anschließend muss über die Funktion »Grundeinstellung« mit dem Diagnosetester VAS 5051 die Hydraulikeinheit nochmals entlüftet werden. Grundeinstellung einleiten (zum Entlüften der Bremsanlage): VAS 5051 anschließen und Funktion anwählen. Zum Entlüften der Hydraulikeinheit ist ein Vordruck von 2 bar nötig.

■ Danach die Bremsanlage normal entlüften (siehe oben).

Nachentlüftung

Vom Hersteller wird auch eine Nachentlüftung vorgesehen. Dazu wird ein Helfer benötigt.

■ Bremspedal mit hoher Fußkraft betätigen und halten. Entlüftungsventil am Bremssattel öffnen. Bremspedal bis zum Anschlag durchtreten. Entlüftungsventil bei niedergetretenem Bremspedal schließen. Bremspedal langsam lösen.

■ Dieser Entlüftungsvorgang muss pro Bremssattel (Entlüftungsreihenfolge wie bei »Entlüftung normal«) 5-mal durchgeführt werden.

■ Nach dem Entlüften muss eine Probefahrt unternommen werden. Dabei muss mindestens eine ABS-Regelung erfolgen.

Bremsanlage mit einfachen Mitteln entlüften

Steht kein Bremsenfüll- und Entlüftungsgerät zur Verfügung, lässt sich die Bremsanlage auch mit einfachen Mitteln entlüften. Es werden lediglich neue Bremsflüssigkeit und ein geeigneter, möglichst durchsichtiger Kunststoffschlauch benötigt, wie ihn Baumärkte im Sortiment haben. Er muss straff auf der Entlüfterschraube Radbremszylinder/ Bremssattel sitzen, damit keine Luft in die Bremsanlage gelangen kann.

■ Wenn erforderlich, die Entlüftungsventile einige Stunden vor der Arbeit mit Rostlöser einsprühen. Das mindert das Risiko, dass die Ventile beim Lösen abgerissen werden.

■ Entlüftungsreihenfolge wie bei »Entlüftung normal«.

■ Staubkappe vom Entlüftungsventil abziehen, Ventilnippel säubern, den Kunststoffschlauch auf den Nippel schieben und das freie Schlauchende in einen teilweise mit Bremsflüssigkeit gefüllten Auffangbehälter stecken.

■ Entlüftungsschraube mit einem Ringschlüssel maximal eine Umdrehung lösen. Ein Helfer tritt das Bremspedal langsam bis zum Boden, damit die Bremsflüssigkeit und die darin eingeschlossene Luft herausgepumpt werden. Auf Schlauch und Auffangbehälter achten: Die Luftbläschen müssen zu sehen sein. Das Bremspedal am Boden halten.

■ Nun die Entlüftungsschraube schließen, erst dann das Bremspedal zurücknehmen.

■ Diesen Vorgang so lange wiederholen, bis keine Luftbläschen mehr aufsteigen, es ist dann keine Luft mehr im System. Dabei aber ständig den Stand der Bremsflüssigkeit im Ausgleichsbehälter beobachten. Bei Bedarf nachfüllen, aber nur so viel, dass der vorherige Stand im Bremsflüssigkeitsbehälter nicht überschritten wird. Dadurch wird verhindert, dass bei einem späteren Wechsel der Bremsbeläge zu viel Bremsflüssigkeit im System ist und der Behälter beim Zurückdrücken der Bremskolben überläuft. Bis zum nächsten Pumpen jeweils etwa drei Sekunden warten, damit sich der Hauptbremszylinder wieder füllen kann.

■ Nach dem letzten Durchgang muss der Helfer das Bremspedal wieder am Boden halten, bis das Entlüftungsventil endgültig geschlossen ist (Schraube nicht anknallen, die hat schließlich nichts zu halten).

■ Die Arbeit an den anderen Entlüftungsventilen wiederholen.

■ Lässt sich die Bremse nach vorgenannter Methode nicht vollständig entlüften, alle Entlüftungsventile schließen, den Motor starten und mehrfach die Bremse betätigen. Dann nochmals einen Entlüftungsdurchgang vornehmen.

■ Zum Schluss noch einmal alle Bremsleitungen, Entlüftungsventile (angezogen?), den Stand im Bremsflüssigkeitsbehälter und die Funktion der Bremsen bei einer (vorsichtigen) Probefahrt prüfen. Dabei einmal so stark bremsen, dass die ABS-Regelung greift.

Bremsflüssigkeit wechseln

Benötigte Werkzeuge:
- Bremsenfüll- und Entlüftungsgerät (VAS 5234) mit Adapter für Bremsflüssigkeitsbehälter
- Bremsenentlüftungsschlüssel (VAS 5519)
- Bremsenentlüftungswerkzeug (VAS 6564)

Arbeitsablauf

■ Verschlussdeckel vom Bremsflüssigkeits-Vorratsbehälter abschrauben, Sieb herausnehmen und reinigen.

■ Mit dem Saugschlauch vom Bremsenfüll- und Entlüftungsgerät so viel Bremsflüssigkeit wie möglich absaugen. Abgesaugte Bremsflüssigkeit darf übrigens nicht wieder verwendet werden.

■ Sieb einsetzen, Adapter (aus dem Bremsenentlüftungswerkzeug) auf den Bremsflüssigkeits-Vorratsbehälter schrauben, den richtigen Druck am Bremsenfüll- und Entlüftungsgerät einstellen (Bedienungsanleitung des Gerätes beachten) und den Befüllschlauch des Bremsenfüll- und Entlüftungsgeräts an den Adapter anschließen.

■ Abdeckkappe des Entlüftungsventils am Bremssattel vorn links abziehen und Entlüfterschlauch der Auffangflasche auf das Entlüftungsventil vorn links stecken, Entlüftungsventil öffnen und die entsprechende Bremsflüssigkeitsmenge (siehe folgende Tabelle) ausfließen lassen. Entlüftungsventil mit 10 Nm schließen. Abdeckkappe am Entlüftungsventil des Bremssattels vorn links wieder aufstecken.

■ Diesen Arbeitsablauf an der rechten Fahrzeugseite vorn wiederholen.

■ Jetzt ggf. beide Räder an der Hinterachse abschrauben, um an das Entlüftungsventil zu gelangen. Abdeckkappe am Entlüftungsventil des Bremssattels hinten links abziehen und Entlüfterschlauch der Auffangflasche auf das Entlüftungsventil hinten links stecken, Entlüftungsventil öffnen und die entsprechende Bremsflüssigkeitsmenge (siehe folgende Tabelle) ausfließen lassen. Entlüftungsventil mit 10 Nm schließen. Abdeckkappe am Entlüftungsventil des Bremssattels hinten links wieder aufstecken.

■ Diesen Arbeitsablauf an der rechten Fahrzeugseite hinten wiederholen.

Für Fahrzeuge mit Schaltgetriebe

■ Luftfiltergehäuse ausbauen.

■ Entlüfterschlauch auf das Entlüftungsventil des Kupplungsnehmerzylinders stecken, Ventil öffnen und ca. 100 ml Bremsflüssigkeit ausfließen lassen.

■ Ventil schließen und 10 bis 15 Mal schnell hintereinander das Kupplungspedal betätigen.

■ Ventil erneut öffnen und ca. 50 ml Bremsflüssigkeit ausfließen lassen.

■ Ventil schließen, Entlüfterschlauch abnehmen und mehrmals das Kupplungspedal betätigen.

■ Luftfiltergehäuse wieder einbauen.

■ Befüllhebel vom Bremsenfüll- und Entlüftungsgerät in Stellung »B« stellen (siehe Bedienungsanleitung des Geräts). Befüllschlauch vom Adapter abnehmen, Adapter vom Bremsflüssigkeits-Vorratsbehälter abschrauben.

■ Bremsflüssigkeitsstand kontrollieren und ggf. korrigieren, er muss zwischen MIN- und MAX-Markierung liegen.

■ Verschlussdeckel des Bremsflüssigkeits-Vorratsbehälters einschrauben.

■ Hinterräder ggf. wieder anbauen und eine Funktionsprüfung während einer Probefahrt durchführen.

Flüssigkeitsmenge, die auslaufen muss

Entlüftungsreihenfolge	***Menge (Liter)***
Kupplungsnehmerzylinder*	0,15
Hinten rechts	0,20
Hinten links	0,20
Vorne rechts	0,30
Vorne links	0,30
Gesamtmenge	1,15
**Gilt nicht bei Getriebe 0AM*	

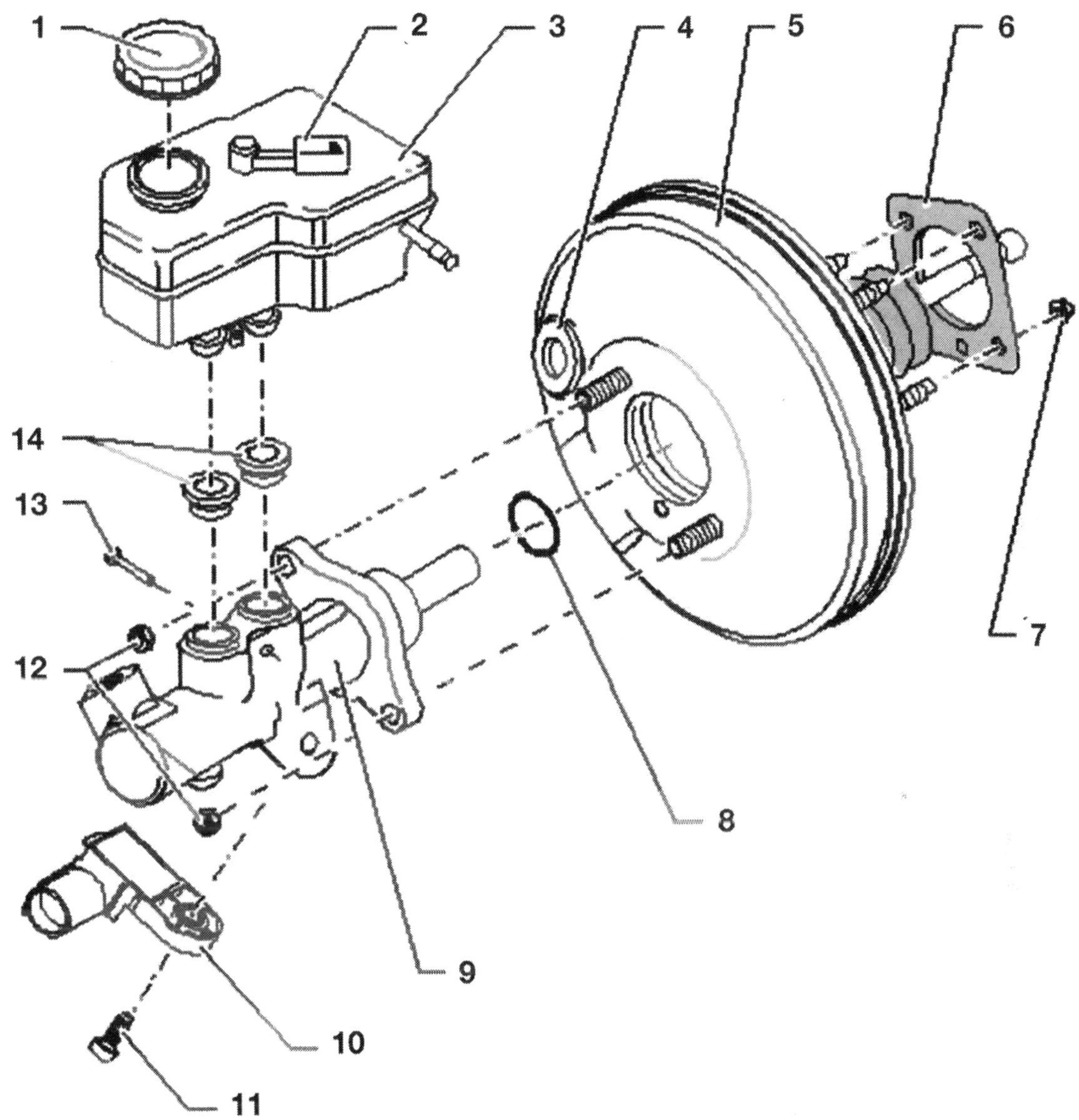

Bild 2

Montageübersicht »Bremskraftverstärker/Hauptbremszylinder«.

1 Verschlussdeckel.
2 Warnkontakt für Bremsflüssigkeitsstand F34.
3 Bremsflüssigkeitsbehälter.
4 Dichtungsstopfen für den Anschluss des Unterdruckschlauchs.
5 Bremskraftverstärker.
Im Bremskraftverstärker wird der hydraulische Druck mehr als verdoppelt. Dieser bringt etwa 60% der wirkenden Bremskraft auf. Die Verstärkung wird im Bremskraftverstärker pneumatisch, durch Unterdruck, erzeugt. Das Vakuum hierfür wird bei den Fahrzeugen mit Ottomotoren dem Saugrohr entnommen. Im Unterdruckschlauch befindet sich ein Rückschlagventil. Bei Störungen ist der Bremskraftverstärker komplett zu ersetzen (vorher alle Unterdruckleitungen prüfen).
Funktionsprüfung des Brems-kraftverstärkers: Bremspedal bei stehendem Motor mehrere Male kräftig durchtreten (dadurch wird der im Gerät vorhandene Unterdruck abgebaut). Bremspedal jetzt mit mittlerer Fußkraft in Bremsstellung halten und Motor starten. Bei einem einwandfrei funktionierenden Bremskraftverstärker gibt jetzt das Brems-pedal unter dem Fuß spürbar nach (Verstärkung wird wirksam). Senkt sich das Pedal nicht, liegt eine Störung vor. Meist muss der Bremskraftverstärker komplett ersetzt werden.
6 Dichtung zwischen Bremskraftverstärker und Fußhebelwerk.
7 Selbstsichernde Sechskantmuttern Fußhebelwerk an Bremskraftverstärker (25 Nm). Nach jeder Demontage ersetzen.
8 Dichtring zwischen Hauptbremszylinder und Bremskraftverstärker (ersetzen).
9 Hauptbremszylinder; kann nicht in Stand gesetzt werden, bei Störungen komplett ersetzen.
10 Bremslichtschalter F inklusive Bremspedalschalter F47.
11 Torx-Schraube Bremslichtschalter (7 Nm).
12 Selbstsichernde Sechskantmuttern Hauptbremszylinder an Bremskraftverstärker (25 Nm, ersetzen).
13 Stift vom Bremsflüssigkeitsbehälter.
14 Dichtungsstopfen. Mit Bremsflüssigkeit benetzen und in den Hauptbremszylinder eindrücken.

Hauptbremszylinder aus- und einbauen

Benötigte Werkzeuge:
- Bremsenfüll- und Entlüftungsgerät (VAS 5234)
- Drehmomentschlüssel (V.A.G 1331)
- Verschlussstopfen (z. B. aus dem Reparaturset ET.-Nr. 1H0 698 311 A)

Ausbau

■ Batterie abklemmen (Kapitel 14).

■ Luftfiltergehäuse (nicht bei 4-Zylinder-Motoren) ausbauen.

■ Steckverbindung (A) vom Warnkontakt für Bremsflüssigkeitsstand F34 und Steckverbindung (C) vom Bremslichtschalter (F) abziehen (Bild 3, siehe auch Bilder 1 und 5).

■ Ausreichend nicht fasernde Lappen im Bereich des Motors und des Getriebes auslegen. Danach so viel Bremsflüssigkeit wie möglich aus dem Bremsflüssigkeitsbehälter absaugen (siehe »Bremsflüssigkeit wechseln«).

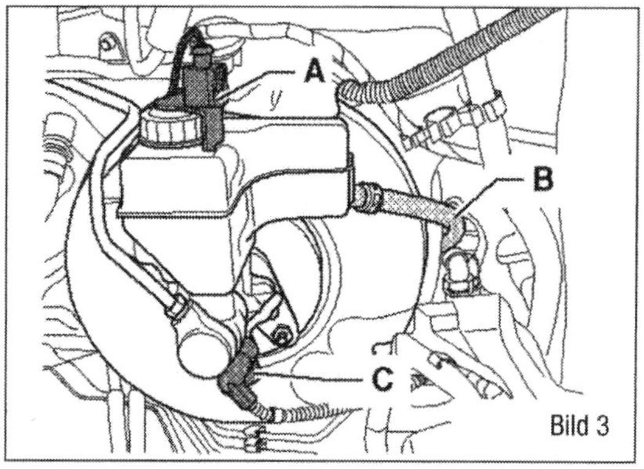

Bild 3
Steckverbindungen und Schlauch vom Bremsflüssigkeitsbehälter abbauen.
A Steckverbindung von Warnkontakt für Bremsflüssigkeitsstand F34.
B Nachlaufschlauch für Kupplungsgeberzylinder.
C Steckverbindung vom Bremslichtschalter F.

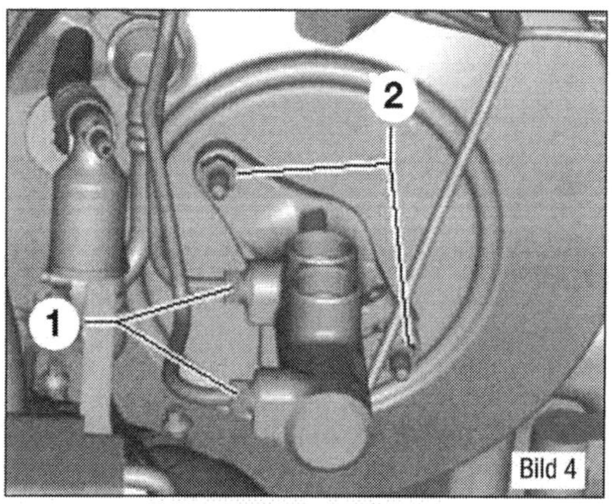

Bild 4
Hauptbremszylinder vom Bremskraftverstärker abbauen.
1 Bremsleitungen.
2 Muttern Hauptbremszylinder an Bremskraftverstärker.

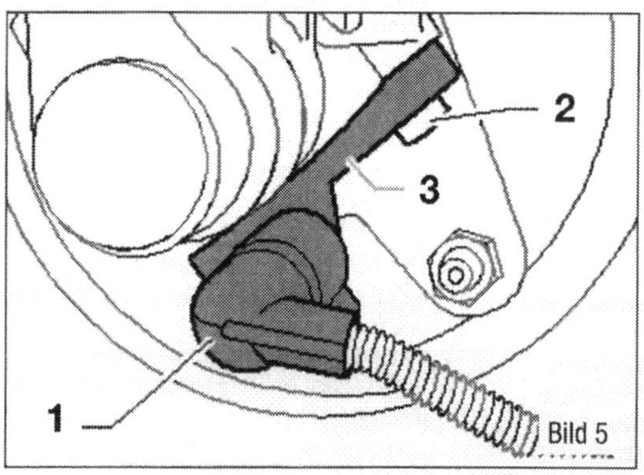

Bild 5
Bremslichtschalter F (3) ausbauen.
1 Steckverbindung vom Bremslichtschalter.
2 Schraube Bremslichtschalter an Hauptbremszylinder.

Zusatzarbeiten bei Fahrzeugen mit Schaltgetriebe:

■ Den Nachlaufschlauch (B, Bild 3) für Kupplungsgeberzylinder vom Behälter abziehen und hochbinden oder mit einem handelsüblichen Werkzeug, z. B. Hazet 4590, abklemmen und dann abziehen (mit Stopfen verschließen).

Fortsetzung für alle Fahrzeuge:

■ Den Verriegelungsstift (13 in Bild 2) vom Bremsflüssigkeitsbehälter durch die Haltelaschen und den Hauptbremszylinder drücken. Danach den Bremsflüssigkeitsbehälter aus dem Hauptbremszylinder herausziehen. Die Anschlussstutzen immer mit Stopfen verschließen.

■ Die Bremsleitungen (1) am Hauptbremszylinder kennzeichnen, abschrauben und sofort mit einem Verschlussstopfen verschließen.

■ Muttern (2) Hauptbremszylinder an Bremskraftverstärker abschrauben, Hauptbremszylinder vorsichtig vom Bremskraftverstärker abziehen und aus dem Fahrzeug herausnehmen (Bild 3, siehe auch Bild 2).

Bremslichtschalter (F) abbauen:

■ Schraube (2) Bremslichtschalter an Hauptbremszylinder herausschrauben, den Bremslichtschalter (3) vom Hauptbremszylinder abziehen und dann aus der Rastnase vom Hauptbremszylinder herausnehmen (Bild 5).

Einbau

Der Einbau erfolgt in umgekehrter Ausbaureihenfolge. Dabei sind folgende Punkte besonders zu beachten:

■ Beim Zusammensetzen des Hauptbremszylinders mit dem Bremskraftverstärker auf richtigen Sitz der Druckstange im Hauptbremszylinder achten (siehe spätere Anleitung »Bremspedal vom Bremskraftverstärker trennen und verclipsen«).

■ Bremsanlage befüllen und entlüften.

■ Anzugsdrehmomente: Hauptbremszylinder an Bremskraftverstärker = 25 Nm, Bremsleitungen an Hauptbremszylinder = 14 Nm, Torx-Schraube für Bremslichtschalter an Hauptbremszylinder = 7 Nm.

Bremskraftverstärker aus- und einbauen

Benötigte Werkzeuge:
- Bremsenfüll- und Entlüftungsgerät (VAS 5234)
- Drehmomentschlüssel (V.A.G 1331)
- Verschlussstopfen (z. B. aus dem Reparaturset ET.-Nr. 1H0 698 311 A)

Ausbau

■ Batterie abklemmen (Kapitel 14).
■ Ansaugschlauch und Luftfiltergehäuse ausbauen.
■ Motorsteuergerät und Halter für das Motorsteuergerät ausbauen.
■ Haltelasche für den Luftfilter abschrauben.
■ Steckverbindung (A) vom Warnkontakt für Bremsflüssigkeitsstand F34 und Steckverbindung (C) vom Bremslichtschalter (F) abziehen (Bild 3).
■ Ausreichend nicht fasernde Lappen im Bereich des Motors und des Getriebes auslegen und so viel Bremsflüssigkeit wie möglich mit dem Bremsenfüll- und -entlüftungsgerät oder der Absaugvorrichtung aus dem Bremsflüssigkeitsbehälter absaugen.

Zusatzarbeiten bei folgenden Motoren und Getrieben:
3-Zyl. Einspritzmotor (4-Ventiler)
■ Drosselklappensteuereinheit J338 ausbauen.

4-Zyl. Einspritzmotor, Zahnriemenantrieb:
■ Batterie ausbauen (Kapitel 14).

Schaltgetriebe
■ Nachlaufschlauch (B, Bild 3) für Kupplungsgeberzylinder abziehen und hochbinden oder mit einem handelsüblichen Werkzeug (z. B. Hazet 4590) abklemmen und dann abziehen.

Doppelkupplungsgetriebe (bei Fahrzeugen mit DSG sollte die Reparatur einer Fachwerkstatt überlassen werden)

■ Wählhebelseilzug vom Kugelkopf und aus dem Seilzugwiderleger nehmen.
■ Wählhebel von der Schaltwelle am Getriebe abbauen.

Fortsetzung für alle Fahrzeuge
■ Den Stift vom Bremsflüssigkeitsbehälter durch die Haltelaschen und den Hauptbremszylinder drücken. Danach den Bremsflüssigkeitsbehälter aus dem Hauptbremszylinder herausziehen.
■ Die Bremsleitungen am Hauptbremszylinder (1, Bild 6) kennzeichnen, abschrauben und sofort mit Verschlussstopfen (Reparatursatz ET.- Nr. 1H0 698 311 A) verschließen.
■ Unterdruckschlauch aus dem Bremskraftverstärker herausziehen (siehe Bild 2).
■ Bremspedal vom Bremskraftverstärker trennen (siehe spätere Anleitung).
■ Sechskantmuttern Bremskraftverstärker an Fußhebelwerk (Pfeile, Bild 7) herausschrauben und Bremskraftverstärker vorsichtig aus dem Fahrzeug herausnehmen. Falls der Bremskraftverstärker in den Bohrungen klemmen sollte, müssen die beiden restlichen Muttern vom Lagerbock gelöst werden.

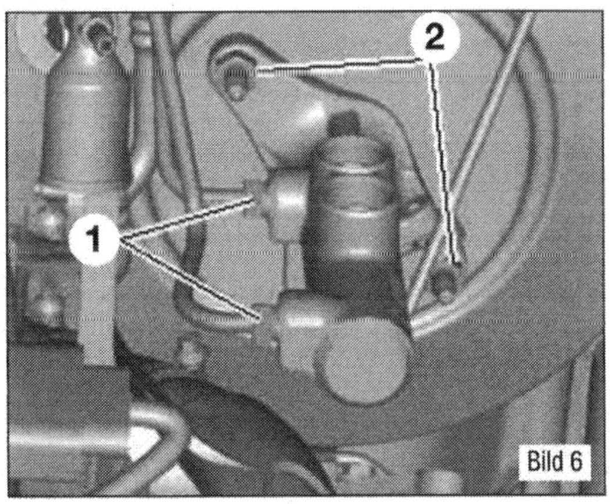

Bild 6
1 Bremsleitungen am Hauptbremszylinder.
2 Muttern Hauptbremszylinder an Bremskraftverstärker.

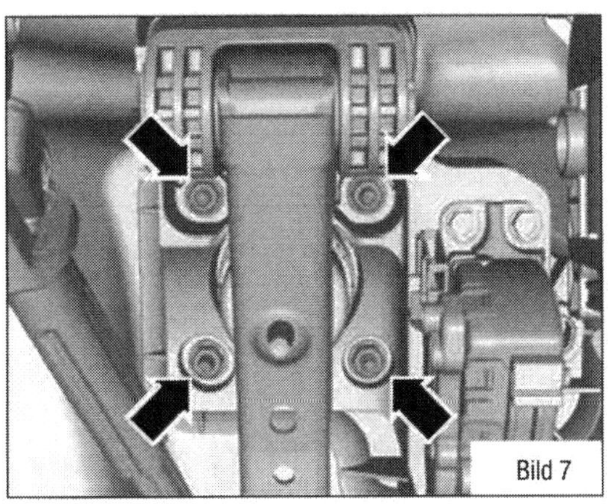

Bild 7
Bremskraftverstärker vom Fußhebelwerk abschrauben.
Pfeile = Sechskantmuttern.

Sichtprüfung Messen

■ Hauptbremszylinder vom Bremskraftverstärker abschrauben (Bilder 2 und 6). Wärmeschutzblech, falls vorhanden, abnehmen. Hauptbremszylinder vorsichtig aus Bremskraftverstärker entnehmen.

Einbau

Der Einbau erfolgt in umgekehrter Ausbaureihenfolge. Dabei sind folgende Punkte zu beachten:

■ Bremspedal mit Bremskraftverstärker verclipsen (spätere Anleitung).

■ Bremsanlage entlüften.

■ Anzugsdrehmomente: Bremskraftverstärker an Fußhebelwerk/Stirnwand = 25 Nm; Hauptbremszylinder an Bremskraftverstärker = 25 Nm; Bremsleitungen an Hauptbremszylinder = 14 Nm; immer neue Muttern verwenden.

Bremsenmechanik

Im folgenden Segment **»Bremsmechanik«** präsentieren wir Anleitungen für Reparaturen an der Vorderrad- und Hinterradbremse sowie an der Handbremse und am Bremspedal. Wir beginnen mit den Maßen der Bremsscheiben und Bremsbeläge Vorderradbremse (Bilder 8 und 9) sowie anschließend zwei Montageübersichten **»Vorderradbremse Bremssattel FS III«** (Bilder 10 und 11). Die Montageübersicht für den Bremssattel FN3 zeigt ein ähnliches Bild. Ein wesentlicher Unterschied im Vergleich zum Bremssattel FS III ist jedoch, dass der Bremsträger nicht im Radlagergehäuse integriert, sondern am Radlagergehäuse angeschraubt ist.

Maße und Verschleißgrenze der Bremsanlage

Bremsbeläge/-backen

Vorne	Belagstärke neu mit Stützplatte	Verschleißgrenze ohne Stützplatte
FS-II	17,6 mm	2,0 mm
FS-III	19,6 mm	2,0 mm
C54	18,6 mm	2,0 mm
FN3	20,6 mm	2,0 mm
Hinten	**Belagstärke neu mit Stützplatte**	**Verschleißgrenze ohne Stützplatte**
Trommel	5,0 mm (ohne Stützplatte)	2,0 mm
C38	16,9 mm	2,0 mm

Bremsscheiben/-trommel

Bremsanlage	Durchmesser	Stärke	Verschleißgrenze
Vorne			
FS-II	239 mm	18,0 mm	15,0 mm
FS-III	256 mm	22,0 mm	19,0 mm
C54	288 mm	25,0 mm	22,0 mm
FN3	288 mm	25,0 mm	22,0 mm
Hinten			
Trommel	200 mm		201 mm
C38	230 mm	9,0 mm	7,0 mm

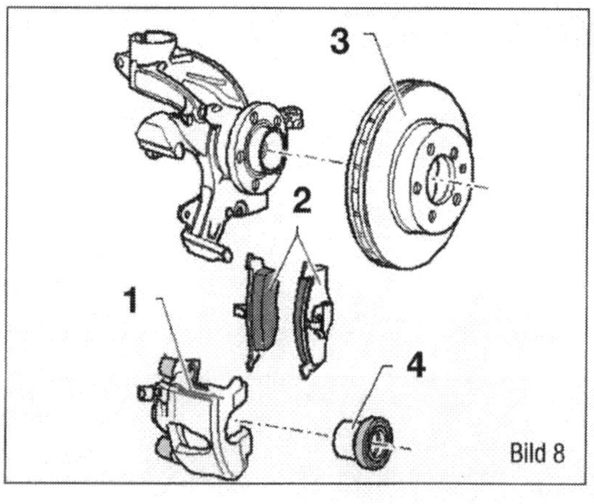

Bild 8
Vorderradbremse FS III
1 Bremssattel,
2 Bremsbelag,
3 Bremsscheibe,
4 Bremskolben.

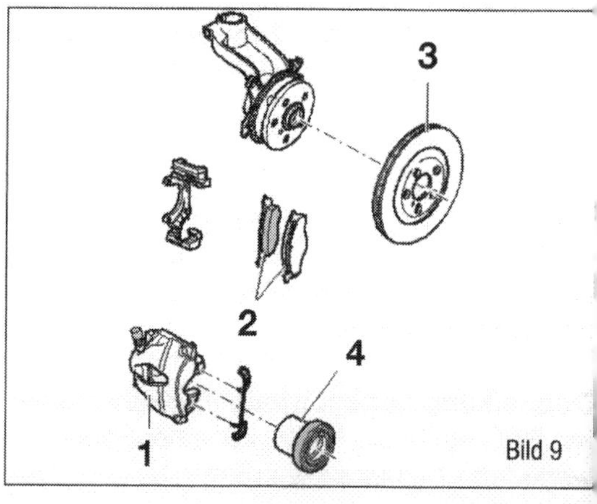

Bild 9
Vorderradbremse FN3
1 Bremssattel,
2 Bremsbelag,
3 Bremsscheibe,
4 Bremskolben.

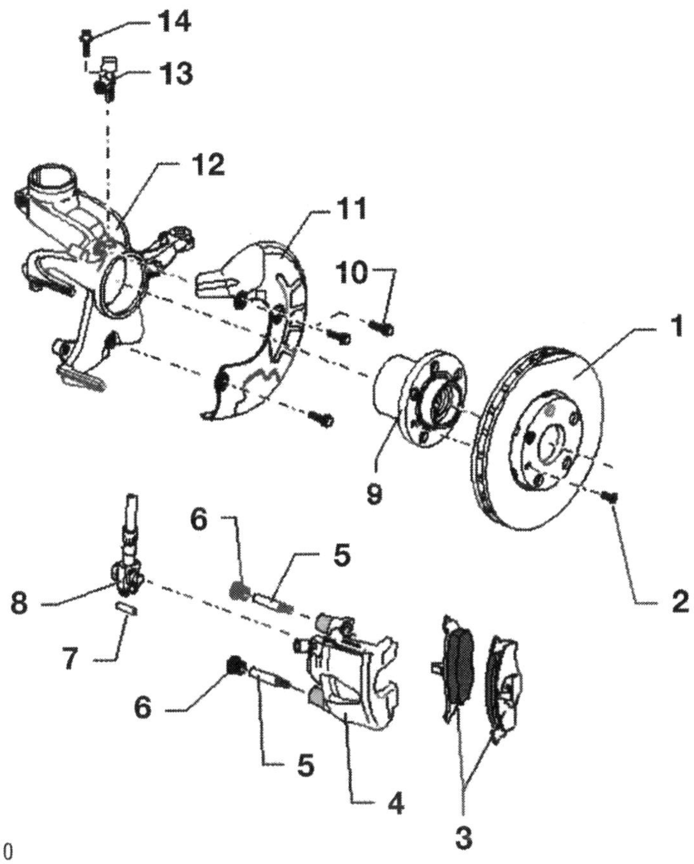

Bild 10

Bild 10
Montageübersicht »Vorderradbremse Bremssattel FS III«.

1 Bremsscheibe, innenbelüftet. Grundsätzlich achsweise ersetzen, zum Ausbau vorher Bremssattel abschrauben. Bremsscheiben nicht durch Gewaltanwendung von der Radnabe trennen, ggf. Rostlöser anwenden.
2 Torx-Schraube Bremsscheibe an Radnabe mit Radlager (4,5 Nm).
3 Bremsbeläge. Grundsätzlich achsweise ersetzen.
4 Bremssattel. Zum Bremsbelagwechsel Bremsschlauch nicht abschrauben.
5 Führungsbolzen Bremssattel an Bremsträger (30 Nm, im Radlagergehäuse integriert).
6 Abdeckkappen Führungsbolzen.
7 Spannhülse.
8 Bremsschlauch mit Ringstutzen und Hohlschraube (35 Nm).
9 Radnabe mit Radlager.
10 Torx-Schrauben Abdeckblech an Radlagergehäuse (12 Nm).
11 Abdeckblech.
12 Radlagergehäuse mit integriertem Bremsträger.
13 Drehzahlfühler ABS. Vor dem Einsetzen des Fühlers die Innenfläche der Bohrung reinigen und mit Heiß-Schraubenpaste G 052 112 A3 bestreichen.
14 Innensechskantschraube Drehzahlfühler an Radlagergehäuse (8 Nm).

Bild 11

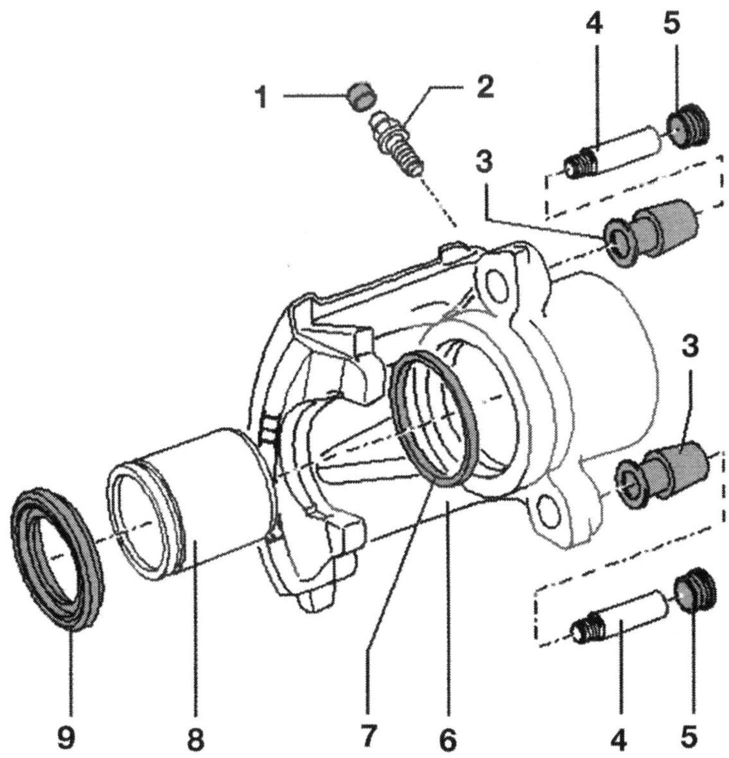

Bild 11
Montageübersicht »Bremssattel FS III«.

1 Staubkappe für Entlüftungsventil.
2 Entlüftungsventil (10 Nm). Vor dem Einschrauben Gewinde leicht mit Montagepaste G 052 150 A2 einfetten.
3 Lagerbuchse; in Bremssattel einsetzen.
4 Führungsbolzen Bremssattel an Bremsträger (30 Nm).
5 Abdeckkappen; in Lagerbuchse einsetzen.
6 Bremssattel.
7 Dichtring Kolben.
8 Kolben; vor Einbau dünn mit Montagepaste G 052 150 A2 bestreichen.
9 Dichtring Kolben.

Sichtprüfung Messen

Dicke der Bremsbeläge und Zustand der Bremsscheiben vorn und hinten prüfen

Benötigte Werkzeuge:
- Drehmomentschlüssel (V.A.G 1332)
- Taschenlampe und ggf. Spiegel
- geeignetes Messwerkzeug (z.B. Stahlmaßstab)

Scheibenbremsbeläge vorn

■ Zur besseren Beurteilung der Restbelagdicke einen Prüfspiegel benutzen und das Rad auf der Seite abnehmen, auf der die Bremsbelagverschleißanzeige verbaut ist. Ggf. Radschraubenkappen abziehen und die Stellung des Rades zur Bremsscheibe kennzeichnen.

■ Radbefestigungsschrauben herausdrehen und Rad abnehmen.

■ Dicke des äußeren und inneren Belages messen. (a) = Belagdicke ohne Rückenplatte. Bei einer Belagdicke (ohne Rückenplatte) von 2 mm haben die Bremsbeläge ihre Verschleißgrenze erreicht und sind zu ersetzen (Bild 12).

■ Wenn die Scheibenbremsbeläge ersetzt werden müssen, unbedingt auch die Bremsscheiben auf Verschleiß prüfen (Fehlerbilder: Risse, Riefen, Rost, Grat am Bremsscheibenrand). Ggf. Bremsscheiben ersetzen (grundsätzlich achsweise).

■ Rad in der gekennzeichneten Position wieder anschrauben. Radbefestigungsschrauben über Kreuz mit 120 Nm anziehen, ggf. Radschraubenkappen aufstecken.

Bild 12

Bild 12
Messen der Bremsbelagdicke (a).

Scheibenbremsbeläge hinten

■ Mit einer Taschenlampe durch einen Durchbruch in der Felge leuchten. Dicke des äußeren Belages durch Sichtprüfung ermitteln. Mit einer Taschenlampe inneren Belag anleuchten und Spiegel anhalten. Dicke des inneren Belages durch Sichtprüfung ermitteln. Bei einer Belagdicke (ohne Rückenplatte) von 2 mm haben die Bremsbeläge ihre Verschleißgrenze erreicht und sind zu ersetzen.

■ Wenn die Scheibenbremsbeläge ersetzt werden müssen, unbedingt auch die Bremsscheiben auf Verschleiß prüfen, ggf. Bremsscheiben ersetzen.

Bremsbeläge aus- und einbauen (Bremssattel FS III)

Benötigte Werkzeuge:
- Drehmomentschlüssel (V.A.G 1331)
- Kolbenrücksetzvorrichtung (T10145)
  Nicht gekennzeichnete Arbeitsschritte gelten für beide Bremssattelversionen.

Ausbau

■ Räder abbauen.

■ FN 3: Haltefeder für Bremsbeläge mit einem Schraubendreher aus dem Bremssattel (Pfeil) hebeln und abnehmen (Bild 13).

■ Abdeckkappen der Führungsbolzen abnehmen, beide Führungsbolzen (Pfeile) aus dem Bremssattel ausschrauben und herausnehmen (Bild 14).

■ Bremssattel vom Bremsträger abnehmen und so mit Draht befestigen, dass das Gewicht des Bremssattels den Bremsschlauch nicht belastet bzw. beschädigt.

■ Bremsbeläge aus Bremssattel herausnehmen bzw. vom Bremsträger abnehmen. Weiter zu verwendende Bremsbeläge beim Ausbau kennzeichnen und an gleicher Stelle wieder einbauen, sonst ungleichmäßige Bremswirkung.

■ Am Bremsträger die Auflageflächen für die Bremsbeläge gründlich reinigen, Korrosion entfernen.

■ Bremssattel reinigen, besonders die Klebefläche für den Bremsbelag, sie muss frei von Kleberesten und Fett sein. Zum Reinigen ist ausschließlich Spiritus zu verwenden.

⚠ Bremsanlage nicht mit Druckluft ausblasen, da der Bremsstaub giftig ist und die Atemwege angreift!

Einbau

■ Bevor der Kolben mit der Kolbenrücksetzvorrichtung in den Zylinder gedrückt wird, muss Bremsflüssigkeit aus dem Bremsflüssigkeitsbehälter abgesaugt werden (Pipette oder Absaugvorrichtung V.A.G 1869/4). Sonst kann, wenn zwischenzeitlich Bremsflüssigkeit nachgefüllt wurde, Bremsflüssigkeit auslaufen und zu Schäden führen.

■ Kolben mithilfe der Kolbenrücksetzvorrichtung zurückdrücken (Bild 15).

■ FS III: Neue Bremsbeläge in den Bremssattel und Kolben einsetzen. Bremsbelag mit der Beschriftung auf der Rückenplatte (»Kolbenseite«) in den Bremskolben einsetzen (Bild 16).

■ FN 3: Schutzfolie von der Rückenplatte des äußeren Bremsbelags abziehen und äußeren Bremsbelag auf Bremsträger aufsetzen. Inneren Bremsbelag mit Haltefeder in den Bremssattel (Kolben) einsetzen.

■ FS III: Bremssattel mit Bremsbelägen an Radlagergehäuse montieren. Dabei Bremssattel zuerst unten (Pfeil) am Bremsträger ansetzen. Der Zapfen vom Bremssattel muss hinter der Führung vom Bremsträger stehen. Dann Bremssattel mit beiden Führungsbolzen mit 30 Nm an den Bremsträger schrauben und beide Abdeckkappen einsetzen (Bild 17, siehe auch Bild 10).

■ FN 3: Beim Ansetzen des Bremssattels darauf achten, dass der Bremsbelag nicht mit dem Bremssattel verklebt, bevor die richtige Einbaulage erreicht ist. Klebefläche nicht beschädigen.
Bremssattel mit beiden Führungsbolzen mit 30 Nm an den Bremsträger schrauben und beide Abdeckkappen einsetzen. Haltefeder in den Bremssattel einsetzen.

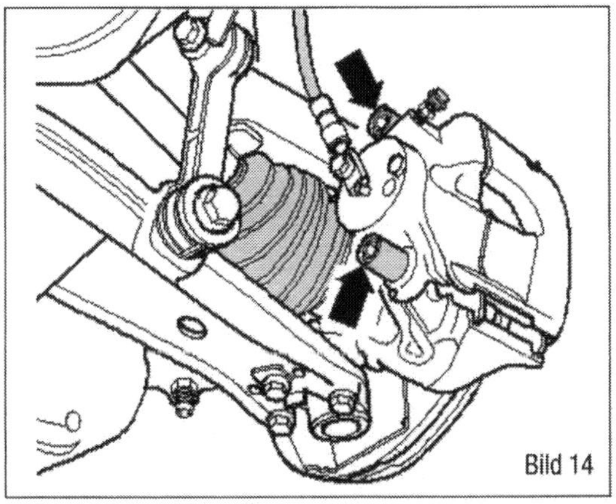

Bild 14

Bild 14
Führungsbolzen (Pfeile) aus dem Bremssattel ausschrauben und herausnehmen.

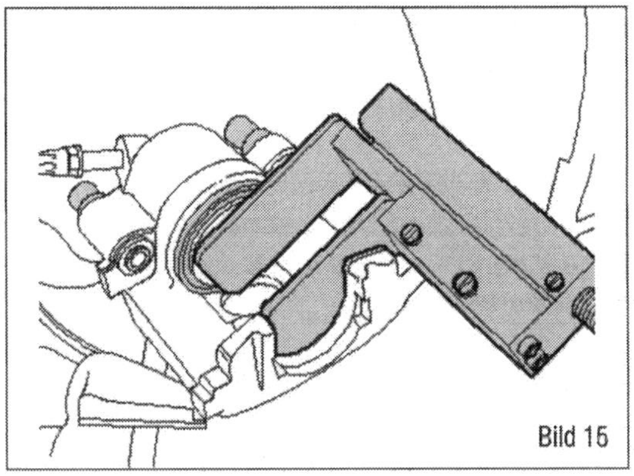

Bild 15

Bild 15
Kolben mithilfe der Kolbenrücksetzvorrichtung zurückdrücken.

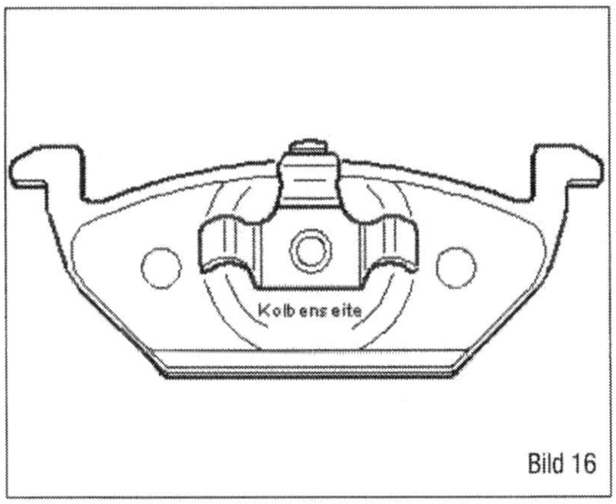

Bild 16

Bild 16
FS III: Bremsbelag mit der Beschriftung auf der Rückenplatte (»Kolbenseite«) in den Bremskolben einsetzen.

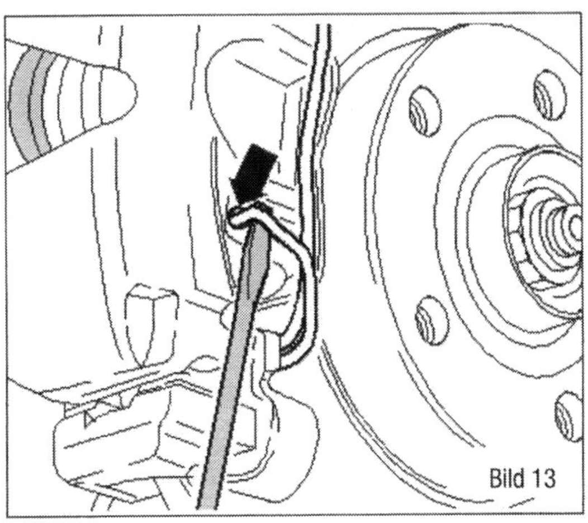

Bild 13

Bild 13
FN 3: Haltefeder für Bremsbeläge aus dem Bremssattel hebeln.

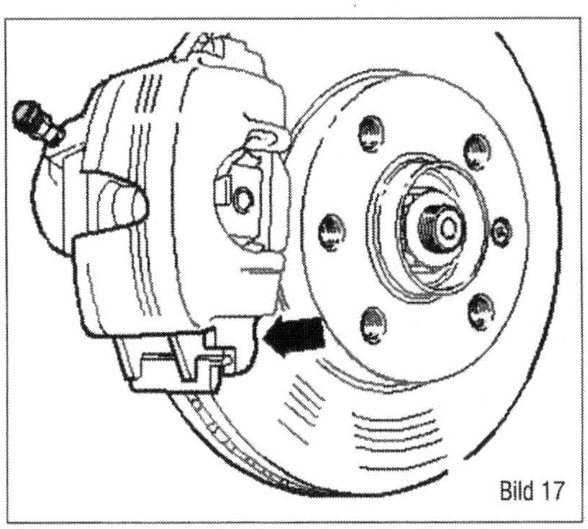

Bild 17

Bild 17
FS III: Bremssattel mit Bremsbelägen an Radlagergehäuse montieren.
Pfeil = hier Bremssattel zuerst an Bremsträger ansetzen.

■ Räder montieren, Anzugsdrehmoment der Radschrauben = 120 Nm.
■ Nach jedem Bremsbelagwechsel das Bremspedal im Stand mehrmals kräftig durchtreten, damit die Bremsbeläge ihren dem Betriebszustand entsprechenden Sitz einnehmen, und dann den Bremsflüssigkeitsstand prüfen.

Bremssattel FS III/FN 3 aus- und einbauen

Benötigte Werkzeuge:
- Drehmomentschlüssel (V.A.G 1331),
- Bremspedalbelaster (V.A.G 1869/2).

☞ Der folgende Arbeitsablauf ist nur für den Austausch oder bei nachfolgenden Instandsetzungsarbeiten am Bremssattel gültig.

Ausbau

■ Räder abbauen.
■ FN 3: Haltefeder für Bremsbeläge mit einem Schraubendreher aus dem Bremssattel hebeln und abnehmen.
■ Entlüfterschlauch der Entlüfterflasche auf das Entlüftungsventil des Bremssattels stecken und dann das Ventil öffnen (siehe »Bremsanlage mit einfachen Mitteln entlüften«).
■ Bremspedalbelaster einsetzen, das Entlüftungsventil schließen und die Entlüfterflasche abnehmen.
■ Bremsschlauch abschrauben (Bild 10).
■ Der weitere Ausbau und der Einbau folgen genau den Arbeitsschritten wie bei »Bremsbeläge aus- und einbauen«.
■ Zum Schluss Bremsschlauch an Bremssattel mit 35 Nm anschrauben, Bremspedalbelaster herausnehmen und Bremsanlage entlüften.
■ Räder montieren, Anzugsdrehmoment der Radschrauben = 120 Nm.
■ Nach jedem Bremsbelagwechsel das Bremspedal im Stand mehrmals kräftig durchtreten, damit die Bremsbeläge ihren dem Betriebszustand entsprechenden Sitz einnehmen, und dann den Bremsflüssigkeitsstand prüfen.

Bremsscheiben aus- und einbauen

■ Bremssattel ausbauen.
■ Fixierschraube an der Bremsscheibe herausschrauben, dabei die Scheibe festhalten.
■ Die Bremsscheibe von der Radnabe/Radlagereinheit abschrauben und abnehmen, ohne sie zu verkanten (siehe Bild 10). Die herausgenommene Bremsscheibe, die Radnabe und die Auflageflächen reinigen.
■ Zum Einbau Bremsscheibe auf die Nabe setzen, ohne die Scheibe zu verkanten. Schrauben eindrehen und bei den vorderen Bremsscheiben mit 4,5 Nm, bei den hinteren Bremsscheiben mit 4 Nm festziehen. Fixierschraube eindrehen und festziehen. Bremssattel wieder einbauen.

Bremse hinten

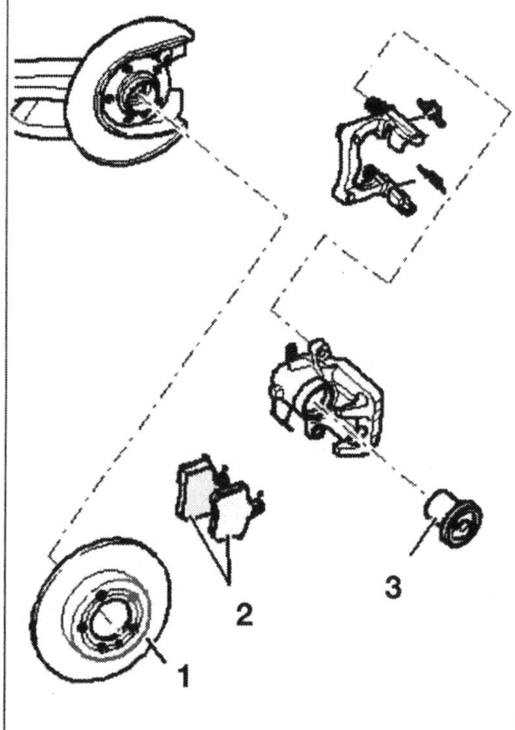

Bild 18

Bild 18
Hinterradbremse C 38.
1 Bremsscheibe
2 Bremsbelag
3 Kolben.

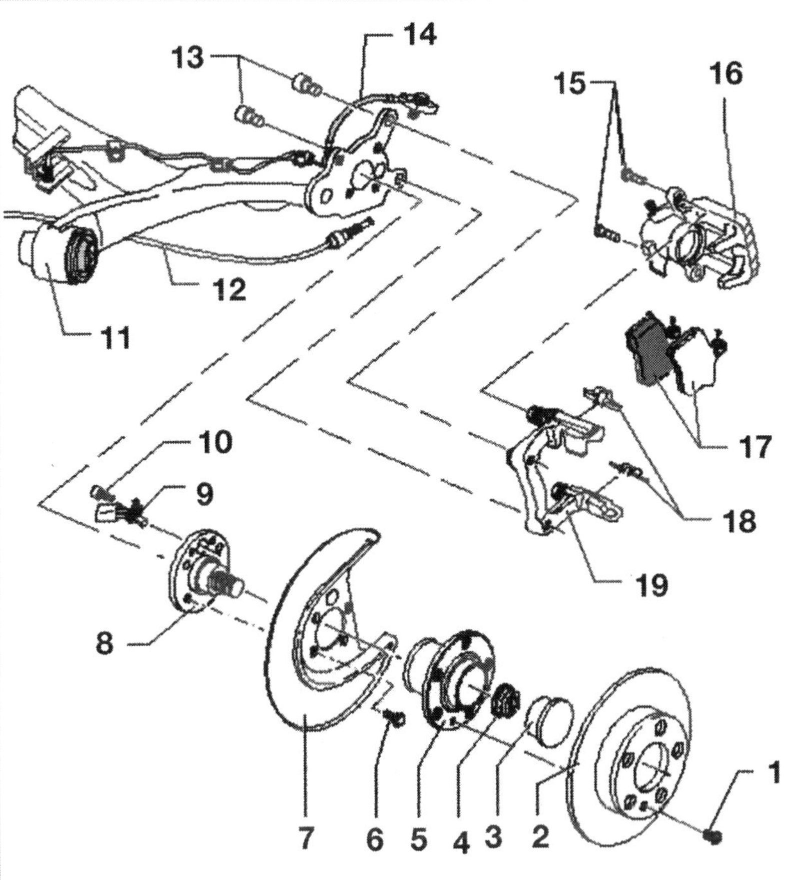

Bild 19

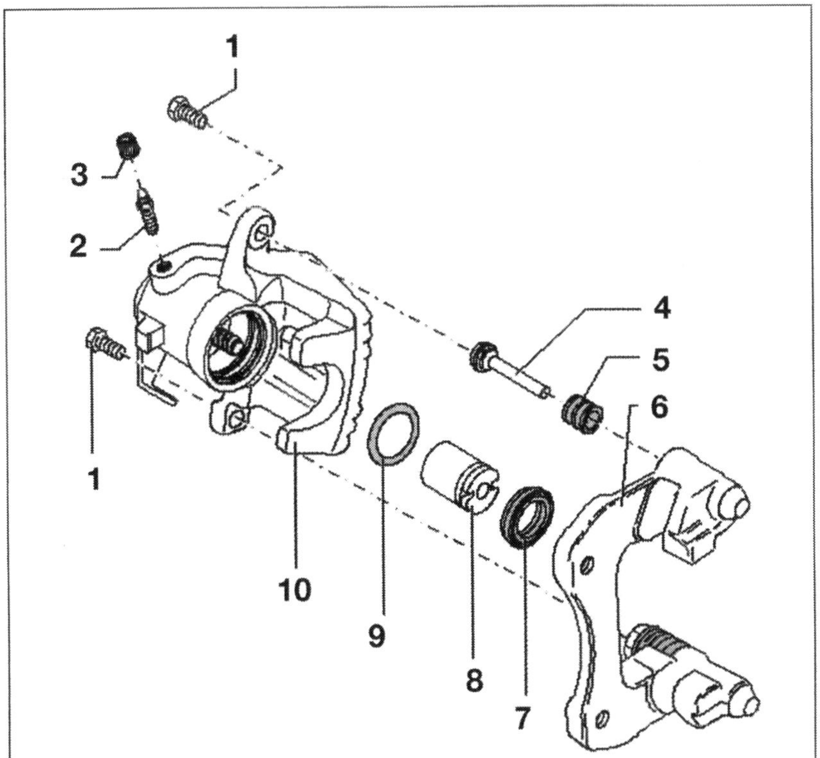

Bild 20

Bild 19

Montageübersicht »Hinterradbremse/Scheibenbremse C 38«.

1 Torx-Schrauben Bremsscheibe an Radnabe mit Radlager (4 Nm).
2 Bremsscheibe. Grundsätzlich achsweise ersetzen, zum Ausbau vorher Bremssattel abschrauben. Bremsscheiben nicht durch Gewaltanwendung von der Radnabe trennen, ggf. Rostlöser anwenden.
3 Kappe für Zwölfkantmutter.
4 Selbstsichernde Zwölfkantmutter; nach jeder Demontage ersetzen.
5 Radnabe mit Radlager. Der Sensorring für das ABS ist im Radlager eingebaut.
6 Sechskantschraube Abdeckblech an Achszapfen.
7 Abdeckblech.
(8) Achszapfen.
9 Drehzahlfühler ABS. Vor dem Einsetzen des Fühlers die Innenfläche der Bohrung reinigen und mit Heiß-Schraubenpaste G 052 112 A3 bestreichen.
10 Innensechskantschraube Drehzahlfühler an Achszapfen (8 Nm).
11 Hinterachskörper.
12 Handbremsseil.
13 Innensechskantschrauben Bremsträger an Achskörper (30 Nm und 30° weiterdrehen).
14 Bremsschlauch mit Hohlschraube und Dichtringen. Anzugsdrehmoment der Hohlschraube an den Bremssattel 38 Nm. Zum Bremsbelagwechsel Bremsschlauch nicht abschrauben.
15 Selbstsichernde Sechskantschrauben Bremssattel an Bremsträger (35 Nm). Nach jeder Demontage ersetzen.
16 Bremssattel.
17 Bremsbeläge. Grundsätzlich achsweise ersetzen.
18 Belaghaltebleche. Bei Belagwechsel immer ersetzen.
19 Bremsträger mit Führungsbolzen und Schutzkappe. Wird zusammengebaut als Ersatzteil mit ausreichender Fettmenge an den Führungsbolzen geliefert. Bei Beschädigungen an den Schutzkappen oder an den Führungsbolzen Reparatursatz einbauen. Beiliegendes Fettkissen zum Befetten der Führungsbolzen verwenden.

Bild 20

Montageübersicht »Bremssattel C 38«.

1 Selbstsichernde Sechskantschrauben (35 Nm, ersetzen). Beim Lösen und Festziehen am Führungsbolzen gegenhalten.
2 Entlüftungsventil. Vor dem Einschrauben Gewinde leicht mit Montagepaste G 052 150 A2 einfetten.
3 Staubkappe Entlüftungsventil.
4 Führungsbolzen; vor Aufziehen der Schutzkappe fetten.
5 Schutzkappe; auf Bremsträger und Führungsbolzen aufziehen.
6 Bremsträger mit Führungsbolzen und Schutzkappe. Wird zusammengebaut mit ausreichender Fettmenge an den Führungsbolzen als Ersatzteil geliefert. Bei Beschädigungen an den Schutzkappen oder an den Führungsbolzen Reparatursatz einbauen. Beiliegendes Fettkissen zum Fetten der Führungsbolzen verwenden.
7 Schutzkappe Kolben; mit der äußeren Dichtlippe auf den Kolben aufziehen.
8 Kolben mit automatischer Nachstellvorrichtung. Vor Einbau dünn mit Montagepaste G 052 150 A2 bestreichen.
9 Dichtring.
10 Bremssattel mit Hebel für Handbremsseil. Bei Undichtigkeit am Hebel den Bremssattel ersetzen. Nach dem Instandsetzen Bremssattel vorentlüften.

Bremsbeläge aus- und einbauen

Benötigte Werkzeuge:
– Drehmomentschlüssel (V.A.G 1331)
– Rückstellwerkzeug (T20146)

Ausbau

■ Räder ausbauen.

■ Hebel für Handbremsseil am Bremssattel in Pfeilrichtung drücken und das Handbremsseil aus dem Bremshebel aushängen. Die beiden Rastnasen (Pfeile) zusammendrücken und dann das Handbremsseil aus dem Halter am Bremssattel ziehen (Bild 21).

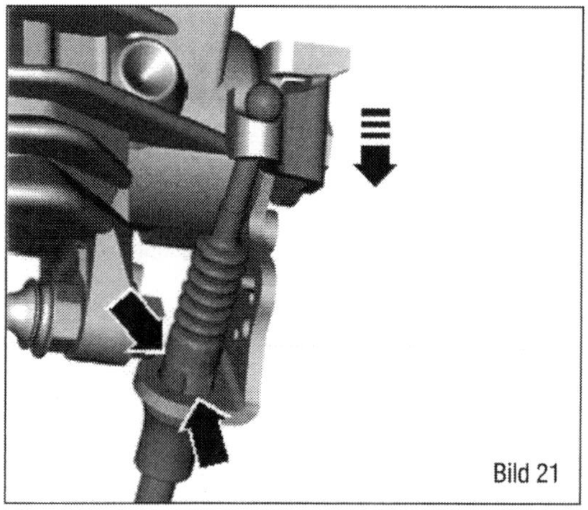

Bild 21
Handbremsseil vom Bremssattel abbauen.
Pfeile = Rastnasen.

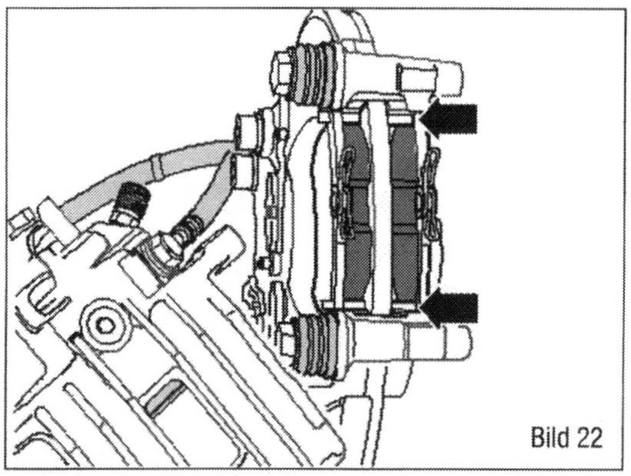

Bild 22
Bremsbeläge und Belaghaltebleche (Pfeile) ausbauen.

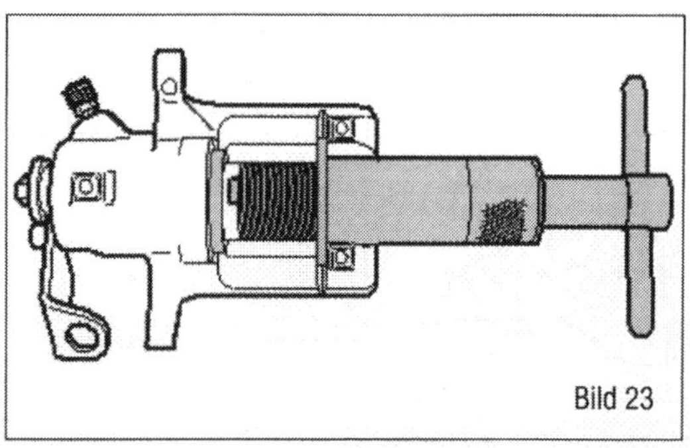

Bild 23
Kolben in den Bremssattel drehen.

■ Befestigungsschrauben (1 in Bild 20) vom Bremssattel abschrauben, dabei am Führungsbolzen gegenhalten.

■ Bremssattel abnehmen und so mit Draht befestigen, dass das Gewicht des Bremssattels den Bremsschlauch nicht belastet bzw. beschädigt.

■ Bremsbeläge und Belaghaltebleche (Pfeile) ausbauen (Bild 22, siehe auch Bild 19).

■ Auflageflächen für Belaghaltebleche (Bremsbeläge) am Bremsträger gründlich reinigen, Korrosion entfernen. Bremssattel reinigen, besonders die Klebefläche für den Bremsbelag, sie muss frei von Kleberesten und Fett sein. Zum Reinigen des Bremssattels ausschließlich Spiritus verwenden!

Einbau

■ Bevor der Kolben mit dem Rückstellwerkzeug zurückgedreht wird, muss Bremsflüssigkeit aus dem Bremsflüssigkeitsbehälter abgesaugt werden (Pipette oder Absaugvorrichtung V.A.G 1869/4). Sonst kann, wenn zwischenzeitlich Bremsflüssigkeit nachgefüllt wurde, Bremsflüssigkeit auslaufen und zu Schäden führen.

■ Kolben mit dem Rückstellwerkzeug rechtsherum in den Bremssattel drehen, dabei die Schutzkappe nicht beschädigen (Bild 23).

■ Schutzfolie von der Rückenplatte des Bremsbelags abziehen. Belaghaltebleche (Pfeile in Bild 22) und Bremsbeläge in den Bremsträger einsetzen.

■ Bremssattel mit neuen Befestigungsschrauben mit 35 Nm an den Bremsträger schrauben, dabei am Führungsbolzen gegenhalten (im Reparatursatz sind 4 selbstsichernde Sechskantschrauben enthalten, die in jedem Fall einzubauen sind).

■ Das Handbremsseil so weit durch den Halter am Bremssattel drücken, bis beide Rastnasen (siehe Pfeile in Bild 21) verrasten. Den Hebel für Handbremsseil am Bremssattel in Pfeilrichtung drücken und das Handbremsseil in den Bremshebel einhängen (siehe Bild 21).

■ Räder montieren, Anzugsdrehmoment der Radschrauben = 120 Nm.

■ Handbremse einstellen (spätere Anleitung).

■ Nach jedem Bremsbelagwechsel das Bremspedal im Stand mehrmals kräftig durchtreten, damit die Bremsbeläge ihren richtigen Sitz einnehmen. Dann den Bremsflüssigkeitsstand prüfen.

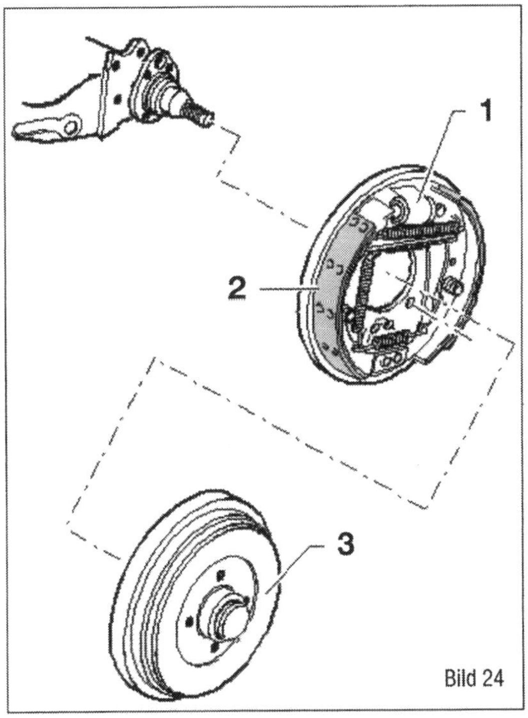

Bild 24

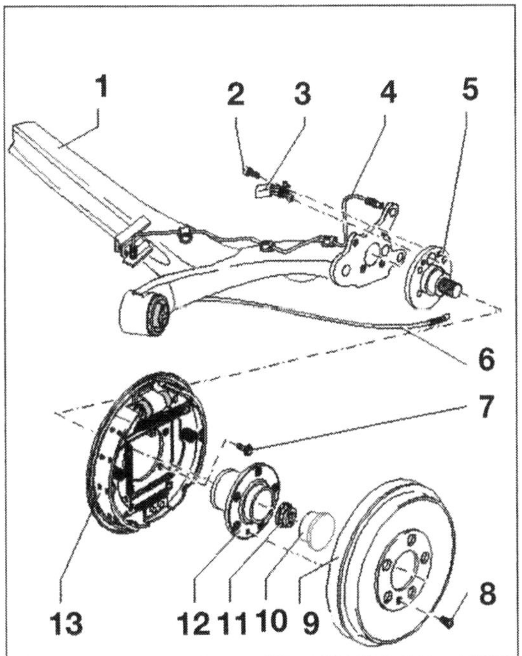

Bild 25

Bild 24
Trommelbremse.
1 Radbremszylinder
2 Bremsbelag
3 Bremstrommel.

Bild 25
Montageübersicht »Hinterradbremse/Trommelbremse«.
Vor Ausbau von Radbremszylinder und Bremsträger und vor Trennen einer Bremsleitung vom Radbremszylinder ist der Bremspedalbelaster einzusetzen (dabei Druck abbauen).
Zum Absaugen von Bremsflüssigkeit aus dem Bremsflüssigkeitsbehälter das Bremsenfüll- und -entlüftungsgerät (VAS 5234) oder die Absaugeinrichtung (V.A.G 1869/4) verwenden.
1 Achskörper.
2 Innensechskantschraube Drehzahlführer an Achszapfen (8 Nm).
3 Drehzahlfühler ABS. Vor dem Einsetzen des Fühlers die Innenfläche der Bohrung reinigen und mit Heißschraubenpaste G 052 112 A3 bestreichen.
4 Bremsleitung (14 Nm).
5 Achszapfen.
6 Handbremsseil.
7 Sechskantschraube Bremsträger an Achszapfen (30 Nm + 90° weiterdrehen). Nach jeder Demontage ersetzen.
8 Torx-Schraube Bremstrommel an Radnabe mit Radlager (4 Nm).
9 Bremstrommel. Vor Ausbau der Bremstrommel die Bremse zurückstellen (Kapitel 10, Bild 32). Bremstrommel sorgfältig reinigen, auf Verschleiß, Beschädigung, Maßhaltigkeit und einwandfreie Bremsfläche prüfen.
10 Staubkappe für Zwölfkantmutter.
11 Selbstsichernde Zwölfkantmutter (70 Nm + 30° weiterdrehen). Nach jeder Demontage ersetzen.
12 Radnabe mit Radlager. Der Sensorring für das ABS ist im Radlager eingebaut.
13 Bremsträger mit Bremsbacken.
Nach Ersetzen von Radbremszylinder, Bremsträger und Bremsbacken das Bremspedal im Stand einmal kräftig durchtreten, damit die Bremsbacken ihren dem Betriebszustand entsprechenden Sitz einnehmen.

Bremstrommel aus- und einbauen

Benötigte Werkzeuge:
- Bremspedalbelaster (V.A.G 1869/2

Die Bremstrommel sitzt mit dem Bremsträger am Radlager auf der Nabe (Bild 25).

Ausbau

- Bremspedalbelaster einsetzen (dabei Druck abbauen).
- Fahrzeug anheben und Rad abbauen.
- Trommelbremse zurückstellen. Dazu durch eine Bohrung der Radschrauben den Keil an der Druckstange mit einem Schraubendreher nach oben drücken (Bild 26).

Bild 26

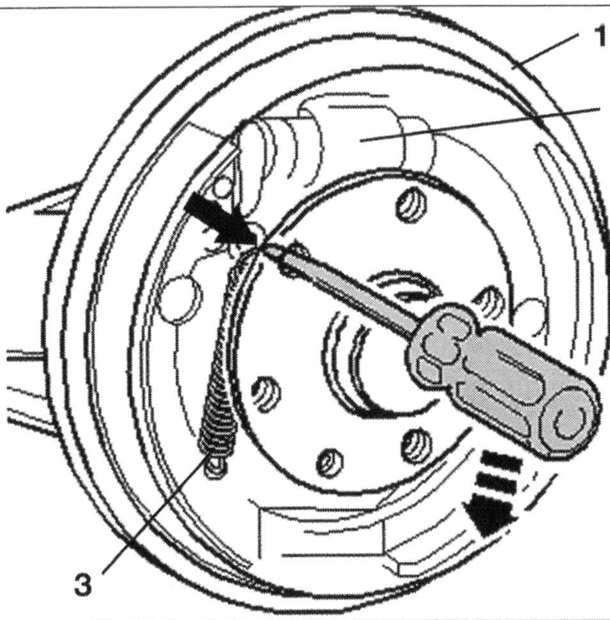

Bild 26
Trommelbremse zurückstellen.
1 Bremstrommel.
2 Radbremszylinder im Bremsträger.
3 Zugfeder für Keil.
Pfeil: Keil an der Druckstange.

Bild 27
Montageübersicht »Bremsträger mit Bremsbacken«.
1 Federteller; zum Ausbauen gegen die Druckfeder drücken und um 90° verdrehen.
2 Druckfeder.
3 Bremsbacke mit Hebel für Handbremse.
4 Rückzugfeder oben; mit Spezialwerkzeug (Haken 3438) aushängen.
5 Rückzugfeder unten; Anlagestellen mit Feststoffschmierpaste (ET-Nr. G 000 650) fetten.
6 Zugfeder.
7 Bremsbacke.
8 Verschlusskappe; zum Prüfen der Bremsbelagdicke abnehmen.
9 Spannstifte.
10 Bremsträger.
11 Innensechskantschraube (8 Nm).
12 Radbremszylinder.
13 Keil.
14 Druckstange. Anlagestellen mit Feststoffschmierpaste (ET- Nr. G 000 650) fetten.
15 Anlagefeder; mit Spezialwerkzeug (Haken 3438) aushängen.

■ Schraube für Bremstrommel (8 in Bild 25) herausschrauben und Bremstrommel abnehmen.

Einbau

Einbau in umgekehrter Ausbaureihenfolge.

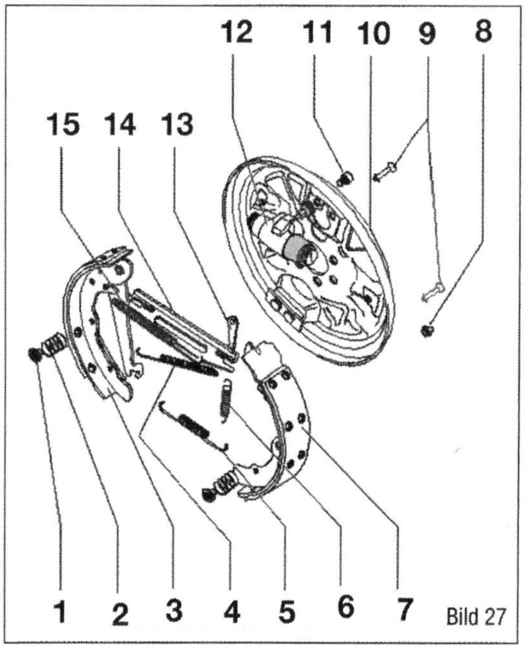

Bild 27

Bremsbacken aus- und einbauen

Benötigte Werkzeuge:
- Haken (3438)
- Bremspedalbelaster (V.A.G 1869/2)

Ausbau

■ Räder abbauen und Bremstrommel ausbauen.
■ Federteller mit Druckfedern ausbauen. Die beiden Bremsbacken werden von je einer Druckfeder in der Bremstrommel gehalten. Deshalb zum Ausbau die Federteller gegen diese Federn drücken und um 90° verdrehen. Dann Federteller und Druckfedern abnehmen (Bild 27).
■ Bremsbacken in Pfeilrichtung hinter dem Abstützblech unten mithilfe eines Schraubendrehers heraushebeln und Bremsbacken auf dem Abstützblech unten ablegen (Bild 28).
■ Rückzugfeder unten aus den beiden Bremsbacken und Handbremsseil aus der rechten Bremsbacke aushängen.
■ Bremsbacken zwischen Radnabe und Bremsträger ausfädeln und herausnehmen.
■ Bremsbacken in einen Schraubstock einspannen und die einzelnen Federn in folgender Reihenfolge ausbauen: Zugfeder (1) für Keil (2) und dann Rückzugfeder oben (3) mit einem geeigneten Haken (Spezialwerkzeug 3438; Bild 29, siehe auch Bild 27).
■ Zum Schluss die auf der Druckstange eingehängte Anlagefeder (1) ebenfalls mit Spezialwerkzeug 3438 aushängen sowie die Druckstange (2) und den Keil (3) von der Bremsbacke nehmen (Bild 30).
■ Bremsanlage mit Spiritus reinigen (nicht mit Druckluft ausblasen!).

Bild 28
Bremsbacken heraushebeln.

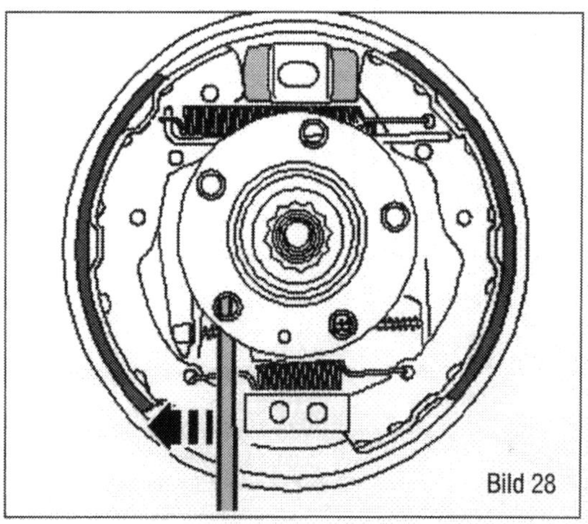
Bild 28

Einbau

■ Anlagefeder (1) mit Spezialwerkzeug 3438 in die Druckstange (2) einhängen und gleichzeitig den Keil (3) einsetzen. Einbaulage: Erhöhung (Pfeil) muss beim Einbau sichtbar bleiben (Bild 30).
■ Bremsbacke mit dem Hebel für Handbremsseil in die Druckstange einsetzen.
■ Rückzugfeder (3) mit Spezialwerkzeug 3438 einhängen und Zugfeder (1) für Keil (2) einhängen (Bild 29).
■ Bremsbacken zwischen Radnabe und Bremsträger einfädeln und auf die Kolben des Radbremszylinders setzen.
■ Handbremsseil am Bremshebel einhängen.
■ Rückzugfeder unten einsetzen und Bremsbacke hinter die untere Abstützung hebeln.
■ Druckfeder mit Federteller einsetzen.
■ Bremstrommel einbauen.
■ Räder montieren und Radschrauben mit 120 Nm festziehen.
■ Fußbremse einmal kräftig betätigen.
■ Handbremse einstellen.

Im letzten Abschnitt des Kapitels widmen wir uns Reparaturen an der Handbremse und am Bremspedal. Wir beginnen mit einer Montageübersicht »Handbremshebel« (Bild 31) und schließen unmittelbar die Anleitungen »Handbremsseil aus- und einbauen« sowie »Handbremse einstellen« an.

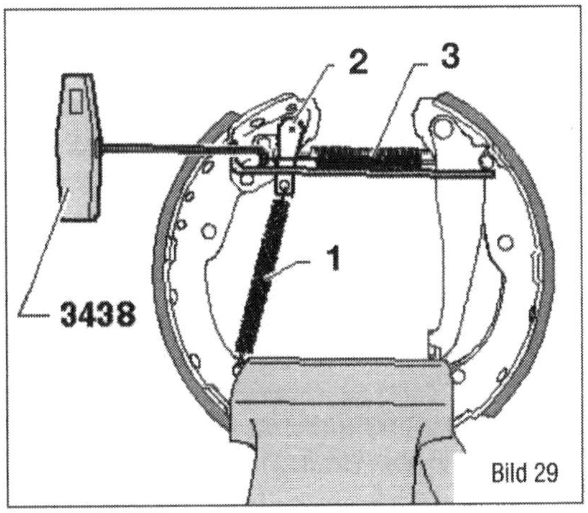

Bild 29

Bild 29
Federn ausbauen.
1 Zugfeder.
2 Keil.
3 Rückzugfeder oben.

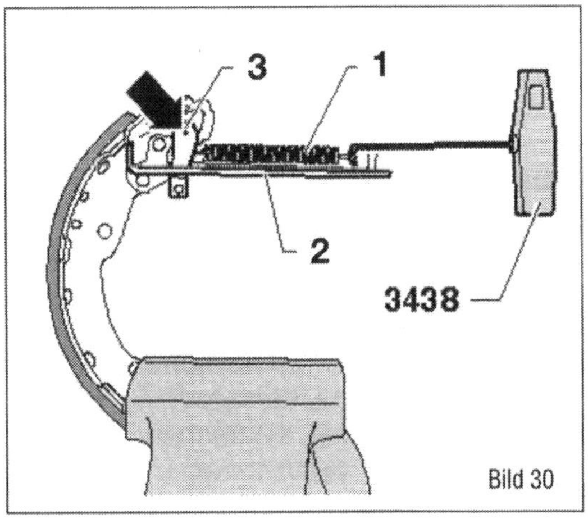

Bild 30

Bild 30
Anlagefeder (1) aushängen sowie die Druckstange (2) und den Keil (3) von der Bremsbacke abnehmen.

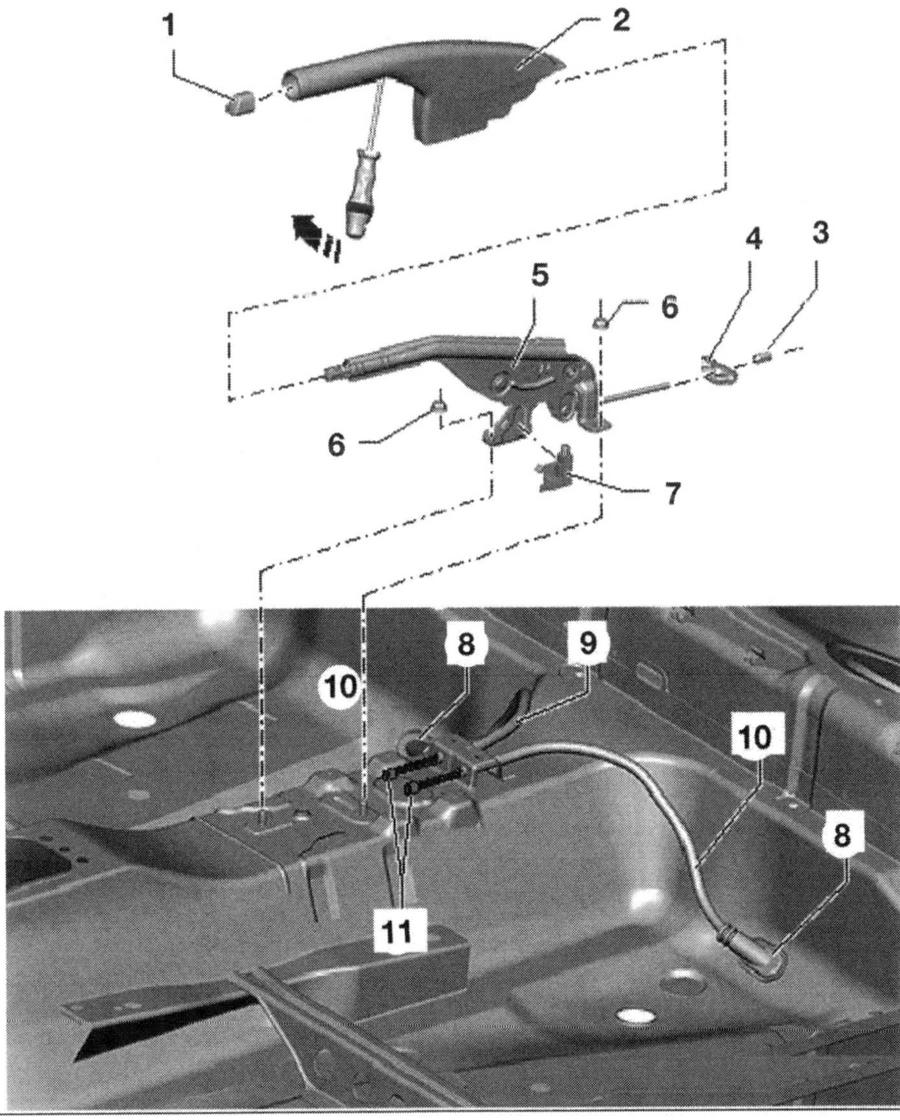

Bild 31

Bild 31
Montageübersicht »Handbremshebel«.
1 Druckknopf; mit Zange abziehen. Der Druckknopf wird dabei zerstört und muss ersetzt werden. Auf die Druckstange des Handbremshebels schieben und durch leichtes Ziehen prüfen, ob beide Rastnasen verrastet sind.
2 Verkleidung für Handbremshebel. Entriegelungslasche im hinteren, unteren Griffbereich mit einem Schraubendreher abhebeln, dann nach vorn abziehen.
3 Nachstellmutter.
4 Ausgleichbügel.
5 Handbremshebel. Vor Ausbau des Handbremshebels die Mittelkonsole ausbauen.
6 Sechskantmuttern Handbremshebel an Karosserie (23 Nm).
7 Schalter für Handbremskontrolle.
8 Gummitüllen.
9 Führungsrohr rechts.
10 Führungsrohr links.
11 Handbremsseile.

Sichtprüfung Messen

Handbremsseil aus- und einbauen (Scheibenbremse/Trommelbremse)

Sofern die folgenden Arbeitsschritte nicht besonders gekennzeichnet sind, gelten sie für Scheiben- und Trommelbremse.

Ausbau

■ Mittelkonsole ausbauen. Die Nachstellmutter am Ausgleichbügel liegt dann frei.
■ Handbremse und die Nachstellmutter (Pfeil) so weit lösen, bis das Handbremsseil aus dem Ausgleichbügel ausgehängt werden kann (Bild 32, siehe auch Bild 31).
■ Fahrzeug anheben, die Sechskantmuttern (Pfeile 1) herausdrehen und die Bodenverkleidung (unterbrochener Pfeil) so weit nach unten drücken, bis das Führungsrohr (Pfeil 2) des Handbremsseils sichtbar wird (Bild 33).
■ Scheibenbremse: Hebel für Handbremsseil am Bremssattel in Pfeilrichtung drücken und das Handbremsseil aus dem Bremshebel aushängen. Die beiden Rastnasen (Pfeile) zusammendrücken und dann das Handbremsseil aus dem Halter am Bremssattel ziehen (Bild 21).
■ Trommelbremse: Rad und Bremstrommel ausbauen. Das Handbremsseil aus dem Handbremshebel aushängen und danach aus dem Bremsträger ziehen (Bild 34).
■ Handbremsseil aus der Halterung am Hinterachskörper (Pfeil A) ausclipsen und aus den Halterungen (Pfeile) aushängen (Bild 35).
■ Handbremsseil in Pfeilrichtung aus dem Führungsrohr (1) herausziehen (Bild 36).

Einbau

■ Scheibenbremse: Handbremsseil in das Führungsrohr am Unterboden einschieben und so weit durch den Halter am Bremssattel drücken, bis beide Rastnasen (Pfeile) verrasten. Dann den Hebel für Handbremsseil in Pfeilrichtung drücken und das Handbremsseil in den Bremshebel einhängen (Bild 21).
■ Trommelbremse: Handbremsseil in das Führungsrohr am Unterboden einschieben, in den Bremsträger einführen und in den Handbremshebel einhängen (Bild 34). Danach die Bremstrommel anbauen.
■ Handbremsseil in die Halterung am Hinterachskörper (Pfeil A) einclipsen. Der Klemmring am Handbremsseil muss in der Mitte des Clips liegen. Dann Handbremsseil in die Halterungen (Pfeile) einhängen (Bild 35).

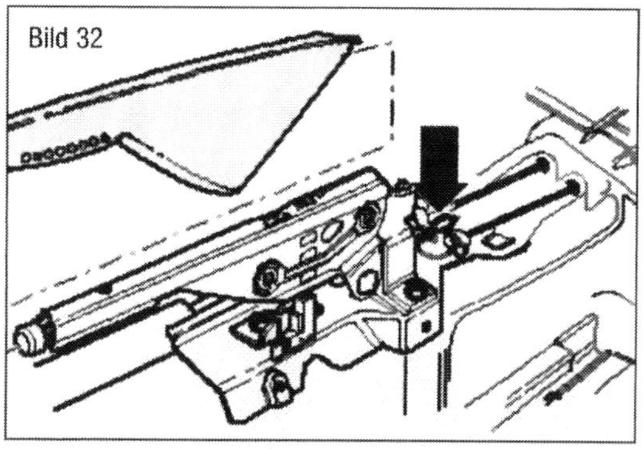

Bild 32
Handbremsseil aus dem Ausgleichbügel aushängen. Pfeil = Nachstellmutter.

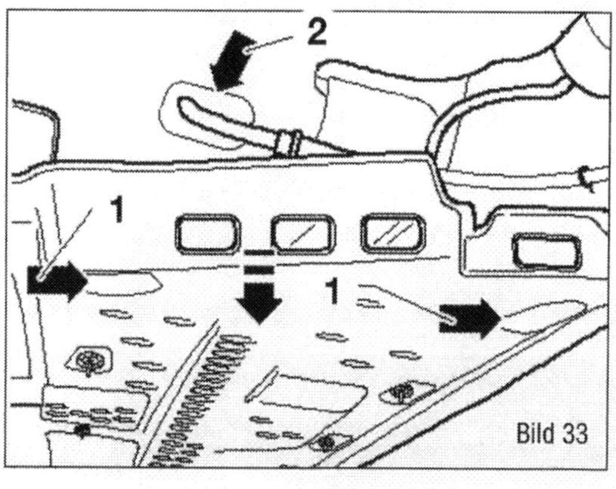

Bild 33
Führungsrohr (Pfeil 2) des Handbremsseils unter der Bodenverkleidung freilegen. Pfeil 1 = Sechskantmuttern der Bodenverkleidung.

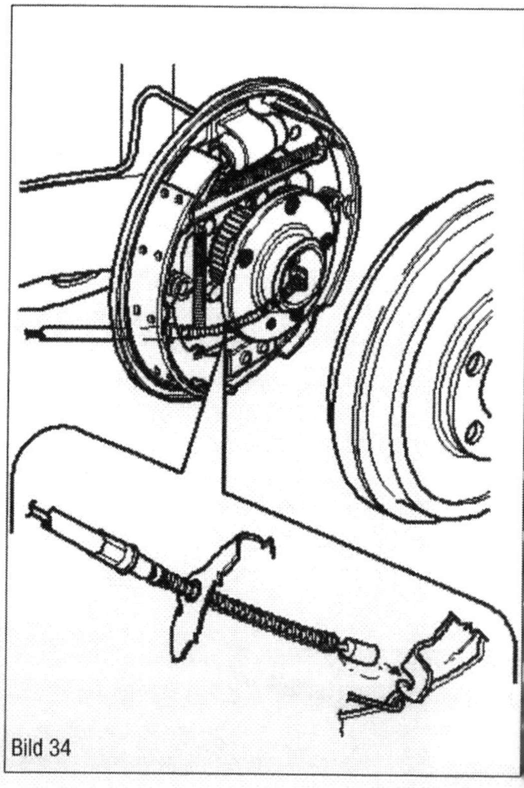

Bild 34
Trommelbremse: Handbremsseil aus Handbremshebel aushängen und aus dem Bremsträger ziehen.

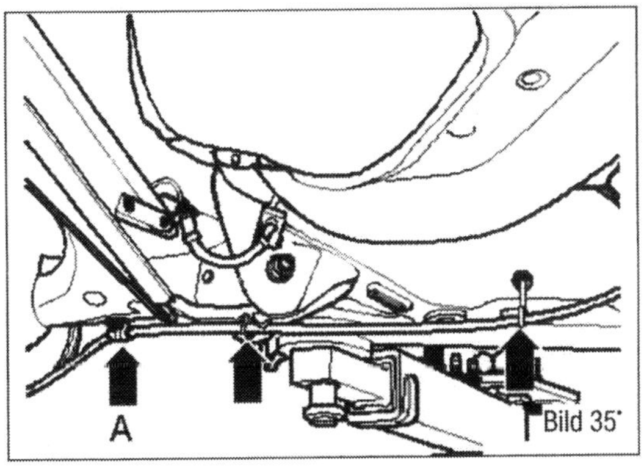

Bild 35
Handbremsseil am Hinterachskörper (Pfeil A) und aus den Halterungen (Pfeile) aushängen.

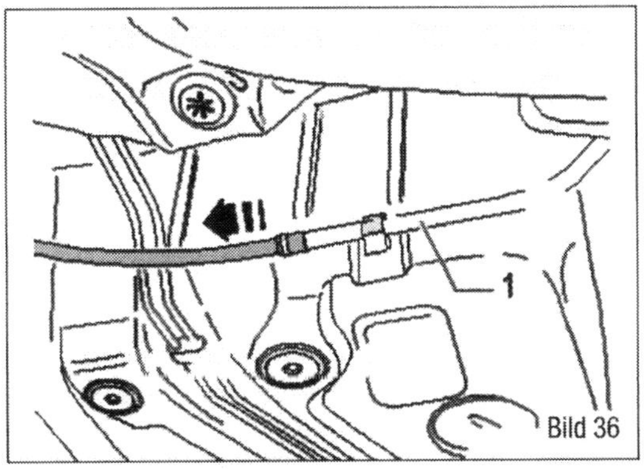

Bild 34
Handbremsseil aus dem Führungsrohr (1) herausziehen.

■ Handbremsseil in den Ausgleichbügel einhängen und mit der Nachstellmutter (Pfeil) vorspannen (Bild 32).
■ Handbremse einstellen.
■ Bodenverkleidung befestigen und Mittelkonsole einbauen.

Handbremse einstellen

Scheibenbremse
Die Neueinstellung ist nur bei Ersatz der Handbremsseile, der Bremssättel und Bremsscheiben erforderlich.
■ Je nach Ausstattungsvariante der Mittelkonsole nur den Getränkehalter, die hintere Abdeckung oder die komplette Mittelkonsole ausbauen.
■ Fußbremse dreimal kräftig betätigen (sie muss funktionsfähig und entlüftet sein).
■ Handbremshebel in Ruhestellung. Nachstellmutter (Pfeil A) so weit anziehen, bis sich die Hebel für Handbremsseil an den Bremssätteln vom Anschlag abheben. Die Nachstellmutter muss über das Ende der Zugstange (1) geschraubt sein (Bild 37).
■ Der Abstand (a) vom Hebel für Handbremsseil (1) zum Anschlag (2) am linken und rechten Bremssattel darf zusammen 1,5 mm nicht überschreiten (Bild 38).
■ Handbremse fest anziehen und anschließend wieder lösen. Prüfen, ob beide Räder frei durchdrehen.
■ Mittelkonsole einbauen.
■ Nach der Neueinstellung ist durch die automatische Nachstellung der Hinterradbremse ein Nachstellen der Handbremse nicht mehr erforderlich.

Trommelbremse
Die Neueinstellung ist nur bei Ersatz der Handbremsseile, der Bremsträger oder nach dem Ersetzen der Bremsbeläge erforderlich.

■ Verlängerung der Mittelkonsole ausbauen.
■ Handbremse lösen und Fußbremse dreimal kräftig betätigen (sie muss funktionsfähig und entlüftet sein).
■ Handbremshebel vier Zähne anziehen und Nachstellmutter (A) so weit anziehen, bis sich beide Räder von Hand schwer durchdrehen lassen. Die Nachstellmutter (A) muss über das Ende der Zugstange (1) geschraubt sein (Bild 37).
■ Handbremse lösen und prüfen, ob beide Räder frei durchdrehen. Wenn nötig, Nachstellmuttern etwas zurückdrehen.
■ Verlängerung der Mittelkonsole einbauen.
■ Nach der Neueinstellung ist durch die automatische Nachstellung der Hinterradbremse ein Nachstellen der Handbremse nicht mehr erforderlich.

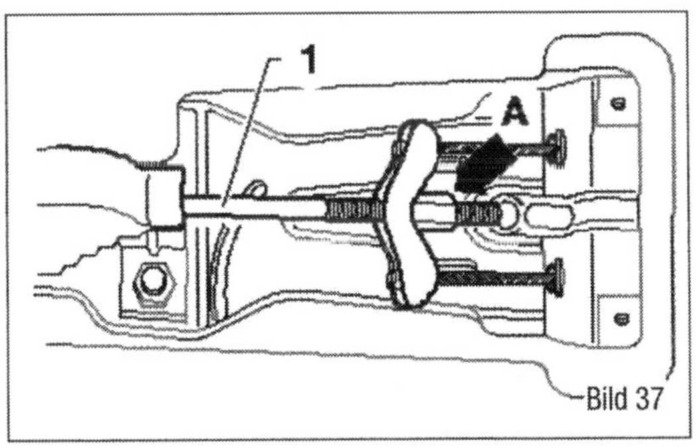

Bild 37
Handbremse (Scheibenbremse) am Ausgleichbügel einstellen.
(1) Zugstange.
Pfeil A = Nachstellmutter.

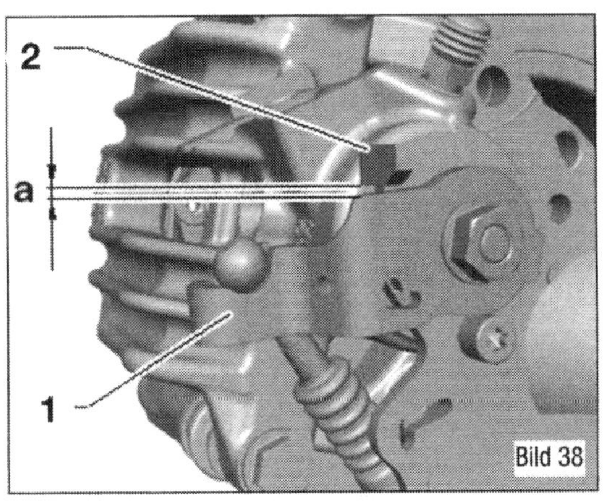

Bild 38
Handbremse (Scheibenbremse) am Bremssattel einstellen.
1 Hebel für Handbremsseil.
2 Anschlag am Bremssattel.
a erforderliches Abstandsmaß (1,5 mm).

Bild 40
Bremspedal von der Druckstange (2) des Bremskraftverstärkers trennen.
(3) Haltenasen.

Bild 41
Bremspedal mit Bremskraftverstärker verclipsen.

Bild 39
Montageübersicht »Fußhebelwerk/Bremspedal«.

1 Fußhebelwerk.
2 Selbstsichernde Sechskantmuttern Fußhebelwerk an Bremskraftverstärker (25 Nm). Nach jeder Demontage ersetzen.
3 Lagerbuchse.
4 Bremspedal.
5 Kappe des Bremspedals.
6 Lagerschale.
7 Aufnahme für den Kugelkopf der Druckstange des Bremskraftverstärkers.
8 Lagerachse. Darf nur einmal verbaut werden, weil die Laschen bei der Demontage abbrechen.
9 Lagerbuchse.

Bremspedal vom Bremskraftverstärker trennen und wieder verclipsen

Benötigte Werkzeuge:
– Entriegelungswerkzeug (T10159)

Die Montageübersicht »Bremspedal» (Bild 39) zeigt die einzelnen Teile der Baueinheit.

Bremspedal vom Bremskraftverstärker trennen

■ Bremspedal zunächst in Richtung Bremskraftverstärker drücken und festhalten. Entriegelungswerkzeug einsetzen und in Richtung Fahrersitz ziehen, dabei am Bremspedal gegenhalten (das Bremspedal darf sich in diesem Moment nicht nach hinten bewegen). Dadurch werden die Haltenasen (3) der Aufnahme vom Kugelkopf der Druckstange (2) abgedrückt (Bild 40).

■ Entriegelungswerkzeug und Bremspedal gemeinsam in Richtung Fahrersitz ziehen. Das Bremspedal wird dadurch vom Kugelkopf der Druckstange abgezogen.

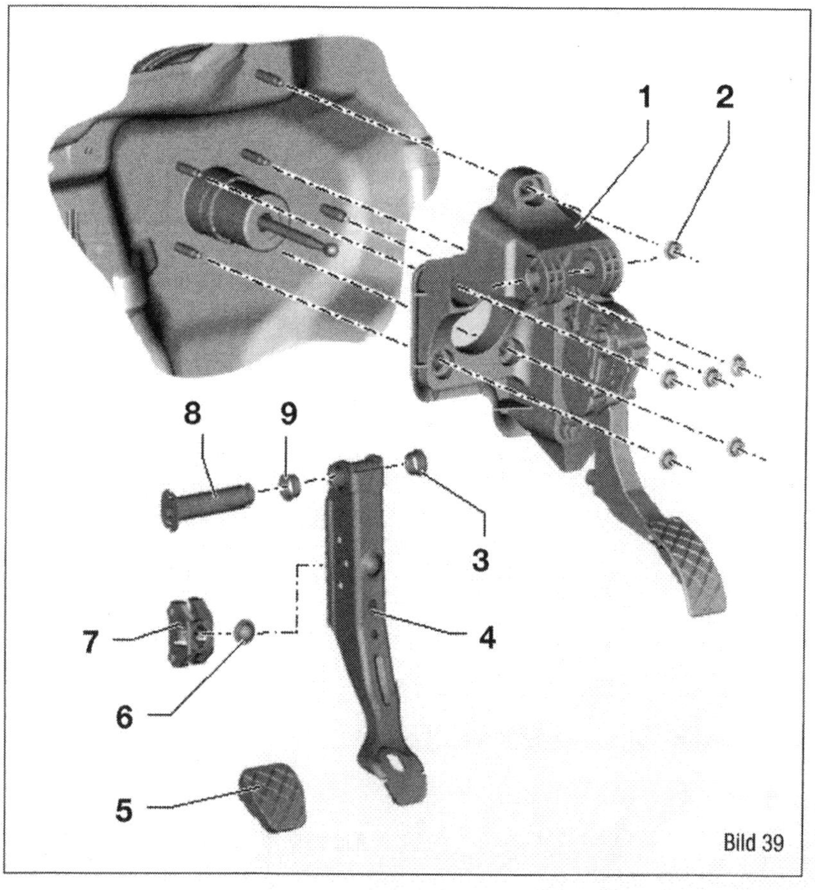

Bild 39

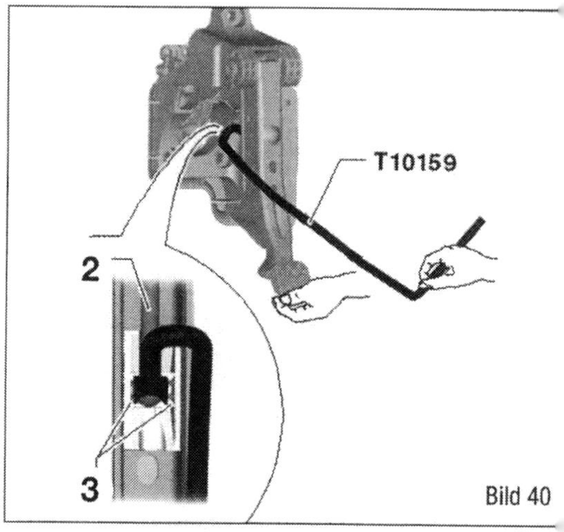

Bild 40

Bild 41

Bremspedal mit Bremskraftverstärker verclipsen

■ Kugelkopf der Druckstange vor die Aufnahme halten und Bremspedal in Richtung Bremskraftverstärker drücken, so dass der Kugelkopf hörbar einrastet. Verrastung durch ein kurzes Ziehen am Bremspedal prüfen (Bild 41).

Fußhebelwerk aus- und einbauen

Ausbau

■ Abdeckung (1) für den Sicherungskasten in der Schalttafel Fahrerseite im unteren Bereich aus den Verrastungen herausziehen (Pfeil A) und der Schalttafel entnehmen (Bild 42).

■ Sicherungskasten abschrauben (zwei Schrauben) und zur Seite legen.

■ Crashstrebe ausbauen (Kapitel 12, Bild 1).

■ Fußraumausströmer links ausbauen (Verkleidung links unter der Schalttafel ausbauen, eine Schraube herausdrehen und den Ausströmer vom Heizgerät abnehmen).

■ Stecker vom Geber für Gaspedalstellung abziehen.
■ Bremspedal vom Bremskraftverstärker trennen (siehe vorhergehende Anleitung).
■ Sechskantmuttern Fußhebelwerk an Bremskraftverstärker (Pfeile) vom Fußhebelwerk abschrauben und das Fußhebelwerk herausnehmen (Bild 43, siehe auch Bild 39).

Einbau
■ Der Einbau erfolgt in umgekehrter Ausbaureihenfolge.
■ Bremspedal mit Bremskraftverstärker verclipsen.
■ Anzugsdrehmomente: Fußhebelwerk an Bremskraftverstärker = 25 Nm, Crashstrebe an Montageträger = 20 Nm.

Bremspedal aus- und einbauen

Ausbau
■ Fußhebelwerk ausbauen.
■ Mit einem 10-mm-Innensechskantschlüssel die Lagerachse des Bremspedals links herum (Bewegungspfeil) drehen, dabei brechen die Laschen (Pfeile 1) ab (Bild 44, siehe auch Bild 39).
■ Die Lagerachse herausziehen und das Bremspedal herausnehmen.

Einbau
■ Bremspedal ansetzen, neue Lagerachse einführen und mit einem 10-mm-Innensechskantschlüssel so weit im Uhrzeigersinn drehen (Bewegungspfeil), bis die Laschen (Pfeile 2) am Anschlag stehen (Bild 45).
■ Das Fußhebelwerk einbauen.
■ Bremspedal mit Bremskraftverstärker verclipsen.

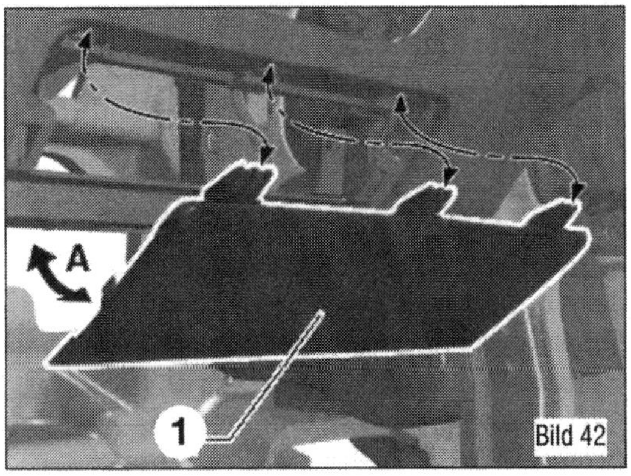

Bild 42
Abdeckung (1) für den Sicherungskasten in der Schalttafel Fahrerseite ausbauen.

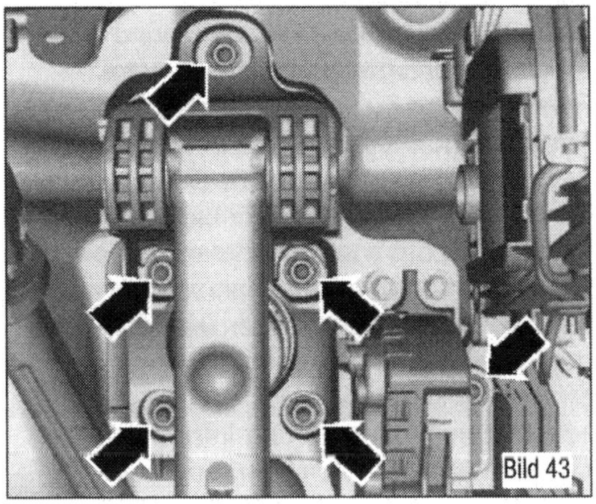

Bild 43
Fußhebelwerk ausbauen. Pfeile = Sechskantschrauben Fußhebelwerk an Bremskraftverstärker.

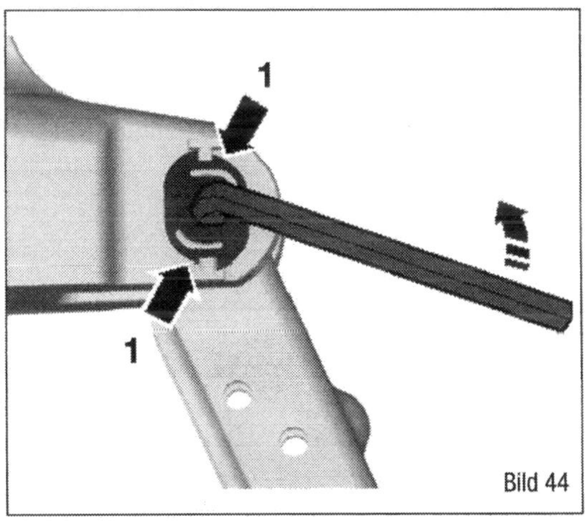

Bild 44
Bremspedal ausbauen. Pfeile 1 – Laschen der Lagerachse.

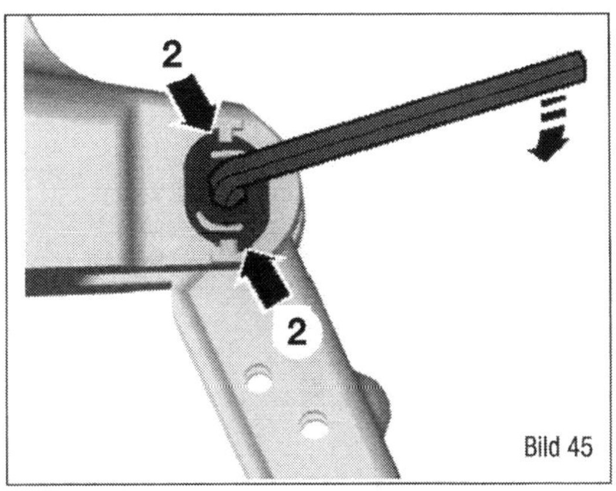

Bild 45
Bremspedal einbauen. Pfeile 2 = Laschen der Lagerachse.

14 Elektrische Anlage

Schon im Stand, aber erst recht während der Fahrt benötigt der Fabia elektrischen Strom. Motorsteuerung und Kraftstoffeinspritzung müssen mit Elektroenergie versorgt werden. Alle weiteren unbedingt erforderlichen oder für die Sicherheit und Bequemlichkeit eingebauten automatischen Systeme sowie natürlich die gesamte Lichtanlage sind ohne elektrische Energie arbeitsunfähig. Viele Störungen und Funktionsprüfungen in diesem Bereich gehören, ähnlich wie bei anderen Baugruppen, in die Fachwerkstatt. Denn zum genauen Erkennen und Beseitigen der Mängel muss häufig das auch in anderen Kapiteln schon mehrfach erwähnte Fahrzeugdiagnosegerät angeschlossen (Kapitel 1) und der Fehlerspeicher abgefragt werden. Škoda-Werkstätten verwenden das »Fahrzeugdiagnose-, Mess- und Informationssystem VAS 5051«. Im Fahrzeug befindet sich der Diagnoseanschluss (Steckkontakt für das Werkstattsystem), wie inzwischen international festgelegt, im Fußraum Fahrerseite über dem Bremspedal. Nun sind die meisten Innovationen im Kraftfahrzeug heute zwar von immer komplizierterer Elektronik geprägt, Reparaturen an der elektrischen Anlage sind aber durchaus nicht in jedem Fall von ihr verursacht. Oft sitzt nur ein Kabel lose oder ein Kontakt ist im Laufe der Zeit korrodiert. Gar nicht so wenige Störungen an der Elektrik lassen sich mit einfachen Mitteln beheben. Man muss sich natürlich etwas auskennen und die Grundbegriffe verstehen.

Denn zu allererst haben wir es im Fabia noch immer mit elektrischen Bauteilen zu tun, die schon die gesamte Entwicklungsgeschichte des Automobils begleiten: Batterie, Anlasser (Starter) und Lichtmaschine (Generator). Sie sind zusammen für die Arbeitsaufnahme des Motors verantwortlich. Um seine Aufgabe zu erfüllen, ist jedes dieser drei Bauteile auf das andere angewiesen. Batterie und Lichtmaschine, die Stromerzeuger, sorgen allerdings bisweilen für Ärger. Wir wenden uns deshalb zuerst den Reparaturen an Batterie, Anlasser und Lichtmaschine zu. In alle Fabia-Fahrzeuge werden ab Werk Batterien mit Ladezustand-Indikator, dem so genannten magischen Auge, und mit überklebten Stopfen eingebaut. Auf die Anleitungen »Batterie prüfen« (in der Regel nur Sichtprüfung) und »Batterie laden« sowie auf Warnhinweise und allgemeine Sicherheitsregeln bei Arbeiten an der Batterie (siehe auch Sicherheitskennzeichnungen auf der Batterie) gehen wir in diesem Ratgeber nicht ein. Sie sind ausführlich in der Betriebsanleitung zum Skoda Fabia sowie im Band 273 »Skoda Fabia ab Baujahr 2007« der Ratgeberreihe »Jetzt helfe ich mir selbst« behandelt. Da aber bei vielen Reparaturen, und gerade natürlich bei Arbeiten an der elektrischen Anlage, das Batterie-Masseband abzuklemmen ist und nach dem Wiederanklemmen verschiedene Folgearbeiten zu erledigen sind, widmen wir uns als Erstes diesem Arbeitsablauf.

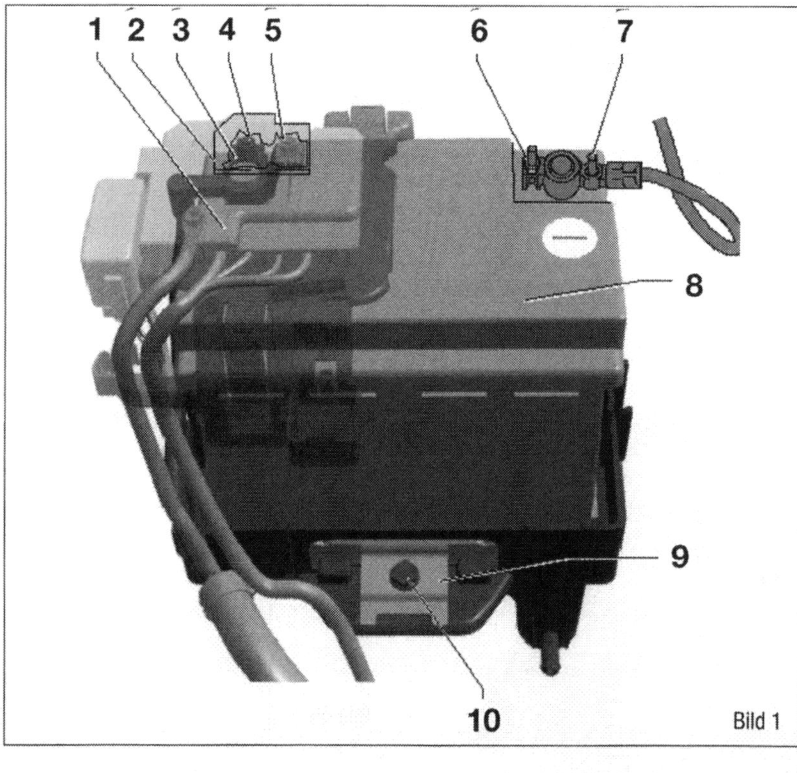

Bild 1

Bild 1
Montageübersicht »Starterbatterie« 1,4 MPI/1,2 TSI.
1 Sicherungskasten.
2 Klappe Pluspolabdeckung.
3 Batteriepolklemme Plusleitung.
4/6 Befestigungsmuttern Batteriepolklemme Plusleitung, Plusleitung Sicherungskasten, Batteriepolklemme Masseleitung (alle M6 = 6 Nm).
7 Batteriepolklemme Masseleitung. Befestigung auf 3 Uhr Stellung (in Fahrtrichtung gesehen).
8 Batterie.
9 Klemmplatte.
10 Befestigungsschraube Klemmplatte (M8x35 = 20 Nm).

Batterie ab- und anklemmen

Diese Anleitung trifft für die Starterbatterie im Motorraum zu. Die Anbindung der Plusleitung und der Masseleitung an die Batterie zeigt die folgende Montageübersicht am Beispiel der 1,4 MPI- und 1,2 TSI-Motoren (Bild 1).

Abklemmen
Benötigt wird ein Drehmomentschlüssel (V.A.G 1331).

■ Durch das Abklemmen der Batterie-Masseleitung (Stromunterbrechung) wird das sichere Arbeiten an der elektrischen Anlage ermöglicht.
■ Zündung und alle elektrischen Verbraucher ausschalten.
■ Zum Abklemmen der Batterie muss der auf ihr befindliche Sicherungsträger nicht ausgebaut werden.
■ Die Befestigungsmutter Batteriepolklemme Masseleitung lösen und die Minuspolklemme von der Batterie abnehmen (siehe Bild 1).
■ Die Batterie-Masseleitung darf karosserieseitig nicht gelöst werden.
■ Wichtig: Das Abklemmen der Batterie-Plusleitung ist nur für den Ausbau der Batterie erforderlich.

⚠ Lösen Sie immer zuerst die Batteriepolklemme der Masseleitung. Dadurch verhindern Sie, dass es zu einem ungewollten Kurzschluss zwischen Ihrem Werkzeug und der Karosserie kommt.

Anklemmen
■ Die Batteriepolklemme Masseleitung in der richtigen Stellung (Bild 1) auf den Minuspol der Batterie stecken und die Befestigungsschraube mit 9 Nm anziehen. Dabei auf festen Sitz der Batterieklemme achten. Nach Anklemmen der Batterie und Einschalten der Zündung leuchtet die Kontrollleuchte für ESP und ASR dauerhaft. Die Kontrollleuchte erlischt automatisch, wenn mit 15 bis 20 km/h eine Wegstrecke geradeaus gefahren wird. Dadurch wird der Geber für Lenkwinkel G85 wieder aktiviert.

Arbeitsschritte nach Anklemmen der Batterie
■ Zündung mit dem Zündschlüssel einschalten und wieder ausschalten.
■ Fehlerspeicher auslesen: »Geführte Fehlersuche« mit dem Fahrzeugdiagnosegerät.
■ **Uhrzeiteinstellung** prüfen, ggf. neu einstellen. Die Uhr kann eingestellt werden, wenn im Display des Schalttafeleinsatzes die Uhrzeit angezeigt wird und nicht durch eine andere Anzeige überlagert ist. Den genauen Vorgang zur Einstellung der Uhr entnehmen Sie bitte der Betriebsanleitung Ihres Fahrzeugs.

■ **Positionierung elektrische Fensterheber prüfen:**
Nach dem Ab- und Anklemmen der Batterie ist die Hoch- und Tieflauffunktion der elektrischen Fensterheber außer Funktion. Die Positionierung der Fensterheber kann einzeln oder für mehrere zugleich wieder hergestellt werden.

Arbeitsablauf
■ Zündung einschalten und alle Fenster vollständig schließen.
■ Die Taster für die Fensterheber nach oben ziehen und mindestens eine Sekunde lang in dieser Stellung halten.
■ Die Taster loslassen und erneut nach oben gezogen halten.
■ Zündung ausschalten. Die Hoch- und Tieflaufautomatik ist nun wieder betriebsbereit.
■ **Funktionsprüfung:** alle elektrischen Verbraucher.

Batterie aus- und einbauen

Benötigt wird ein Drehmomentschlüssel (V.A.G 1331).

Ausbau
■ Batterie abklemmen.
■ Batteriepluspolabdeckung (2 in Bild 1) öffnen.
■ Befestigungsmutter (2) der Plusleitung Sicherungskasten abschrauben und die Halter (Pfeile) lösen. Dann den Sicherungskasten (1) abnehmen und mit angeschlossenen Leitungen beiseite legen (Bild 2, siehe auch Bild 1).
■ Befestigungsschraube (10 in Bild 1) herausschrauben, Befestigungsbügel (9 in Bild 1) ab- und Batterie aus dem Fahrzeug herausnehmen.

Einbau
■ Der Einbau erfolgt in umgekehrter Ausbaureihenfolge, dabei ist Folgendes zu beachten:
■ Die Schraubverbindungen mit den vorgeschriebenen Anzugsdrehmomenten (siehe Legende Bild 1) anziehen.
■ Batterie nach dem Einbau auf festen Sitz prüfen.
■ Batterie anklemmen.

⚠ Bei einer lose montierten Batterie bestehen folgende Gefahren: verkürzte

Lebensdauer durch Rüttelschäden (Explosionsgefahr), Beschädigungen der Gitterplatten der Batterie sowie des Batteriegehäuses durch den Befestigungsbügel (möglicher Säureaustritt, hohe Folgekosten), mangelhafte Crashsicherheit.

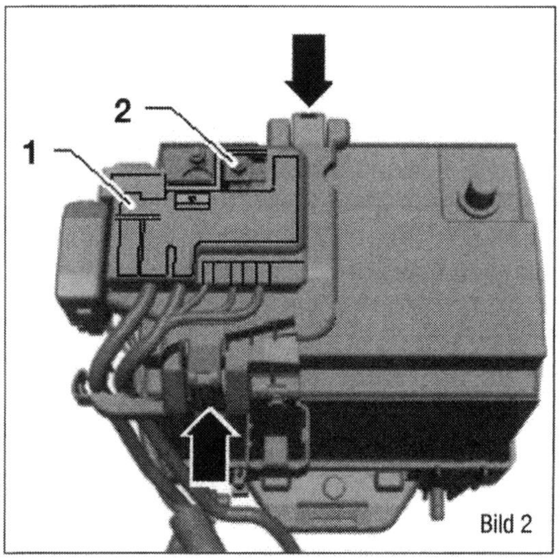

Bild 2
Sicherungskasten (1) abbauen.
2 Befestigungsmutter der Plusleitung Sicherungskasten.
Pfeile = Halter des Sicherungskastens.

Anlasser für Fahrzeuge mit Schaltgetriebe aus- und einbauen

Die folgende Anleitung gilt für **Fahrzeuge mit Schaltgetriebe MQ200 und MQ250.**

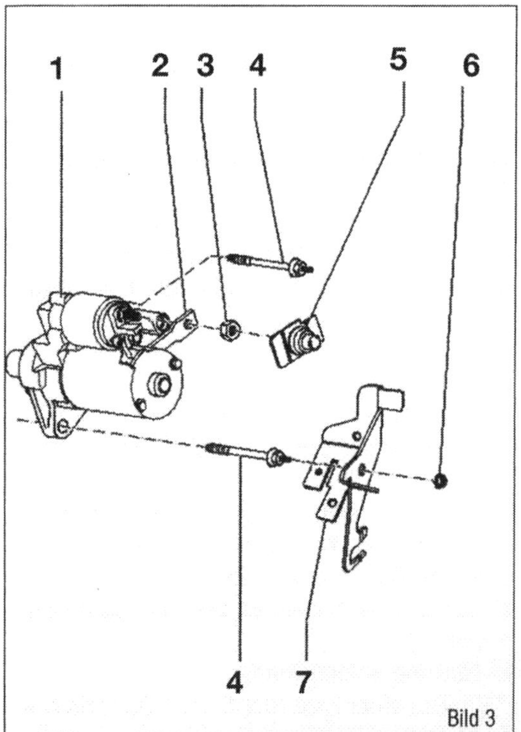

Bild 3
Montageübersicht »Anlasser« für Fahrzeuge mit Schaltgetriebe.
1 Anlasser mit Magnetschalter.
2 Anschluss B+-Leitung an Anlasser (Klemme 30). Befestigung B+-Leitung an Hauptsicherungsbox = 15 Nm.
3 Befestigungsmutter B+-Leitung an Anlasser (M8 = 20 Nm).
4 Befestigungsschrauben Anlasser an Getriebe (M12 = 80 Nm, M10 = 40 Nm).
5 Abschirmkappe (Kunststoffkappe).
6 Befestigungsmutter Leitungshalter (M8 = 20 Nm).
7 Leitungshalter.

⚠ Škoda weist darauf hin, dass Fahrzeuge mit Start-Stopp-System wegen der dadurch höheren Anforderung an den Anlasser mit einer modifizierten Ausführung ausgestattet sind, die beim Ersatz korrekt nach Ersatzteilbezeichnung im »Elektronischen Teile-Katalog – ETKA« beschafft werden muss. Die für Start-Stopp angepassten Bauteile sind nicht extra gekennzeichnet und unterscheiden sich äußerlich nicht oder kaum von herkömmlichen Anlassern.

Benötigte Werkzeuge:
- Drehmomentschlüssel (V.A.G 1331 und 1332)

Ausbau

- Batterie abklemmen und 5.Gang einlegen.
- 1,2 MPI: Schlauch (2) ausbauen, dazu die Schraube (1) herausschrauben und die Haltenasen (Pfeile) lösen (Bild 4).
- 1,2 TSI: Luftführung (1) und den Schlauch (2) ausbauen (Bild 5).
- 1,4 MPI: Schlauch (1) ausbauen, dazu die Schelle (2) und die Haltenasen (Pfeile) lösen(Bild 6).
- Steckverbindung (1) der Klemme 50 (dünnes Kabel vom Zündanlassschalter) entriegeln und trennen. Kunststoffkappe (2) abziehen, die dahinter liegende Befestigungsmutter abschrauben und die Leitung vom Magnetschalter Klemme 30 (dickes Kabel von der Batterie) abnehmen (Bild 7).
- Befestigungsschraube Anlasser an Getriebe (Pfeil) herausschrauben (Bild 8).
- Mutter vom Leitungshalter (Pfeil) lösen (Bild 10).
- Geräuschdämpfung ausbauen und zweite Befestigungsschraube Anlasser an Getriebe (Pfeil) herausschrauben (Bild 9). Dann den Anlasser nach unten aus dem Fahrzeug herausnehmen (zu diesen Arbeitsschritten siehe auch Bild 3).

Einbau

- Der Einbau erfolgt sinngemäß in umgekehrter Ausbaureihenfolge, dabei ist Folgendes zu beachten:
- Alle Schraubverbindungen mit dem vorgeschriebenen Anzugsdrehmoment (siehe Legende zu Bild 3) anziehen.
- Batterie anklemmen.

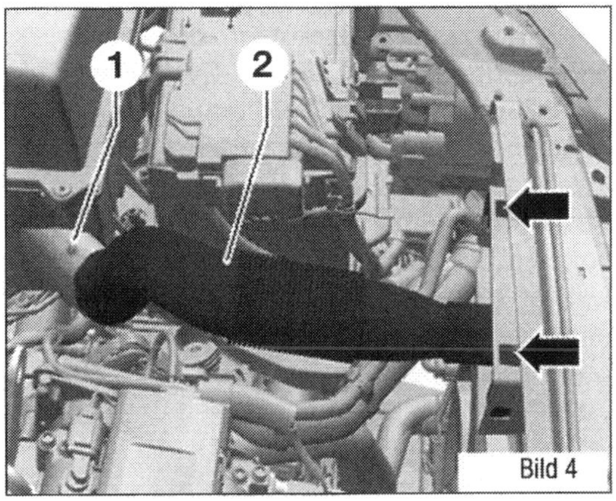

Bild 4

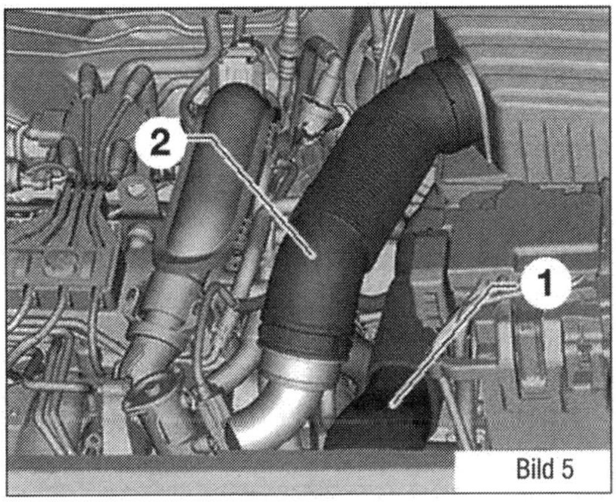

Bild 5

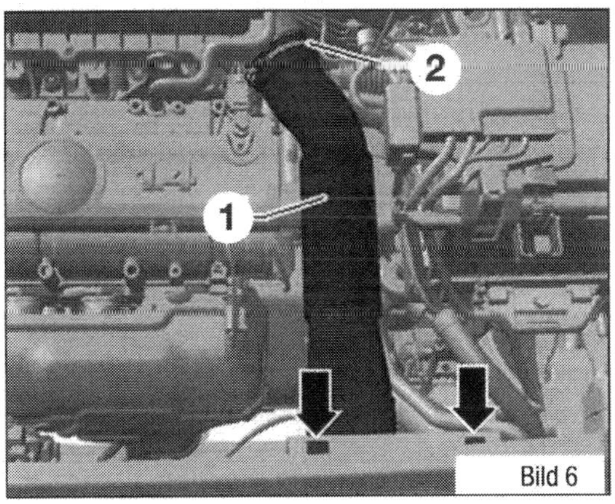

Bild 6

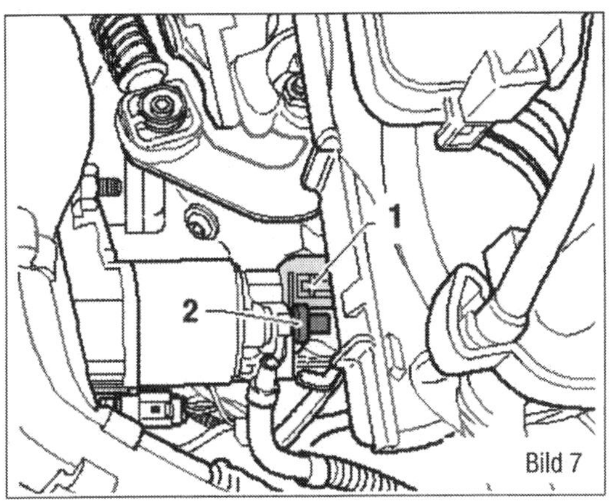

Bild 7

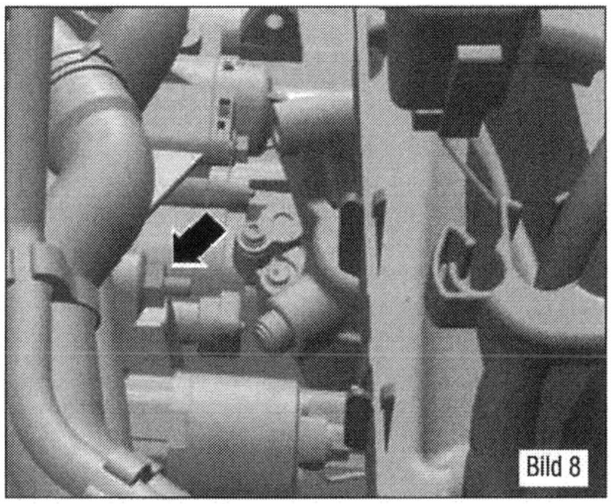
Bild 8

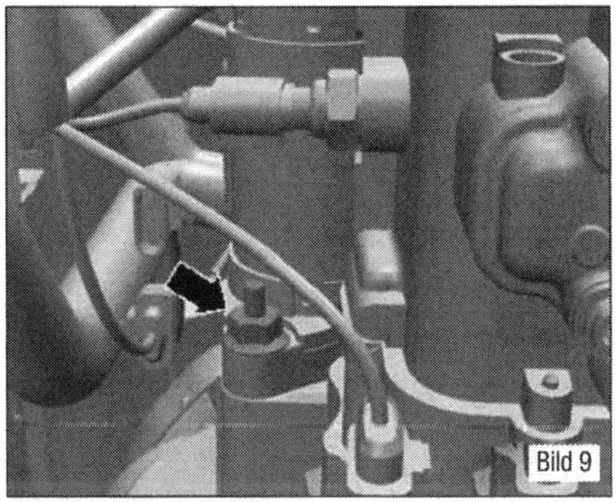
Bild 9

Bild 10

Anlasser für Fahrzeuge mit Doppelkupplungsgetriebe aus- und einbauen

Die folgende Anleitung gilt für Fahrzeuge mit 1,4 TSI-Motor und Doppelkupplungsgetriebe (DSG).

Benötigte Werkzeuge:
- Drehmomentschlüssel (V.A.G 1331 und 1332)

Bild 4
1,2 MPI: Schlauch (2) ausbauen.
1 Schraube.
Pfeile = Haltenasen.

Bild 5
1,2 TSI: Luftführung (1) und den Schlauch (2) ausbauen.

Bild 8 und Bild 9
Anlasser vom Getriebe abschrauben.
Pfeile = Befestigungsschrauben.

Bild 6
1,4MPI: Schlauch (1) ausbauen.
2 Schelle.
Pfeile = Haltenasen.

Bild 10
Mutter (Pfeil) vom Leitungshalter lösen.

Bild 7
Steckverbindung (1) der Klemme 50 trennen und Leitung vom Magnetschalter Klemme 30 abbauen.
(2) Kunststoffkappe über der Befestigungsmutter Leitung Klemme 30.

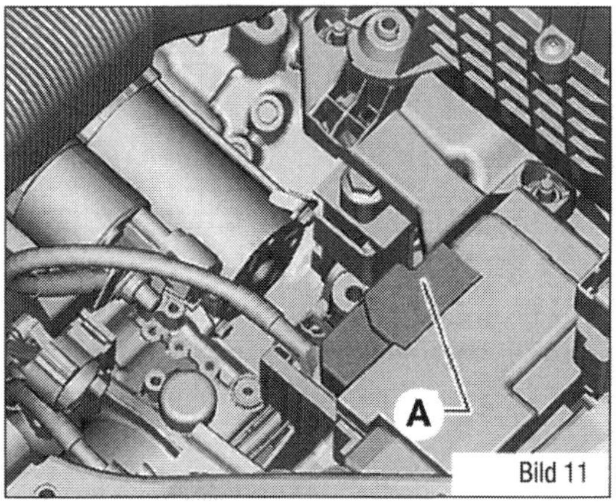

Bild 11

Bild 11
Deckel (A) der Hauptsicherungsbox öffnen.

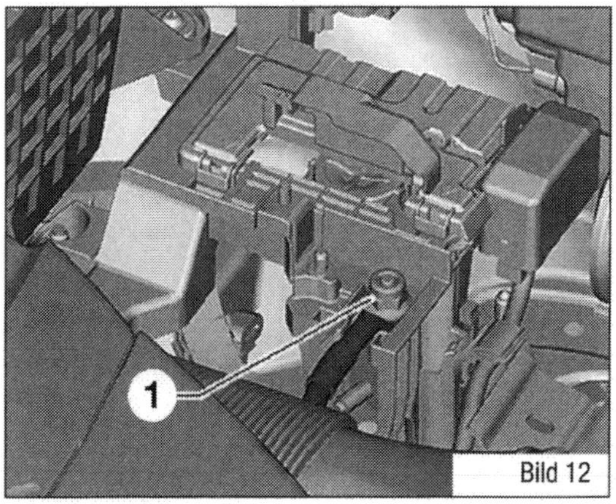

Bild 12

Bild 12
Plusleitung an der Hauptsicherungsbox abschrauben.
1 Mutter.

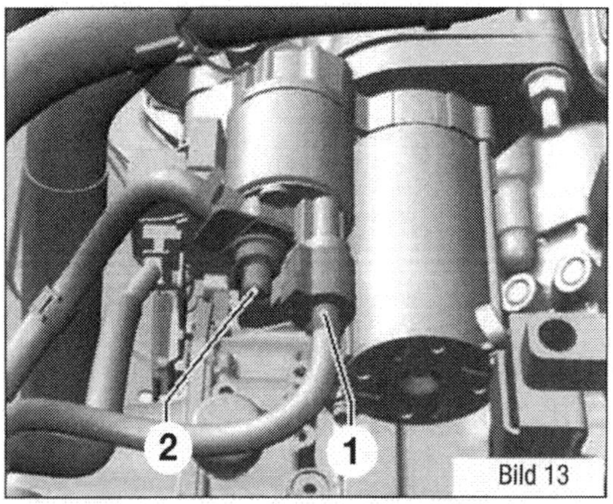

Bild 13

Bild 13
Steckverbindung (1) entriegeln und trennen und die Abschirmkappe (2) abnehmen.

Bild 14

Bild 14
Plusleitung vom Anschlussgewinde des Magnetschalters abnehmen.
Pfeil = Befestigungsmutter.

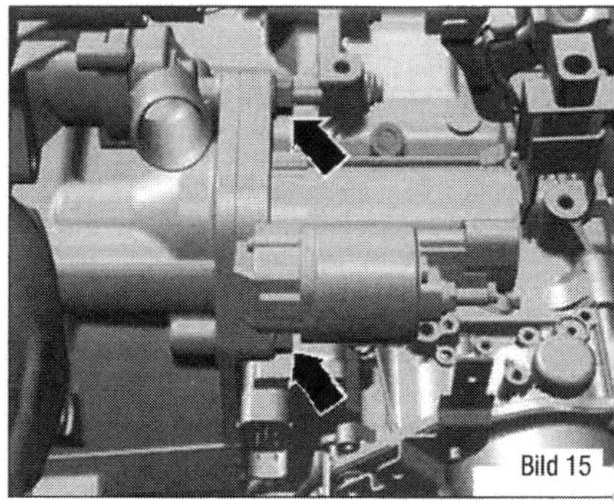
Bild 15

Bild 15
Anlasser ausbauen.
Pfeile = Befestigungsschrauben Anlasser an Getriebe.

Die Montageübersicht »Anlasser« ist annähernd identisch mit Bild 3. Im Falle DSG fällt lediglich der Leitungshalter mit Befestigungsmutter Leitungshalter weg.

Ausbau

- Deckel (A) der Hauptsicherungsbox öffnen (Bild 11) und Plusleitung an der Hauptsicherungsbox abschrauben (1 in Bild 12).
- Steckverbindung (1) entriegeln und trennen und die Abschirmkappe (2) abnehmen (Bild 13).
- Befestigungsmutter (Pfeil) abschrauben und die Plusleitung vom Anschlussgewinde des Magnetschalters abnehmen (Bild 14).
- Befestigungsschrauben des Anlassers (Pfeile) herausschrauben und den Anlasser nach oben aus dem Fahrzeug nehmen (Bild 15).

Einbau

- Der Einbau erfolgt sinngemäß in umgekehrter Ausbaureihenfolge, dabei ist Folgendes zu beachten:
- Schraubverbindungen mit den in der Montageübersicht (Bild 3) angegebenen Anzugsdrehmomenten anziehen.

Drehstromgenerator bei Fahrzeugen mit 1,2 l-TSI-Motor aus- und einbauen

Der Generator sitzt auf einem Halter für Nebenaggregate am Motor und wird über seine Riemenscheibe per Keilriemen vom Motor angetrieben. An der Rückseite des Generators ist ein Spannungsregler angeschraubt. Montageübersicht »Drehstromgenerator« (Bild 16).

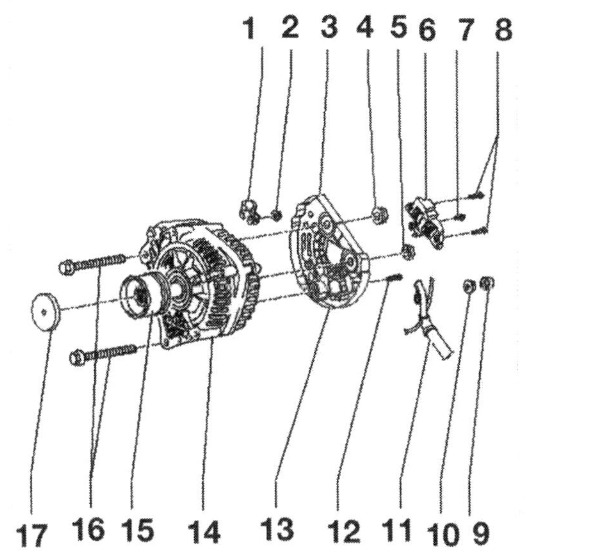

Bild 16

Bild 16
Montageübersicht »Drehstromgenerator« 1,2 TSI. Für die 1,2 MPI (51 kW)- und 1,4 MPI-Motoren zeigen die Montageübersichten ein ähnliches Bild.
1 Leitungshalter.
2 Befestigungsmutter für Leitungshalter (4,5 Nm).
3 Abschirmkappe für Drehstromgenerator.
4 Bundmutter für Sechskantbundschrauben Generator an Halter für Nebenaggregate (25 Nm).
5 Mutter.
6 Spannungsregler.
7 Kreuzschlitzschrauben (M4 x 20, M4 x 15 = 2 Nm)
8 Kreuzschlitzschrauben (M4 x 20 = 2 Nm).
9 Abschirmkappe B+-Leitung.
10 Befestigungsmutter für B+-Leitung (15 Nm).
11 B+-Leitung.
12 Befestigungsschraube der Abschirmkappe für Drehstromgenerator.
13 Abschirmkappe für Drehstromgenerator.
14 Drehstromgenerator.
15 Riemenscheibe (80 Nm).
16 Sechskantbundschrauben Generator an Halter für Nebenaggregate (M8 x 90 = 25 Nm).
17 Abschirmkappe Riemenscheibe.

Ausbau

Benötigte Werkzeuge:
- Drehmomentschlüssel (V.A.G 1331)

■ Batterie abklemmen, Geräuschdämpfung und Radhausschale vorn rechts (Kapitel 12) sowie Keilrippenriemen (Kapitel 4) ausbauen.
■ Steckverbindung (1) am Klimaprozessor trennen und die Befestigungsschrauben des Klimakompressors (Pfeile) herausschrauben (Bild 17). Die Schläuche am Klimakompressor können angeschlossen bleiben. Klimakompressor bis zum Wiedereinbau mit einem Bindedraht an geeigneter Stelle aufhängen. Darauf achten, dass die Schläuche dabei nicht gezogen oder geknickt werden.
■ Elektrische Steckverbindung (1) der DF-Leitung entriegeln und trennen, Abschirmkappe (2) abziehen, die dahinter liegende Befestigungsmutter abschrauben und die Batterie-Plusleitung vom Drehstromgenerator abnehmen (Bild 18).
■ Abschirmkappe der Umlenkrolle abnehmen, die darunter liegende Schraube (1) herausschrauben und die Umlenkrolle (2) abnehmen (Bild 19).
■ Die beiden Befestigungsschrauben (Pfeile) des Drehstromgenerators herausschrauben und den Drehstromgenerator nach unten aus dem Fahrzeug herausnehmen (Bild 20).

Einbau

Der Einbau erfolgt sinngemäß in umgekehrter Ausbaureihenfolge, dabei ist Folgendes zu beachten:

■ Gewindebuchsen (A) etwa 4 mm in Pfeilrichtung aus dem Gehäuse des Generators heraustreiben (Bild 21), Generator am Halter für Nebenaggregate ansetzen und Befestigungsschrauben mit 25 Nm anziehen.
■ Anzugsdrehmoment für Befestigungsschrauben des Klimaprozessors = 25 Nm.
■ Zum Schluss Keilriemen und Geräuschdämpfung und Radhausschale einbauen, Batterie anklemmen, Motor starten und Riemenlauf kontrollieren.

Tipp: Aus- und Einbau der Generatoren für Fahrzeuge mit den anderen Benzinmotoren verlaufen in nahezu ähnlichen Arbeitsschritten, wobei beim 1,2 MPI z. B. zusätzlich auch das Spannelement und beim 1,4 TSI die Luftführungshutze mit Kühlerlüfter V7 sowie der obere Riemenspanner auszubauen sind.

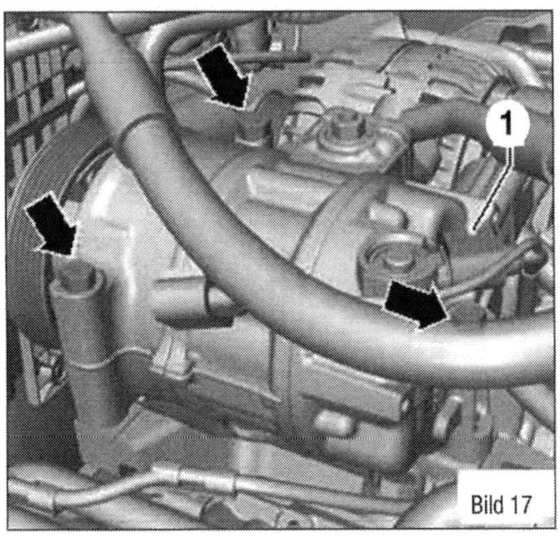

Bild 17

Bild 17
Klimakompressor mit angeschlossenen Schläuchen ausbauen und an geeigneter Stelle aufhängen.
(1) Steckverbindung.
Pfeile = Befestigungsschrauben des Klimakompressors.

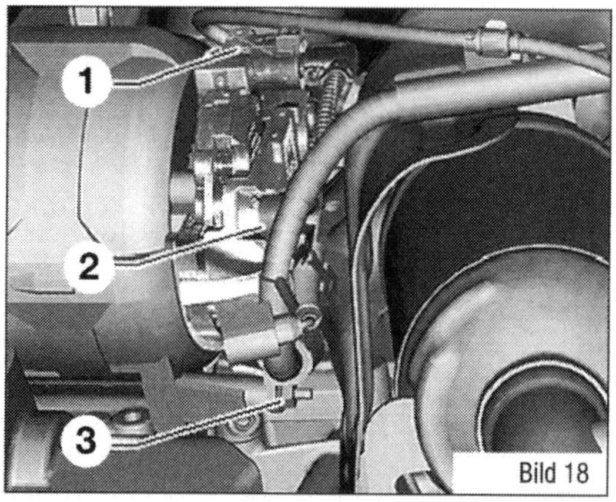

Bild 18
Batterie-Plusleitung vom Drehstromgenerator abnehmen.
1 Steckverbindung.
2 Abschirmkappe.

Bild 19
Umlenkrolle (2) ausbauen.
1 Schraube.

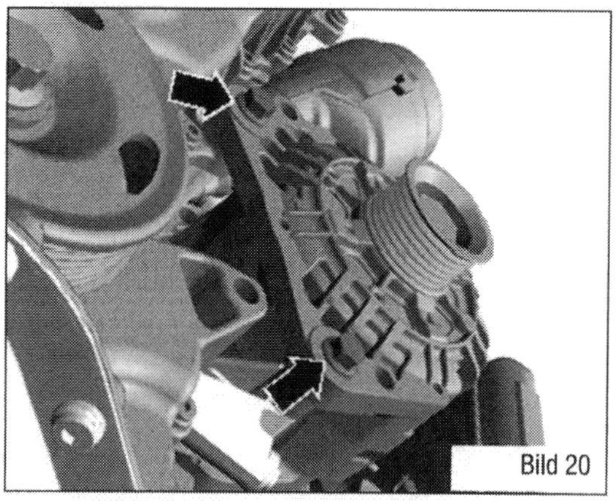

Bild 20
Drehstromgenerator ausbauen.
Pfeile = Befestigungsschrauben.

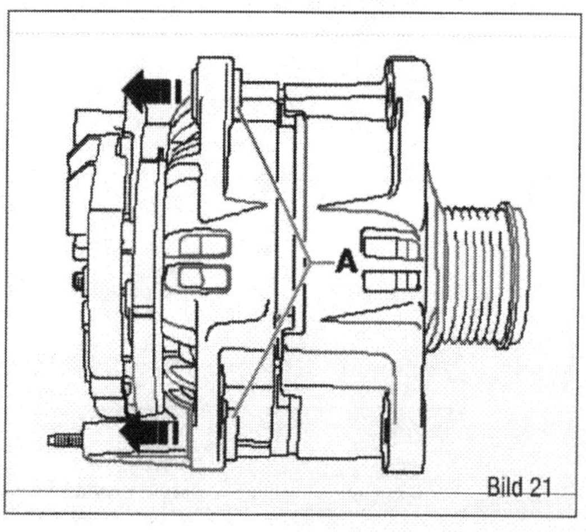

Bild 21
Generator einbauen. Vorher Gewindebuchsen (A) aus dem Gehäuse des Generators heraus treiben.

Drehstromgenerator bei Fahrzeugen mit 1,6 l-TDI-Motor aus- und einbauen

Ausbau

Benötigte Werkzeuge:

- Drehmomentschlüssel (V.A.G 1331)

■ Batterie abklemmen, Motorabdeckung abziehen und Keilrippenriemen ausbauen.

■ Ladeluftrohr (1) ausbauen (Bild 22).

■ Steckverbindung (1) am Klimakompressor entriegeln und trennen. Der Klimakompressor sitzt wie der Generator auf dem Halter für Nebenaggregate. Befestigungsschrauben (Pfeile) des Klimakompressors herausschrauben. Die Kältemittelleitungen am Klimakompressor können angeschlossen bleiben. Klimakompressor bis zum Wiedereinbau mit einem Bindedraht an geeigneter Stelle (Karosserie) aufhängen. Darauf achten, dass die Kältemittelleitungen dabei nicht gezogen oder geknickt werden (Bild 23).

■ Steckverbindung der DF-Leitung (1) entriegeln und trennen. Abschirmkappe (3) abhebeln, die darunter liegende Befestigungsmutter abschrauben und die B+-Leitung abnehmen. Danach Befestigungsmutter (2) vom Leitungshalter abschrauben und Leitungshalter vom Generator abnehmen (Bild 24).

■ Die beiden Befestigungsschrauben (Pfeile) des Generators herausschrauben und den Generator nach unten aus dem Fahrzeug herausnehmen (Bild 25, siehe auch Bild 16).

Einbau

■ Der Einbau erfolgt sinngemäß in umgekehrter Reihenfolge, dabei ist Folgendes zu beachten:

■ Gewindebuchsen (a) etwa 4 mm in Pfeilrichtung aus dem Gehäuse des Generators heraustreiben (Bild 26), Generator am Halter für Nebenaggregate ansetzen und Befestigungsschrauben mit 25 Nm anziehen.

■ Anzugsdrehmoment für Befestigungsschrauben des Klimakompressors = 25 Nm.

■ Zum Schluss Keilriemen und Motorabdeckung einbauen, Batterie anklemmen, Motor starten und Riemenlauf kontrollieren.

☞ Aus- und Einbau der Generatoren für Fahrzeuge mit den anderen Dieselmotoren verlaufen in nahezu ähnlichen Arbeitsschritten.

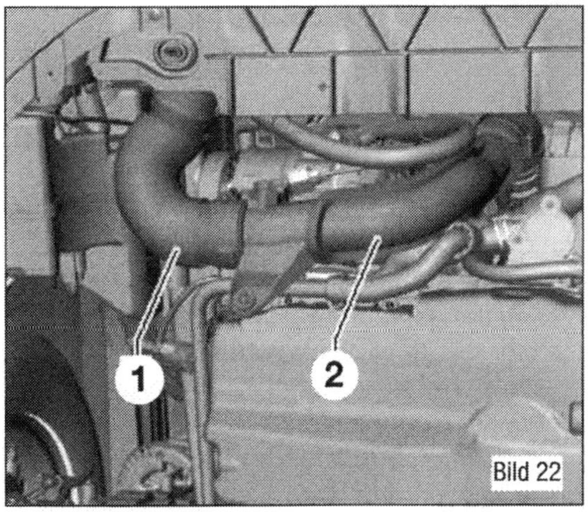

Bild 22

Bild 22
Ladeluftrohr (1) ausbauen.

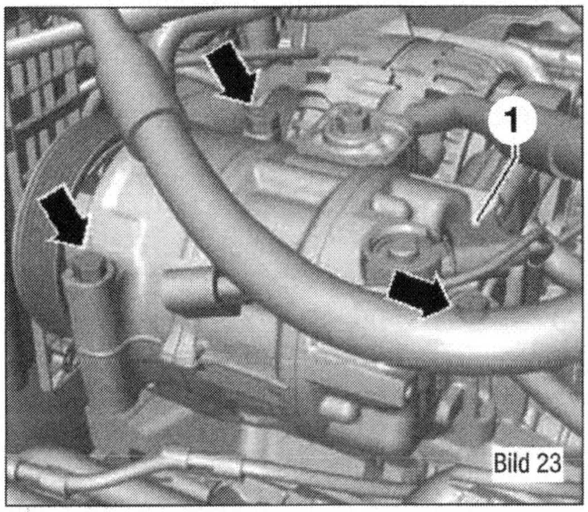

Bild 23

Bild 23
Klimakompressor ausbauen, ohne das Kältesystem zu öffnen.
1 Steckverbindung.
Pfeile = Befestigungsschrauben.

Bild 24

Bild 24
DF-Leitung (1) und B+-Leitung abbauen.
2 Befestigungsmutter.
3 Abschirmkappe Mutter B+-Leitung.

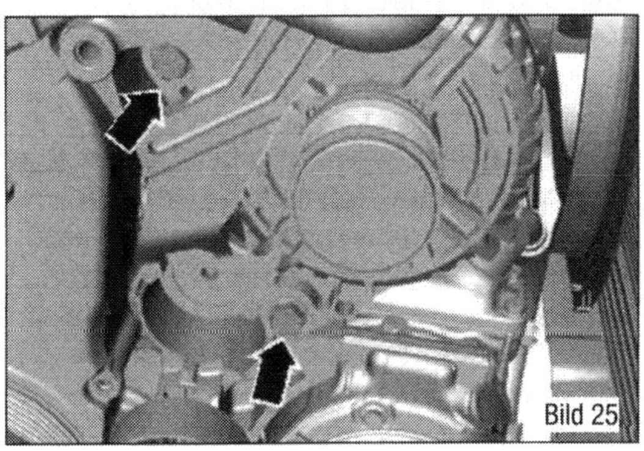
Bild 25

Bild 25
Generator ausbauen. Pfeile Schrauben.

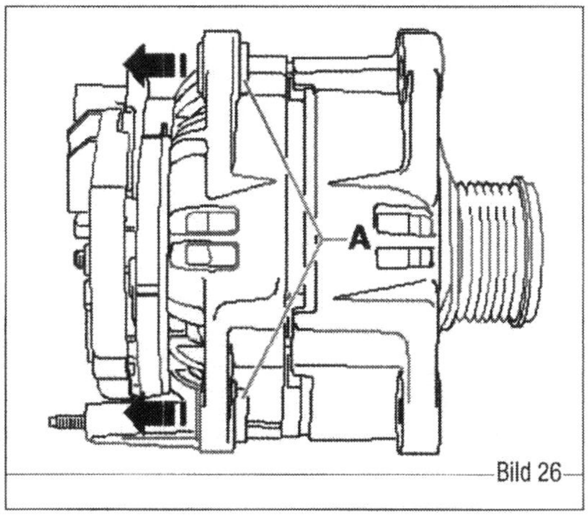

Bild 26

Bild 26
Generator einbauen. Vorher Gewindebuchsen (A) aus dem Gehäuse des Generators heraus treiben.

Die Scheibenreinigungsanlage

Weitere Segmente der Fahrzeugelektrik, die sich für die Reparatur in Eigenregie besonders eignen, sind die Scheibenwisch- und Scheibenwaschanlage sowie die Scheinwerferreinigungsanlage. Wir beginnen mit der Frontscheibenwischanlage (Montageübersicht Bild 26). Die Anlage verfügt über gelenkfreie Scheibenwischer. Der Scheibenwischermotor V bildet mit dem Steuergerät für Wischermotor J400 eine Baueinheit.

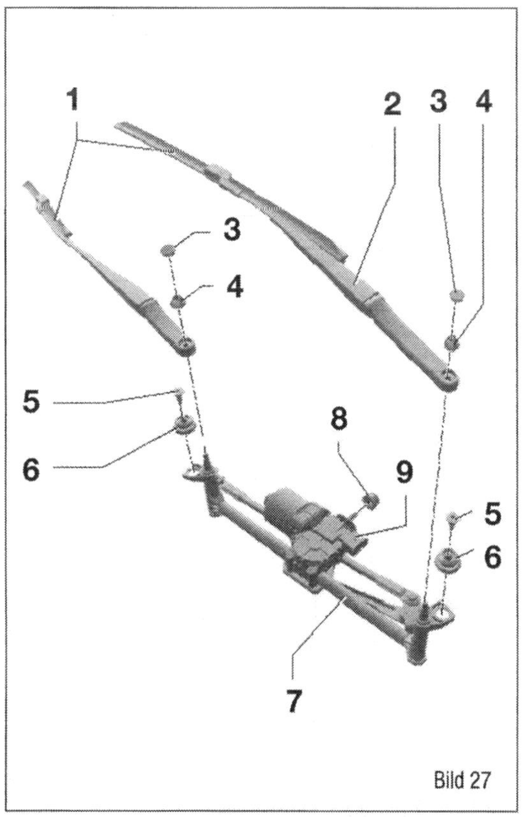

Bild 27

Bild 27
Montageübersicht.
1 Scheibenwischer.
2 Wischerarme.
3 Kappe.
4 Muttern Wischerarm an Gestänge (20 Nm).
5 Schrauben, Rahmen mit Gestänge an Karosserie (8 Nm).
6 Gummilager.
7 Wischerrahmen mit Gestänge.
8 Gummitülle in Stirnwand.
9 Motor V mit Steuergerät.

Wischerarme aus- und einbauen

Benötigte Werkzeuge:
- Drehmomentschlüssel (V.A.G 1331)
- Abzieher (T10369)

Ausbau

■ Abdeckkappen (3 in Bild 27) mit einem Schraubendreher abhebeln und die darunter liegenden Befestigungsmuttern (4 in Bild 27) Wischerarm an Gestänge abschrauben.

■ Arme des Abziehers T10369/1 (2) unter den Wischerarm (4) schieben, wie im Bild 28 dargestellt. Druckschraube (1) des Abziehers im Uhrzeigersinn drehen, bis das Druckstück (3) auf der Wischerarmwelle des Wischers aufliegt. Nun die Druckschraube (1) des Abziehers mit einem Innensechskantschlüssel SW6 im Uhrzeigersinn drehen, bis sich der Wischerarm (4) von der Welle löst. Danach den Abzieher und den Wischerarm abnehmen.

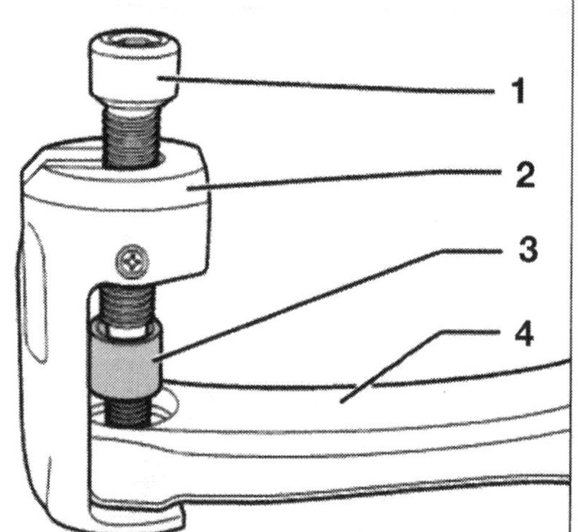

Bild 28

Bild 28
Wischerarm (4) mit Abzieher (2) ausbauen.
1 Druckschraube des Abziehers.
3 Druckstück.

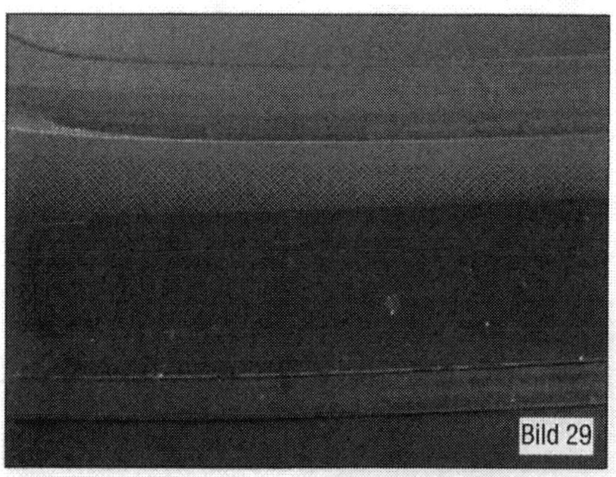

Bild 29

Bild 29
Scheibenwischer einstellen: Markierungen an der Windschutzscheibe.

Einbau

■ Scheibenwischer bei eingeschalteter Zündung ein- und wieder ausschalten, um die Wischermotoren in die Endstellungen zu fahren.

■ Wischerarm in der ungefähren Endablage auf die Wischerarmwelle aufstecken und die Befestigungsmutter handfest aufdrehen. Den Arbeitsablauf gegebenenfalls auf der Beifahrerseite wiederholen.

■ Die Scheibenwischerblätter-Endablage einstellen (siehe folgende Anleitung).

■ Die Befestigungsmuttern der Wischerarme werden erst nach dem Einstellen der Scheibenwischerblätter-Endablage mit Drehmoment 20 Nm festgezogen.

Scheibenwischerblätter-Endablage einstellen

Arbeitsablauf

■ Wischer in die Endablage laufen lassen und anschließend die Zündung ausschalten. Nun kann die Einstellung der Scheibenwischerblätter-Endablage vorgenommen werden.

■ Fahrer- und Beifahrerseite: Das Wischerblatt muss exakt auf der Markierung der Windschutzscheibe aufliegen. Ggf. die Scheibenwischerblätter-Endablage durch Versetzen des Wischerarms einstellen (d. h. »Wischerarme aus- und einbauen«).

■ Schraubverbindungen Wischerarm an Gestänge mit 20 Nm anziehen.

Gelenkfreie Scheibenwischer auswechseln

Ausbau

■ Wischerarm hochklappen. Taste (1) drücken und die Wischerblattaufnahme (3) in Pfeilrichtung aus dem Wischerarm (2) herausdrücken (Bild 30).

⚠ Die gelenkfreien Scheibenwischer sind sehr flexibel. Deshalb die Wischerblätter zum Abheben von der Frontscheibe nur im Bereich der Wischerblattbefestigung anfassen. Fahrer- und Beifahrerwischerblatt dürfen bei der Montage nicht vertauscht werden.

Einbau

■ Wischerblattaufnahme (3) bis zum Anschlag in den Wischerarm (2) einschieben. Auf sicheres Einrasten der Taste (1) im Wischerarm (2) achten. Abschließend den Wischerarm vorsichtig auf die Frontscheibe zurück klappen (siehe Bild 30).

Wischergummi aus und einbauen

Ausbau

■ Das gelenkfreie Wischerblatt ausbauen.
■ Jetzt prüfen, an welcher Seite sich das Wischergummi nicht in der Führung verschieben lässt. An dieser Seite die Kappe (1) vorsichtig abhebeln (Bild 31).
■ Mit einem geeigneten Schraubendreher die Wischergummiarretierung (A) durch Aufbiegen öffnen und das Wischergummi herausziehen (Bild 32).

Einbau

■ Wischergummi wechseln. Auf richtigen Sitz des Wischergummis in den Führungen des Wischerblatts achten. Wischergummiarretierung (A) mit einem geeigneten Schraubendreher wieder herunterdrücken, bis sich das Wischergummi in der Führung nicht mehr verschieben lässt.
■ Neue Kappe (1) aufsetzen und auf festen Sitz prüfen.
■ Das gelenkfreie Wischerblatt wieder einbauen und auf einwandfreie Funktion prüfen.

Wischerrahmen mit Gestänge und Wischermotor aus- und einbauen

Benötigte Werkzeuge:
- Drehmomentschlüssel (V.A.G 1331)
- Abzieher (T10369)

Ausbau

■ Scheibenwischer in die Endablage laufen lassen und anschließend die Zündung ausschalten.
■ Batterie abklemmen.
■ Wischerarme ausbauen.
■ Wasserkastenabdeckung und Wasserkasten-Stirnwand ausbauen.

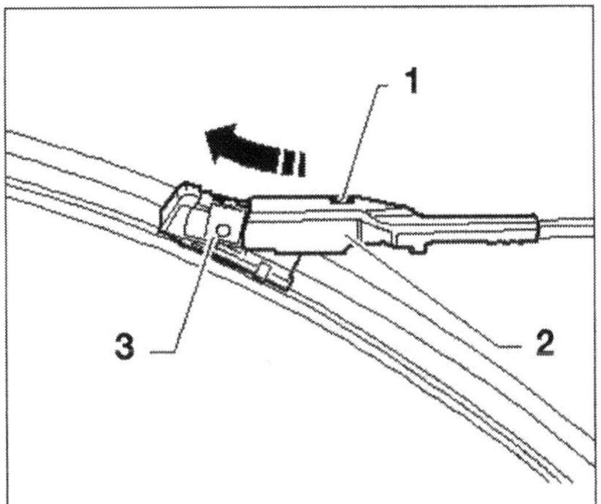

Bild 30

Bild 30
Scheibenwischer auswechseln.
1 Taste.
2 Wischerarm.
3 Wischerblattaufnahme.

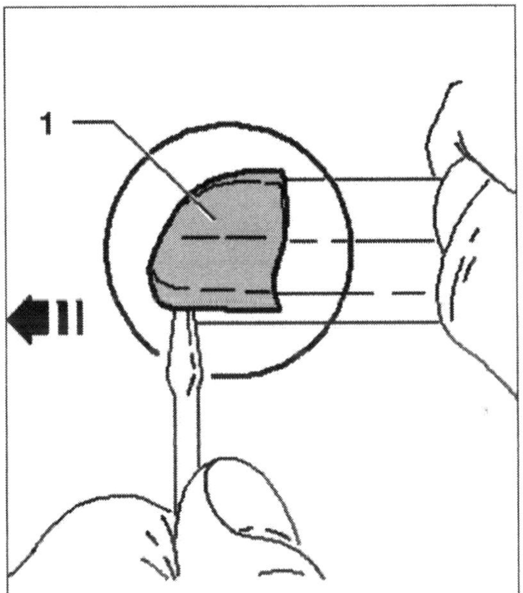

Bild 31

Bild 31
Kappe (1) an der Seite des Wischergummis abhebeln, an der sich das Wischergummi nicht in der Führung verschieben lässt.

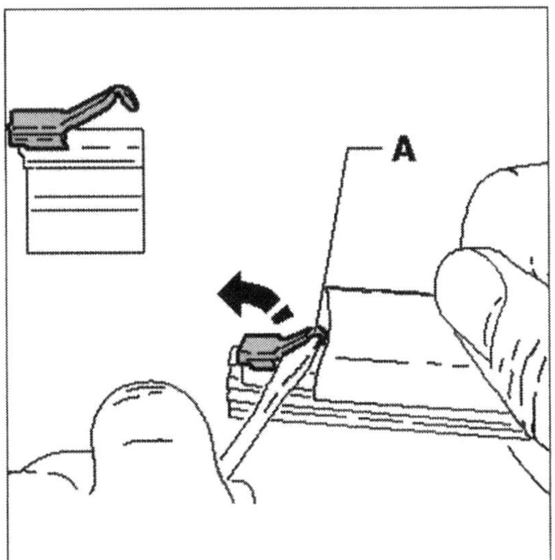

Bild 32

Bild 32
Wischergummi auswechseln.
(A) Wischergummiarretierung.

■ Befestigungsschrauben (Pfeile) Wischerrahmen mit Gestänge an Karosserie herausschrauben und den Wischerrahmen (2) nach vorn aus dem Fahrzeug schwenken. Abschließend die Steckverbindung (1) vom Anschluss des Wischermotors trennen (Bild 33).

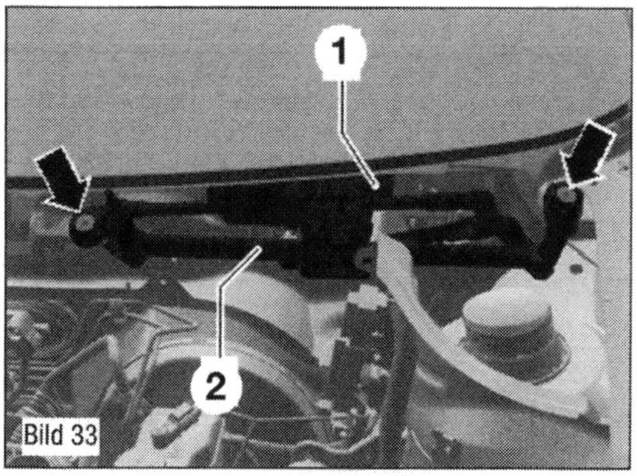

Bild 33

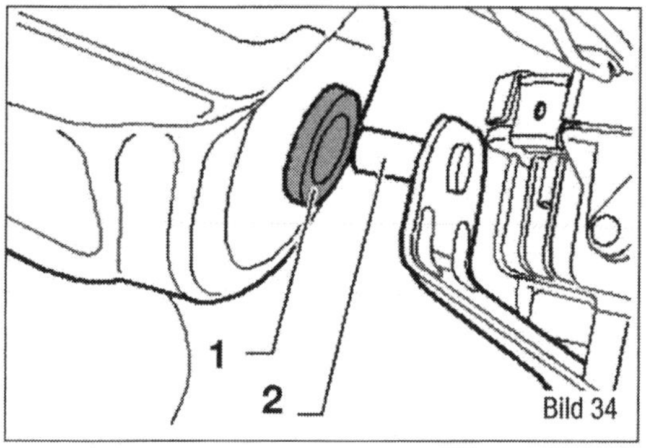

Bild 34

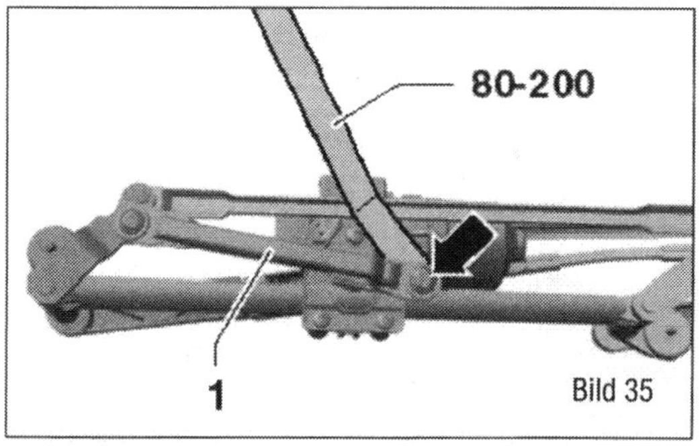

Bild 35

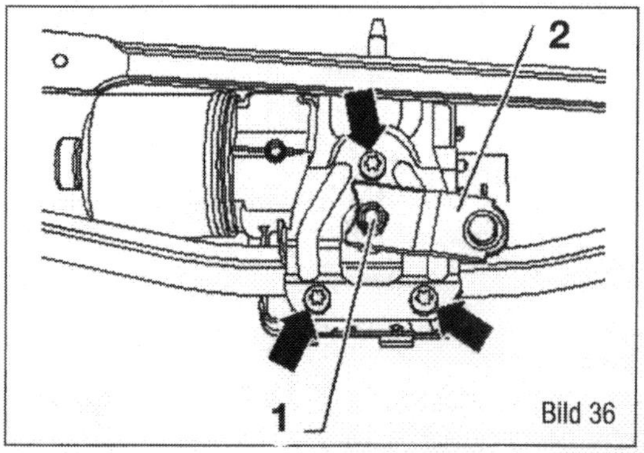

Bild 36

Einbau

■ Wischerrahmen in umgekehrter Ausbaureihenfolge montieren. Bei der Montage beachten, dass der Befestigungsstift (2) des Wischerrahmens in die Gummitülle (1) an der Stirnwand eingesteckt werden muss (Bild 34).
■ Schraubverbindungen Wischerrahmen mit Gestänge an Karosserie mit 8 Nm anziehen.
■ Steckverbindung auf den Anschluss des Wischermotors aufstecken und verrasten.
■ Wasserkasten-Stirnwand und Wasserkastenabdeckung einbauen.
■ Wischerarme einbauen und Scheibenwischerblätter-Endablage einstellen.

Wischermotor aus dem Wischerrahmen aus- und einbauen

Benötigte Werkzeuge:
- Drehmomentschlüssel (V.A.G 1331)
- Abdrückhebel (80-200).

Ausbau

■ Wischerrahmen mit Motor ausbauen.
■ Kugelkopf (Pfeil) des Gestänges (1) mit dem Abdrückhebel von der Motorkurbel abhebeln (Bild 35).
■ Befestigungsmutter (1) Wischermotorkurbel an Wischermotorwelle abschrauben und die Motorkurbel (2) von der Wischermotorwelle abziehen. Dann die Befestigungsschrauben (Pfeile) Wischermotor an Wischerrahmen herausschrauben und den Wischermotor mit dem Steuergerät aus dem Wischerrahmen herausnehmen (Bild 36).

Einbau

■ Wischermotor mit Steuergerät in den Wischerrahmen einsetzen und mit den Befestigungsschrauben (siehe Pfeile in Bild 36) mit 9 Nm befestigen.
■ Motorkurbel (1) auf die Welle des Wischermotors setzen. Das Maß (a) beträgt 7°. Dann die Motorkurbel (1) und die Welle des Wischermotors mit der Befestigungsmutter (2) mit 18 Nm verschrauben (Bild 37).
■ Kugelkopf (Pfeil) des Gestänges (1) auf die Motorkurbel aufdrücken (Bild 35).

■ Wischerrahmen mit Gestänge und Wischermotor einbauen.

Bei Fahrzeugen mit Kontaktschalter für Motorhaube F266 kann die Frontscheibenwaschanlage nur bei geschlossener Motorhaube in Betrieb genommen werden. Der Kontaktschalter ist abhängig von der Ausstattung und nicht in allen Fahrzeugen verbaut.

Spritzdüsen für Frontscheibenwaschanlage aus- und einbauen

Ausbau

■ Scheibenwischerarme mit Wischerblättern ausbauen.
■ Wasserkastenabdeckung ausbauen.
■ Falls vorhanden, Stecker für Beheizung der Spritzdüsen abziehen.
■ Sicherungsschellen hinausschieben und Wasserleitungen zu den Spritzdüsen (einschließlich Winkelstück) abziehen.
■ Auf die Spritzdüse drücken (Pfeil A, Bild 38), etwas hochklappen und nach oben abnehmen (Pfeil B).

Einbau

Der Einbau erfolgt in umgekehrter Reihenfolge, dabei ist Folgendes zu beachten:
■ Wasserleitung zu den Spritzdüsen in die Clips in der Wasserkastenabdeckung einclipsen.
■ Steckverbindungen für Spritzdüsenbeheizung in das Schutzgitter einclipsen.
■ Schläuche mit Winkelstücken müssen in die Anschlüsse an den Spritzdüsen hörbar einrasten.

Im Falle eines ungleichmäßigen Spritzfelds durch Verunreinigungen in der Spritzdüse die Düse ausbauen und entgegen der Spritzrichtung mit Wasser durchspülen. Das anschließende Durchblasen mit Druckluft entgegen Spritzrichtung ist zulässig.

Keine Gegenstände zum Reinigen der Spritzdüsen verwenden. Die Spritzdüsen werden optional mit oder ohne Beheizung montiert und können nicht eingestellt werden.

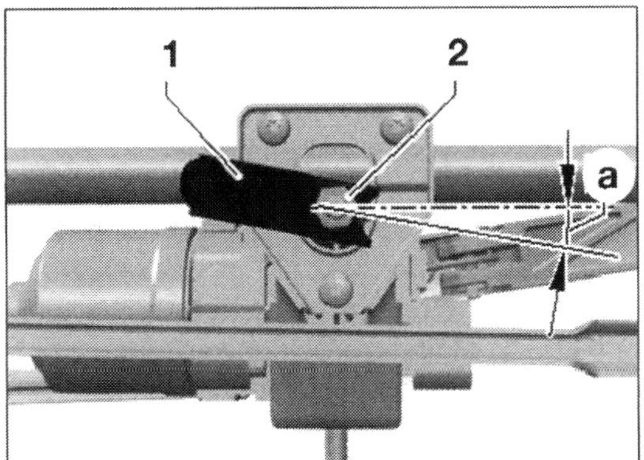

Bild 37

Bild 37
Wischermotor einbauen.
1 Motorkurbel.
2 Befestigungsmutter Motorkurbel mit Welle des Wischermotors.

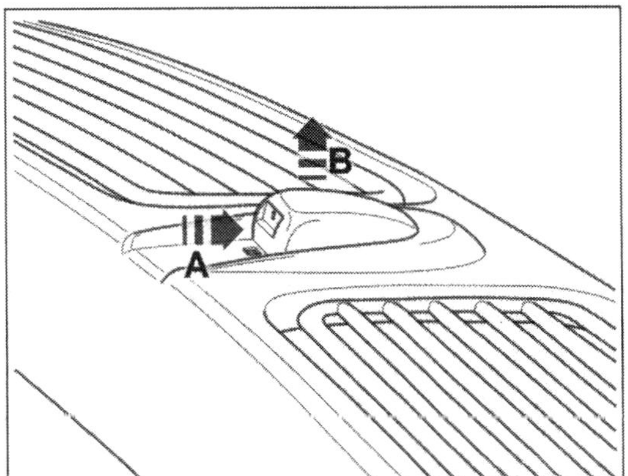

Bild 38

Bild 38
Ausbau der Spritzdüse in Pfeilrichtung

Frontscheibenwasch- und Heckscheibenwaschpumpe V59 sowie Pumpe für Scheinwerferreinigungsanlage V11 aus- und einbauen

Ausbau

■ Zündung und alle elektrischen Verbraucher ausschalten und den Zündschlüssel abziehen.
■ Radhausschale vorn rechts ausbauen.

Ausbau Pumpe V59

Um ein vertauschtes Anschließen der Waschwasserleitungen an die Frontscheibenwasch- und Heckscheibenwaschpumpe V59 zu verhindern, sind die Anschlüsse an Pumpe und Schlauchleitungen farblich codiert. Die Schlauchanschlussstücke sind bei der Montage jeweils auf die farblich entsprechenden Pumpenanschlüsse zu stecken.
■ Steckverbindung (5) für Pumpe V59 trennen.

■ Zum Entriegeln die Sicherungsclips (6) und (8) an den Schlauchverbindungen hochziehen und die Schlauchverbindungen von der Frontscheibenwasch- und Heckscheibenwaschpumpe V59 (7) abziehen. Auslaufende Flüssigkeit ggf. in einem geeigneten Gefäß auffangen.
■ Pumpe nach oben aus dem Behälter für Scheibenwasch- und Scheinwerferreinigungsanlage herausziehen (Bild 38).

Ausbau Pumpe V11
■ Steckverbindung (2) für Pumpe V11 trennen.
■ Pumpe für Scheinwerferreinigungsanlage V11 (4) nach oben aus dem Behälter herausziehen.
■ Den Sicherungsclip am Winkelanschlussstück (3) drücken und es von der Pumpe für Scheinwerferreinigungsanlage abziehen (Bild 39).

Einbau
■ Der Einbau erfolgt sinngemäß in umgekehrter Ausbaureihenfolge, dabei ist Folgendes zu beachten:
■ Nach Abschluss der Montagearbeiten muss die Scheinwerferreinigungsanlage entlüftet werden (spätere Anleitung).

Wir wenden uns nun der Heckscheibenwisch- und Heckscheibenwaschanlage zu, eröffnen mit einer Montageübersicht »Heckscheibenwischanlage« und zeigen danach die Reparaturabläufe für »Wischerarm aus- und einbauen«, »Motor für Heckscheibenwischer aus- und einbauen«, »Heckscheibenwischer-Endablage einstellen«, »Gelenkfreien Scheibenwischer aus- und einbauen« sowie »Spritzdüse ersetzen und einstellen«.

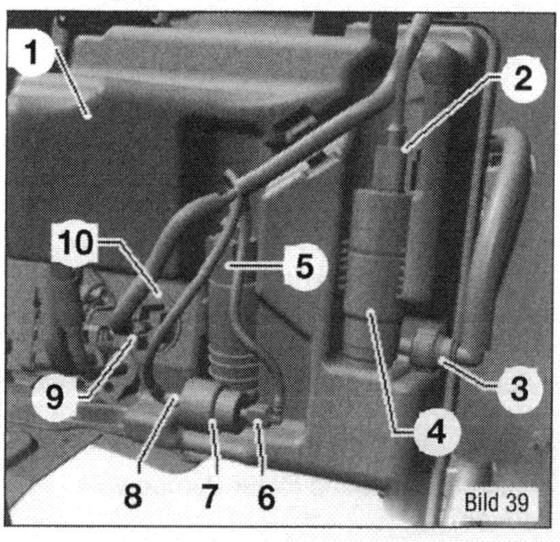

Bild 39

Bild 39
Frontscheibenwasch- und Heckscheibenwaschpumpe V59 (7) ausbauen.
1 Behälter für Scheibenwasch- und Scheinwerferreinigungsanlage.
2 Steckverbindung für Pumpe für Scheinwerferreinigungsanlage V11.
3 Winkelanschlussstück. Anschluss an Pumpe für Scheinwerferreinigungsanlage V11.
4 Pumpe für Scheinwerferreinigungsanlage V11.
5 Steckverbindung für Frontscheibenwasch- und Heckscheibenwaschpumpe V59.
6/8 Sicherungsclips zum Verriegeln der Schlauchverbindungen.

Wischerarm aus- und einbauen

Benötigte Werkzeuge:
- Drehmomentschlüssel (V.A.G 1331)

Ausbau
■ Wischer in Endablage laufen lassen (spätere Anleitung).
■ Abdeckkappe (1) des Heckscheibenwischers hochklappen und abclipsen. Die darunter liegende Befestigungsmutter (2) lösen, ohne sie ganz abzuschrauben (siehe Bild 40).
■ Wischerarm (3) hochklappen und durch seitliche Bewegungen vom Konus lösen. Dann die Befestigungsmutter (2) ganz abschrauben und den Wischerarm abnehmen (Bild 40).

Einbau
■ Heckscheibenwischer in Endablage stellen.
■ Die Befestigungsmutter des Wischerarms wird erst nach dem Einstellen der Scheibenwischerblätter-Endablage mit 12 Nm festgezogen.

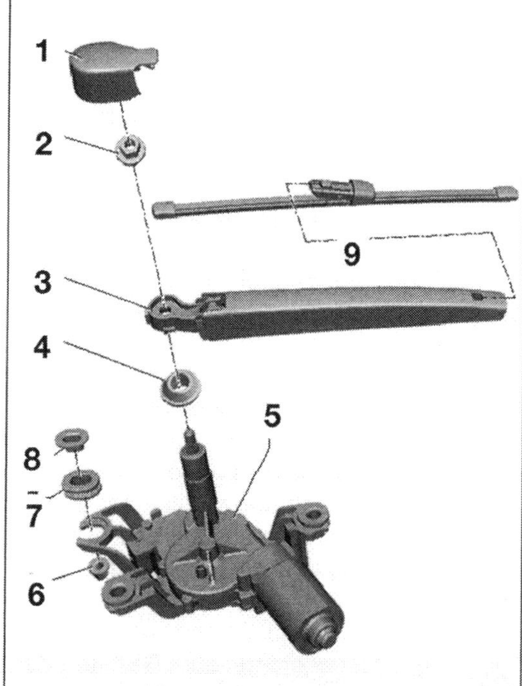

Bild 40

Bild 40
Montageübersicht »Heckscheibenwischanlage«.
1 Abdeckkappe.
2 Befestigungsmutter Wischerarm an Motorwelle (12 Nm).
3 Wischerarm.
4 Dichtung in der Heckscheibe.
5 Motor für Heckscheibenwischer V12.
6 Befestigungsmutter M6 mit Scheibe (8 Nm).
7 Gummiring.
8 Distanzstück.
9 Gelenkfreier Scheibenwischer.

Heckscheibenwischer-Endablage einstellen

Arbeitsablauf

■ Wischer in die Endablage laufen lassen und anschließend die Zündung ausschalten. Nun kann die Einstellung der Scheibenwischerblätter-Endablage vorgenommen werden.

■ Der Abstand zwischen der Spitze des Wischergummis und der Scheibenunterkante muss 30 ± 2 mm (Kombi 25 ± 2 mm) betragen. Ggf. die Scheibenwischerblätter-Endablage durch Versetzen des Wischerarms einstellen (d. h. »Wischerarm aus- und einbauen«).

■ Schraubverbindung Wischerarm an Motorwelle mit 12 Nm anziehen.

Gelenkfreien Scheibenwischer aus- und einbauen

Ausbau

■ Wischerarm (2) hochklappen.

■ Taste (1) drücken und das Wischerblatt (3) in Pfeilrichtung schieben (Bild 42).

Einbau

■ Der Einbau erfolgt sinngemäß in umgekehrter Ausbaureihenfolge.

⚠ Die gelenkfreien Scheibenwischer sind sehr flexibel. Wischerblatt nur im Bereich der Wischerblattbefestigung anfassen, um es von der Heckscheibe abzuheben.

Motor für Heckscheibenwischer V12 aus- und einbauen

Benötigte Werkzeuge:

- Drehmomentschlüssel (V.A.G 1331)

Ausbau

■ Wischerarm ausbauen.

■ Verkleidung der Heckklappe ausbauen.

■ Steckverbindung (1) trennen und die Befestigungsmuttern (Pfeile) abschrauben. Dann den Motor für Heckscheibenwischer vorsichtig von der Heckklappe abziehen (Bild 43).

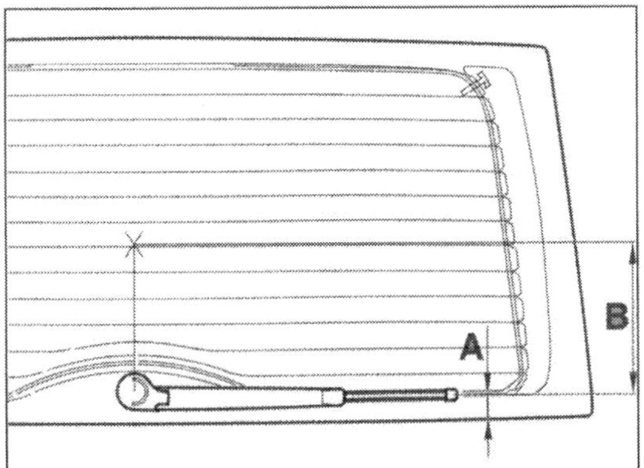

Bild 41

Bild 41
Einstellungen für den Heckwischer
A Einstellung Wischerblatt
B Einstellung Spritzdüse

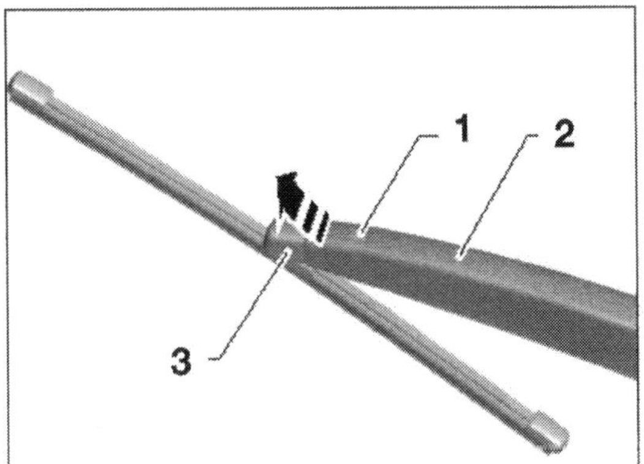

Bild 42

Bild 42
Scheibenwischer aus- und einbauen.
1 Taste.
2 Wischerarm.
3 Wischerblatt.

Einbau

■ Der Einbau erfolgt sinngemäß in umgekehrter Ausbaureihenfolge, dabei ist Folgendes zu beachten:

■ Korrekten Sitz der Dichtung in der Öffnung der Heckscheibe kontrollieren. Die Markierung (1) der Dichtung muss mit der Markierung (2) der Heckscheibe übereinstimmen (Bild 44).

■ Scheibenwischer-Endablage prüfen.

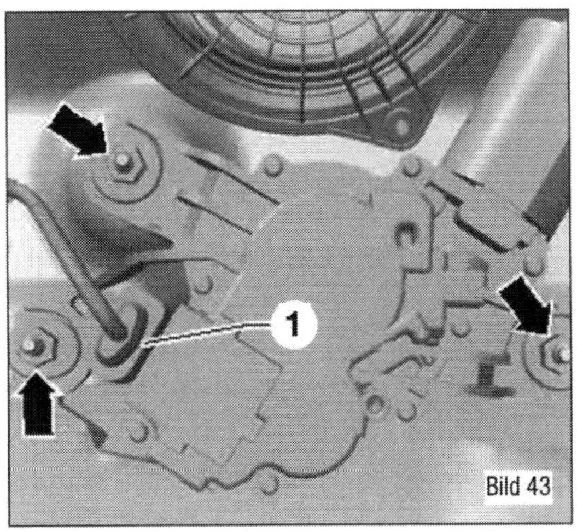

Bild 43

Bild 43
Motor für Heckscheibenwischer ausbauen.
(1) Steckverbindung.
Pfeile = Befestigungsmuttern Motor an Heckklappe.

Bild 44
Motor für Heckscheibenwischer einbauen. Korrekten Sitz der Dichtung in der Heckscheibe prüfen. (1) und (2) Markierungen der Dichtung bzw. der Heckscheibe.

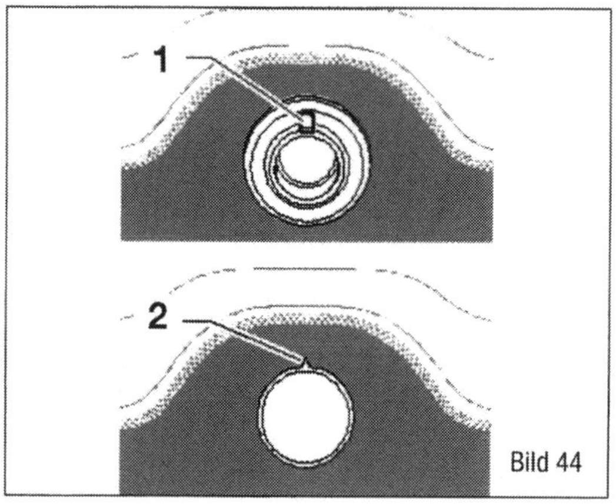

Bild 44

Spritzdüse der Heckscheibenwaschanlage ersetzen und einstellen

Ausbau

■ Abdeckkappe vom Heckscheibenwischer abklappen.
■ Spritzdüse mit einer geeigneten Zange vorsichtig in Pfeilrichtung herausziehen.

Einbau

■ Wischer in Endstellung laufen lassen.
■ Spritzdüse bis zum Anschlag in die Wischerarmwelle einschieben, so dass die Spritzdüsenöffnung senkrecht nach oben zeigt.

Einstellen

■ Die Spritzstrahlen sollten bei stehendem Fahrzeug auf die Heckscheibe laut Abbildung auftreffen. Der Wert (a) beträgt 200 mm. Das Kreuz (1) zeigt den Flüssigkeitsauftreffpunkt an (Bild 45).

Bild 45
Punkt B zeigt den Auftreffpunkt für den Strahl der Spritzdüse
A Einstellung Wischerblatt

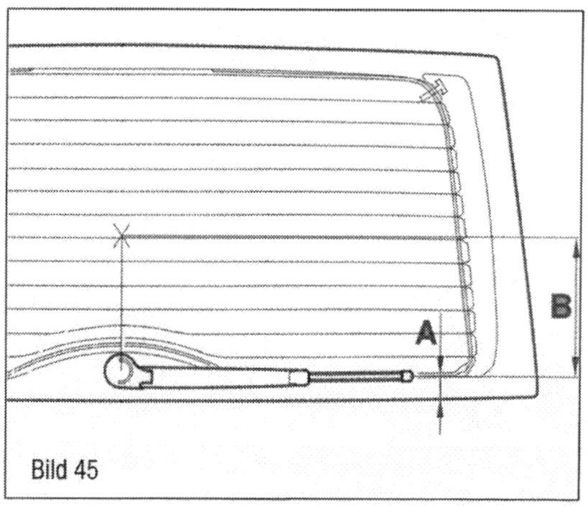

Bild 45

Im Falle eines ungleichmäßigen Spritzfelds durch Verunreinigungen in der Spritzdüse die Düse ausbauen und entgegen der Spritzrichtung mit Wasser durchspülen. Das anschließende Durchblasen mit Druckluft entgegen Spritzrichtung ist zulässig. Keine Gegenstände zur Reinigung der Spritzdüse verwenden.
Zum Abschluss dieses Abschnitts widmen wir uns kurz der Scheinwerferreinigungsanlage.

Pumpe für Scheinwerferreinigungsanlage V11 aus- und einbauen

Siehe Seite 204.

Scheinwerferreinigungsanlage entlüften

Nach Montagearbeiten oder bei Erstinbetriebnahme muss die Scheinwerferreinigungsanlage entlüftet werden, um die einwandfreie Funktion von Hubzylindern und Spritzdüsen sicherzustellen.

Arbeitsablauf

■ Behälter für Scheibenwasch- und Scheinwerferreinigungsanlage auffüllen.
■ Motor starten und die Scheinwerfer auf »EIN« stellen.
■ Scheinwerferreinigungsanlage mehrmals betätigen (3-5 Impulse für je 3 Sekunden Dauer). Diesen Entlüftungsvorgang ggf. wiederholen, bis die einwandfreie Funktion von Hubzylindern und Spritzdüsen erreicht ist. Die Arbeiten »Hubzylinder für Spritzdüsen aus- und einbauen«, »Spritzdüsenhalter aus- und einbauen« sowie »Düseneinstellung prüfen, ggf. einstellen« sollten einer Fachwerkstatt überlassen werden.

Im letzten Abschnitt dieses Kapitels wenden wir uns der Außenbeleuchtung des Fabia zu, demonstrieren jedoch nur Anleitungen zum Aus- und Einbau von Scheinwerfer, Nebelscheinwerfer, Schlussleuchte, Kennzeichenleuchte sowie hochgesetzter Bremsleuchte. Der Wechsel der Lampen wird ausführlich in der Bedienungsanleitung zum Fabia sowie im Band 273 »Skoda Fabia ab 2007« unserer Buchreihe »Jetzt helfe ich mir selbst« beschrieben.

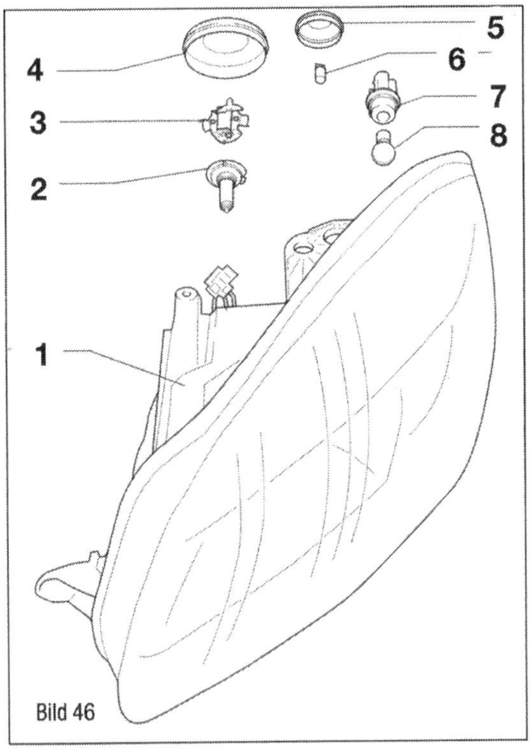

Bild 46

Bild 46
1 Scheinwerfergehäuse
2 Glühlampe für Abblend- und Fernlicht
3 Befestigung Glühlampe
4 Gummiabdeckkappe
5 Gummiabdeckkappe
6 Glühlampe für Standlicht
7 Lampenfassung für Standlicht
8 Glühlampe für Standlicht

Scheinwerfer aus- und einbauen

Der Aus- und Einbau wird am Beispiel des linken Scheinwerfers dargestellt. Der Aus- und Einbau des rechten Scheinwerfers ist identisch.

Ausbau
- Zündung und alle elektrischen Verbraucher ausschalten.
- Stoßfänger vorn ausbauen.
- Die zwei Schrauben unten (5 Nm) und Schraube oben (3,5 Nm) (Pfeile in Bild 47) herausschrauben.
- Steckverbindungen am Scheinwerfer trennen und Scheinwerfer vorsichtig nach vorn herausnehmen.

Einbau
Der Einbau erfolgt in umgekehrter Reihenfolge, dabei ist Folgendes zu beachten:
- Scheinwerfer nach den Konturen der Karosserie ausrichten (Spaltmaße einhalten) und leicht befestigen.
- Durch Drehen der Einstellelemente (Pfeil links und oben) wird der Scheinwerfer verschoben und hierdurch auch in die umliegenden Karosserieteile eingepasst.
- Scheinwerfer einstellen.

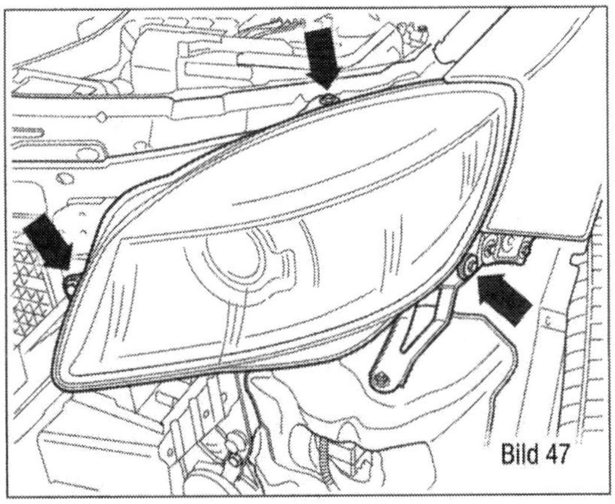
Bild 47

Bild 47
Befestigungspunkte des Schweinwerfers

Scheinwerfer einstellen

Zur exakten Einstellung der Scheinwerfer ist ein Scheinwerfer-Einstellgerät (VAS 5046) zu benutzen. Diese Arbeit sollte in einer Werkstatt vorgenommen werden.

Nebelscheinwerfer aus- und einbauen

Die Ausführungen der Nebelscheinwerfer unterscheiden sich je nach Baujahr des Fabia. Daher beschreiben wir nachfolgend die Arbeiten für Fahrzeug bis Modelljahr 2010 und ab Modelljahr 2011.

Ausbau – bis Modelljahr 2010
Abdeckung neben dem Nebelscheinwerfer (Abbiegelicht) aus dem Stoßfänger vorsichtig ausclipsen.
- Schrauben (Pfeile Bild 48) herausdrehen (2 Nm).
- Nebelscheinwerfer herausnehmen.
- Steckverbindung trennen.

Einbau – bis Modelljahr 2010
- Der Einbau erfolgt in umgekehrter Reihenfolge.

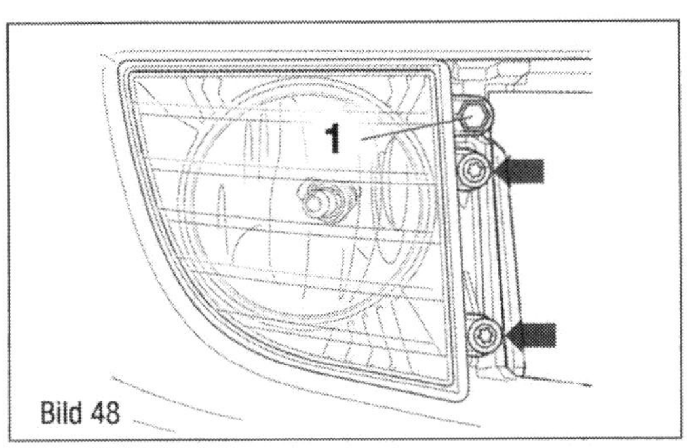

Bild 48

Bild 48
Befestigungspunkte des Scheinwerfers
1 Einstellschraube

Ausbau – ab Modelljahr 2011

■ Zündung und alle elektrischen Verbraucher ausschalten.

■ Abdeckung neben dem Nebelscheinwerfer aus dem Stoßfänger ausclipsen (Pfeile Bild 49).

■ Von innen die Verrastung (Pfeil) drücken, Nebelscheinwerfer ausschwenken und herausnehmen.

■ Steckverbindung trennen.

Einbau – ab Modelljahr 2011

■ Steckverbindung aufstecken und Scheinwerfer in die Montageöffnung im Stoßfänger einrasten.

■ Stoßfängerabdeckung einclipsen.

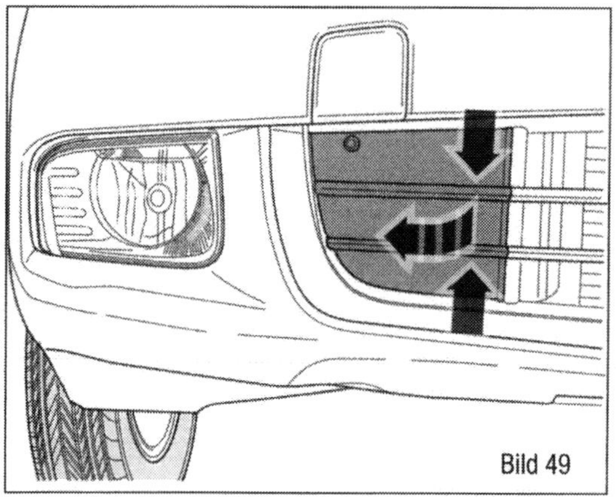

Bild 49

Bild 49,
Ausclipsen der Abdeckung

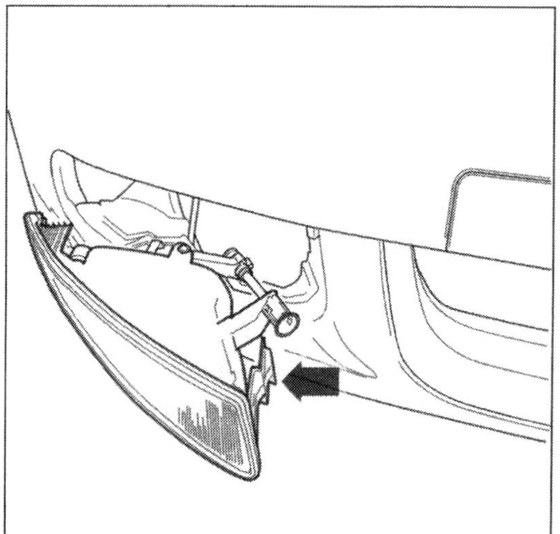

Bild 50

Bild 50
Verrastung am Nebelscheinwerfer

Nebelscheinwerfer einstellen

Zur exakten Einstellung der Scheinwerfer ist ein Scheinwerfer-Einstellgerät (VAS 5046) zu benutzen. Diese Arbeit sollte in einer Werkstatt vorgenommen werden.

Schlussleuchte aus- und einbauen

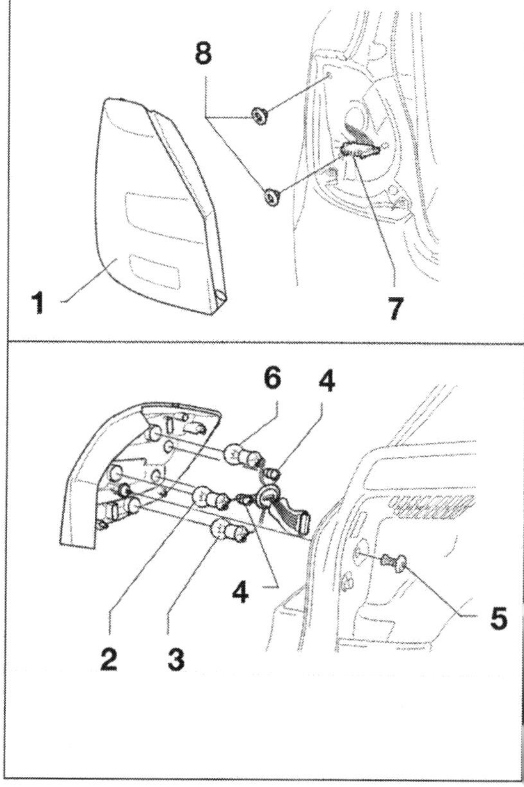

Bild 51

Bild 51
1 Schlussleuchtengehäuse
2 Glühlampe für Blinklicht (12V/21W)
3 linke Seite: Glühlampe für Nebelschlussleuchte, rechte Seite: Glühlampe für Rückfahrlicht (12V/21W)
4 Glühlampen für Standlicht (12V/5W)
5 Befestigungsmuttern 2,5 Nm
6 Glühlampe für Bremslicht (12V/21W)
7 Stecker
8 Halteteil

Ausbau

■ Zündung und alle elektrischen Verbraucher ausschalten.

■ Schraube (5, Bild 51) herausdrehen (2,5 Nm) und Lampe vorsichtig herausnehmen.

■ Faltenbalg herausnehmen und Steckverbindung (7) trennen.

Einbau

■ Der Einbau erfolgt in umgekehrter Reihenfolge.

Kennzeichenleuchte aus- und einbauen

Ausbau

■ Zündung und alle elektrischen Verbraucher ausschalten.

■ Befestigungsschrauben (Pfeile, Bild 52) in der Lichtaustrittsscheibe gleichmäßig herausdrehen (0,5 Nm).

■ Leuchte entnehmen.

■ Glühlampe (C5W) aus der Klemmhülse entnehmen.

Einbau
■ Der Einbau erfolgt in umgekehrter Reihenfolge.

Hochgesetzte Bremsleuchte aus- und einbauen

⚠ Bei der hochgesetzten Bremsleuchte muss grundsätzlich zwischen den beiden Karosserievarianten Hatchback (Limousine) und Combi unterschieden werden. Die Vorgehensweise ist hier grundlegend anders.

⚠ Bei beiden Karosserievarianten sind die Leuchtleisten mit Leuchtdioden bestückt. Diese können nicht einzeln ausgetauscht werden. Im Falle eines Defektes muss die gesamte Bremsleuchte ersetzt werden.

Ausbau – Hatchback (Bilder 53 und 54)
■ Zündung und alle elektrischen Verbraucher ausschalten.
■ Leuchte etwas nach unten drücken (Pfeil) und Clips aus den Öffnungen in der Heckklappe aushaken (Detail).
■ Leuchte zur Seite umklappen und ausclipsen.
■ Stecker abziehen.
■ Rastnasen (1) abdrücken und Leuchtleiste (2) nach oben herausnehmen (Pfeile).

Einbau – Hatchback
■ Der Einbau erfolgt in umgekehrter Reihenfolge.

Ausbau – Combi (Bilder 55 und 56)
■ Zündung und alle elektrischen Verbraucher ausschalten.
■ Heckklappe öffnen und Gummistopfen aus der Öffnung unterhalb der hochgesetzten Bremsleuchte herausnehmen.
■ Schraubendreher in die Öffnung einsetzen, an der Nase (1) der Arretierleiste (2) abstützen und Arretierleiste nach rechts (Pfeil) schieben.

⚠ Die Arretierleiste wird durch Verschieben gelöst und fällt in die Montageöffnung in der Heckklappe ab. Dadurch werden zugleich die Blechschellen (3) gelöst, die auch beim Herausnehmen der Leuchte in die Montageöffnung abfallen. Die Dichtung beim Herausnehmen der Leuchte nicht beschädigen.
■ Leuchte von außen mit Demontagekeil 3409 vorsichtig aus der Montageöffnung in der Heckklappe lösen.
■ Steckverbindung trennen.
■ Arretierleiste (2) und Blechschellen (3) aus der Montageöffnung herausnehmen.

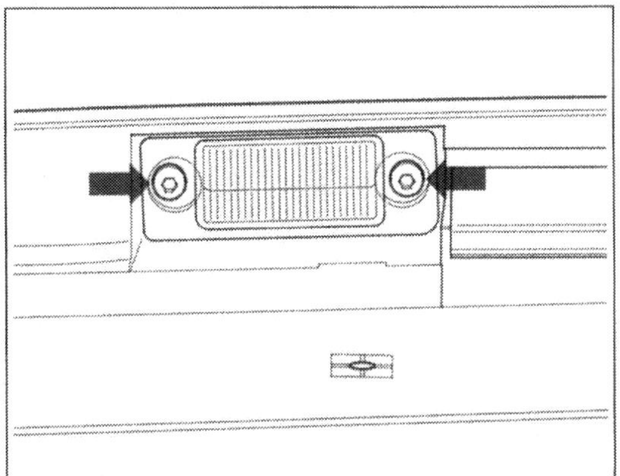
Bild 52

Bild 52
Verschraubung der Kennzeichenleuchten

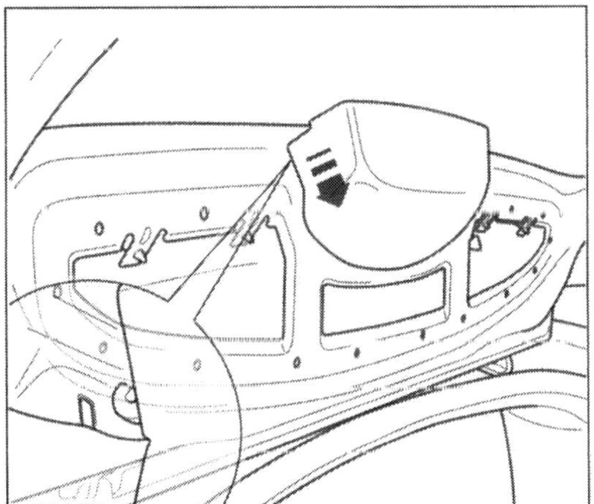
Bild 53

Bild 53
Leuchte in Pfeilrichtung ausclipsen

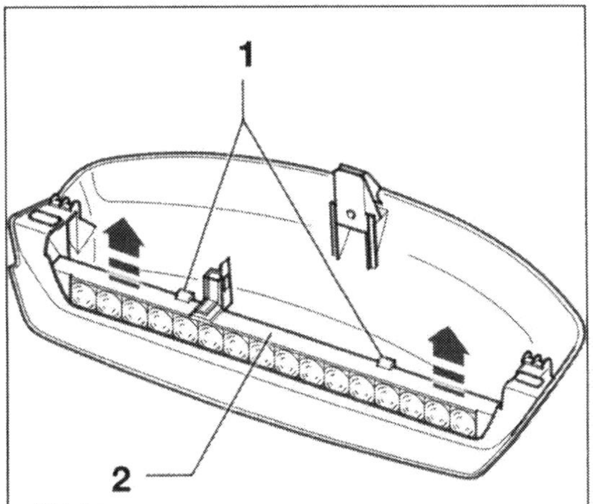

Bild 54

Bild 54
1 Rastnasen
2 Leuchtleiste

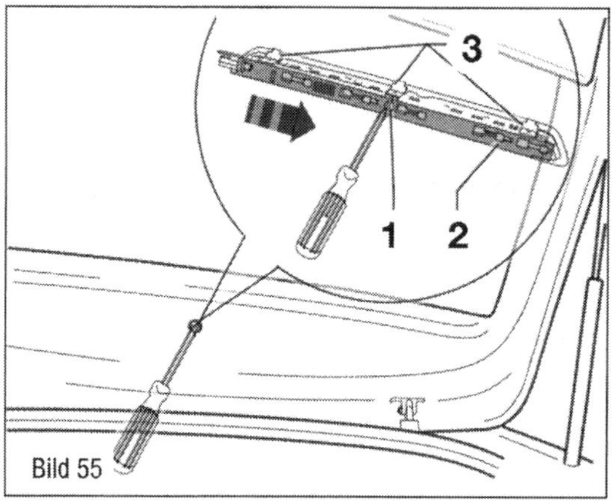

Bild 55

Bild 55
Ausbau der Leuchte
1 Nase
2 Arretierleiste
3 Blechschellen

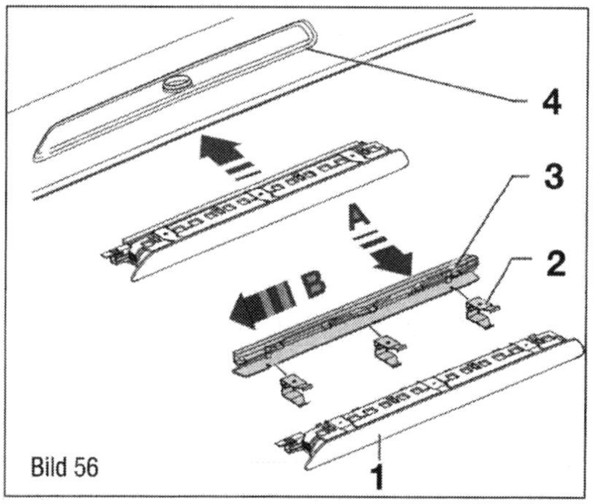

Bild 56

Bild 56
Zusammenbau der Leuchte in Pfeilrichtung
2 Blechschellen
3 Arretierleiste
4 Einbaurahmen

Einbau – Combi

- Blechschellen (2) zurück auf die Bremsleuchte aufstecken und mit Arretierleiste (3) sichern (Pfeil A).

⚠ Blechschellen müssen so aufgesetzt werden, dass die Nasen an den Schellenenden unter die Kante am Glas der Bremsleuchte eingreifen (wenn die Schellen richtig aufgesetzt sind, federn sie beim Zusammendrücken).

- Arretierleiste durch Verschieben zum Anschluss für Steckverbindung (Pfeil B) sichern.
- Steckverbindung aufstecken.
- Wird die ursprüngliche Leuchte eingebaut, Sicherheit und richtige Lage der umlaufenden Dichtung prüfen.
- Zusammengebaute Bremsleuchte in den Einbaurahmen (4) in der Heckklappe einclipsen.
- Funktionsprüfung durchführen.

15 Stromlaufpläne, Relais und Sicherungen

Tipps zum Umgang mit Stromlaufplänen
Die Bordelektrik wird in Aufbau und Vernetzung durch Stromlaufpläne (auch Schaltpläne genannt) dargestellt, die für den Fabia in gedruckter Form mehrere hundert Seiten umfassen, also einen Ordner von beträchtlichem Umfang füllen. Das Schaltplanangebot enthält neben den einzelnen Stromlaufplänen für die Grundausstattung, die Elektrik für jeden einzelnen Motor bis hin zu Sonderausstattungen (z. B. für Climatronic, Einparkhilfe u. a.) auch die zeitlichen Überarbeitungen. Es macht aus sachlicher Sicht keinen Sinn, einige wenige Stromlaufpläne aus der Fülle der vorhandenen Schaltpläne herauszugreifen und in diesem Ratgeber darzustellen, ganz abgesehen davon, dass der begrenzte Umfang des Buches dafür keinen Raum gibt. Wer bei der Arbeit an einer Baugruppe den jeweiligen Schaltplan zugrunde legen möchte, muss ihn direkt bestellen und kaufen über https://erwin.skoda-auto.cz. Für den Umgang mit den Schaltplänen vermitteln wir im Folgenden Angaben zum Aufbau der Stromlaufpläne (Bild 1), eine Erläuterung der Symbole in den Stromlaufplänen (Bild 2), listen in einer Tabelle die Klemmenbezeichnungen auf (Bild 3) und bringen abschließend eine Übersicht der Schaltzeichen für Stromlaufpläne (Bild 4).

A - Batterie
B - Anlasser
D - Zündanlassschalter
J519 - Steuergerät für Bordnetz
T3a - Steckverbindung, 3-fach, im Wasserkasten (grau)
T8b - Steckverbindung, 8-fach, am Steuergerät für Bordnetz (braun)
(11) Massepunkt, im Motorraum links
(A1) Plusverbindung (30a), im Schalttafelleitungsstrang
(P1) Plusverbindung (30), im Sicherungs kasten

Legende
In allen Stromlaufplänen werden für gleiche Bauteile die gleichen Teile-Bezeichnungen verwendet, z.B. immer A für Batterie.

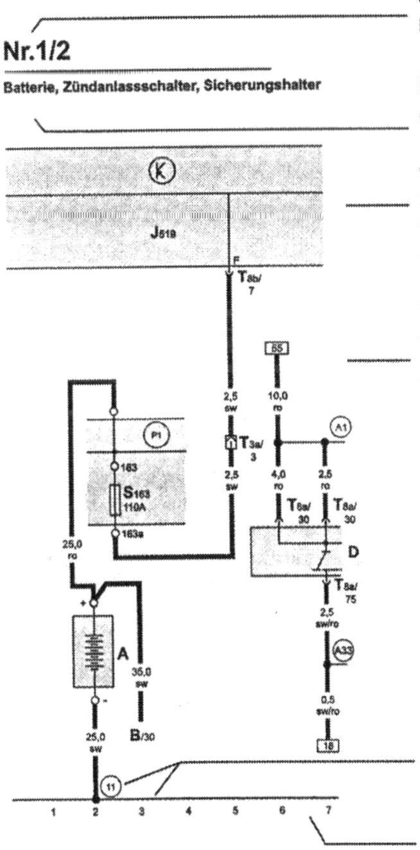

Schaltungskomplex (funktionsorientiert mit fortlaufender Nr.)

Bezeichnung der auf dieser Seite dargestellten Stromkreise

J519 – Steuergerät für Bordnetz durch graues Feld gekennzeichnet (weiter wird dieses Steuergerät in den Stromlaufplänen nicht mehr bezeichnet)

Verbraucherstromkreise mit Leitungsführung
Alle Schalter und Kontakte sind in mechanischer Ruhestellung gekennzeichnet

Schlüssel für Leitungsfarben

ws = weiß	bl = blau
sw = schwarz	gr = grau
ro = rot	li = lila
br = braun	ge = gelb
gn = grün	or = orange

Fahrzeugmasse
Zahlen in den Kreisen kennzeichnen den Einbauort (siehe Legende)

Strompfad-Nr.
Zum leichteren Auffinden der Verknüpfungen

Bild 1

Bild 1 Aufbau der Stromlaufpläne.

Bild 2

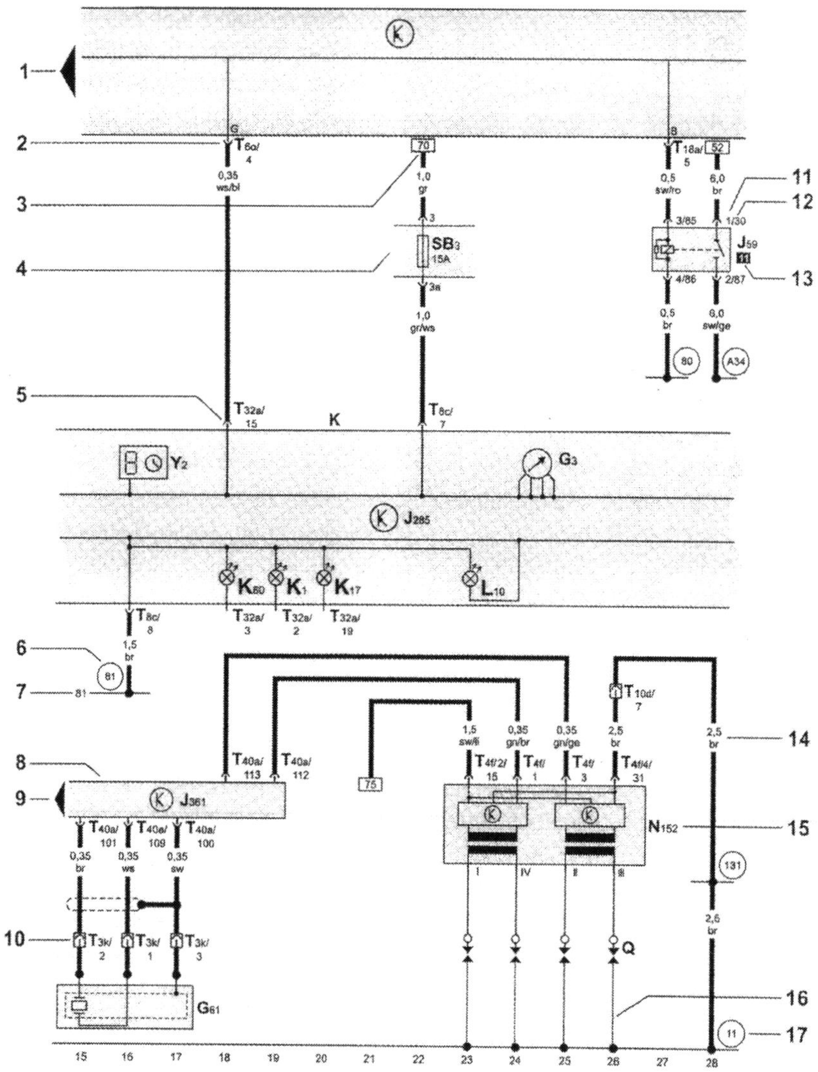

Bild 2

Bild 2

Erläuterung der Symbole in den Stromlaufplänen.

1 Der Pfeil weist auf den nächsten zum Stromlaufplan gehörenden Stromkreis hin.

2 Bezeichnung einer Steckverbindung am Steuergerät für Bordnetz. Gibt die Belegung einer Mehrfachsteckverbindung mit einer Leitung an, z. B. T60/4 - Steckverbindung T60, 6-fach, Kontakt 4.

3 Verweis auf Weiterführung der Leitung. Die Zahl im Rahmen kennzeichnet, in welchem Strompfad die Leitung weitergeführt wird.

4 Bezeichnung einer Sicherung, z. B. Sicherung Nr. 3 (15A) im Sicherungshalter.

5 Bezeichnung einer Steckverbindung an einem Bauteil. Gibt die Bezeichnung der Mehrfachsteckverbindung, die Anzahl der Kontakte und die belegte Kontaktnummer an, z. B. T32a/15 - Mehrfachsteckverbindung T32a, 32-fach, Kontakt 15.

6 Bezeichnung für Verbindung im Leitungsstrang. Die Legende zum Stromlaufplan gibt Auskunft, in welchem Leitungsstrang sich diese nicht lösbare Verbindung (Leitungsschweißpunkt) befindet.

7 Verweis auf Weiterführung der internen Verbindung. Die Zahl kennzeichnet, wo im nächsten Stromlaufplanteil die Verbindung weitergeführt wird.

8 Schaltzeichen für ein Bauteil (siehe Bild 3).

9 Der Pfeil weist auf die Fortsetzung des Bauteils im nächsten Stromlaufplan hin.

10 Bezeichnung einer Steckverbindung im Leitungsstrang. Gibt die Bezeichnung der Mehrfachsteckverbindung, die Anzahl der Kontakte und die belegte Kontaktnummer an, z. B. T3k/2 – Mehrfachsteckverbindung T3k, 3-fach, Kontakt 2.

11 Bezeichnung einer Anschlussklemme. Klemmenbezeichnung, die auf dem Originalteil zu finden ist und/oder Kontaktnummer einer Mehrfachsteckverbindung.

12 Bezeichnung der Verbindung - am Zusatzrelaishalter. Sie kennzeichnet den einzelnen Kontakt von Relais, z. B. 30 = Kontakt 30 am Relais.

13 Relaisplatz-Bezeichnung – am Zusatzrelaishalter.

14 Leitungsquerschnitt (mm²) und Leitungsfarbe (die Abkürzungen werden im Schlüssel für Leitungsfarben neben dem Stromlaufplan erläutert).

15 Teile-Bezeichnung. In der Legende zum Stromlaufplan wird erläutert, wie das Teil heißt.

16 Interne Verbindung (dünner Strich). Diese Verbindung ist nicht als Leitung vorhanden. Interne Verbindungen sind jedoch elektrisch leitende Verbindungen. Sie ermöglichen die Verfolgung des Stromverlaufes innerhalb von Bauteilen und Leitungssträngen.

17 Bezeichnung eines Massepunktes. Die Legende zum Stromlaufplan weist auf die Lage des Massepunktes im Fahrzeug hin.

Bild 3

Klemmenbezeichnungen

Klemme	Bedeutung
15	Geschaltetes Plus hinter Batterie (Ausgangskontakt vom Zündanlassschalter)
15a	Geschaltetes Plus vom Zündanlassschalter (hinter der Sicherung)
30	Ausgang direkt von Batterie Plus
30a	Ausgang direkt von Batterie Plus (hinter der Sicherung)
30al	Ausgeschaltetes Plus von Steuergerät für Bordnetz für Innenleuchte
31	Batterie Minus, oder Fahrzeugmasse
50	Ausgangskontakt vom Zündanlassschalter für Anlasser
54	Bremsleuchten
56	Ausgang von Lichtschalter für Abblendlicht und Fernlicht
56a	Fernlicht
56aL	Fernlicht links
56aR	Fernlicht rechts
56b	Abblendlicht
56bL	Abblendlicht links
56bR	Abblendlicht rechts
58	Stand-und Schlusslicht, Kennzeichenleuchte
58d	Beleuchtung von Schaltern und Schalttafeleinsatz (Beleuchtungsintensität einstellen)
58L	Standlicht, Schlusslicht und Parklicht links
58R	Standlicht, Schlusslicht und Parklicht rechts
71	Eingang für Signalhorn
75	Ausgangskontakt vom Zündanlassschalter für Ausschalten von Verbrauchern für Entlastung der Batterie beim Anlassen
75a	Ausgeschaltetes Plus hinter dem Relais für Entlastung der Batterie beim Anlassen (hinter der Sicherung)
86s	Ausgeschaltetes Plus durch Zündanlassschalter beim vollständigen Herausziehen des Schlüssels aus dem Zündanlassschalter
87	Ausgangskontakt vom Kraftstoffpumpenrelais oder vom Relais für Dieseldirekteinspritzanlage
87a	Ausgangskontakt vom Kraftstoffpumpenrelais oder vom Relais für Dieseldirekteinspritzanlage hinter der Sicherung
CAN - H, Antrieb CAN - L, Antrieb	Datenbus zwischen Steuergeräte von Antrieb (Motor, autom. Getriebe, ABS, Diagnose-Interface für Datenbus,...)
CAN - H, Komfort CAN - L, Komfort	Komfort Datenbus zwischen Steuergeräte von Komfortelektrik (Türsteuergeräte, Climatic, Steuergerät für Bordnetz, Diagnose-Interface für Datenbus,...)
CANH - KI CANL - KI	Datenbus zwischen Schalttafeleinsatz und Diagnose-Interface für Datenbus
CAN - H, Infotainment CAN - L, Infotainment	Datenbus zwischen Diagnose-Interface für Datenbus und Radio, Verstärker,...
LIN - Bus	Datenbus zwischen Steuergerät für Bordnetz, Steuergerät für Wischermotor,...
K-Leitung	Diagnoseleitung zwischen Steuergeräte Bild 3

Schaltzeichen für Stromlaufpläne

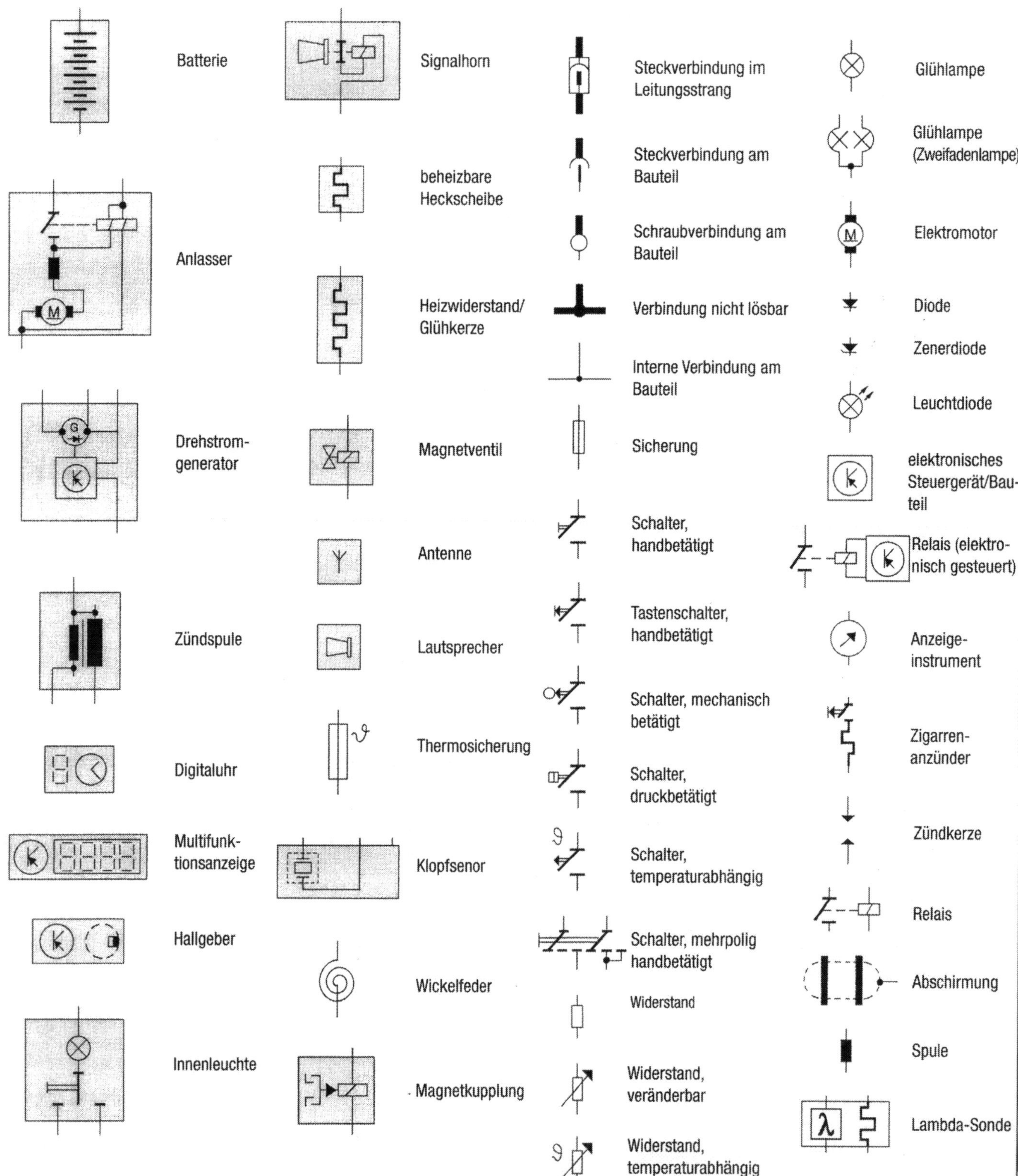

Bild 4

Der Massekontakt

Metallteile, in der Autoelektrik als Masse bezeichnet, können elektrischen Strom leiten. Man erspart sich die langen Kabel für die Rückleitung des Stroms zum Minuspol der Batterie und überlässt diese Aufgabe der Masse. Wenn ein Verbraucher nicht funktioniert, liegt das häufig an fehlender Masseverbindung. Der Kontakt zur Fahrzeugmasse wird dann auf Umwegen hergestellt, wodurch das elektrische System gestört wird. Massepunkte befinden sich im Motorraum sowie im Innen- und im Kofferraum.

Sicherungshalter und Relaisträger

Der Fabia verfügt im Wesentlichen über drei Sicherungshalter und einen Relaisträger. Sicherungshalter A und C sitzen auf der Batterie im Motorraum (Bild 5), Sicherungshalter B ist unter der Schalttafel Fahrerseite angeordnet (Bild 6). Der Relaisträger (15fach) befindet sich ebenfalls unter der Schalttafel Fahrerseite (Bild 6). Aus- und Einbau des Sicherungskastens auf der Batterie haben wir im Kapitel 14 beschrieben (»Batterie aus- und einbauen«).

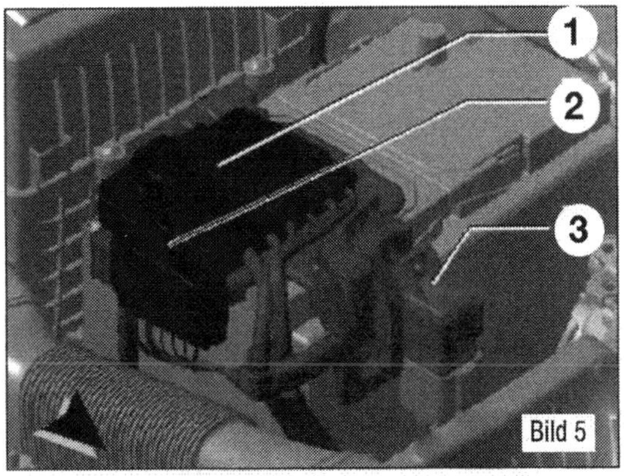

Bild 5
1 Sicherungshalter A (SA).
2 Sicherungshalter C (SC).
3 Steuergerät für Glühzeitautomatik J179.

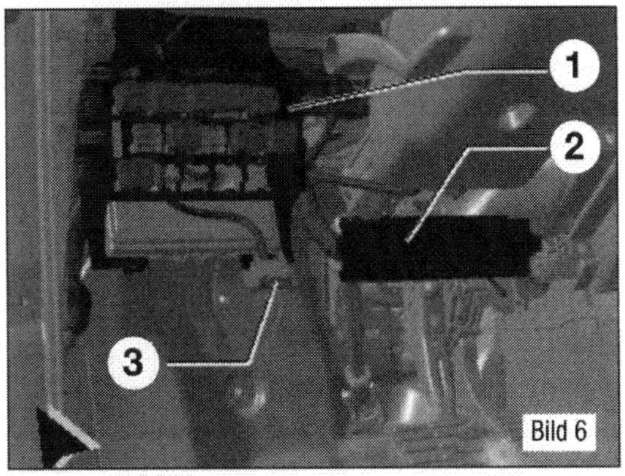

Bild 6
1 Relaisträger.
2 Sicherungshalter B (SB).
3 Diagnosestecker (T16b).

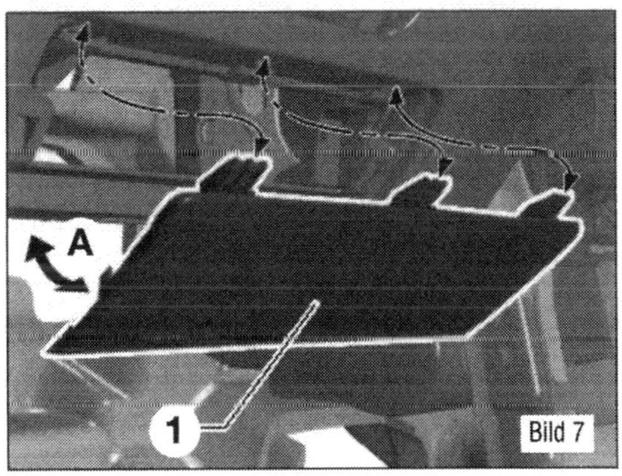

Bild 7
Abdeckung (1) des Sicherungskastens in der Schalttafel links ausbauen.

16 Technische Daten

Die Motorenübersicht (Stand 12/2010)

Benziner

Motorkennbuchstaben	***BBM***	***BZG***	***BZG***	***BTS***	***CEVA***
Abgasnorm	EU4, EU2 DDK	EU4, EU2 DDK	EU4, EU2 DDK	EU4, EU2 DDK	EU3
Fertigung (von...bis)	12.06…05.09	01.07…05.09	02.07…03.10	04.07…	03.08…
Hubraum in Liter	1,2	1,2	1,4	1,6	1,2
Leistung (kW bei 1/min)	44/5200	51/5400	63/5000	77/5600	51/5400
Max. Drehmoment (Nm bei 1/min)	108/3000	112/3000	132/3800	153/3800	108/3000
Bohrung (Ømm)	76,5	76,5	76,5	76,5	76,5
Hub (mm)	86,9	86,9	75,6	86,9	86,9
Verdichtung	10,3	10,5	10,5	10,5	9,5
Hydraulischer Ventilspielausgleich	X	X	X	X	X
Gemischaufbereitung Zündung/Einspritzung	Simos 9.1	Simos 9.1	Magneti Marelli 4HV	Motronic ME 7.5.20	Simos 9
Kraftstoff ROZ (mindestens)	95/91	95/91	95/91	95/91	91/87
Zündfolge	1-2-3	1-2-3	1-3-4-2	1-3-4-2	1-2-3
Abgasrückführung	-	-	-	-	-
Eigendiagnose	X	X	X	X	X
Katalysator	X	X	X	X	X
Aufladung	-	-	-	-	-
Ladeluftkühlung	-	-	-	-	-
Lambdasonde	X	X	X	X	X
Nockenwellenverstellung	-	-	-	-	-
Zylinderanzahl / Ventile pro Zylinder	3/2	3/4	4/4	4/4	3/4

Motorkennbuchstaben	***CHFA***		***CGPA***		***CGGB***	***CBZA***	***CBZB***
Abgasnorm	EU4, EU2 DDK	EU5	EU4, EU2 DDK	EU5, EU2 DDK	EU5	EU5	EU5
Fertigung (von...bis)	05.09…03.10	03.10..	05.09…03.10	03.10..	03.10..	04.10…	04.10…
Hubraum in Liter	1,2		1,2		1,4	1,2	1,2
Leistung (kW bei 1/min)	44/5200		51/5400		63/5000	63/4800	77/5000
Max. Drehmoment (Nm bei 1/min)	108/3000		112/3000		132/3800	63/1500 - 3500	63/1550 - 4100
Bohrung (Ø mm)	76,5		76,5		76,5	71	71
Hub (mm)	86,9		86,9		75,6	75,6	75,6
Verdichtung	10,3		10,5		10,5	10	10
Hydraulischer Ventilspielausgleich	X		X		X	X	X
Gemischaufbereitung Zündung/Einspritzung	Simos 9.1	Simos 3PG	Simos 9.1	Simos 3PG	Magneti Marelli 4HV	Simos 10	Simos 10
Kraftstoff ROZ (mindestens)	95/91		95/91		95/91	95/91	95/91

→

Motorkennbuchstaben	*CHFA*	*CGPA*	*CGGB*	*CBZA*	*CBZB*
Zündfolge	1-2-3	1-2-3	1-3-4-2	1-3-4-2	1-3-4-2
Abgasrückführung	-	-	-	-	-
Eigendiagnose	X	X	X	X	X
Katalysator	X	X	X	X	X
Aufladung	-	-	-	X	X
Ladeluftkühlung	-	-	-	X	X
Lambdasonde	X	X	X	X	X
Nockenwellenverstellung	-	-	-	-	-
Zylinderanzahl / Ventile pro Zylinder	3/2	3/4	4/4	4/2	4/2

Motorkennbuchstaben	*CAVE*	*CFNA*	*CJLA*	*CLSA*
Abgasnorm	EU5	EU4, EU2 DDK	EU4 (BS4)	EU4 (BS4)
Fertigung (von...bis)	05.10…	07.10…	08.10…	08.10…
Hubraum in Liter	1,4	1,6	1,2	1,6
Leistung (kW bei 1/min)	132/6200	77/5600	55/5400	77/5700
Max. Drehmoment (Nm bei 1/min)	250/2000 - 4500	153/3800	110/3750	153/3800
Bohrung (Ø mm)	76,5	76,5	76,5	76,5
Hub (mm)	75,6	86,9	75,6	86,9
Verdichtung	10	10,5	10	10,5
Hydraulischer Ventilspielausgleich	X	X	X	X
Gemischaufbereitung Zündung/Einspritzung	Bosch MED 17.5.5	Motronic ME 7.5.20	Simos 9.1	Magneti Marelli 7GV
Kraftstoff ROZ (mindestens)	98/95	95/91	91/87	91/87
Zündfolge	1-3-4-2	1-3-4-2	1-2-3	1-3-4-2
Abgasrückführung	-	-	-	-
Eigendiagnose	X	X	X	X
Katalysator	X	X	X	X
Aufladung	Turbolader und mechanischer Kompressor	-	-	-
Ladeluftkühlung	X	-	-	-
Lambdasonde	X	X	X	X
Nockenwellenverstellung	X	-	-	-
Zylinderanzahl / Ventile pro Zylinder	4/4	4/4	3/4	4/4

Sichtprüfung Messen

Diesel

Motorkennbuchstaben	***BNM***	***BNV***	***BMS***	***BSW***	***BLS***
Abgasnorm	EU4	EU4	EU4	EU4	EU4
Fertigung (von...bis)	02.07...	02.07…03.10	02.07…03.10	04.07…03.10	04.07…03.10
Hubraum in Liter	1,4	1,4	1,4	1,9	1,9
Leistung (kW bei 1/min)	51/4000	59/4000	59/4000	77/4000	77/4000
Max. Drehmoment (Nm bei 1/min)	155/1600 - 2800	195/2200	195/2200	240/1800	240/1900
Bohrung (Ø mm)	79,5	79,5	79,5	79,5	79,5
Hub (mm)	95,5	95,5	95,5	95,5	95,5
Verdichtung	19,5	19,5	19,5	19	18,5
Hydraulischer Ventilspielausgleich	X	X	X	X	X
Gemischaufbereitung Zündung/Einspritzung	Bosch EDC15	Bosch EDC15	Bosch EDC17	Bosch EDC15	Bosch EDC15
Zündfolge	1-2-3	1-2-3	1-2-3	1-3-4-2	1-3-4-2
Abgasrückführung	X	X	X	X	X
Eigendiagnose	X	X	X	X	X
Katalysator	X	X	X	X	X
Aufladung	X	X	X	X	X
Ladeluftkühlung	X	X	X	X	X
Lambdasonde	-	-	X	-	X
Dieselpartikelfilter	-	-	X	-	X
Nockenwellenverstellung	-	-	-	-	-
Zylinderanzahl / Ventile pro Zylinder	3/2	3/2	3/2	4/2	4/2

Motorkennbuchstaben	***CAYB***	***CAYC***	***CAYA***	***CFWA***
Abgasnorm	EU5	EU5	EU5	EU4 (BS4)
Fertigung (von...bis)	03.10…	03.10…	03.10…	08.10…
Hubraum in Liter	1,6	1,6	1,6	1,2
Leistung (kW bei 1/min)	66/4200	77/4400	55/4000	55/4200
Max. Drehmoment (Nm bei 1/min)	230/1500 - 2500	250/1500 - 2500	195/1500 - 2000	180/1500 - 3450
Bohrung (μmm)	79,5	79,5	79,5	79,5
Hub (mm)	80,5	80,5	80,5	80,5
Verdichtung	16,5	16,5	16,5	16,5
Hydraulischer Ventilspielausgleich	X	X	X	X
Gemischaufbereitung Zündung/Einspritzung	Simos PCR2.1.1	Simos PCR2.1.1	Simos PCR2.1.1	Delphi Diesel DCM 3.7
Zündfolge	1-3-4-2	1-3-4-2	1-3-4-2	1-3-4-2
Abgasrückführung	X	X	X	X
Eigendiagnose	X	X	X	X
Katalysator	X	X	X	X
Aufladung	X	X	X	X
Ladeluftkühlung	X	X	X	X
Lambdasonde	X	X	X	X
Dieselpartikelfilter	X	X	X	X
Nockenwellenverstellung	-	-	-	-
Zylinderanzahl / Ventile pro Zylinder	4/4	4/4	4/4	3/4

Fahrwerk

Allgemein	Elektronisches Antiblockiersystem (ABS) mit Antriebsschlupfregelung(ASR) und elektronische Differenzialsperre (EDS) sowie elektronisches Stabilisierungsprogramm (ESP)
Vorderachse	Einzelradaufhängung; McPherson-Federbeine und Schraubenfedern,
Stabilisator	
Hinterachse	Koppellenkerachse, Längslenker und Schraubenfedern, Stabilisator
Federung	Schraubenfeder mit Teleskopstoßdämpfern, hinten Gasdruckstoßdämpfer
Lenkung	Elektrohydraulisch unterstützte Zahnstangenlenkung
Spurweite mm	Vorn 1417 – 1433, hinten 1410 – 1426
Radstand mm	2451
Wendekreis m	bei allen Modellen 10,0
Räder	Stahlräder und Leichtbauräder Classic 5 J x 14; Ambiente, Elegance: 6 J x 15; Sport: 6 ½ J x 16
Reifen	Classic: 165/70 R14; Ambiente, Elegance: 195/55 R15; Sport 205/45 R16

Kraftübertragung

Antrieb	Alle Modelle Frontantrieb mit elektronischem Stabilisierungsprogramm ESP
Kupplung	Einscheiben-Trockenkupplung, Tellerfeder und asbestfreie Beläge. Zweimassen-Schwungrad. 7-Gang-DSG: zwei elektrohydraulische Trockenkupplungen.
Getriebe	Voll synchronisiertes 5-Gang-Handschaltgetriebe; Automatik oder 7-Gang--Doppelkupplungsgetriebe DSG. Zwei unabhängige Teilgetriebe: 1. Welle: 1. – 4. Gang, 2. Welle: 5. – 7. Gang, 3. Welle: Rückwärtsgang (R)

Bremsanlage

Art der Bremsen	Hydraulik-Zweikreisbremssystem, diagonal, Bremskraftverstärker. Scheibenbremsen vorn: Scheibenbremsen innenbelüftet. Hinten: 44- und 51 kW-Motoren Trommelbremsen, alle anderen Motoren Scheibenbremsen. Hydraulisches ABS, EBV, Bremsassistent.
Bremsentypen vorn/hinten:	
– Vorn	FS-III und FN 3
– Hinten	CI 38 (Scheibenbremsen 15"); TB 200x40 (Trommelbremse)
Zuordnung zu den Motoren	Siehe Kapitel 13
Abmessungen Bremsscheiben und Bremsbeläge	Siehe Kapitel 13
Wirkung der Handbremse	Die mechanische Feststellbremse (Seilzugbremse) wirkt auf die Hinterräder
Bremsflüssigkeit	N 052 766 gemäß US-Norm FMVSS 571.116 DOT4. TL 766. Wechsel: alle zwei Jahre.

Maße und Gewichte

Außenmaße	
Länge mm	4000 - 4111, Combi 4247 - 4352
Breite (ohne Spiegel) mm	1642
Höhe (bei Leergewicht) mm	1498; RS 1484; Scout 1551

Sichtprüfung Messen

Innenmaße

Ellenbogenbreite vorn mm	1380
Ellenbogenbreite hinten mm	1383

Gepäckraumvolumen:
- Nach VDA-Messung bei aufgestellter Sitzbank 315 Liter; Combi 505 Liter
- Sitzbank umgeklappt 1180 Liter; Combi 1485 Liter

Gewichte

Leergewicht – mit Schaltgetriebe	1095 kg; Combi 1115 kg
Effektive Zuladung (Basis)	530 kg; Combi 530 kg
Zulässiges Gesamtgewicht	1550 kg; Combi 1570 kg
Maximale Dachlast	Alle Modelle 75 kg

Maximale Anhängelast

– bis 12%, gebremst	800 kg
– bis 8%, gebremst	900 kg
– ungebremst	500 kg; Combi 450 kg
Zulässige Achslast vorn	800 kg; Combi 790 kg
Zulässige Achslast hinten	780 kg; Combi 810 kg
Karosserietyp	Selbsttragend, verzinkt, Stahl, Verformungszonen vorn und hinten, 2/4 Türen, 5
Sitzplätze	

VW-Motorölnormen

Benzinmotoren		VW-Motorölnormen	
		QG1	QG0, QG2
1,2 l/44 kW	BBM	VW 503 00, VW 504 00	VW 501 01, VW 502 00
1,2 l/44 kW	CHFA	VW 503 00, VW 504 00	VW 501 01, VW 502 00
1,2 l/51 kW	BZG	VW 503 00, VW 504 00	VW 501 01, VW 502 00
1,2 l/51 kW	CEVA		VW 501 01, VW 502 00
1,2 l/51 kW	CGPA	VW 503 00, VW 504 00	VW 501 01, VW 502 00
1,2 l/55 kW	CJLA		VW 501 01, VW 502 00
1,2 l/63 kW TSI	CBZA	VW 504 00	VW 502 00
1,2 l/77 kW TSI	CBZB	VW 504 00	VW 502 00
1,4 l/63 kW	BXW	VW 503 00, VW 504 00	VW 501 01, VW 502 00
1,4 l/63 kW	CGGB	VW 504 00	VW 501 01, VW 502 00
1,6 l/77 kW	BTS, CFNA, CLSA		VW 501 01, VW 502 00
1,4 l/132 kW TSI	CAVE	VW 504 00	VW 502 00

Dieselmotoren		VW-Motorölnormen	
		QG1	QG0, QG2
1,2 l/55 kW TDI CR	CFWA	VW 507 00	VW 507 00
1,4 l/51 kW TDI PD	BNM	VW 506 01, VW 507 00	VW 505 01
1,4 l/59 kW TDI PD	BNV	VW 506 01, VW 507 00	VW 505 01
1,4 l/59 kW TDI PD-DPF	BMS	VW 507 00	VW 507 00
1,6 l/55 kW TDI CR	CAYA	VW 507 00	VW 507 00
1,6 l/66 kW TDI CR	CAYB	VW 507 00	VW 507 00
1,6 l/77 kW TDI CR	CAYC	VW 507 00	VW 507 00
1,9 l/77 kW TDI PD	BSW	VW 506 01, VW 507 00	VW 505 01
1,9 l/77 kW TDI PD-DPF	BLS	VW 507 00	VW 507 00

Filterwechselintervalle

Motorölfilter

Fahrzeuge mit QG1	Nach Service-Intervallanzeige
Fahrzeuge mit QG0, QG2	Alle 15 000 km oder 1 Jahr

Luftfilter

Alle Fahrzeuge	Alle 60 000 km oder 1 Jahr

Kraftstofffilter

Dieselmotoren:	
– Diesel gemäß EN 590	Alle 60 000 km
– Diesel nicht gemäß EN 590, Biodiesel	Alle 30 000 km

Staub- und Pollenfilter

Alle Fahrzeuge	Alle 30 000 km oder 2 Jahre

Zahnriemenwechselintervalle

Motorisierung / Motorkennbuchstabe	Zahnriemenwechsel-Intervall, seit Einsatz	Spannrollenwechsel-Intervall, seit Einsatz
TDI PD / BSW	Alle 120 000 km	Alle 240 000 km
TDI PD / BNM, BNV, BMS, BLS	Alle 150 000 km	Alle 300 000 km
TDI CR / CAYA, CAYB, CAYC, CFWA	Alle 210 000 km	

Füllmengen*

Motor	Motoröl mit Filter	Kühlwasser
1,2	2,8 l	5,5 l
1,2 TSI	3,6 l	7,7 l
1,4 MPI	3,2 l	5,5 l
1,4 TSI	3,6 l	6,6 l
1,6 MPI	3,6 l	5,5 l
1,2 TDI CR	4,3 l	6,6 l
1,4 TDI	3,8 l (mit DPF 4,2l)	5,5 l
1,6 TDI CR	4,3 l	8,4 l
1,9 TDI	3,8 l (mit DPF 4,3 l)	6,8 l

**Die Füllmengen können je nach Motorkennbuchstabe abweichen!*

Getriebe	Getriebeöl
02R	2,0 l
02T	2,0 l
Automatik 09G	6,0 l (bei Wechsel ca. 4,0 – 4,5 l)
DSG 0AM Getriebe	1,0 l
DSG 0AM Differenzial	1,7 l

17 Anzugsdrehmomente

In diesem Kapitel wollen wir Ihnen nochmals die wichtigsten Anzugsdrehmomente in einer Übersicht präsentieren.

Da es bei den verschiedenen Motorisierungen zu Abweichungen kommen kann, verweisen wir ausdrücklich nochmals auf die in den einzelnen Kapiteln angegebenen Anzugsdrehmomente!

Anzugsdrehmomente Wartungsarbeiten – Fahrzeugbezogen

Benzinmotoren

Hubraum	1,2 TSI Drehmoment	1,2 Drehmoment	1,4 MPI Drehmoment	1,4 TSI Drehmoment	1,6 MPI Drehmoment
Abgaskrümmer	25 Nm	26 Nm	25 Nm	16 Nm	25 Nm
Hosenrohr am Krümmer	23 Nm	40 Nm	40 Nm	23 Nm	40 Nm
Ansaugkrümmer	20 Nm	20 Nm	20 Nm	20 Nm	20 Nm
Ölablassschraube	30 Nm	30 Nm	30 Nm	20 Nm	30 Nm
Ölfilter	20 Nm	25 Nm	Handfest	20 Nm	25 Nm
Öldruckschalter	20 Nm	25 Nm	25 Nm	20 Nm	25 Nm
Ölwannenschrauben	13 Nm	9 Nm	13 Nm	13 Nm	13 Nm
Zündkerzen	25 Nm	30 Nm	30 Nm	25 Nm	30 Nm
Wasserpumpe	9 Nm	24 Nm	20 Nm	8 Nm	10 Nm

Dieselmotoren

Hubraum	1,2 TDI CR Drehmoment	1,4 TDI Drehmoment	1,6 TDI CR Drehmoment	1,9 TDI Drehmoment
Abgaskrümmer	24 Nm	25 Nm	20 Nm	25 Nm
Hosenrohr am Krümmer	7 Nm	25 Nm	10 Nm	25 Nm
Ansaugkrümmer	13 Nm	22 Nm	20 Nm	25 Nm
Ölablassschraube	30 Nm	30 Nm	30 Nm	30 Nm
Ölfilter	25 Nm	25 Nm	25 Nm	25 Nm
Öldruckschalter	20 Nm	20 Nm	20 Nm	20 Nm
Ölwannenschrauben	15 Nm	15 Nm	15 Nm	15 Nm

Anzugsdrehmomente Fahrwerk

Alle Motoren

Schrauben/Muttern	Drehmoment
Mutter Antriebswelle Stufe 1	50 Nm
Mutter Antriebswelle Stufe 2	45°
Radschrauben	120 Nm
Schrauben Traggelenk unten M8, Stufe 1	20 Nm
Schrauben Traggelenk unten M8, Stufe 2	90°
Schrauben Gelenkwelle an Getriebe M8, Stufe 1	20 Nm über Kreuz
Schrauben Gelenkwelle an Getriebe M8, Stufe 2	180° über Kreuz
Schrauben Gelenkwelle an Getriebe M10, Stufe 1	50 Nm über Kreuz
Schrauben Gelenkwelle an Getriebe M10, Stufe 2	45° über Kreuz
Schrauben Lenkgetriebe, Stufe 1	50 Nm
Schrauben Lenkgetriebe, Stufe 1	90°

→

Schrauben/Muttern	Drehmoment
Koppelstangen	40 Nm
Radlager hinten, Stufe 1	70 Nm
Radlager hinten, Stufe 2	30°
Befestigung Achszapfen hinten, Stufe 1	30 Nm
Befestigung Achszapfen hinten, Stufe 2	90°
ABS-Sensor	8 Nm
Kreuzschlitzschraube Bremsscheibe/-trommel	4 Nm
Schraube Schiebeelement Bremssattel vorne	25 Nm
Bremssattelträger an Radträger	124 Nm
Hohlschraube Bremsschlauch	35 Nm
Schraube Radbremszylinder	8 Nm
Schraube Schiebeelement Bremssattel hinten	35 Nm
Bremssattelträger an Radträger, Stufe 1	30 Nm
Bremssattelträger an Radträger, Stufe 2	30°
Rohrschraube Bremsleitung	14 Nm

Schrauben und Muttern am Motor allgemein

Schrauben/Muttern	Drehmoment
M6	9 Nm
M7	13 Nm
M8	20 Nm
M10	40 Nm
M12	70 Nm

Schrauben Getriebe und Kupplung

Schrauben/Muttern	Drehmoment
Schrauben Getriebe/Motor M12 x 50	80 Nm
Schrauben Getriebe/Motor M12 x 150	80 Nm
Schrauben Getriebe/Motor M12 x 55	80 Nm
Schrauben Getriebe/Motor M12 x 60	80 Nm
Schrauben Getriebe/Motor M10 x 50	40 Nm
Schrauben Getriebe/Motor M10 x 58	40 Nm
Schrauben Getriebe/Motor M6 x 8	10 Nm
Schrauben Getriebelager, Stufe 1	40 Nm
Schrauben Getriebelager, Stufe 2	90°
Schrauben Getriebekonsole, Stufe 1	40 Nm
Schrauben Getriebekonsole, Stufe 2	90°
Schrauben Seilzugwiderlager	20 Nm
Schrauben Nehmerzylinder	20 Nm
Mutter Antriebswelle, Stufe 1	50 Nm
Mutter Antriebswelle, Stufe 2	45°
Radschrauben	120 Nm
Schrauben Traggelenk unten M8, Stufe 1	20 Nm
Schrauben Traggelenk unten M8, Stufe 2	90°
Schrauben Gelenkwelle an Getriebe M8, Stufe 1	20 Nm über Kreuz
Schrauben Gelenkwelle an Getriebe M8, Stufe 2	180° über Kreuz
Schrauben Gelenkwelle an Getriebe M10, Stufe 1	50 Nm über Kreuz
Schrauben Gelenkwelle an Getriebe M10, Stufe 2	45° über Kreuz

Sichtprüfung Messen

Schrauben Fahrwerk

Schrauben/Muttern	Drehmoment
Mutter Antriebswelle, Stufe 1	50 Nm
Mutter Antriebswelle, Stufe 2	45°
Radschrauben	120 Nm
Schrauben Traggelenk unten M8, Stufe 1	20 Nm
Schrauben Traggelenk unten M8, Stufe 2	90°
Schrauben Gelenkwelle an Getriebe M8, Stufe 1	20 Nm über Kreuz
Schrauben Gelenkwelle an Getriebe M8, Stufe 2	180° über Kreuz
Schrauben Gelenkwelle an Getriebe M10, Stufe 1	50 Nm über Kreuz
Schrauben Gelenkwelle an Getriebe M10, Stufe 2	45° über Kreuz
Lenkgetriebe am Aggregateträger, Stufe 1	50 Nm (ersetzen)
Lenkgetriebe am Aggregateträger, Stufe 2	90°
Aggregateträger an Karosserie, Stufe 1	70 Nm (ersetzen)
Aggregateträger an Karosserie, Stufe 2	90°
Abstützung an Karosserie, Stufe 1	20 Nm (ersetzen)
Abstützung an Karosserie, Stufe 2	90°
Pendelstütze am Getriebe, Stufe 1	30 Nm (ersetzen)
Pendelstütze am Getriebe, Stufe 2	90°
Spurstangenkopf an Achsschenkel, Stufe 1	20 Nm (ersetzen)
Spurstangenkopf an Achsschenkel, Stufe 2	90°
Kreuzgelenk Lenksäule an Lenkgetriebe, Stufe 1	20 Nm (ersetzen)
Kreuzgelenk Lenksäule an Lenkgetriebe, Stufe 2	90°
Sensor für Lenkhilfe am Lenkgetriebe	6 Nm
Hohlschraube für Druckleitung	35 Nm (ersetzen)
Rohrschraube für Rücklaufleitung	30 Nm
Koppelstange	40 Nm
Radschraube	120 Nm
Schrauben Traggelenk unten M8, Stufe 1	20 Nm
Schrauben Traggelenk unten M8, Stufe 2	90°
Schraube ABS-Sensor	8 Nm
Schraube mit Mutter Federbein an Achsschenkel, Stufe 1	60 Nm
Schraube mit Mutter Federbein an Achsschenkel, Stufe 2	90°
Zwölfkantmutter, Stufe 1	70 Nm (ersetzen)
Zwölfkantmutter, Stufe 2	30°
Kreuzschlitzschraube	4 Nm
Bundschraube Achszapfen, Stufe 1	30 Nm
Bundschraube Achszapfen, Stufe 2	90°
Innensechskantschraube Bremssattelträger, Stufe 1	30 Nm
Innensechskantschraube Bremssattelträger, Stufe 2	30°

FSC
www.fsc.org
MIX
Papier | Fördert gute Waldnutzung
FSC® C083411

Kolibri 360 GmbH
Ferdinand-Jühlke-Straße 7
99095 Erfurt, Deutschland
produktsicherheit@kolibri360.de

Druck:
CPI Druckdienstleistungen GmbH
im Auftrag der
Kolibri 360 GmbH
Ferdinand-Jühlke-Str. 7
99095 Erfurt